UG NX 12.0

数控加工高级典型案例

刘蔡保　主编

化学工业出版社

·北京·

本书讲述运用UG NX12.0软件进行辅助制造，实现数控加工自动编程的内容。全书分为数控零件加工和模具零件加工两部分，在内容的组织与编排上，以实际应用为目的，并将数控技术专业关于产品的设计与制造工艺方面的专业知识有机结合。书中以典型案例的形式展开，全部案例均配套教学视频，读者可边学习，边模拟操作，快速掌握数控加工自动编程知识。

本书适合作为相关工程技术人员用书、企业培训用书，也可以作为高职或中职层次数控加工专业的教材。

图书在版编目（CIP）数据

UG NX12.0数控加工高级典型案例/刘蔡保主编.
—北京：化学工业出版社，2019.6
ISBN 978-7-122-34211-9

Ⅰ.①U… Ⅱ.①刘… Ⅲ.①数控机床-加工-计算机辅助设计-应用软件 Ⅳ.①TG659.022

中国版本图书馆CIP数据核字（2019）第057574号

责任编辑：韩庆利　　装帧设计：张　辉
责任校对：宋　夏

出版发行：化学工业出版社（北京市东城区青年湖南街13号　邮政编码100011）
印　　装：北京科印技术咨询服务有限公司数码印刷分部
787mm×1092mm　1/16　印张26½　字数713千字　2019年8月北京第1版第1次印刷

购书咨询：010-64518888　售后服务：010-64518899
网　　址：http://www.cip.com.cn
凡购买本书，如有缺损质量问题，本社销售中心负责调换。

定　　价：88.00元

前　言

本书以“工艺分析+ 装夹图例+ 加工编程+ 经验总结”的方式，通过精心挑选的典型案例，逐步深入地讲述 UG NX12.0 数控加工编程的方法。书中内容以实际生产为目标，以分析为主导，以思路为铺垫，以方法为手段，通过本书的学习，希望能使读者能够达到自己分析、操作和处理的效果。

本书特点鲜明，编写力求理论表述简洁易懂，步骤清晰明了，便于掌握应用。

◆ 独具特色的数控加工实例编排

将实际生产中常用到加工方法与类型，融汇到 11 个数控零件案例和 11 个模具零件案例中去，力求让读者能快速地融入 UG NX12.0 数控编程案例的学习中，在学习的过程中启发学习的兴趣，使其能够看懂、看会、扩散思维。

◆ 环环相扣的学习过程

针对实际加工的特点，本书提出了“1+1+1+1”的学习方式，即“工艺分析+装夹图例+加工编程+经验总结”的过程，逐步深入学习 UG NX12.0编程的方法和要领，简明扼要地用大量的配图、表格和分析，图文并茂地去轻松学习，变枯燥的过程为有趣的探索。

◆ 简明扼要的知识提炼

本书以 UG NX12.0 编程为主，用大量的案例操作对编程涉及的知识点作出提炼，简明直观地讲解了 UG NX12.0 编程的重要知识点，有针对性地描述了编程的工作性能和加工特点，并结合典型案例对 UG NX12.0 数控编程的流程、方法，做了详细阐述。

本书精选了大量的典型案例，取材适当，内容丰富，理论联系实际。所有案例都经过实践检验，并进行了详细、清晰的操作说明。

本书使用【经典工具条】，并且需要打开【2D 动态页面】，具体设置步骤如下：

（1）切换为【经典工具条】

① 增加【经典工具条】系统变量

右击【我的电脑】→【属性】→【高级系统设置】→【系统属性】对话框→【高级】选项卡→点击【环境变量】→在【环境变量】对话框，在【系统变量】选项里点击【新建】按钮→【新建系统变量】对话框中，“变量名”栏输入【UGII_DISPLAY_DEBUG】，在“变量值”里输入【1】→【确定】。

② 设置【经典工具条】界面

打开 UG 软件→【文件】菜单→【首选项】→【用户界面】→【经典工具条】→【确定】→重启 UG 软件。

（2）打开加工模拟时的【2D 动态页面】

打开 UG 软件→【文件】菜单打开 UG 软件→【实用工具】打开 UG 软件→【用户默认设置】打开 UG 软件→【加工】打开 UG 软件→【仿真与可视化】打开 UG 软件→【常规】→【用户界面】→勾选【显示 2D 动态页面】。

勤奋是走向成功的唯一途径，学习的成功方法= 艰苦的领悟+ 正确的方法，也是对诸位学习本书的希冀，世界上最美好的东西，都是由劳动、由勤奋创造出来的。 勤奋的学习，可以获得丰硕的成果。

本书由刘蔡保主编，周文杰、张国俊、郭砚荣副主编，蔡晓春参编。

本书采用加工案例讲解，对全部案例均配套视频课程，对于本书使用者，赠送全部视频课程和原始文件、完成编程的文件，可发送邮件到 857702606@ qq.com 索取。

最后本书编写得到徐小红女士的极大支持和帮助， 在此表示感谢。 由于水平之所限，书中若有疏漏之处， 还望批评指正。

编　者

目 录

第一部分

数控零件加工

案例一　多曲面台阶座数控零件加工

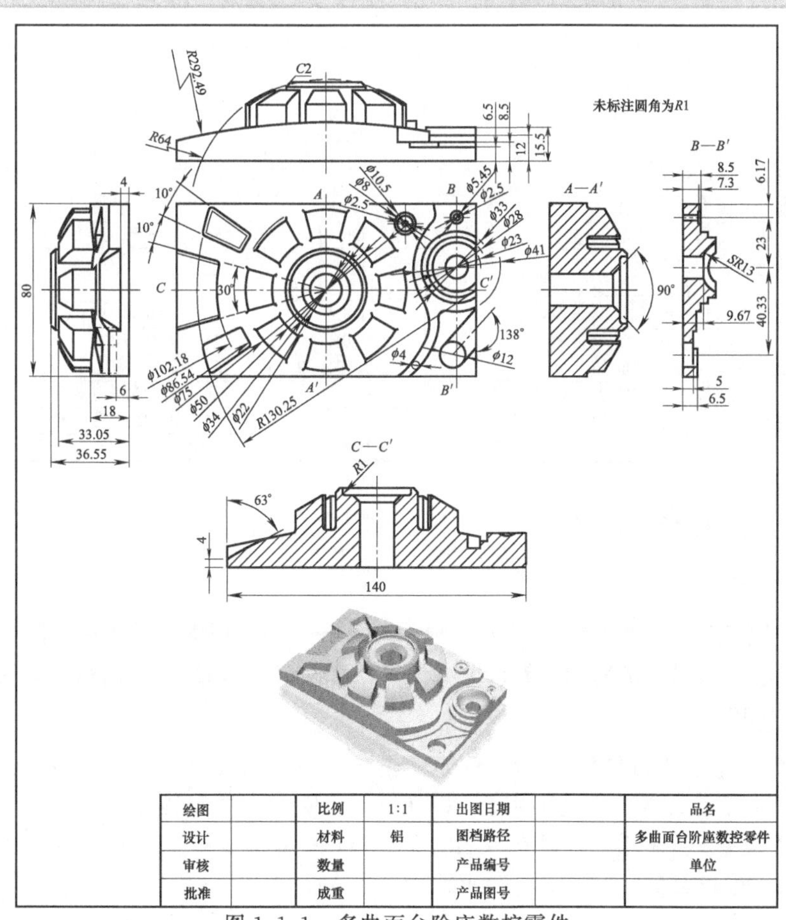

图 1.1.1　多曲面台阶座数控零件

一、工艺分析

1. 零件图工艺分析

该零件中间由一系列的凹槽组成，在外侧的区域由高度不同的台阶小平面的形状组成（如图1.1.1多曲面台阶座数控零件）。

工件尺寸140mm×80mm×36.55mm，无尺寸公差要求。尺寸标注完整，轮廓描述清楚。零件材料为已经加工成型的标准铝块，无热处理和硬度要求。

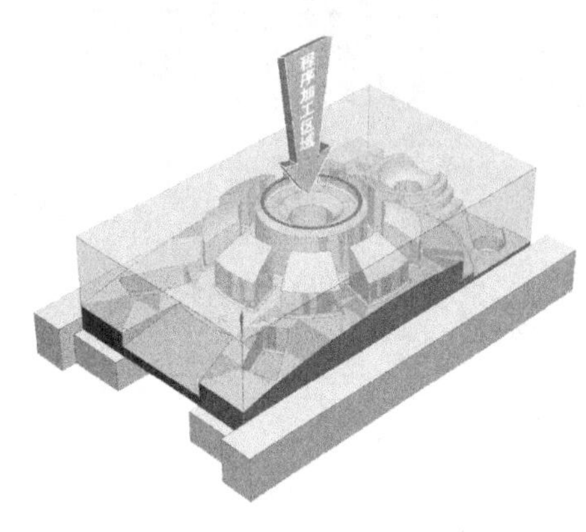

图1.1.2 装夹方式、加工区域和对刀点

2. 确定装夹方案、加工顺序及进给路线

工件采用通用的虎钳装夹的方案，底部放置垫块，保证工件摆正，对刀点采用左下角的上表面点对刀，其装夹方式、加工区域和对刀点如图1.1.2所示。

3. 刀具和加工区域选择

选用多把铣刀加工本例的区域，将所选定的刀具参数以及加工区域填入表1.1.1数控加工卡片中，以便于编程和操作管理。

表1.1.1 数控加工卡片

产品名称或代号	数控零件加工综合实例	零件名称	多曲面台阶座数控零件	
序号	加工区域	刀具		
		名称	规格	刀号
1	ϕ15的平底刀型腔铣粗加工	D15	ϕ15平底刀	1
2	ϕ8的平底刀型腔铣半精加工	D8	ϕ8平底刀	2
3	ϕ2的平底刀型腔铣精修加工	D2	ϕ2平底刀	3
4	ϕ6的球刀加工中间大球面的区域	D6R3	ϕ6球刀	4
5	ϕ6的球刀加工右侧小球面的区域	D6R3	ϕ6球刀	4
6	ϕ6的球刀型腔铣半精加工曲面区域	D6R3	ϕ6球刀	4
7	ϕ6的球刀固定轴轮廓铣精加工曲面区域	D6R3	ϕ6球刀	4
8	ϕ1.8的球刀型腔铣残料加工剩余的区域	D1.8R0.9	ϕ1.8球刀	5
9	ϕ1.8的球刀清根精加工曲面的角落区域	D1.8R0.9	ϕ1.8球刀	5
10	ϕ2的平底刀残料精加工右侧小台阶区域	D2	ϕ2平底刀	3
11	ϕ2的平底刀清根精加工平面的角落区域	D2	ϕ2平底刀	3

编制	×××	审核	×××	批准	×××	共1页

二、前期准备工作

1. 进入加工模块

打开【启动】菜单→【加工】，进入加工模块→打开【加工环境】对话框→【CAM会话配置】cam_general→【要创建的CAM组装】mill_contour→【确定】（如图1.1.3进入加工模块）。

2. 创建刀具

【机床视图】→【创建刀具】→选择【平底刀】→【名称】D15→在【刀具设置】对话框中→【(D)直径】15→【刀具号】1→【确定】（如图1.1.4创建1号刀具）。

→【创建刀具】→选择【平底刀】→【名称】D8→在【刀具设置】对话框中→【(D)直径】8→【刀具号】2→【确定】（如图1.1.5创建2号刀具）。

→【创建刀具】→选择【平底刀】→【名称】D2→在【刀具设置】对话框中→【(D)直径】

2→【刀具号】3→【确定】（如图 1.1.6 创建 3 号刀具）。

图 1.1.3　进入加工模块

图 1.1.4　创建 1 号刀具

图 1.1.5　创建 2 号刀具

图 1.1.6　创建 3 号刀具

→【创建刀具】→选择【平底刀】→【名称】D6R3→在【刀具设置】对话框中→【(D) 直径】6→【(R1) 下半径】3→【刀具号】4→【确定】（如图 1.1.7 创建 4 号刀具）。

→【创建刀具】→选择【平底刀】→【名称】D1.8R0.9→在【刀具设置】对话框中→【(D) 直径】1.8→【(R1) 下半径】0.9→【刀具号】5→【确定】（如图 1.1.8 创建 5 号刀具）。

图 1.1.7　创建 4 号刀具

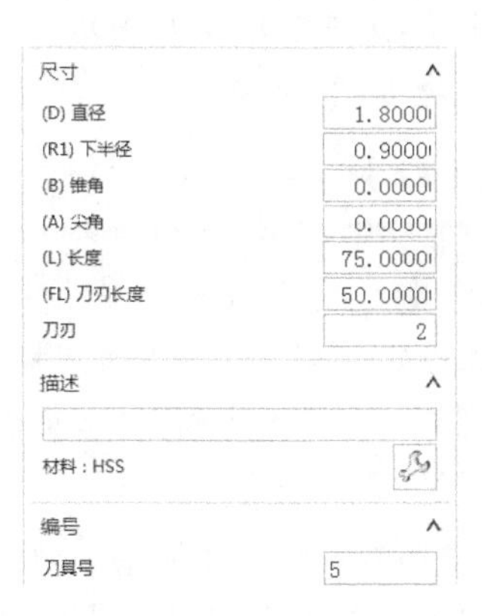

图 1.1.8　创建 5 号刀具

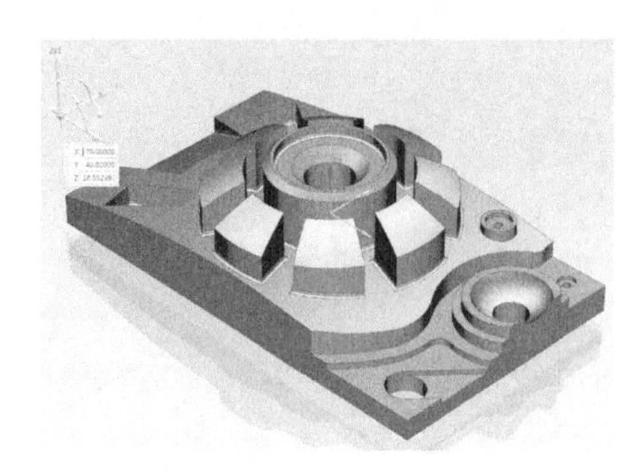

图 1.1.9 设置坐标系

3. 设置坐标系和创建毛坯

【几何视图】→双击【MCS _ MILL】→点击绘制的辅助直线的交叉点，将加工坐标系移至毛坯左下角的上平面点即可（如图）→设定【安全距离】2→【确定】（如图 1.1.9 设置坐标系）。

→打开 MCS _ MILL 前的【+】号，双击【WORKPIECE】→在【工件】对话框中→点击【指定部件】按钮→点击工件→【确定】（如图 1.1.10 指定部件）。

→点击【指定毛坯】按钮→在弹出的【毛坯几何体】对话中→【类型】→选择【包容块】，设置最小化包容工件的毛坯→毛坯设置的效果如下→【确定】→【确定】（如图 1.1.11 创建毛坯）。

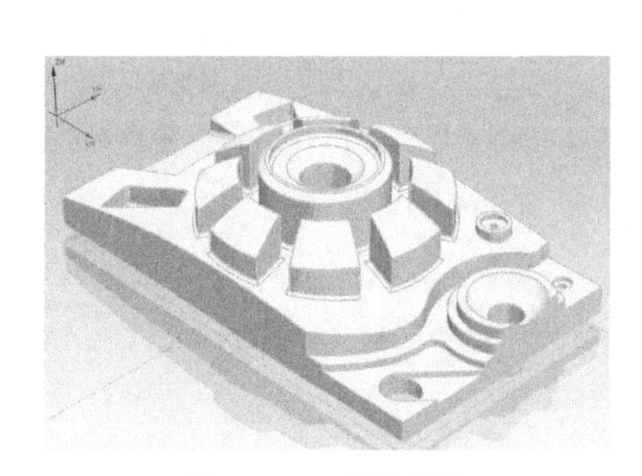

图 1.1.10 指定部件

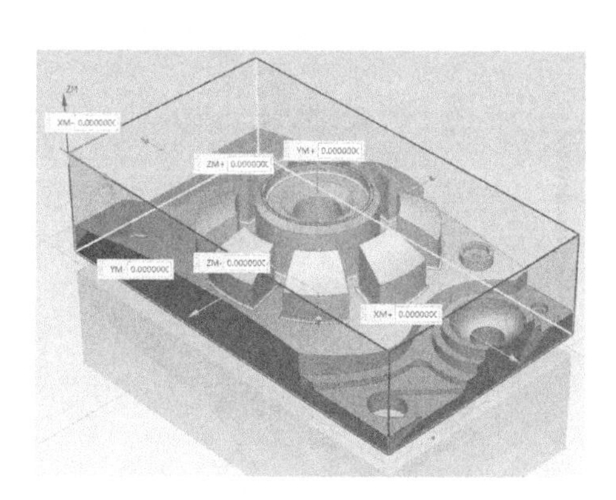

图 1.1.11 创建毛坯

三、ϕ15 的平底刀型腔铣粗加工

1. 选择粗加工方法

【程序顺序视图】→【创建工序】→弹出【创建工序】对话框→【类型】mill _ contour→【工序子类型】型腔铣→【程序】PROGRAM→【刀具】D15→【几何体】WORKPIECE→【方法】MILL _ ROUGH，进行粗加工→【名称】cu→【确定】（如图 1.1.12 选择粗加工方法）。

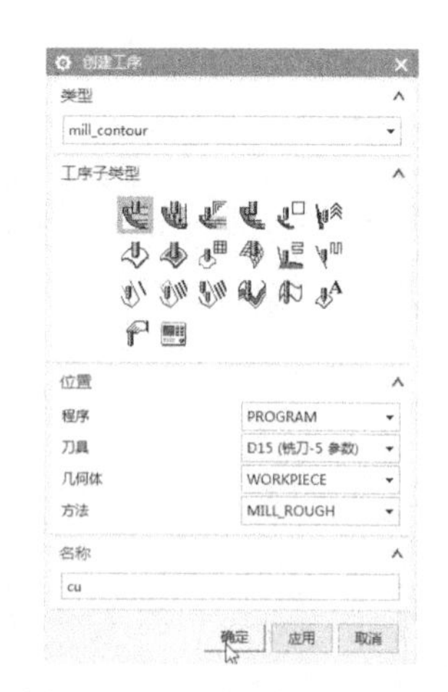

图 1.1.12 选择粗加工方法

2. 选择加工区域

在弹出的【型腔铣】对话框中→【指定切削区域】→选择要加工的曲面→【确定】（如图 1.1.13 选择加工区域）。

3. 设置加工参数

【刀轨设置】栏目中→【切削模式】跟随周边→【平面直径百分比】85→【最大距离】3（如图 1.1.14 设置加工参数）。

4. 设置切削参数

打开【切削参数】→【策略】【切削顺序】深度优先→【余量】【部件侧面余量】0.3→【确定】（如图 1.1.15 深度优先、图 1.1.16 余量）。

图 1.1.13　选择加工区域

图 1.1.14　设置加工参数

图 1.1.15　深度优先

图 1.1.16　余量

5. 设置非切削移动

打开【非切削移动】→【进刀】→【封闭区域】【进刀类型】插削→【开放区域】【进刀类型】与封闭区域相同→【确定】(如图 1.1.17 设置非切削移动)。

6. 设置进给率和速度

打开【进给率和速度】→勾选【主轴速度 (rpm)】2500→【进给率】【切削】500→【确定】(如图 1.1.18 设置进给率和速度)。

7. 生成刀具路径

【操作】栏目中→点击【生成刀具路径】，生成该步操作的刀具路径(如图 1.1.19 生成刀具路径)。

四、$\phi 8$ 的平底刀型腔铣半精加工

1. 选择半精加工方法

【程序顺序视图】→【创建工序】→弹出【创建工序】对话框→【类型】mill _ contour→【工

序子类型】型腔铣→【程序】PROGRAM→【刀具】D8→【几何体】WORKPIECE→【方法】MILL_FINISH→【名称】banjing→【确定】（如图 1.1.20 选择半精加工方法）。

图 1.1.17　设置非切削移动

图 1.1.18　设置进给率和速度

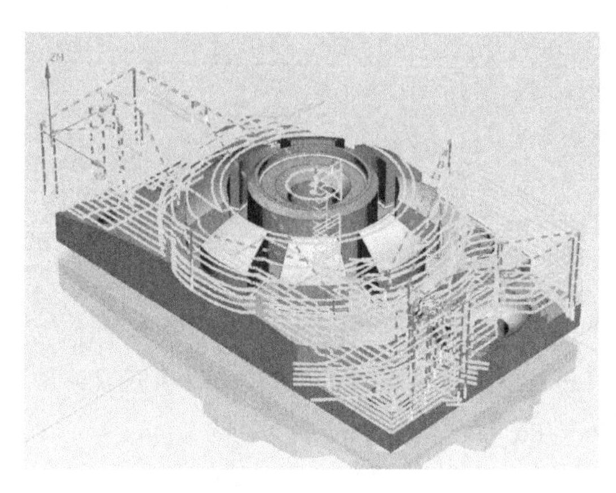

图 1.1.19　生成刀具路径

图 1.1.20　选择半精加工方法

2. 选择加工区域

在弹出的【型腔铣】对话框中→【指定切削区域】→选择要加工的曲面→【确定】（如图 1.1.21 选择加工区域）。

3. 设置加工参数

【刀轨设置】栏目中→【切削模式】跟随部件→【平面直径百分比】40→【最大距离】1.5（如图 1.1.22 设置加工参数）。

4. 设置切削参数

打开【切削参数】→【策略】【切削顺序】深度优先→【余量】所有均设为 0→【空间范围】【毛

坯】【处理中的工件】使用基于层的→【确定】(如图 1.1.23 深度优先、图 1.1.24 使用基于层的)。

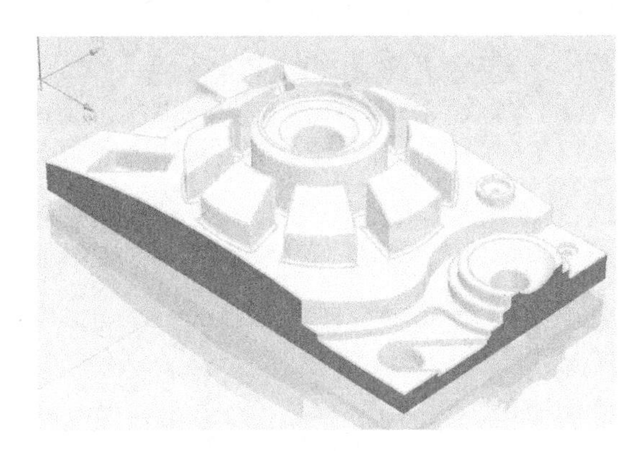

图 1.1.21　选择加工区域

图 1.1.22　设置加工参数

图 1.1.23　深度优先

图 1.1.24　使用基于层的

5. 设置非切削移动

打开【非切削移动】→【进刀】→【封闭区域】【进刀类型】插削→【开放区域】【进刀类型】与封闭区域相同→【确定】(如图 1.1.25 设置非切削移动)。

6. 设置进给率和速度

打开【进给率和速度】→勾选【主轴速度(rpm)】3500→【进给率】【切削】400→【确定】(如图 1.1.26 设置进给率和速度)。

7. 生成刀具路径

【操作】栏目中→点击【生成刀具路径】,生成该步操作的刀具路径(如图 1.1.27 生成刀具路径)。

五、$\phi 2$ 的平底刀型腔铣精修加工

1. 选择精加工方法

【程序顺序视图】→【创建工序】→弹出【创建工序】对话框→【类型】mill _ contour→【工

序子类型】型腔铣→【程序】PROGRAM→【刀具】D2→【几何体】WORKPIECE→【方法】MILL _ FINISH→【名称】jingxiu→【确定】（如图 1.1.28 选择精加工方法）。

图 1.1.25　设置非切削移动

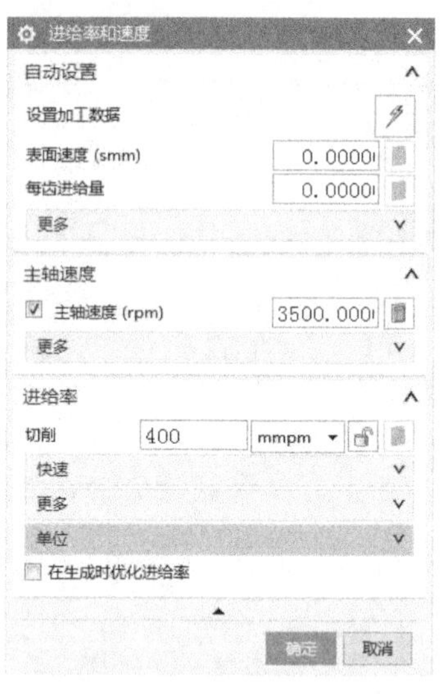

图 1.1.26　设置进给率和速度

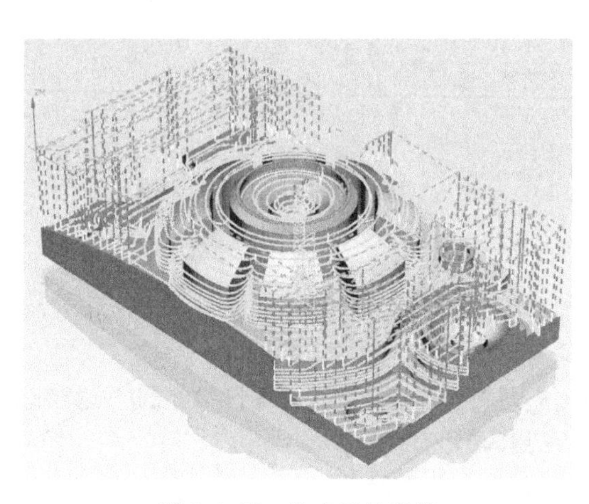

图 1.1.27　生成刀具路径

图 1.1.28　选择精加工方法

2. 选择加工区域

在弹出的【型腔铣】对话框中→【指定切削区域】→选择要加工的孔的内壁→【确定】（如图 1.1.29 选择加工区域）。

3. 设置加工参数

【刀轨设置】栏目中→【切削模式】跟随部件→【平面直径百分比】35→【最大距离】0.6（如图 1.1.30 设置加工参数）。

4. 设置切削参数

打开【切削参数】→【策略】【切削顺序】深度优先→【余量】所有均设为 0→【空间范围】

【毛坯】【处理中的工件】使用基于层的→【确定】(如图 1.1.31 深度优先、图 1.1.32 使用 3D)。

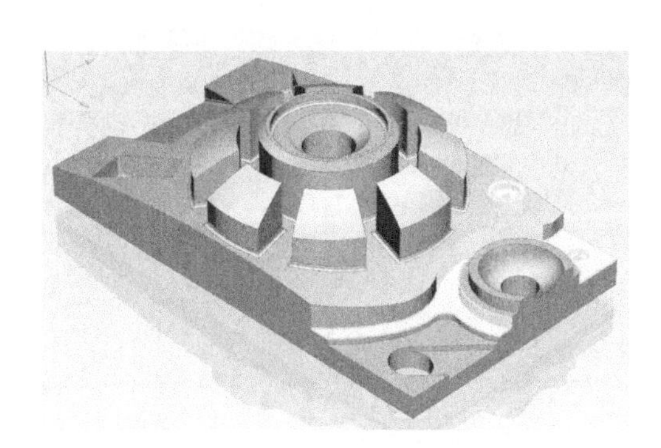

图 1.1.29　选择加工区域

图 1.1.30　设置加工参数

图 1.1.31　深度优先

图 1.1.32　使用 3D

5. 设置非切削移动

打开【非切削移动】→【进刀】→【封闭区域】【进刀类型】插削→【开放区域】【进刀类型】与封闭区域相同→【确定】(如图 1.1.33 设置非切削移动)。

6. 设置进给率和速度

打开【进给率和速度】→勾选【主轴速度 (rpm)】4000→【进给率】【切削】280→【确定】(如图 1.1.34 设置进给率和速度)。

7. 生成刀具路径

【操作】栏目中→点击【生成刀具路径】，生成该步操作的刀具路径（如图 1.1.35 生成刀具路径）。

六、ϕ6 的球刀加工中间大球面的区域

1. 选择精加工方法

【程序顺序视图】→【创建工序】→弹出【创建工序】对话框→【类型】mill _ contour→【工

序子类型】固定轴曲面轮廓铣→【程序】PROGRAM→【刀具】D6R3→【几何体】WORKPIECE→【方法】MILL_FINISH→【名称】jing-qiumian1（如图 1.1.36 选择精加工方法）。

图 1.1.33　设置非切削移动

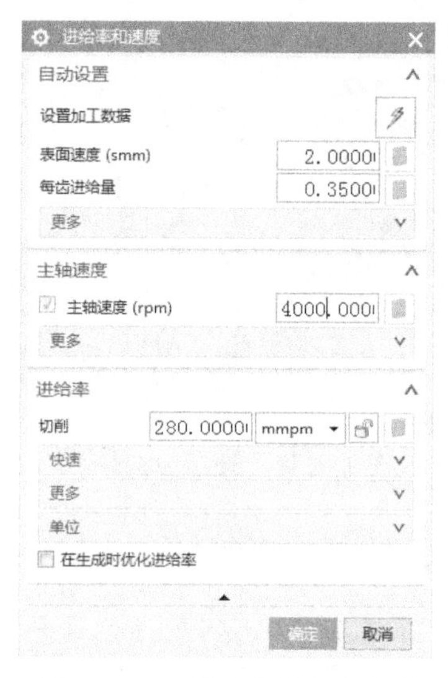

图 1.1.34　设置进给率和速度

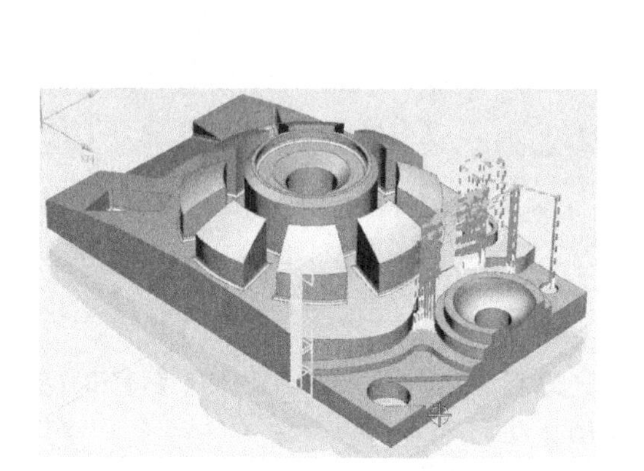

图 1.1.35　生成刀具路径

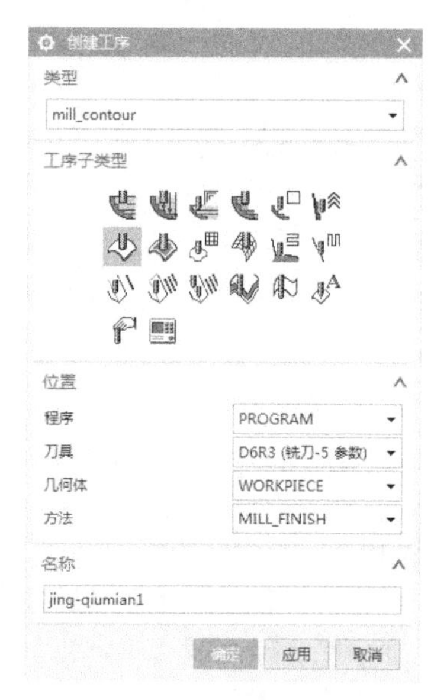

图 1.1.36　选择精加工方法

2. 选择加工区域

在弹出的【固定轴曲面轮廓铣】对话框中→【指定切削区域】→选择要加工的曲面→【确定】(如图 1.1.37 选择加工区域)。

3. 设置驱动方法及加工参数设置

【驱动方法】栏目中→【方法】螺旋（如图 1.1.38 驱动方法）。

→弹出【螺旋】驱动方法对话框→【指定点】，指定圆弧的圆心作为螺旋中心（如图 1.1.39 螺旋中心）。

→【最大螺旋半径】50→【平面直径百分比】4→【确定】(如图 1.1.40 加工参数设置)。

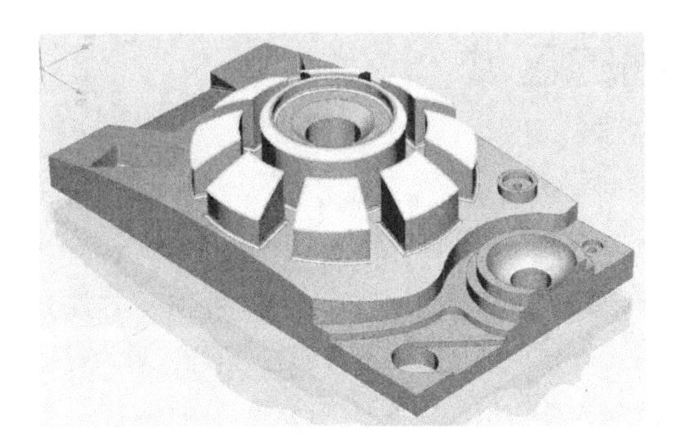

图 1.1.37　选择加工区域

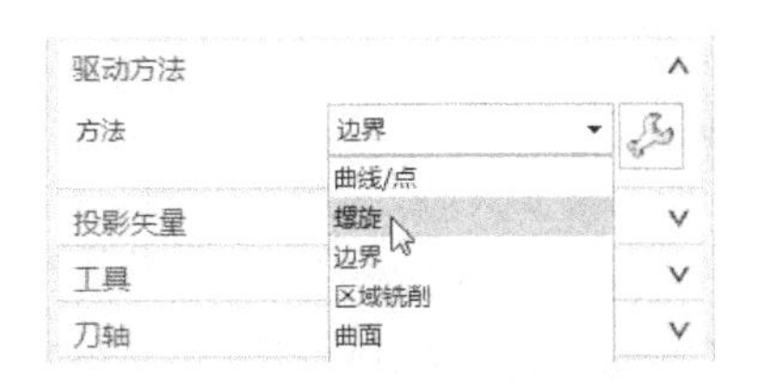

图 1.1.38　驱动方法

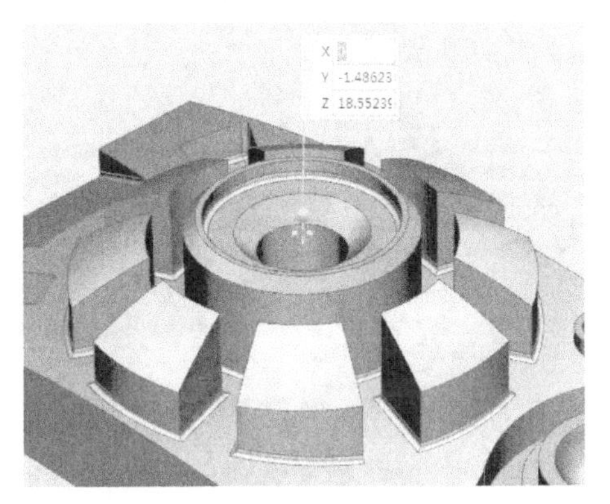

图 1.1.39　螺旋中心

图 1.1.40　加工参数设置

4. 设置进给率和速度

打开【进给率和速度】→勾选【主轴速度（rpm)】4000→【进给率】【切削】350→【确定】(如图 1.1.41 设置进给率和速度)。

5. 生成刀具路径

【操作】栏目中→点击【生成刀具路径】，生成该步操作的刀具路径（如图 1.1.42 生成刀具路径)。

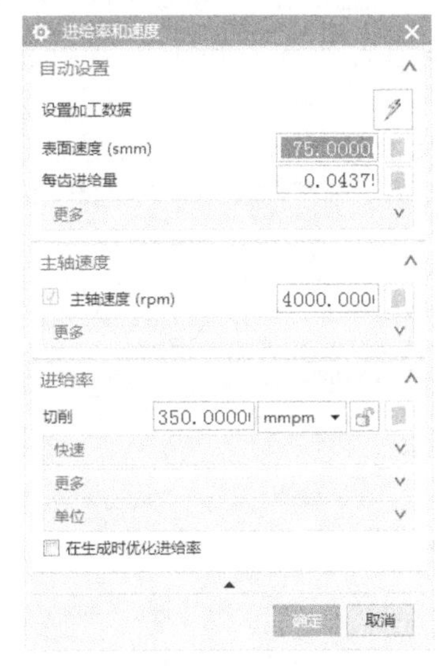

图 1.1.41　设置进给率和速度

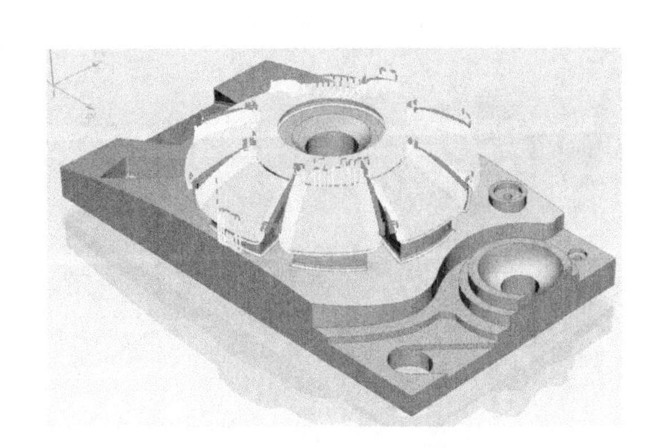

图 1.1.42　生成刀具路径

七、ϕ6 的球刀加工右侧小球面的区域

1. 选择精加工方法

【程序顺序视图】→【创建工序】→弹出【创建工序】对话框→【类型】mill _ contour→【工序子类型】固定轴曲面轮廓铣→【程序】PROGRAM→【刀具】D6R3→【几何体】WORKPIECE→【方法】MILL _ FINISH→【名称】jing-qiumian2（如图 1.1.43 选择精加工方法）。

2. 选择加工区域

在弹出的【固定轴曲面轮廓铣】对话框中→【指定切削区域】→选择要加工的曲面→【确定】（如图 1.1.44 选择加工区域）。

3. 设置驱动方法及加工参数设置

【驱动方法】栏目中→【方法】螺旋（如图 1.1.45 驱动方法）。

图 1.1.43　选择精加工方法

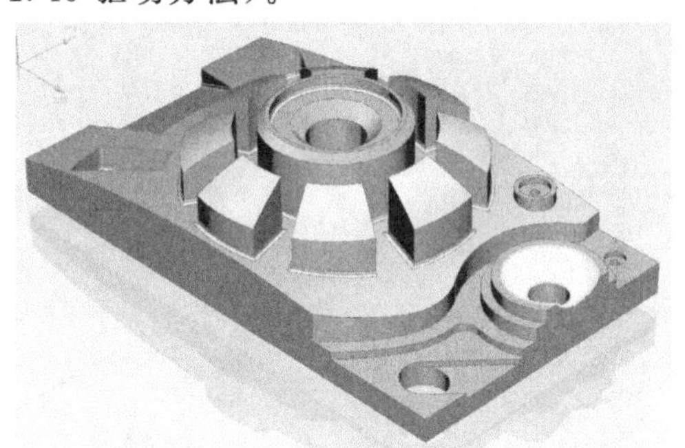

图 1.1.44　选择加工区域

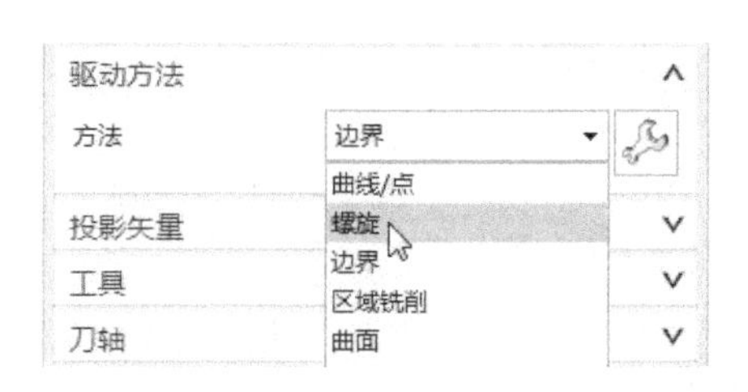

图 1.1.45　驱动方法

→弹出【螺旋】驱动方法对话框→【指定点】，定圆弧的圆心作为螺旋中心（如图 1.1.46 螺旋中心）。

→【最大螺旋半径】20→【平面直径百分比】4→【确定】（如图 1.1.47 加工参数设置）。

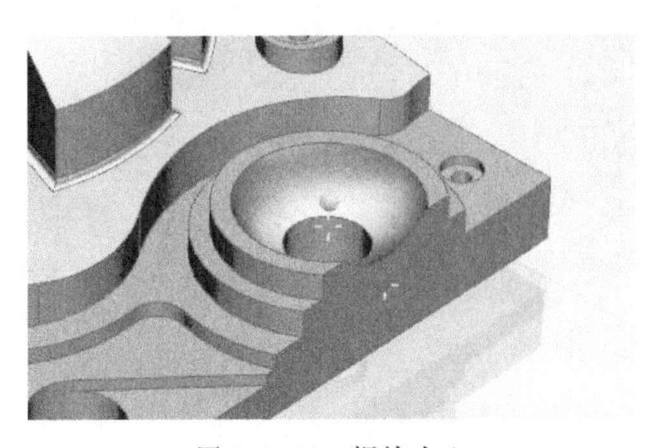

图 1.1.46　螺旋中心

图 1.1.47　加工参数设置

4. 设置进给率和速度

打开【进给率和速度】→勾选【主轴速度（rpm）】4000→【进给率】【切削】350→【确定】（如图 1.1.48 设置进给率和速度）。

5. 生成刀具路径

【操作】栏目中→点击【生成刀具路径】，生成该步操作的刀具路径（如图 1.1.49 生成刀具路径）。

图 1.1.48　设置进给率和速度

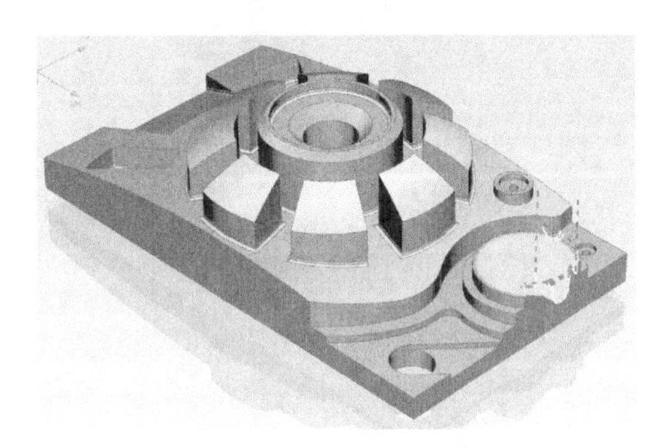

图 1.1.49　生成刀具路径

八、ϕ6 的球刀型腔铣半精加工曲面区域

1. 选择半精加工方法

【程序顺序视图】→【创建工序】→弹出【创建工序】对话框→【类型】mill _ contour→【工序子类型】型腔铣→【程序】PROGRAM→【刀具】D6R3→【几何体】WORKPIECE→【方法】MILL _ FINISH→【名称】banjing-qumian→【确定】（如图 1.1.50 选择半精加工方法）。

图 1.1.50　选择半精加工方法

2. 选择加工区域

在弹出的【型腔铣】对话框中→【指定切削区域】→选择要加工的曲面→【确定】（如图 1.1.51 选择加工区域）。

3. 设置加工参数

【刀轨设置】栏目中→【切削模式】跟随部件→【平面直径百分比】27→【最大距离】1.3（如图 1.1.52 设置加工参数）。

4. 设置切削参数

打开【切削参数】→【策略】【切削顺序】深度优先→【余量】所有均设为 0→【空间范围】

【毛坯】【处理中的工件】使用 3D→【确定】(如图 1.1.53 深度优先、图 1.1.54 使用 3D)。

图 1.1.51　选择加工区域

图 1.1.52　设置加工参数

图 1.1.53　深度优先

图 1.1.54　使用 3D

5. 设置非切削移动

打开【非切削移动】→【进刀】→【封闭区域】【进刀类型】插削→【开放区域】【进刀类型】与封闭区域相同→【确定】(如图 1.1.55 设置非切削移动)。

6. 设置进给率和速度

打开【进给率和速度】→勾选【主轴速度(rpm)】3000→【进给率】【切削】290→【确定】(如图 1.1.56 设置进给率和速度)。

7. 生成刀具路径

【操作】栏目中→点击【生成刀具路径】,生成该步操作的刀具路径(如图 1.1.57 生成刀具路径)。

图 1.1.55 设置非切削移动

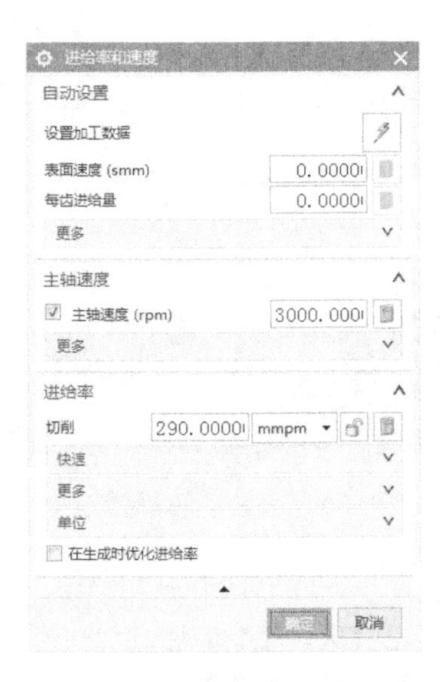

图 1.1.56 设置进给率和速度

九、ϕ6 的球刀固定轴轮廓铣精加工曲面区域

1. 选择精加工方法

【程序顺序视图】→【创建工序】→弹出【创建工序】对话框→【类型】mill _ contour→【工序子类型】固定轴曲面轮廓铣→【程序】PROGRAM→【刀具】D6R3→【几何体】WORKPIECE→【方法】MILL _ FINISH→【名称】jing-daqiumian（如图 1.1.58 选择精加工方法）。

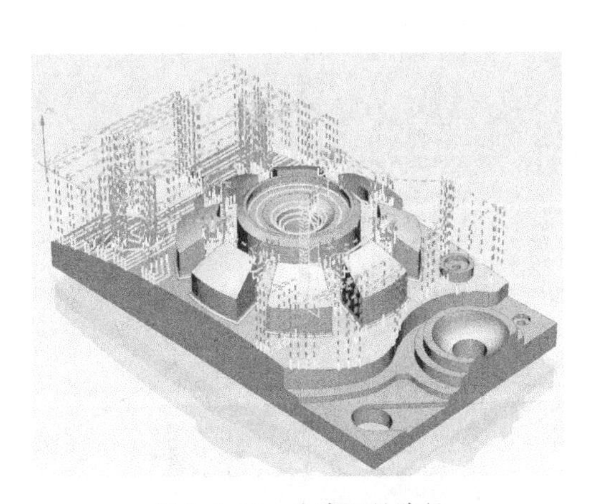

图 1.1.57 生成刀具路径

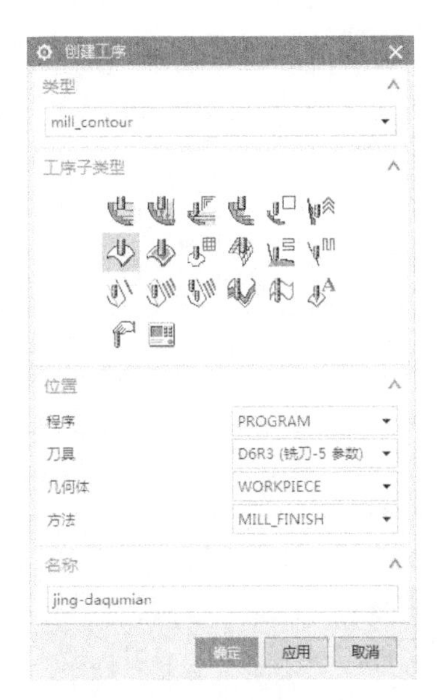

图 1.1.58 选择精加工方法

2. 选择加工区域

在弹出的【固定轴曲面轮廓铣】对话框中→【指定切削区域】→选择要加工的曲面→【确定】（如图 1.1.59 选择加工区域）。

3. 设置驱动方法及加工参数设置

【驱动方法】栏目中→【方法】区域铣削（如图 1.1.60 驱动方法）。

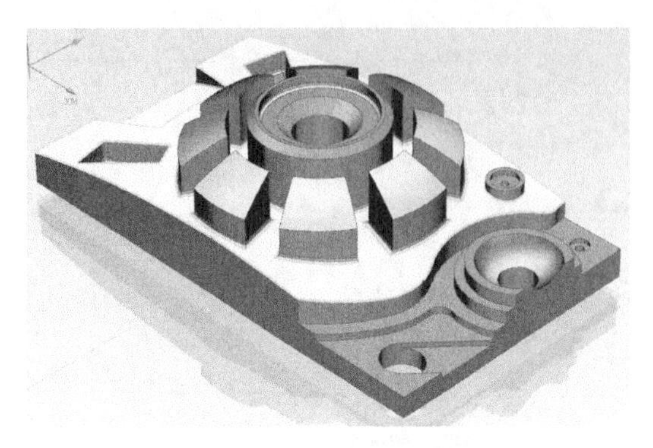

图 1.1.59 选择加工区域

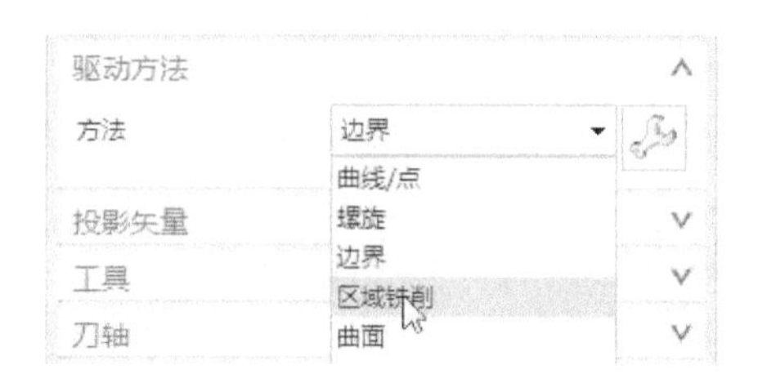

图 1.1.60 驱动方法

→弹出【区域铣削】驱动方法对话框→【驱动设置】→【非陡峭切削模式】往复→【平面直径百分比】4→【剖切角】指定→【与 XC 夹角】0→【确定】（如图 1.1.61 加工参数设置）。

4. 设置进给率和速度

打开【进给率和速度】→勾选【主轴速度（rpm)】4000→【进给率】【切削】220→【确定】（如图 1.1.62 设置进给率和速度）。

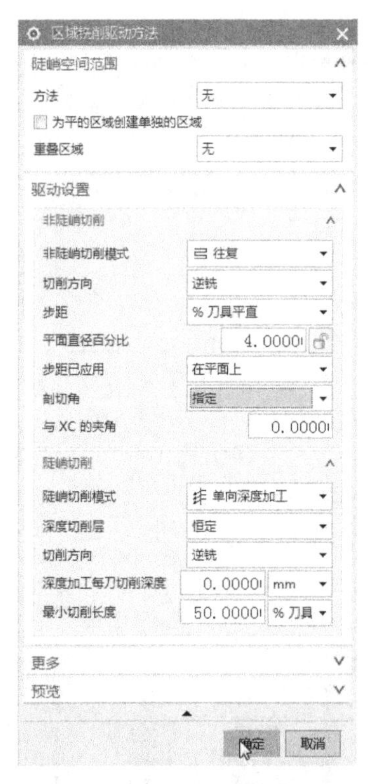

图 1.1.61 加工参数设置

图 1.1.62 设置进给率和速度

5. 生成刀具路径

【操作】栏目中→点击【生成刀具路径】，生成该步操作的刀具路径（如图 1.1.63 生成刀具路径）。

十、ϕ1.8的球刀型腔铣残料加工剩余的区域

1. 选择精加工方法

【程序顺序视图】→【创建工序】→弹出【创建工序】对话框→【类型】mill_contour→【工序子类型】型腔铣→【程序】PROGRAM→【刀具】D1.8R0.9→【几何体】WORKPIECE→【方法】MILL_FINISH→【名称】canliao→【确定】(如图1.1.64选择精加工方法)。

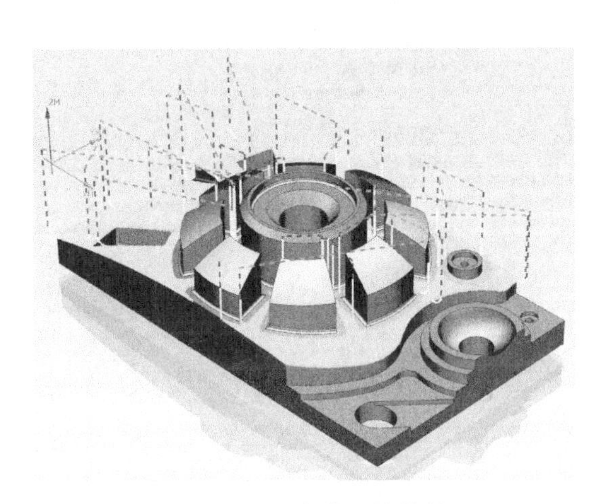

图1.1.63　生成刀具路径

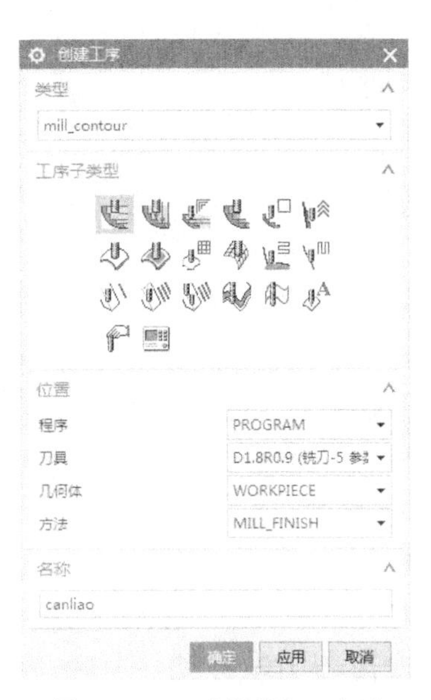

图1.1.64　选择精加工方法

2. 选择加工区域

在弹出的【型腔铣】对话框中→【指定切削区域】→选择要加工的曲面→【确定】(如图1.1.65选择加工区域)。

3. 设置加工参数

【刀轨设置】栏目中→【切削模式】跟随部件→【平面直径百分比】25→【最大距离】0.3(如图1.1.66设置加工参数)。

图1.1.65　选择加工区域

图1.1.66　设置加工参数

4. 设置切削参数

打开【切削参数】→【策略】【切削顺序】深度优先→【余量】所有均设为 0→【空间范围】【毛坯】【处理中的工件】使用 3D→【确定】(如图 1.1.67 深度优先、图 1.1.68 使用 3D)。

图 1.1.67 深度优先

图 1.1.68 使用 3D

5. 设置非切削移动

打开【非切削移动】→【进刀】→【封闭区域】【进刀类型】插削→【开放区域】【进刀类型】与封闭区域相同→【确定】(如图 1.1.69 设置非切削移动)。

6. 设置进给率和速度

打开【进给率和速度】→勾选【主轴速度(rpm)】4000→【进给率】【切削】300→【确定】(如图 1.1.70 设置进给率和速度)。

图 1.1.69 设置非切削移动

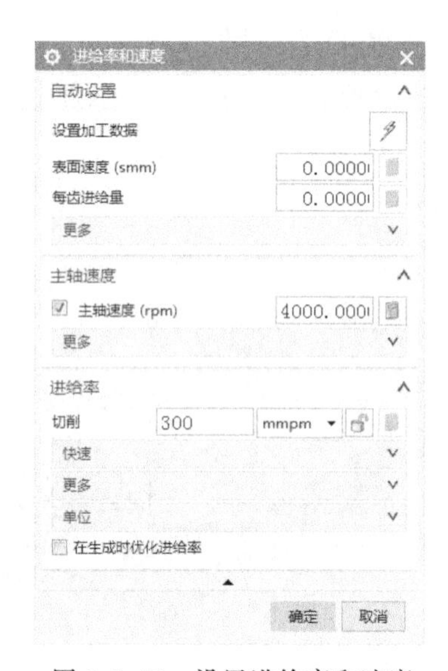

图 1.1.70 设置进给率和速度

7. 生成刀具路径

【操作】栏目中→点击【生成刀具路径】，生成该步操作的刀具路径（如图 1.1.71 生成刀具路径）。

十一、ϕ1.8 的球刀清根精加工曲面的角落区域

1. 选择精加工方法

【程序顺序视图】→【创建工序】→弹出【创建工序】对话框→【类型】mill _ contour→【工序子类型】单刀路清根→【程序】PROGRAM→【刀具】D1.8R0.9→【几何体】WORKPIECE→【方法】FINISH 精加工→【名称】qinggen1（如图 1.1.72 选择精加工方法）。

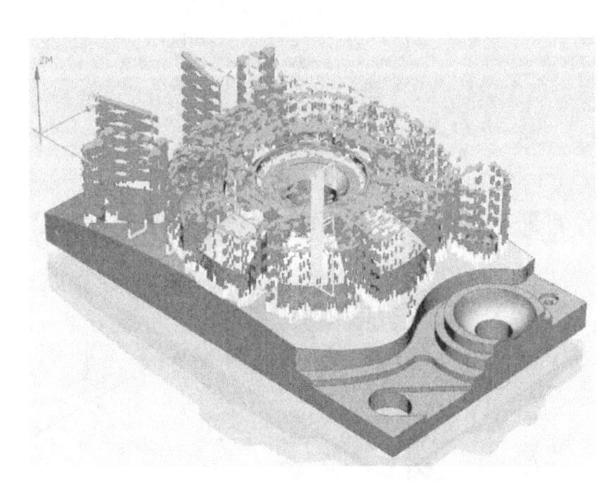

图 1.1.71　生成刀具路径

图 1.1.72　选择精加工方法

2. 选择加工区域

在弹出的【单刀路清根】对话框中→【指定切削区域】→选择要加工的陡峭曲面→【确定】（如图 1.1.73 选择加工区域）。

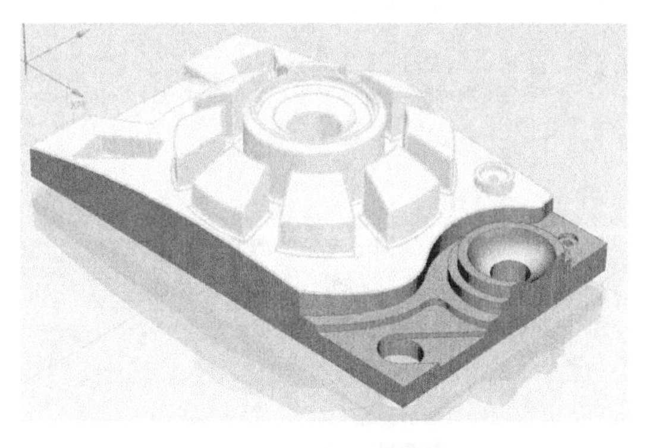

图 1.1.73　选择加工区域

3. 设置进给率和速度

【刀轨设置】栏目中→打开【进给率和速度】→勾选【主轴速度（rpm）】5000→【进给率】【切削】120→【确定】（如图 1.1.74 设置进给率和速度）。

4. 生成刀具路径

【操作】栏目中→点击【生成刀具路径】，生成该步操作的刀具路径（如图 1.1.75 生成刀具路径）。

十二、ϕ2 的平底刀残料精加工右侧小台阶区域

1. 选择精加工方法

【程序顺序视图】→【创建工序】→弹出【创建工序】对话框→【类型】mill _ contour→【工

序子类型】型腔铣→【程序】PROGRAM→【刀具】D2→【几何体】WORKPIECE→【方法】MILL _ FINISH→【名称】canliao2→【确定】(如图 1.1.76 选择精加工方法)。

图 1.1.74 设置进给率和速度

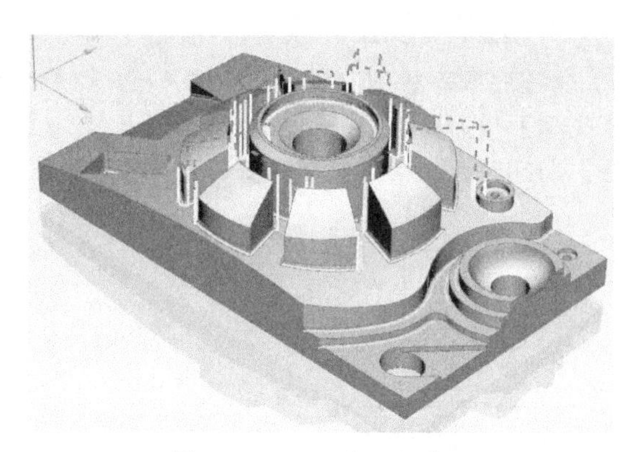

图 1.1.75 生成刀具路径

2. 选择加工区域

在弹出的【型腔铣】对话框中→【指定切削区域】→选择要加工的曲面→【确定】(如图 1.1.77 选择加工区域)。

3. 设置加工参数

【刀轨设置】栏目中→【切削模式】跟随部件→【平面直径百分比】25→【最大距离】0.2(如图 1.1.78 设置加工参数)。

图 1.1.77 选择加工区域

图 1.1.76 选择精加工方法

刀轨设置
方法 MILL_FINISH
切削模式 跟随部件
步距 % 刀具平直
平面直径百分比 10.0000
公共每刀切削深度 恒定
最大距离 0.2 mm
切削层
切削参数
非切削移动
进给率和速度

图 1.1.78 设置加工参数

4. 设置切削参数

打开【切削参数】→【策略】【切削顺序】深度优先→【余量】所有均设为 0→【空间范围】【毛坯】【处理中的工件】使用 3D→【确定】(如图 1.1.79 深度优先、图 1.1.80 使用 3D)。

图 1.1.79　深度优先

图 1.1.80　使用 3D

5. 设置非切削移动

打开【非切削移动】→【进刀】→【封闭区域】【进刀类型】插削→【开放区域】【进刀类型】与封闭区域相同→【确定】(如图 1.1.81 设置非切削移动)。

6. 设置进给率和速度

打开【进给率和速度】→勾选【主轴速度(rpm)】4000→【进给率】【切削】280→【确定】(如图 1.1.82 设置进给率和速度)。

图 1.1.81　设置非切削移动

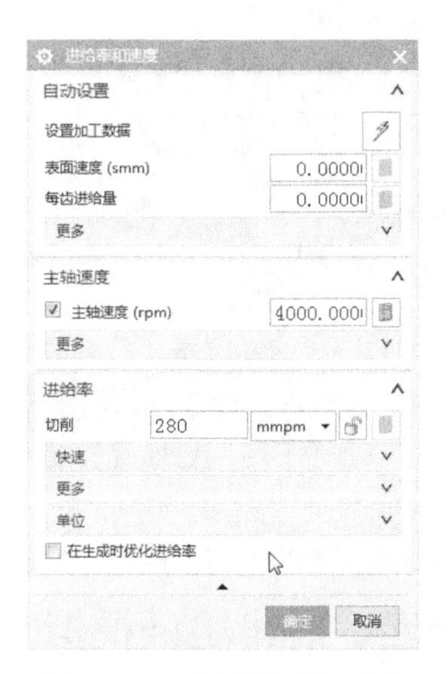

图 1.1.82　设置进给率和速度

7. 生成刀具路径

【操作】栏目中→点击【生成刀具路径】，生成该步操作的刀具路径（如图 1.1.83 生成刀具路径）。

十三、ϕ2 的平底刀清根精加工平面的角落区域

1. 选择精加工方法

【程序顺序视图】→【创建工序】→弹出【创建工序】对话框→【类型】mill _ contour→【工序子类型】单刀路清根→【程序】PROGRAM→【刀具】D2→【几何体】WORKPIECE→【方法】FINISH 精加工→【名称】qinggen2（如图 1.1.84 选择精加工方法）。

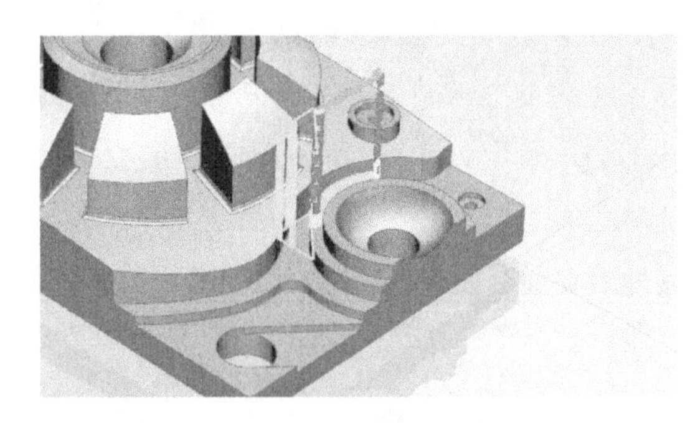

图 1.1.83　生成刀具路径

图 1.1.84　选择精加工方法

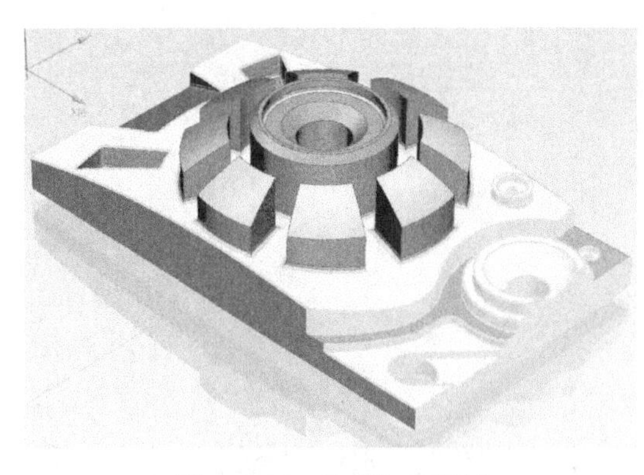

图 1.1.85　选择加工区域

2. 选择加工区域

在弹出的【单刀路清根】对话框中→【指定切削区域】→选择要加工的陡峭曲面→【确定】（如图 1.1.85 选择加工区域）。

3. 设置进给率和速度

【刀轨设置】栏目中→打开【进给率和速度】→勾选【主轴速度（rpm）】5000→【进给率】【切削】120→【确定】（如图 1.1.86 设置进给率和速度）。

4. 生成刀具路径

【操作】栏目中→点击【生成刀具路径】，生成该步操作的刀具路径（如图 1.1.87 生成刀具路径）。

十四、最终验证模拟

在左侧目录列表中选择操作→点击【确认刀轨】按钮→在弹出的【刀轨可视化】对话框

中→选择【2D 动态】→调整【动画速度】→点击【播放】(如图 1.1.88～图 1.1.98)。

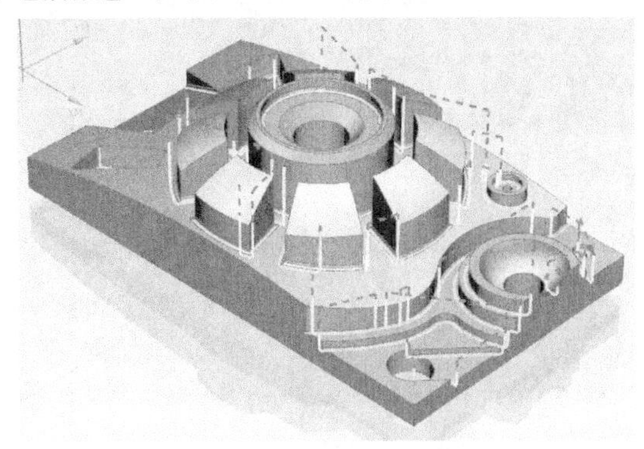

图 1.1.87　生成刀具路径

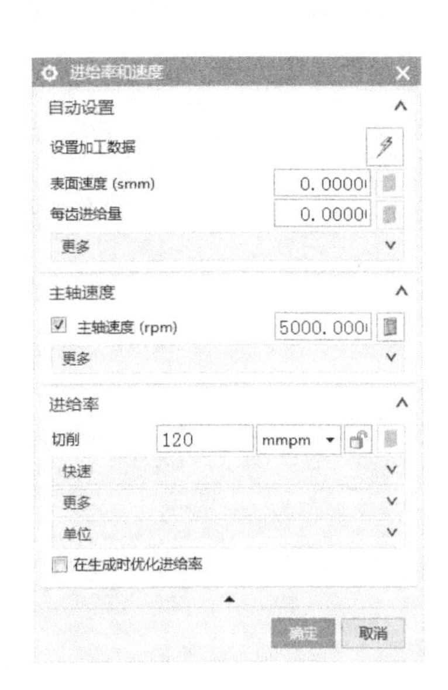

图 1.1.86　设置进给率和速度

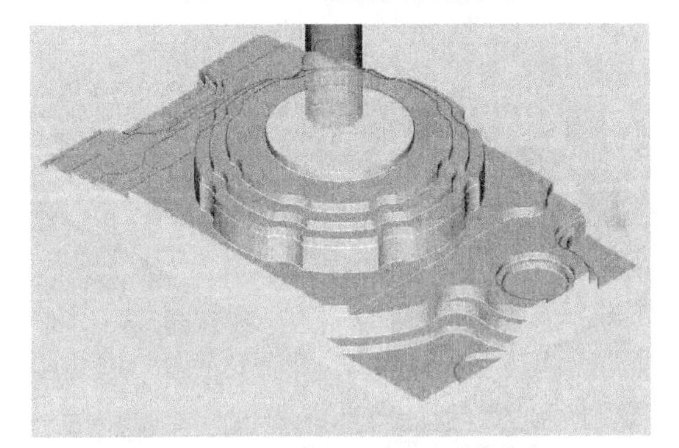

图 1.1.88　ϕ15 的平底刀型腔铣粗加工

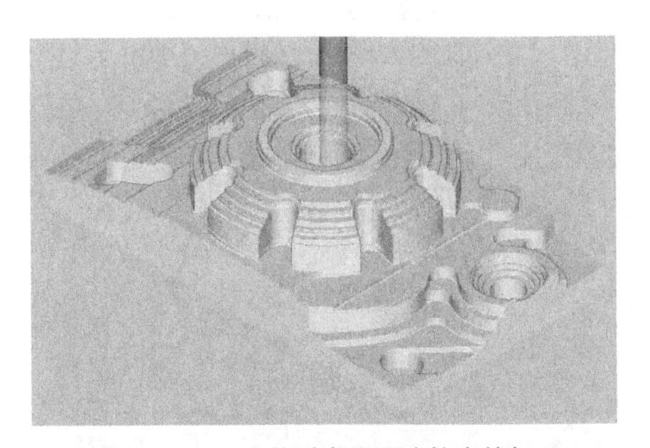

图 1.1.89　ϕ8 的平底刀型腔铣半精加工

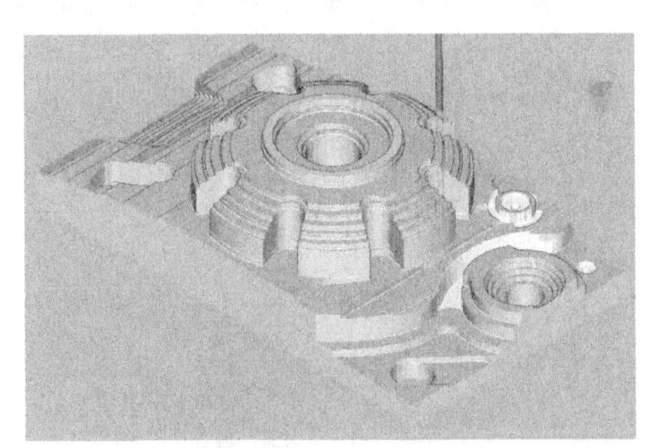

图 1.1.90　ϕ2 的平底刀型腔铣精修加工

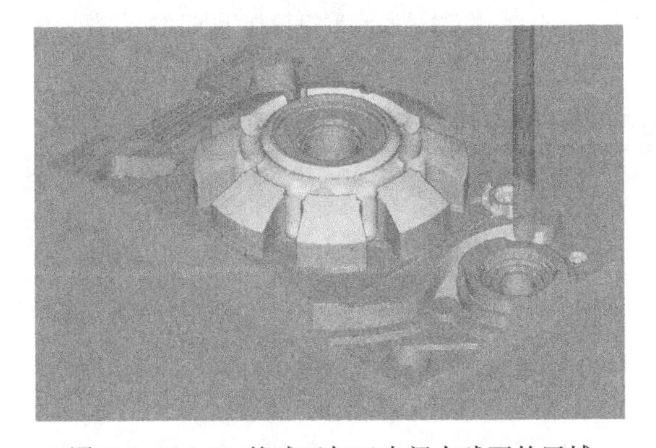

图 1.1.91　ϕ6 的球刀加工中间大球面的区域

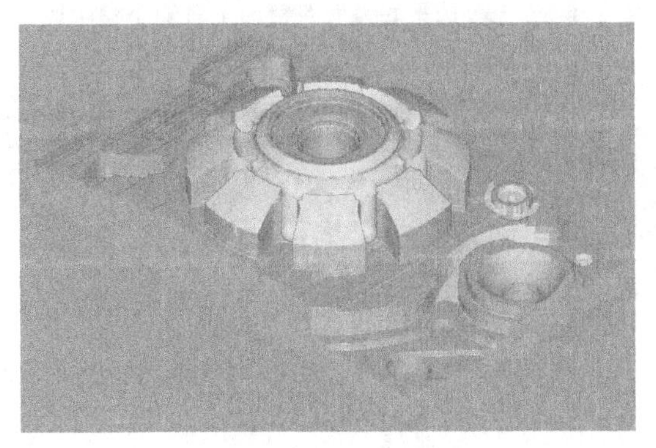

图 1.1.92　ϕ6 的球刀加工右侧小球面的区域

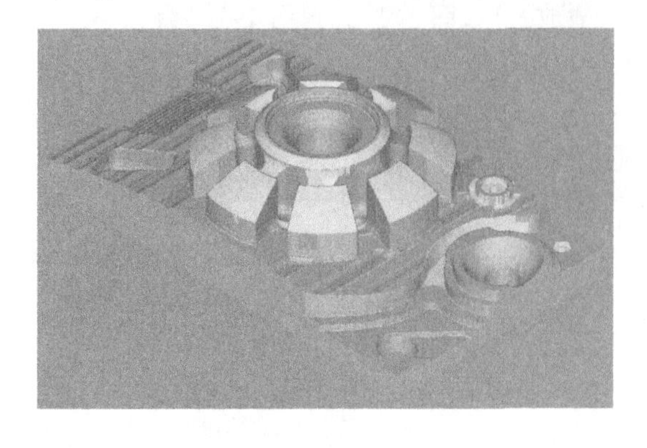

图 1.1.93　$\phi 6$ 的球刀型腔铣半精加工曲面区域

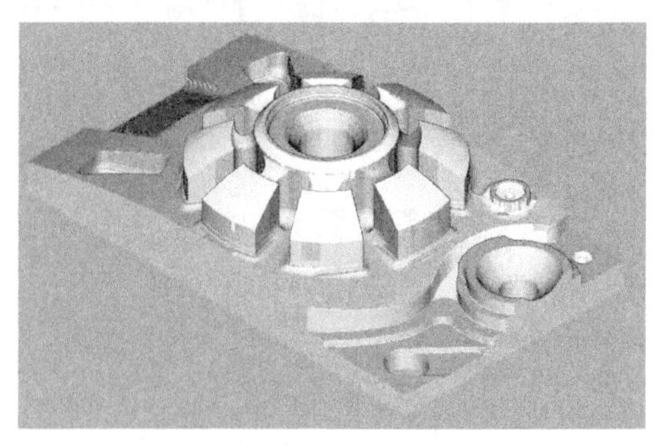

图 1.1.94　$\phi 6$ 的球刀固定轴轮廓铣精加工曲面区域

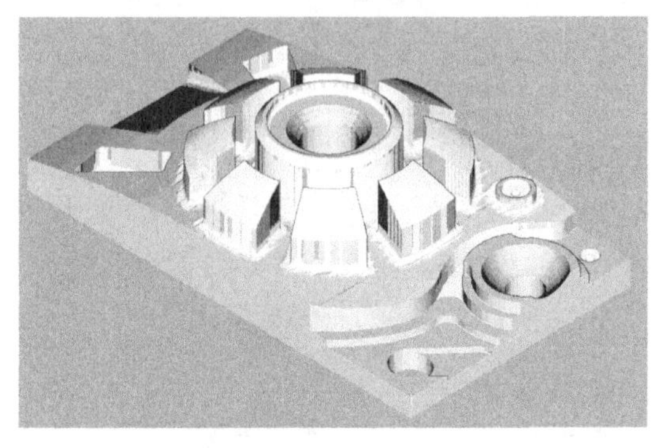

图 1.1.95　$\phi 1.8$ 的球刀型腔铣残料加工剩余的区域

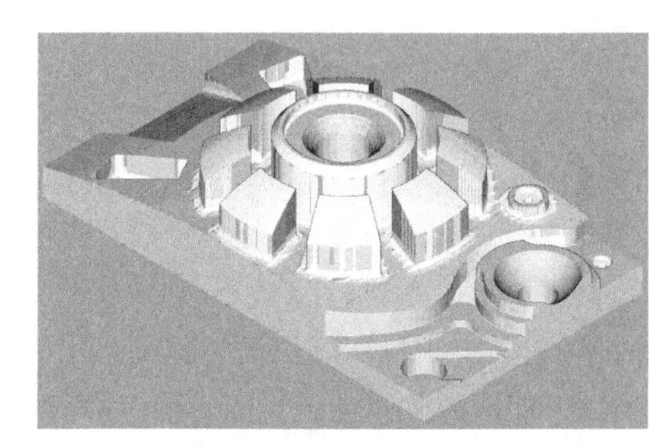

图 1.1.96　$\phi 1.8$ 的球刀清根精加工曲面的角落区域

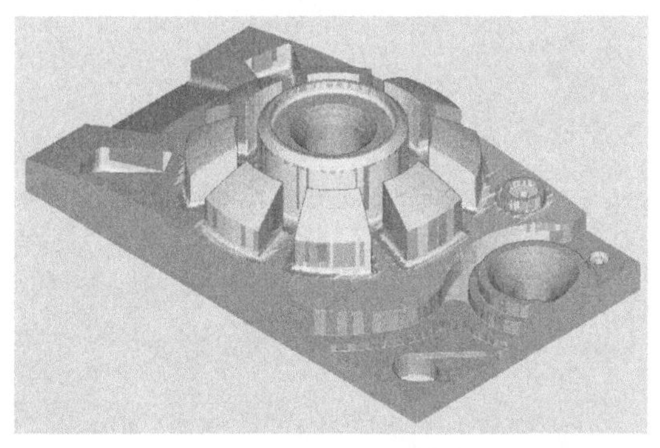

图 1.1.97　$\phi 2$ 的平底刀残料精加工右侧小台阶区域

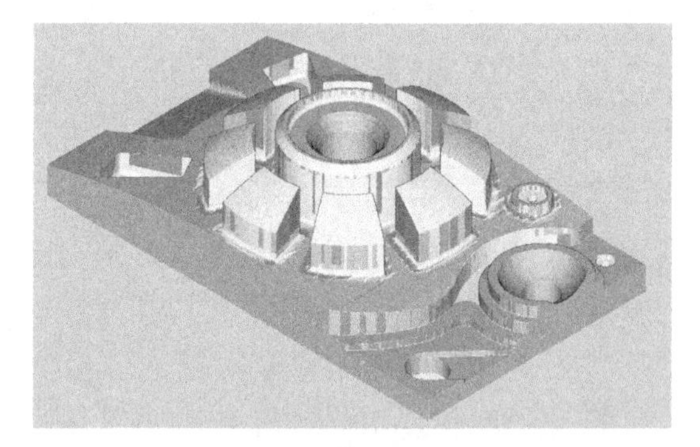

图 1.1.98　$\phi 2$ 的平底刀清根精加工平面的角落区域

案例二　双槽模块镶件数控零件加工

一、工艺分析

1. 零件图工艺分析

该零件中间由凸台和凹槽组成，在上下两侧的区域由两个凹形球面的形状组成（如图 1.2.1 双槽模块镶件数控零件）。

工件尺寸 200mm×100mm×54mm，无尺寸公差要求。尺寸标注完整，轮廓描述清楚。

零件材料为已经加工成型的标准铝块，无热处理和硬度要求。

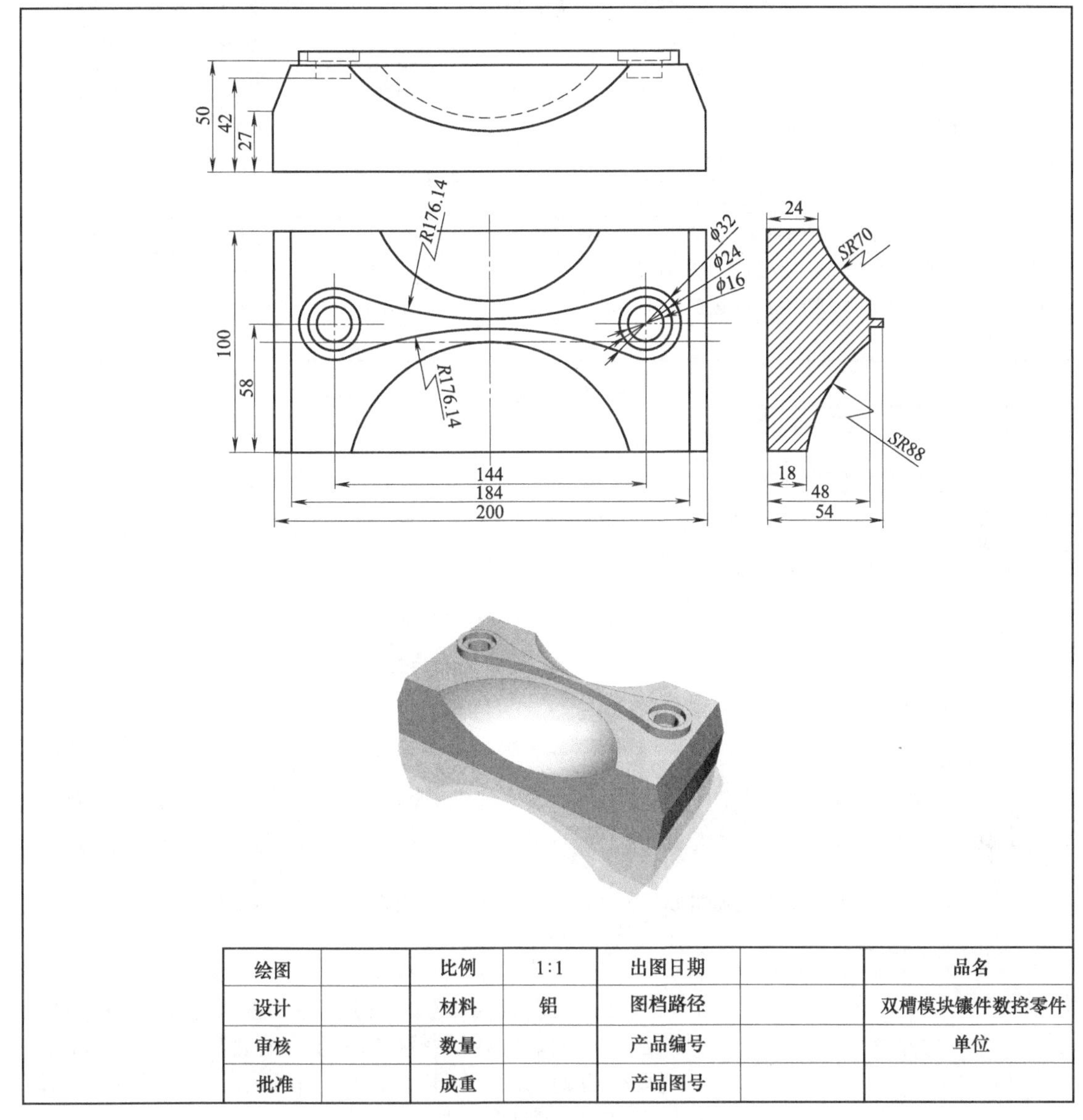

绘图		比例	1:1	出图日期		品名
设计		材料	铝	图档路径		双槽模块镶件数控零件
审核		数量		产品编号		单位
批准		成重		产品图号		

图 1.2.1　双槽模块镶件数控零件

2. 确定装夹方案、加工顺序及进给路线

工件采用通用的虎钳装夹方案，底部放置垫块，保证工件摆正，对刀点采用左下角的上表面点对刀，其装夹方式、加工区域和对刀点如图 1.2.2 所示。

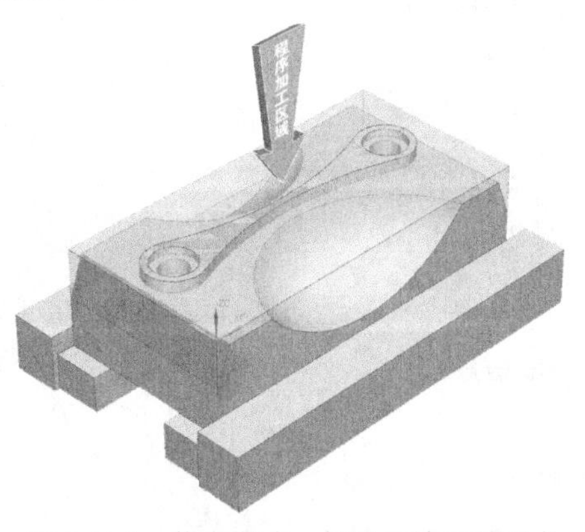

图 1.2.2　装夹方式、加工区域和对刀点

3. 刀具和加工区域选择

选用多把铣刀加工本例的区域，将所选定的刀具参数以及加工区域填入表 1.2.1 数控加工卡片中，以便于编程和操作管理。

表 1.2.1　数控加工卡片

产品名称或代号	数控零件加工综合实例	零件名称	双槽模块镶件数控零件	
序号	加工区域	刀具		
		名称	规格	刀号
1	ϕ10 的平底刀型腔铣粗加工	D10	ϕ10 平底刀	1
2	ϕ10 的平底刀面铣精加工平面区域	D10	ϕ10 平底刀	1
3	ϕ10 的球刀固定轴轮廓铣精加工下侧球面的区域	D10R5	ϕ10 球刀	2
4	ϕ10 的球刀固定轴轮廓铣精加工上侧球面的区域	D10R5	ϕ10 球刀	2
5	ϕ10 的球刀固定轴轮廓铣精加工右侧斜面区域	D10R5	ϕ10 球刀	2
6	ϕ10 的球刀固定轴轮廓铣精加工左侧斜面区域	D10R5	ϕ10 球刀	2
编制 ×××	审核 ×××	批准	×××	共 1 页

二、前期准备工作

1. 绘制辅助图形

进入【建模】模块式→【草图】中绘制图形，使之作为加工坐标系的原点（如图 1.2.3 草图中绘制辅助图形和图 1.2.4 完成后的效果）。

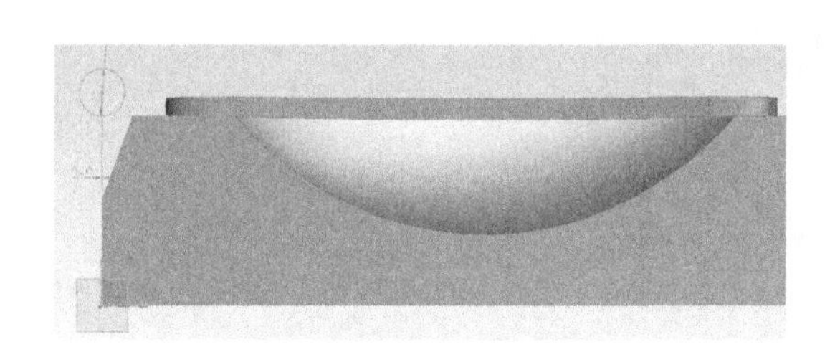

图 1.2.3　草图中绘制辅助图形

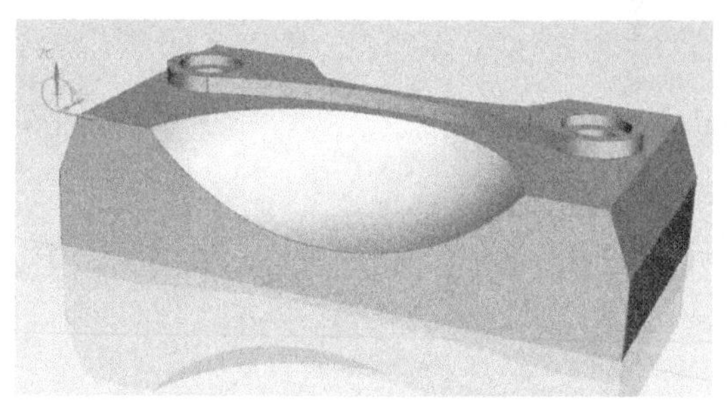

图 1.2.4　完成后的效果

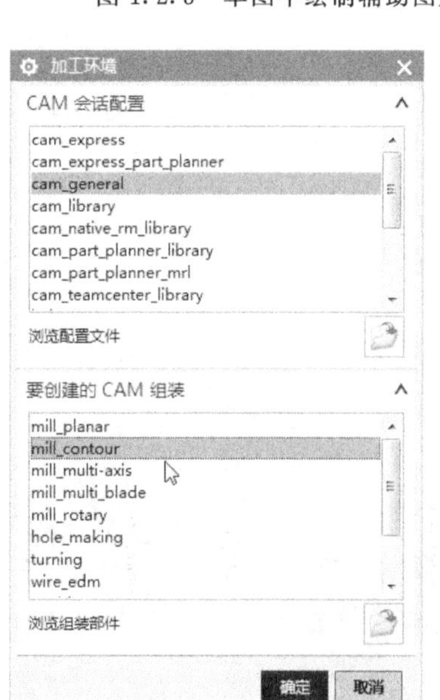

图 1.2.5　进入加工模块

2. 进入加工模块

打开【启动】菜单→【加工】，进入加工模块→打开【加工环境】对话框→【CAM 会话配置】cam _ general→【要创建的 CAM 组装】mill _ contour→【确定】（如图 1.2.5 进入加工模块）。

3. 创建刀具

【机床视图】→【创建刀具】→选择【平底刀】→【名称】D10→在【刀具设置】对话框中→【(D) 直径】10→【刀具号】1→【确定】(如图 1.2.6 创建 1 号刀具)。

→【创建刀具】→选择【平底刀】→【名称】D10R5→在【刀具设置】对话框中→【(D) 直径】10→【(R1) 下半径】5→【刀具号】2→【确定】（如图 1.2.7 创建 2 号刀具)。

4. 设置坐标系和创建毛坯

【几何视图】→双击【MCS _ MILL】→将加工坐标系

移至毛坯左下角的上平面点即可（如图）→设定【安全距离】2→【确定】（如图 1.2.8 设置坐标系）。

图 1.2.6　创建 1 号刀具

图 1.2.7　创建 2 号刀具

→打开 MCS _ MILL 前的【+】号，双击【WORKPIECE】→在【工件】对话框中→点击【指定部件】按钮→点击工件→【确定】（如图 1.2.9 指定部件）。

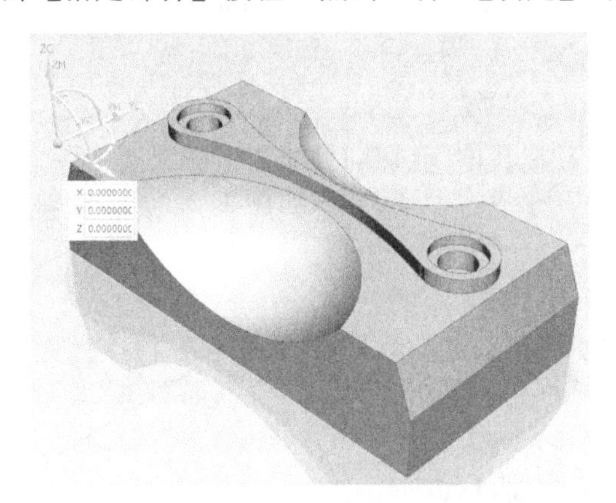

图 1.2.8　设置坐标系

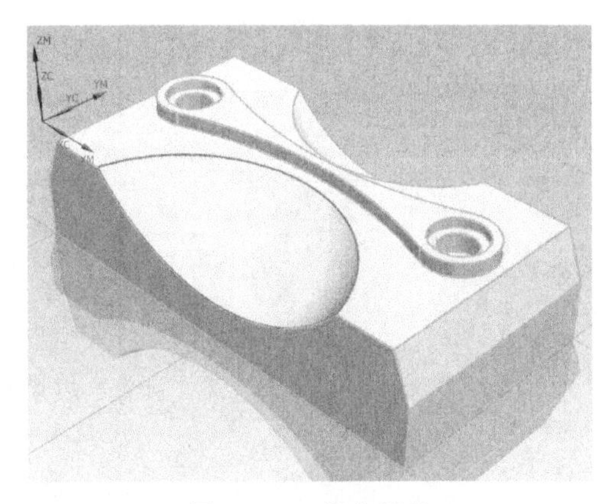

图 1.2.9　指定部件

→点击【指定毛坯】按钮→在弹出的【毛坯几何体】对话中→【类型】→选择【包容块】，设置最小化包容工件的毛坯→毛坯设置的效果如图→【确定】→【确定】（如图 1.2.10 创建毛坯）。

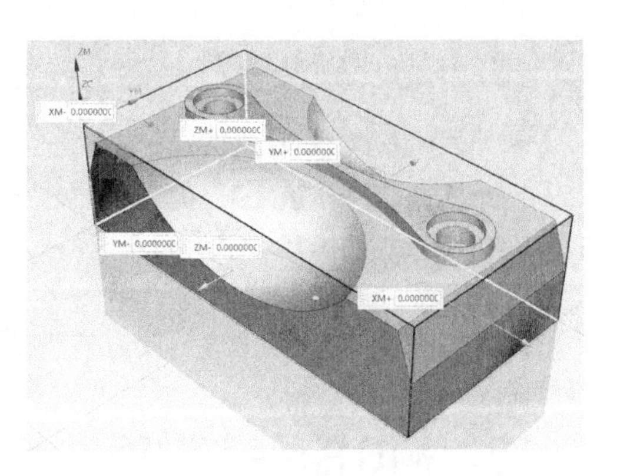

图 1.2.10　创建毛坯

三、ϕ10 的平底刀型腔铣粗加工

1. 选择粗加工方法

【程序顺序视图】→【创建工序】→弹出【创建工序】对话框→【类型】mill _ contour→【工序子类型】型腔铣→【程序】PROGRAM→【刀具】D10→【几何体】WORKPIECE→【方法】MILL _ ROUGH，进行粗加工→【名称】cu→【确定】（如图 1.2.11 选择粗加工方法）。

2. 选择加工区域

在弹出的【型腔铣】对话框中→【指定切削区域】→选择要加工的曲面→【确定】（如图1.2.12选择加工区域）。

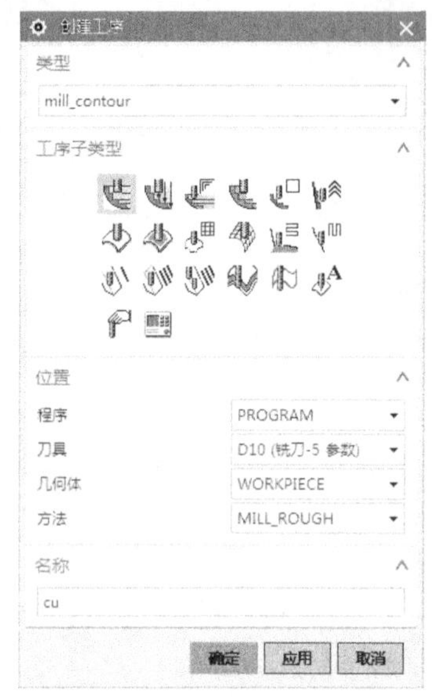

图1.2.11　选择粗加工方法

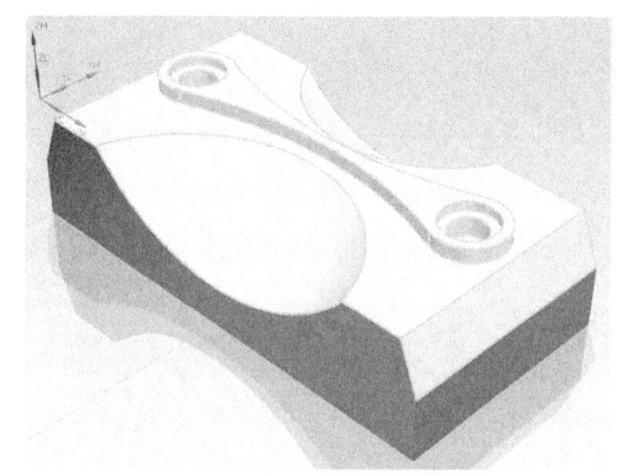

图1.2.12　选择加工区域

图1.2.13　设置加工参数

3. 设置加工参数

【刀轨设置】栏目中→【切削模式】跟随周边→【平面直径百分比】85→【最大距离】3（如图1.2.13设置加工参数）。

4. 设置切削参数

打开【切削参数】→【策略】【切削顺序】深度优先→【余量】【部件侧面余量】0.3→【确定】（如图1.2.14深度优先、图1.2.15余量）。

5. 设置非切削移动

打开【非切削移动】→【进刀】→【封闭区域】【进刀类型】插削→【开放区域】【进刀类型】与封闭区域相同→【确定】（如图1.2.16设置非切削移动）。

6. 设置进给率和速度

打开【进给率和速度】→勾选【主轴速度（rpm）】2500→【进给率】【切削】450→【确定】（如图1.2.17设置进给率和速度）。

7. 生成刀具路径

【操作】栏目中→点击【生成刀具路径】，生成该步操作的刀具路径（如图1.2.18生成刀具路径）。

四、ϕ10的平底刀面铣精加工平面区域

1. 选择精加工方法

【程序顺序视图】→【创建工序】→弹出【创建工序】对话框→【类型】mill _ planar→【工

图 1.2.14　深度优先

图 1.2.15　余量

图 1.2.16　设置非切削移动

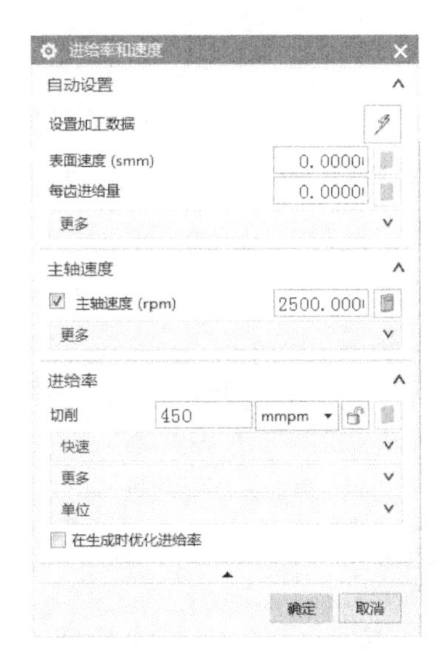

图 1.2.17　设置进给率和速度

序子类型】面铣→【程序】PROGRAM→【刀具】D10→【几何体】WORKPIECE→【方法】MILL _ FINISH→【名称】jing-pingmian→【确定】(如图 1.2.19 选择精加工方法)。

2. 选择加工区域

在弹出的【面铣】对话框中→【指定面边界】→选择要加工的平面→【确定】(如图 1.2.20 选择加工区域)。

3. 设置加工参数

【刀轨设置】栏目中→【切削模式】跟随

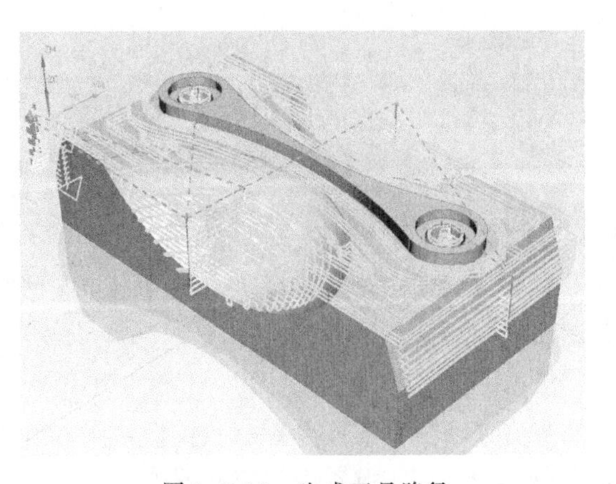

图 1.2.18　生成刀具路径

部件→【平面直径百分比】75→【毛坯距离】0→【每刀切削深度】0（如图 1.2.21 设置加工参数）。

4. 设置切削参数

打开【切削参数】→【余量】所有均设为 0→【确定】（如图 1.2.22 设置切削参数）。

图 1.2.19　选择精加工方法

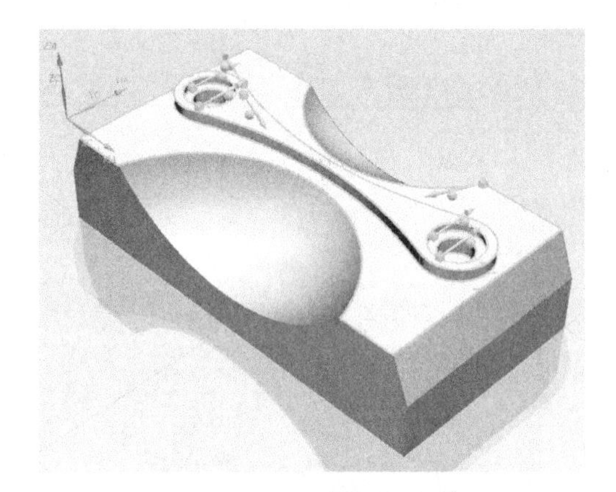

图 1.2.20　选择加工区域

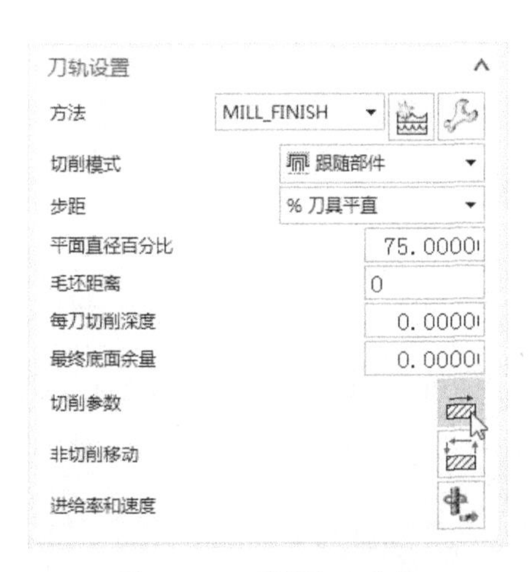

图 1.2.21　设置加工参数

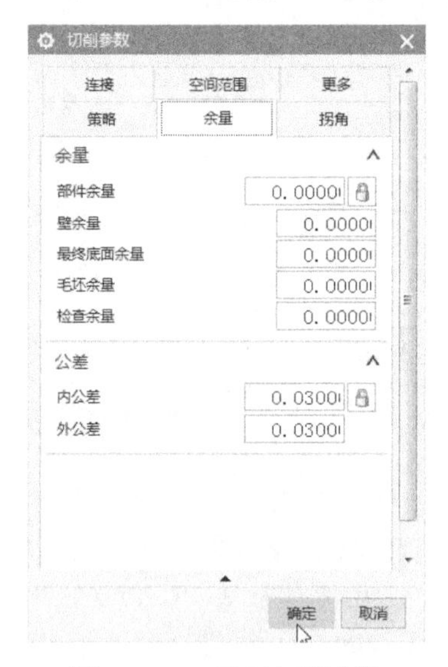

图 1.2.22　设置切削参数

5. 设置非切削移动

打开【非切削移动】→【进刀】→【封闭区域】【进刀类型】插削→【开放区域】【进刀类型】与封闭区域相同→【确定】（如图 1.2.23 设置非切削移动）。

6. 设置进给率和速度

打开【进给率和速度】→勾选【主轴速度（rpm）】3000→【进给率】【切削】200→【确定】（如图 1.2.24 设置进给率和速度）。

图 1.2.23　设置非切削移动

图 1.2.24　设置进给率和速度

7. 生成刀具路径

【操作】栏目中→点击【生成刀具路径】，生成该步操作的刀具路径（如图 1.2.25 生成刀具路径）。

五、ϕ10 的球刀固定轴轮廓铣精加工下侧球面的区域

1. 选择精加工方法

【程序顺序视图】→【创建工序】→弹出【创建工序】对话框→【类型】mill _ contour→【工序子类型】固定轴曲面轮廓铣→【程序】PROGRAM→【刀具】D10R5→【几何体】WORKPIECE→【方法】MILL _ FINISH→【名称】jing-qiu1→【确定】（如图 1.2.26 选择精加工方法）。

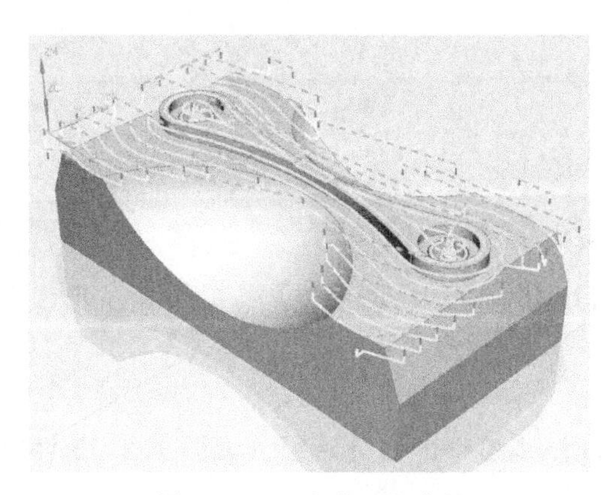

图 1.2.25　生成刀具路径

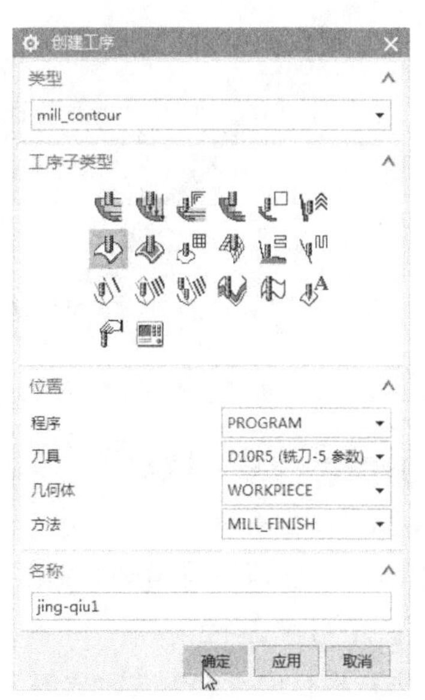

图 1.2.26　选择精加工方法

2. 选择加工区域

在弹出的【固定轴曲面轮廓铣】对话框中→【指定切削区域】→选择要加工的曲面→【确定】(如图 1.2.27 选择加工区域)。

3. 设置驱动方法及加工参数设置

【驱动方法】栏目中→【方法】螺旋(如图 1.2.28 驱动方法)。

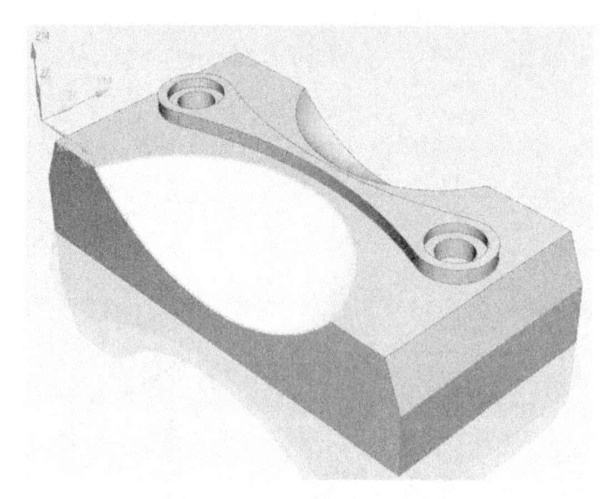

图 1.2.27 选择加工区域

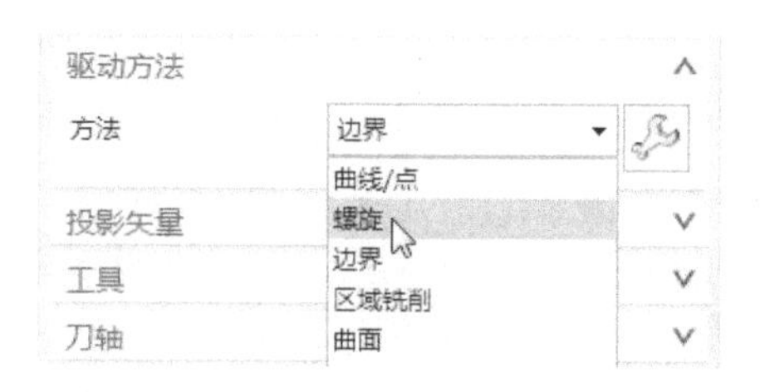

图 1.2.28 驱动方法

→弹出【螺旋】驱动方法对话框→【指定点】,定圆弧的圆心作为螺旋中心(如图 1.2.29 螺旋中心)。

→【最大螺旋半径】90→【平面直径百分比】5→【确定】(如图 1.2.30 加工参数设置)。

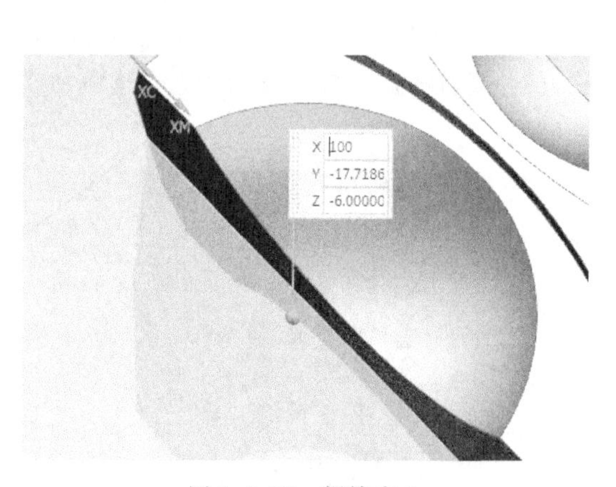

图 1.2.29 螺旋中心

图 1.2.30 加工参数设置

4. 设置进给率和速度

打开【进给率和速度】→勾选【主轴速度(rpm)】3500→【进给率】【切削】300→【确定】(如图 1.2.31 设置进给率和速度)。

5. 生成刀具路径

【操作】栏目中→点击【生成刀具路径】,生成该步操作的刀具路径(如图 1.2.32 生成刀具路径)。

图 1.2.31　设置进给率和速度

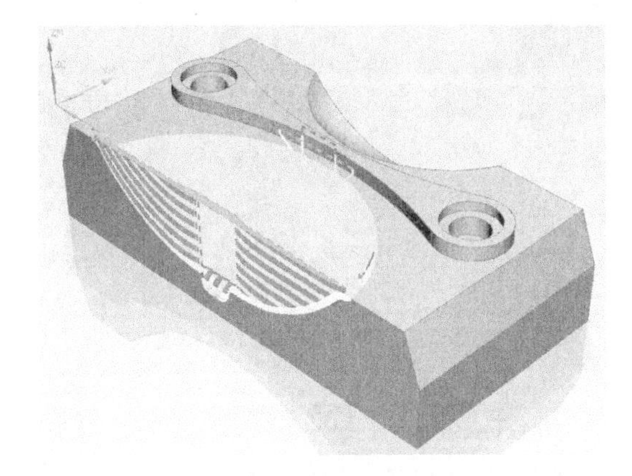

图 1.2.32　生成刀具路径

六、ϕ10 的球刀固定轴轮廓铣精加工上侧球面的区域

1. 复制操作

右击【JING-QIU1】复制并粘贴→右击【重命名】为【JING-QIU2】（如图 1.2.33 复制、图 1.2.34 重命名、图 1.2.35 复制操作）。

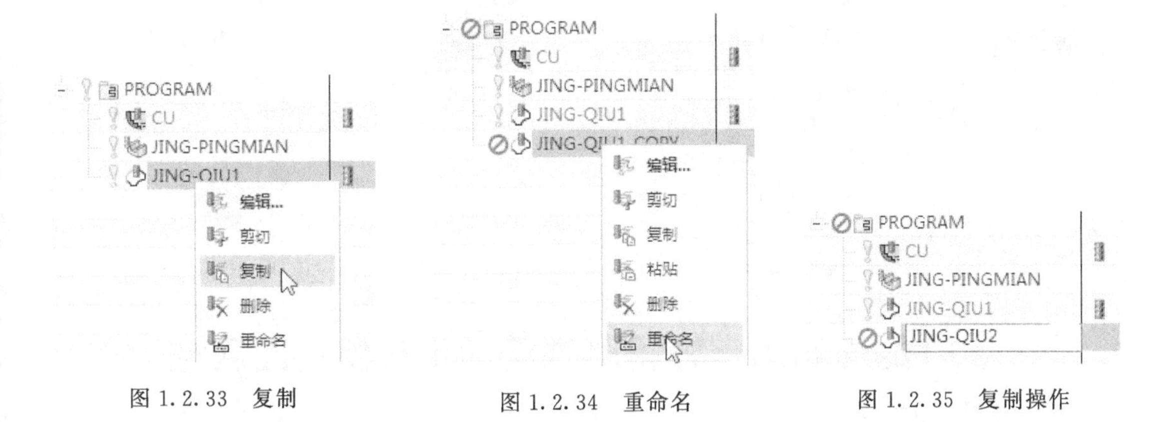

图 1.2.33　复制　　图 1.2.34　重命名　　图 1.2.35　复制操作

2. 选择加工区域

双击【JING-QIU2】→在弹出的【固定轮廓铣】对话框中→【指定切削区域】→【列表选框】右侧→点击【删除】✕，删除之前的选择区域→点击选择要加工的曲面→【确定】（如图 1.2.36 选择加工区域）。

3. 设置驱动方法及加工参数设置

【驱动方法】栏目中→点击【方法】螺旋右侧的【编辑】（如图 1.2.37 驱动方法）。

→弹出【螺旋】驱动方法对话框→【指定点】，定圆弧的圆心作为螺旋中心→【确定】（如图 1.2.38 螺旋中心）。

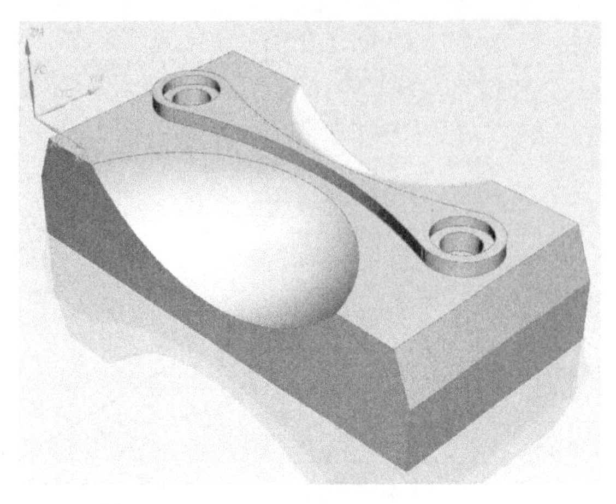

图 1.2.36 选择加工区域

图 1.2.37 驱动方法

4. 生成刀具路径

【操作】栏目中→点击【生成刀具路径】，生成该步操作的刀具路径（如图 1.2.39 生成刀具路径）。

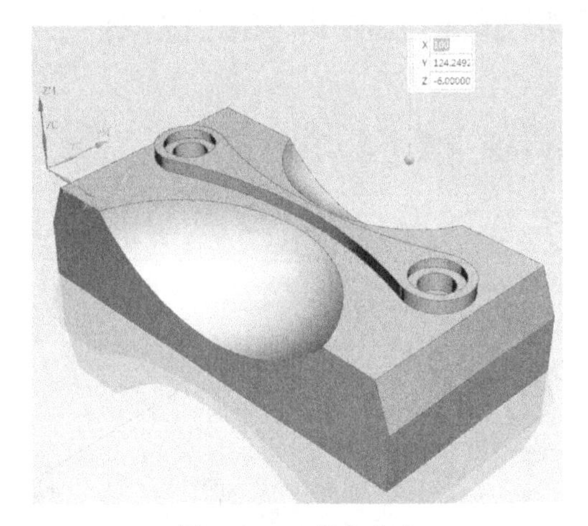

图 1.2.38 螺旋中心

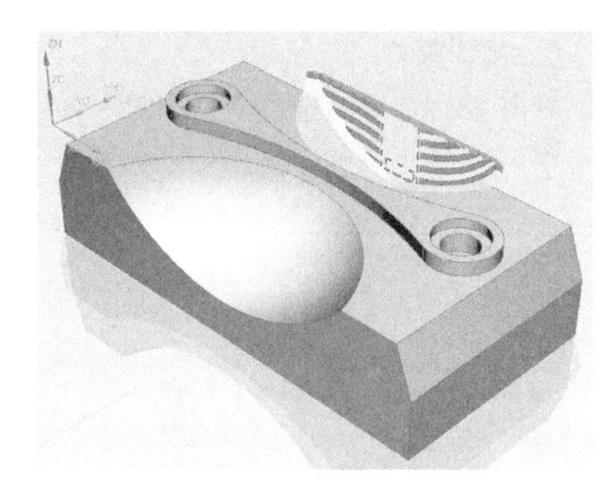

图 1.2.39 生成刀具路径

七、ϕ10 的球刀固定轴轮廓铣精加工右侧斜面区域

1. 选择精加工方法

【程序顺序视图】→【创建工序】→弹出【创建工序】对话框→【类型】mill _ contour→【工序子类型】固定轴曲面轮廓铣→【程序】PROGRAM→【刀具】D10R5→【几何体】WORKPIECE→【方法】MILL _ FINISH→【名称】jing-xie1（如图 1.2.40 选择精加工方法）。

2. 选择加工区域

在弹出的【固定轴曲面轮廓铣】对话框中→【指定切削区域】→选择要加工的曲面→【确定】(如图 1.2.41 选择加工区域)。

3. 设置驱动方法及加工参数设置

【驱动方法】栏目中→【方法】区域铣削（如图 1.2.42 驱动方法）。

图 1.2.40　选择精加工方法

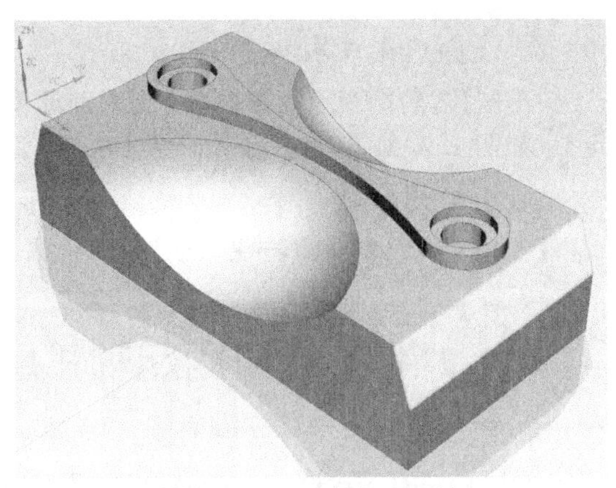

图 1.2.41　选择加工区域

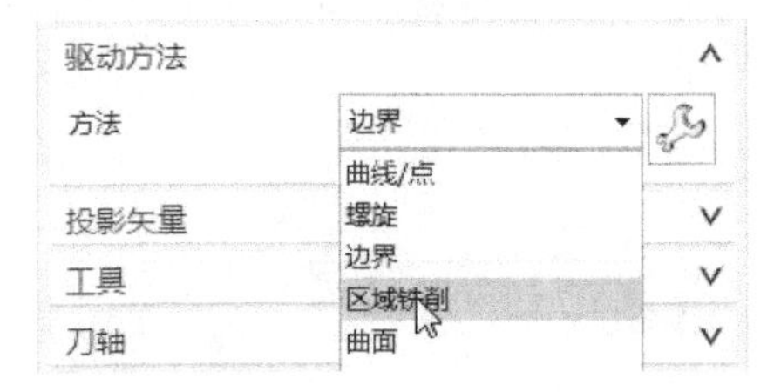

图 1.2.42　驱动方法

→弹出【区域铣削】驱动方法对话框→【驱动设置】→【非陡峭切削模式】单向→【平面直径百分比】5→【剖切角】指定→【与 XC 夹角】0→【确定】(如图 1.2.43 加工参数设置)。

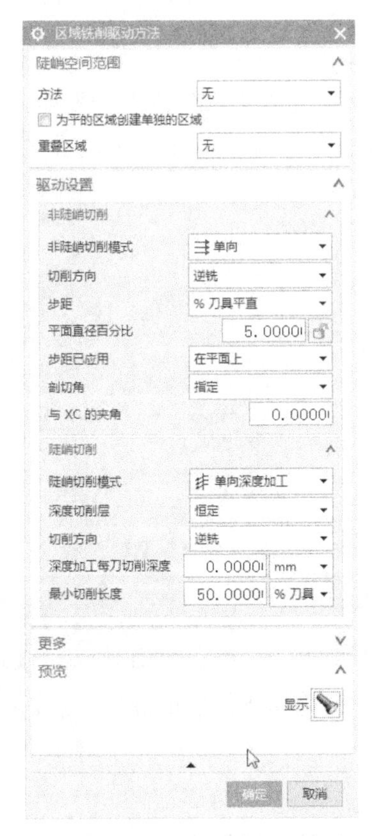

图 1.2.43　加工参数设置

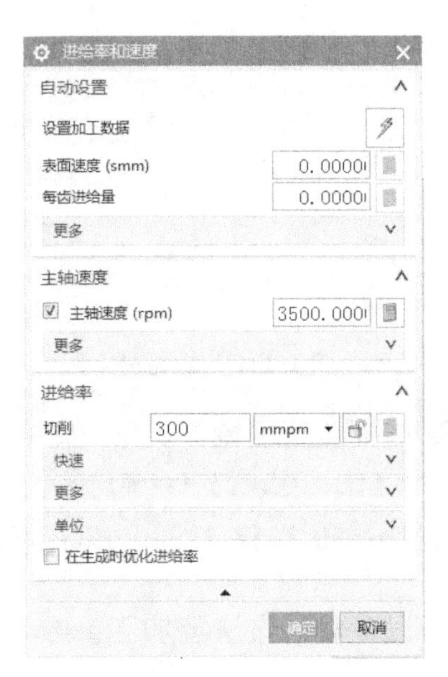

图 1.2.44　设置进给率和速度

4. 设置进给率和速度

打开【进给率和速度】→勾选【主轴速度（rpm）】3500→【进给率】【切削】300→【确定】（如图 1.2.44 设置进给率和速度）。

5. 生成刀具路径

【操作】栏目中→点击【生成刀具路径】，生成该步操作的刀具路径（如图 1.2.45 生成刀具路径）。

八、ϕ10 的球刀固定轴轮廓铣精加工左侧斜面区域

1. 复制操作

右击【JING-XIE1】复制并粘贴→右击【重命名】为【JING-XIE2】（如图 1.2.46 复制、图 1.2.47 重命名、图 1.2.48 复制操作）。

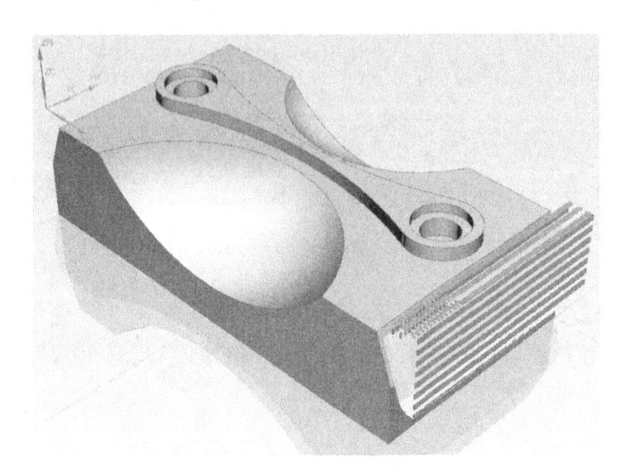

图 1.2.45　生成刀具路径

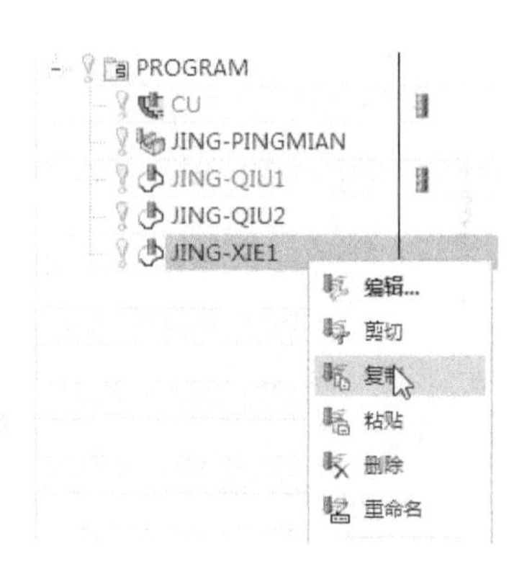

图 1.2.46　复制

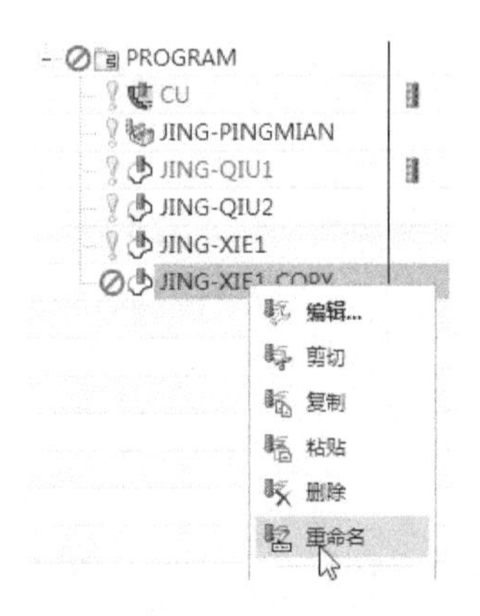

图 1.2.47　重命名

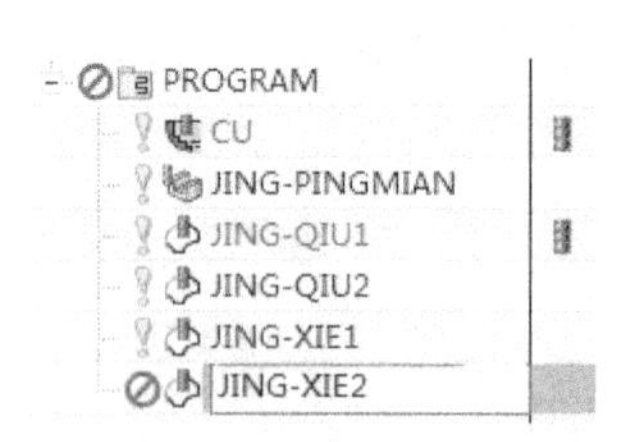

图 1.2.48　复制操作

2. 选择加工区域

双击【JING-XIE2】→在弹出的【固定轮廓铣】对话框中→【指定切削区域】→【列表选框】右侧→点击【删除】×，删除之前的选择区域→点击选择要加工的曲面→【确定】（如图 1.2.49 选择加工区域）。

3. 设置驱动方法及加工参数设置

【驱动方法】栏目中→点击【方法】区域铣削右侧的【编辑】（如图 1.2.50 驱动

方法）。

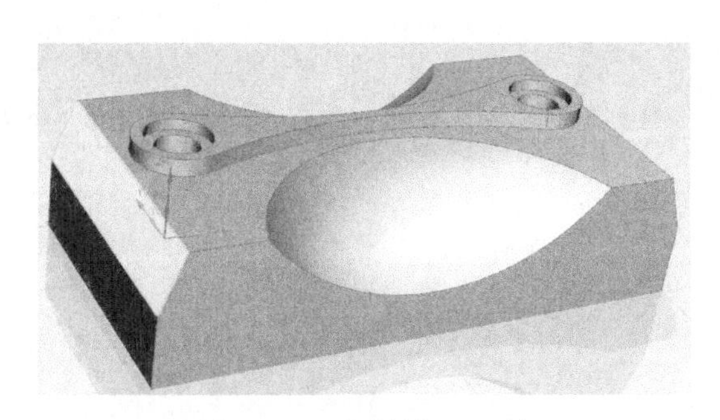

图 1.2.49　选择加工区域

图 1.2.50　驱动方法

→弹出【区域铣削】驱动方法对话框→【驱动设置】→【非陡峭切削模式】单项→【平面直径百分比】5→【剖切角】指定→【与 XC 夹角】180→【确定】（如图 1.2.51 加工参数设置）。

4. 生成刀具路径

【操作】栏目中→点击【生成刀具路径】，生成该步操作的刀具路径（如图 1.2.52 生成刀具路径）。

九、最终验证模拟

在左侧目录列表中选择操作→点击【确认刀轨】按钮→在弹出的【刀轨可视化】对话框中→选择【2D 动态】→调整【动画速度】→点击【播放】（如图 1.2.53～图 1.2.58）。

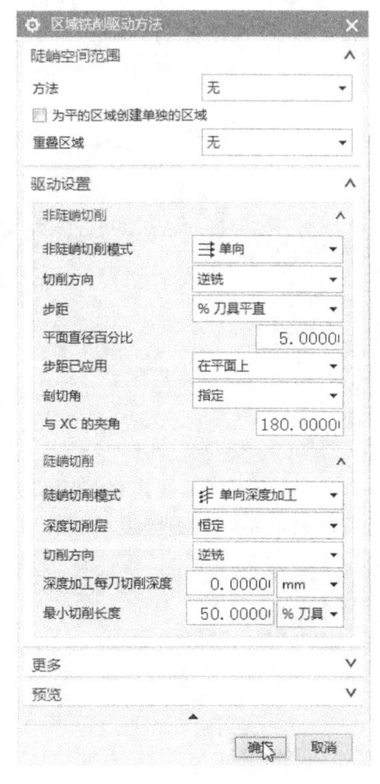

图 1.2.51　加工参数设置

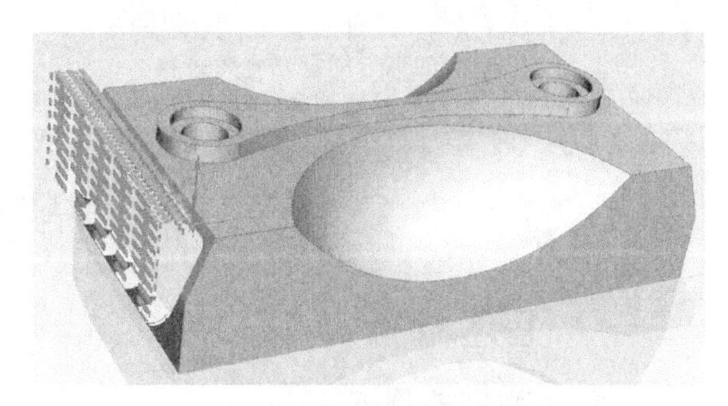

图 1.2.52　生成刀具路径

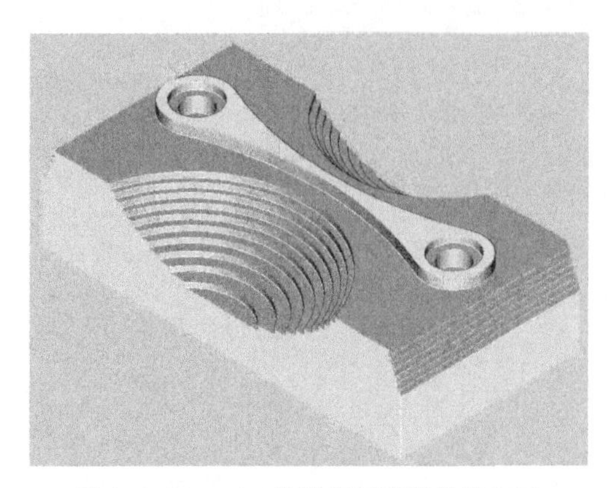

图 1.2.53　ϕ10 的平底刀型腔铣粗加工

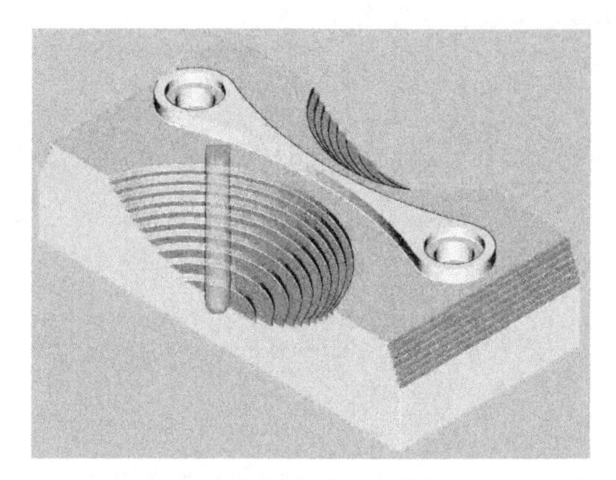

图 1.2.54　ϕ10 的平底刀面铣精加工平面区域

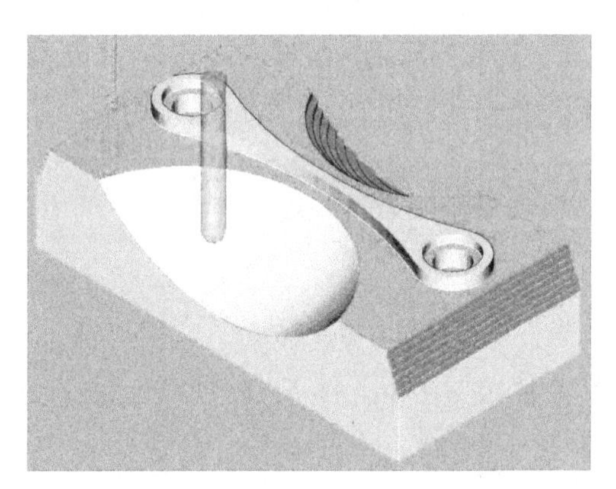

图 1.2.55　ϕ10 的球刀固定轴轮廓铣精加工下侧球面的区域

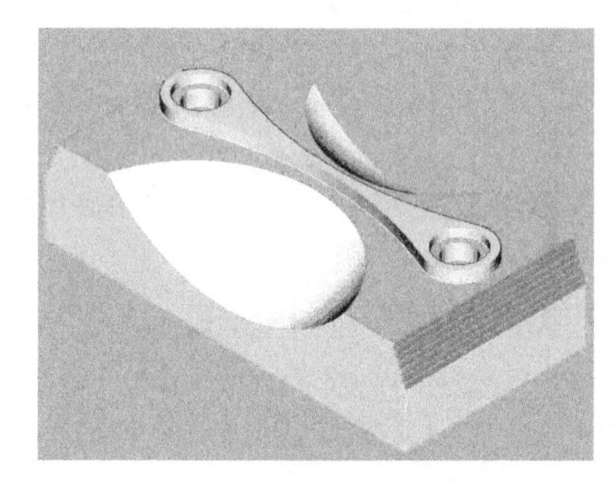

图 1.2.56　ϕ10 的球刀固定轴轮廓铣精加工上侧球面的区域

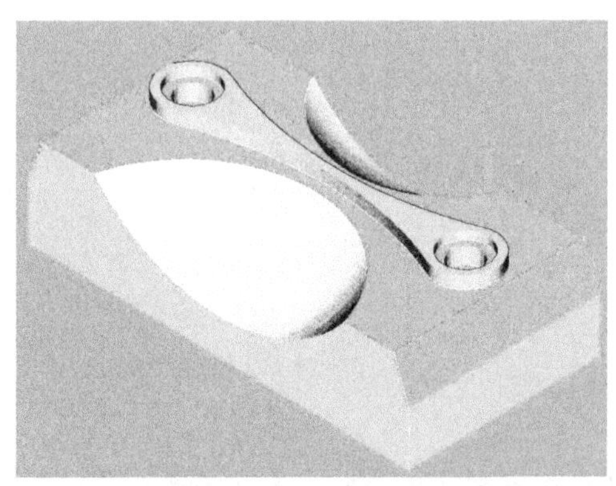

图 1.2.57　ϕ10 的球刀固定轴轮廓铣精加工右侧斜面区域

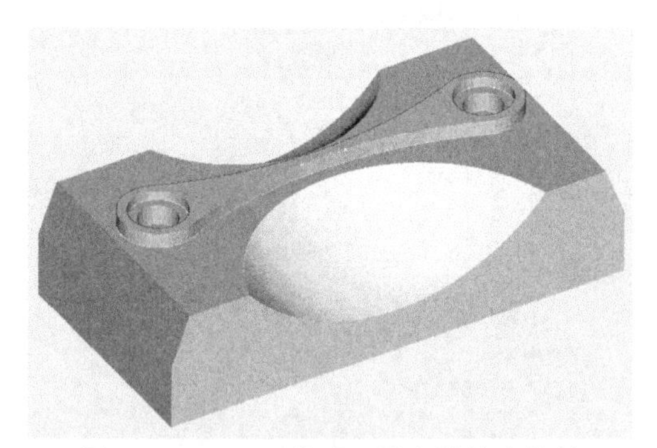

图 1.2.58　ϕ10 的球刀固定轴轮廓铣精加工左侧斜面区域

案例三　底板座数控零件加工

一、工艺分析

1. 零件图工艺分析

该零件由凸台、通孔和其他小区域组成，在中间区域由两个凹形球面的形状组成（如图

1.3.1 底板座数控零件)。

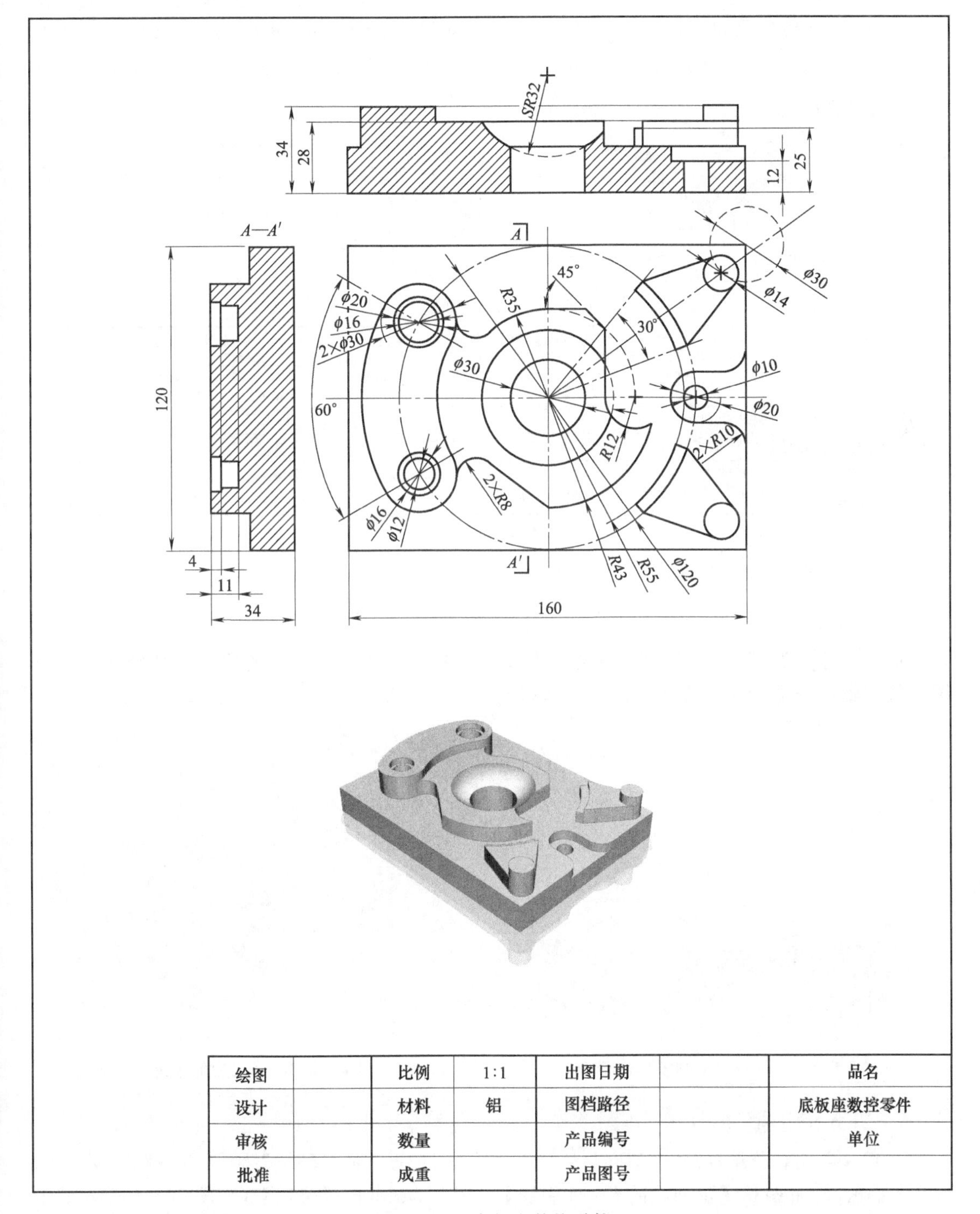

图 1.3.1　底板座数控零件

工件尺寸 160mm×120mm×34mm，无尺寸公差要求。尺寸标注完整，轮廓描述清楚。零件材料为已经加工成型的标准铝块，无热处理和硬度要求。

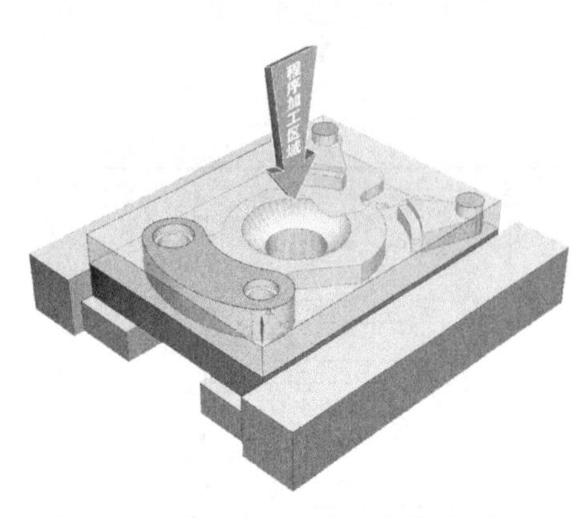

图 1.3.2　装夹方式、加工区域和对刀点

2. 确定装夹方案、加工顺序及进给路线

工件采用通用的虎钳装夹方案，底部放置垫块，保证工件摆正，对刀点采用左下角的上表面点对刀，其装夹方式、加工区域和对刀点如图 1.3.2 所示。

3. 刀具和加工区域选择

选用多把铣刀加工本例的区域，将所选定的刀具参数以及加工区域填入表 1.3.1 数控加工卡片中，以便于编程和操作管理。

表 1.3.1　数控加工卡片

产品名称或代号		数控零件加工综合实例		零件名称	底板座数控零件		
序号	加工区域			刀具			
				名称	规格		刀号
1	ϕ12 的平底刀型腔铣粗加工			D12	ϕ12 平底刀		1
2	ϕ8 的平底刀型腔铣精加工			D8	ϕ8 平底刀		2
3	ϕ10 的球刀加工中间球面的区域			D10R5	ϕ10 球刀		3
编制	×××	审核	×××	批准	×××		共 1 页

二、前期准备工作

1. 绘制辅助图形

进入【建模】模块→【草图】中绘制图形，使之作为加工坐标系的原点（如图 1.3.3 草图中绘制辅助图形和图 1.3.4 完成后的效果）。

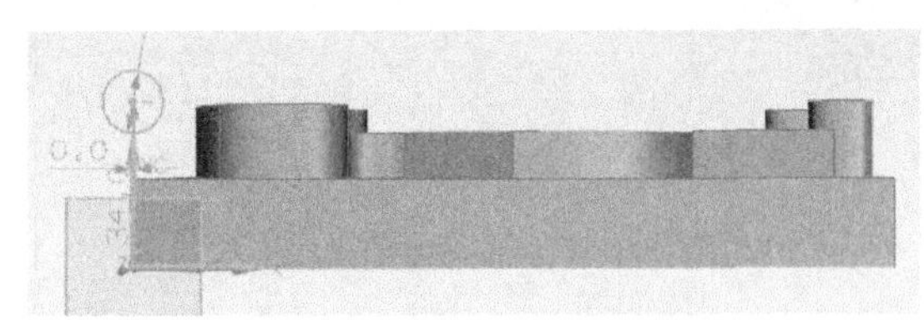

图 1.3.3　草图中绘制辅助图形

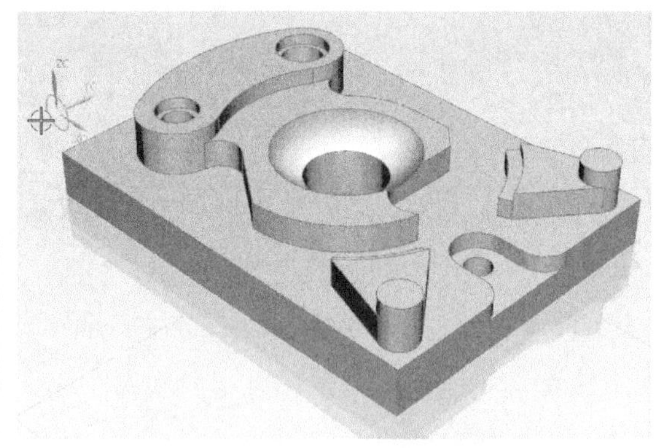

图 1.3.4　完成后的效果

2. 进入加工模块

打开【启动】菜单→【加工】，进入加工模块→打开【加工环境】对话框→【CAM 会话配置】cam _ general→【要创建的 CAM 组装】mill _ contour→【确定】（如图 1.3.5 进入加工模块）。

3. 创建刀具

【机床视图】→【创建刀具】→选择【平底刀】→【名称】D12→在【刀具设置】对话框中→

【(D) 直径】12→【刀具号】1→【确定】(如图 1.3.6 创建 1 号刀具)。

图 1.3.5　进入加工模块

图 1.3.6　创建 1 号刀具

→【创建刀具】→选择【平底刀】→【名称】D8→在【刀具设置】对话框中→【(D) 直径】8→【刀具号】2→【确定】(如图 1.3.7 创建 2 号刀具)。

→【创建刀具】→选择【平底刀】→【名称】D10R5→在【刀具设置】对话框中→【(D) 直径】10→【(R1) 下半径】5→【刀具号】2→【确定】(如图 1.3.8 创建 3 号刀具)。

图 1.3.7　创建 2 号刀具

图 1.3.8　创建 3 号刀具

4. 设置坐标系和创建毛坯

【几何视图】→双击【MCS _ MILL】→观察加工坐标系位置，加工坐标系与毛坯左下角的上平面点重合即可（如图）→设定【安全距离】2→【确定】(如图 1.3.9 设置坐标系)。

→打开 MCS _ MILL 前的【+】号，双击【WORKPIECE】→在【工件】对话框中→点击【指定部件】按钮→点击工件→【确定】(如图 1.3.10 指定部件)。

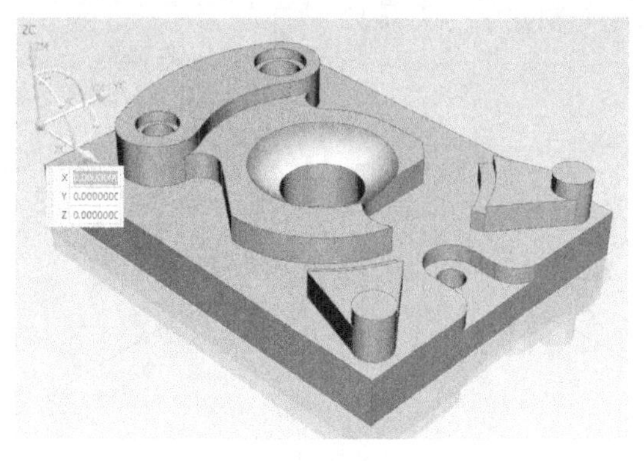

图 1.3.9　设置坐标系

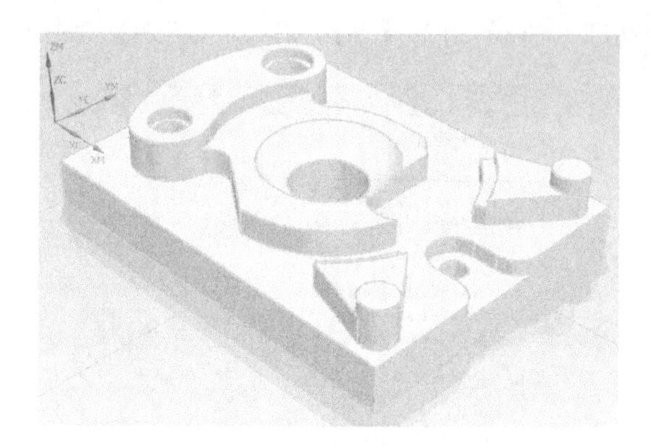

图 1.3.10　指定部件

→点击【指定毛坯】按钮→在弹出的【毛坯几何体】对话中→【类型】→选择【包容块】，设置最小化包容工件的毛坯→毛坯设置的效果如下→【确定】→【确定】（如图 1.3.11 创建毛坯）。

三、ϕ12 的平底刀型腔铣粗加工

1. 选择粗加工方法

【程序顺序视图】→【创建工序】→弹出【创建工序】对话框→【类型】mill _ contour→【工序子类型】型腔铣→【程序】PROGRAM→【刀具】D12→【几何体】WORKPIECE→【方法】MILL _ ROUGH，进行粗加工→【名称】cu→【确定】（如图 1.3.12 选择粗加工方法）。

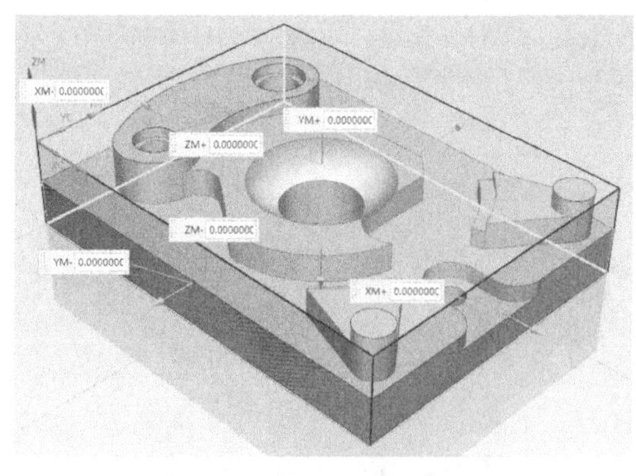

图 1.3.11　创建毛坯

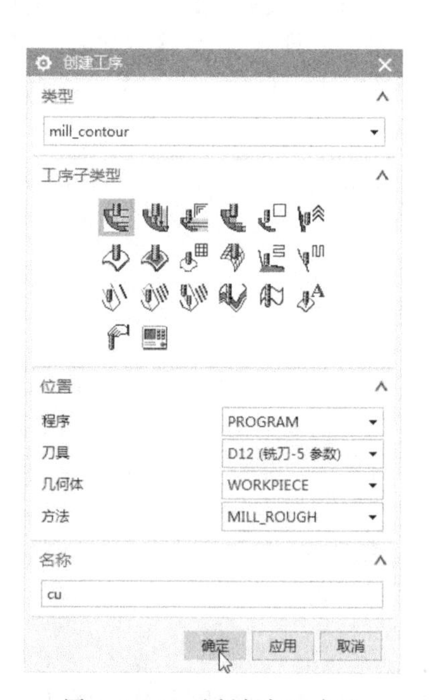

图 1.3.12　选择粗加工方法

2. 选择加工区域

在弹出的【型腔铣】对话框中→【指定切削区域】→选择要加工的曲面→【确定】（如图 1.3.13 选择加工区域）。

3. 设置加工参数

【刀轨设置】栏目中→【切削模式】跟随周边→【平面直径百分比】85→【最大距离】3（如图 1.3.14 设置加工参数）。

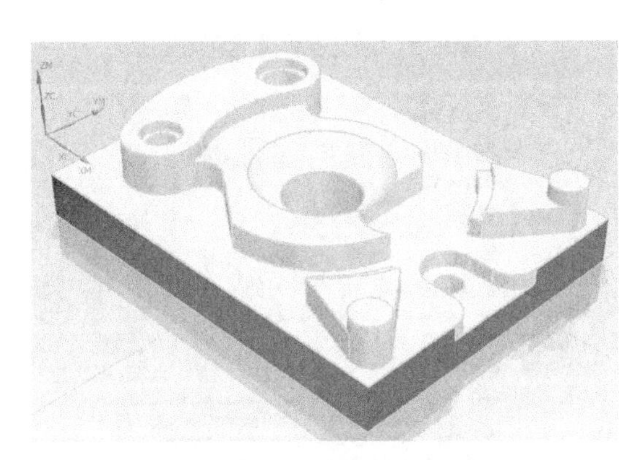

图 1.3.13　选择加工区域

图 1.3.14　设置加工参数

4. 设置切削参数

打开【切削参数】→【策略】【切削顺序】深度优先→【余量】【部件侧面余量】0.3→【确定】（如图 1.3.15 深度优先、图 1.3.16 余量）。

图 1.3.15　深度优先

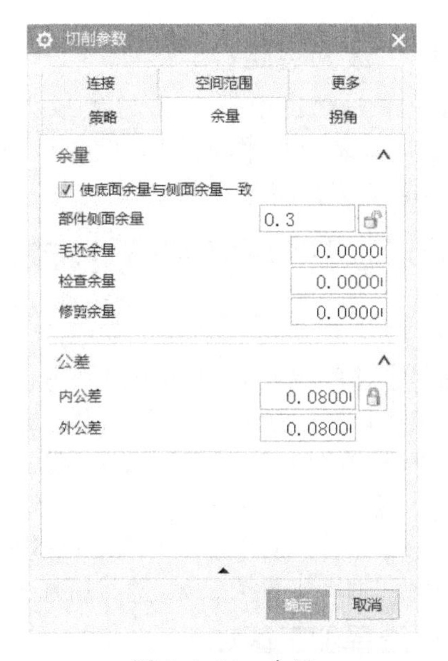

图 1.3.16　余量

5. 设置非切削移动

打开【非切削移动】→【进刀】→【封闭区域】【进刀类型】插削→【确定】（如图 1.3.17 设置非切削移动）。

6. 设置进给率和速度

打开【进给率和速度】→勾选【主轴速度（rpm）】2500→【进给率】【切削】450→【确定】（如图 1.3.18 设置进给率和速度）。

图 1.3.17　设置非切削移动

图 1.3.18　设置进给率和速度

7. 生成刀具路径

【操作】栏目中→点击【生成刀具路径】，生成该步操作的刀具路径（如图 1.3.19 生成刀具路径）。

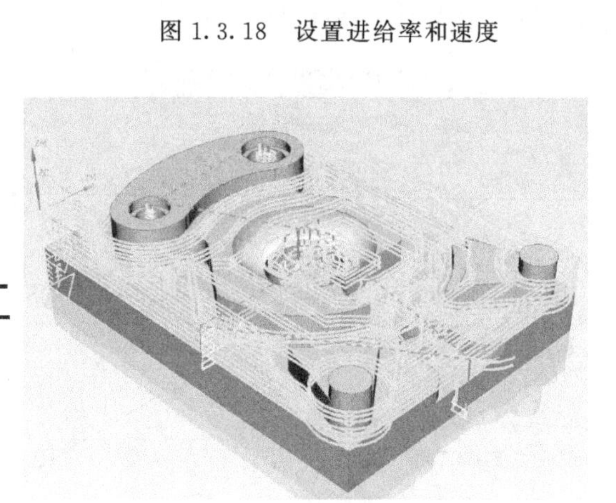

图 1.3.19　生成刀具路径

四、ϕ8的平底刀型腔铣精加工

1. 选择精加工方法

【程序顺序视图】→【创建工序】→弹出【创建工序】对话框→【类型】mill _ contour →【工序子类型】型腔铣→【程序】PROGRAM→【刀具】D8→【几何体】WORKPIECE→【方法】MILL _ FINISH→【名称】jing→【确定】（如图 1.3.20 选择精加工方法）。

2. 选择加工区域

在弹出的【型腔铣】对话框中→【指定切削区域】→选择要加工的曲面→【确定】（如图 1.3.21 选择加工区域）。

3. 设置加工参数

【刀轨设置】栏目中→【切削模式】跟随部件→【平面直径百分比】65→【最大距离】1.5（如图 1.3.22 设置加工参数）。

4. 设置切削参数

打开【切削参数】→【策略】【切削顺序】深度优先→【余量】所有均设为 0→【空间范围】

【毛坯】【处理中的工件】使用基于层的→【确定】（如图 1.3.23 深度优先、图 1.3.24 使用基于层的）。

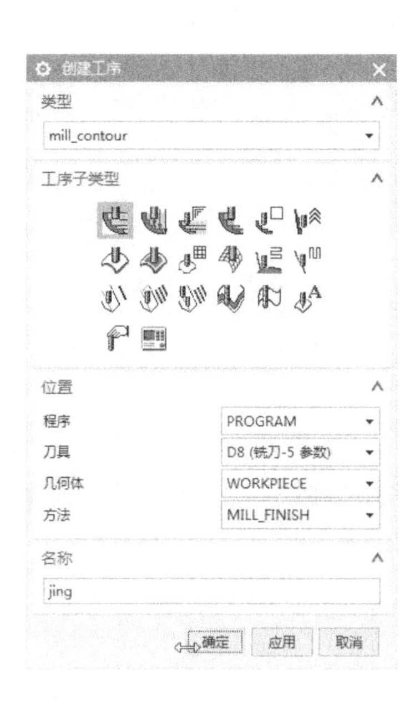

图 1.3.20　选择精加工方法

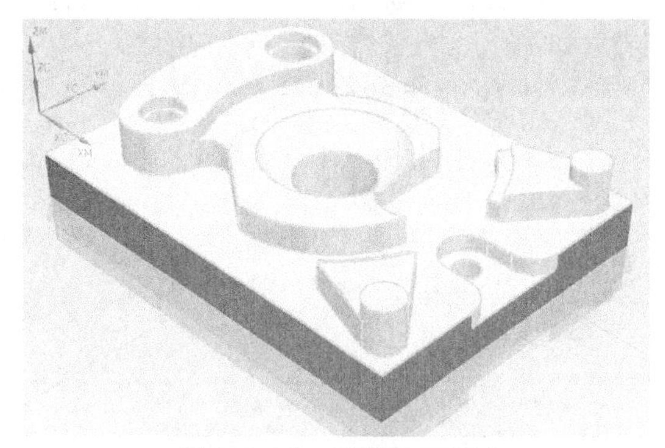

图 1.3.21　选择加工区域

图 1.3.22　设置加工参数

图 1.3.23　深度优先

图 1.3.24　使用基于层的

5. 设置非切削移动

打开【非切削移动】→【进刀】→【封闭区域】【进刀类型】插削→【确定】（如图 1.3.25 设置非切削移动）。

6. 设置进给率和速度

打开【进给率和速度】→勾选【主轴速度（rpm)】4000→【进给率】【切削】280→【确定】(如图 1.3.26 设置进给率和速度)。

7. 生成刀具路径

【操作】栏目中→点击【生成刀具路径】，生成该步操作的刀具路径（如图 1.3.27 生成刀具路径)。

图 1.3.25　设置非切削移动

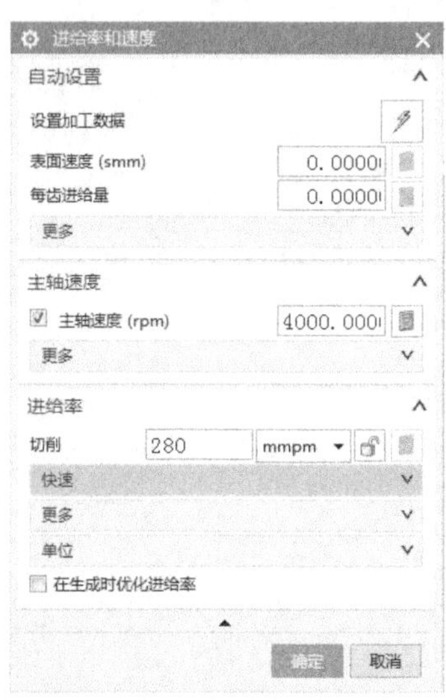

图 1.3.26　设置进给率和速度

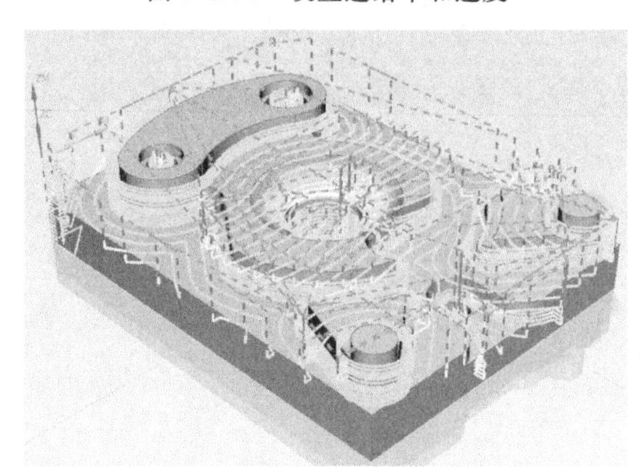

图 1.3.27　生成刀具路径

五、ϕ10 的球刀加工中间球面的区域

1. 选择精加工方法

【程序顺序视图】→【创建工序】→弹出【创建工序】对话框→【类型】mill _ contour→【工序子类型】固定轴曲面轮廓铣→【程序】PROGRAM→【刀具】D10R5→【几何体】WORKPIECE→【方法】MILL _ FINISH→【名称】jing-qiu→【确定】（如图 1.3.28 选择精加工方法)。

2. 选择加工区域

在弹出的【固定轴曲面轮廓铣】对话框中→【指定切削区域】→选择要加工的曲面→【确定】(如图 1.3.29 选择加工区域)。

图 1.3.28　选择精加工方法

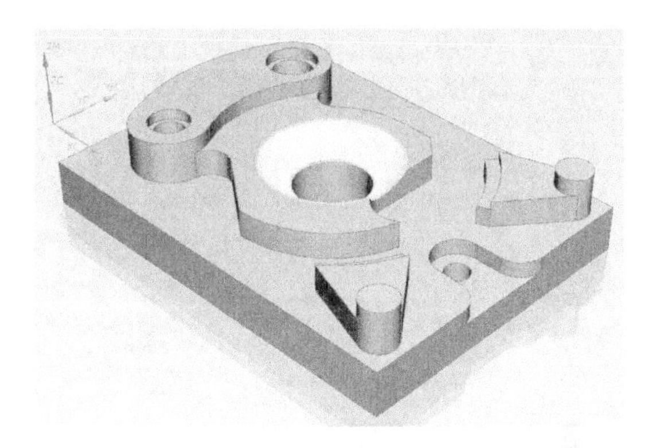

图 1.3.29　选择加工区域

3. 设置驱动方法及加工参数设置

【驱动方法】栏目中→【方法】螺旋（如图 1.3.30 驱动方法）。

→弹出【螺旋】驱动方法对话框→【指定点】，定圆弧的圆心作为螺旋中心（如图 1.3.31 螺旋中心）。

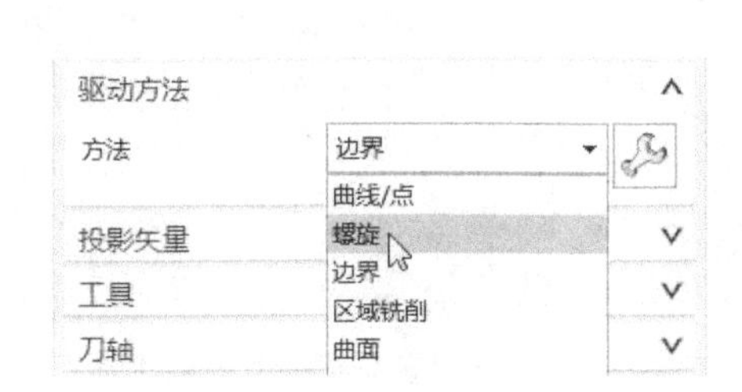

图 1.3.30　驱动方法

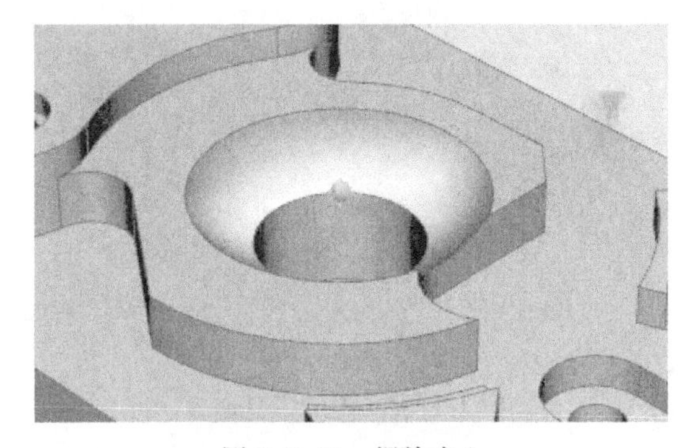

图 1.3.31　螺旋中心

→【最大螺旋半径】30→【平面直径百分比】6→【确定】（如图 1.3.32 加工参数设置）。

4. 设置进给率和速度

打开【进给率和速度】→勾选【主轴速度（rpm）】4000→【进给率】【切削】200→【确定】（如图 1.3.33 设置进给率和速度）。

5. 生成刀具路径

【操作】栏目中→点击【生成刀具路径】，生成该步操作的刀具路径（如图 1.3.34 生成刀具路径）。

六、最终验证模拟

在左侧目录列表中选择操作→点击【确认刀轨】按钮→在弹出的【刀轨可视化】对话框

中→选择【2D 动态】→调整【动画速度】→点击【播放】(如图 1.3.35～图 1.3.37)。

图 1.3.32　加工参数设置

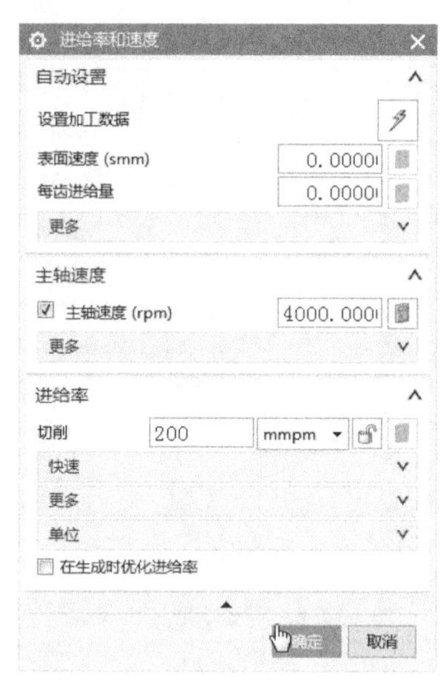

图 1.3.33　设置进给率和速度

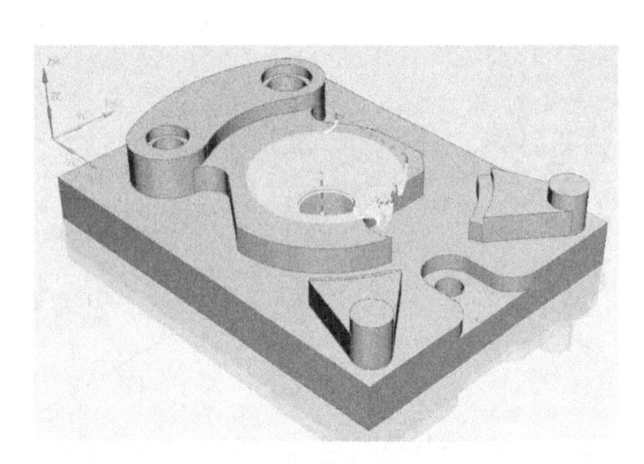

图 1.3.34　生成刀具路径

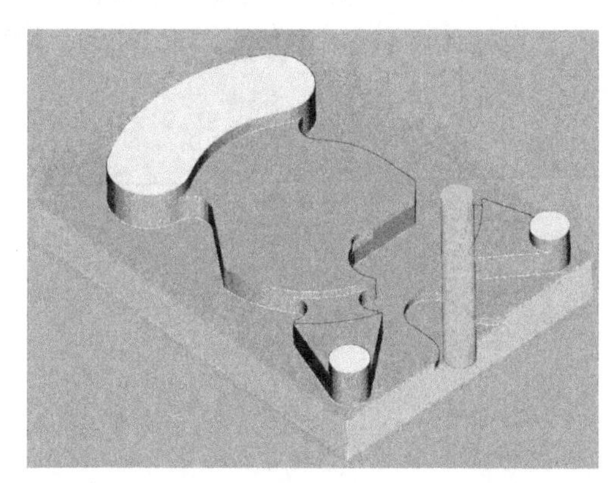

图 1.3.35　$\phi 12$ 的平底刀型腔铣粗加工

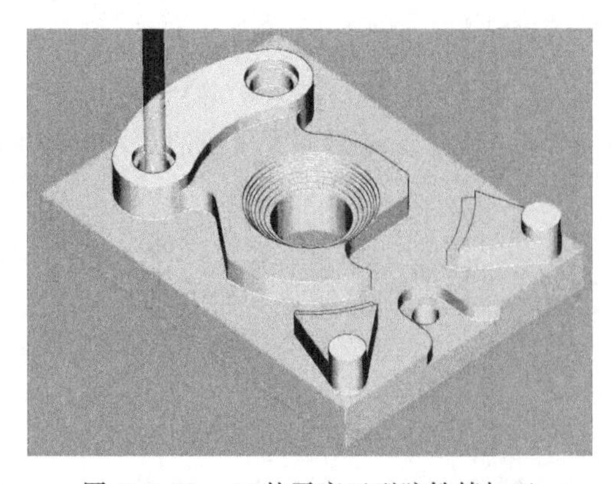

图 1.3.36　$\phi 8$ 的平底刀型腔铣精加工

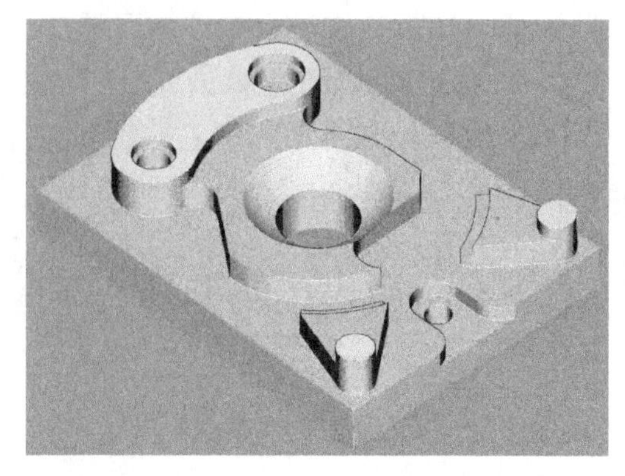

图 1.3.37　$\phi 10$ 的球刀加工中间球面的区域

案例四　模架定制数控零件加工

一、工艺分析

1. 零件图工艺分析

该零件中间由一系列的凹槽组成，在外侧的区域由高度不同的台阶小平面的形状组成，(如图 1.4.1 模架定制数控零件)。

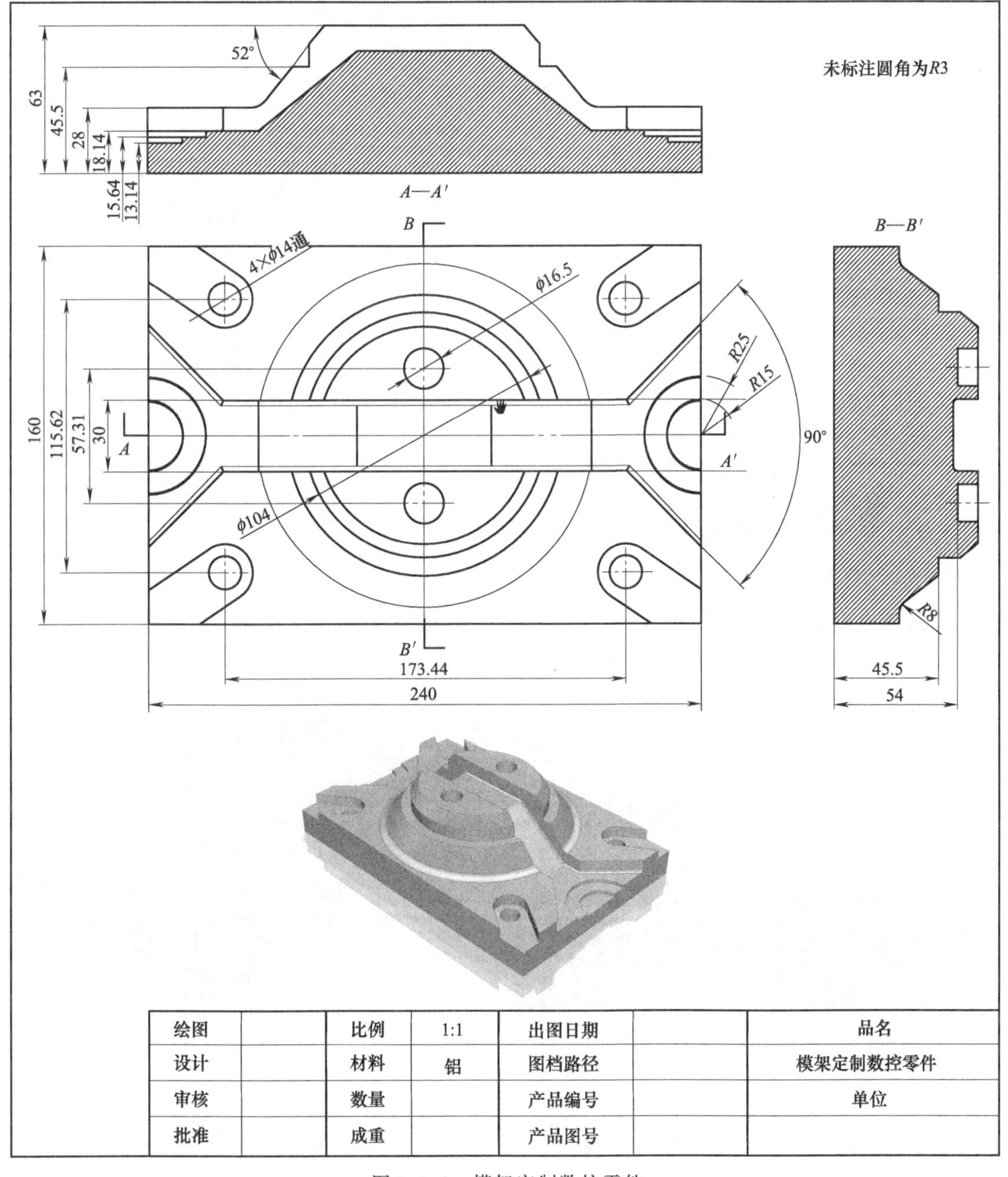

图 1.4.1　模架定制数控零件

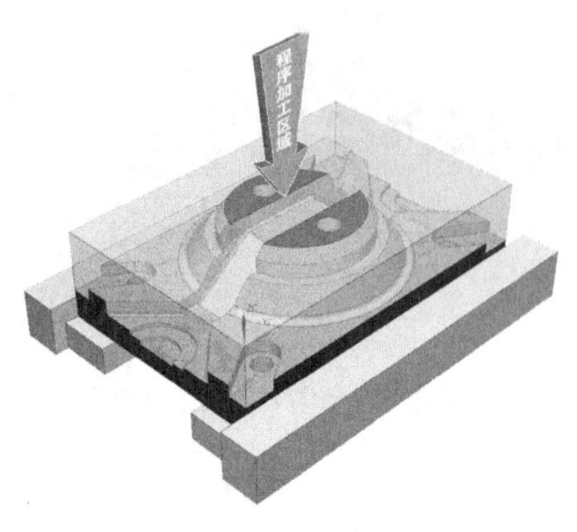

图 1.4.2　装夹方式、加工区域和对刀点

工件尺寸 240mm×160mm×63mm，无尺寸公差要求。尺寸标注完整，轮廓描述清楚。零件材料为已经加工成型的标准铝块，无热处理和硬度要求。

2. 确定装夹方案、加工顺序及进给路线

工件采用通用的虎钳装夹的方案，底部放置垫块，保证工件摆正，对刀点采用左下角的上表面点对刀，其装夹方式、加工区域和对刀点如图 1.4.2 所示。

3. 刀具和加工区域选择

选用多把铣刀加工本例的区域，将所选定的刀具参数以及加工区域填入表 1.4.1 数控加工卡片中，以便于编程和操作管理。

表 1.4.1　数控加工卡片

产品名称或代号		数控零件加工综合实例		零件名称	模架定制数控零件	
序号	加工区域		刀具			
			名称	规格		刀号
1	ϕ15 的平底刀型腔铣粗加工		D15	ϕ15 平底刀		1
2	ϕ8 的平底刀型腔铣精加工		D8	ϕ8 平底刀		2
3	ϕ8 的球刀深度轮廓加工中间圆弧的区域		D8R4	ϕ8 球刀		3
4	ϕ8 的球刀固定轴轮廓铣精加工曲面 X 方向区域		D8R4	ϕ8 球刀		3
5	ϕ4 的球刀型腔铣残料加工小圆角		D4R2	ϕ4 球刀		4
6	ϕ4 的球刀清根精加工角落区域		D4R2	ϕ4 球刀		4
编制	×××	审核	×××	批准	×××	共 1 页

二、前期准备工作

1. 绘制辅助图形

进入【建模】模块式→【草图】中绘制图形，使之作为加工坐标系的原点（如图 1.4.3 草图中绘制辅助图形和图 1.4.4 完成后的效果）。

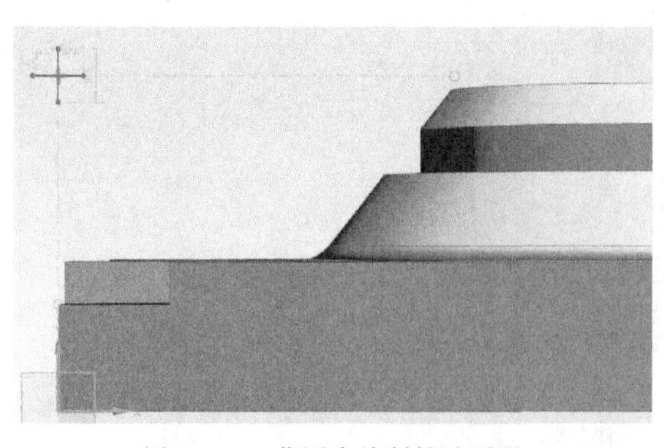

图 1.4.3　草图中绘制辅助图形

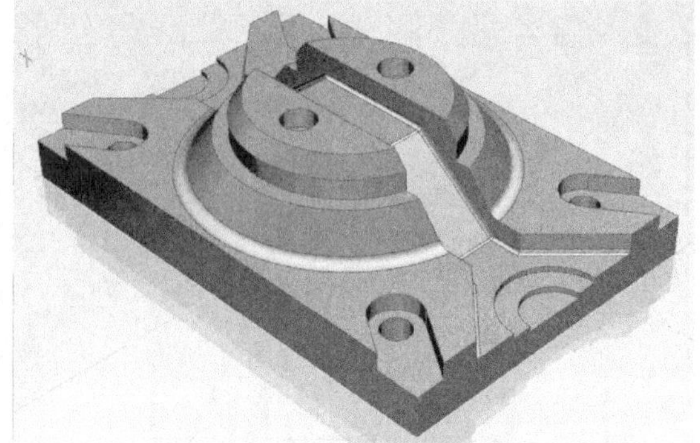

图 1.4.4　完成后的效果

2. 进入加工模块

打开【启动】菜单→【加工】，进入加工模块→打开【加工环境】对话框→【CAM 会话配置】

cam _ general→【要创建的 CAM 组装】mill _ contour→【确定】(如图 1.4.5 进入加工模块)。

3. 创建刀具

【机床视图】→【创建刀具】→选择【平底刀】→【名称】D15→在【刀具设置】对话框中→【(D) 直径】15→【刀具号】1→【确定】(如图 1.4.6 创建 1 号刀具)。

图 1.4.5　进入加工模块

图 1.4.6　创建 1 号刀具

→【创建刀具】→选择【平底刀】→【名称】D8→在【刀具设置】对话框中→【(D) 直径】8→【刀具号】2→【确定】(如图 1.4.7 创建 2 号刀具)。

图 1.4.7　创建 2 号刀具

图 1.4.8　创建 3 号刀具

→【创建刀具】→选择【平底刀】→【名称】D8R4→在【刀具设置】对话框中→【(D) 直径】8→【(R1) 下半径】4→【刀具号】3→【确定】(如图 1.4.8 创建 3 号刀具)。

→【创建刀具】→选择【平底刀】→【名称】D4R5→在【刀具设置】对话框中→【(D) 直径】4→【(R1) 下半径】2→【刀具号】4→【确定】(如图 1.4.9 创建 4 号刀具)。

4. 设置坐标系和创建毛坯

【几何视图】→双击【MCS _ MILL】→点击绘制的辅助的直线的交叉点，将加工坐标系移至毛坯左下角的上平面点即可(如图)→设定【安全距离】2→【确定】(如图 1.4.10 设置坐标系)。

图 1.4.9　创建 4 号刀具

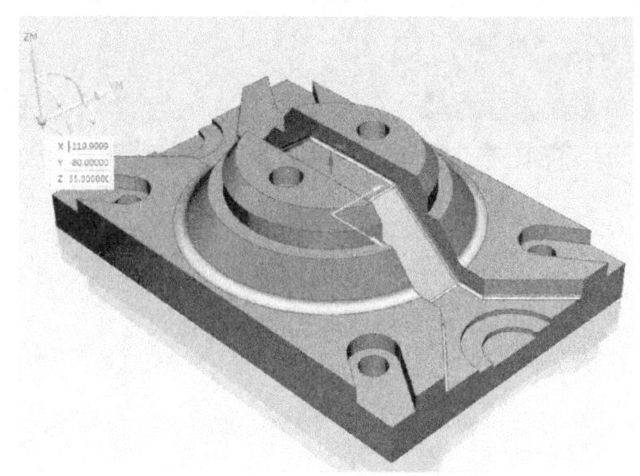
图 1.4.10　设置坐标系

→打开 MCS _ MILL 前的【+】号，双击【WORKPIECE】→在【工件】对话框中→点击【指定部件】按钮→点击工件→【确定】(如图 1.4.11 指定部件)。

→点击【指定毛坯】按钮→在弹出的【毛坯几何体】对话中→【类型】→选择【包容块】，设置最小化包容工件的毛坯→毛坯设置的效果如图→【确定】→【确定】(如图 1.4.12 创建毛坯)。

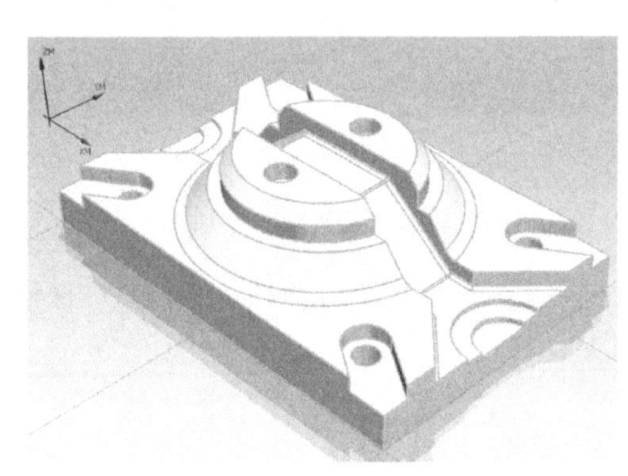
图 1.4.11　指定部件

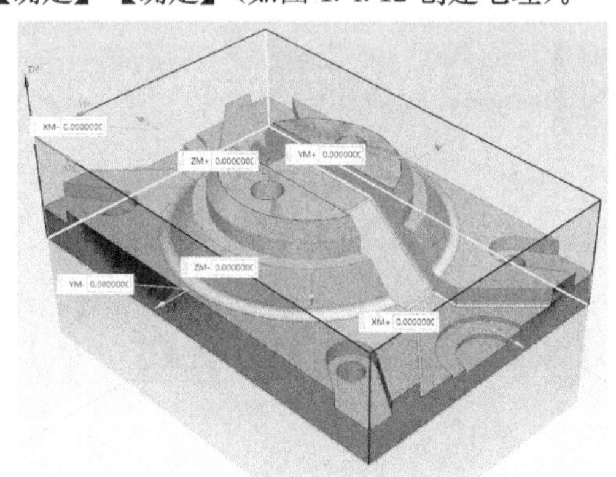
图 1.4.12　创建毛坯

三、ϕ15 的平底刀型腔铣粗加工

1. 选择粗加工方法

【程序顺序视图】→【创建工序】→弹出【创建工序】对话框→【类型】mill _ contour→【工序子类型】型腔铣→【程序】PROGRAM→【刀具】D15→【几何体】WORKPIECE→【方法】MILL _ ROUGH，进行粗加工→【名称】cu→【确定】(如图 1.4.13 选择粗加工方法)。

2. 选择加工区域

在弹出的【型腔铣】对话框中→【指定切削区域】→选择要加工的曲面→【确定】(如图 1.4.14 选择加工区域)。

3. 设置加工参数

【刀轨设置】栏目中→【切削模式】跟随周边→【平面直径百分比】85→【最大距离】3 (如图 1.4.15 设置加工参数)。

4. 设置切削参数

打开【切削参数】→【策略】【切削顺序】深度优先→【余量】【部件侧面余量】0.3→【确定】(如图 1.4.16 深度优先、图 1.4.17 余量)。

图 1.4.13　选择粗加工方法

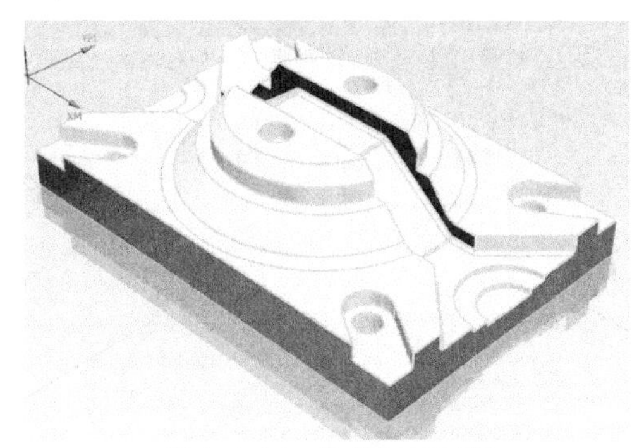

图 1.4.14　选择加工区域

5. 设置非切削移动

打开【非切削移动】→【进刀】→【封闭区域】【进刀类型】插削→【开放区域】【进刀类型】与封闭区域相同→【确定】(如图 1.4.18 设置非切削移动)。

6. 设置进给率和速度

打开【进给率和速度】→勾选【主轴速度 (rpm)】3000→【进给率】【切削】480→【确定】(如图 1.4.19 设置进给率和速度)。

7. 生成刀具路径

【操作】栏目中→点击【生成刀具路径】,生成该步操作的刀具路径(如图 1.4.20 生成刀具路径)。

图 1.4.15　设置加工参数

图 1.4.16　深度优先

图 1.4.17　余量

图 1.4.18　设置非切削移动

图 1.4.19　设置进给率和速度

四、ϕ8的平底刀型腔铣精加工

1. 选择精加工方法

【程序顺序视图】→【创建工序】→弹出【创建工序】对话框→【类型】mill _ contour→【工序子类型】型腔铣→【程序】PROGRAM→【刀具】D8→【几何体】WORKPIECE→【方法】MILL _ FINISH→【名称】jing-ping→【确定】(如图 1.4.21 选择精加工方法)。

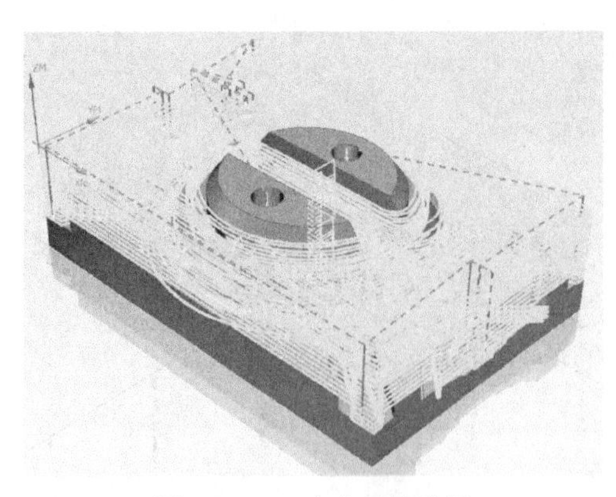

图 1.4.20　生成刀具路径

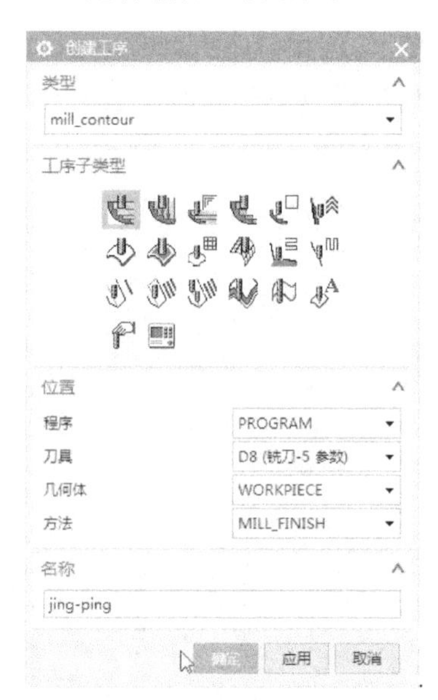

图 1.4.21　选择精加工方法

2. 选择加工区域

在弹出的【型腔铣】对话框中→【指定切削区域】→选择要加工的曲面→【确定】(如图

1.4.22 选择加工区域)。

3. 设置加工参数

【刀轨设置】栏目中→【切削模式】跟随部件→【平面直径百分比】60→【最大距离】1（如图 1.4.23 设置加工参数）。

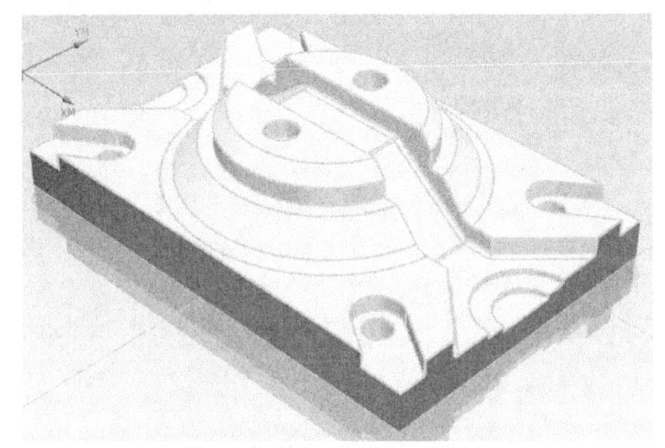

图 1.4.22　选择加工区域

图 1.4.23　设置加工参数

4. 设置切削参数

打开【切削参数】→【策略】【切削顺序】深度优先→【余量】所有均设为 0→【空间范围】【毛坯】【处理中的工件】使用 3D→【确定】（如图 1.4.24 深度优先、图 1.4.25 使用 3D）。

图 1.4.24　深度优先

图 1.4.25　使用 3D

5. 设置非切削移动

打开【非切削移动】→【进刀】→【封闭区域】【进刀类型】插削→【开放区域】【进刀类型】与封闭区域相同→【确定】（如图 1.4.26 设置非切削移动）。

6. 设置进给率和速度

打开【进给率和速度】→勾选【主轴速度（rpm）】3500→【进给率】【切削】300→【确定】（如图 1.4.27 设置进给率和速度）。

7. 生成刀具路径

【操作】栏目中→点击【生成刀具路径】，生成该步操作的刀具路径（如图 1.4.28 生成

刀具路径）。

图 1.4.26　设置非切削移动

图 1.4.27　设置进给率和速度

五、ϕ8 的球刀深度轮廓加工中间圆弧的区域

1. 选择精加工方法

【程序顺序视图】→【创建工序】→弹出【创建工序】对话框→【类型】mill _ contour→【工序子类型】固定轴曲面轮廓铣→【程序】PROGRAM→【刀具】D8R4→【几何体】WORKPIECE→【方法】MILL _ FINISH→【名称】jing-douqiao→【确定】（如图 1.4.29 选择精加工方法）。

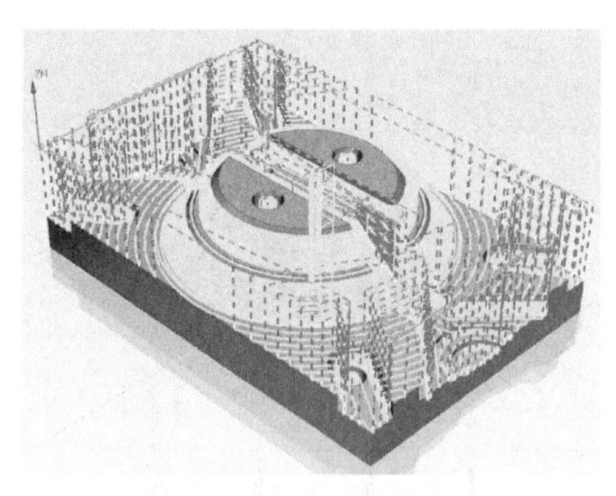

图 1.4.28　生成刀具路径

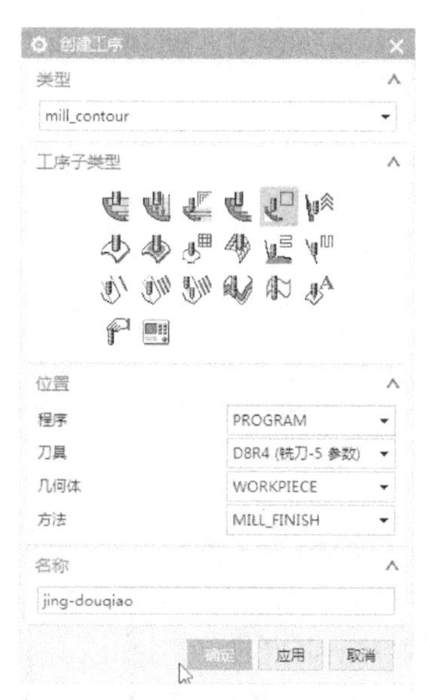

图 1.4.29　选择精加工方法

2. 选择加工区域

在弹出的【深度轮廓加工】对话框中→【指定切削区域】→选择要加工的曲面→【确定】（如图 1.4.30 选择加工区域）。

3. 设置加工参数

【刀轨设置】栏目中→【最大距离】0.3（如图 1.4.31 设置加工参数）。

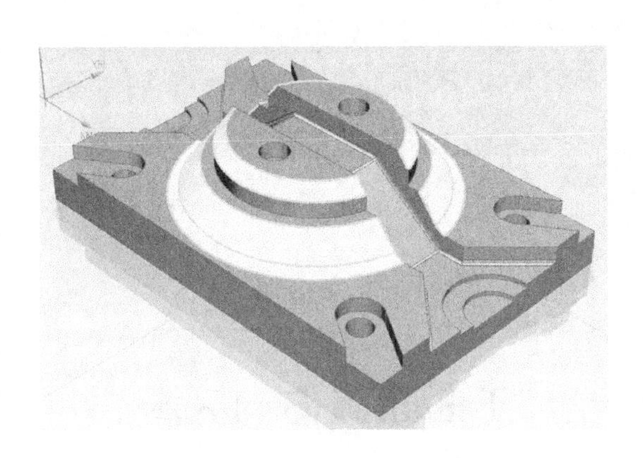

图 1.4.30　选择加工区域

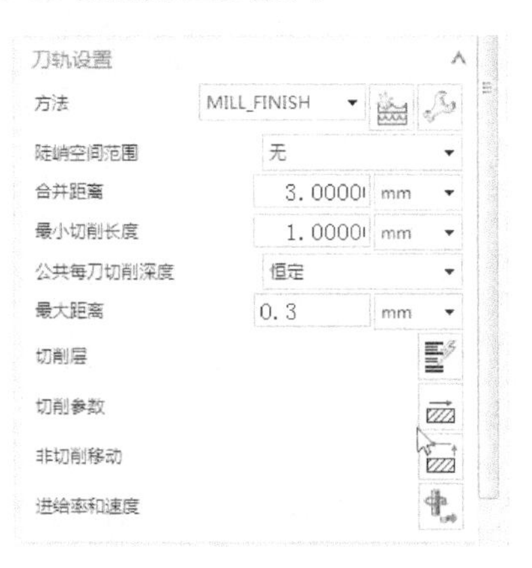

图 1.4.31　设置加工参数

4. 设置非切削移动

打开【非切削移动】→【进刀】→【封闭区域】【进刀类型】插削→【开放区域】【进刀类型】与封闭区域相同→【确定】（如图 1.4.32 设置非切削移动）。

5. 设置进给率和速度

打开【进给率和速度】→勾选【主轴速度（rpm)】3500→【进给率】【切削】380→【确定】（如图 1.4.33 设置进给率和速度）。

图 1.4.32　设置非切削移动

图 1.4.33　设置进给率和速度

6. 生成刀具路径

【操作】栏目中→点击【生成刀具路径】，生成该步操作的刀具路径（如图 1.4.34 生成刀具路径）。

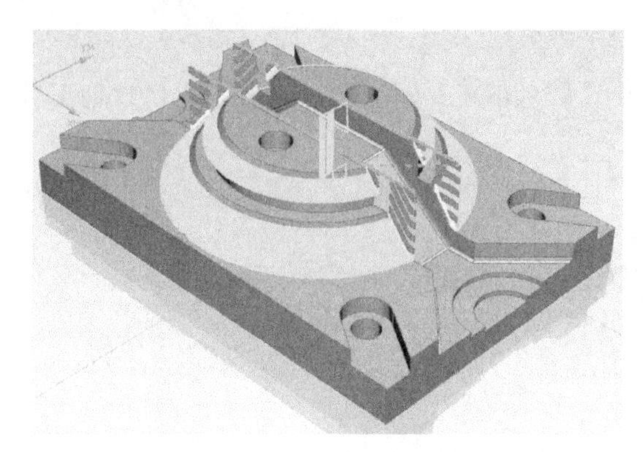

图 1.4.34　生成刀具路径

六、ϕ8 的球刀固定轴轮廓铣精加工曲面 X 方向区域

1. 选择精加工方法

【程序顺序视图】→【创建工序】→弹出【创建工序】对话框→【类型】mill _ contour→【工序子类型】固定轴曲面轮廓铣→【程序】PROGRAM→【刀具】D8R4→【几何体】WORKPIECE→【方法】MILL _ FINISH→【名称】jing-X→【确定】（如图 1.4.35 选择精加工方法）。

2. 选择加工区域

在弹出的【固定轴曲面轮廓铣】对话框中→【指定切削区域】→选择要加工的曲面→【确定】(如图 1.4.36 选择加工区域)。

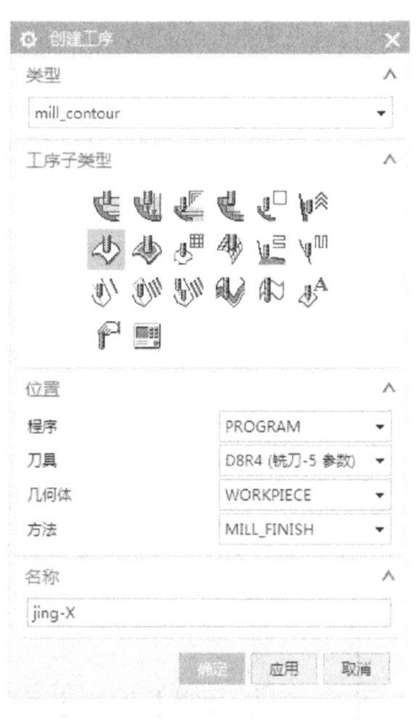

图 1.4.35　选择精加工方法

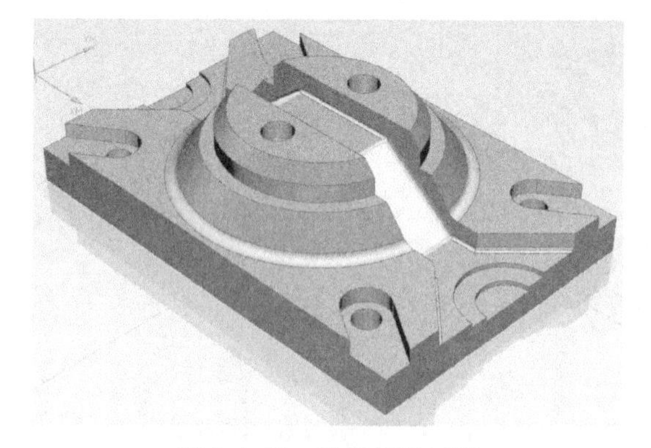

图 1.4.36　选择加工区域

3. 设置驱动方法及加工参数设置

【驱动方法】栏目中→【方法】区域铣削（如图 1.4.37 驱动方法）。

→弹出【区域铣削】驱动方法对话框→【驱动设置】→【非陡峭切削模式】往复→【平面直

径百分比】4→【剖切角】指定→【与 XC 夹角】0→【确定】（如图 1.4.38 加工参数设置）。

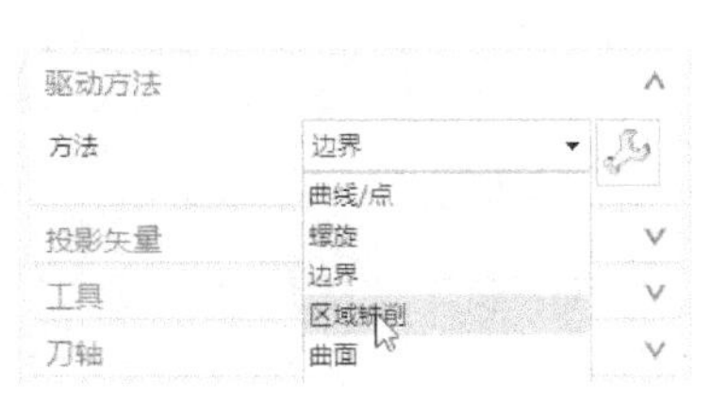

图 1.4.37　驱动方法

4. 设置进给率和速度

打开【进给率和速度】→勾选【主轴速度（rpm)】4000→【进给率】【切削】280→【确定】（如图 1.4.39 设置进给率和速度）。

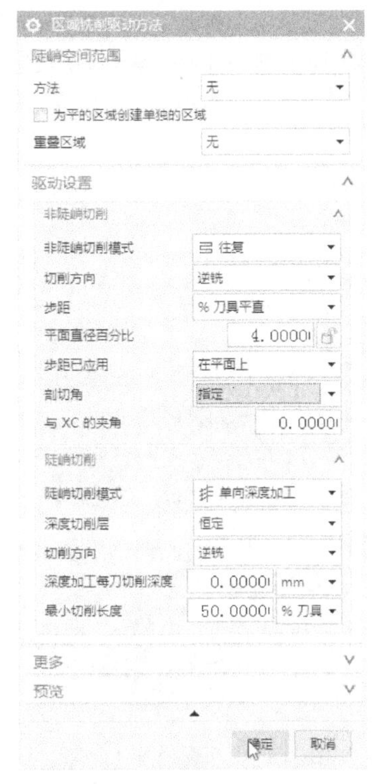

图 1.4.38　加工参数设置

图 1.4.39　设置进给率和速度

5. 生成刀具路径

【操作】栏目中→点击【生成刀具路径】，生成该步操作的刀具路径（如图 1.4.40 生成刀具路径）。

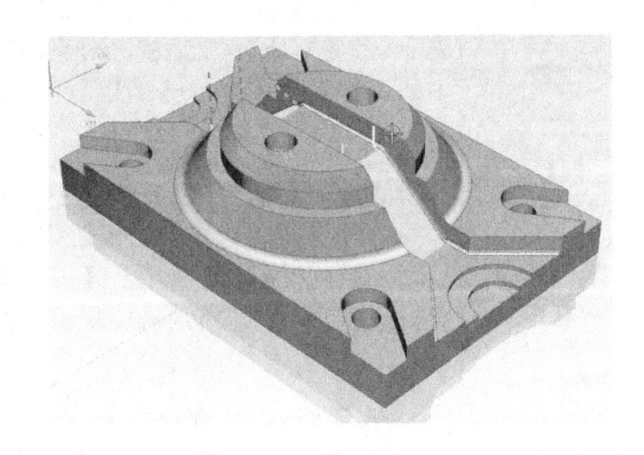

图 1.4.40　生成刀具路径

七、ϕ4的球刀型腔铣残料加工小圆角

1. 选择精加工方法

【程序顺序视图】→【创建工序】→弹出【创建工序】对话框→【类型】mill _contour→【工序子类型】型腔铣→【程序】PROGRAM→【刀具】D8→【几何体】WORKPIECE→【方法】MILL _ FINISH→【名称】Jing-canliao→【确定】(如图 1.4.41 选择精加工方法)。

2. 选择加工区域

在弹出的【型腔铣】对话框中→【指定切削区域】→选择要加工的曲面→【确定】(如图 1.4.42 选择加工区域)。

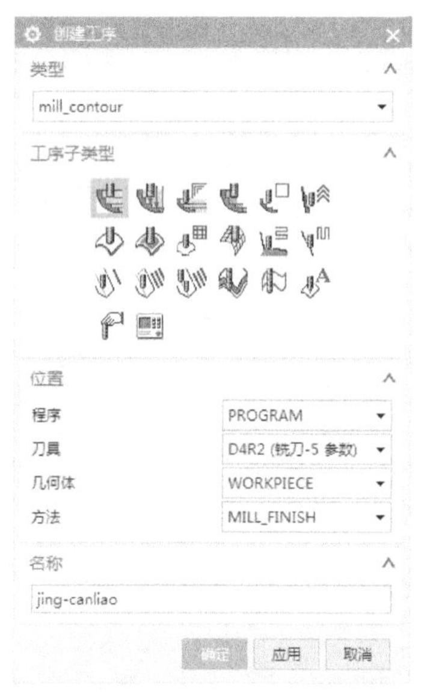

图 1.4.41　选择精加工方法

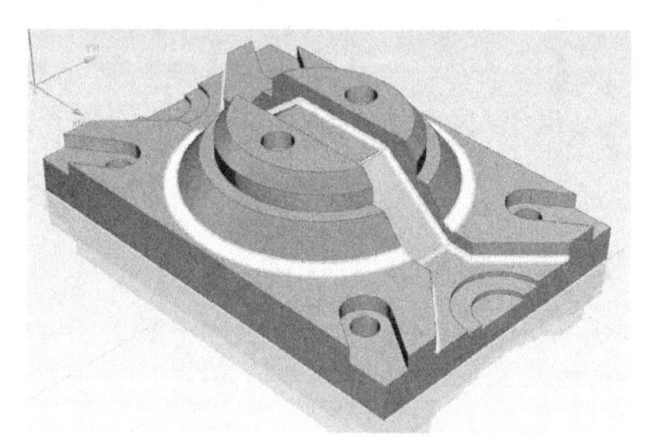

图 1.4.42　选择加工区域

3. 设置加工参数

【刀轨设置】栏目中→【切削模式】跟随部件→【平面直径百分比】3→【最大距离】0.2 (如图 1.4.43 设置加工参数)。

图 1.4.43　设置加工参数

4. 设置切削参数

打开【切削参数】→【策略】【切削顺序】深度优先→【余量】所有均设为 0→【空间范围】【毛坯】【处理中的工件】使用 3D→【确定】(如图 1.4.44 深度优先、图 1.4.45 使用 3D)。

5. 设置非切削移动

打开【非切削移动】→【进刀】→【封闭区域】【进刀类型】插削→【开放区域】【进刀类型】与封闭区域相同→【确定】(如图 1.4.46 设置非切削移动)。

6. 设置进给率和速度

打开【进给率和速度】→勾选【主轴速度 (rpm)】4000→【进给率】【切削】180→【确定】(如图 1.4.47 设置进给率和速度)。

图 1.4.44　深度优先

图 1.4.45　使用 3D

图 1.4.46　设置非切削移动

图 1.4.47　设置进给率和速度

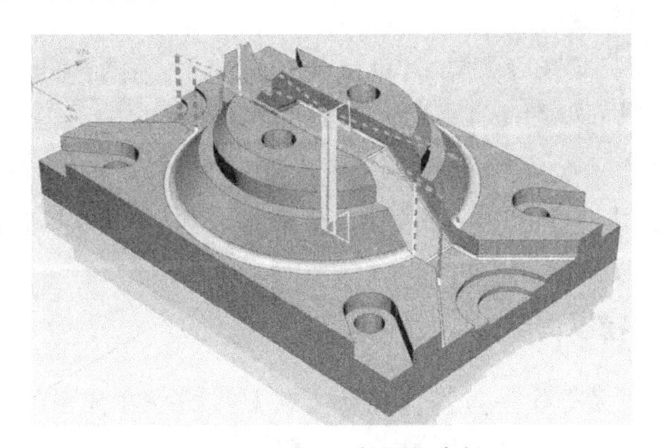

图 1.4.48　生成刀具路径

7. 生成刀具路径

【操作】栏目中→点击【生成刀具路径】，生成该步操作的刀具路径（如图 1.4.48 生成刀具路径）。

八、ϕ4 的球刀清根精加工角落区域

1. 选择精加工方法

【程序顺序视图】→【创建工序】→弹出【创建工序】对话框→【类型】mill _ contour→【工序子类型】单刀路清根→【程序】PROGRAM→【刀具】D4R2→【几何体】WORKPIECE→【方法】FINISH 精加工→【名称】qinggen→【确定】（如图 1.4.49 选择精加工方法）。

2. 选择加工区域

在弹出的【单刀路清根】对话框中→【指定切削区域】→选择要加工的陡峭曲面→【确定】（如图 1.4.50 选择加工区域）。

图 1.4.49 选择精加工方法

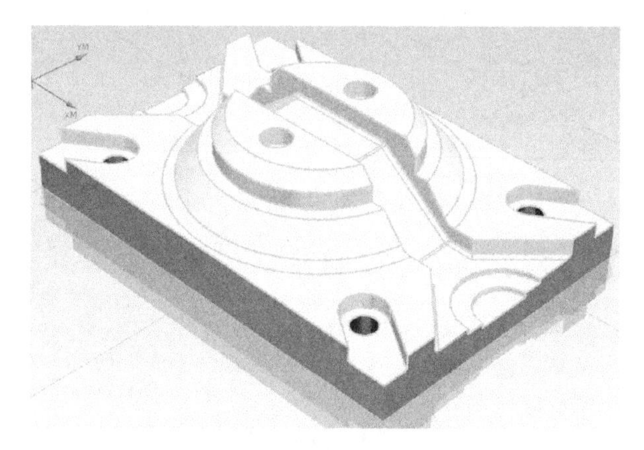

图 1.4.50 选择加工区域

3. 设置进给率和速度

【刀轨设置】栏目中→打开【进给率和速度】→勾选【主轴速度（rpm）】4000→【进给率】【切削】120→【确定】（如图 1.4.51 设置进给率和速度）。

4. 生成刀具路径

【操作】栏目中→点击【生成刀具路径】，生成该步操作的刀具路径（如图 1.4.52 生成刀具路径）。

九、最终验证模拟

在左侧目录列表中选择操作→点击【确认刀轨】按钮→在弹出的【刀轨可视化】对话框中→选择【2D 动态】→调整【动画速度】→点击【播放】（如图 1.4.53～图 1.4.58）。

图 1.4.51　设置进给率和速度

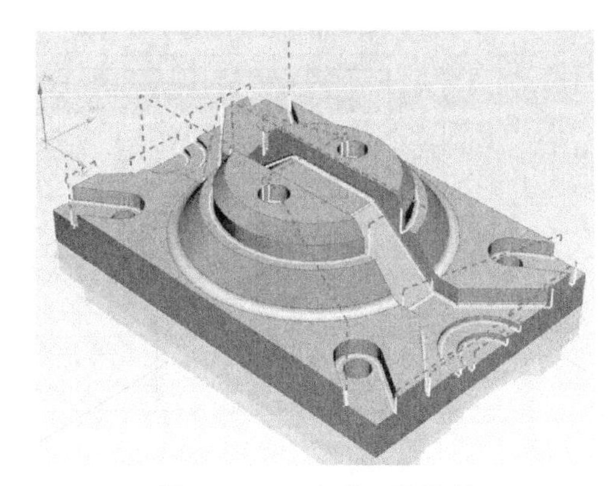

图 1.4.52　生成刀具路径

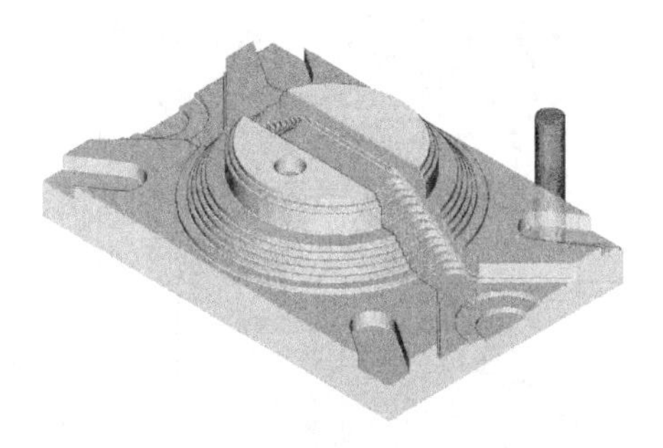

图 1.4.53　ϕ15 的平底刀型腔铣粗加工

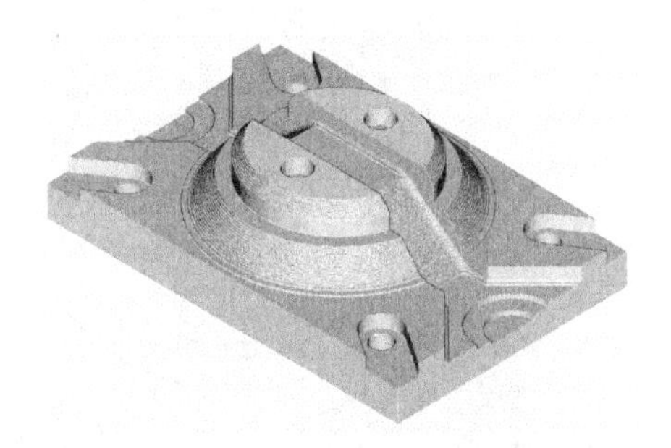

图 1.4.54　ϕ8 的平底刀型腔铣精加工

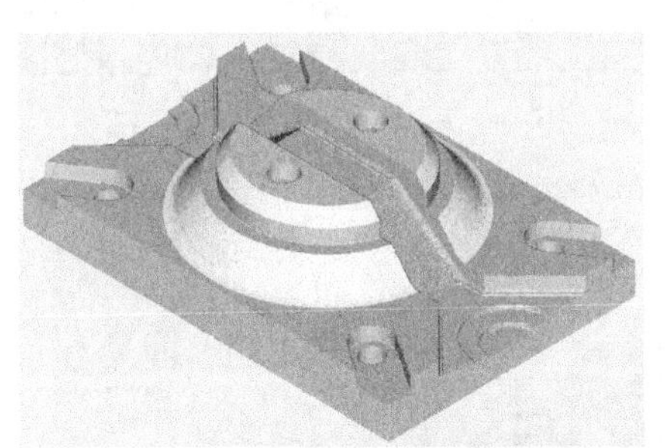

图 1.4.55　ϕ8 的球刀深度轮廓加工中间圆弧的区域

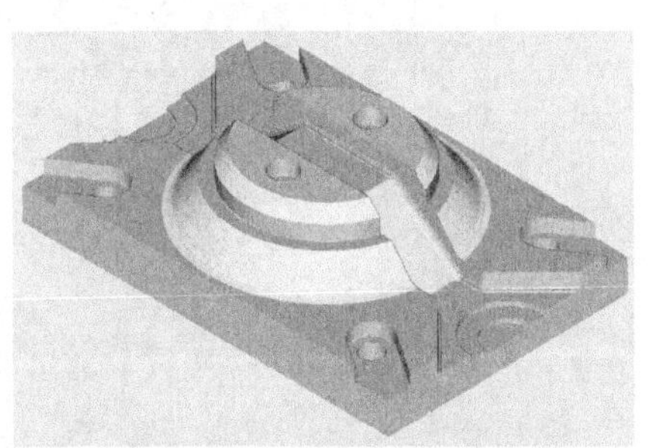

图 1.4.56　ϕ8 的球刀固定轴轮廓铣精加工曲面 X 方向区域

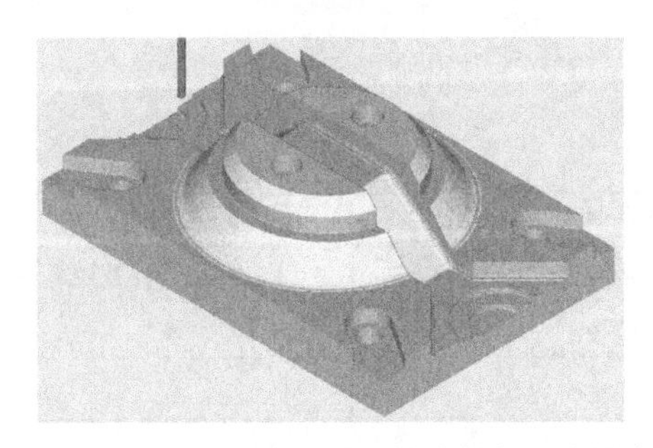

图 1.4.57　ϕ4 的球刀型腔铣残料加工小圆角

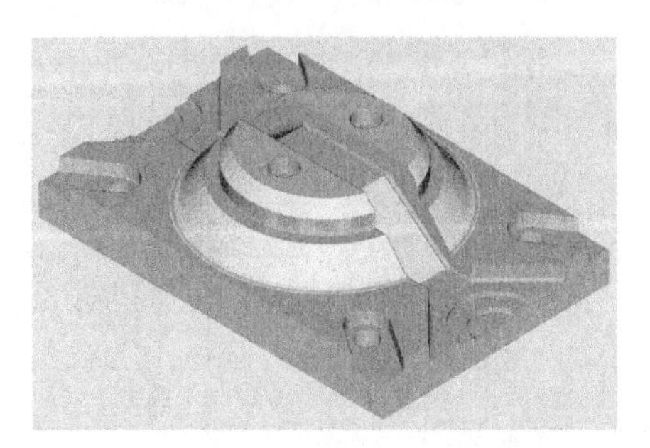

图 1.4.58　ϕ4 的球刀清根精加工角落区域

案例五　工艺板配合件数控零件加工

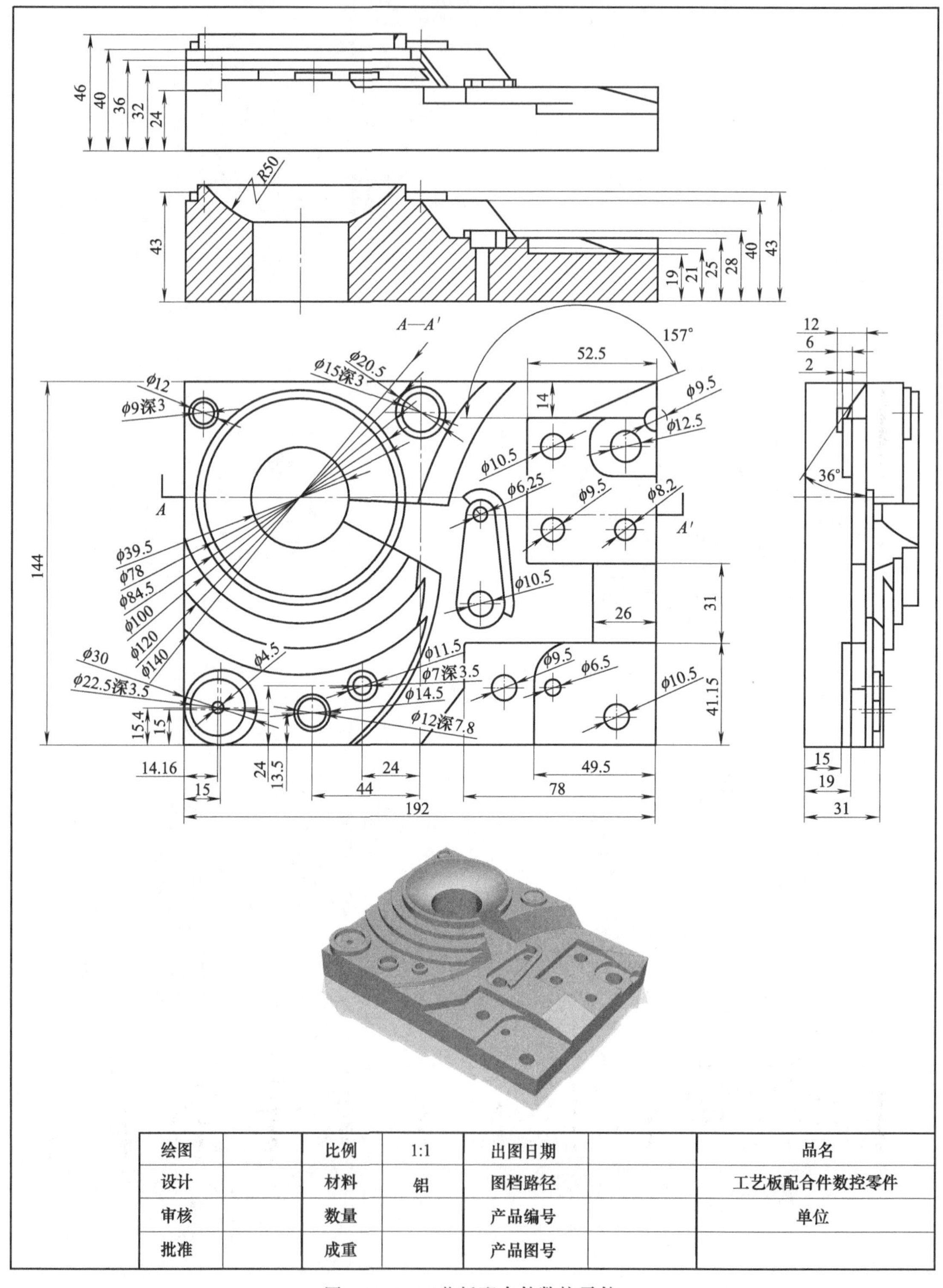

绘图		比例	1:1	出图日期		品名
设计		材料	铝	图档路径		工艺板配合件数控零件
审核		数量		产品编号		单位
批准		成重		产品图号		

图 1.5.1　工艺板配合件数控零件

一、工艺分析

1. 零件图工艺分析

该零件中间由一系列的台阶和孔组成，左上角为球形形状（如图 1.5.1 工艺板配合件数控零件）。

工件尺寸 192mm×144mm×46mm，无尺寸公差要求。尺寸标注完整，轮廓描述清楚。零件材料为已经加工成型的标准铝块，无热处理和硬度要求。

2. 确定装夹方案、加工顺序及进给路线

工件采用通用的虎钳装夹方案，底部放置垫块，保证工件摆正，对刀点采用左下角的上表面点对刀，其装夹方式、加工区域和对刀点如图 1.5.2 所示。

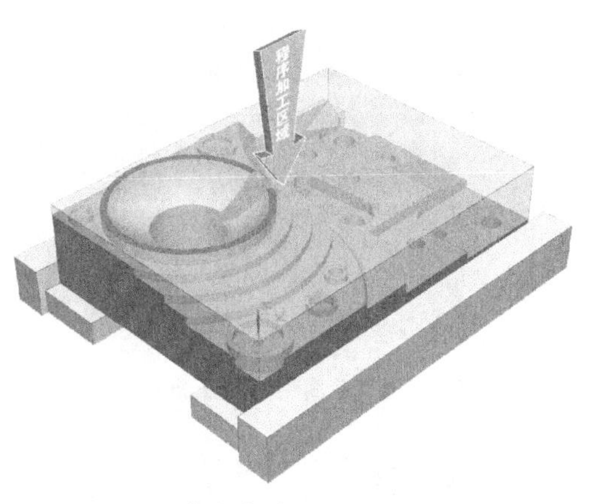

图 1.5.2 装夹方式、加工区域和对刀点

3. 刀具和加工区域选择

选用多把铣刀加工本例的区域，将所选定的刀具参数以及加工区域填入表 1.5.1 数控加工卡片中，以便于编程和操作管理。

表 1.5.1 数控加工卡片

<table>
<tr><td>产品名称或代号</td><td colspan="2">数控零件加工综合实例</td><td>零件名称</td><td colspan="3">工艺板配合件数控零件</td></tr>
<tr><td rowspan="2">序号</td><td colspan="3" rowspan="2">加工区域</td><td colspan="3">刀具</td></tr>
<tr><td>名称</td><td>规格</td><td>刀号</td></tr>
<tr><td>1</td><td colspan="3">ϕ15 的平底刀型腔铣粗加工</td><td>D15</td><td>ϕ15 平底刀</td><td>1</td></tr>
<tr><td>2</td><td colspan="3">ϕ8 的平底刀型腔铣半精加工</td><td>D8</td><td>ϕ8 平底刀</td><td>2</td></tr>
<tr><td>3</td><td colspan="3">ϕ4 的平底刀型腔铣残料精加工</td><td>D4</td><td>ϕ4 平底刀</td><td>3</td></tr>
<tr><td>4</td><td colspan="3">ϕ8 的球刀固定轴轮廓铣精加工球面区域</td><td>D8R4</td><td>ϕ8 球刀</td><td>3</td></tr>
<tr><td>5</td><td colspan="3">ϕ8 的球刀深度轮廓加工中间圆弧的区域</td><td>D8R4</td><td>ϕ8 球刀</td><td>4</td></tr>
<tr><td>6</td><td colspan="3">ϕ3 的球刀型腔铣残料加工小圆角</td><td>D3R1.5</td><td>ϕ3 球刀</td><td>4</td></tr>
<tr><td>7</td><td colspan="3">ϕ2 的平底刀型腔铣残料加工平面剩余区域</td><td>D2</td><td>ϕ2 平底刀</td><td>5</td></tr>
<tr><td>8</td><td colspan="3">ϕ2 的平底刀清根精加工角落区域</td><td>D2</td><td>ϕ2 平底刀</td><td>5</td></tr>
<tr><td>9</td><td colspan="3">ϕ8 的球刀固定轴轮廓铣精加工 X 方向斜面</td><td>D8R4</td><td>ϕ8 球刀</td><td>4</td></tr>
<tr><td>10</td><td colspan="3">ϕ8 的球刀固定轴轮廓铣精加工小斜面</td><td>D8R4</td><td>ϕ8 球刀</td><td>4</td></tr>
<tr><td>11</td><td colspan="3">ϕ3 的球刀型腔铣残料加工剩余小圆角区域</td><td>D3R1.5</td><td>ϕ3 球刀</td><td>4</td></tr>
<tr><td>编制</td><td>×××</td><td>审核</td><td>×××</td><td>批准</td><td>×××</td><td>共 1 页</td></tr>
</table>

二、前期准备工作

1. 绘制辅助图形

进入【建模】模块式→【草图】中绘制图形，使之作为加工坐标系的原点（如图 1.5.3 草图中绘制辅助图形和图 1.5.4 完成后的效果）。

2. 进入加工模块

打开【启动】菜单→【加工】，进入加工模块→打开【加工环境】对话框→【CAM 会话配置】cam _ general→【要创建的 CAM 组装】mill _ contour→【确定】（如图 1.5.5 进入加工模块）。

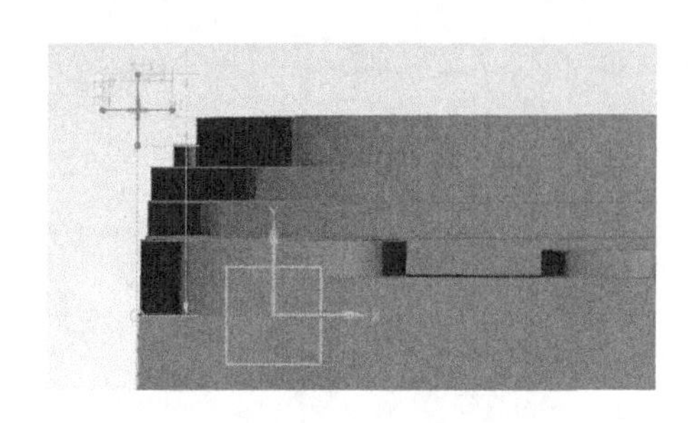

图 1.5.3　草图中绘制辅助图形

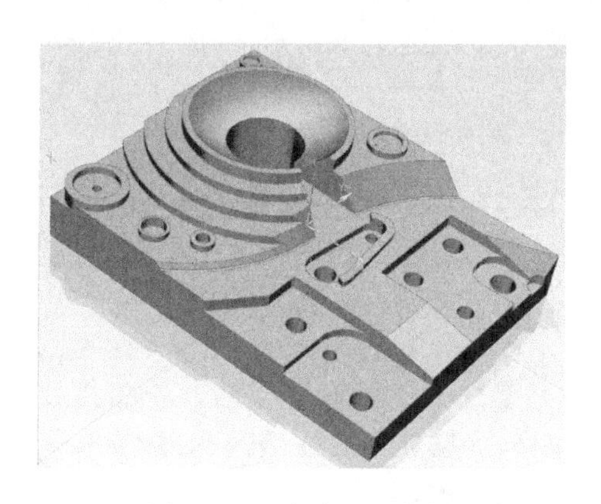

图 1.5.4　完成后的效果

3. 创建刀具

【机床视图】→【创建刀具】→选择【平底刀】→【名称】D15→在【刀具设置】对话框中→【(D) 直径】15→【刀具号】1→【确定】(如图 1.5.6 创建 1 号刀具)。

图 1.5.5　进入加工模块

图 1.5.6　创建 1 号刀具

→【创建刀具】→选择【平底刀】→【名称】D8→在【刀具设置】对话框中→【(D) 直径】8→【刀具号】2→【确定】(如图 1.5.7 创建 2 号刀具)。

→【创建刀具】→选择【平底刀】→【名称】D4→在【刀具设置】对话框中→【(D) 直径】4→【刀具号】3→【确定】(如图 1.5.8 创建 3 号刀具)。

→【创建刀具】→选择【平底刀】→【名称】D8R4→在【刀具设置】对话框中→【(D) 直径】8→【(R1) 下半径】4→【刀具号】4→【确定】(如图 1.5.9 创建 4 号刀具)。

→【创建刀具】→选择【平底刀】→【名称】D3R1.5→在【刀具设置】对话框中→【(D) 直径】3→【(R1) 下半径】1.5→【刀具号】5→【确定】(如图 1.5.10 创建 5 号刀具)。

→【创建刀具】→选择【平底刀】→【名称】D2→在【刀具设置】对话框中→【(D) 直径】2→【刀具号】6→【确定】(如图 1.5.11 创建 6 号刀具)。

图 1.5.7　创建 2 号刀具

图 1.5.8　创建 3 号刀具

图 1.5.9　创建 4 号刀具

图 1.5.10　创建 5 号刀具

4. 设置坐标系和创建毛坯

【几何视图】→双击【MCS _ MILL】→点击绘制的辅助的直线的交叉点，将加工坐标系移至毛坯左下角的上平面点即可（如图)→设定【安全距离】2→【确定】（如图 1.5.12 设置坐标系）。

图 1.5.11　创建 6 号刀具

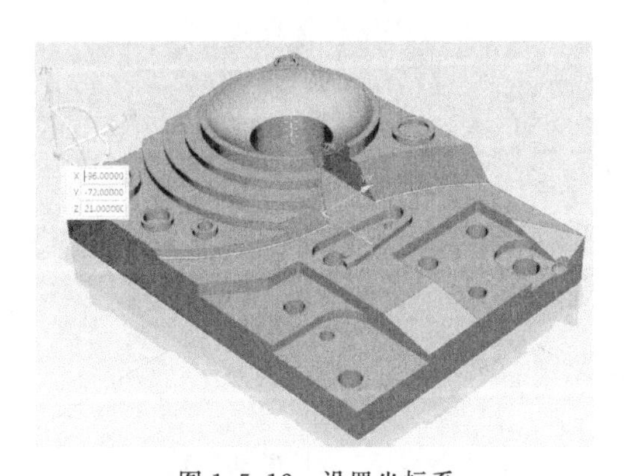

图 1.5.12　设置坐标系

→打开 MCS _ MILL 前的【+】号，双击【WORKPIECE】→在【工件】对话框中→点击【指定部件】按钮→点击工件→【确定】（如图 1.5.13 指定部件）。

→点击【指定毛坯】按钮→在弹出的【毛坯几何体】对话中→【类型】→选择【包容块】，设置最小化包容工件的毛坯→毛坯设置的效果如图→【确定】→【确定】（如图 1.5.14 创建毛坯）。

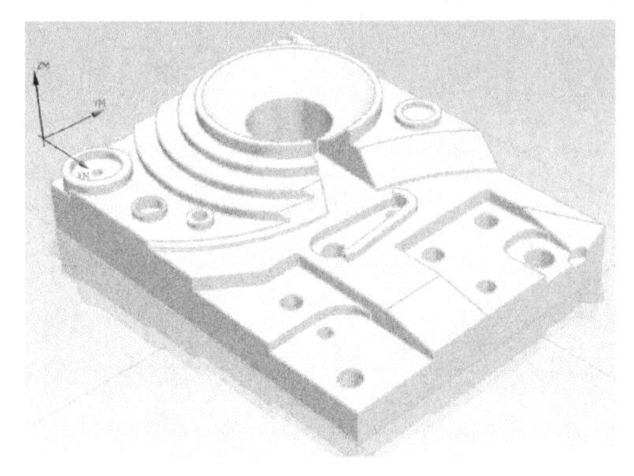

图 1.5.13　指定部件

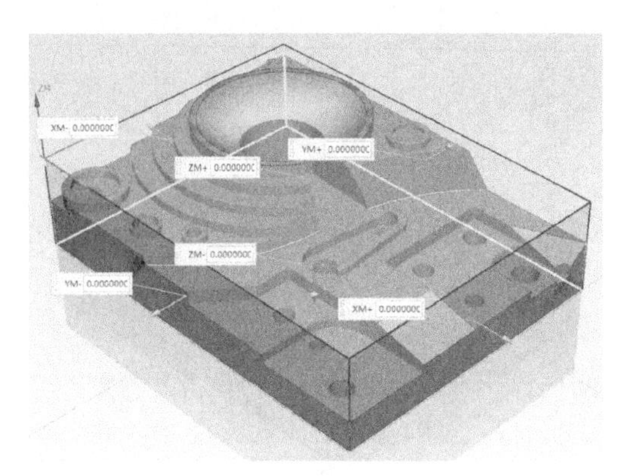

图 1.5.14　创建毛坯

三、ϕ15 的平底刀型腔铣粗加工

1. 选择粗加工方法

【程序顺序视图】→【创建工序】→弹出【创建工序】对话框→【类型】mill _ contour→【工序子类型】型腔铣→【程序】PROGRAM→【刀具】D15→【几何体】WORKPIECE→【方法】MILL _ ROUGH，进行粗加工→【名称】cu→【确定】（如图 1.5.15 选择粗加工方法）。

2. 选择加工区域

在弹出的【型腔铣】对话框中→【指定切削区域】→选择要加工的曲面→【确定】（如图 1.5.16 选择加工区域）。

图 1.5.15　选择粗加工方法

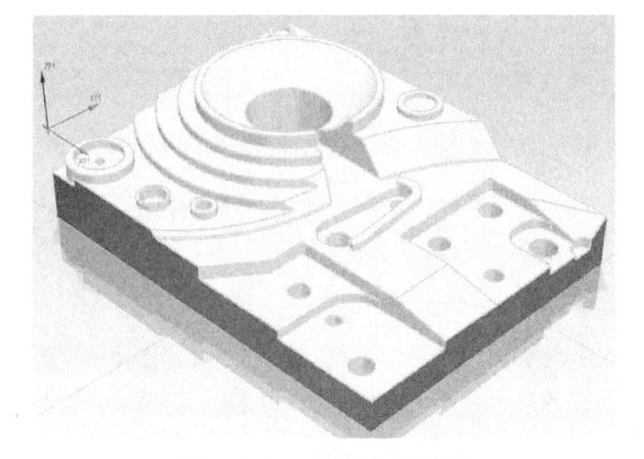

图 1.5.16　选择加工区域

3. 设置加工参数

【刀轨设置】栏目中→【切削模式】跟随周边→【平面直径百分比】85→【最大距离】3

（如图 1.5.17 设置加工参数）。

图 1.5.17　设置加工参数

4. 设置切削参数

打开【切削参数】→【策略】【切削顺序】深度优先→【余量】【部件侧面余量】0.3→【确定】（如图 1.5.18 深度优先、图 1.5.19 余量）。

5. 设置非切削移动

打开【非切削移动】→【进刀】→【封闭区域】【进刀类型】插削→【开放区域】【进刀类型】与封闭区域相同→【确定】（如图 1.5.20 设置非切削移动）。

6. 设置进给率和速度

打开【进给率和速度】→勾选【主轴速度（rpm）】4000→【进给率】【切削】500→【确定】（如图 1.5.21 设置进给率和速度）。

图 1.5.18　深度优先

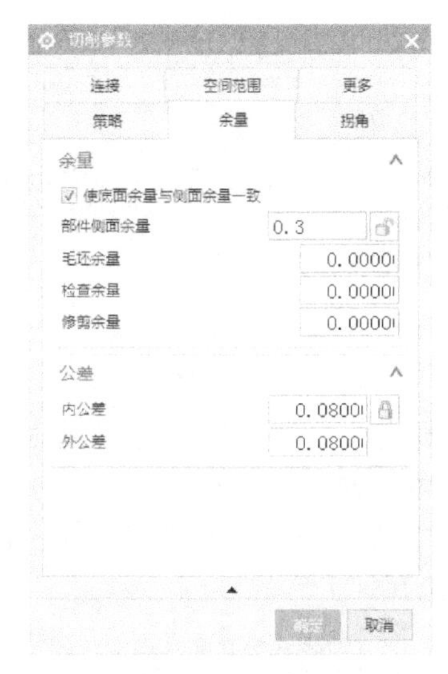

图 1.5.19　余量

图 1.5.20　设置非切削移动

图 1.5.21　设置进给率和速度

7. 生成刀具路径

【操作】栏目中→点击【生成刀具路径】，生成该步操作的刀具路径（如图 1.5.22 生成刀具路径）。

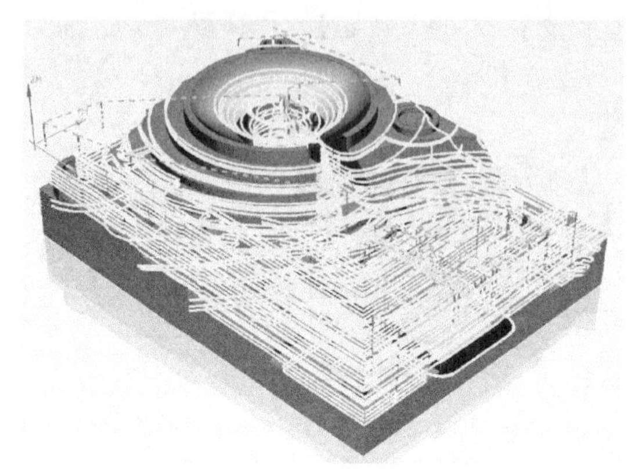

图 1.5.22　生成刀具路径

四、$\phi 8$的平底刀型腔铣半精加工

1. 选择半精加工方法

【程序顺序视图】→【创建工序】→弹出【创建工序】对话框→【类型】mill _ contour→【工序子类型】型腔铣→【程序】PROGRAM→【刀具】D8→【几何体】WORKPIECE→【方法】MILL _ FINISH→【名称】banjin→【确定】(如图 1.5.23 选择半精加工方法)。

2. 选择加工区域

在弹出的【型腔铣】对话框中→【指定切削区域】→选择要加工的曲面→【确定】（如图 1.5.24 选择加工区域)。

图 1.5.23　选择半精加工方法

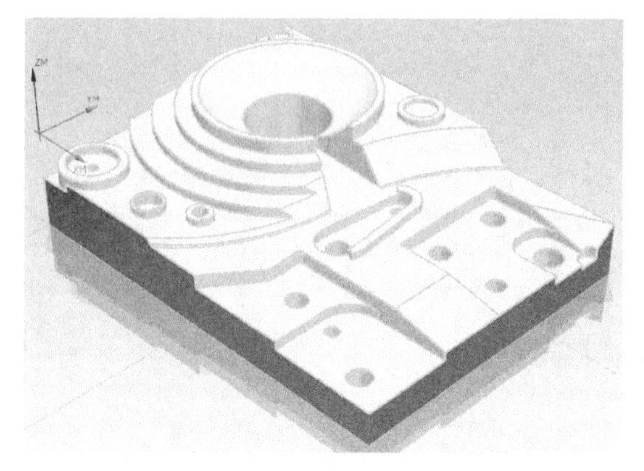

图 1.5.24　选择加工区域

3. 设置加工参数

【刀轨设置】栏目中→【切削模式】跟随部件→【平面直径百分比】50→【最大距离】1（如图 1.5.25 设置加工参数）。

4. 设置切削参数

打开【切削参数】→【策略】【切削顺序】深度优先→【余量】所有均设为 0→【空间范围】【毛坯】【处理中的工件】使用基于层的→【确定】（如图 1.5.26 深度优先、图 1.5.27 使用基于层的）。

5. 设置非切削移动

打开【非切削移动】→【进刀】→【封闭区域】【进刀类

图 1.5.25 设置加工参数

图 1.5.26 深度优先

图 1.5.27 使用基于层的

图 1.5.28 设置非切削移动

图 1.5.29 设置进给率和速度

型】插削→【开放区域】【进刀类型】与封闭区域相同→【确定】(如图 1.5.28 设置非切削移动)。

6. 设置进给率和速度

打开【进给率和速度】→勾选【主轴速度(rpm)】4000→【进给率】【切削】400→【确定】(如图 1.5.29 设置进给率和速度)。

7. 生成刀具路径

【操作】栏目中→点击【生成刀具路径】,生成该步操作的刀具路径(如图 1.5.30 生成刀具路径)。

五、$\phi 4$的平底刀型腔铣残料精加工

1. 选择精加工方法

【程序顺序视图】→【创建工序】→弹出【创建工序】对话框→【类型】mill _ contour→【工序子类型】型腔铣→【程序】PROGRAM→【刀具】D4→【几何体】WORKPIECE→【方法】MILL _ FINISH→【名称】jing-ping→【确定】(如图 1.5.31 选择精加工方法)。

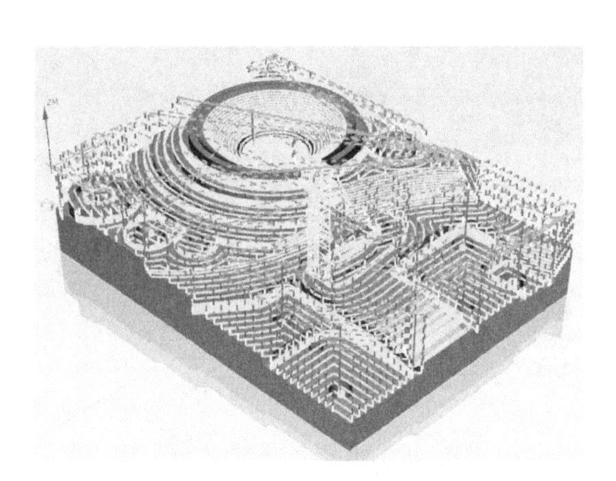

图 1.5.30 生成刀具路径

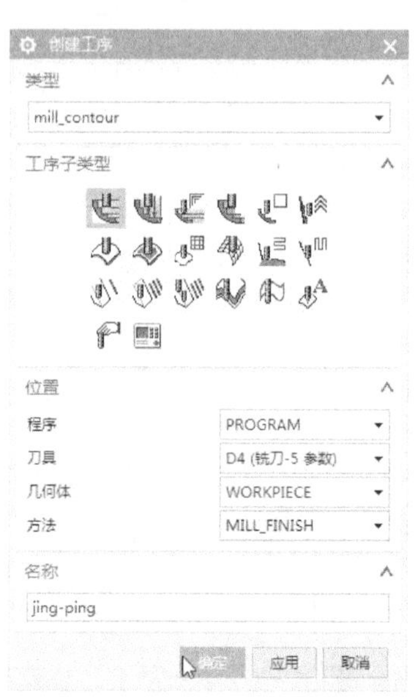

图 1.5.31 选择精加工方法

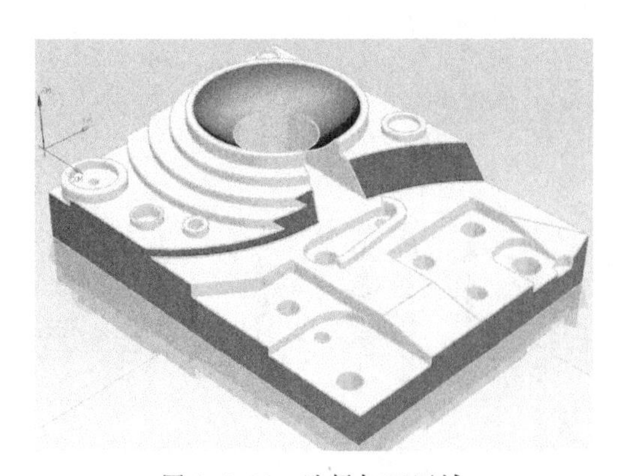

图 1.5.32 选择加工区域

图 1.5.33 设置加工参数

2. 选择加工区域

在弹出的【型腔铣】对话框中→【指定切削区域】→选择要加工的曲面→【确定】（如图1.5.32 选择加工区域）。

3. 设置加工参数

【刀轨设置】栏目中→【切削模式】跟随部件→【平面直径百分比】50→【最大距离】1（如图 1.5.33 设置加工参数）。

4. 设置切削参数

打开【切削参数】→【策略】【切削顺序】深度优先→【余量】所有均设为 0→【空间范围】【毛坯】【处理中的工件】使用 3D→【确定】（如图 1.5.34 深度优先、图 1.5.35 使用 3D）。

图 1.5.34　深度优先

图 1.5.35　使用 3D

图 1.5.36　设置非切削移动

图 1.5.37　设置进给率和速度

5. 设置非切削移动

打开【非切削移动】→【进刀】→【封闭区域】【进刀类型】插削→【开放区域】【进刀类型】与封闭区域相同→【确定】(如图 1.5.36 设置非切削移动)。

6. 设置进给率和速度

打开【进给率和速度】→勾选【主轴速度(rpm)】4000→【进给率】【切削】350→【确定】(如图 1.5.37 设置进给率和速度)。

7. 生成刀具路径

【操作】栏目中→点击【生成刀具路径】,生成该步操作的刀具路径(如图 1.5.38 生成刀具路径)。

六、ϕ8 的球刀固定轴轮廓铣精加工球面区域

1. 选择精加工方法

【程序顺序视图】→【创建工序】→弹出【创建工序】对话框→【类型】mill _ contour→【工序子类型】固定轴曲面轮廓铣→【程序】PROGRAM→【刀具】D8R4→【几何体】WORKPIECE→【方法】MILL _ FINISH→【名称】jing-qiu→【确定】(如图 1.5.39 选择精加工方法)。

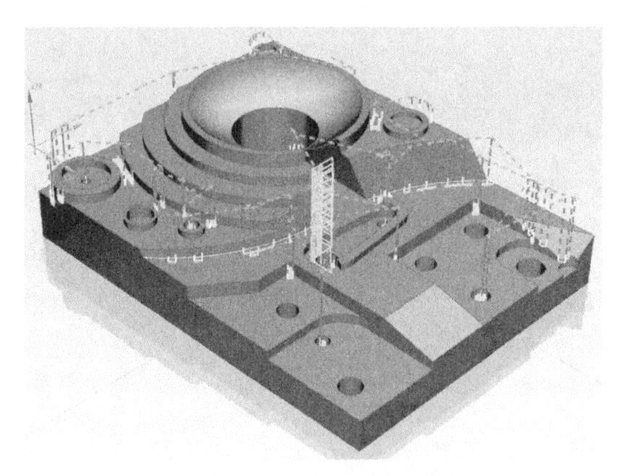

图 1.5.38 生成刀具路径

图 1.5.39 选择精加工方法

2. 选择加工区域

在弹出的【固定轴曲面轮廓铣】对话框中→【指定切削区域】→选择要加工的曲面→【确定】(如图 1.5.40 选择加工区域)。

3. 设置驱动方法及加工参数设置

【驱动方法】栏目中→【方法】螺旋(如图 1.5.41 驱动方法)。

→弹出【螺旋】驱动方法对话框→【指定点】,定圆弧的圆心作为螺旋中心(如图 1.5.42 螺旋中心)。

图 1.5.40　选择加工区域

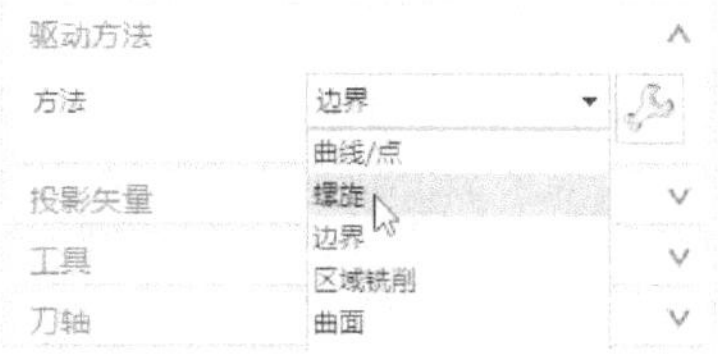

驱动方法
方法　边界
曲线/点
螺旋
边界
区域铣削
曲面
投影矢量
工具
刀轴

图 1.5.41　驱动方法

→【最大螺旋半径】50→【平面直径百分比】3→【确定】（如图 1.5.43 加工参数设置）。

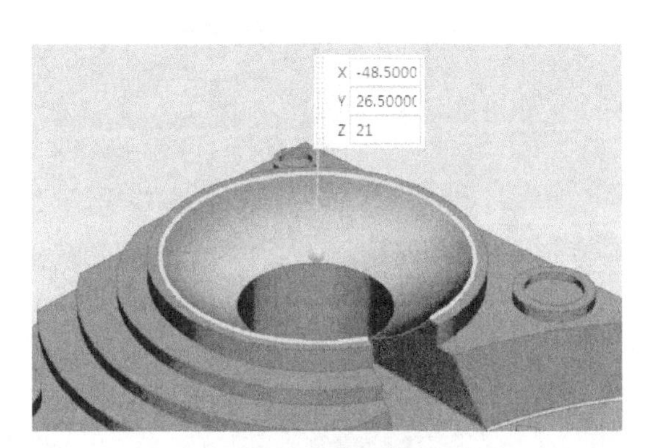

图 1.5.42　螺旋中心

图 1.5.43　加工参数设置

4. 设置进给率和速度

打开【进给率和速度】→勾选【主轴速度（rpm）】3000→【进给率】【切削】200→【确定】（如图 1.5.44 设置进给率和速度）。

5. 生成刀具路径

【操作】栏目中→点击【生成刀具路径】，生成该步操作的刀具路径（如图 1.5.45 生成刀具路径）。

七、ϕ8 的球刀深度轮廓加工中间圆弧的区域

1. 选择精加工方法

【程序顺序视图】→【创建工序】→弹出【创建工序】对话框→【类型】mill _contour→【工序子类型】固定轴曲面轮廓铣→【程序】PROGRAM→【刀具】D8R4→【几何体】WORKPIECE→【方法】MILL _FINISH→【名称】jing-douqiao→【确定】（如图 1.5.46 选择精加工方法）。

2. 选择加工区域

在弹出的【深度轮廓加工】对话框中→【指定切削区域】→选择要加工的曲面→【确定】（如图 1.5.47 选择加工区域）。

图 1.5.44　设置进给率和速度

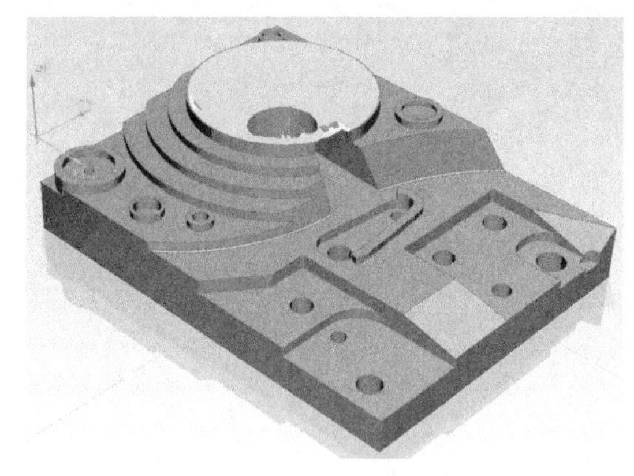

图 1.5.45　生成刀具路径

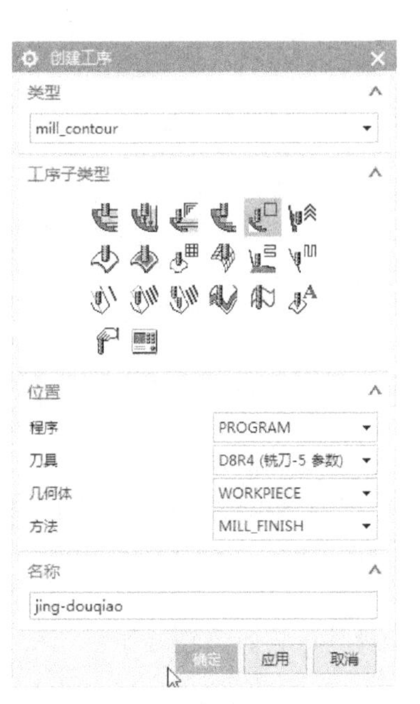

图 1.5.46　选择精加工方法

图 1.5.47　选择加工区域

3. 设置加工参数

【刀轨设置】栏目中→【最大距离】0.3（如图 1.5.48 设置加工参数）。

4. 设置非切削移动

打开【非切削移动】→【进刀】→【封闭区域】【进刀类型】插削→【开放区域】【进刀类型】与封闭区域相同→【确定】（如图 1.5.49 设置非切削移动）。

5. 设置进给率和速度

打开【进给率和速度】→勾选【主轴速度（rpm)】3000→【进给率】【切削】150→【确定】（如图 1.5.50 设置进给率和速度）。

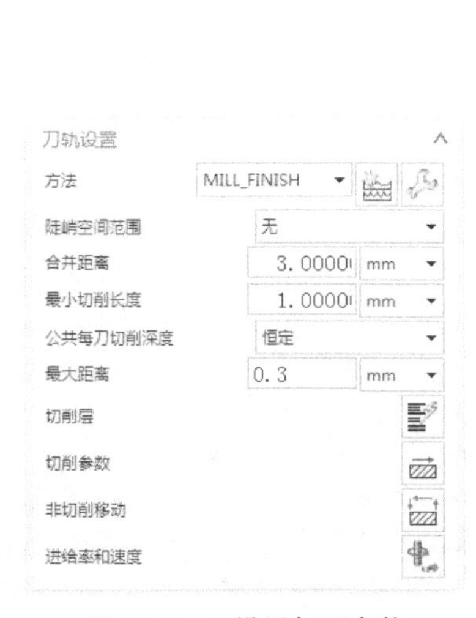

图 1.5.48 设置加工参数

图 1.5.49 设置非切削移动

6. 生成刀具路径

【操作】栏目中→点击【生成刀具路径】，生成该步操作的刀具路径（如图 1.5.51 生成刀具路径）。

图 1.5.50 设置进给率和速度

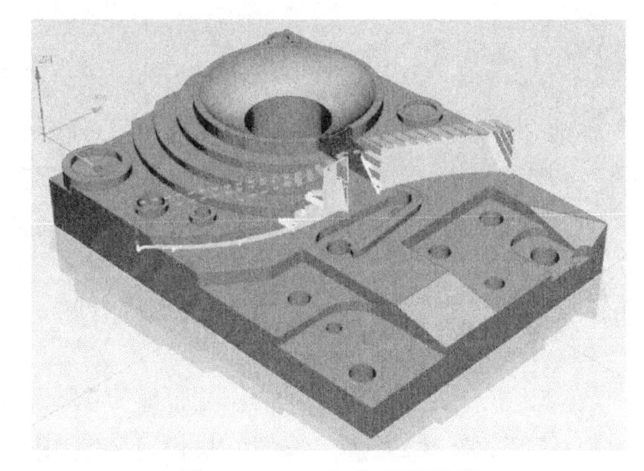

图 1.5.51 生成刀具路径

八、ϕ3 的球刀型腔铣残料加工小圆角

1. 选择精加工方法

【程序顺序视图】→【创建工序】→弹出【创建工序】对话框→【类型】mill _contour→【工序子类型】型腔铣→【程序】PROGRAM→【刀具】D3R1.5→【几何体】WORKPIECE→【方法】MILL _FINISH→【名称】canliao→【确定】(如图 1.5.52 选择精加工方法)。

2. 选择加工区域

在弹出的【型腔铣】对话框中→【指定切削区域】→选择要加工的曲面→【确定】（如图1.5.53选择加工区域）。

图 1.5.52　选择精加工方法

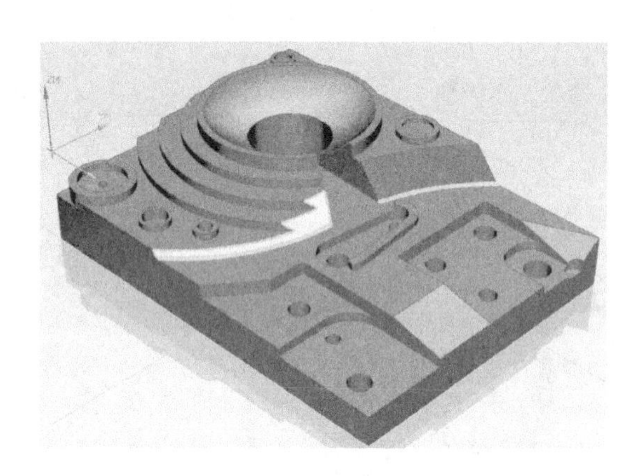

图 1.5.53　选择加工区域

3. 设置加工参数

【刀轨设置】栏目中→【切削模式】跟随部件→【平面直径百分比】9→【最大距离】0.3（如图1.5.54设置加工参数）。

图 1.5.54　设置加工参数

4. 设置切削参数

打开【切削参数】→【策略】【切削顺序】深度优先→【余量】所有均设为0→【空间范围】【毛坯】【处理中的工件】使用基于层的→【确定】（如图1.5.55深度优先、图1.5.56使用基于层的）。

5. 设置非切削移动

打开【非切削移动】→【进刀】→【封闭区域】【进刀类型】插削→【开放区域】【进刀类型】与封闭区域相同→【确定】（如图1.5.57设置非切削移动）。

6. 设置进给率和速度

打开【进给率和速度】→勾选【主轴速度（rpm）】4000→【进给率】【切削】300→【确定】（如图1.5.58设置进给率和速度）。

7. 生成刀具路径

【操作】栏目中→点击【生成刀具路径】，生成该步操作的刀具路径（如图1.5.59生成刀具路径）。

图 1.5.55　深度优先

图 1.5.56　使用基于层的

图 1.5.57　设置非切削移动

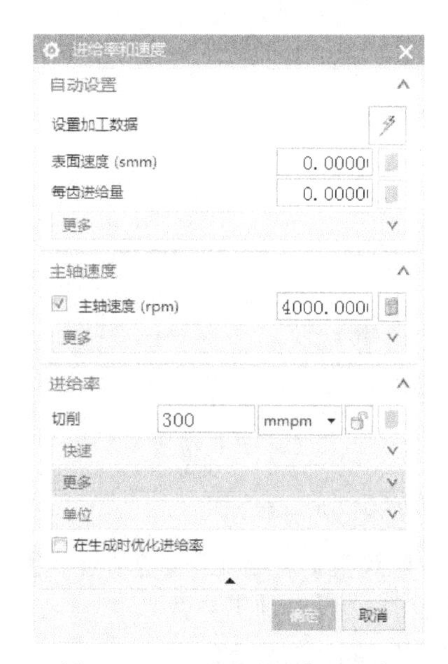

图 1.5.58　设置进给率和速度

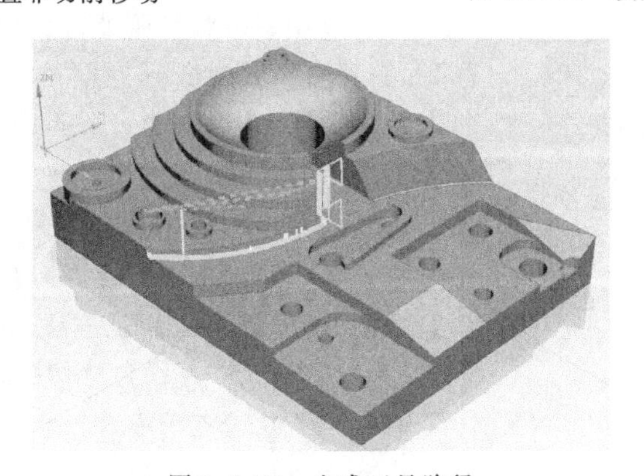

图 1.5.59　生成刀具路径

九、ϕ2的平底刀型腔铣残料加工平面剩余区域

1. 选择精加工方法

【程序顺序视图】→【创建工序】→弹出【创建工序】对话框→【类型】mill _ contour→【工序子类型】型腔铣→【程序】PROGRAM→【刀具】D2→【几何体】WORKPIECE→【方法】MILL _ FINISH→【名称】jing-canliao2→【确定】(如图1.5.60选择精加工方法)。

2. 选择加工区域

在弹出的【型腔铣】对话框中→【指定切削区域】→选择要加工的曲面→【确定】(如图1.5.61选择加工区域)。

图1.5.60 选择精加工方法

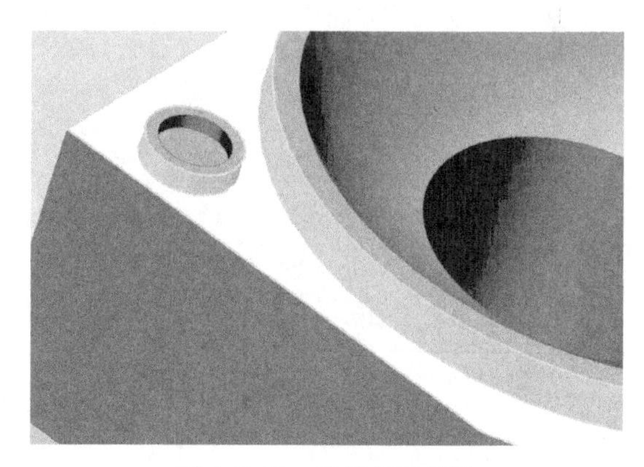

图1.5.61 选择加工区域

3. 设置加工参数

【刀轨设置】栏目中→【切削模式】跟随部件→【平面直径百分比】10→【最大距离】0.3(如图1.5.62设置加工参数)。

4. 设置切削参数

图1.5.62 设置加工参数

打开【切削参数】→【策略】【切削顺序】深度优先→【余量】所有均设为0→【空间范围】【毛坯】【处理中的工件】使用3D→【确定】(如图1.5.63深度优先、图1.5.64使用3D)。

5. 设置非切削移动

打开【非切削移动】→【进刀】→【封闭区域】【进刀类型】插削→【开放区域】【进刀类型】与封闭区域相同→【确定】(如图1.5.65设置非切削移动)。

6. 设置进给率和速度

打开【进给率和速度】→勾选【主轴速度(rpm)】

4000→【进给率】【切削】200→【确定】（如图 1.5.66 设置进给率和速度）。

图 1.5.63　深度优先

图 1.5.64　使用 3D

图 1.5.65　设置非切削移动

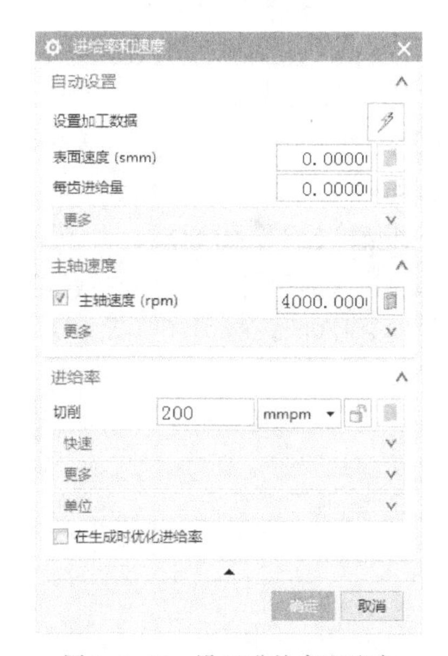

图 1.5.66　设置进给率和速度

7. 生成刀具路径

【操作】栏目中→点击【生成刀具路径】，生成该步操作的刀具路径（如图 1.5.67 生成刀具路径）。

十、ϕ2 的平底刀清根精加工角落区域

1. 选择精加工方法

【程序顺序视图】→【创建工序】→弹出【创建工序】对话框→【类型】mill _ contour→【工序子类型】单刀路清根→【程序】PROGRAM→【刀具】D2→【几何体】WORKPIECE→【方

法】FINISH 精加工→【名称】qinggen→【确定】(如图 1.5.68 选择精加工方法)。

图 1.5.67　生成刀具路径

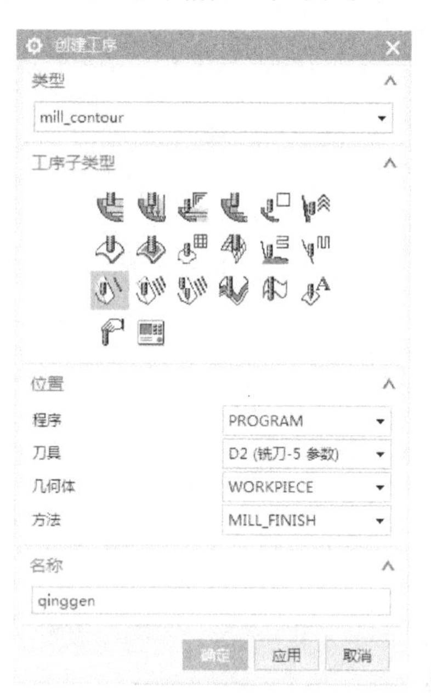

图 1.5.68　选择精加工方法

2. 选择加工区域

在弹出的【单刀路清根】对话框中→【指定切削区域】→选择要加工的陡峭曲面→【确定】(如图 1.5.69 选择加工区域)。

3. 设置进给率和速度

【刀轨设置】栏目中→打开【进给率和速度】→勾选【主轴速度(rpm)】5000→【进给率】【切削】120→【确定】(如图 1.5.70 设置进给率和速度)。

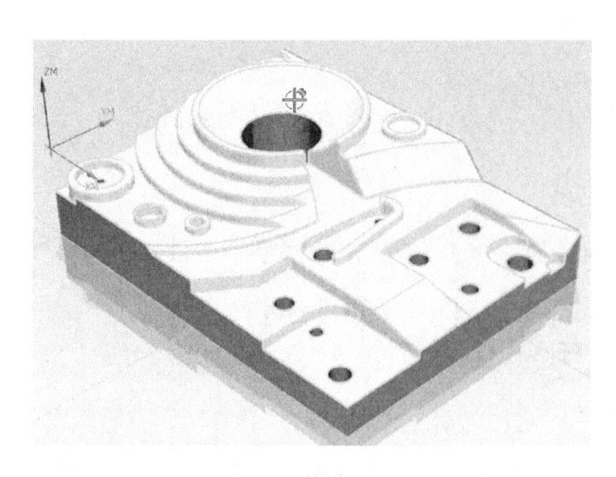

图 1.5.69　选择加工区域

图 1.5.70　设置进给率和速度

4. 生成刀具路径

【操作】栏目中→点击【生成刀具路径】，生成该步操作的刀具路径（如图 1.5.71 生成刀具路径）。

十一、ϕ8 的球刀固定轴轮廓铣精加工 X 方向斜面

1. 选择精加工方法

【程序顺序视图】→【创建工序】→弹出【创建工序】对话框→【类型】mill _ contour→【工序子类型】固定轴曲面轮廓铣→【程序】PROGRAM→【刀具】D8R4→【几何体】WORKPIECE→【方法】MILL _ FINISH→【名称】jing-X→【确定】（如图 1.5.72 选择精加工方法）。

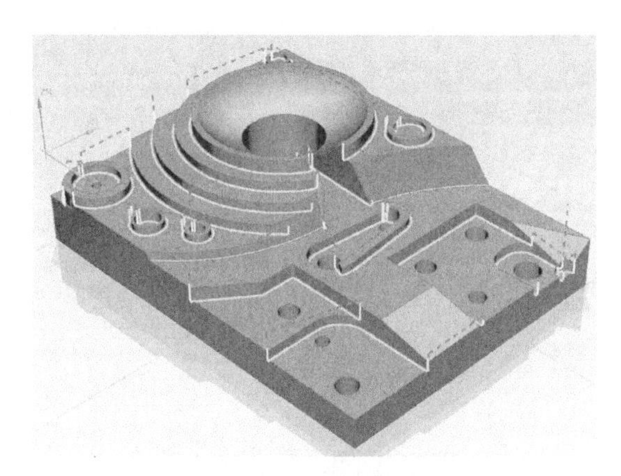

图 1.5.71　生成刀具路径

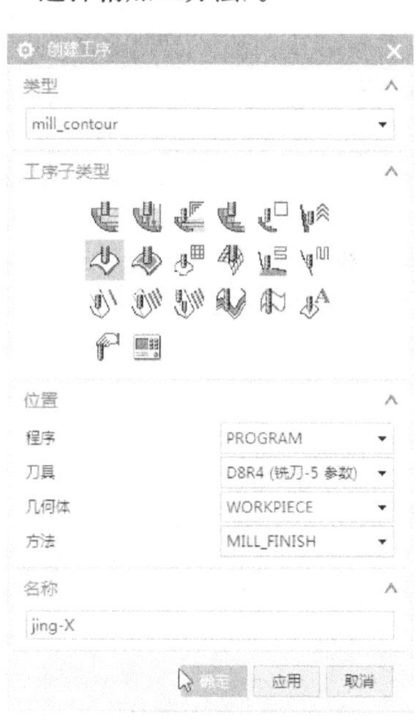

图 1.5.72　选择精加工方法

2. 选择加工区域

在弹出的【固定轴曲面轮廓铣】对话框中→【指定切削区域】→选择要加工的曲面→【确定】（如图 1.5.73 选择加工区域）。

3. 设置驱动方法及加工参数设置

【驱动方法】栏目中→【方法】区域铣削（如图 1.5.74 驱动方法）。

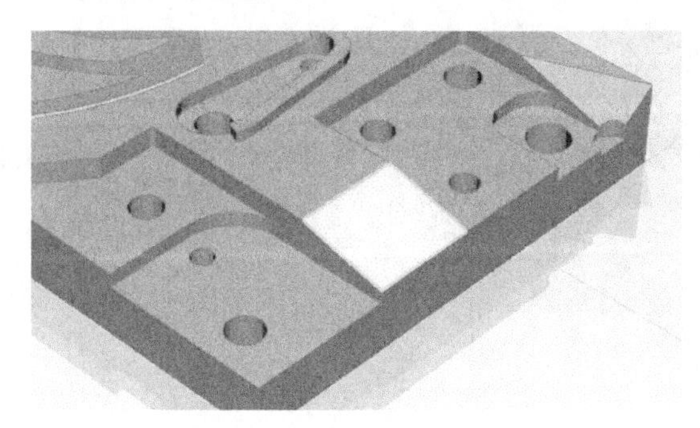

图 1.5.73　选择加工区域

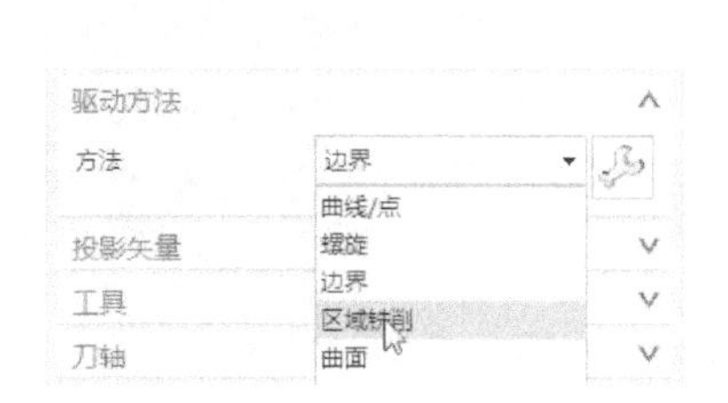

图 1.5.74　驱动方法

→弹出【区域铣削】驱动方法对话框→【驱动设置】→【非陡峭切削模式】往复→【平面直径百分比】6→【剖切角】指定→【与 XC 夹角】0→【确定】(如图 1.5.75 加工参数设置)。

4. 设置进给率和速度

打开【进给率和速度】→勾选【主轴速度（rpm)】4000→【进给率】【切削】250→【确定】(如图 1.5.76 设置进给率和速度)。

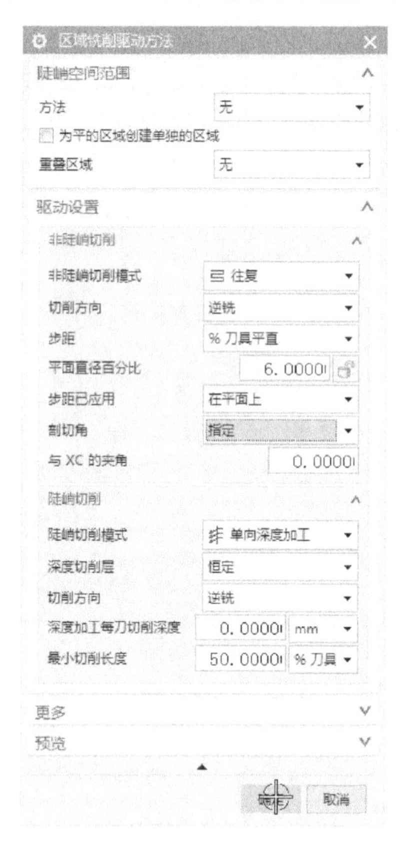

图 1.5.75　加工参数设置

图 1.5.76　设置进给率和速度

5. 生成刀具路径

【操作】栏目中→点击【生成刀具路径】，生成该步操作的刀具路径（如图 1.5.77 生成刀具路径）。

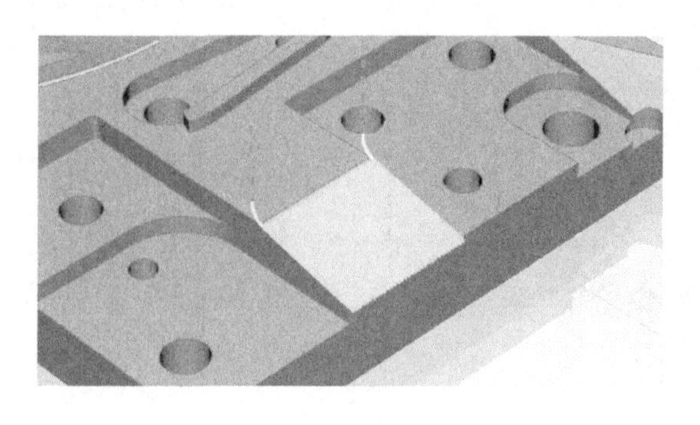

图 1.5.77　生成刀具路径

十二、$\phi 8$的球刀固定轴轮廓铣精加工小斜面

1. 选择精加工方法

【程序顺序视图】→【创建工序】→弹出【创建工序】对话框→【类型】mill _ contour→【工序子类型】固定轴曲面轮廓铣→【程序】PROGRAM→【刀具】D8R4→【几何体】WORKPIECE→【方法】MILL _ FINISH→【名称】jing-xie→【确定】(如图 1.5.78 选择精加工方法)。

2. 选择加工区域

在弹出的【固定轴曲面轮廓铣】对话框中→【指定切削区域】→选择要加工的曲面→【确定】(如图 1.5.79 选择加工区域)。

图 1.5.78　选择精加工方法

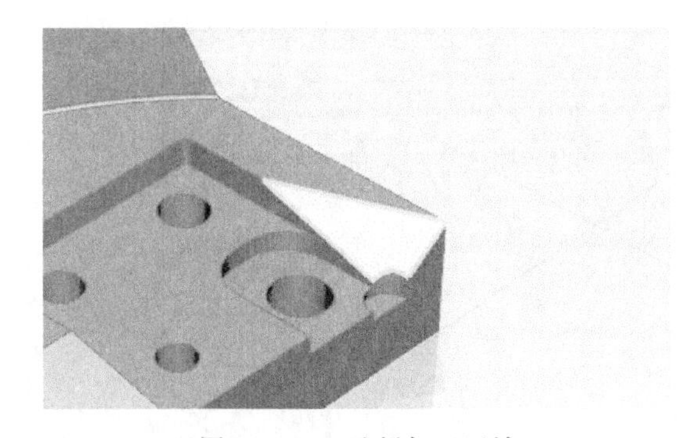

图 1.5.79　选择加工区域

3. 设置驱动方法及加工参数设置

【驱动方法】栏目中→【方法】区域铣削 (如图 1.5.80 驱动方法)。

→弹出【区域铣削】驱动方法对话框→【驱动设置】→【非陡峭切削模式】往复→【平面直径百分比】6→【剖切角】指定→【与 XC 夹角】−45→【确定】(如图 1.5.81 加工参数设置)。

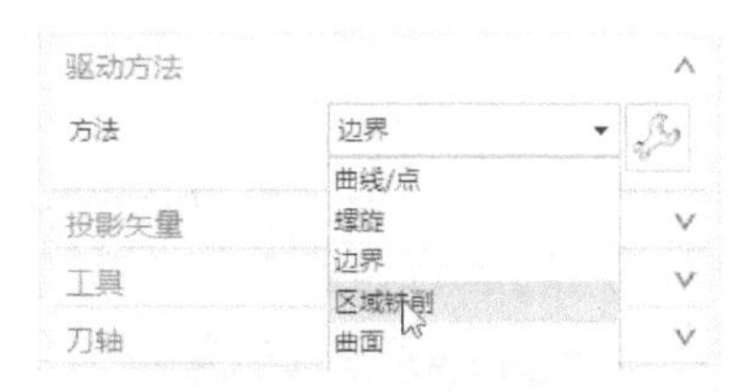

图 1.5.80　驱动方法

4. 设置进给率和速度

打开【进给率和速度】→勾选【主轴速度 (rpm)】4000→【进给率】【切削】250→【确定】(如图 1.5.82 设置进给率和速度)。

5. 生成刀具路径

【操作】栏目中→点击【生成刀具路径】，生成该步操作的刀具路径 (如图 1.5.83 生成刀具路径)。

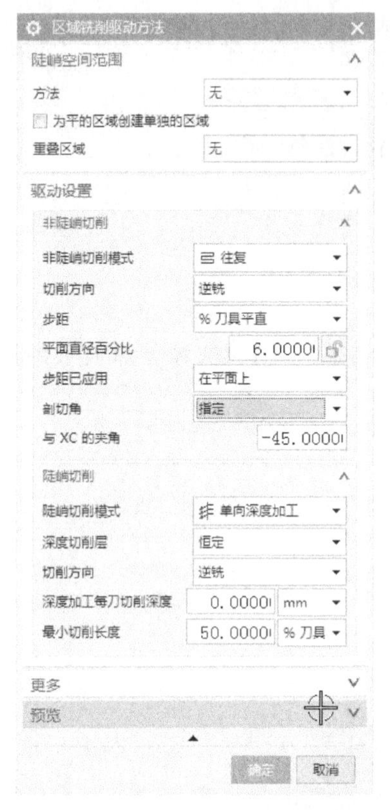

图 1.5.81　加工参数设置

图 1.5.82　设置进给率和速度

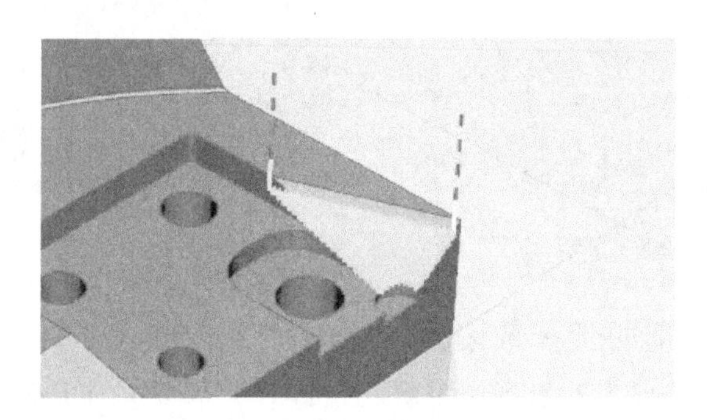

图 1.5.83　生成刀具路径

十三、$\phi 3$的球刀型腔铣残料加工剩余小圆角区域

1. 选择精加工方法

【程序顺序视图】→【创建工序】→弹出【创建工序】对话框→【类型】mill_contour→【工序子类型】型腔铣→【程序】PROGRAM→【刀具】D3R1.5→【几何体】WORKPIECE→【方法】MILL_FINISH→【名称】jing-canliao3→【确定】(如图 1.5.84 选择精加工方法)。

2. 选择加工区域

在弹出的【型腔铣】对话框中→【指定切削区域】→选择要加工的曲面→【确定】(如图 1.5.85 选择加工区域)。

3. 设置加工参数

【刀轨设置】栏目中→【切削模式】跟随部件→【平面直径百分比】9→【最大距离】0.3（如图 1.5.86 设置加工参数）。

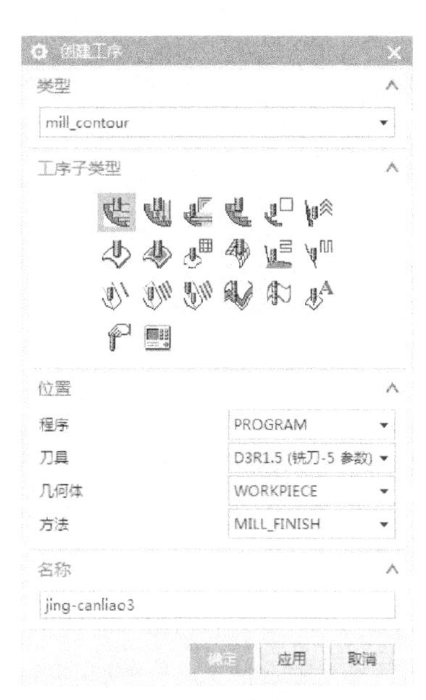

图 1.5.84　选择精加工方法

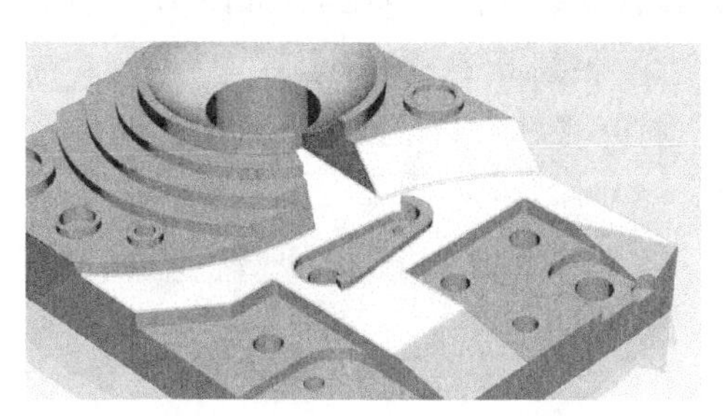

图 1.5.85　选择加工区域

图 1.5.86　设置加工参数

4. 设置切削参数

打开【切削参数】→【策略】【切削顺序】深度优先→【余量】所有均设为 0→【空间范围】【毛坯】【处理中的工件】使用 3D→【确定】（如图 1.5.87 深度优先、图 1.5.88 使用 3D）。

图 1.5.87　深度优先

图 1.5.88　使用 3D

5. 设置非切削移动

打开【非切削移动】→【进刀】→【封闭区域】【进刀类型】插削→【开放区域】【进刀类型】与封闭区域相同→【确定】(如图 1.5.89 设置非切削移动)。

6. 设置进给率和速度

打开【进给率和速度】→勾选【主轴速度 (rpm)】4000→【进给率】【切削】120→【确定】(如图 1.5.90 设置进给率和速度)。

图 1.5.89　设置非切削移动

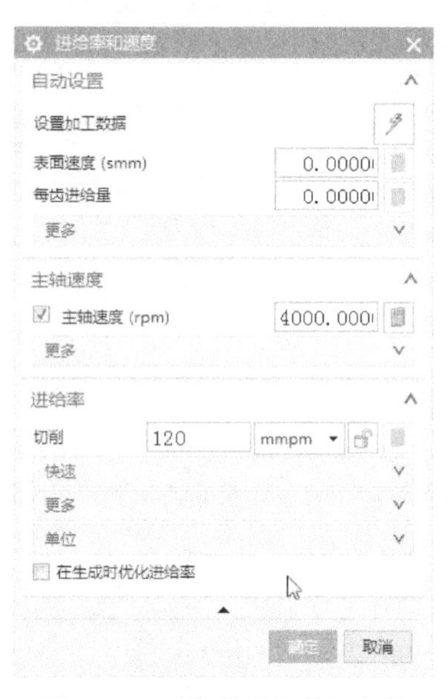

图 1.5.90　设置进给率和速度

7. 生成刀具路径

【操作】栏目中→点击【生成刀具路径】，生成该步操作的刀具路径（如图 1.5.91 生成刀具路径）。

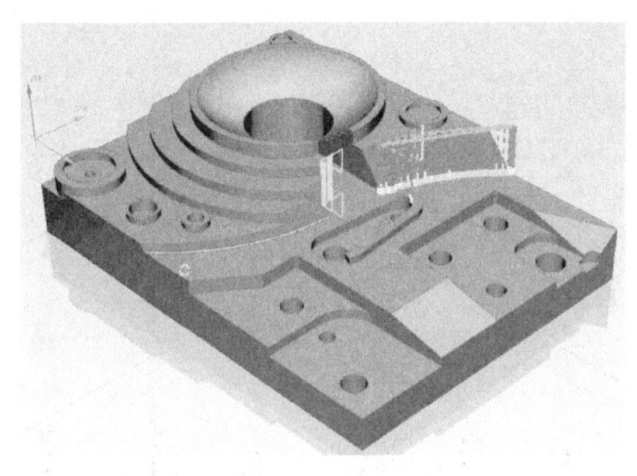

图 1.5.91　生成刀具路径

十四、最终验证模拟

在左侧目录列表中选择操作→点击【确认刀轨】按钮→在弹出的【刀轨可视化】对话框中→选择【2D 动态】→调整【动画速度】→点击【播放】(如图 1.5.92～图 1.5.102)。

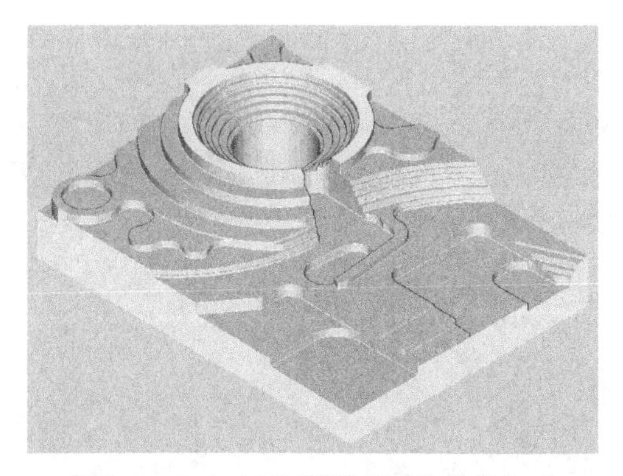

图 1.5.92　ϕ15 的平底刀型腔铣粗加工

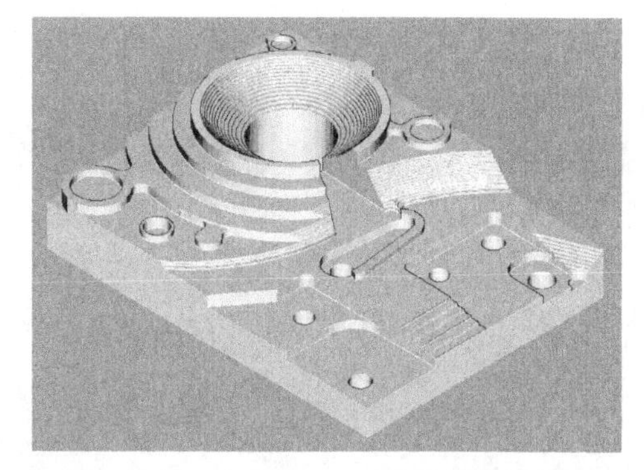

图 1.5.93　ϕ8 的平底刀型腔铣半精加工

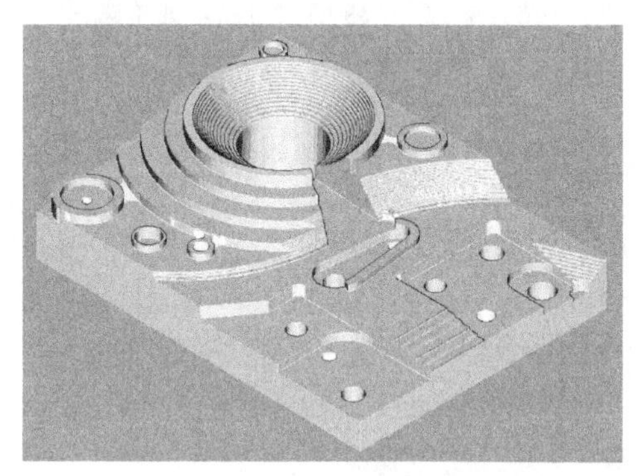

图 1.5.94　ϕ4 的平底刀型腔铣残料精加工

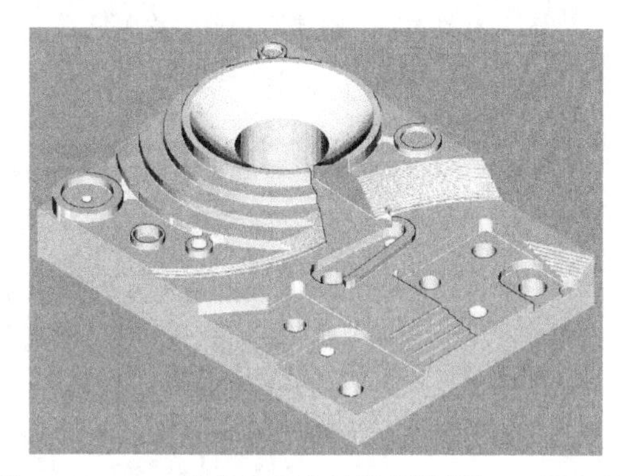

图 1.5.95　ϕ8 的球刀固定轴轮廓铣精加工球面区域

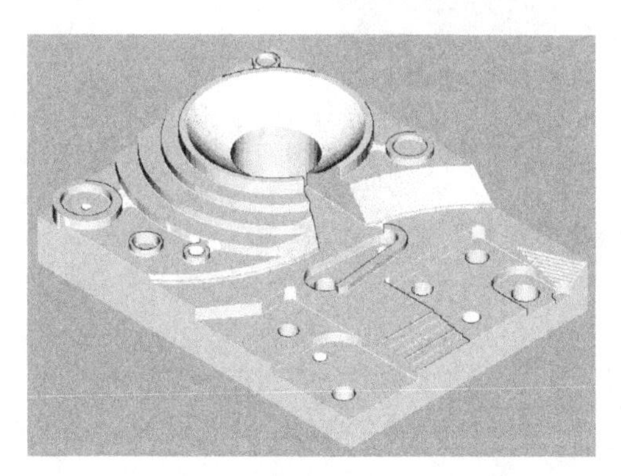

图 1.5.96　ϕ8 的球刀深度轮廓加工中间圆弧的区域

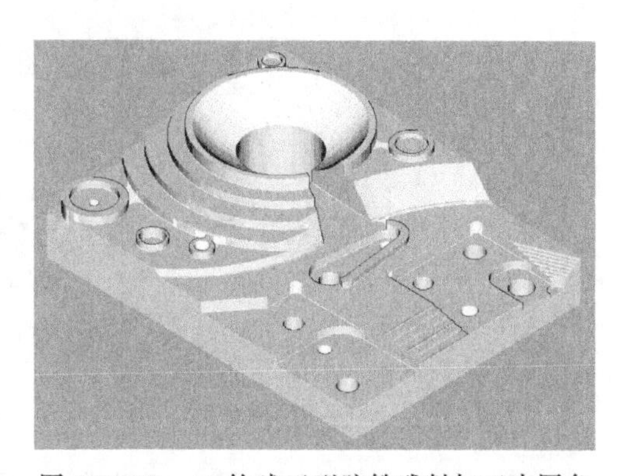

图 1.5.97　ϕ3 的球刀型腔铣残料加工小圆角

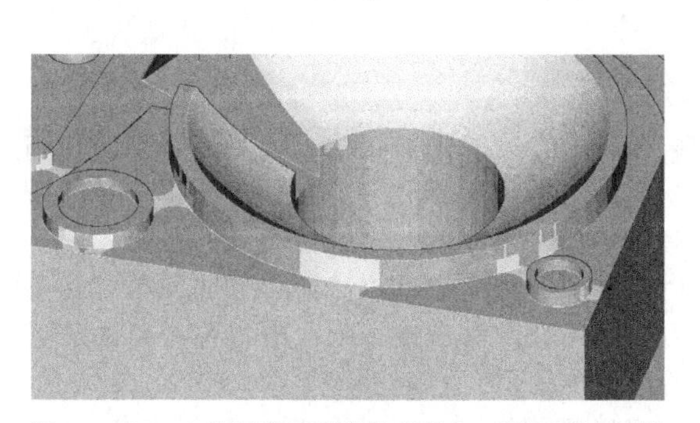

图 1.5.98　ϕ2 的平底刀型腔铣残料加工平面剩余区域

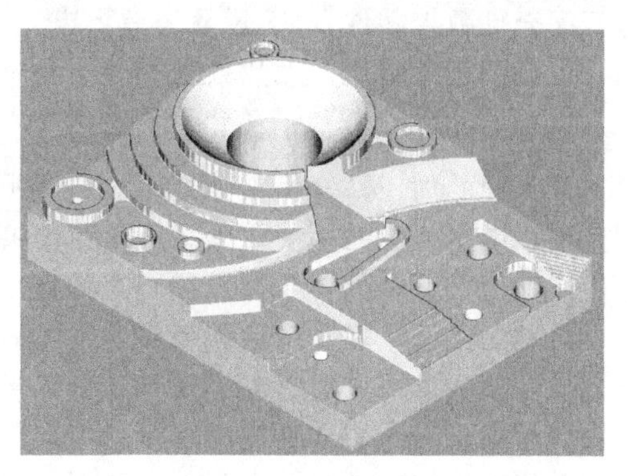

图 1.5.99　ϕ2 的平底刀清根精加工角落区域

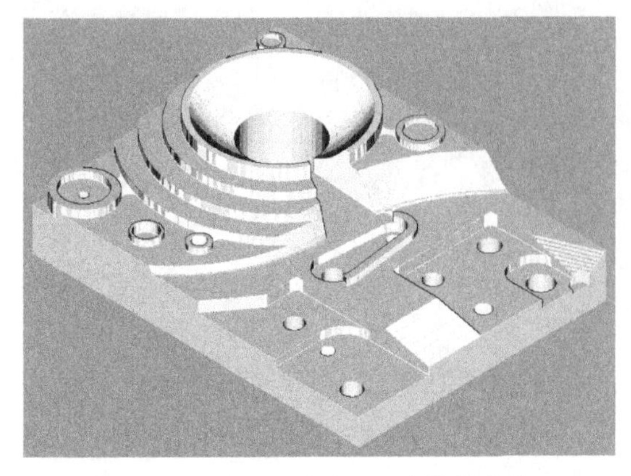

图 1.5.100 ϕ8 的球刀固定轴轮廓铣精加工 X 方向斜面

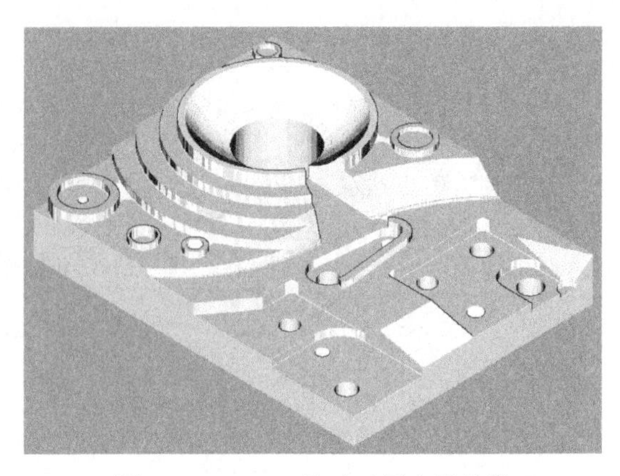

图 1.5.101 ϕ8 的球刀固定轴轮廓铣精加工小斜面

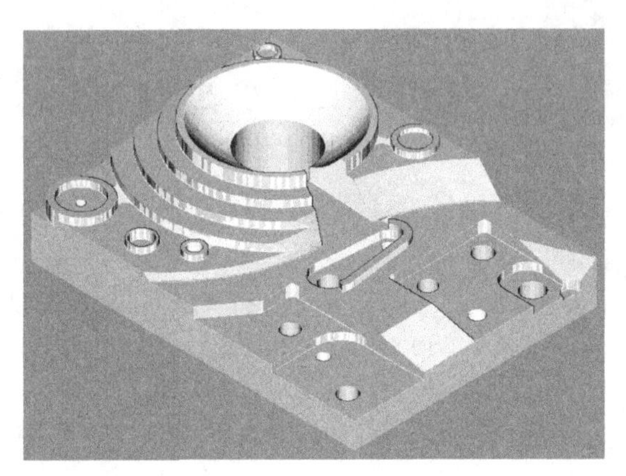

图 1.5.102 ϕ3 的球刀型腔铣残料加工剩余小圆角区域

案例六 弯板配合件数控零件加工

一、工艺分析

1. 零件图工艺分析

该零件中间由一个连续的曲面组成，工件尺寸 128.56mm×84mm×23mm（如图 1.6.1 弯板配合件数控零件），无尺寸公差要求。尺寸标注完整，轮廓描述清楚。零件材料为已经加工成型的标准铝块，无热处理和硬度要求。

2. 确定装夹方案、加工顺序及进给路线

圆弧面的加工，其装夹如图 1.6.2 所示，在工件底部放置 1 块垫块，左侧顶紧铝棒，两侧分别用图中所示的垫块夹紧，工件露出夹具一半的高度，用平底刀加工。先加工一半的高度，待加工完毕，翻转再掉头按同样的方法装夹，再加工剩下的一半。

注意：此例不能采用正面装夹，平底刀开粗、球刀精加工过的方法，首先曲面精度达不到标准，其次加工时间将大大延长。由于平底刀加工的速度和精度可以很好地弥补正面放置采用球刀加工的不足，这样可以保证曲面加工的精度和速度。

对刀点采用左下角的上表面点对刀，使得加工区域面向我们，方便观察，其装夹方式、

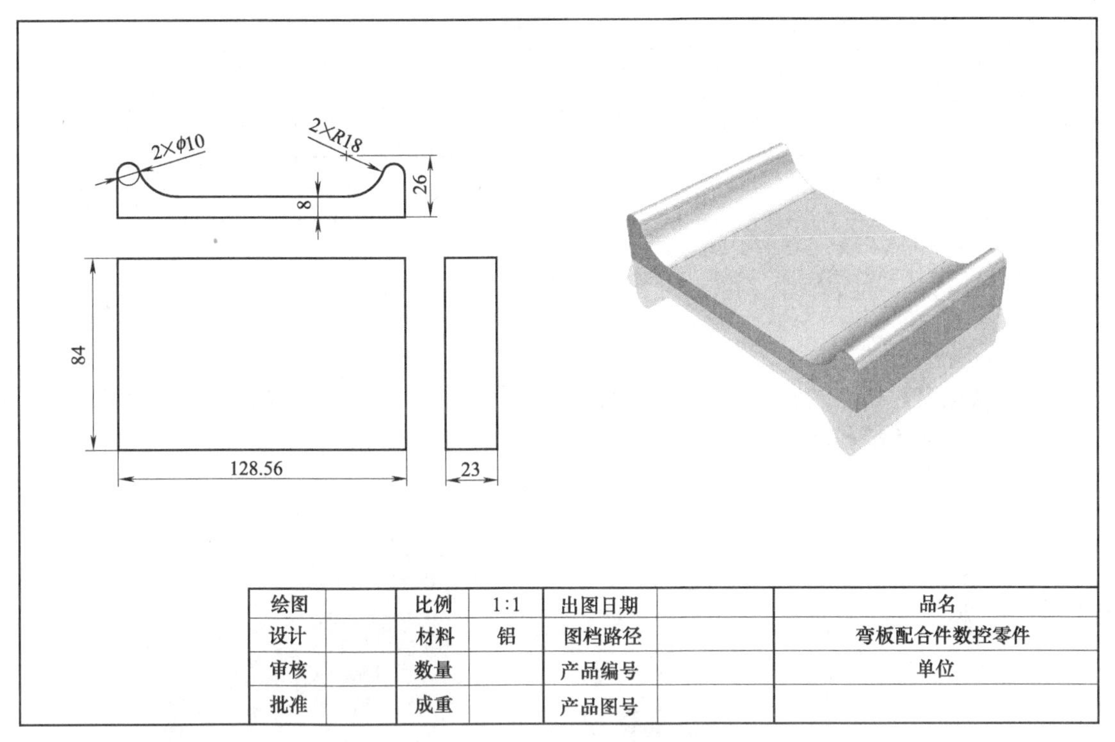

图 1.6.1　弯板配合件数控零件

加工区域和对刀点如图 1.6.2 所示。

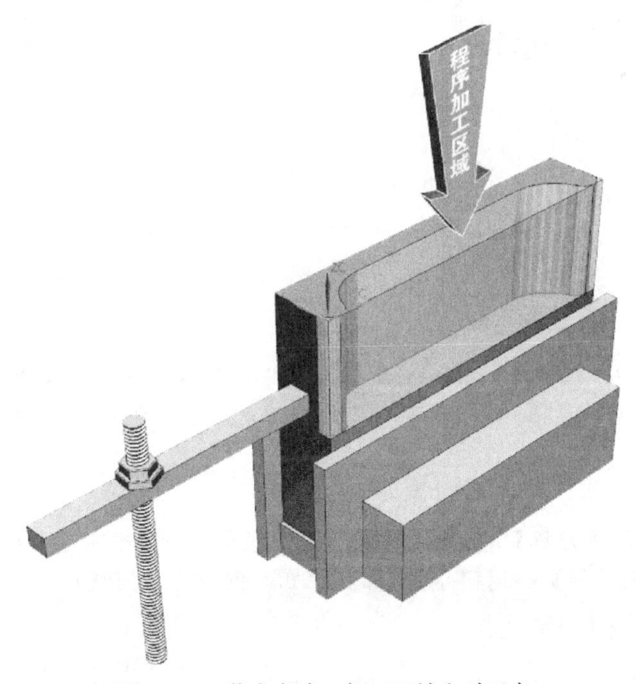

图 1.6.2　装夹方式、加工区域和对刀点

3. 刀具和加工区域选择

选用一把铣刀加工本例的区域，将所选定的刀具参数以及加工区域填入表 1.6.1 数控加工卡片中，以便于编程和操作管理。

表 1.6.1 数控加工卡片

产品名称或代号	数控零件加工综合实例		零件名称		弯板配合件数控零件		
序号	加工区域				刀具		
					名称	规格	刀号
1	ϕ20 的平底刀型腔铣加工				D20	ϕ20 平底刀	1
编制	×××	审核	×××	批准	×××	共1页	

二、前期准备工作

1. 绘制辅助图形

进入【建模】模块式→【草图】中绘制图形，使之作为加工坐标系的原点（如图 1.6.3 草图中绘制辅助图形和图 1.6.4 完成后的效果）。

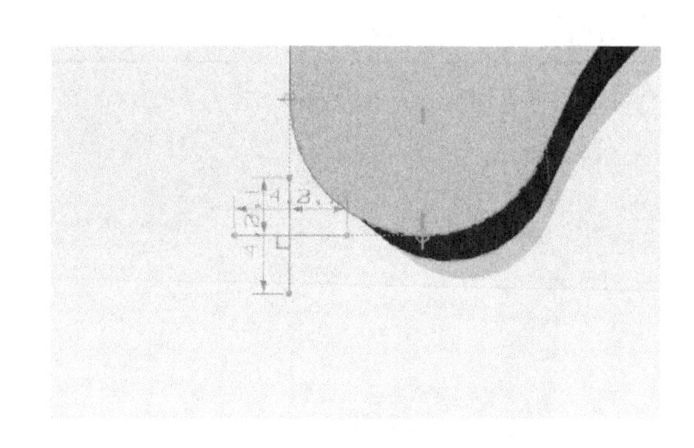

图 1.6.3 草图中绘制辅助图形

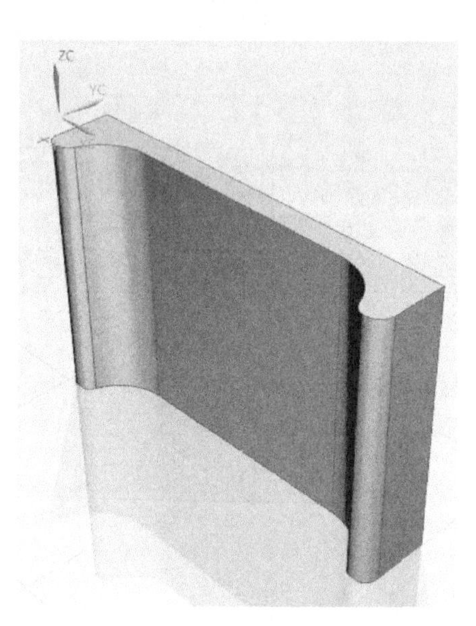

图 1.6.4 完成后的效果

2. 进入加工模块

打开【启动】菜单→【加工】，进入加工模块→打开【加工环境】对话框，→【CAM 会话配置】cam _ general，→【要创建的 CAM 组装】mill _contour（如图 1.6.5 进入加工模块）。

3. 创建刀具

【机床视图】→【创建刀具】→选择【平底刀】→【名称】D20→在【刀具设置】对话框中→【(D) 直径】20→【刀具号】1→【确定】（如图 1.6.6 创建 1 号刀具）。

4. 设置坐标系和创建毛坯

【几何视图】→双击【MCS _ MILL】→点击绘制的辅助直线的交叉点，将加工坐标系移至毛坯左下角的上平面点即可（如图）→设定【安全距离】2→【确定】（如图 1.6.7 设置坐标系）。

→打开 MCS _ MILL 前的【+】号，双击【WORKPIECE】→在【工件】对话框中→点击【指定部件】按钮→点击工件→【确定】（如图 1.6.8 指定部件）。

图 1.6.5　进入加工模块

图 1.6.6　创建 1 号刀具

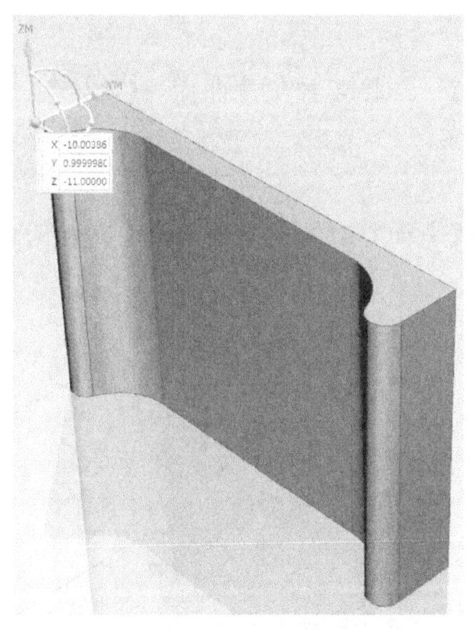

图 1.6.7　设置坐标系

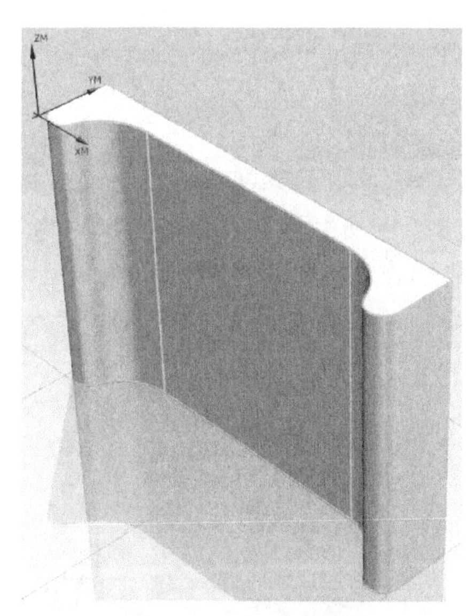

图 1.6.8　指定部件

→点击【指定毛坯】按钮→在弹出的【毛坯几何体】对话中→【类型】→选择【包容块】，设置最小化包容工件的毛坯→【限制】→【YM－】2→毛坯设置的效果如图→【确定】→【确定】（如图 1.6.9 创建毛坯）。

三、ϕ20 的平底刀型腔铣加工

1. 选择精加工方法

【程序顺序视图】→【创建工序】→弹出【创建工序】对话框→【类型】mill _contour→【工序子类型】型腔铣→【程序】PROGRAM→【刀具】D15→【几何体】WORKPIECE→【方法】MILL _FINISH→【名称】1→【确定】（如图 1.6.10 选择精加工方法）。

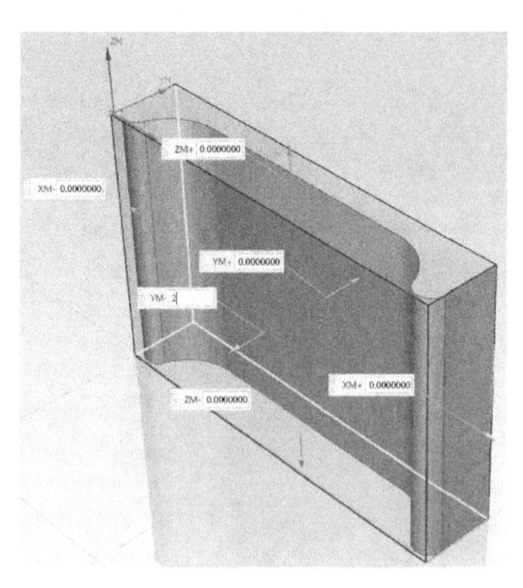

图 1.6.9　创建毛坯

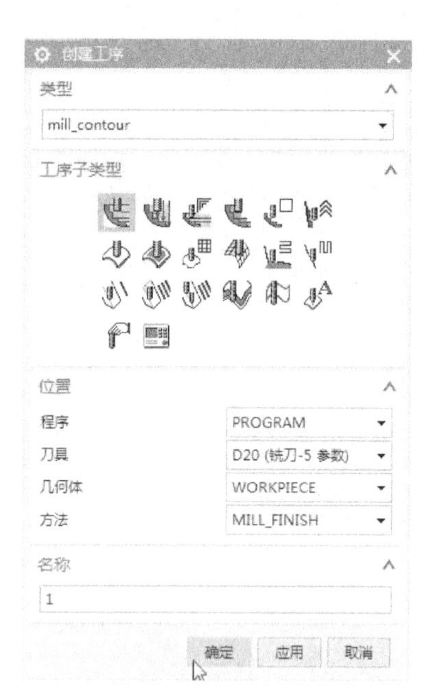

图 1.6.10　选择加工方法

2. 选择加工区域

在弹出的【型腔铣】对话框中→【指定切削区域】→选择要加工的曲面→【确定】（如图 1.6.11 选择加工区域）。

3. 设置加工参数

【刀轨设置】栏目中→【切削模式】跟随部件→【平面直径百分比】50→【最大距离】3（如图 1.6.12 设置加工参数）。

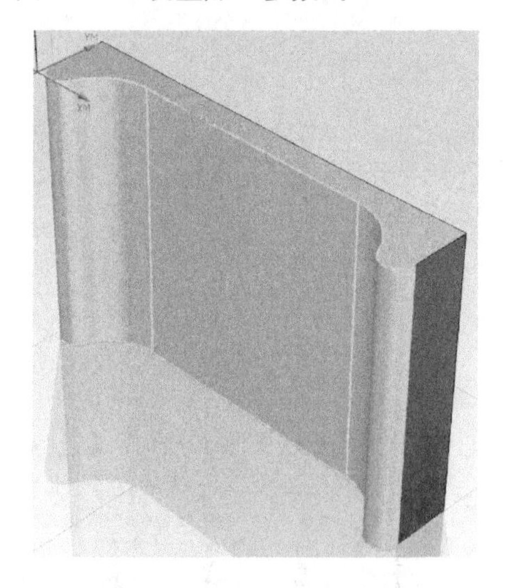

图 1.6.11　选择加工区域

图 1.6.12　设置加工参数

4. 设置切削层

打开【切削层】→【切削层】对话框→【范围定义】【范围深度】43，用来设置刀具加工的最终平面→【确定】（如图 1.6.13 范围深度、图 1.6.14 设置切削层的效果）。

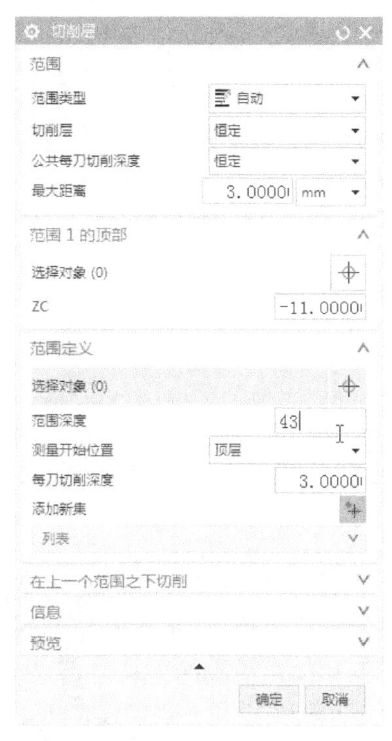

图 1.6.13　范围深度

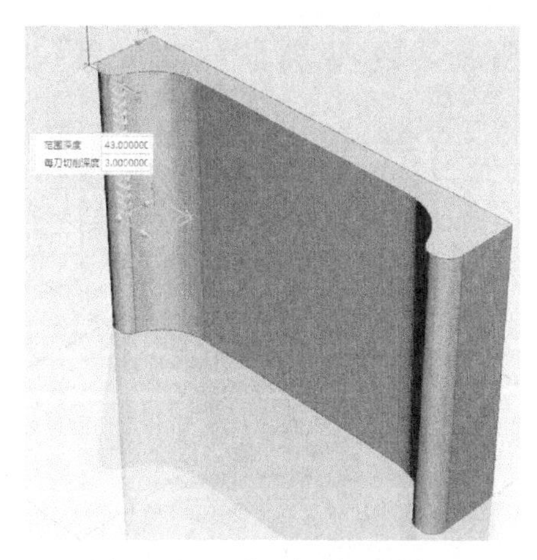

图 1.6.14　设置切削层的效果

5. 设置切削参数

打开【切削参数】→【策略】【切削顺序】深度优先→【确定】（如图 1.6.15 设置切削参数）。

6. 设置非切削移动

打开【非切削移动】→【进刀】→【封闭区域】【进刀类型】插削→【开放区域】【进刀类型】与封闭区域相同→【确定】（如图 1.6.16 设置非切削移动）。

图 1.6.15　设置切削参数

图 1.6.16　设置非切削移动

7. 设置进给率和速度

打开【进给率和速度】→勾选【主轴速度（rpm)】3000→【进给率】【切削】400→【确定】(如图 1.6.17 设置进给率和速度)。

8. 生成刀具路径

【操作】栏目中→点击【生成刀具路径】，生成该步操作的刀具路径（如图 1.6.18 生成刀具路径）。

图 1.6.17　设置进给率和速度

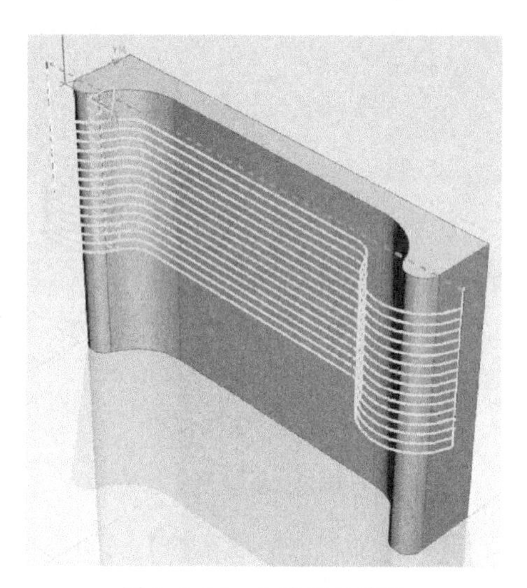

图 1.6.18　生成刀具路径

四、最终验证模拟

在左侧目录列表中选择操作→点击【确认刀轨】按钮→在弹出的【刀轨可视化】对话框中→选择【2D 动态】→调整【动画速度】→点击【播放】(如图 1.6.19)。

图 1.6.19　ϕ20 的平底刀型腔铣加工

案例七　通讯底盒数控零件加工

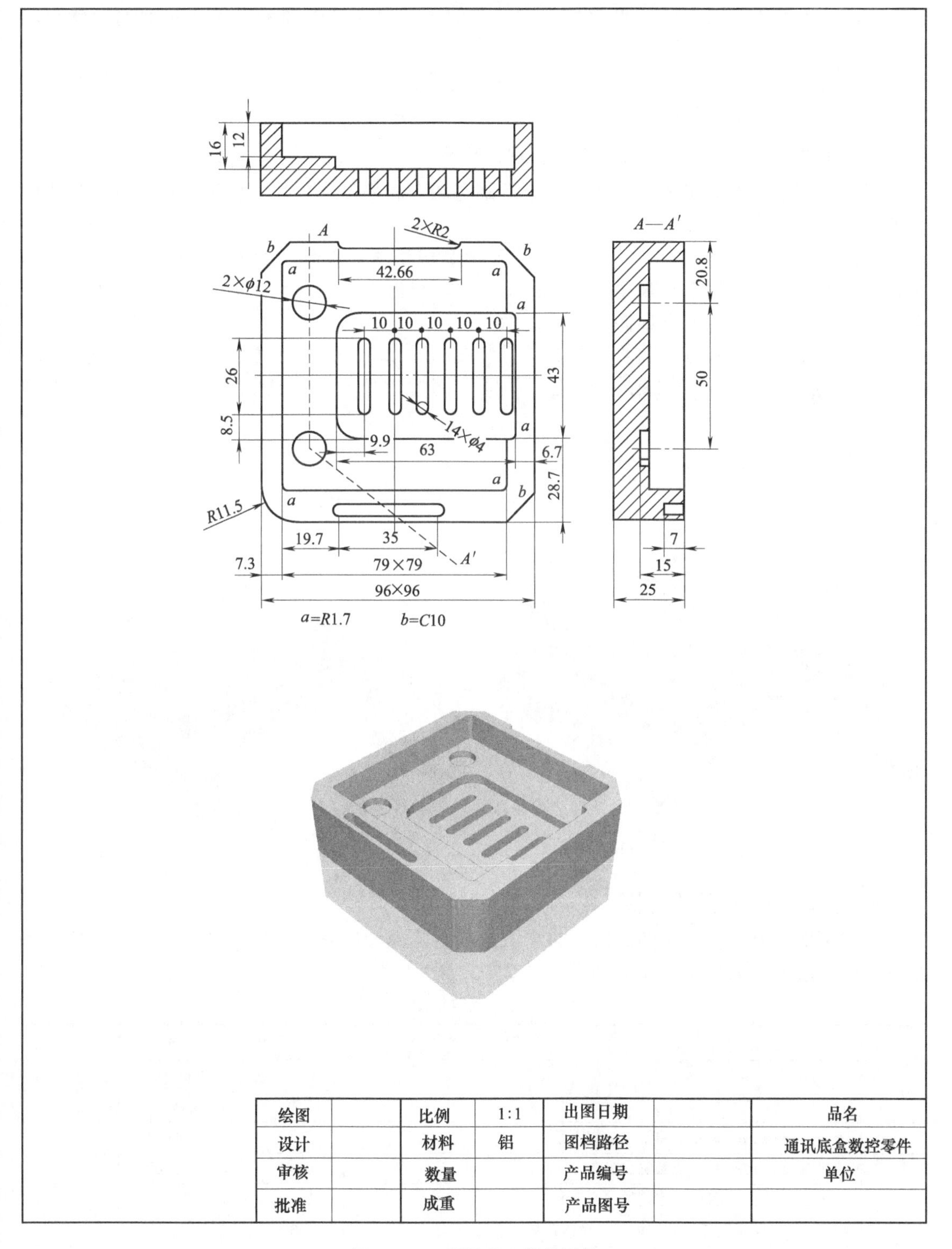

绘图		比例	1:1	出图日期		品名
设计		材料	铝	图档路径		通讯底盒数控零件
审核		数量		产品编号		单位
批准		成重		产品图号		

图 1.7.1　通讯底盒数控零件

一、工艺分析

1. 零件图工艺分析

该零件中间由一系列的凹槽组成，在外侧的区域由高度不同的台阶小平面的形状组成（如图1.7.1通讯底盒数控零件）。

工件尺寸192mm×144mm×46mm，无尺寸公差要求。尺寸标注完整，轮廓描述清楚。零件材料为已经加工成型的标准铝块，无热处理和硬度要求。

2. 确定装夹方案、加工顺序及进给路线

工件采用通用的虎钳装夹方案，需进行翻转装夹底部放置垫块，保证工件摆正，生成两套加工程序，具体操作如下。

（1）程序一的装夹方式：在工件底部放置2块垫块，保证工件高出钳口15mm以上，用台虎钳夹紧，左侧用铝棒顶紧，方面掉头加工，对刀点采用左下角的上表面点对刀，其装夹方式、加工区域和对刀点如图1.7.2所示。

（2）程序二的装夹方式：将工件翻转，装夹如图1.7.3所示的方法，工件底部放置2块垫块，保证工件高出钳口15mm以上，靠紧左侧的铝棒，用台虎钳夹紧，这样可以不需对刀。

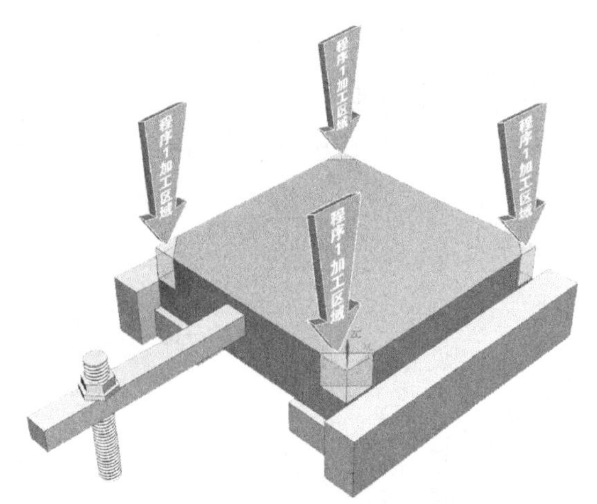

图1.7.2　装夹方式、加工区域和对刀点（一）

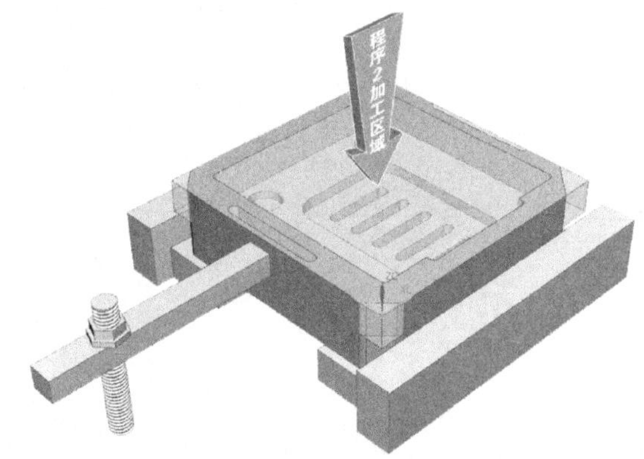

图1.7.3　装夹方式、加工区域和对刀点（二）

3. 刀具和加工区域选择

选用多把铣刀加工本例的区域，将所选定的刀具参数以及加工区域填入表1.7.1数控加工卡片中，以便于编程和操作管理。

表1.7.1　数控加工卡片

产品名称或代号	数控零件加工综合实例	零件名称	通讯底盒数控零件		
序号	加工区域	刀具			
		名称	规格	刀号	
1	程序一：ϕ10的平底刀型腔铣加工四个角	D10	ϕ10平底刀	1	
2	程序二：ϕ10的平底刀型腔铣加工	D10	ϕ10平底刀	1	
3	程序二：ϕ10的平底刀型腔铣加工四个角	D10	ϕ10平底刀	1	
4	程序二：ϕ3的平底刀型腔铣加工小角落区域	D3	ϕ3平底刀	2	
编制	×××	审核	×××	批准	××× 共1页

二、前期准备工作

1. 绘制辅助图形

进入【建模】模块式→绘制加工所需要辅助线和辅助实体，使之作为加工坐标系的原点和加工的毛坯（如图 1.7.4 绘制辅助图形）。

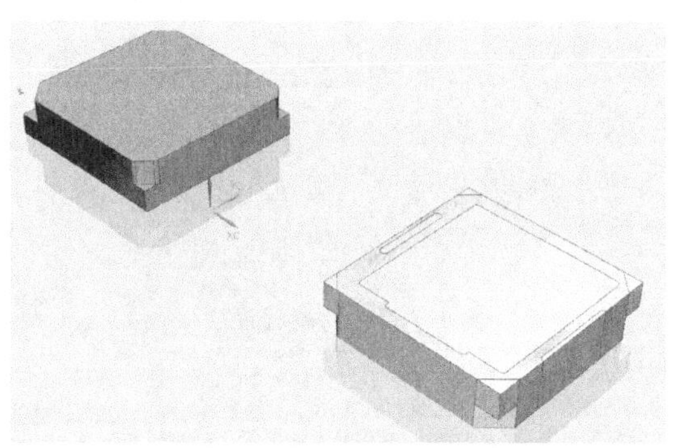

图 1.7.4　绘制辅助图形

2. 进入加工模块

打开【启动】菜单→【加工】，进入加工模块→打开【加工环境】对话框，【CAM 会话配置】cam _ general，【要创建的 CAM 组装】mill _ contour→【确定】（如图 1.7.5 进入加工模块）。

3. 创建程序

【程序顺序视图】→【创建程序】→【名称】PROGRAM1→【确定】（如图 1.7.6 创建程序 1）。

图 1.7.5　进入加工模块

图 1.7.6　创建程序 1

【程序顺序视图】→【创建程序】→【名称】PROGRAM2→【确定】（如图 1.7.7 创建程序 2）。

4. 创建刀具

【机床视图】→【创建刀具】→选择【平底刀】→【名称】D10→在【刀具设置】对话框中→【(D) 直径】10→【刀具号】1→【确定】（如图 1.7.8 创建 1 号刀具）。

→【创建刀具】→选择【平底刀】→【名称】D3→在【刀具设置】对话框中→【(D) 直径】3→【刀具号】2→【确定】（如图 1.7.9 创建 2 号刀具）。

5. 设置坐标系和创建毛坯

【几何视图】→通过【复制】【粘贴】【重命名】的方式，建立【MCSMILL1】【WORKPIECE1】和建立【MCSMILL1】【WORKPIECE2】（如图 1.7.10 建立坐标系 1 和坐标系 2）。

图 1.7.7　创建程序 2

图 1.7.8　创建 1 号刀具

图 1.7.9　创建 2 号刀具

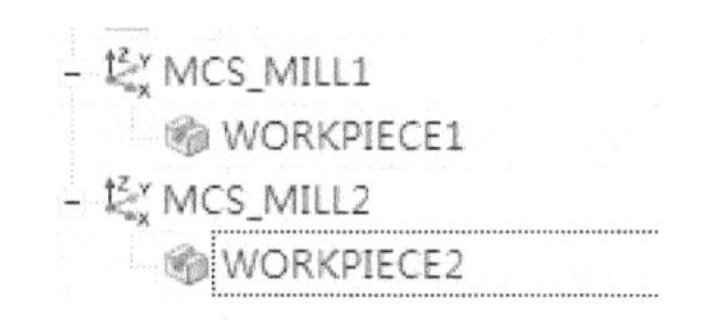

图 1.7.10　建立坐标系 1 和坐标系 2

程序一：坐标系和创建毛坯

双击【MCS _ MILL1】→点击绘制的辅助直线的交叉点，将加工坐标系移至毛坯左下角的上平面点即可（如图）→设定【安全距离】2→【确定】（如图 1.7.11 程序一：坐标系）。

→打开 MCS _ MILL1 前的【+】号，双击【WORKPIECE1】→在【工件】对话框中→点击【指定部件】按钮→点击工件→【确定】（如图 1.7.12 程序一：指定部件）。

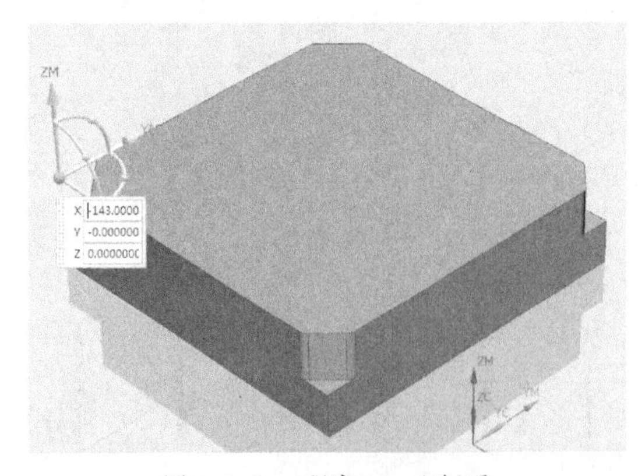

图 1.7.11　程序一：坐标系

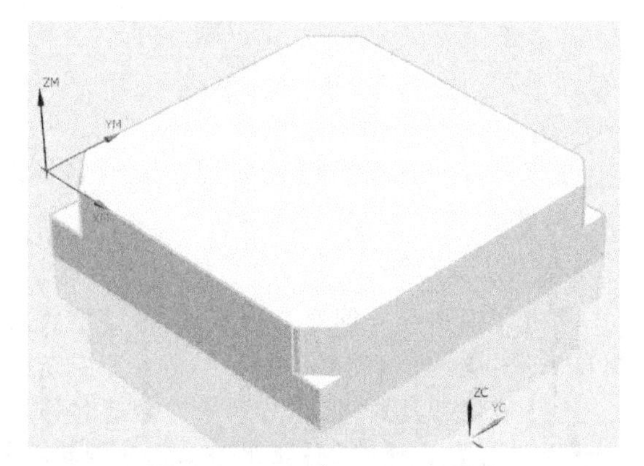

图 1.7.12　程序一：指定部件

→点击【指定毛坯】按钮→在弹出的【毛坯几何体】对话中→【类型】→选择【包容块】，设置最小化包容工件的毛坯→毛坯设置的效果如图→【确定】→【确定】（如图 1.7.13 程序一：

设置坐标系）。

程序二：坐标系和创建毛坯

双击【MCS _ MILL2】→点击绘制的辅助直线的交叉点，将加工坐标系移至毛坯左下角的上平面点即可（如图）→设定【安全距离】2（如图 1.7.14 程序二：坐标系）。

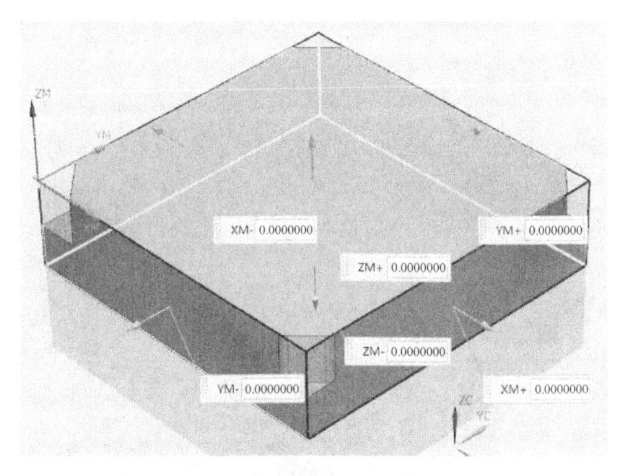

图 1.7.13　程序一：设置坐标系

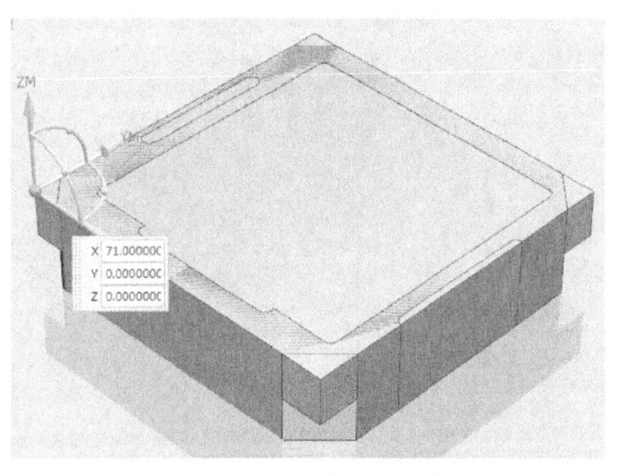

图 1.7.14　程序二：坐标系

→打开 MCS _ MILL2 前的【+】号，双击【WORKPIECE2】→在【工件】对话框中→点击【指定毛坯】按钮→在弹出的【毛坯几何体】对话中→【类型】→点击所需要加工毛坯→毛坯设置的效果如下→【确定】→【确定】（如图 1.7.15 程序二：创建毛坯）。

→右击【隐藏】→点击毛坯，将毛坯实体隐藏→双击【WORKPIECE2】→【指定部件】按钮→点击工件→【确定】（如图 1.7.16 程序二：指定部件）。

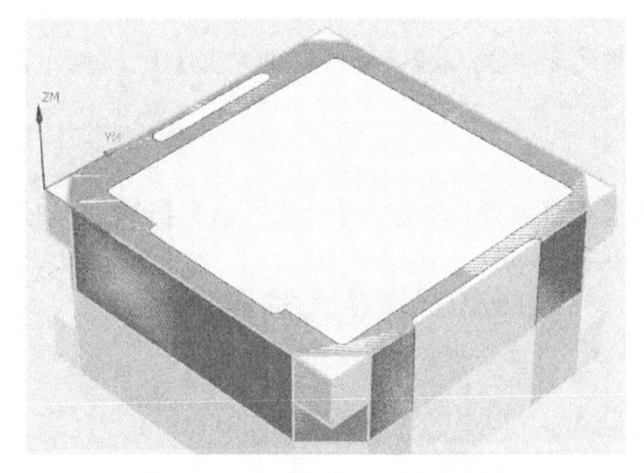

图 1.7.15　程序二：创建毛坯

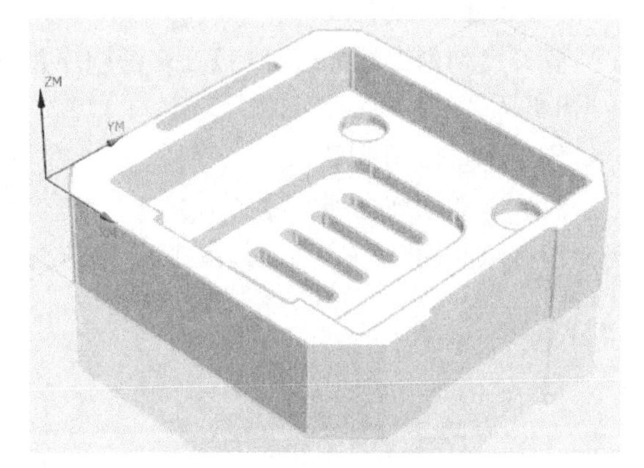

图 1.7.16　程序二：指定部件

三、程序一：ϕ10 的平底刀型腔铣加工四个角

1. 选择粗加工方法

【程序顺序视图】→【创建工序】→弹出【创建工序】对话框→【类型】mill _ contour→【工序子类型】型腔铣→【程序】PROGRAM1→【刀具】D10→【几何体】WORKPIECE1→【方法】MILL _ FINISH，进行粗加工→【名称】1→【确定】（如图 1.7.17 选择粗加工方法）。

2. 选择加工区域

在弹出的【型腔铣】对话框中→【指定切削区域】→选择要加工的曲面→【确定】（如图 1.7.18 选择加工区域）。

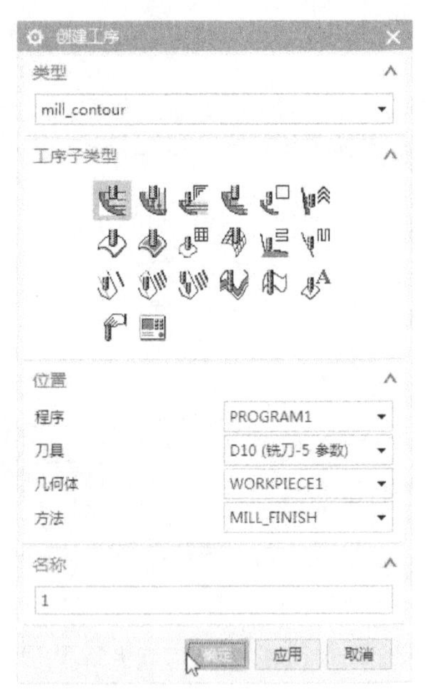

图 1.7.17　选择粗加工方法

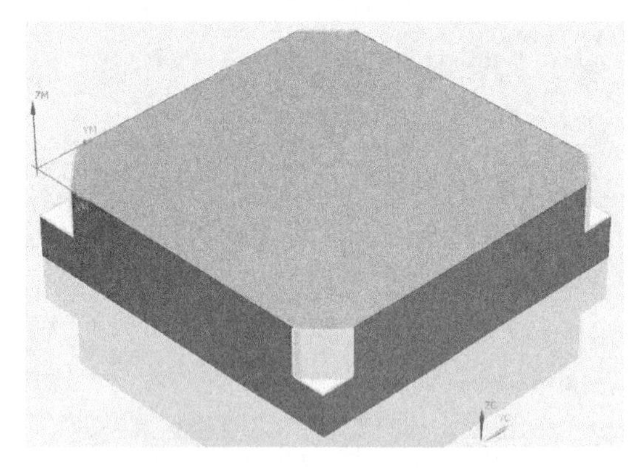

图 1.7.18　选择加工区域

3. 设置加工参数

【刀轨设置】栏目中→【切削模式】跟随部件→【平面直径百分比】40→【最大距离】2（如图 1.7.19 设置加工参数）。

4. 设置切削参数

打开【切削参数】→【策略】【切削顺序】深度优先→【余量】【部件侧面余量】0→【确定】（如图 1.7.20 深度优先、图 1.7.21 余量）。

5. 设置非切削移动

打开【非切削移动】→【进刀】→【封闭区域】【进刀类型】插削→【开放区域】【进刀类型】与封闭区域相同→【确定】（如图 1.7.22 设置非切削移动）。

图 1.7.19　设置加工参数

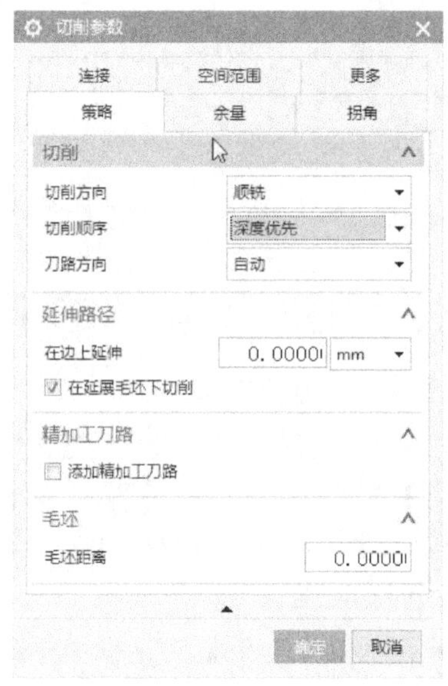

图 1.7.20　深度优先

图 1.7.21　余量

图 1.7.22　设置非切削移动

6. 设置进给率和速度

打开【进给率和速度】→勾选【主轴速度（rpm)】3000→【进给率】【切削】280→【确定】(如图 1.7.23 设置进给率和速度)。

7. 生成刀具路径

【操作】栏目中→点击【生成刀具路径】，生成该步操作的刀具路径（如图 1.7.24 生成刀具路径)。

图 1.7.23　设置进给率和速度

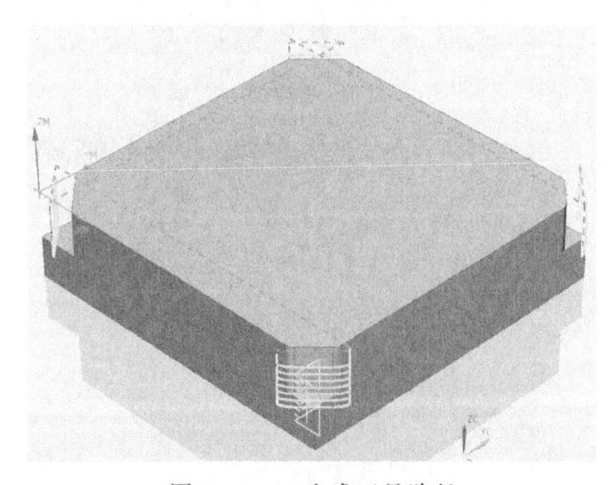

图 1.7.24　生成刀具路径

四、程序二：ϕ10 的平底刀型腔铣加工

1. 选择粗加工方法

【程序顺序视图】→【创建工序】→弹出【创建工序】对话框→【类型】mill _ contour→【工

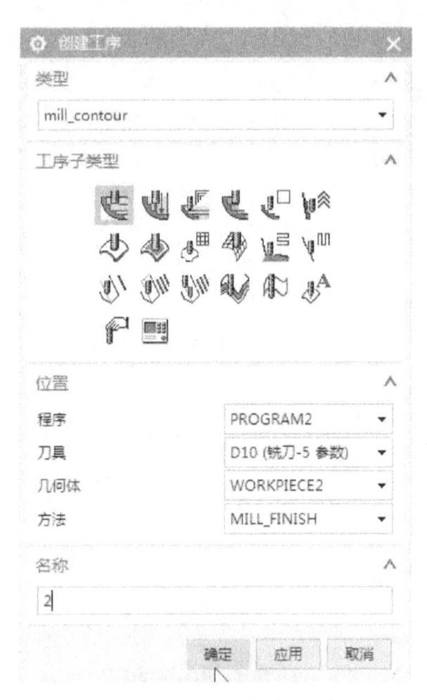

图 1.7.25 选择粗加工方法

序子类型】型腔铣→【程序】PROGRAM2→【刀具】D10→【几何体】WORKPIECE2→【方法】MILL _ FINISH，进行粗加工→【名称】2→【确定】（如图 1.7.25 选择粗加工方法）。

2. 选择加工区域

在弹出的【型腔铣】对话框中→【指定切削区域】→选择要加工的曲面→【确定】（如图 1.7.26 选择加工区域）。

3. 设置加工参数

【刀轨设置】栏目中→【切削模式】跟随部件→【平面直径百分比】60→【最大距离】2（如图 1.7.27 设置加工参数）。

4. 设置切削参数

打开【切削参数】→【策略】【切削顺序】深度优先→【余量】【部件侧面余量】0→【确定】（如图 1.7.28 深度优先、图 1.7.29 余量）。

图 1.7.26 选择加工区域

图 1.7.27 设置加工参数

图 1.7.28 深度优先

图 1.7.29 余量

5. 设置非切削移动

打开【非切削移动】→【进刀】→【封闭区域】【进刀类型】插削→【开放区域】【进刀类型】与封闭区域相同→【确定】(如图 1.7.30 设置非切削移动)。

6. 设置进给率和速度

打开【进给率和速度】→勾选【主轴速度 (rpm)】3000→【进给率】【切削】280→【确定】(如图 1.7.31 设置进给率和速度)。

图 1.7.30　设置非切削移动

图 1.7.31　设置进给率和速度

7. 生成刀具路径

【操作】栏目中→点击【生成刀具路径】，生成该步操作的刀具路径（如图 1.7.32 生成刀具路径）。

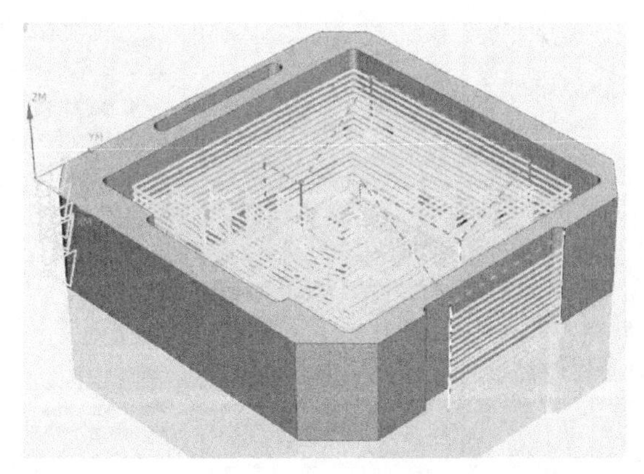
图 1.7.32　生成刀具路径

五、程序二：ϕ10 的平底刀型腔铣加工四个角

1. 选择粗加工方法

【程序顺序视图】→【创建工序】→弹出【创建工序】对话框→【类型】mill _contour→【工

序子类型】型腔铣→【程序】PROGRAM2→【刀具】D10→【几何体】WORKPIECE2→【方法】MILL _FINISH，进行粗加工→【名称】3→【确定】（如图 1.7.33 选择粗加工方法）。

2. 选择加工区域

在弹出的【型腔铣】对话框中→【指定切削区域】→选择要加工的曲面→【确定】（如图 1.7.34 选择加工区域）。

图 1.7.33　选择粗加工方法

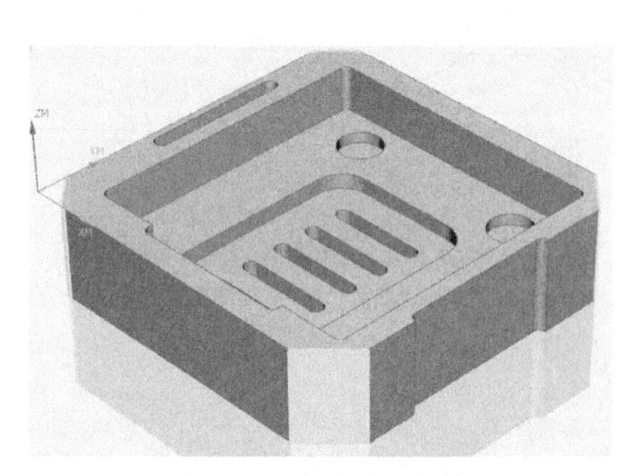

图 1.7.34　选择加工区域

3. 设置加工参数

【刀轨设置】栏目中→【切削模式】跟随部件→【平面直径百分比】40→【最大距离】2（如图 1.7.35 设置加工参数）。

图 1.7.35　设置加工参数

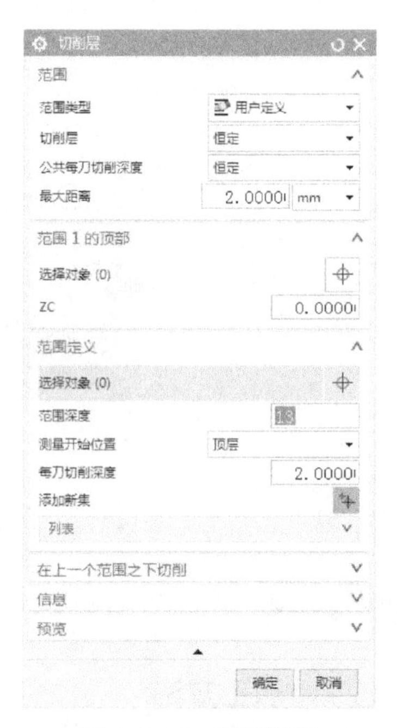

图 1.7.36　范围深度

4. 设置切削层

打开【切削层】→【切削层】对话框→【范围定义】【范围深度】13，用来设置倒角加工的最终平面→【确定】（如图 1.7.36 范围深度、图 1.7.37 设置切削层的效果）。

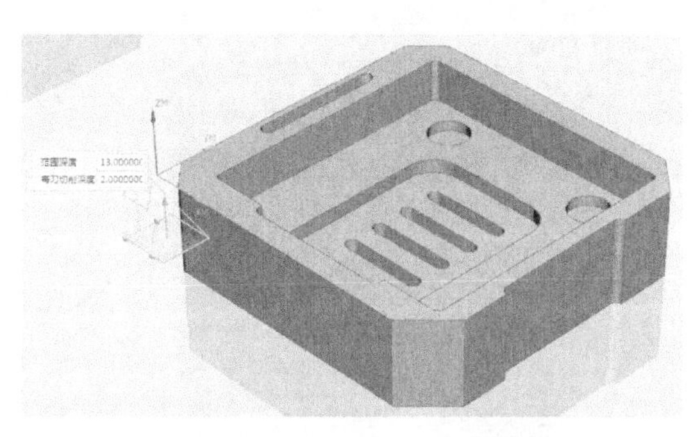

图 1.7.37　设置切削层的效果

5. 设置切削参数

打开【切削参数】→【策略】【切削顺序】深度优先→【余量】【部件侧面余量】0→【确定】（如图 1.7.38 深度优先、图 1.7.39 余量）。

图 1.7.38　深度优先

图 1.7.39　余量

6. 设置非切削移动

打开【非切削移动】→【进刀】→【封闭区域】【进刀类型】插削→【开放区域】【进刀类型】与封闭区域相同→【确定】（如图 1.7.40 设置非切削移动）。

7. 设置进给率和速度

打开【进给率和速度】→勾选【主轴速度（rpm）】3000→【进给率】【切削】280→【确定】（如图 1.7.41 设置进给率和速度）。

8. 生成刀具路径

【操作】栏目中→点击【生成刀具路径】，生成该步操作的刀具路径（如图 1.7.42 生成刀具路径）。

六、程序二：$\phi 3$ 的平底刀型腔铣加工小角落区域

1. 选择粗加工方法

【程序顺序视图】→【创建工序】→弹出【创建工序】对话框→【类型】mill _ contour→【工序子类型】型腔铣→【程序】PROGRAM2→【刀具】D10→【几何体】WORKPIECE2→【方法】MILL _ FINISH，进行粗加工→【名称】4→【确定】（如图 1.7.43 选择粗加工方法）。

图 1.7.40　设置非切削移动

图 1.7.41　设置进给率和速度

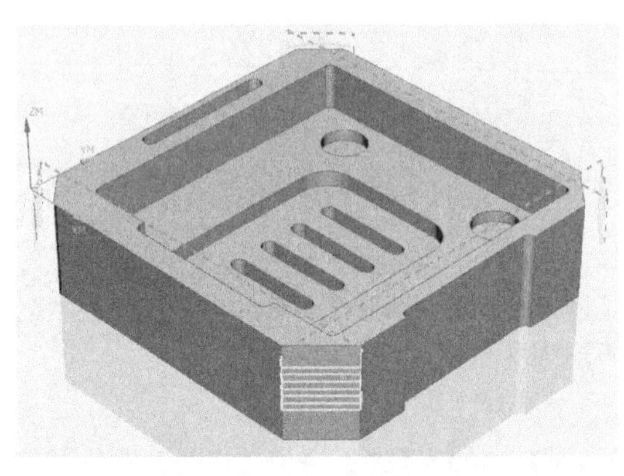

图 1.7.42　生成刀具路径

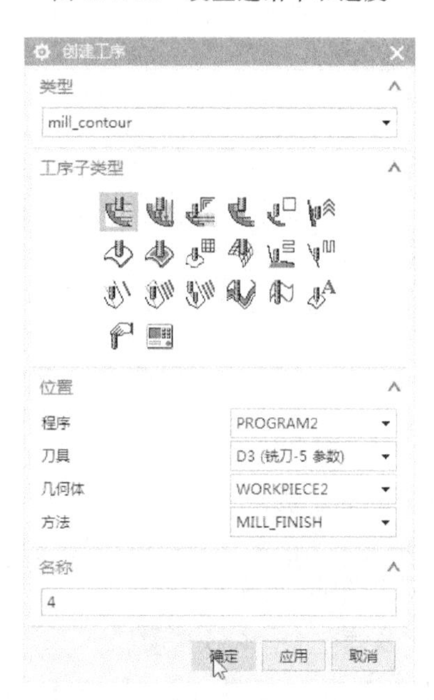

图 1.7.43　选择粗加工方法

2. 选择加工区域

在弹出的【型腔铣】对话框中→【指定切削区域】→选择要加工的曲面→【确定】（如图1.7.44 选择加工区域）。

3. 设置加工参数

【刀轨设置】栏目中→【切削模式】跟随部件→【平面直径百分比】50→【最大距离】1（如图 1.7.45 设置加工参数）。

4. 设置切削层

打开【切削层】→【切削层】对话框→【范围定义】【范围深度】13，用来设置刀具加工的最终平面→【确定】（如图 1.7.46 范围深度、图 1.7.47 设置切削层的效果）。

图 1.7.44　选择加工区域

图 1.7.45　设置加工参数

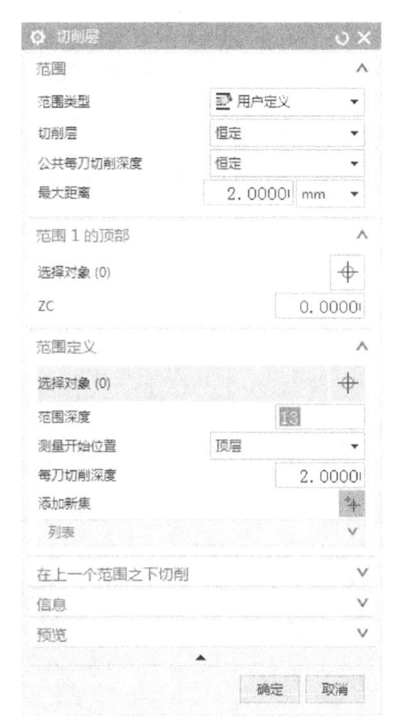

图 1.7.46　范围深度

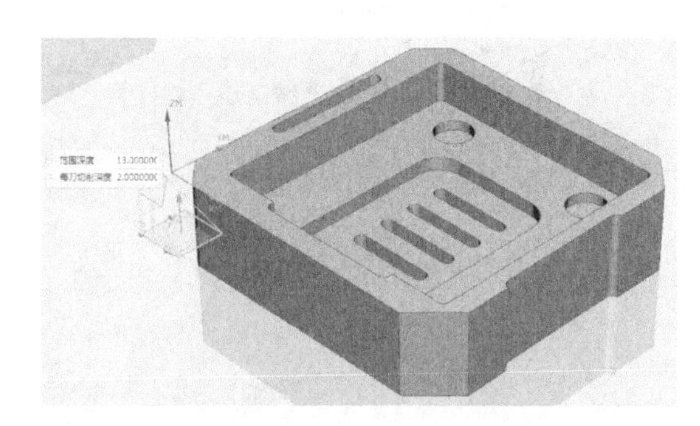

图 1.7.47　设置切削层的效果

5. 设置切削参数

打开【切削参数】→【策略】【切削顺序】深度优先→【余量】【部件侧面余量】0→【空间范围】【毛坯】【处理中的工件】使用 3D→【确定】(如图 1.7.48 深度优先、图 1.7.49 使用 3D)。

6. 设置非切削移动

打开【非切削移动】→【进刀】→【封闭区域】【进刀类型】插削→【开放区域】【进刀类型】与封闭区域相同→【确定】(如图 1.7.50 设置非切削移动)。

7. 设置进给率和速度

打开【进给率和速度】→勾选【主轴速度 (rpm)】4000→【进给率】【切削】200→【确定】(如图 1.7.51 设置进给率和速度)。

图 1.7.48　深度优先

图 1.7.49　使用 3D

图 1.7.50　设置非切削移动

图 1.7.51　设置进给率和速度

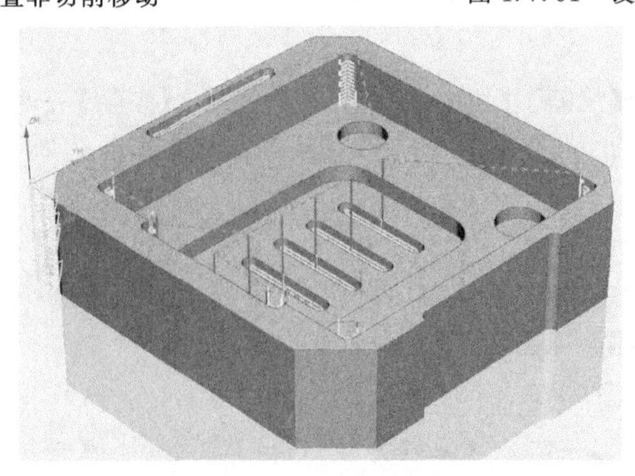

图 1.7.52　生成刀具路径

8. 生成刀具路径

【操作】栏目中→点击【生成刀具路径】，生成该步操作的刀具路径（如图 1.7.52 生成刀具路径）。

七、最终验证模拟

在左侧目录列表中选择操作→点击【确认刀轨】按钮→在弹出的【刀轨可视化】对话框中→选择【2D 动态】→调整【动画速度】→点击【播放】（如图 1.7.53～图 1.7.56）。

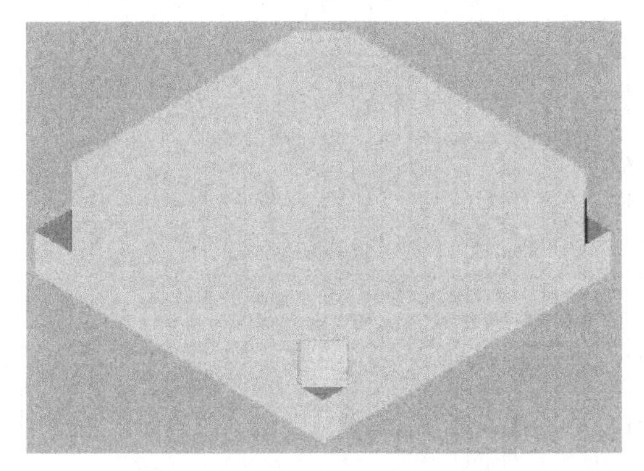

图 1.7.53　程序一：ϕ10 的平底刀型腔铣加工四个角

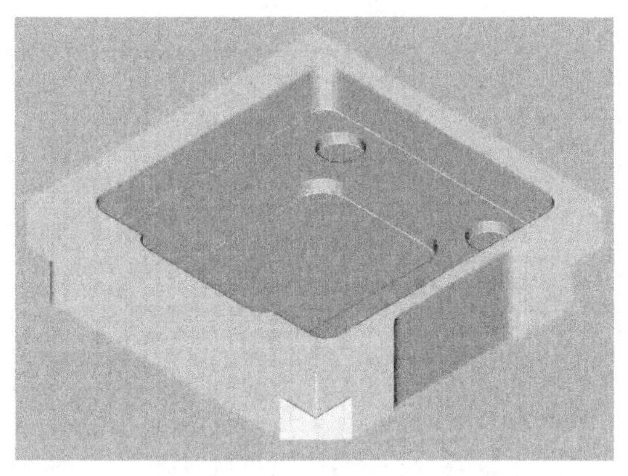

图 1.7.54　程序二：ϕ10 的平底刀型腔铣加工

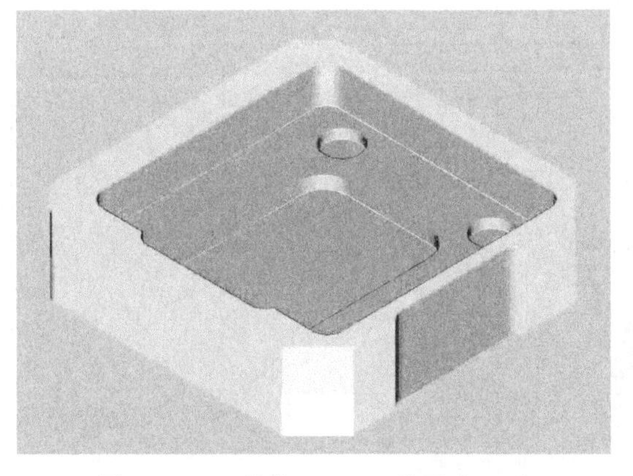

图 1.7.55　程序二：ϕ10 的平底刀型腔铣加工四个角

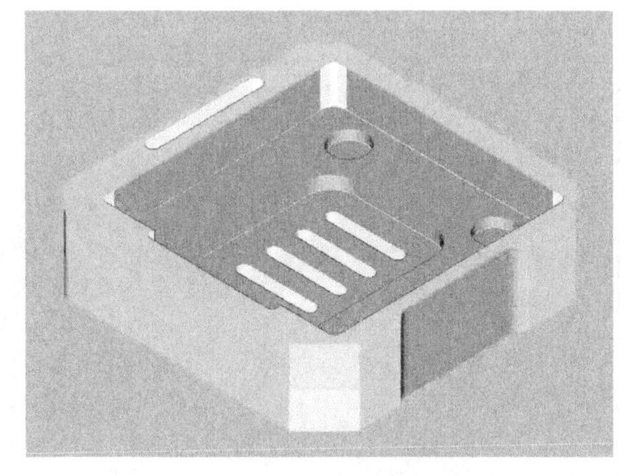

图 1.7.56　程序二：ϕ3 的平底刀型腔铣加工小角落区域

案例八　通讯模块散热片数控零件加工

一、工艺分析

1. 零件图工艺分析

该零件中间由一系列的凹槽组成，在外侧的区域由高度不同的台阶小平面的形状组成，（如图 1.8.1 通讯模块散热片数控零件）。

工件尺寸 320mm×150mm×37mm，无尺寸公差要求。尺寸标注完整，轮廓描述清楚。零件材料为已经加工成型的标准铝块，无热处理和硬度要求。

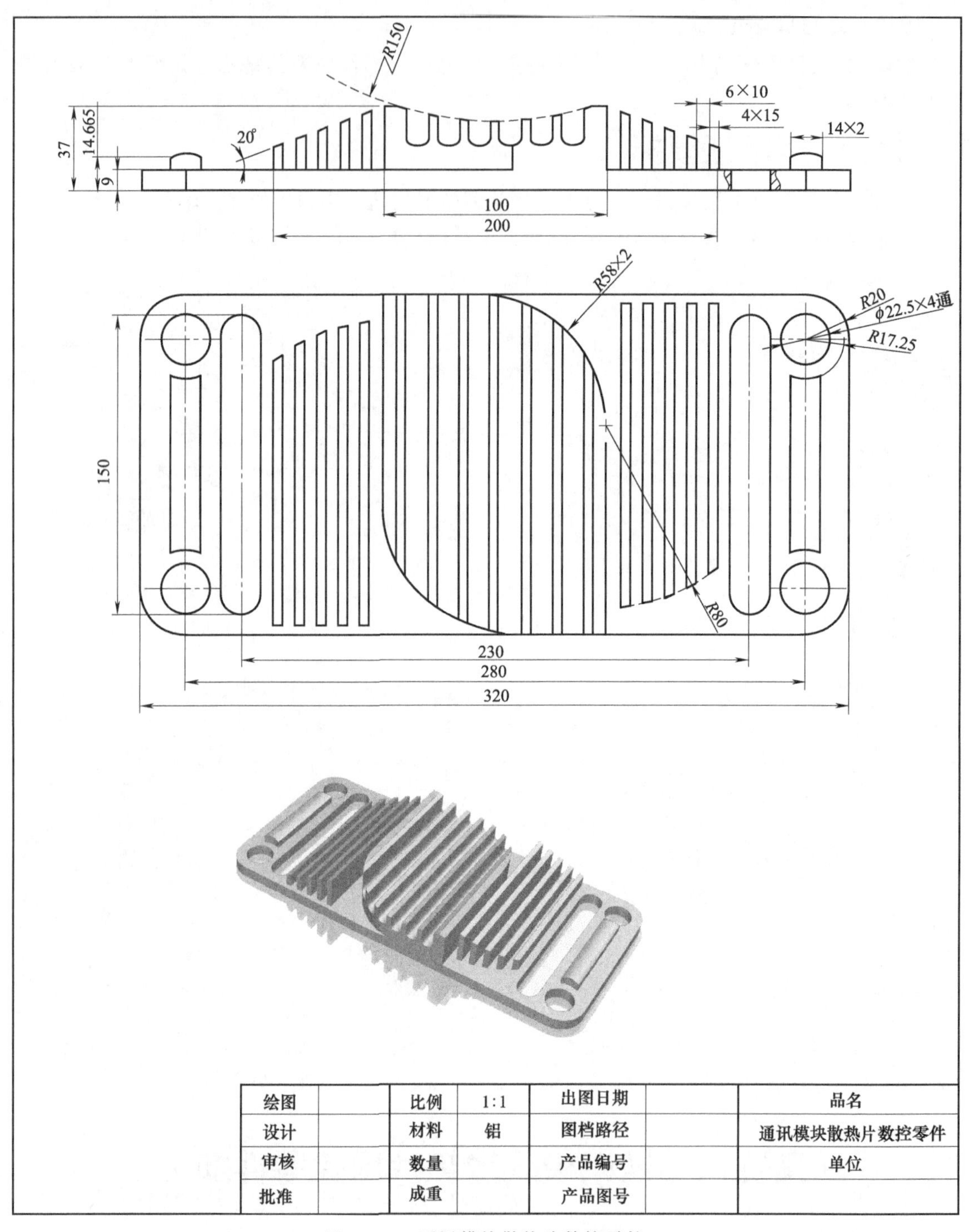

图 1.8.1 通讯模块散热片数控零件

2. 确定装夹方案、加工顺序及进给路线

工件采用通用的虎钳装夹方案，需进行翻转装夹底部放置垫块，保证工件摆正，生成两套加工程序，具体操作如下：

(1) 程序一的装夹方式：在工件底部放置 2 块垫块，保证工件高出卡盘 12mm 以上，用台虎钳夹紧，左侧用铝棒顶紧，方面掉头加工，对刀点采用左下角的上表面点对刀，其装夹方式、加工区域和对刀点如图 1.8.2 所示。

（2）程序二的装夹方式：将工件翻转，装夹如图 1.8.3 所示的方法，工件底部放置 2 块垫块，保证工件高出卡盘 15mm 以上，靠紧左侧的铝棒，用台虎钳夹紧，这样可以不需对刀。

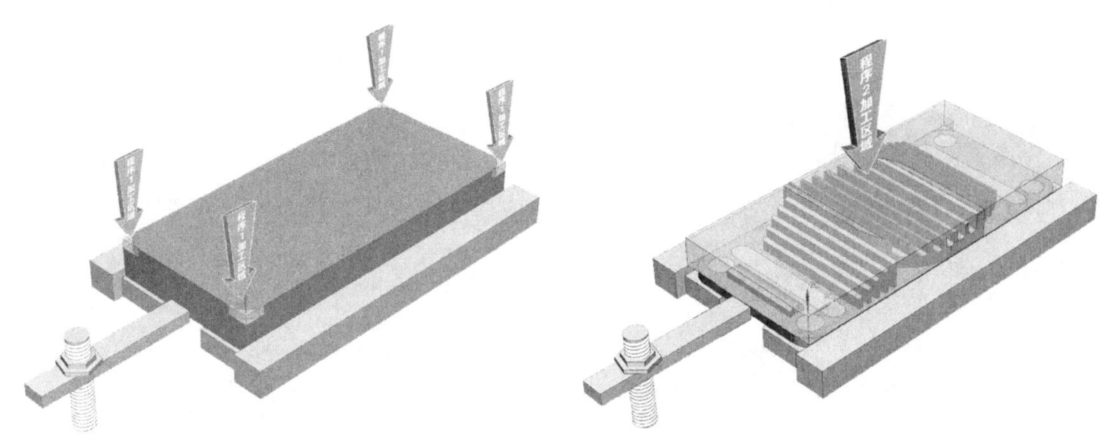

图 1.8.2　装夹方式、加工区域和对刀点（一）　　图 1.8.3　装夹方式、加工区域和对刀点（二）

3. 刀具和加工区域选择

选用多把铣刀加工本例的区域，将所选定的刀具参数以及加工区域填入表 1.8.1 数控加工卡片中，以便于编程和操作管理。

表 1.8.1　数控加工卡片

产品名称或代号	数控零件加工综合实例	零件名称	通讯模块散热片数控零件	
序号	加 工 区 域	刀　具		
		名称	规格	刀号
1	程序一：ϕ15 的平底刀型腔铣加工四个角	D15	ϕ10 平底刀	1
2	程序二：ϕ15 的平底刀型腔铣加工整个区域	D15	ϕ10 平底刀	1
3	程序二：ϕ8 的平底刀型腔铣剩余区域	D8	ϕ10 平底刀	2
4	程序二：ϕ5 的平底刀型腔铣剩余小区域	D5	ϕ5 平底刀	4
5	程序二：ϕ6 的球刀固定轴轮廓铣精加工顶部区域	D6R3	ϕ6 球刀	3
6	程序二：ϕ6 的球刀固定轴轮廓铣精加工两侧区域	D6R3	ϕ6 球刀	3
7	程序二：ϕ6 的球刀固定轴轮廓铣精加工中间区域	D6R3	ϕ6 球刀	3
编制 ×××	审核 ×××	批准 ×××		共 1 页

二、前期准备工作

1. 绘制辅助图形

进入【建模】模块式→绘制加工所需要辅助线和辅助实体，使之作为加工坐标系的原点和加工的毛坯（如图 1.8.4 草图中绘制辅助图形）。

2. 进入加工模块

打开【启动】菜单→【加工】，进入加工模块→打开【加工环境】对话框，【CAM 会话配置】cam _general，【要创建的 CAM 组装】mill _contour→【确定】（如图 1.8.5 进入加工模块）。

3. 创建程序

【程序顺序视图】→【创建程序】→【名称】PROGRAM1→【确定】（如图 1.8.6 创建程序 1）。

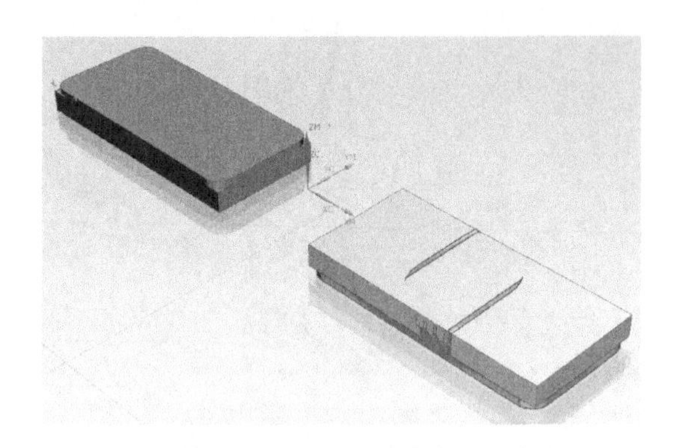

图 1.8.4　草图中绘制辅助图形

图 1.8.5　进入加工模块

【程序顺序视图】→【创建程序】→【名称】PROGRAM2→【确定】(如图 1.8.7 创建程序 2)。

图 1.8.6　创建程序 1

图 1.8.7　创建程序 2

4. 创建刀具

【机床视图】→【创建刀具】→选择【平底刀】→【名称】D15→在【刀具设置】对话框中→【(D) 直径】15→【刀具号】1→【确定】(如图 1.8.8 创建 1 号刀具)。

→【创建刀具】→选择【平底刀】→【名称】D8→在【刀具设置】对话框中→【(D) 直径】8→【刀具号】2→【确定】(如图 1.8.9 创建 2 号刀具)。

→【创建刀具】→选择【平底刀】→【名称】D6R3→在【刀具设置】对话框中→【(D) 直径】6→【(R1) 下半径】3→【刀具号】3→【确定】(如图 1.8.10 创建 3 号刀具)。

→【创建刀具】→选择【平底刀】→【名称】D5→在【刀具设置】对话框中→【(D) 直径】5→【刀具号】5→【确定】(如图 1.8.11 创建 4 号刀具)。

图 1.8.8　创建 1 号刀具

图 1.8.9　创建 2 号刀具

图 1.8.10　创建 3 号刀具

图 1.8.11　创建 4 号刀具

5. 设置坐标系和创建毛坯

【几何视图】→通过【复制】【粘贴】【重命名】的方式，建立【MCSMILL1】【WORKPIECE1】和建立【MCSMILL1】【WORKPIECE2】（如图 1.8.12 建立坐标系 2）。

图 1.8.12　建立坐标系 2

程序一：坐标系和创建毛坯

双击【MCS _ MILL1】→点击绘制的辅助直线的交叉点，将加工坐标系移至毛坯左下角的上平面点即可（如图）→设定【安全距离】2→【确定】（如图 1.8.13 程序一：设置坐标系）。

→打开 MCS _ MILL1 前的【+】号，双击【WORKPIECE1】→在【工件】对话框中→点击【指定部件】按钮→点击工件→【确定】（如图 1.8.14 程序一：指定部件）。

→点击【指定毛坯】按钮→在弹出的【毛坯几何体】对话中→【类型】→选择【包容块】，设置最小化包容工件的毛坯→毛坯设置的效果如图→【确定】→【确定】（如图 1.8.15 程序一：创建毛坯）。

程序二：坐标系和创建毛坯

双击【MCS _ MILL2】→点击绘制的辅助直线的交叉点，将加工坐标系移至毛坯左下角的上平面点即可（如图）→设定【安全距离】2→【确定】（如图 1.8.16 程序二：设置坐标系）。

图 1.8.13　程序一：设置坐标系

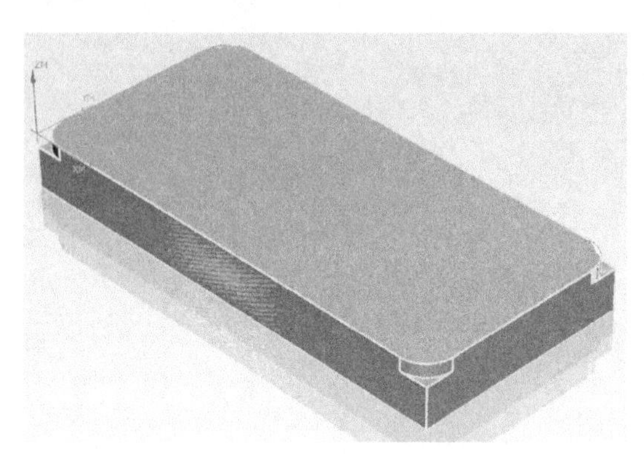

图 1.8.14　程序一：指定部件

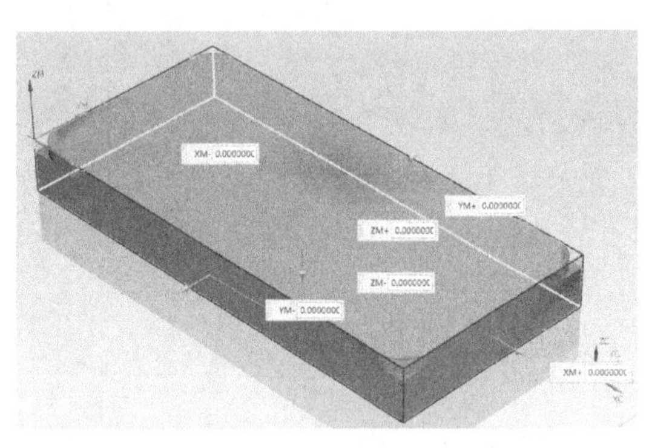

图 1.8.15　程序一：创建毛坯

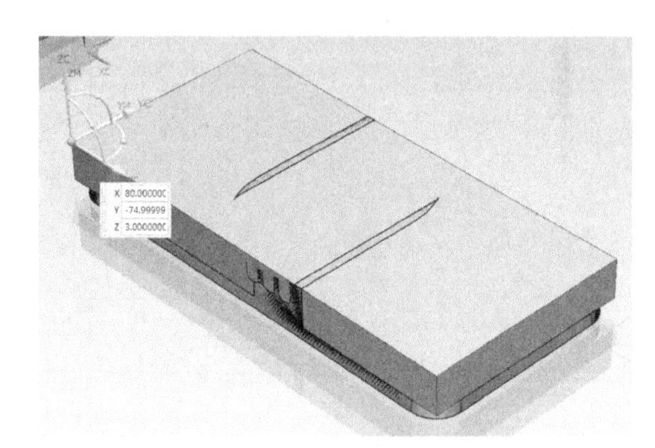

图 1.8.16　程序二：设置坐标系

→打开 MCS _ MILL2 前的【+】号，双击【WORKPIECE2】→在【工件】对话框中→点击【指定毛坯】按钮→在弹出的【毛坯几何体】对话中→【类型】→点击所需要加工毛坯→毛坯设置的效果如图→【确定】→【确定】→【确定】（如图 1.8.17 程序二：创建毛坯）。

→右击【隐藏】→点击毛坯，将毛坯实体隐藏→双击【WORKPIECE2】→【指定部件】按钮→点击工件→【确定】（如图 1.8.18 程序二：指定部件）。

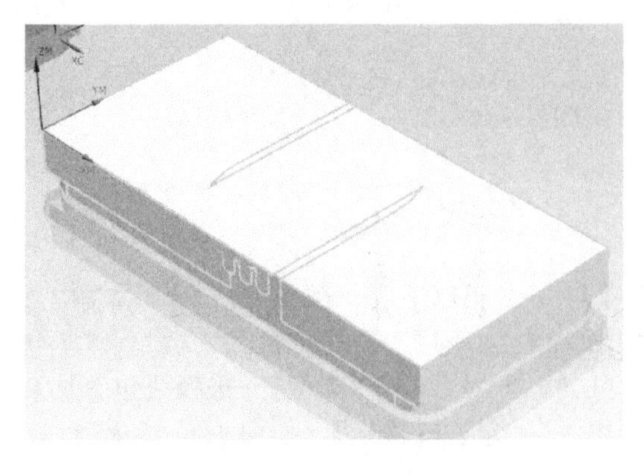

图 1.8.17　程序二：创建毛坯

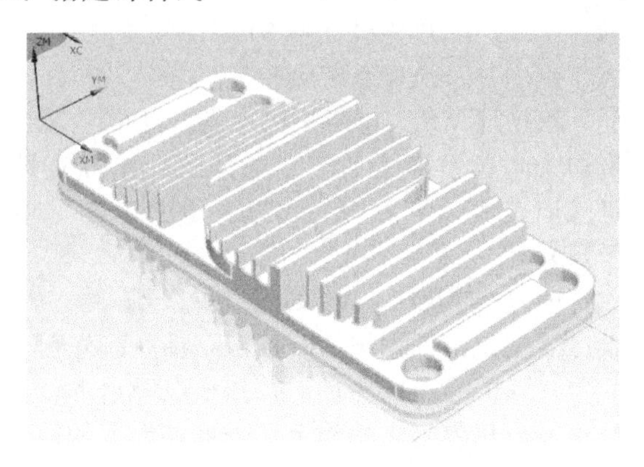

图 1.8.18　程序二：指定部件

三、程序一：ϕ15 的平底刀型腔铣加工四个角

1. 选择加工方法

【程序顺序视图】→【创建工序】→弹出【创建工序】对话框→【类型】mill _ contour→【工序子类型】型腔铣→【程序】PROGRAM1→【刀具】D15→【几何体】WORKPIECE1→【方法】MILL _ FINISH，进行精加工→【名称】1→【确定】（如图 1.8.19 选择加工方法）。

2. 选择加工区域

在弹出的【型腔铣】对话框中→【指定切削区域】→选择要加工的曲面→【确定】（如图 1.8.20 选择加工区域）。

3. 设置加工参数

【刀轨设置】栏目中→【切削模式】跟随部件→【平面直径百分比】50→【最大距离】2（如图 1.8.21 设置加工参数）。

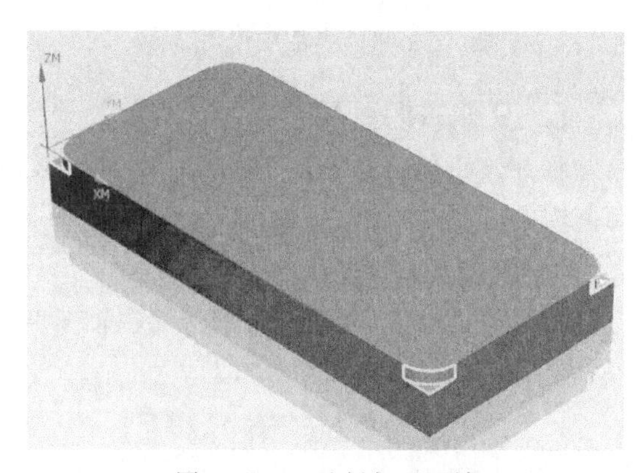

图 1.8.20　选择加工区域

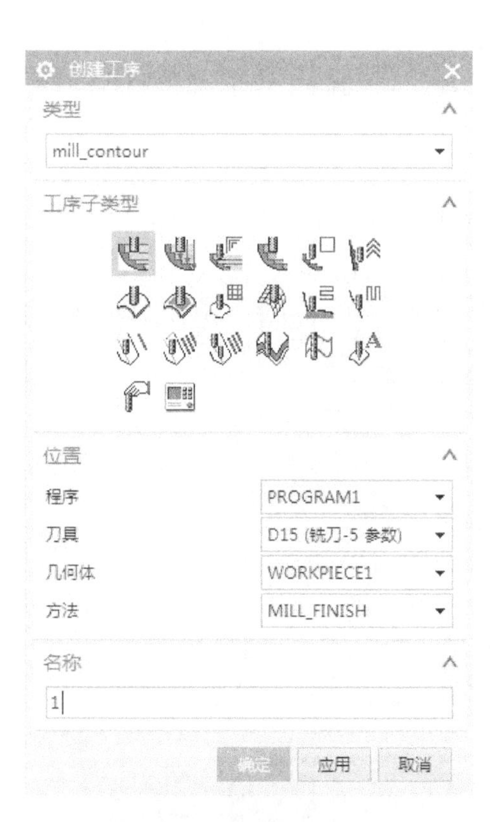

图 1.8.19　选择加工方法

图 1.8.21　设置加工参数

4. 设置切削参数

打开【切削参数】→【策略】【切削顺序】深度优先→【余量】【部件侧面余量】0→【确定】（如图 1.8.22 深度优先、图 1.8.23 余量）。

图 1.8.22　深度优先

图 1.8.23　余量

5. 设置非切削移动

打开【非切削移动】→【进刀】→【封闭区域】【进刀类型】插削→【开放区域】【进刀类型】与封闭区域相同→【确定】（如图 1.8.24 设置非切削移动）。

6. 设置进给率和速度

打开【进给率和速度】→勾选【主轴速度（rpm）】4000→【进给率】【切削】200→【确定】（如图 1.8.25 设置进给率和速度）。

图 1.8.24　设置非切削移动

图 1.8.25　设置进给率和速度

7. 生成刀具路径

【操作】栏目中→点击【生成刀具路径】，生成该步操作的刀具路径（如图 1.8.26 生成刀具路径）。

四、程序二：ϕ15 的平底刀型腔铣加工整个区域

1. 选择精加工方法

【程序顺序视图】→【创建工序】→弹出【创建工序】对话框→【类型】mill _ contour→【工序子类型】型腔铣→【程序】PROGRAM2→【刀具】D15→【几何体】WORKPIECE2→【方法】MILL _ FINISH，进行精加工→【名称】2→【确定】(如图 1.8.27 选择精加工方法)。

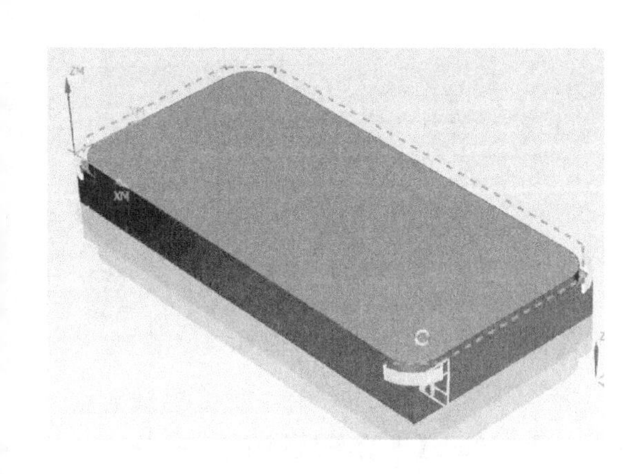

图 1.8.26　生成刀具路径

图 1.8.27　选择粗加工方法

2. 选择加工区域

在弹出的【型腔铣】对话框中→【指定切削区域】→选择要加工的曲面→【确定】(如图 1.8.28 选择加工区域)。

3. 设置加工参数

【刀轨设置】栏目中→【切削模式】跟随周边→【平面直径百分比】75→【最大距离】2 (如图 1.8.29 设置加工参数)。

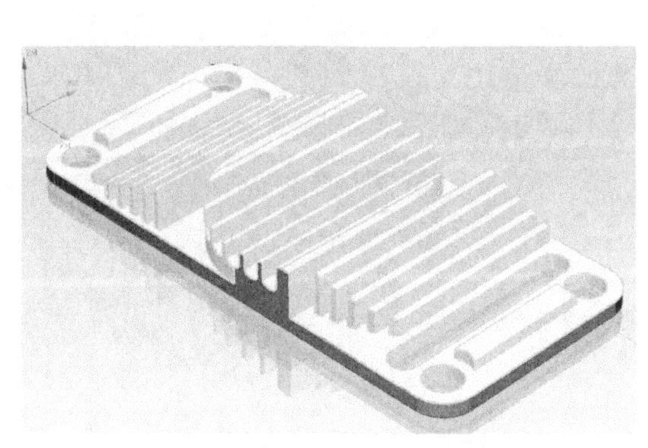

图 1.8.28　选择加工区域

图 1.8.29　设置加工参数

4. 设置切削参数

打开【切削参数】→【策略】【切削顺序】深度优先→【余量】【部件侧面余量】0→【确定】（如图1.8.30深度优先、图1.8.31余量）。

图1.8.30 深度优先

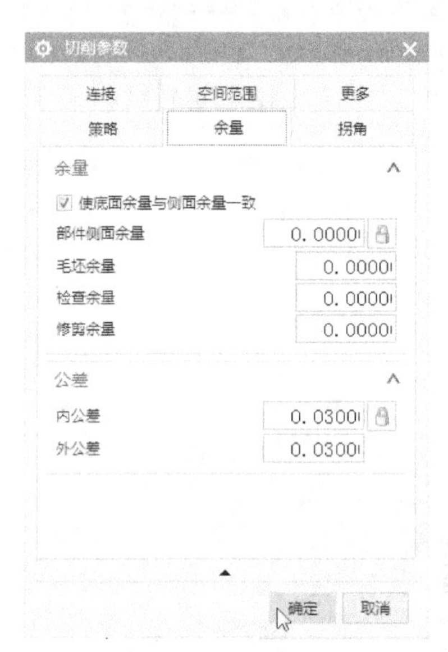

图1.8.31 余量

5. 设置进给率和速度

打开【进给率和速度】→勾选【主轴速度（rpm）】3500→【进给率】【切削】280→【确定】（如图1.8.32设置进给率和速度）。

6. 生成刀具路径

【操作】栏目中→点击【生成刀具路径】，生成该步操作的刀具路径（如图1.8.33生成刀具路径）。

图1.8.32 设置进给率和速度

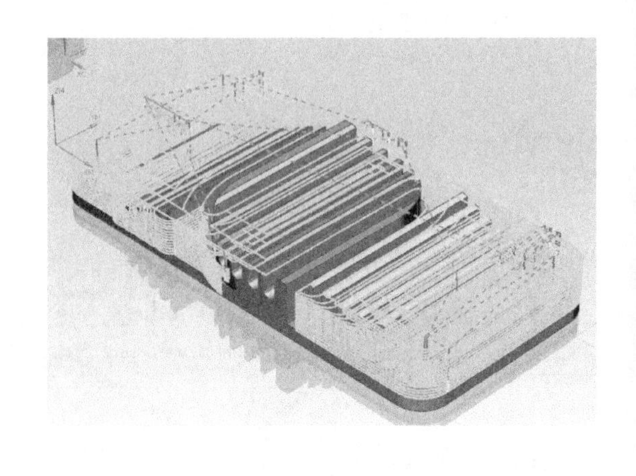

图1.8.33 生成刀具路径

五、程序二：ϕ8 的平底刀型腔铣剩余区域

1. 选择精加工方法

【程序顺序视图】→【创建工序】→弹出【创建工序】对话框→【类型】mill _ contour→【工序子类型】型腔铣→【程序】PROGRAM2→【刀具】D8→【几何体】WORKPIECE2→【方法】MILL _ FINISH，进行精加工→【名称】3→【确定】(如图 1.8.34 选择精加工方法)。

2. 选择加工区域

在弹出的【型腔铣】对话框中→【指定切削区域】→选择要加工的曲面→【确定】(如图 1.8.35 选择加工区域)。

3. 设置加工参数

【刀轨设置】栏目中→【切削模式】跟随部件→【平面直径百分比】70→【最大距离】1.5 (如图 1.8.36 设置加工参数)。

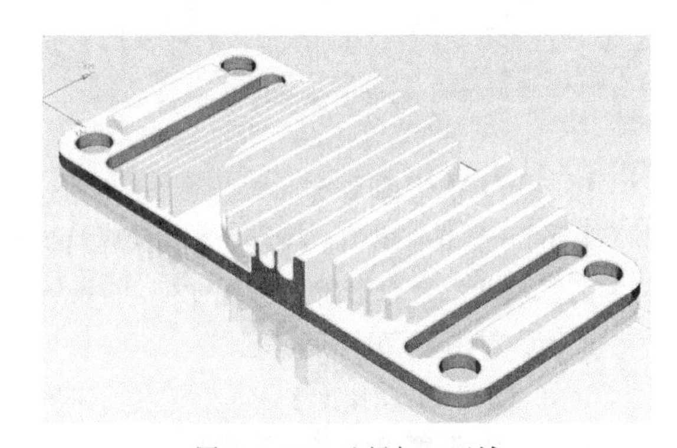

图 1.8.35　选择加工区域

图 1.8.34　选择精加工方法

图 1.8.36　设置加工参数

4. 设置切削参数

打开【切削参数】→【策略】【切削顺序】深度优先→【余量】【部件侧面余量】0→【空间范围】【毛坯】【处理中的工件】使用基于层的→【确定】(如图 1.8.37 深度优先、图 1.8.38 使用基于层的)。

图 1.8.37　深度优先

图 1.8.38　使用基于层的

5. 设置非切削移动

打开【非切削移动】→【进刀】→【封闭区域】【进刀类型】插削→【开放区域】【进刀类型】与封闭区域相同→【确定】(如图 1.8.39 设置非切削移动)。

6. 设置进给率和速度

打开【进给率和速度】→勾选【主轴速度（rpm)】4000→【进给率】【切削】200→【确定】(如图 1.8.40 设置进给率和速度)。

图 1.8.39　设置非切削移动

图 1.8.40　设置进给率和速度

7. 生成刀具路径

【操作】栏目中→点击【生成刀具路径】，生成该步操作的刀具路径（如图 1.8.41 生成刀具路径）。

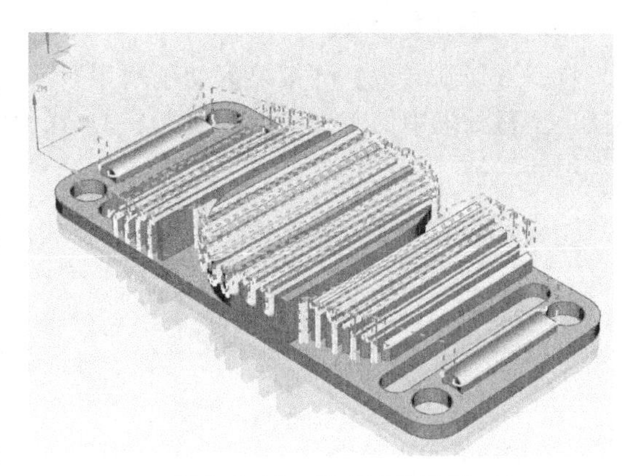

图 1.8.41　生成刀具路径

六、程序二：ϕ5 的平底刀型腔铣剩余小区域

1. 选择精加工方法

【程序顺序视图】→【创建工序】→弹出【创建工序】对话框→【类型】mill _ contour →【工序子类型】型腔铣→【程序】PROGRAM2→【刀具】D5→【几何体】WORKPIECE2→【方法】MILL _ FINISH，进行精加工→【名称】4→【确定】（如图 1.8.42 选择精加工方法）。

2. 选择加工区域

在弹出的【型腔铣】对话框中→【指定切削区域】→选择要加工的曲面→【确定】（如图 1.8.43 选择加工区域）。

3. 设置加工参数

【刀轨设置】栏目中→【切削模式】跟随部件→【平面直径百分比】70→【最大距离】1（如图 1.8.44 设置加工参数）。

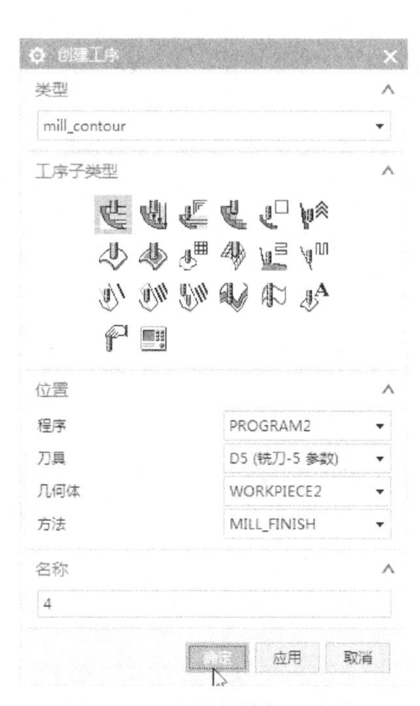

图 1.8.42　选择精加工方法

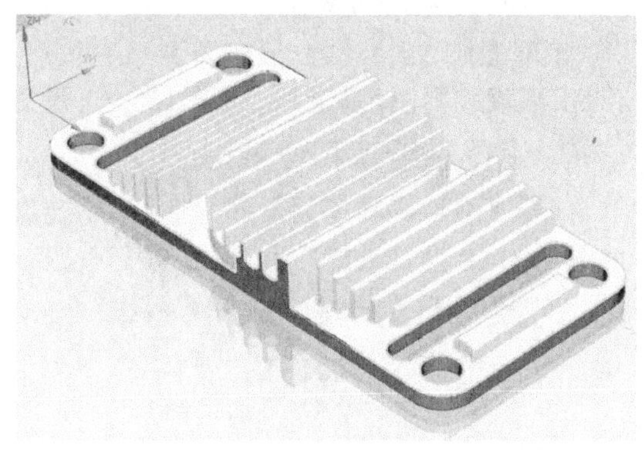

图 1.8.43　选择加工区域

图 1.8.44　设置加工参数

4. 设置切削参数

打开【切削参数】→【策略】【切削顺序】深度优先→【余量】【部件侧面余量】0→【空间范围】【毛坯】【处理中的工件】使用基于层的→【确定】（如图 1.8.45 深度优先、图 1.8.46 使用基于层的）。

图 1.8.45　深度优先

图 1.8.46　使用基于层的

5. 设置非切削移动

打开【非切削移动】→【进刀】→【封闭区域】【进刀类型】插削→【开放区域】【进刀类型】与封闭区域相同→【确定】（如图 1.8.47 设置非切削移动）。

6. 设置进给率和速度

打开【进给率和速度】→勾选【主轴速度（rpm）】4000→【进给率】【切削】180→【确定】（如图 1.8.48 设置进给率和速度）。

图 1.8.47　设置非切削移动

图 1.8.48　设置进给率和速度

7. 生成刀具路径

【操作】栏目中→点击【生成刀具路径】，生成该步操作的刀具路径（如图 1.8.49 生成刀具路径）。

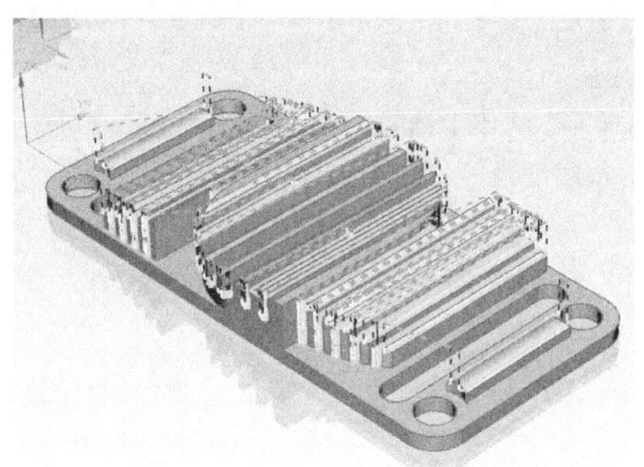

图 1.8.49　生成刀具路径

七、程序二：ϕ6 的球刀固定轴轮廓铣精加工顶部区域

1. 选择精加工方法

【程序顺序视图】→【创建工序】→弹出【创建工序】对话框→【类型】mill _ contour→【工序子类型】固定轴曲面轮廓铣→【程序】PROGRAM2→【刀具】D6R3→【几何体】WORKPIECE2→【方法】MILL _ FINISH→【名称】5→【确定】（如图 1.8.50 选择精加工方法）。

2. 选择加工区域

在弹出的【固定轴曲面轮廓铣】对话框中→【指定切削区域】→选择要加工的曲面→【确定】（如图 1.8.51 选择加工区域）。

图 1.8.50　选择精加工方法

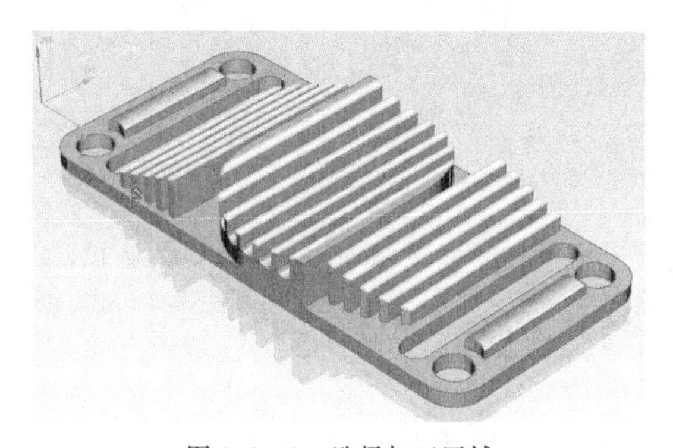

图 1.8.51　选择加工区域

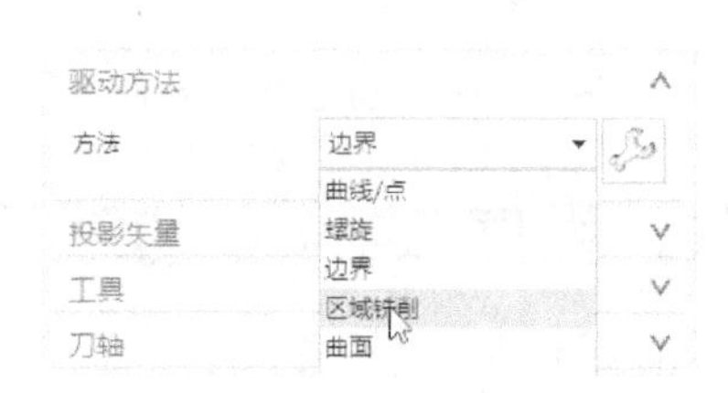

图 1.8.52　驱动方法

3. 设置驱动方法及加工参数设置

【驱动方法】栏目中→【方法】区域铣削（如图 1.8.52 驱动方法）。

→弹出【区域铣削】驱动方法对话框→【驱动设置】→【非陡峭切削模式】往复→【平面直径百分比】4→【剖切角】指定→【与 XC 夹角】26→【确定】（如图 1.8.53 加工参数设置）。

4. 设置进给率和速度

打开【进给率和速度】→勾选【主轴速度（rpm）】4000→【进给率】【切削】280→【确定】（如图 1.8.54 设置进给率和速度）。

5. 生成刀具路径

【操作】栏目中→点击【生成刀具路径】，生成该步操作的刀具路径（如图 1.8.55 生成刀具路径）。

图 1.8.53　加工参数设置

图 1.8.54　设置进给率和速度

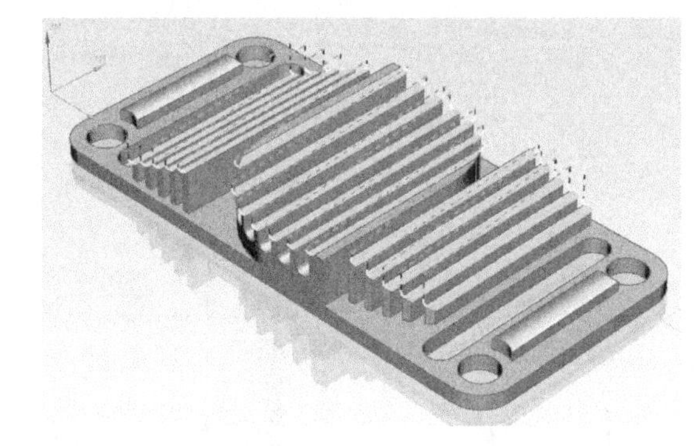

图 1.8.55　生成刀具路径

八、程序二：ϕ6 的球刀固定轴轮廓铣精加工两侧区域

1. 选择精加工方法

【程序顺序视图】→【创建工序】→弹出【创建工序】对话框→【类型】mill _ contour→【工

序子类型】固定轴曲面轮廓铣→【程序】PROGRAM2→【刀具】D6R3→【几何体】WORKPIECE2→【方法】MILL _ FINISH→【名称】6→【确定】(如图 1.8.56 选择精加工方法)。

2. 选择加工区域

在弹出的【固定轴曲面轮廓铣】对话框中→【指定切削区域】→选择要加工的曲面→【确定】(如图 1.8.57 选择加工区域)。

3. 设置驱动方法及加工参数设置

【驱动方法】栏目中→【方法】区域铣削（如图 1.8.58 驱动方法)。

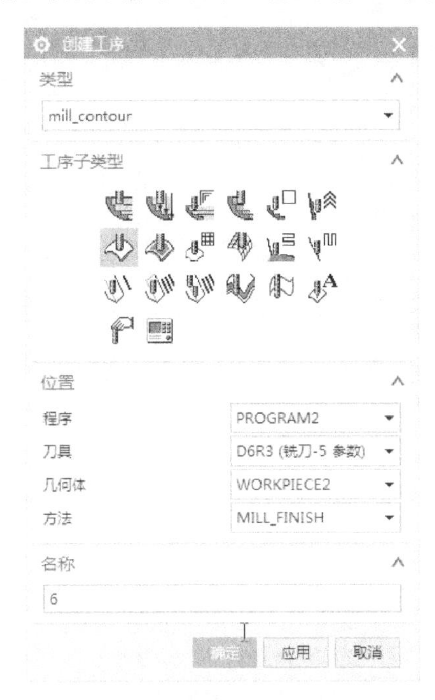

图 1.8.56　选择精加工方法

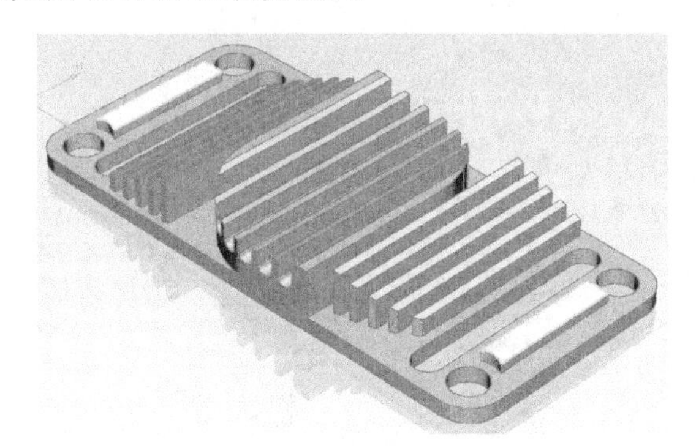

图 1.8.57　选择加工区域

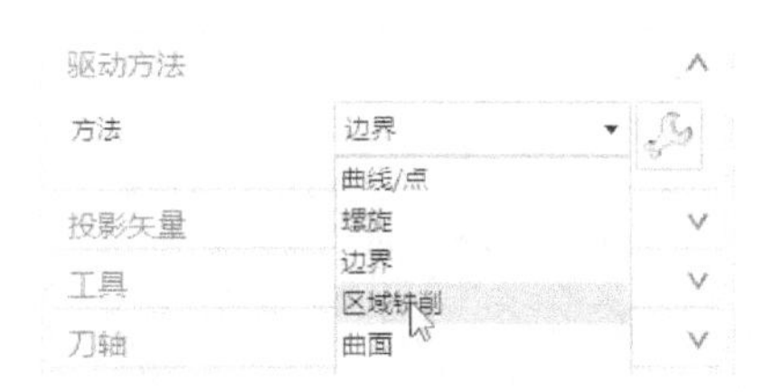

图 1.8.58　驱动方法

→弹出【区域铣削】驱动方法对话框→【驱动设置】→【非陡峭切削模式】往复→【平面直径百分比】4→【剖切角】指定→【与 XC 夹角】0→【确定】(如图 1.8.59 加工参数设置)。

4. 设置进给率和速度

打开【进给率和速度】→勾选【主轴速度（rpm)】4000→【进给率】【切削】280→【确定】(如图 1.8.60 设置进给率和速度)。

5. 生成刀具路径

【操作】栏目中→点击【生成刀具路径】，生成该步操作的刀具路径（如图 1.8.61 生成刀具路径)。

九、程序二：ϕ6 的球刀固定轴轮廓铣精加工中间区域

1. 选择精加工方法

【程序顺序视图】→【创建工序】→弹出【创建工序】对话框→【类型】mill _ contour→【工序子类型】固定轴曲面轮廓铣→【程序】PROGRAM2→【刀具】D6R3→【几何体】WORKPIECE2→【方法】MILL _ FINISH→【名称】jing-qu→【确定】(如图 1.8.62 选择精加工方法)。

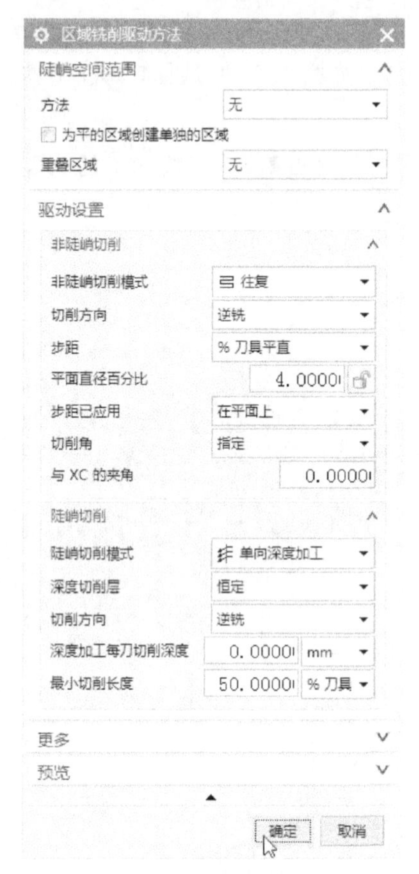

图 1.8.59　加工参数设置

图 1.8.60　设置进给率和速度

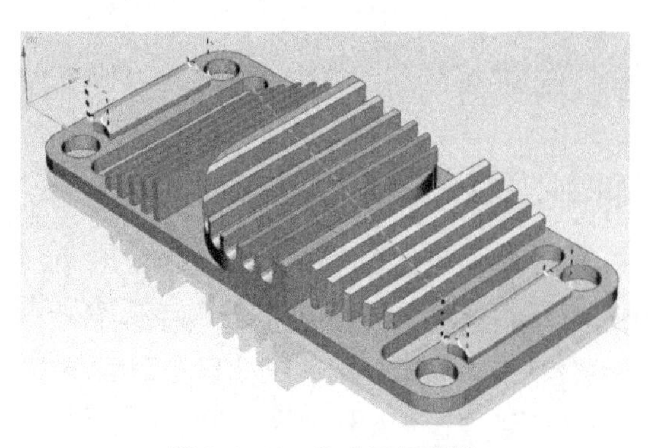

图 1.8.61　生成刀具路径

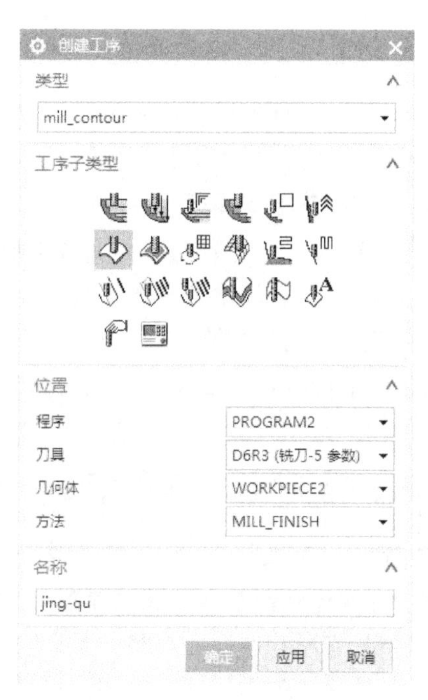

图 1.8.62　选择精加工方法

2. 选择加工区域

在弹出的【固定轴曲面轮廓铣】对话框中→【指定切削区域】→选择要加工的曲面→【确定】(如图 1.8.63 选择加工区域)。

3. 设置驱动方法及加工参数设置

【驱动方法】栏目中→【方法】区域铣削（如图 1.8.64 驱动方法）。

→弹出【区域铣削】驱动方法对话框→【驱动设置】→【非陡峭切削模式】往复→【平面直径百分比】5→【剖切角】自动→【确定】(如图 1.8.65 加工参数设置)。

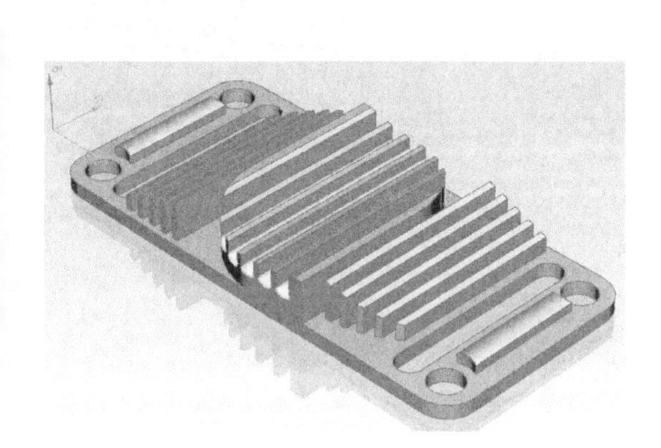

图 1.8.63　选择加工区域

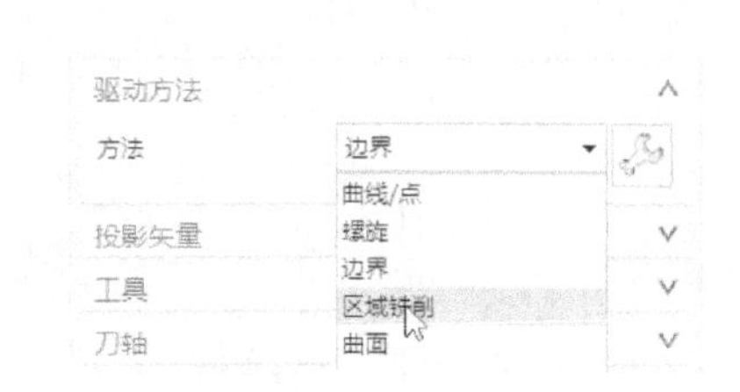

图 1.8.64　驱动方法

区域铣削驱动方法
陡峭空间范围
方法　无
为平的区域创建单独的区域
重叠区域　无
驱动设置
非陡峭切削
非陡峭切削模式　往复
切削方向　逆铣
步距　% 刀具平直
平面直径百分比　5.0000
步距已应用　在平面上
切削角　自动
陡峭切削
陡峭切削模式　单向深度加工
深度切削层　恒定
切削方向　逆铣
深度加工每刀切削深度　0.0000　mm
最小切削长度　50.0000　% 刀具
更多
预览
显示
确定　取消

图 1.8.65　加工参数设置

4. 设置进给率和速度

打开【进给率和速度】→勾选【主轴速度（rpm)】4000→【进给率】【切削】280→【确定】(如图 1.8.66 设置进给率和速度)。

5. 生成刀具路径

【操作】栏目中→点击【生成刀具路径】，生成该步操作的刀具路径（如图 1.8.67 生成刀具路径)。

十、最终验证模拟

在左侧目录列表中选择操作→点击【确认刀轨】按钮→在弹出的【刀轨可视化】对话框中→选择【2D 动态】→调整【动画速度】→点击【播放】(如图 1.8.68～图 1.8.74)。

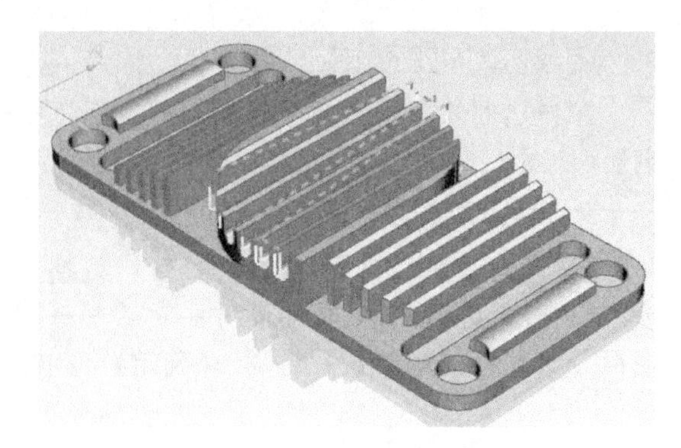

图 1.8.67　生成刀具路径

图 1.8.66　设置进给率和速度

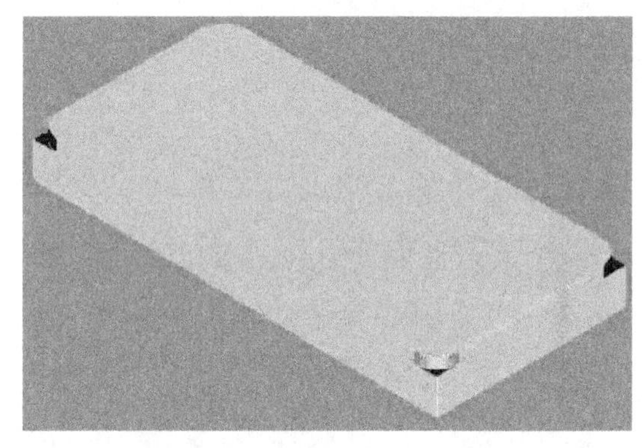

图 1.8.68　程序一：ϕ15 的平底刀型腔铣加工四个角

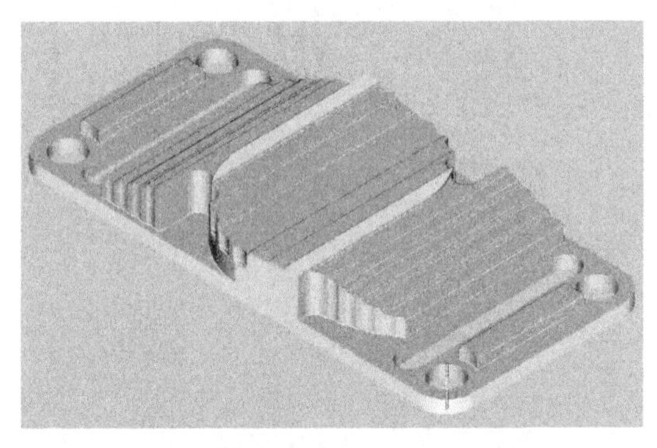

图 1.8.69　程序二：ϕ15 的平底刀型腔铣加工整个区域

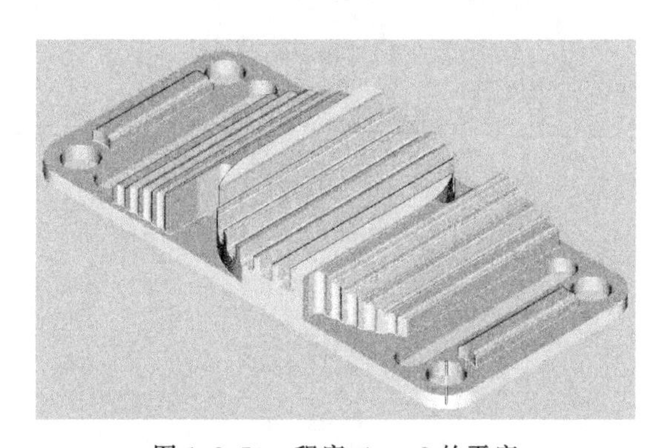

图 1.8.70　程序二：ϕ8 的平底刀型腔铣剩余区域

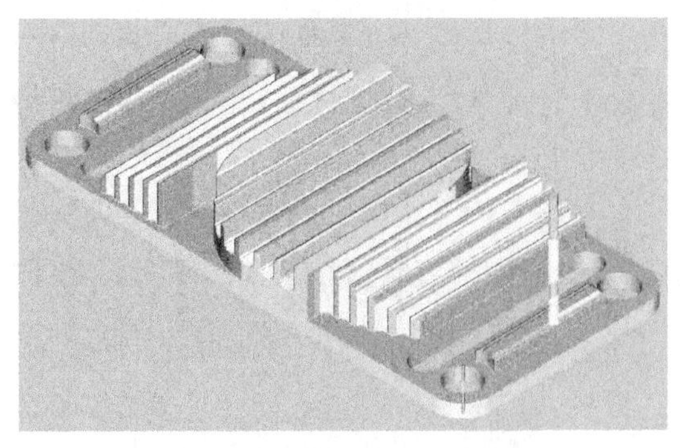

图 1.8.71　程序二：ϕ5 的平底刀型腔铣剩余小区域

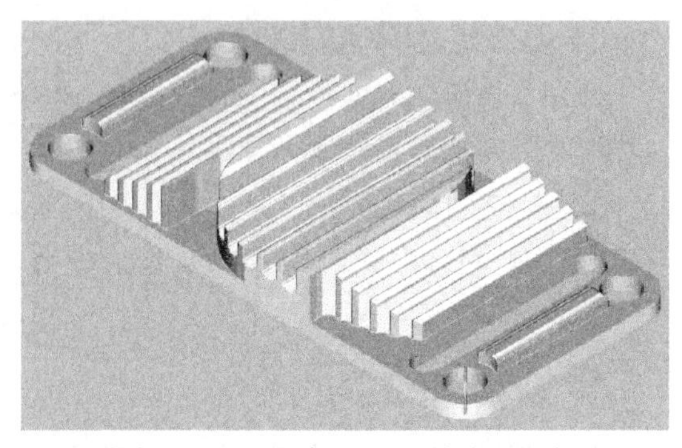

图 1.8.72　程序二：ϕ6 的球刀固定轴轮廓铣精加工顶部区域

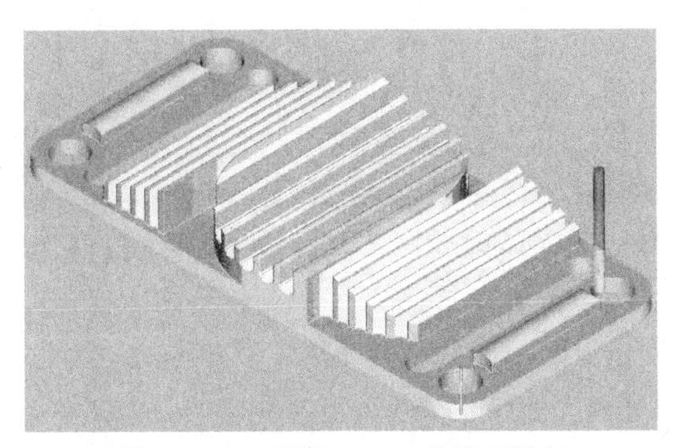

图 1.8.73　程序二：$\phi6$ 的球刀固定轴轮廓铣精加工两侧区域

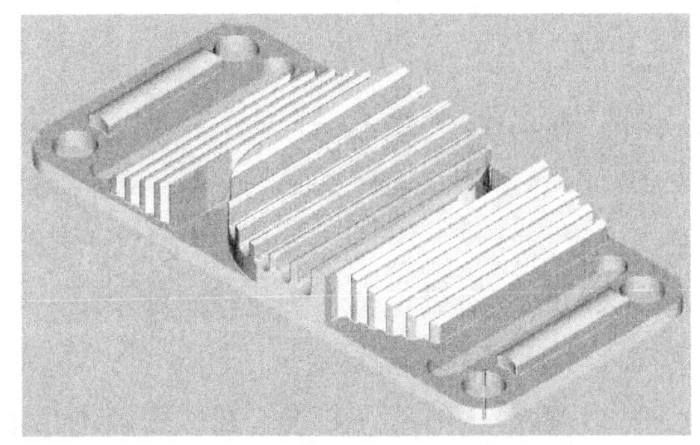

图 1.8.74　程序二：$\phi6$ 的球刀固定轴轮廓铣精加工中间区域

案例九　固定块底座数控零件加工

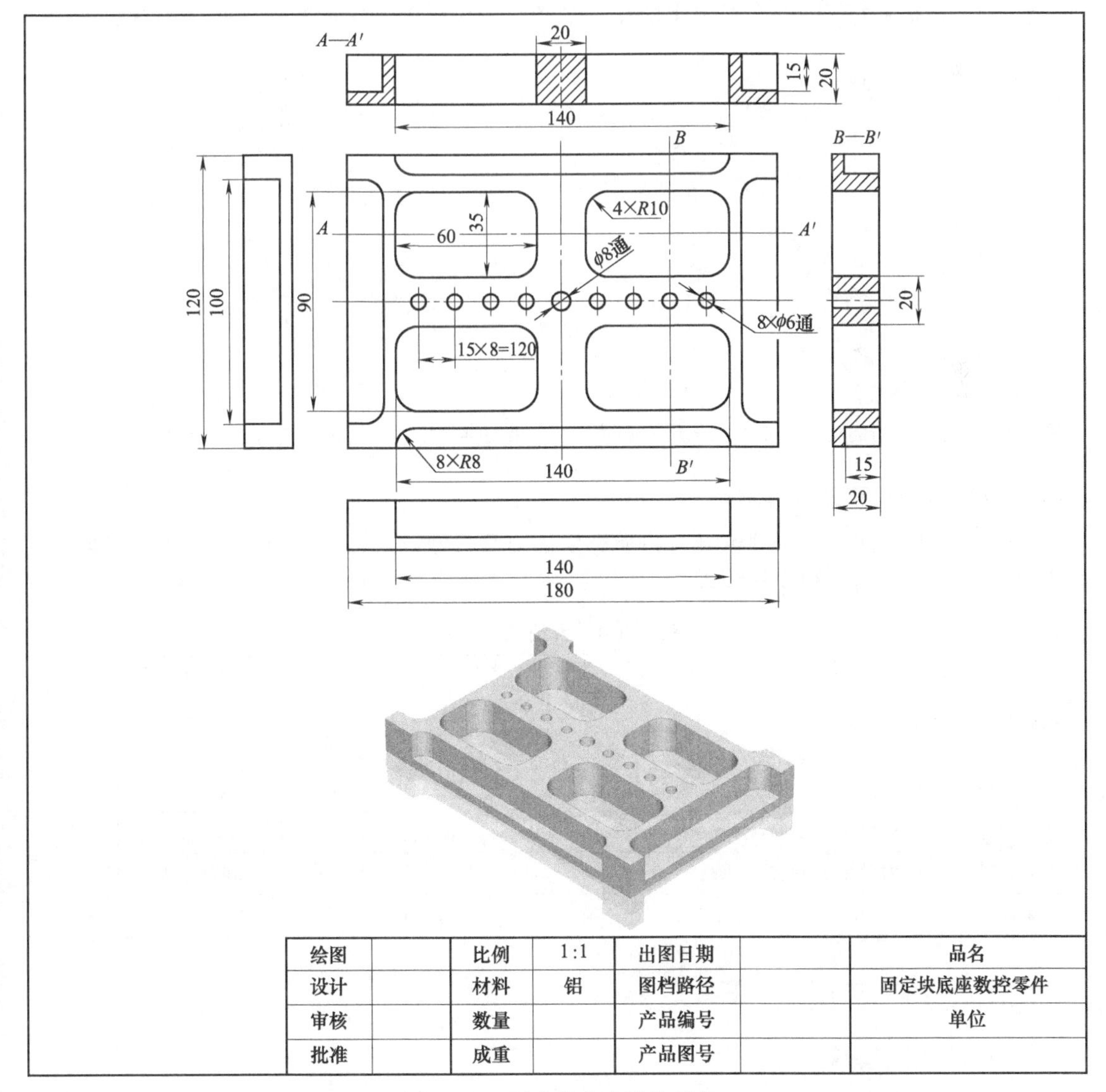

绘图		比例	1:1	出图日期		品名
设计		材料	铝	图档路径		固定块底座数控零件
审核		数量		产品编号		单位
批准		成重		产品图号		

图 1.9.1　固定块底座数控零件

一、工艺分析

1. 零件图工艺分析

该零件表面由多个形状和孔组成。工件尺寸 180mm×120mm×20mm（如图 1.9.1 固定块底座数控零件），无尺寸公差要求。尺寸标注完整，轮廓描述清楚。零件材料为已经加工成型的标准铝块，无热处理和硬度要求。

2. 确定装夹方案

(1) 程序一的装夹方式：在工件圆角矩形部分预先钻好 4 个孔，用螺栓定位，保证其毛坯位置摆正，采用 $\phi10$ 铣刀加工四周区域，如图 1.9.2 所示。

(2) 程序二的装夹方式：完成上步加工，停主轴、退刀，重新装夹零件。首先在已加工好的零件四周安装垫块和压块，并用螺栓上紧，每边安装两套夹具。然后去掉零件中间的 4 个螺栓（注意：不能先执行此步，否则会导致零件松动而移位）。由于工件没有移动，故不需要对刀。其装夹如图 1.9.3 所示。

待工件全部加工完毕后，手工去除 4 个圆角矩形的底部和工件其他部分的毛刺。

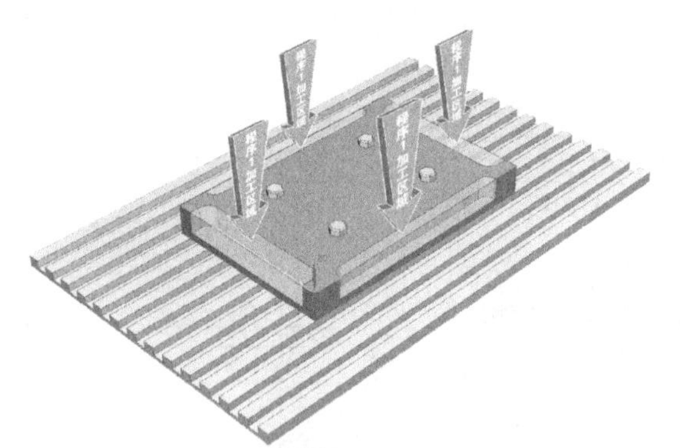

图 1.9.2　程序一的装夹方式及加工区域示意图

图 1.9.3　程序二的装夹方式及加工区域示意图

3. 刀具和加工区域选择

选用多把铣刀加工本例的区域，将所选定的刀具参数以及加工区域填入表 1.9.1 数控加工卡片中，以便于编程和操作管理。

表 1.9.1　数控加工卡片

<table>
<tr><td colspan="2">产品名称或代号</td><td colspan="2">数控零件加工综合实例</td><td colspan="2">零件名称</td><td colspan="2">固定块底座数控零件</td></tr>
<tr><td rowspan="2">序号</td><td colspan="4" rowspan="2">加工区域</td><td colspan="3">刀具</td></tr>
<tr><td>名称</td><td>规格</td><td>刀号</td></tr>
<tr><td>1</td><td colspan="4">程序一：$\phi10$ 的平底刀型腔铣加工四周区域</td><td>D10</td><td>$\phi10$ 平底刀</td><td>1</td></tr>
<tr><td>2</td><td colspan="4">程序二：$\phi10$ 的平底刀型腔铣加工中间四个槽</td><td>D10</td><td>$\phi10$ 平底刀</td><td>1</td></tr>
<tr><td>3</td><td colspan="4">程序二：$\phi5$ 的平底刀型腔铣加工孔</td><td>D5</td><td>$\phi5$ 平底刀</td><td>2</td></tr>
<tr><td>编制</td><td>×××</td><td>审核</td><td>×××</td><td>批准</td><td>×××</td><td colspan="2">共 1 页</td></tr>
</table>

二、前期准备工作

1. 进入加工模块

打开【启动】菜单→【加工】，进入加工模块→打开【加工环境】对话框→【CAM 会话配置】cam _ general→【要创建的 CAM 组装】mill _ contour1→【确定】（如图 1.9.4 进入加工模块）。

2. 创建程序

【程序顺序视图】→【创建程序】→【名称】PROGRAM1→【确定】(如图 1.9.5 创建程序 1)。

图 1.9.4　进入加工模块

图 1.9.5　创建程序 1

【程序顺序视图】→【创建程序】→【名称】PROGRAM2→【确定】(如图 1.9.6 创建程序 2)。

3. 创建刀具

【机床视图】→【创建刀具】→选择【平底刀】→【名称】D10→在【刀具设置】对话框中→【(D) 直径】10→【刀具号】1→【确定】（如图 1.9.7 创建 1 号刀具）。

图 1.9.6　创建程序 2

图 1.9.7　创建 1 号刀具

→【创建刀具】→选择【平底刀】→【名称】D5→在【刀具设置】对话框中→【(D) 直径】5→【刀具号】2→【确定】（如图 1.9.8 创建 2 号刀具）。

4. 设置坐标系和创建毛坯

双击【MCS _ MILL】→直接点击工件左下角的上平面点即可（如图）→设定【安全距离】21→【确定】（如图 1.9.9 设置坐标系）。

图 1.9.8　创建 2 号刀具

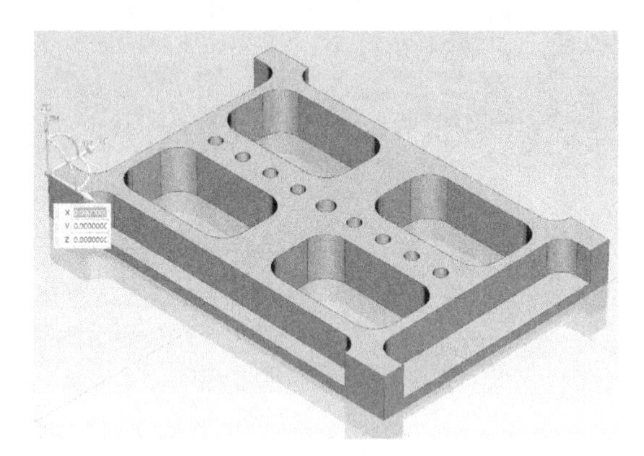

图 1.9.9　设置坐标系

→打开 MCS _ MILL 前的【+】号，双击【WORKPIECE】→在【工件】对话框中→点击【指定部件】按钮→点击工件 1→【确定】（如图 1.9.10 指定部件）。

→点击【指定毛坯】按钮→在弹出的【毛坯几何体】对话中→【类型】→选择【包容块】，设置最小化包容工件的毛坯→毛坯设置的效果如图→【确定】→【确定】（如图 1.9.11 创建毛坯）。

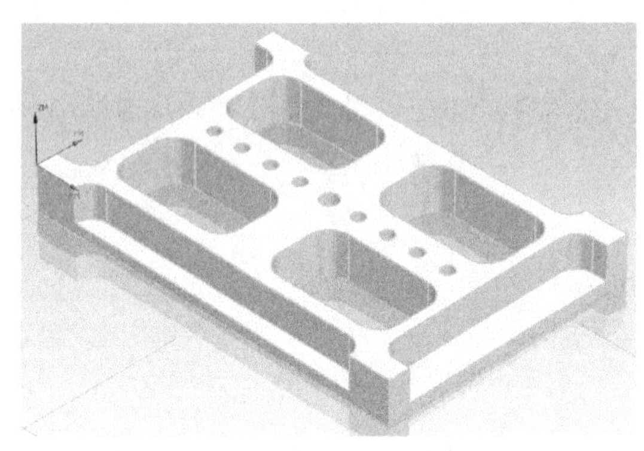

图 1.9.10　指定部件

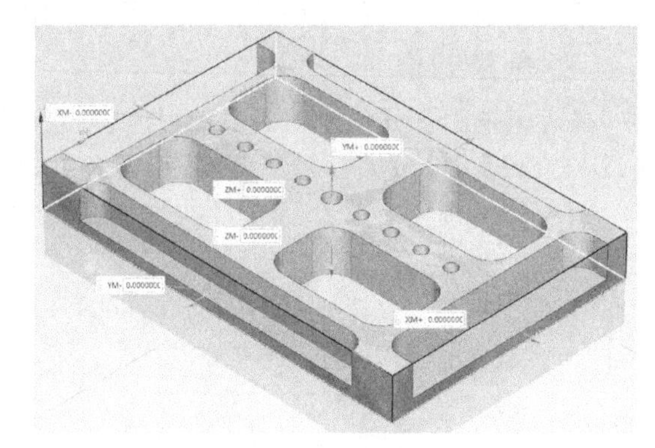

图 1.9.11　创建毛坯

三、程序一：ϕ10 的平底刀型腔铣加工四周区域

1. 选择精加工方法

【程序顺序视图】→【创建工序】→弹出【创建工序】对话框→【类型】mill _ contour→【工序子类型】型腔铣→【程序】PROGRAM1→【刀具】D10→【几何体】WORKPIECE1→【方法】MILL _ FINISH，进行精加工→【名称】1→【确定】（如图 1.9.12 选择精加工方法）。

2. 选择加工区域

在弹出的【型腔铣】对话框中→【指定切削区域】→选择要加工的曲面→【确定】（如图 1.9.13 选择加工区域）。

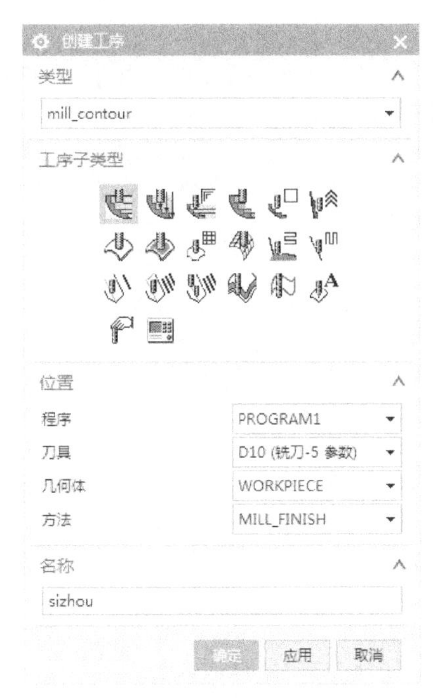

图 1.9.12　选择加工方法

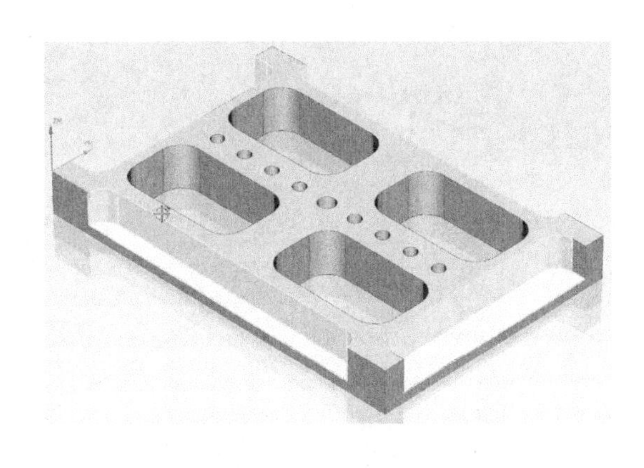

图 1.9.13　选择加工区域

3. 设置加工参数

【刀轨设置】栏目中→【切削模式】跟随部件→【平面直径百分比】40→【最大距离】2（如图 1.9.14 设置加工参数）。

4. 设置切削参数

打开【切削参数】→【策略】【切削顺序】深度优先→【余量】【部件侧面余量】0→【确定】（如图 1.9.15 深度优先、图 1.9.16 余量）。

图 1.9.14　设置加工参数

图 1.9.15　深度优先

5. 设置非切削移动

打开【非切削移动】→【进刀】→【封闭区域】【进刀类型】插削→【开放区域】【进刀类型】与封闭区域相同→【确定】（如图 1.9.17 设置非切削移动）。

图 1.9.16　余量

图 1.9.17　设置非切削移动

6. 设置进给率和速度

打开【进给率和速度】→勾选【主轴速度（rpm)】4000→【进给率】【切削】320→【确定】（如图 1.9.18 设置进给率和速度）。

7. 生成刀具路径

【操作】栏目中→点击【生成刀具路径】，生成该步操作的刀具路径（如图 1.9.19 生成刀具路径）。

图 1.9.18　设置进给率和速度

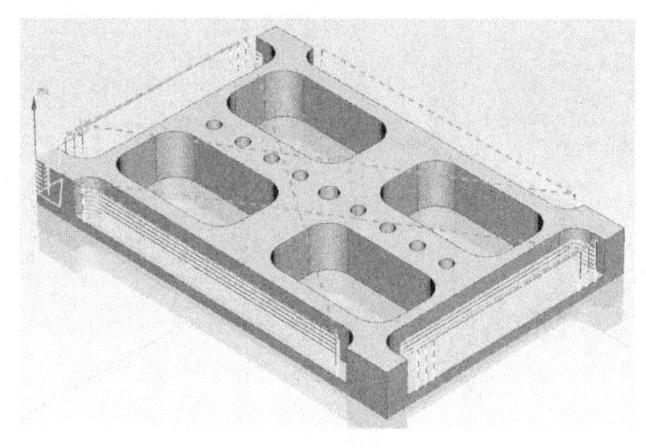

图 1.9.19　生成刀具路径

四、程序二：ϕ10 的平底刀型腔铣加工中间四个槽

1. 选择加工方法

【程序顺序视图】→【创建工序】→弹出【创建工序】对话框→【类型】mill _ contour→【工序子类型】型腔铣→【程序】PROGRAM2→【刀具】D10→【几何体】WORKPIECE→【方法】MILL _ FINISH，进行粗加工→【名称】zhongjiancao→【确定】(如图 1.9.20 选择加工方法)。

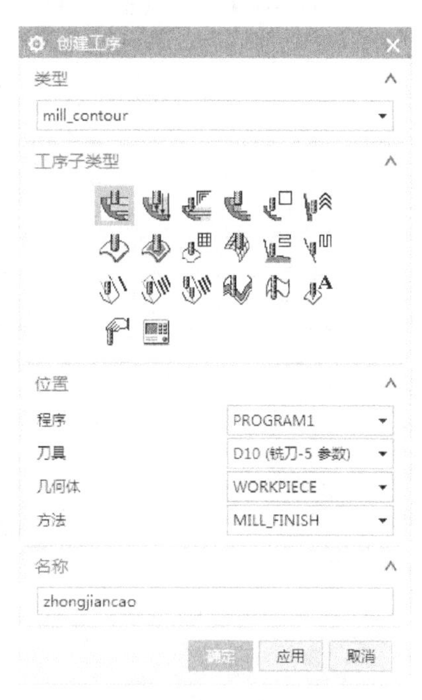

图 1.9.20　选择加工方法

2. 选择加工区域

在弹出的【型腔铣】对话框中→【指定切削区域】→选择要加工的曲面→【确定】(如图 1.9.21 选择加工区域)。

3. 设置加工参数

【刀轨设置】栏目中→【切削模式】跟随周边→【平面直径百分比】60→【最大距离】2（如图 1.9.22 设置加工参数)。

4. 设置切削层

【刀轨设置】栏目中→【切削层】→【范围定义】→【范围深度】19，避免加工到底部的工作台面→【确定】(如图 1.9.23 设置切削层)。

注：此处也可以通过设置底面余量来实现避免加工到工作台面的操作。

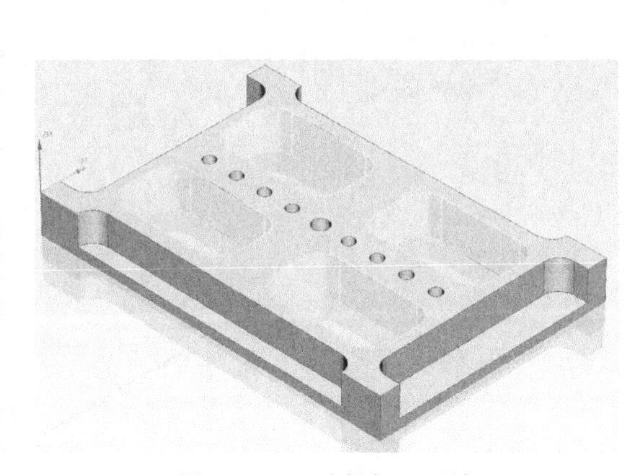

图 1.9.21　选择加工区域

图 1.9.22　设置加工参数

5. 设置切削参数

打开【切削参数】→【策略】【切削顺序】深度优先→【余量】【部件侧面余量】0→【确定】(如图 1.9.24 深度优先、图 1.9.25 余量)。

6. 设置进给率和速度

打开【进给率和速度】→勾选【主轴速度（rpm)】4000→【进给率】【切削】200→【确定】(如图 1.9.26 设置进给率和速度)。

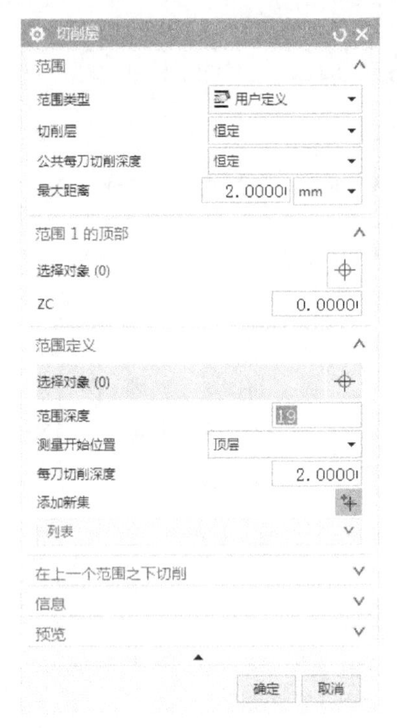

图 1.9.23　设置切削层

图 1.9.24　深度优先

图 1.9.25　余量

图 1.9.26　设置进给率和速度

7. 生成刀具路径

【操作】栏目中→点击【生成刀具路径】，生成该步操作的刀具路径（如图 1.9.27 生成刀具路径）。

五、程序二：ϕ5 的平底刀型腔铣加工孔

1. 选择加工方法

【程序顺序视图】→【创建工序】→弹出【创建工序】对话框→【类型】mill _ contour→【工

序子类型】型腔铣→【程序】PROGRAM2→【刀具】D8→【几何体】WORKPIECE→【方法】MILL _ FINISH，进行粗加工→【名称】kong→【确定】(如图 1.9.28 选择加工方法)。

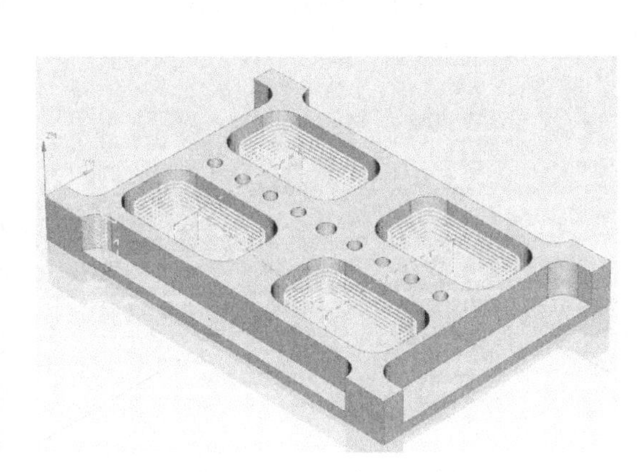

图 1.9.27 生成刀具路径

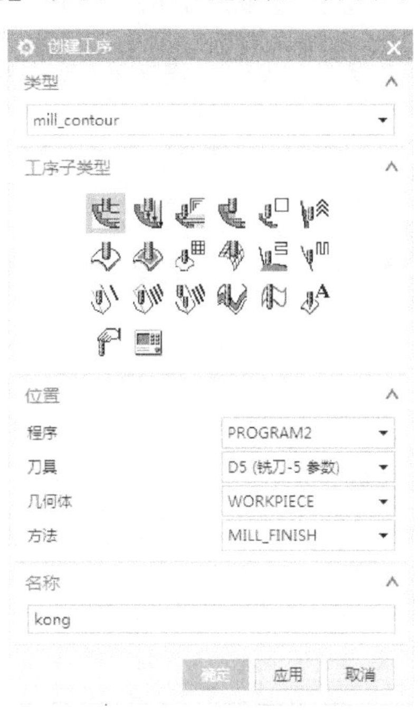

图 1.9.28 选择加工方法

2. 选择加工区域

在弹出的【型腔铣】对话框中→【指定切削区域】→选择要加工的曲面→【确定】(如图 1.9.29 选择加工区域)。

3. 设置加工参数

【刀轨设置】栏目中→【切削模式】跟随部件→【平面直径百分比】50→【最大距离】1.5 (如图 1.9.30 设置加工参数)。

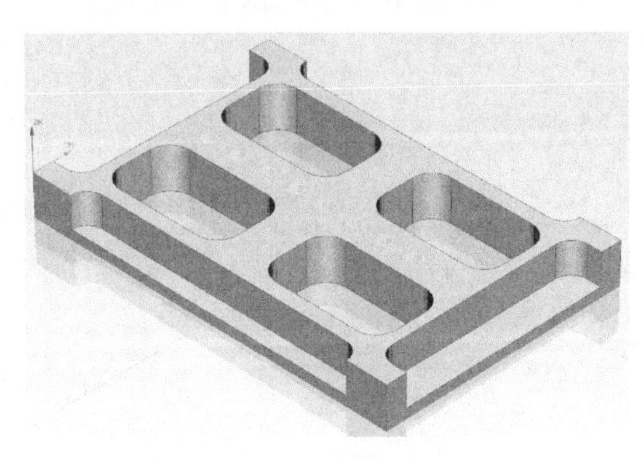

图 1.9.29 选择加工区域

图 1.9.30 设置加工参数

4. 设置切削层

【刀轨设置】栏目中→【切削层】→【范围定义】→【范围深度】19，避免加工到底部的工作台面→【确定】(如图 1.9.31 设置切削层)。

5. 设置切削参数

打开【切削参数】→【策略】【切削顺序】深度优先→【余量】【部件侧面余量】0→【确定】（如图 1.9.32 深度优先、图 1.9.33 余量）。

图 1.9.31 设置切削层

图 1.9.32 深度优先

6. 设置非切削移动

打开【非切削移动】→【进刀】→【封闭区域】【进刀类型】插削→【开放区域】【进刀类型】与封闭区域相同→【确定】（如图 1.9.34 设置非切削移动）。

图 1.9.33 余量

图 1.9.34 设置非切削移动

7. 设置进给率和速度

打开【进给率和速度】→勾选【主轴速度（rpm)】4000→【进给率】【切削】130→【确定】（如图 1.9.35 设置进给率和速度）。

8. 生成刀具路径

【操作】栏目中→点击【生成刀具路径】，生成该步操作的刀具路径（如图 1.9.36 生成刀具路径）。

六、最终验证模拟

在左侧目录列表中选择操作→点击【确认刀轨】按钮→在弹出的【刀轨可视化】对话框中→选择【2D 动态】→调整【动画速度】→点击【播放】（如图 1.9.37～图 1.9.39）。

图 1.9.35　设置进给率和速度

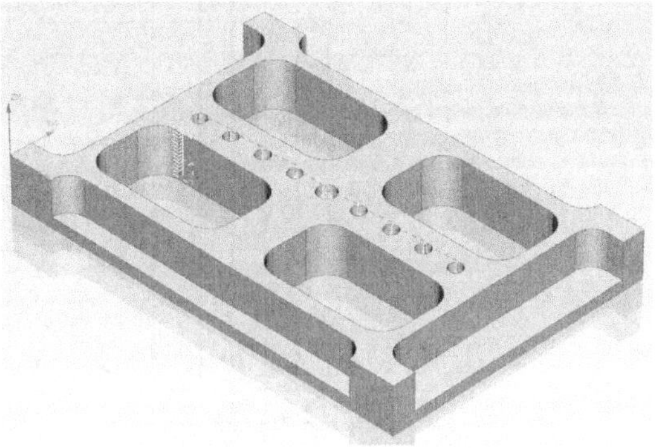

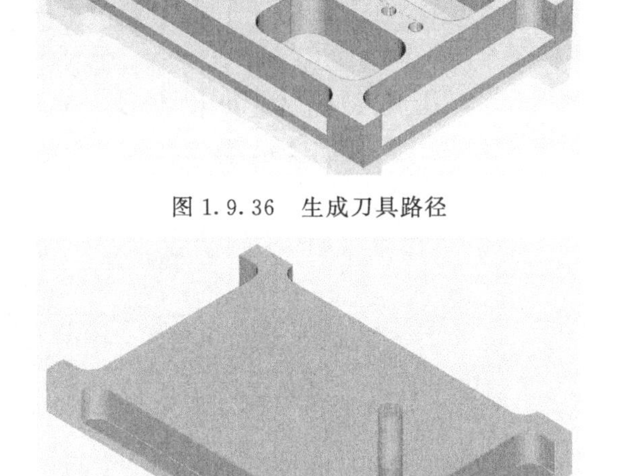

图 1.9.36　生成刀具路径

图 1.9.37　程序一：ϕ10 的平底刀型腔铣加工四周区域

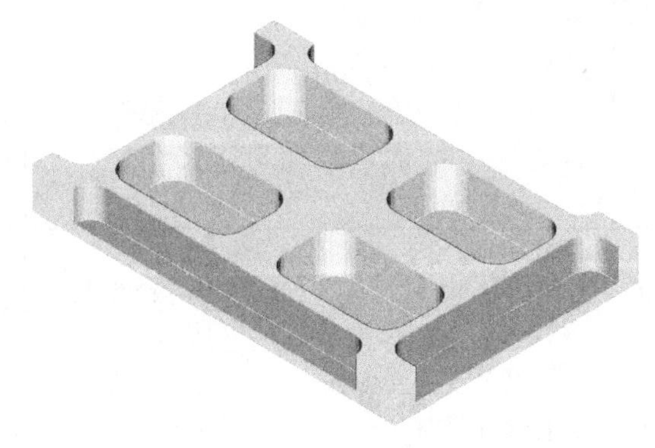

图 1.9.38　程序二：ϕ10 的平底刀型腔铣加工中间四个槽

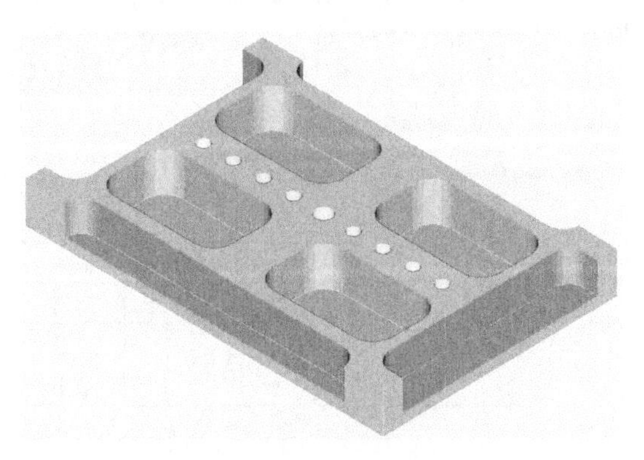

图 1.9.39　程序二：ϕ5 的平底刀型腔铣加工孔

案例十　折板配合件数控零件加工

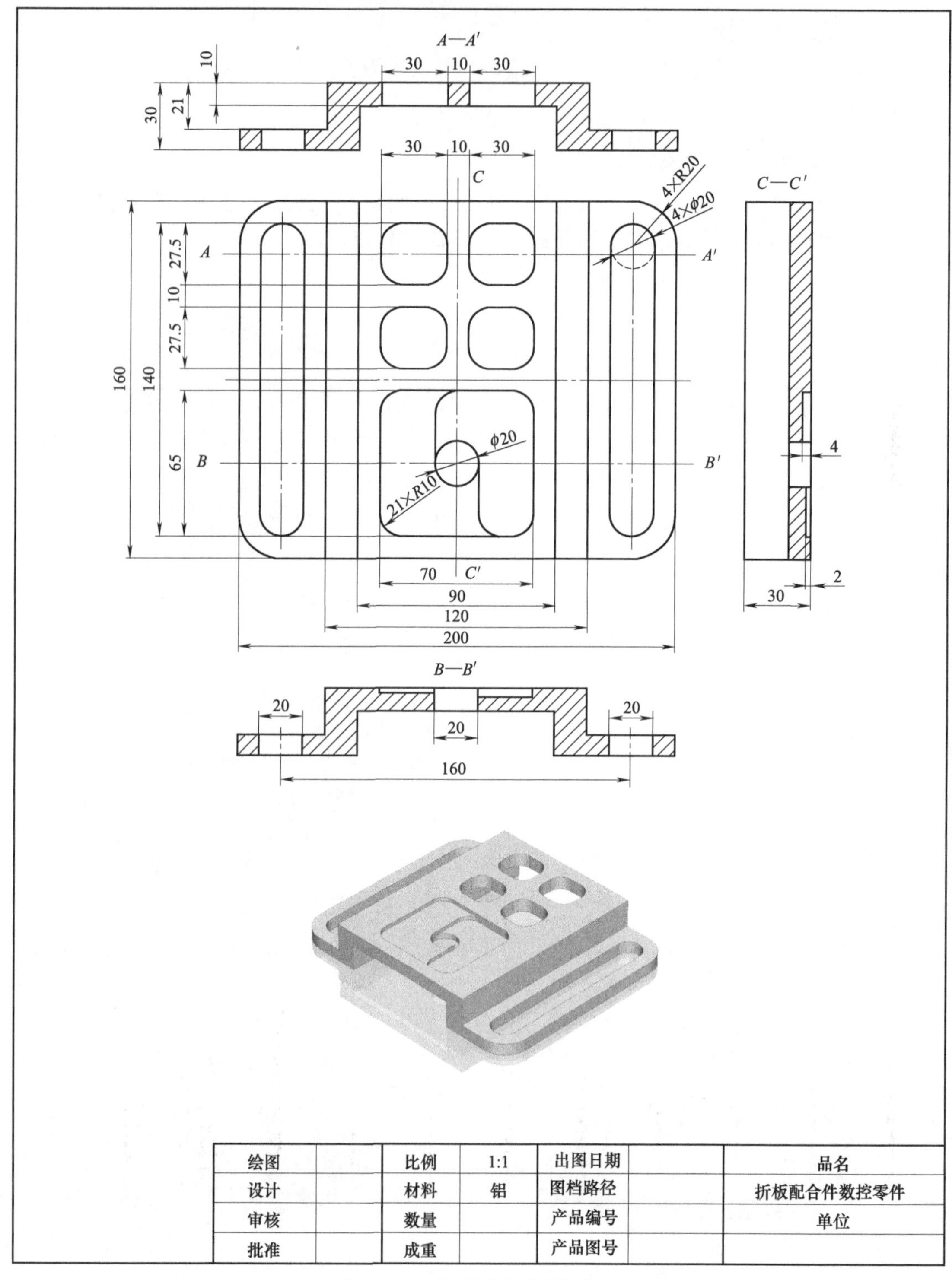

绘图		比例	1:1	出图日期		品名
设计		材料	铝	图档路径		折板配合件数控零件
审核		数量		产品编号		单位
批准		成重		产品图号		

图 1.10.1　折板配合件数控零件

一、工艺分析

1. 零件图工艺分析

该零件表面由多种形状构成，加工较复杂。工件尺寸 200mm×160mm×30mm（如图 1.10.1 折板配合件数控零件），无尺寸公差要求。尺寸标注完整，轮廓描述清楚。零件材料为已经加工成型的标准铝块，无热处理和硬度要求。

2. 确定装夹方案、加工顺序及进给路线

（1）程序一的装夹方式：工件放置在自制的工作台面上，保证工件摆正，在通孔的位置手动钻 3 个孔，用螺栓等工具夹紧，用于定位加工零件的左右两侧形状，其装夹方式、加工区域和对刀点如图 1.10.2 所示。

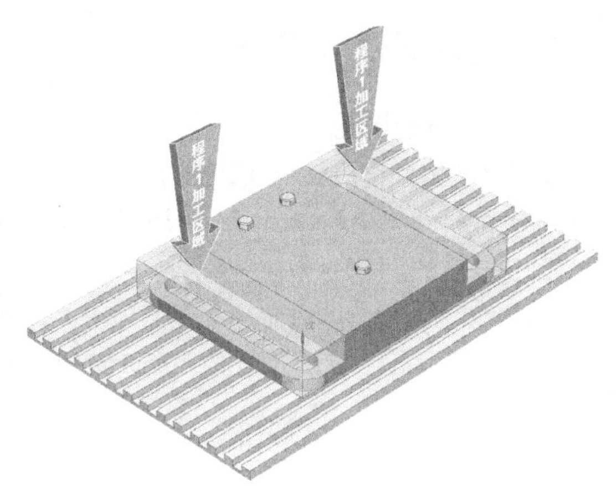

图 1.10.2　程序一的装夹方式、加工区域和对刀点示意图

（2）程序二的装夹方式：先在工件左右两侧的键槽区域，分别用图 1.10.3 中所示的垫块压紧，再取出中间的螺栓等工具，这样在重新装夹的时候工件不会产生位移，就不必重新对刀了。最后进行中间区域多个形状的加工，其装夹方式、加工区域和对刀点如图 1.10.3 所示。

（3）程序三的装夹方式：将工件翻转，底部垫两块垫块，两侧用台虎钳夹紧，如图 1.10.4 所示。加工时，只需加工到尺寸，即 20mm 深处时，便可完成。之后，需手动完成修边、去毛刺等步骤。即可完成本例的最后一道加工工序。

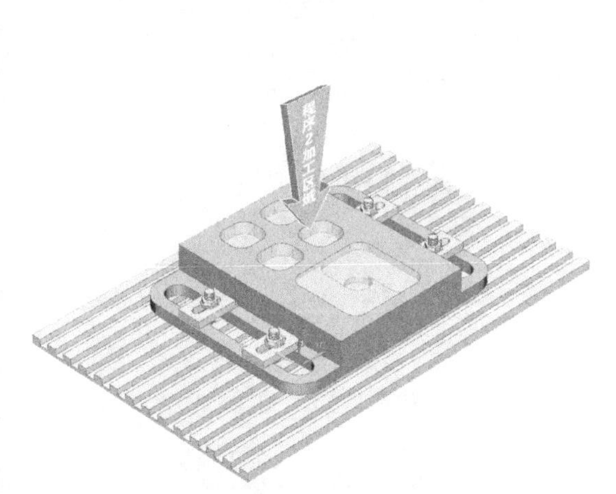

图 1.10.3　程序二的装夹方式、加工区域和对刀点示意图

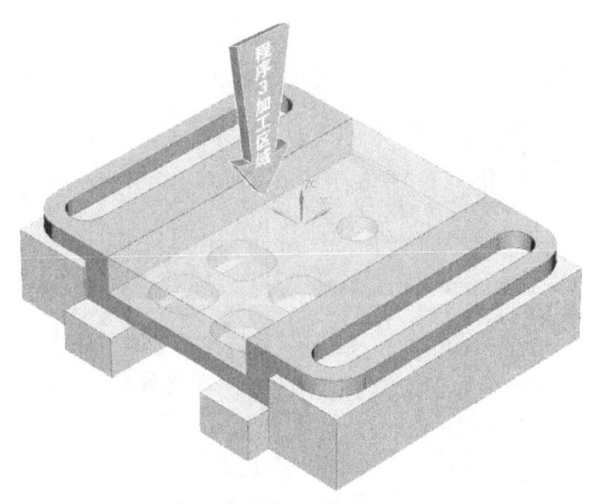

图 1.10.4　程序三的装夹方式、加工区域和对刀点示意图

3. 刀具和加工区域选择

选用多把铣刀加工本例的区域，将所选定的刀具参数以及加工区域填入表 1.10.1 数控加工卡片中，以便于编程和操作管理。

表 1.10.1 数控加工卡片

产品名称或代号		数控零件加工综合实例		零件名称		折板配合件数控零件	
序号	加工区域				刀具		
					名称	规格	刀号
1	程序一：ϕ15 的平底刀型腔铣加工两侧区域				D15	ϕ15 平底刀	2
2	程序二：ϕ15 的平底刀型腔铣加工中间区域				D15	ϕ15 平底刀	2
3	程序三：ϕ30 的平底刀面铣剩余的大区域				D30	ϕ30 平底刀	1
编制	×××	审核	×××	批准	×××	共 1 页	

二、前期准备工作

1. 绘制辅助图形

进入【建模】模块式→绘制加工所需要辅助线和辅助实体，使之作为加工坐标系的原点和加工的毛坯（如图 1.10.5 绘制辅助图形）。

2. 进入加工模块

打开【启动】菜单→【加工】，进入加工模块→打开【加工环境】对话框→【CAM 会话配置】cam _ general→【要创建的 CAM 组装】mill _ contour→【确定】（如图 1.10.6 进入加工模块）。

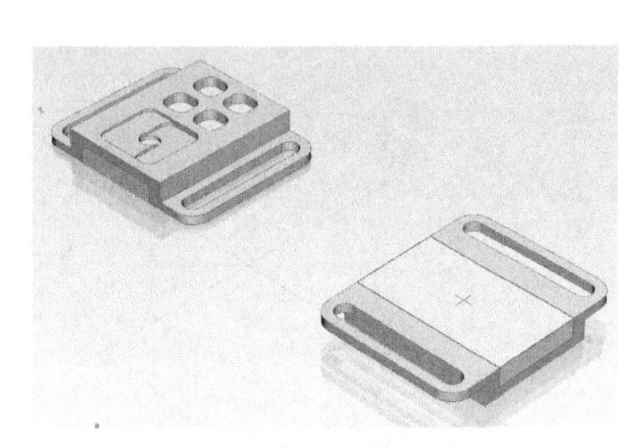

图 1.10.5 绘制辅助图形

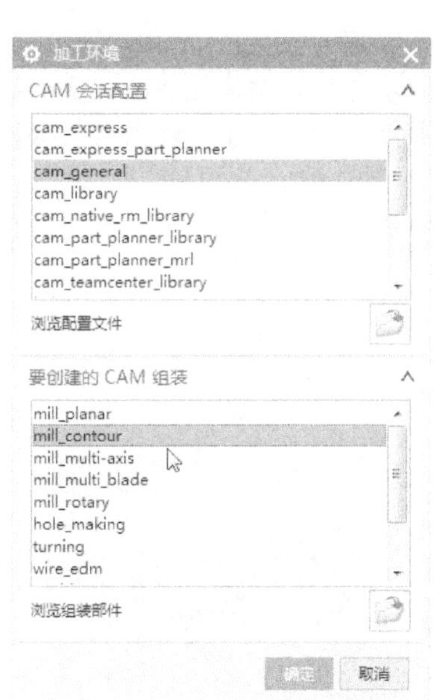

图 1.10.6 进入加工模块

3. 创建程序

【程序顺序视图】→【创建程序】→【名称】PROGRAM-1→【确定】（如图 1.10.7 创建程序 1）。

【程序顺序视图】→【创建程序】→【名称】PROGRAM-2→【确定】（如图 1.10.8 创建程序 2）。

【程序顺序视图】→【创建程序】→【名称】PROGRAM-3→【确定】（如图 1.10.9 创建程序 3）。

4. 创建刀具

【机床视图】→【创建刀具】→选择【平底刀】→【名称】D30→在【刀具设置】对话框中→【(D) 直径】30→【刀具号】1→【确定】(如图 1.10.10 创建 1 号刀具)。

图 1.10.7　创建程序 1

图 1.10.8　创建程序 2

图 1.10.9　创建程序 3

图 1.10.10　创建 1 号刀具

→【创建刀具】→选择【平底刀】→【名称】D15→在【刀具设置】对话框中→【(D) 直径】15→【刀具号】2→【确定】(如图 1.10.11 创建 2 号刀具)。

图 1.10.11　创建 2 号刀具

5. 设置坐标系和创建毛坯

【几何视图】→通过【复制】【粘贴】【重命名】的方式，建立【MCSMILL-1】【WORKPIECE-1】和【MCSMILL-2】【WORKPIECE-2】(如图 1.10.12 创建第二个坐标系)。

图 1.10.12　设置第二个坐标系

坐标系一：坐标系和创建毛坯

双击【MCS _ MILL-1】→点击绘制的辅助的直线的交叉点，将加工坐标系移至毛坯左下角的上平面点即可（如图）→设定【安全距离】2→【确定】（如图 1.10.13 坐标系一：设置坐标系）。

→打开 MCS _ MILL-1 前的【+】号，双击【WORKPIECE-1】→在【工件】对话框中→点击【指定部件】按钮→点击工件→【确定】（如图 1.10.14 坐标系一：指定部件）。

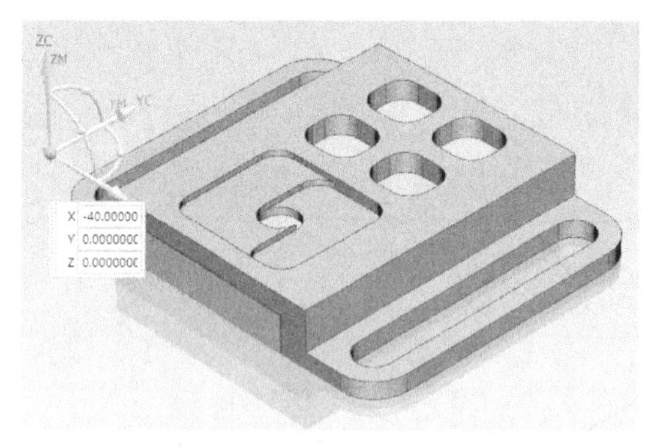

图 1.10.13　坐标系一：设置坐标系

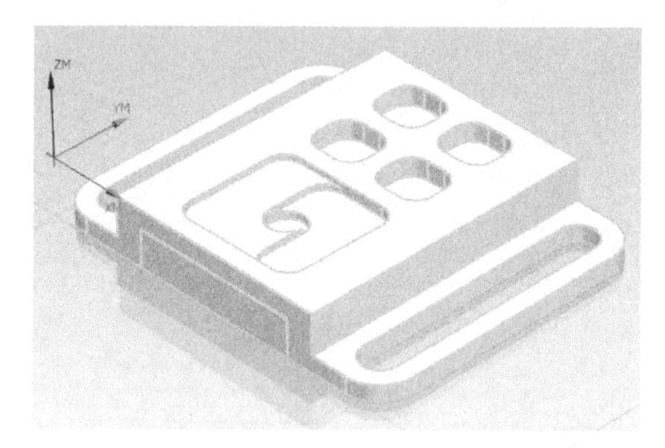

图 1.10.14　坐标系一：指定部件

→点击【指定毛坯】按钮→在弹出的【毛坯几何体】对话中→【类型】→选择【包容块】，设置最小化包容工件的毛坯→毛坯设置的效果如图→【确定】→【确定】（如图 1.10.15 坐标系一：创建毛坯）。

坐标系二：坐标系和创建毛坯

双击【MCS _ MILL-2】→点击绘制的辅助的直线的交叉点，将加工坐标系移至毛坯上表面中心点即可（如图）→设定【安全距离】2→【确定】（如图 1.10.16 坐标系二：设置坐标系）。

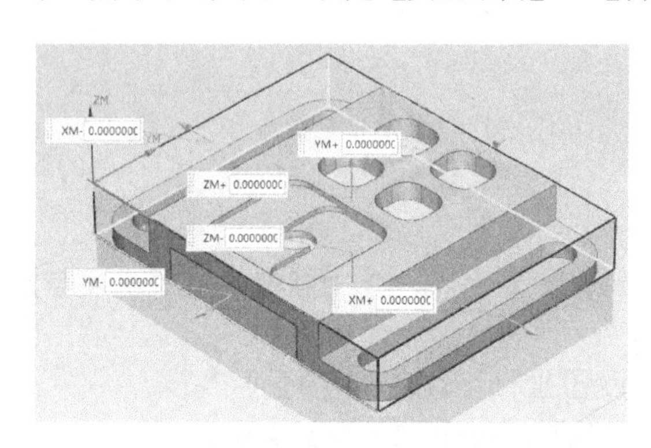

图 1.10.15　坐标系一：创建毛坯

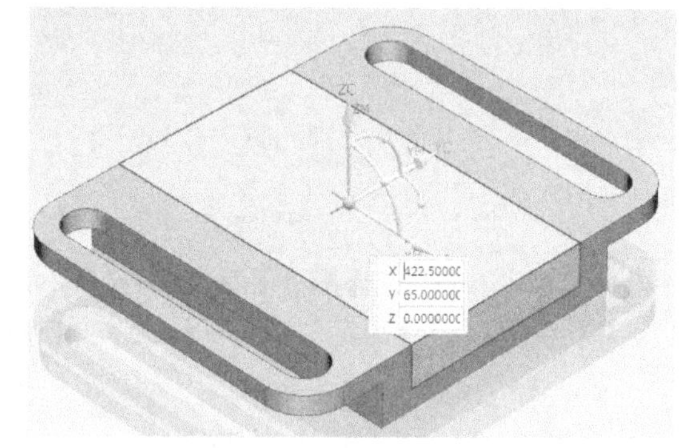

图 1.10.16　坐标系二：设置坐标系

→打开 MCS _ MILL-2 前的【+】号，双击【WORKPIECE-2】→在【工件】对话框中→【指定部件】按钮→点击工件→【确定】（如图 1.10.17 坐标系二：指定部件）。

→点击【指定毛坯】按钮→在弹出的【毛坯几何体】对话中→【类型】→点击所需要加工毛坯→毛坯设置的效果如下→【确定】（如图 1.10.18 坐标系二：创建毛坯）。

三、程序一：ϕ15 的平底刀型腔铣加工两侧区域

1. 选择精加工方法

【程序顺序视图】→【创建工序】→弹出【创建工序】对话框→【类型】mill _ contour→【工

序子类型】型腔铣→【程序】PROGRAM-1→【刀具】D15→【几何体】WORKPIECE-1→【方法】MILL _ FINISH，进行精加工→【名称】1→【确定】(如图 1.10.19 选择精加工方法)。

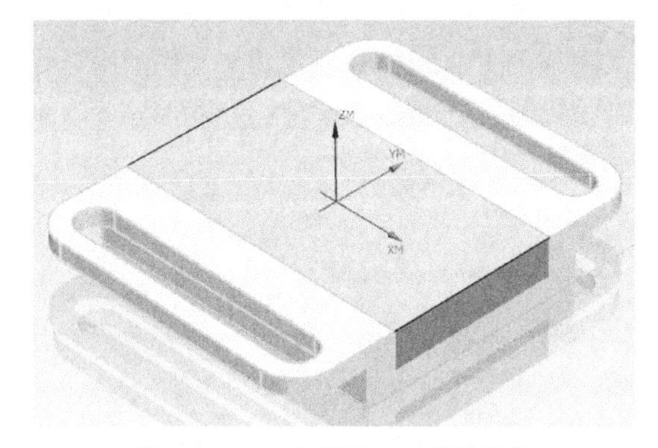

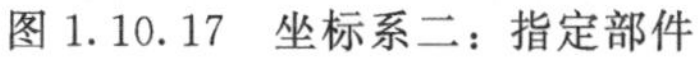
图 1.10.17 坐标系二：指定部件

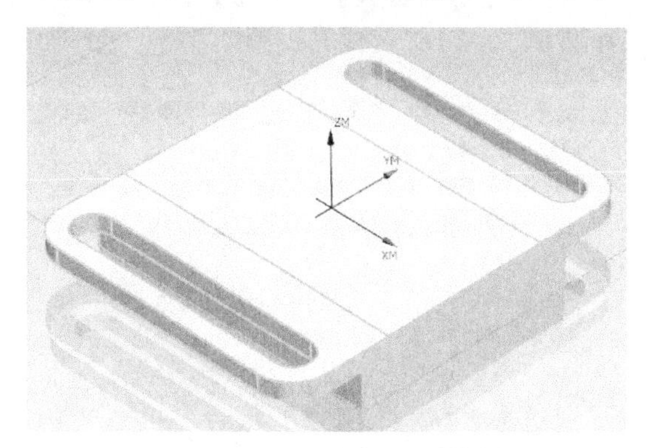

图 1.10.18 坐标系二：创建毛坯

2. 选择加工区域

在弹出的【型腔铣】对话框中→【指定切削区域】→选择要加工的曲面→【确定】(如图 1.10.20 选择加工区域)。

3. 设置加工参数

【刀轨设置】栏目中→【切削模式】跟随部件→【平面直径百分比】50→【最大距离】2.5 (如图 1.10.21 设置加工参数)。

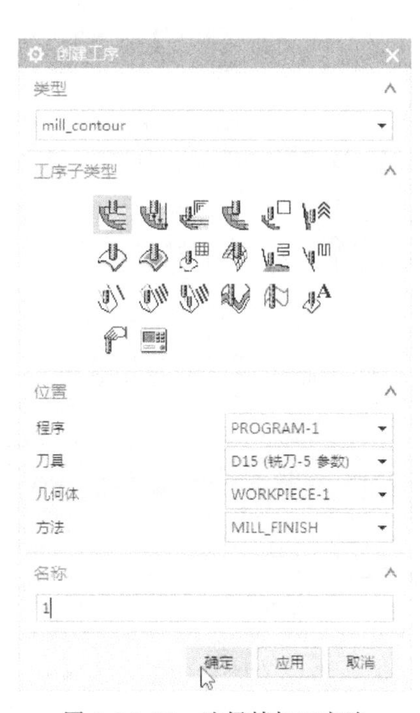

图 1.10.19 选择精加工方法

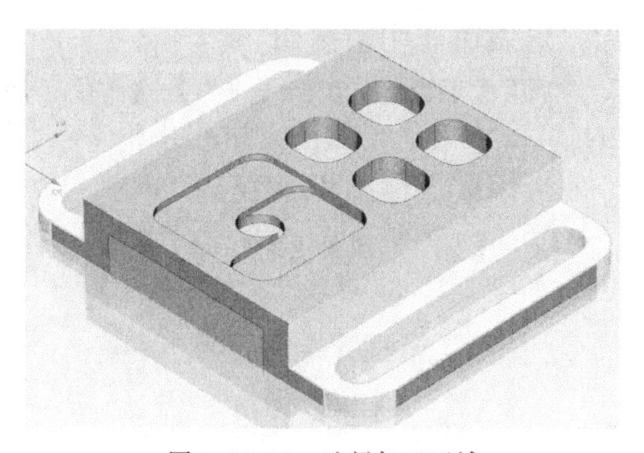

图 1.10.20 选择加工区域

图 1.10.21 设置加工参数

4. 设置切削参数

打开【切削参数】→【策略】【切削顺序】深度优先→【余量】【部件侧面余量】0→【确定】（如图 1.10.22 深度优先、图 1.10.23 余量）。

图 1.10.22　深度优先

图 1.10.23　余量

5. 设置非切削移动

打开【非切削移动】→【进刀】→【封闭区域】【进刀类型】插削→【开放区域】【进刀类型】与封闭区域相同→【确定】（如图 1.10.24 设置非切削移动）。

6. 设置进给率和速度

打开【进给率和速度】→勾选【主轴速度（rpm）】3000→【进给率】【切削】320→【确定】（如图 1.10.25 设置进给率和速度）。

图 1.10.24　设置非切削移动

图 1.10.25　设置进给率和速度

7. 生成刀具路径

【操作】栏目中→点击【生成刀具路径】，生成该步操作的刀具路径（如图 1.10.26 生成刀具路径）。

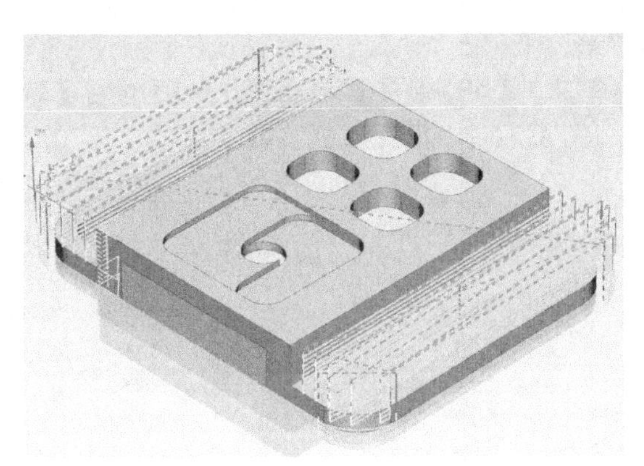

图 1.10.26　生成刀具路径

四、程序二：ϕ15 的平底刀型腔铣加工中间区域

1. 选择精加工方法

【程序顺序视图】→【创建工序】→弹出【创建工序】对话框→【类型】mill _ contour→【工序子类型】型腔铣→【程序】PROGRAM-2→【刀具】D15→【几何体】WORKPIECE-1→【方法】MILL _ FINISH，进行精加工→【名称】2→【确定】（如图 1.10.27 选择精加工方法）。

2. 选择加工区域

在弹出的【型腔铣】对话框中→【指定切削区域】→选择要加工的曲面→【确定】（如图 1.10.28 选择加工区域）。

图 1.10.27　选择精加工方法

图 1.10.28　选择加工区域

3. 设置加工参数

【刀轨设置】栏目中→【切削模式】跟随周边→【平面直径百分比】50→【最大距离】2（如图1.10.29设置加工参数）。

4. 设置切削参数

打开【切削参数】→【策略】【切削顺序】深度优先→【余量】【部件侧面余量】0→【确定】（如图1.10.30深度优先、图1.10.31设置切削参数余量）。

图1.10.29 设置加工参数

图1.10.30 深度优先

5. 设置进给率和速度

打开【进给率和速度】→勾选【主轴速度（rpm）】4000→【进给率】【切削】280→【确定】（如图1.10.32设置进给率和速度）。

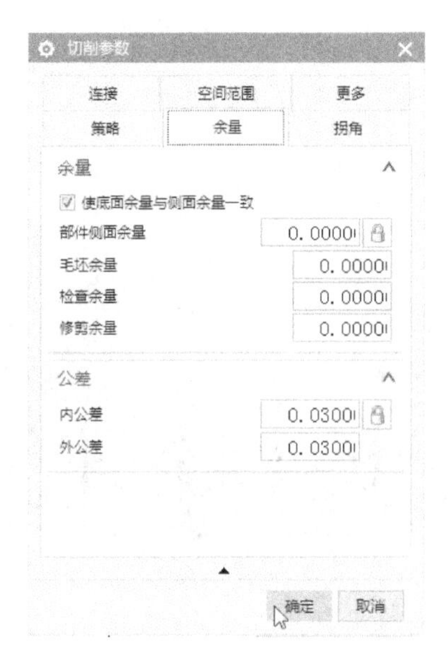

图1.10.31 设置切削参数余量

图1.10.32 设置进给率和速度

6. 生成刀具路径

【操作】栏目中→点击【生成刀具路径】，生成该步操作的刀具路径（如图 1.10.33 生成刀具路径）。

五、程序三：ϕ30 的平底刀面铣剩余的大区域

1. 隐藏部分实体

选中绘制的辅助实体→右击→【隐藏】→只保留最终加工的工件（如图 1.10.34 隐藏部分实体）。

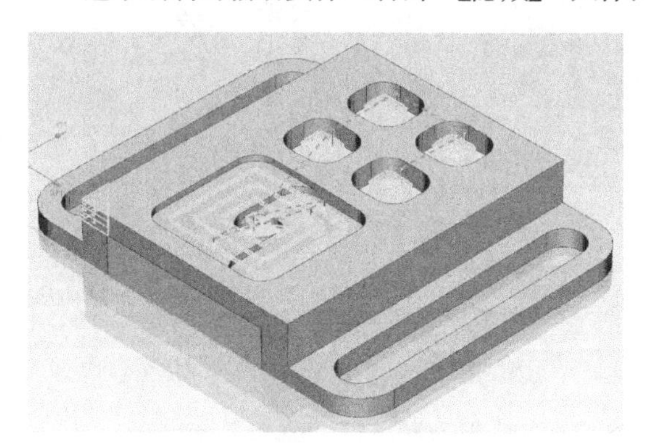

图 1.10.33　生成刀具路径

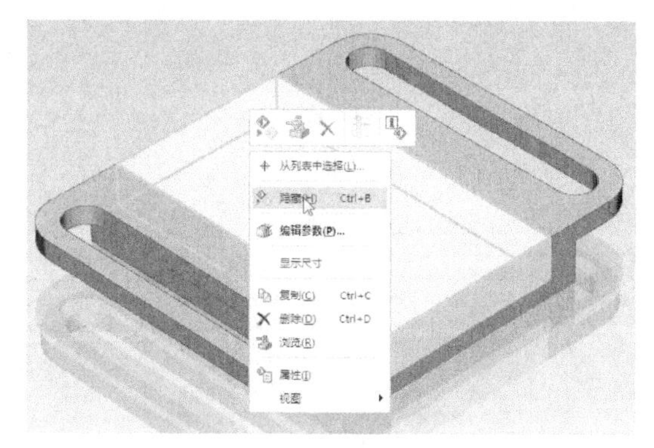

图 1.10.34　隐藏部分实体

2. 选择精加工方法

【程序顺序视图】→【创建工序】→弹出【创建工序】对话框→【类型】mill _ planar→【工序子类型】面铣→【程序】PROGRAM-3→【刀具】D30→【几何体】WORKPIECE-2→【方法】MILL _ FINISH，进行精加工→【名称】3→【确定】（如图 1.10.35 选择精加工方法）。

3. 选择加工区域

在弹出的【面铣】对话框中→【指定面边界】→【选择方法】曲线→选择需要加工的底面的边界→【确定】（如图 1.10.36 选择加工区域）。

图 1.10.35　选择精加工方法

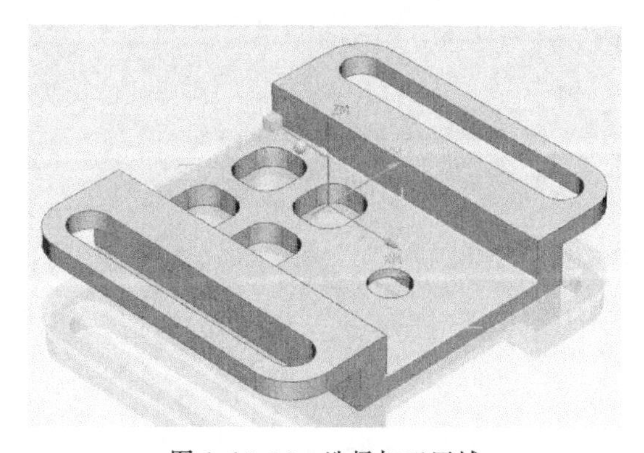

图 1.10.36　选择加工区域

4. 设置刀轴

【刀轴】栏目中→【轴】+ZM轴→【确定】(如图1.10.37设置刀轴)。

5. 设置加工参数

【刀轨设置】栏目中→【切削模式】往复→【平面直径百分比】90→【毛坯距离】20→【每刀切削深度】2.5(如图1.10.38设置加工参数)。

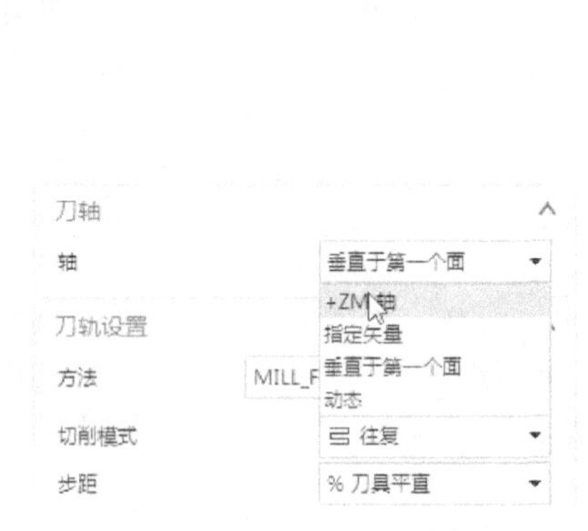

图1.10.37 设置刀轴

图1.10.38 设置加工参数

6. 设置切削参数

打开【切削参数】→【策略】【切削】【剖切角】指定→【与XC的夹角】180→【切削区域】【刀具延展量】100%→【余量】【部件余量】0→【确定】(如图1.10.39策略、图1.10.40余量)。

图1.10.39 策略

图1.10.40 余量

7. 设置非切削移动

打开【非切削移动】→【进刀】→【封闭区域】【进刀类型】插削→【开放区域】【进刀类型】与封闭区域相同→【确定】(如图 1.10.41 设置非切削移动)。

8. 设置进给率和速度

打开【进给率和速度】→勾选【主轴速度(rpm)】4000→【进给率】【切削】250→【确定】(如图 1.10.42 设置进给率和速度)。

图 1.10.41 设置非切削移动

图 1.10.42 设置进给率和速度

9. 生成刀具路径

【操作】栏目中→点击【生成刀具路径】，生成该步操作的刀具路径(如图 1.10.43 生成刀具路径)。

六、最终验证模拟

在左侧目录列表中选择操作→点击【确认刀轨】按钮→在弹出的【刀轨可视化】对话框中→选择【2D 动态】→调整【动画速度】→点击【播放】(如图 1.10.44～图 1.10.46)。

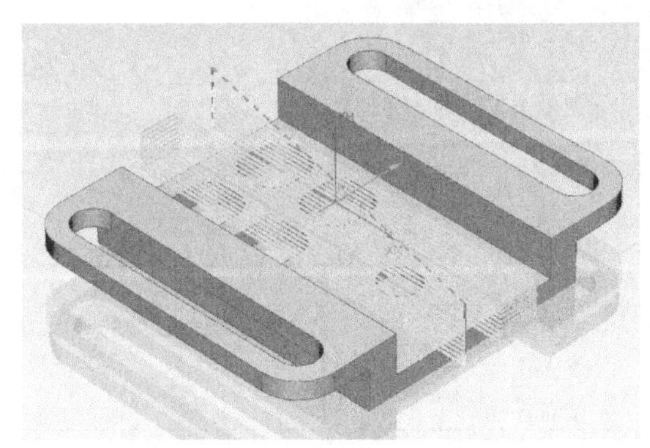

图 1.10.43 生成刀具路径

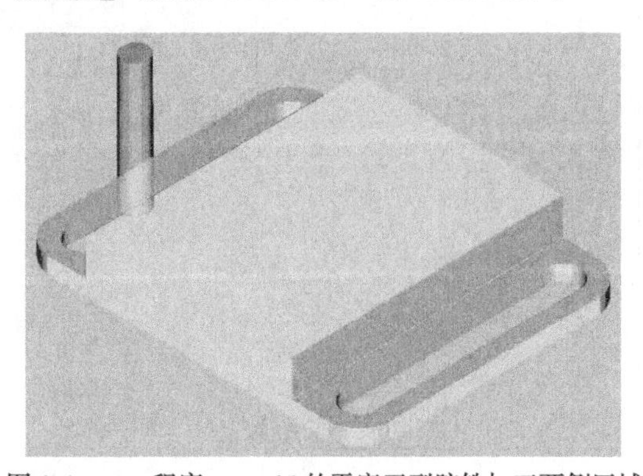

图 1.10.44 程序一：ϕ15 的平底刀型腔铣加工两侧区域

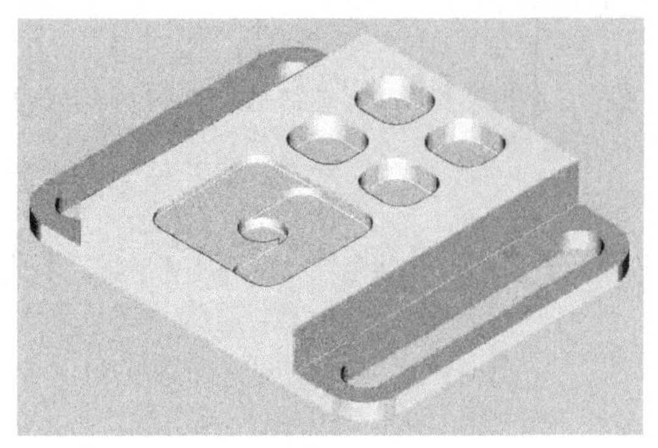

图 1.10.45　程序二：ϕ15 的平底刀型腔铣加工中间区域

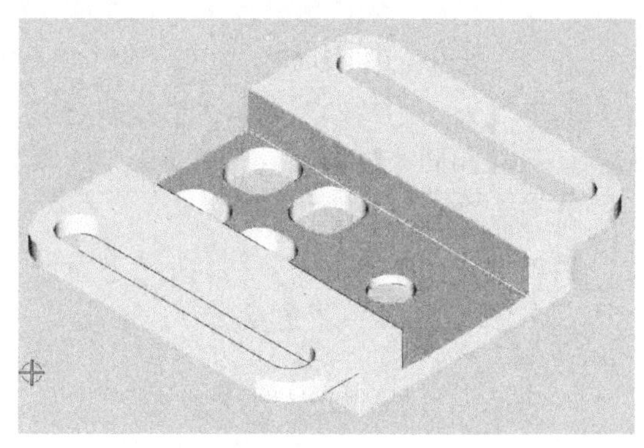

图 1.10.46　程序三：ϕ30 的平底刀面铣剩余的大区域

案例十一　高强度箱体模块数控零件加工

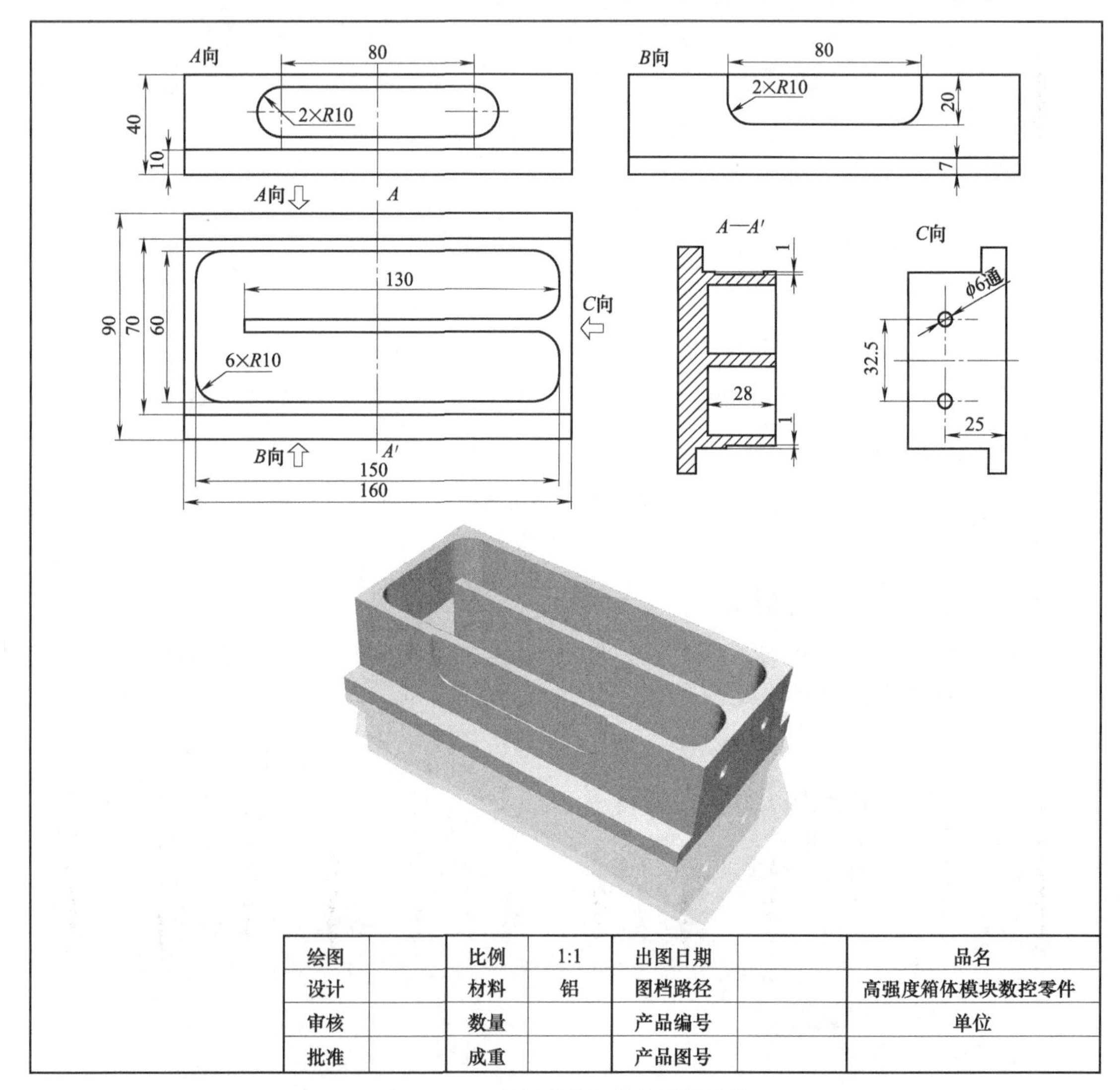

绘图		比例	1:1	出图日期		品名
设计		材料	铝	图档路径		高强度箱体模块数控零件
审核		数量		产品编号		单位
批准		成重		产品图号		

图 1.11.1　高强度箱体模块数控零件

一、工艺分析

1. 零件图工艺分析

该零件表面由 1 个复合型深槽和上下两侧的边缘构成。工件尺寸 160mm×90mm×40mm（如图 1.11.1 高强度箱体模块数控零件），无尺寸公差要求。尺寸标注完整，轮廓描述清楚。零件材料已经加工成型的标准铝块，无热处理和硬度要求。

2. 确定装夹方案、加工顺序及进给路线

（1）程序一的装夹方式：在工件底部放置 2 块垫块，保证工件高出钳口上沿 33mm 以上，用虎钳夹紧，左右两侧用粗铝棒顶紧，防止加工时零件的抖动，其装夹方式、加工区域和对刀点如图 1.11.2 所示。

（2）程序二的装夹方式：*A* 向面的加工，其装夹如图 1.11.3 所示，在工件底部放置 1 块垫块，两侧分别用图中所示的长垫板（或垫块）夹紧，工件露出待加工平面的位置，紧靠铝棒用台虎钳夹紧。加工的时候采用图中所示的坐标原点对刀。注意：左侧用铝棒顶紧固定，这样在翻转重新装夹的时候就不必重新对刀了。其装夹方式、加工区域和对刀点如图 1.11.3 所示。

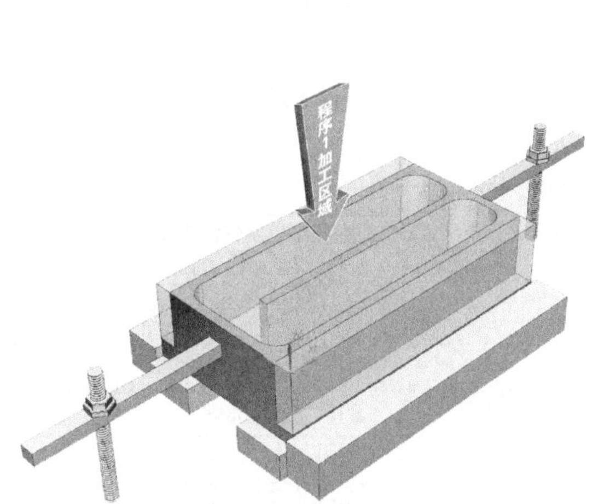

图 1.11.2　程序一的装夹方式、加工区域和对刀点示意图

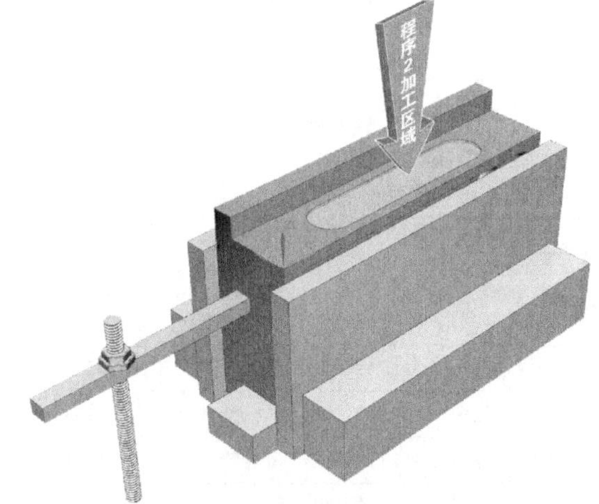

图 1.11.3　程序二的装夹方式、加工区域和对刀点示意图

（3）程序三的装夹方式：*B* 向面的加工，其装夹如图 1.11.4 所示，在工件底部放置 1 块垫块，两侧分别用图中所示的长垫板（或垫块）夹紧，工件露出待加工平面的位置，紧靠铝棒，用台虎钳夹紧。加工的原点如图中所示。注意：由于零件的对称，本次装夹就不必重新对刀了。其装夹方式、加工区域和对刀点如图 1.11.4 所示。

（4）程序四的装夹方式：*C* 向面孔的加工，采用 ϕ6mm 的钻头，其装夹如图 1.11.5 所示，在工件底部放置 2 块垫块，两侧分别用图中所示的长垫板（或垫块）夹紧，工件露出待加工平面的位置，紧靠铝棒，用台虎钳夹紧。其装夹方式、加工区域和对刀点如图 1.11.5 所示。

3. 刀具和加工区域选择

选用多把铣刀加工本例的区域，将所选定的刀具参数以及加工区域填入表 1.11.1 数控加工卡片中，以便于编程和操作管理。

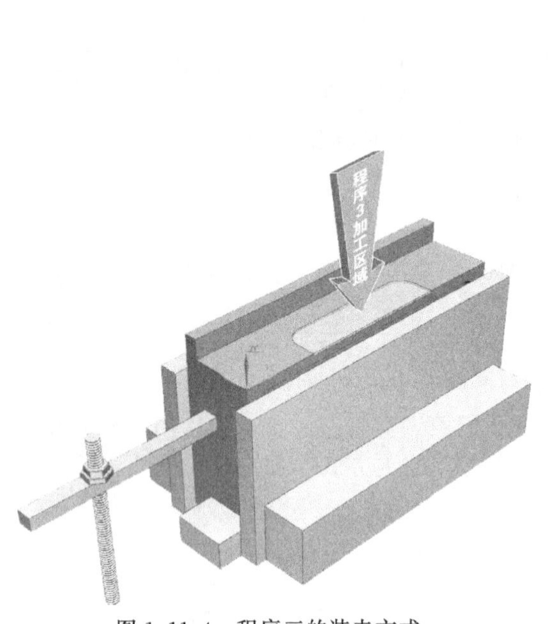

图 1.11.4 程序三的装夹方式、加工区域和对刀点示意图

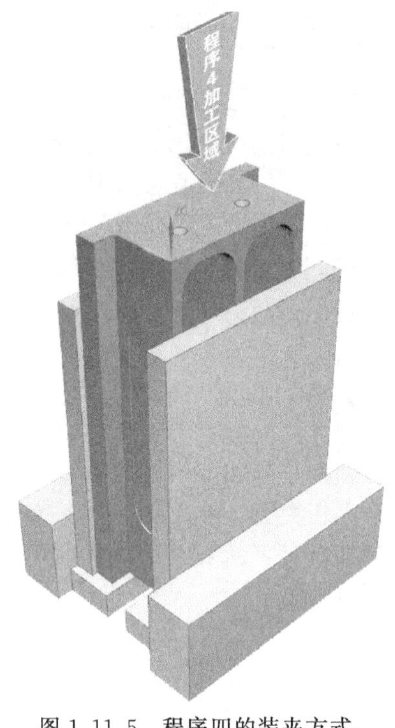

图 1.11.5 程序四的装夹方式、加工区域和对刀点示意图

表 1.11.1 数控加工卡片

产品名称或代号	数控零件加工综合实例		零件名称	高强度箱体模块数控零件	
序号	加工区域	刀具			
		名称	规格	刀号	
1	程序一：ϕ15 的平底刀型腔铣加工中间区域	D15	ϕ15 平底刀	1	
2	程序一：ϕ15 的平底刀型腔铣加工上下两侧区域	D15	ϕ15 平底刀	1	
3	程序二：ϕ15 的平底刀型腔铣加工 *A* 向面浅槽	D15	ϕ15 平底刀	1	
4	程序三：ϕ15 的平底刀型腔铣加工 *B* 向面开口浅槽	D15	ϕ15 平底刀	1	
5	程序四：ϕ5 的平底刀型腔铣加工 *C* 向面两个孔	D5	ϕ5 平底刀	2	
编制	×××	审核	×××	批准	××× 共1页

二、前期准备工作

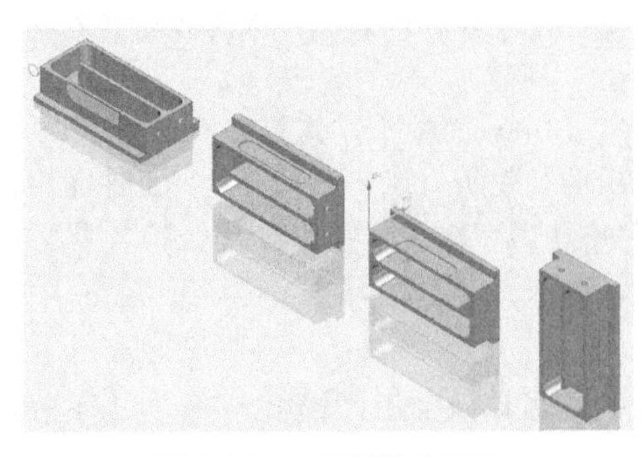

图 1.11.6 绘制辅助图形

1. 绘制辅助图形

进入【建模】模块式→绘制加工所需要辅助线和辅助实体，使之作为加工坐标系的原点和加工的毛坯（如图 1.11.6 绘制辅助图形）。

2. 进入加工模块

打开【启动】菜单→【加工】，进入加工模块→打开【加工环境】对话框→【CAM 会话配置】cam _ general→【要创建的 CAM 组装】mill _ contour→【确定】（如图 1.11.7 进入加工模块）。

3. 创建程序

【程序顺序视图】→【创建程序】→【名称】PROGRAM1→【确定】（如图 1.11.8 创建程序 1）。
【程序顺序视图】→【创建程序】→【名称】PROGRAM2→【确定】（如图 1.11.9 创建程序 2）。

图 1.11.7　进入加工模块

图 1.11.8　创建程序 1

【程序顺序视图】→【创建程序】→【名称】PROGRAM3→【确定】（如图 1.11.10 创建程序 3）。

图 1.11.9　创建程序 2

图 1.11.10　创建程序 3

【程序顺序视图】→【创建程序】→【名称】PROGRAM4→【确定】（如图 1.11.11 创建程序 4）。

4. 创建刀具

【机床视图】→【创建刀具】→选择【平底刀】→【名称】D15→在【刀具设置】对话框中→【(D) 直径】15→【刀具号】1→【确定】（如图 1.11.12 创建 1 号刀具）。

图 1.11.11 创建程序 4

图 1.11.12 创建 1 号刀具

→【创建刀具】→选择【平底刀】→【名称】D5→在【刀具设置】对话框中→【(D) 直径】5→【刀具号】2→【确定】(如图 1.11.13 创建 2 号刀具)。

选择刀具类型如图 1.11.14 所示。

图 1.11.13 创建 2 号刀具

5. 设置坐标系和创建毛坯

【几何视图】→通过【复制】【粘贴】【重命名】的方式，建立【MCSMILL1】【WORKPIECE1】【MCSMILL2】【WORKPIECE2】【MCSMILL3】【WORKPIECE3】和【MCSMILL4】【WORKPIECE4】(如图 1.11.15 设置第二个坐标系)。

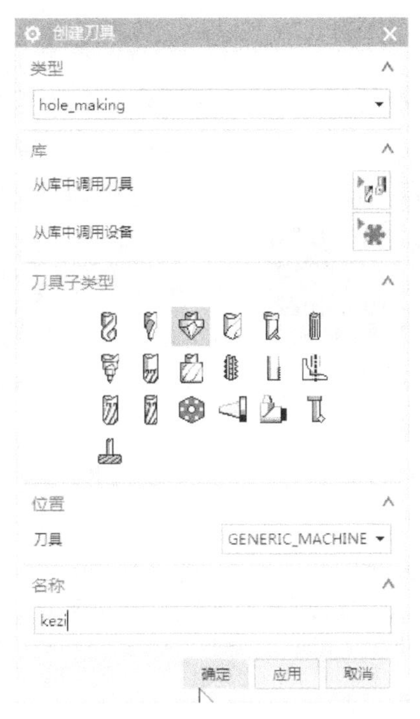

图 1.11.14　选择刀具类型

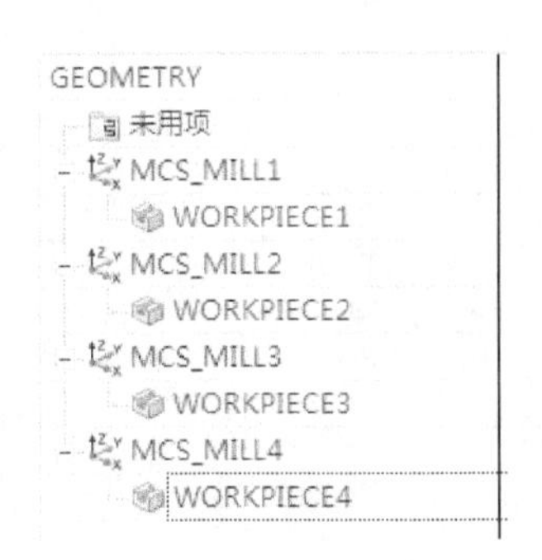

图 1.11.15　设置第二个坐标系

坐标系一：坐标系和创建毛坯

双击【MCS _ MILL-1】→点击绘制的辅助直线的交叉点，将加工坐标系移至毛坯左下角的上平面点即可（如图）→设定【安全距离】2→【确定】(如图 1.11.16 坐标系一：设置坐标系)。

→打开 MCS _ MILL-1 前的【+】号，双击【WORKPIECE-1】→在【工件】对话框中→点击【指定部件】按钮→点击工件→【确定】(如图 1.11.17 坐标系一：指定部件)。

→点击【指定毛坯】按钮→在弹出的【毛坯几何体】对话中→【类型】→选择【包容块】，设置最小化包容工件的毛坯→毛坯设置的效果如图→【确定】→【确定】(如图 1.11.18 坐标系一：创建毛坯)。

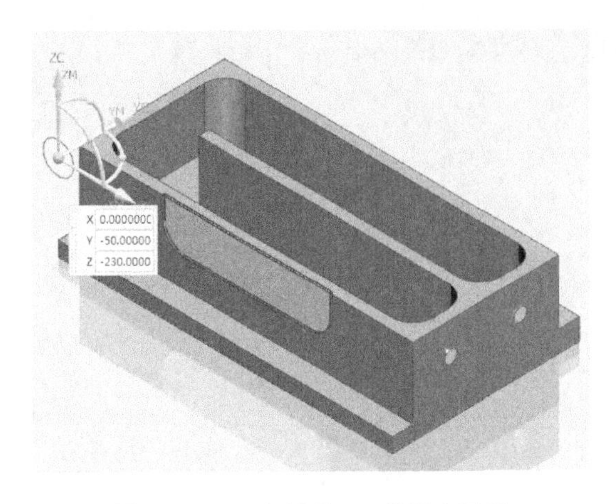

图 1.11.16　坐标系一：设置坐标系

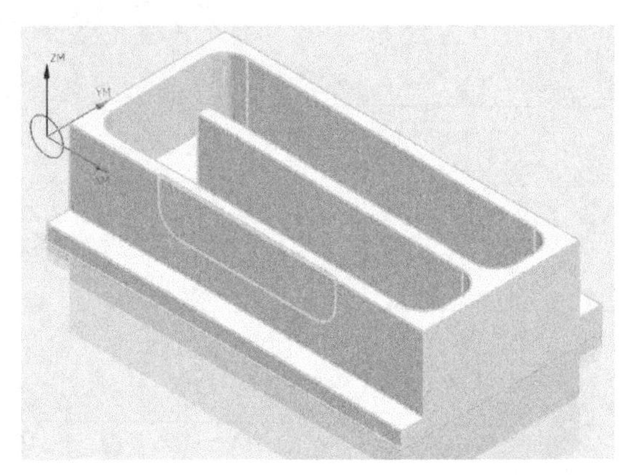

图 1.11.17　坐标系一：指定部件

坐标系二：坐标系和创建毛坯

双击【MCS _ MILL-2】→点击绘制的辅助直线的交叉点，将加工坐标系移至毛坯左下角的上平面点即可（如图）→设定【安全距离】2→【确定】（如图 1.11.19 坐标系二：设置坐标系）。

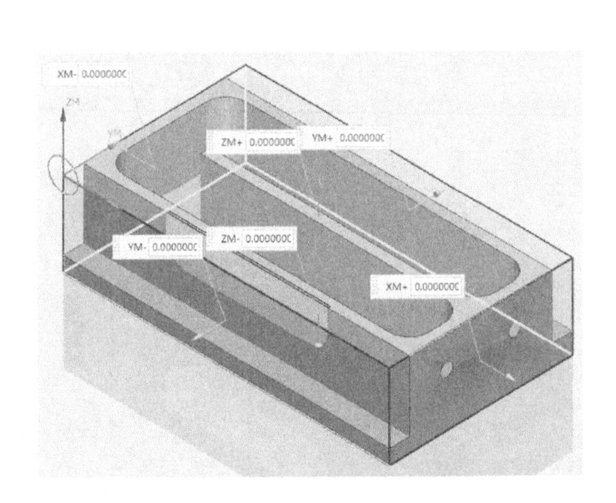

图 1.11.18　坐标系一：创建毛坯

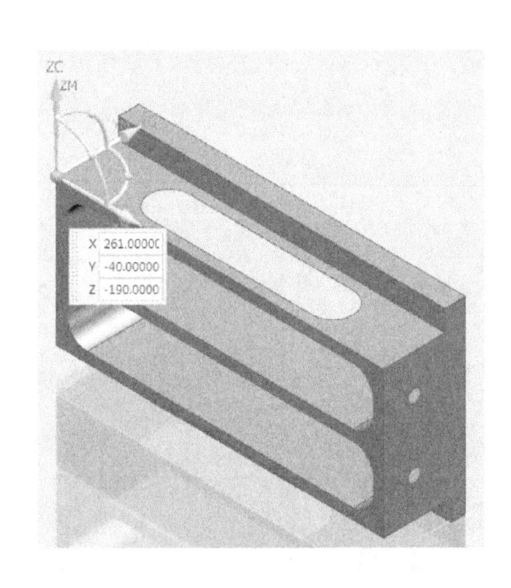

图 1.11.19　坐标系二：设置坐标系

→打开 MCS _ MILL-2 前的【+】号，双击【WORKPIECE-2】→在【工件】对话框中→【指定部件】按钮→点击工件→【确定】（如图 1.11.20 坐标系二：指定部件）。

→点击【指定毛坯】按钮→在弹出的【毛坯几何体】对话框中→【类型】→点击部件物和绘制的辅助实体→【确定】（如图 1.11.21 坐标系二：创建毛坯）。

坐标系三：坐标系和创建毛坯

双击【MCS_MILL-2】→点击毛坯左下角的上平面点即可（如图）→设定【安全距离】2→【确定】（如图 1.11.22 坐标系三：设置坐标系）。

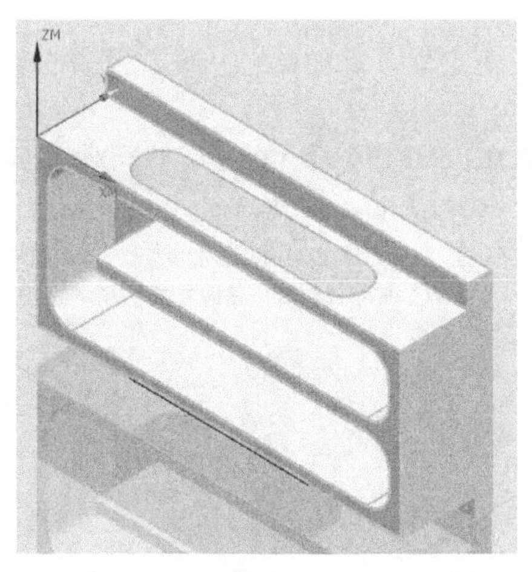

图 1.11.20　坐标系二：指定部件

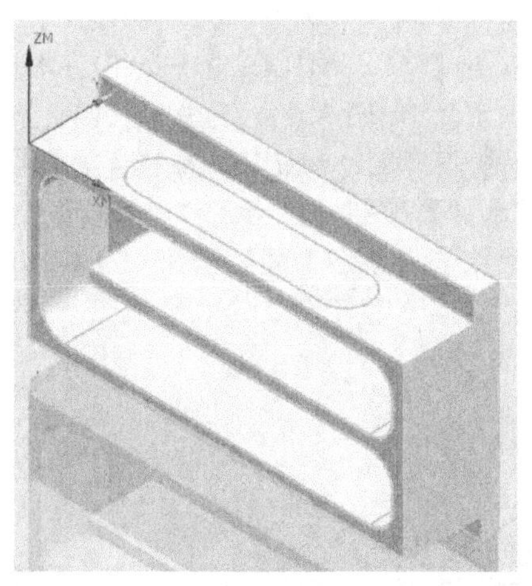

图 1.11.21　坐标系二：创建毛坯

→打开 MCS_MILL-2 前的【+】号，双击【WORKPIECE-2】→在【工件】对话框中→【指定部件】按钮→点击工件→【确定】(如图 1.11.23 坐标系三：指定部件)。

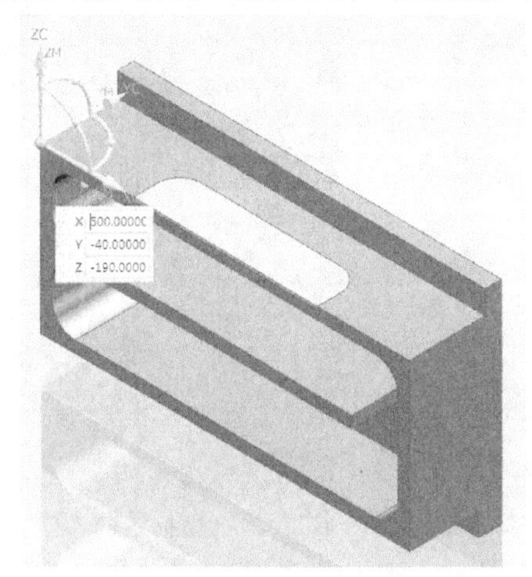

图 1.11.22　坐标系三：设置坐标系

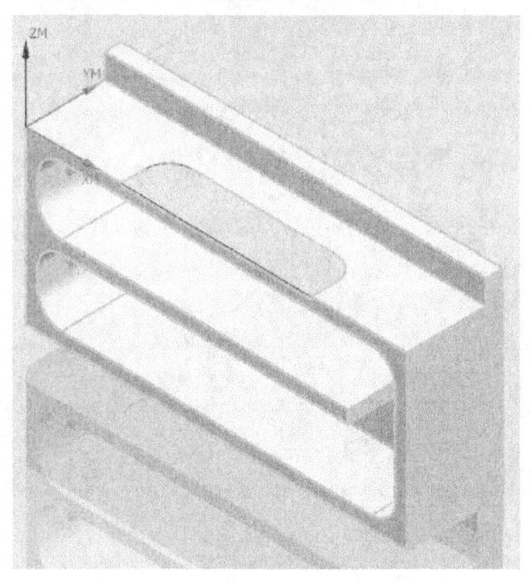

图 1.11.23　坐标系三：指定部件

→点击【指定毛坯】按钮→在弹出的【毛坯几何体】对话中→【类型】→选择工件和绘制的辅助实体→毛坯设置的效果如图→【确定】(如图 1.11.24 坐标系三：创建毛坯)。

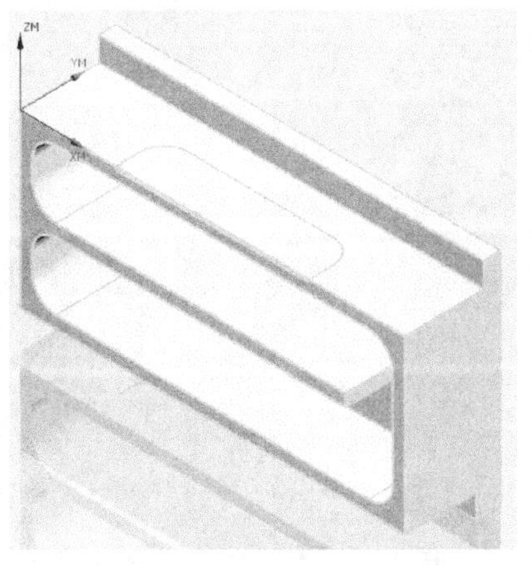

图 1.11.24　坐标系三：创建毛坯

坐标系四：坐标系和创建毛坯

双击【MCS_MILL-2】→点击毛坯左下角的上平面点即可（如图）→设定【安全距离】2→【确定】（如图 1.11.25 坐标系四：设置坐标系）。

→打开 MCS_MILL-2 前的【+】号，双击【WORKPIECE-2】→在【工件】对话框中→【指定部件】按钮→点击工件→【确定】（如图 1.11.26 坐标系四：指定部件）。

→点击【指定毛坯】按钮→在弹出的【毛坯几何体】对话中→【类型】→选择工件和绘制的辅助实体→毛坯设置的效果如图→【确定】（如图 1.11.27 坐标系四：创建毛坯）。

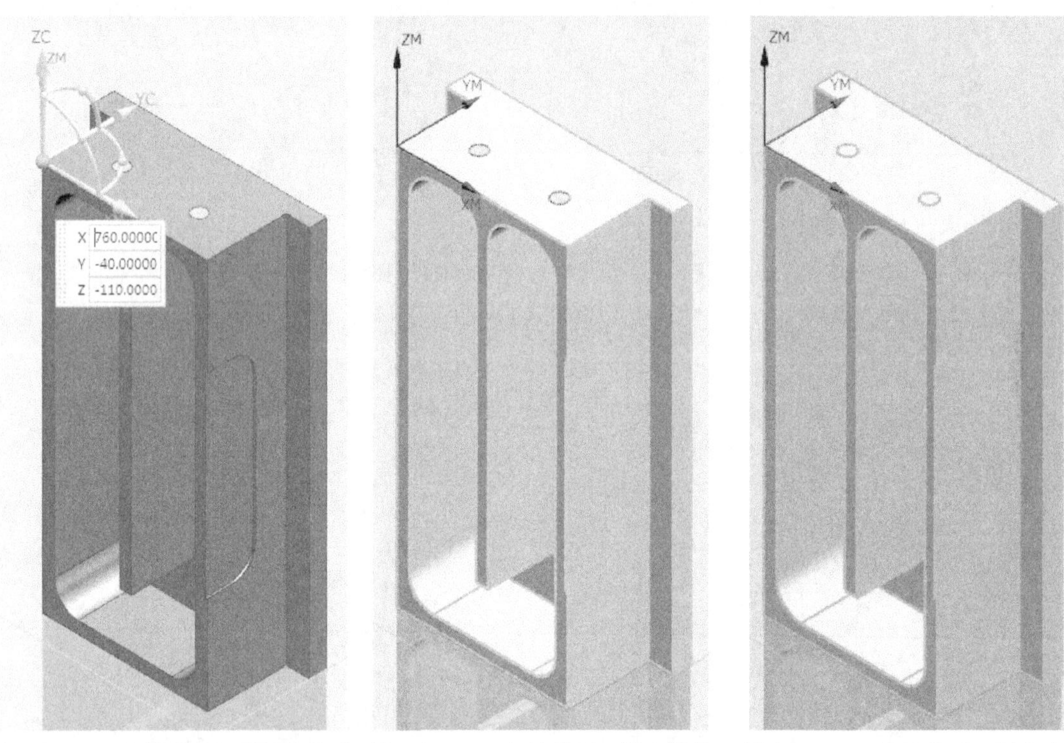

图 1.11.25　坐标系四：设置坐标系　图 1.11.26　坐标系四：指定部件　图 1.11.27　坐标系四：创建毛坯

6. 隐藏辅助实体

选择坐标系二、坐标系三和坐标系四的辅助实体→右击→【隐藏】（如图 1.11.28 隐藏辅助实体）。

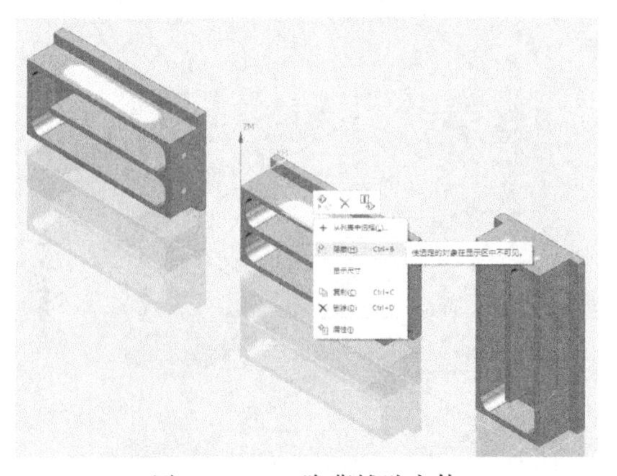

图 1.11.28　隐藏辅助实体

三、程序一：ϕ15 的平底刀型腔铣加工中间区域

1. 选择精加工方法

【程序顺序视图】→【创建工序】→弹出【创建工序】对话框→【类型】mill_contour→【工序子类型】型腔铣→【程序】PROGRAM1→【刀具】D15→【几何体】WORKPIECE1→【方法】MILL_FINISH，进行精加工（一次加工到位）→【名称】1-1→【确定】（如图 1.11.29 选择精加工方法）。

2. 选择加工区域

在弹出的【型腔铣】对话框中→【指定切削区域】→选择要加工的曲面→【确定】（如图 1.11.30 选择加工区域）。

3. 设置加工参数

【刀轨设置】栏目中→【切削模式】跟随部件→【平面直径百分比】80→【最大距离】3（如图 1.11.31 设置加工参数）。

图 1.11.29　选择精加工方法

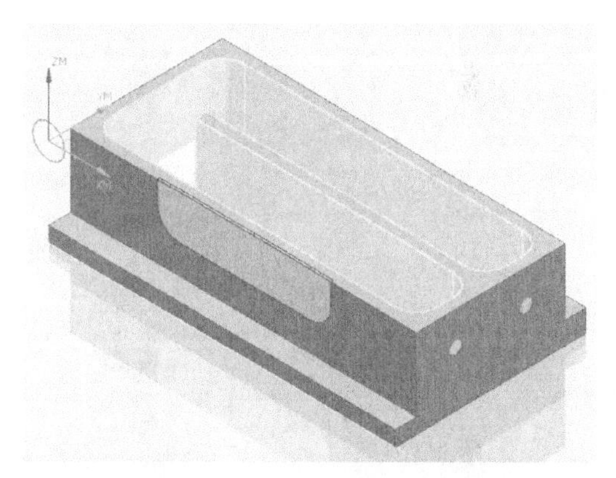

图 1.11.30　选择加工区域

图 1.11.31　设置加工参数

4. 设置切削参数

打开【切削参数】→【策略】【切削】【切削顺序】深度优先→【余量】【部件侧面余量】0→【确定】（如图 1.11.32 深度优先、图 1.11.33 余量）。

5. 设置非切削移动

打开【非切削移动】→【进刀】→【封闭区域】【进刀类型】插削→【开放区域】【进刀类型】

与封闭区域相同→【确定】(如图 1.11.34 设置非切削移动)。

图 1.11.32 深度优先

图 1.11.33 余量

6. 设置进给率和速度

打开【进给率和速度】→勾选【主轴速度 (rpm)】3500→【进给率】【切削】180→【确定】(如图 1.11.35 设置进给率和速度)。

图 1.11.34 设置非切削移动

图 1.11.35 设置进给率和速度

7. 生成刀具路径

【操作】栏目中→点击【生成刀具路径】，生成该步操作的刀具路径(如图 1.11.36 生成刀具路径)。

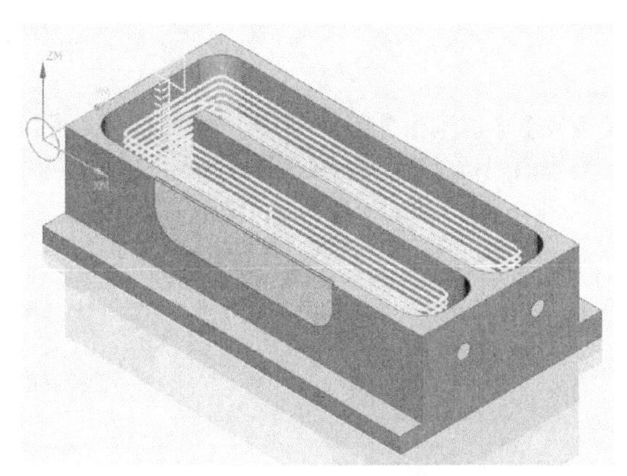

图 1.11.36　生成刀具路径

四、程序一：ϕ15 的平底刀型腔铣加工上下两侧区域

1. 选择精加工方法

【程序顺序视图】→【创建工序】→弹出【创建工序】对话框→【类型】mill_contour→【工序子类型】型腔铣→【程序】PROGRAM1→【刀具】D15→【几何体】WORKPIECE1→【方法】MILL_FINISH，进行精加工→【名称】1-2→【确定】（如图 1.11.37 选择精加工方法）。

2. 选择加工区域

在弹出的【型腔铣】对话框中→【指定切削区域】→选择要加工的曲面→【确定】（如图 1.11.38 选择加工区域）。

图 1.11.37　选择精加工方法

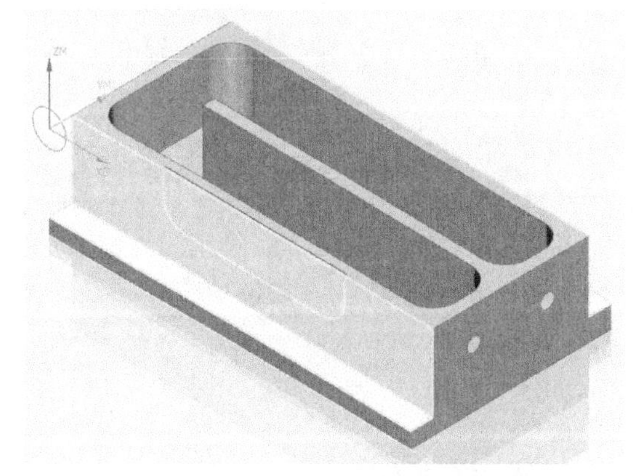

图 1.11.38　选择加工区域

3. 设置加工参数

【刀轨设置】栏目中→【切削模式】跟随部件→【平面直径百分比】80→【最大距离】3

（如图 1.11.39 设置加工参数）。

4. 设置切削参数

打开【切削参数】→【策略】【切削】【切削顺序】深度优先→【余量】【部件侧面余量】0→【确定】（如图 1.11.40 深度优先、图 1.11.41 余量）。

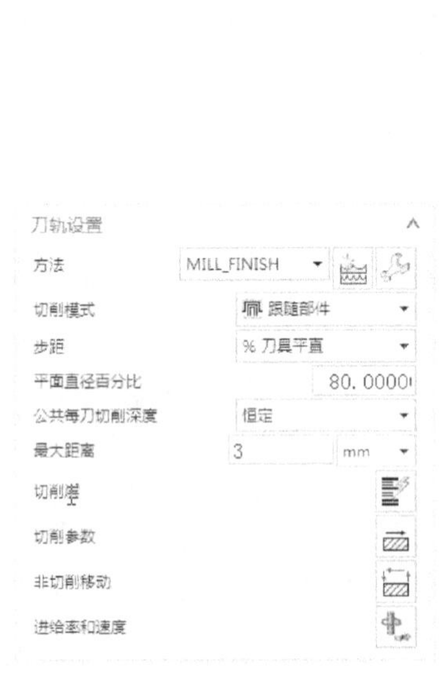

图 1.11.39　设置加工参数

图 1.11.40　深度优先

图 1.11.41　余量

5. 设置非切削移动

打开【非切削移动】→【进刀】→【封闭区域】【进刀类型】插削→【开放区域】【进刀类型】与封闭区域相同→【确定】（如图 1.11.42 设置非切削移动）。

6. 设置进给率和速度

打开【进给率和速度】→勾选【主轴速度（rpm）】3500→【进给率】【切削】180→【确定】（如图 1.11.43 设置进给率和速度）。

图 1.11.42　设置非切削移动

图 1.11.43　设置进给率和速度

7. 生成刀具路径

【操作】栏目中→点击【生成刀具路径】，生成该步操作的刀具路径（如图 1.11.44 生成刀具路径）。

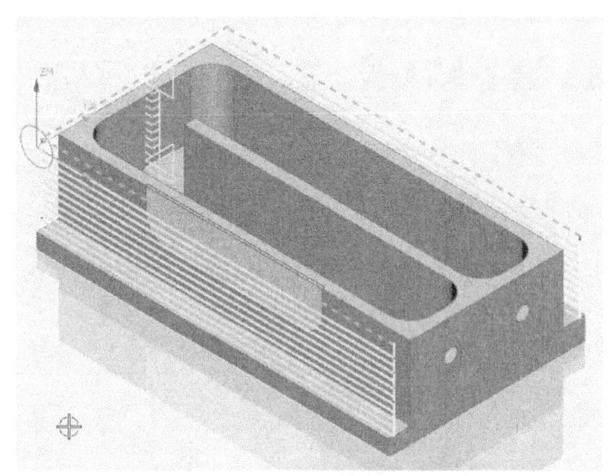

图 1.11.44　生成刀具路径

五、程序二：ϕ15 的平底刀型腔铣加工 A 向面浅槽

1. 选择精加工方法

【程序顺序视图】→【创建工序】→弹出【创建工序】对话框→【类型】mill_contour→【工序子类型】型腔铣→【程序】PROGRAM2→【刀具】D15→【几何体】WORKPIECE2→【方法】MILL_FINISH，进行精加工→【名称】2→【确定】（如图 1.11.45 选择精加工方法）。

2. 选择加工区域

在弹出的【型腔铣】对话框中→【指定切削区域】→选择要加工的曲面→【确定】（如图 1.11.46 选择加工区域）。

图 1.11.45　选择精加工方法

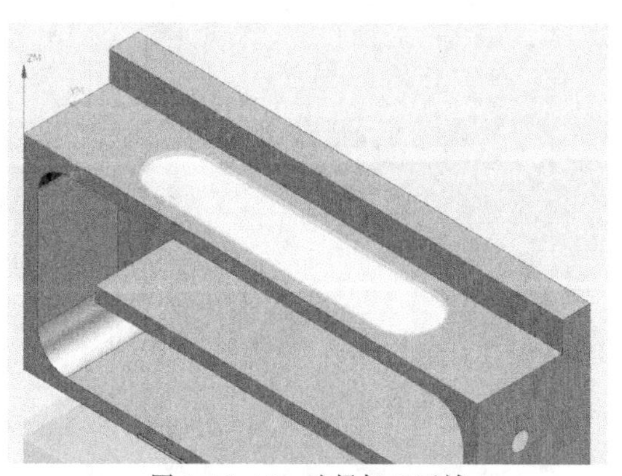

图 1.11.46　选择加工区域

3. 设置加工参数

【刀轨设置】栏目中→【切削模式】跟随部件→【平面直径百分比】50→【最大距离】1（如图 1.11.47 设置加工参数）。

4. 设置切削参数

打开【切削参数】→【余量】【部件侧面余量】0→【确定】（如图 1.11.48 余量）。

图 1.11.47　设置加工参数

图 1.11.48　余量

5. 设置非切削移动

打开【非切削移动】→【进刀】→【封闭区域】【进刀类型】插削→【开放区域】【进刀类型】与封闭区域相同→【确定】（如图 1.11.49 设置非切削移动）。

6. 设置进给率和速度

打开【进给率和速度】→勾选【主轴速度（rpm）】3500→【进给率】【切削】200→【确定】（如图 1.11.50 设置进给率和速度）。

图 1.11.49　设置非切削移动

图 1.11.50　设置进给率和速度

7. 生成刀具路径

【操作】栏目中→点击【生成刀具路径】，生成该步操作的刀具路径（如图 1.11.51 生成刀具路径）。

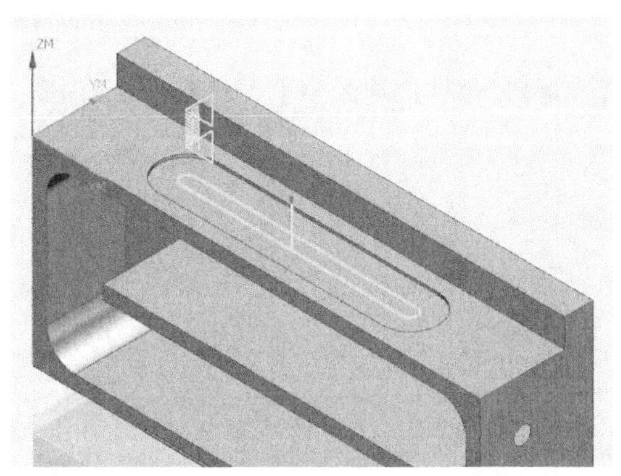

图 1.11.51　生成刀具路径

六、程序三：ϕ15 的平底刀型腔铣加工 *B* 向面开口浅槽

1. 选择精加工方法

【程序顺序视图】→【创建工序】→弹出【创建工序】对话框→【类型】mill_contour→【工序子类型】型腔铣→【程序】PROGRAM3→【刀具】D15→【几何体】WORKPIECE3→【方法】MILL_FINISH，进行精加工→【名称】3→【确定】（如图 1.11.52 选择精加工方法）。

2. 选择加工区域

在弹出的【型腔铣】对话框中→【指定切削区域】→选择要加工的曲面→【确定】（如图 1.11.53 选择加工区域）。

图 1.11.52　选择精加工方法

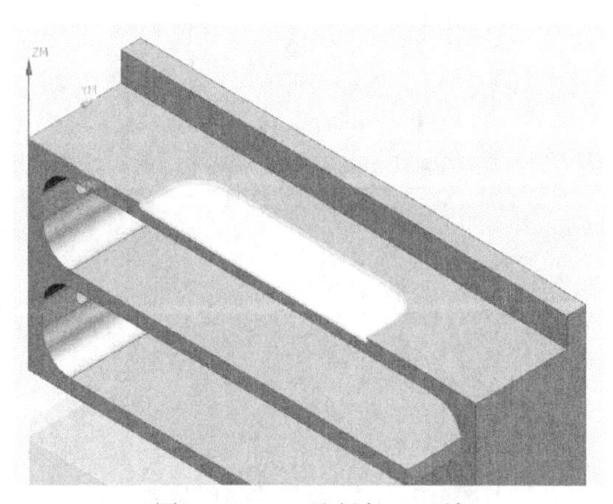

图 1.11.53　选择加工区域

3. 设置加工参数

【刀轨设置】栏目中→【切削模式】跟随部件→【平面直径百分比】50→【最大距离】1（如图 1.11.54 设置加工参数）。

4. 设置切削参数

打开【切削参数】→【余量】【部件侧面余量】0→【确定】（如图 1.11.55 余量）。

图 1.11.54　设置加工参数

图 1.11.55　余量

5. 设置非切削移动

打开【非切削移动】→【进刀】→【封闭区域】【进刀类型】插削→【开放区域】【进刀类型】与封闭区域相同→【确定】（如图 1.11.56 设置非切削移动）。

6. 设置进给率和速度

打开【进给率和速度】→勾选【主轴速度（rpm)】3500→【进给率】【切削】180→【确定】（如图 1.11.57 设置进给率和速度）。

图 1.11.56　设置非切削移动

图 1.11.57　设置进给率和速度

7. 生成刀具路径

【操作】栏目中→点击【生成刀具路径】，生成该步操作的刀具路径（如图1.11.58生成刀具路径）。

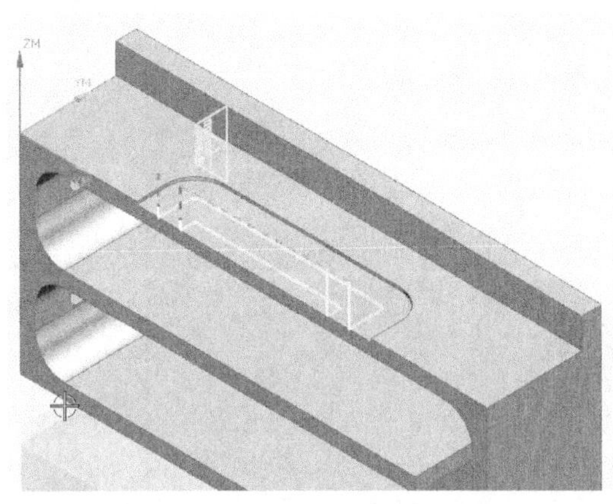

图1.11.58　生成刀具路径

七、程序四：ϕ5的平底刀型腔铣加工C向面两个孔

1. 选择精加工方法

【程序顺序视图】→【创建工序】→弹出【创建工序】对话框→【类型】mill_contour→【工序子类型】型腔铣→【程序】PROGRAM4→【刀具】D5→【几何体】WORKPIECE4→【方法】MILL_FINISH，进行精加工→【名称】4→【确定】（如图1.11.59选择精加工方法）。

2. 选择加工区域

在弹出的【型腔铣】对话框中→【指定切削区域】→选择要加工的曲面→【确定】（如图1.11.60选择加工区域）。

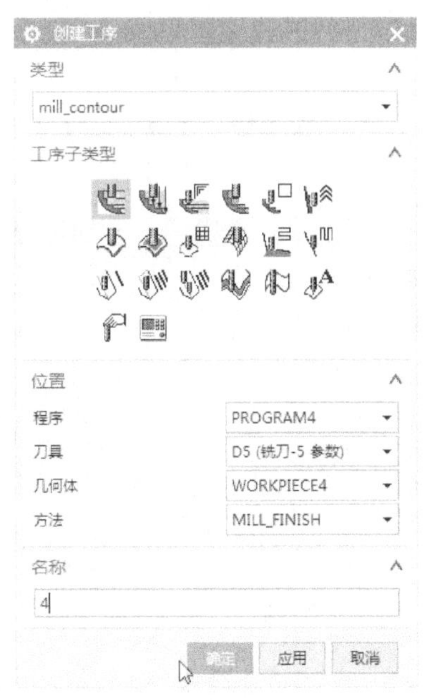

图1.11.59　选择精加工方法

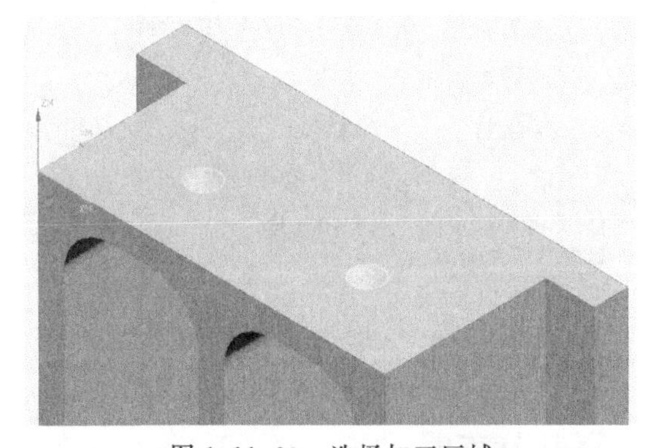

图1.11.60　选择加工区域

3. 设置加工参数

【刀轨设置】栏目中→【切削模式】跟随部件→【平面直径百分比】50→【最大距离】0.5（如图1.11.61设置加工参数）。

4. 设置切削参数

打开【切削参数】→【策略】【切削】【切削顺序】深度优先→【余量】【部件侧面余量】0→【确定】（如图1.11.62深度优先、图1.11.63余量）。

图 1.11.61　设置加工参数

图 1.11.62　深度优先

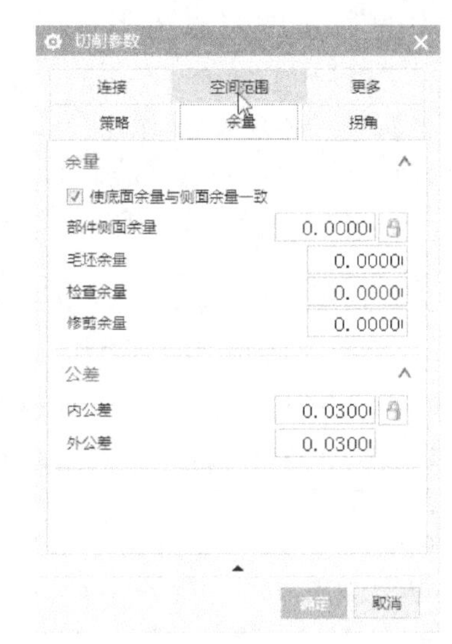

图 1.11.63　余量

5. 设置非切削移动

打开【非切削移动】→【进刀】→【封闭区域】【进刀类型】插削→【开放区域】【进刀类型】与封闭区域相同→【确定】(如图 1.11.64 设置非切削移动)。

6. 设置进给率和速度

打开【进给率和速度】→勾选【主轴速度 (rpm)】4500→【进给率】【切削】120→【确定】(如图 1.11.65 设置进给率和速度)。

图 1.11.64　设置非切削移动

图 1.11.65　设置进给率和速度

7. 生成刀具路径

【操作】栏目中→点击【生成刀具路径】，生成该步操作的刀具路径（如图1.11.66生成刀具路径）。

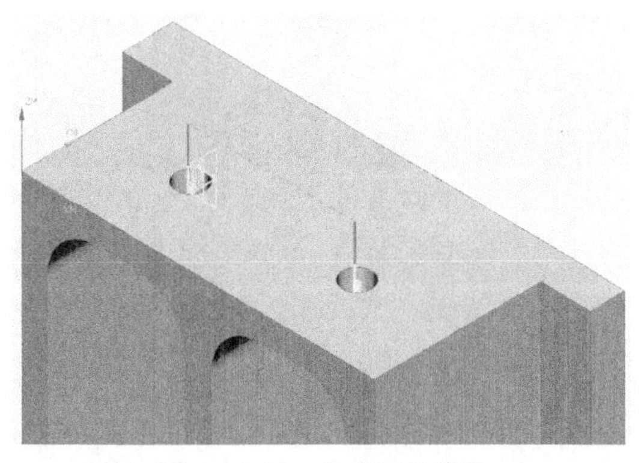

图1.11.66　生成刀具路径

八、最终验证模拟

在左侧目录列表中选择操作→点击【确认刀轨】按钮→在弹出的【刀轨可视化】对话框中→选择【2D动态】→调整【动画速度】→点击【播放】（如图1.11.67～图1.11.71）。

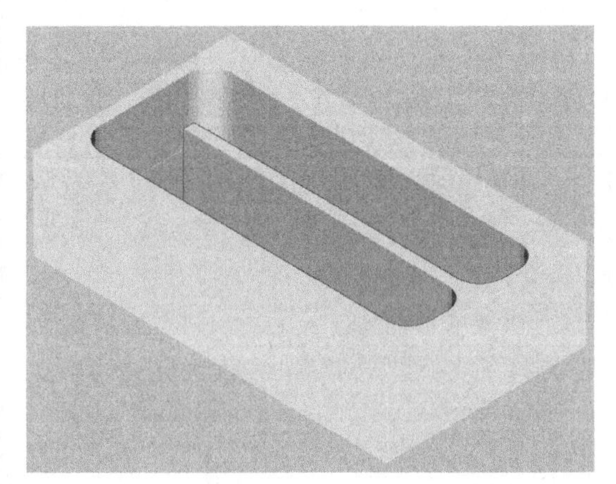

图1.11.67　程序一：ϕ15的平底刀型腔铣加工上下两侧区域

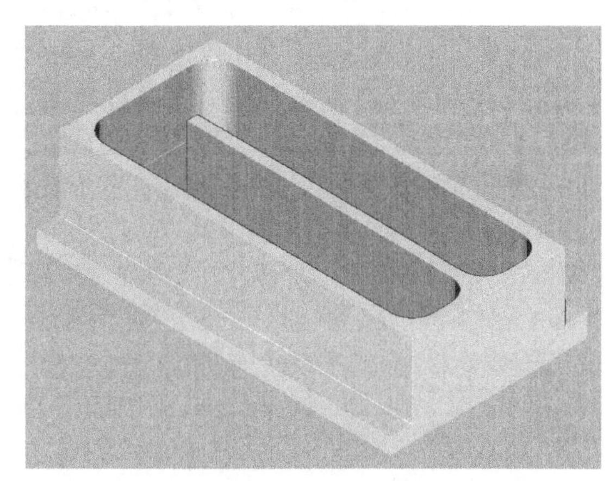

图1.11.68　程序一：ϕ15的平底刀型腔铣加工上下两侧区域

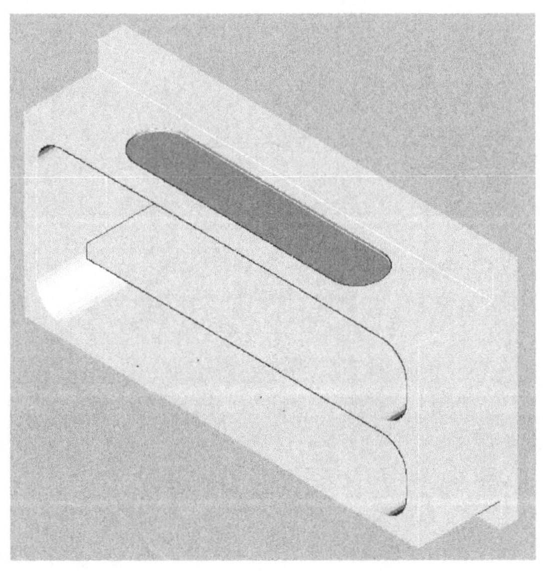

图1.11.69　程序二：ϕ15的平底刀型腔铣加工*A*向面浅槽

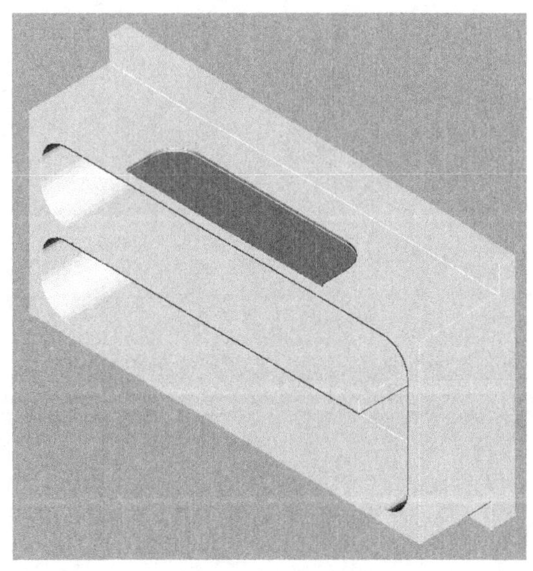

图1.11.70　程序三：ϕ15的平底刀型腔铣加工*B*向面开口浅槽

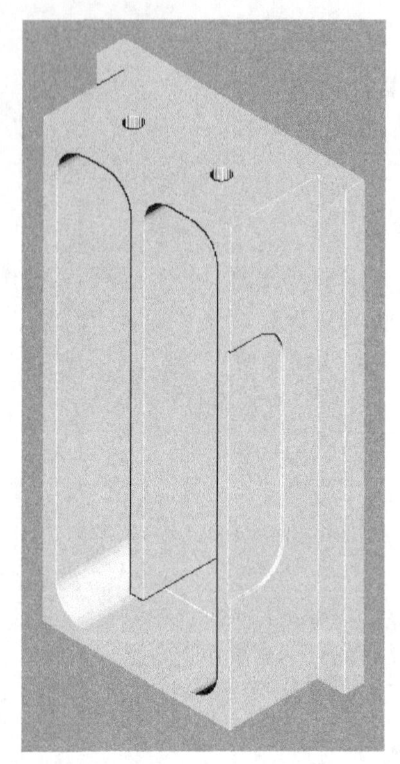

图 1.11.71　程序四：$\phi5$的平底刀型腔铣加工C向面两个孔

第二部分

模具零件加工

案例一　台灯灯罩模具零件加工

一、工艺分析

1. 零件图工艺分析

该零件中间为台灯灯罩的凸模（如图 2.1.1 台灯灯罩模具零件），工件无尺寸公差要求。尺寸标注完整，轮廓描述清楚。零件材料为已经加工成型的标准铝块，无热处理和硬度要求。

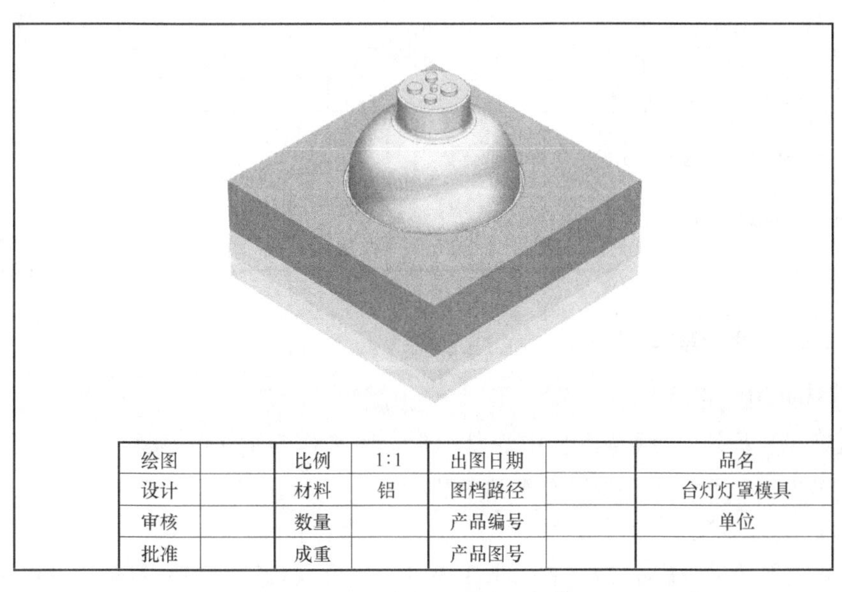

绘图		比例	1:1	出图日期		品名
设计		材料	铝	图档路径		台灯灯罩模具
审核		数量		产品编号		单位
批准		成重		产品图号		

图 2.1.1　台灯灯罩模具零件

2. 确定装夹方案、加工顺序及进给路线

工件采用通用的虎钳装夹方案，底部放置垫块，保证工件摆正，对刀点采用左下角的上表面点对刀，其装夹方式、加工区域和对刀点如图 2.1.2 所示。

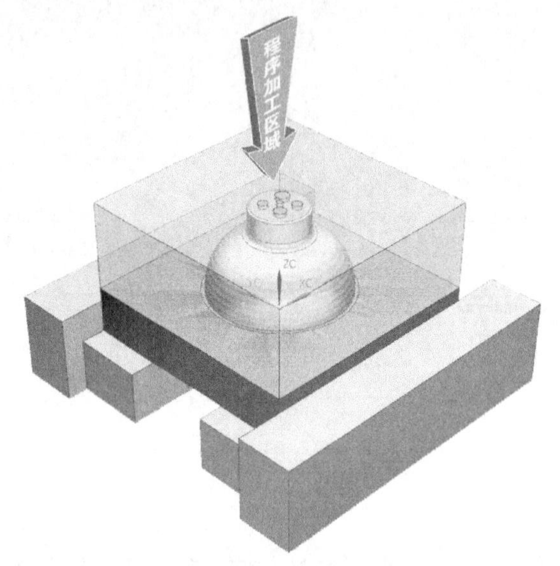

图 2.1.2　装夹方式、加工区域和对刀点

3. 刀具和加工区域选择

选用多把铣刀加工本例的区域，将所选定的刀具参数以及加工区域填入表 2.1.1 数控加工卡片中，以便于编程和操作管理。

表 2.1.1　数控加工卡片

<table>
<tr><td colspan="2">产品名称或代号</td><td>模具零件加工综合实例</td><td>零件名称</td><td colspan="2">台灯灯罩模具零件</td></tr>
<tr><td rowspan="2">序号</td><td rowspan="2" colspan="2">加工区域</td><td colspan="3">刀具</td></tr>
<tr><td>名称</td><td>规格</td><td>刀号</td></tr>
<tr><td>1</td><td colspan="2">ϕ12 的平底刀型腔铣粗加工</td><td>D12</td><td>ϕ12 平底刀</td><td>1</td></tr>
<tr><td>2</td><td colspan="2">ϕ12 的平底刀型腔铣底面精加工</td><td>D12</td><td>ϕ12 平底刀</td><td>1</td></tr>
<tr><td>3</td><td colspan="2">ϕ1 的平底刀型腔铣顶部精加工</td><td>D1</td><td>ϕ1 平底刀</td><td>2</td></tr>
<tr><td>4</td><td colspan="2">ϕ8 的球刀深度铣侧面陡峭区域</td><td>D8R4</td><td>ϕ8 球刀</td><td>3</td></tr>
<tr><td>5</td><td colspan="2">ϕ8 的球刀固定轴轮廓铣再次加工侧面陡峭区域</td><td>D8R4</td><td>ϕ8 球刀</td><td>3</td></tr>
<tr><td>6</td><td colspan="2">ϕ1 的球刀型腔铣精加工底部小槽区域</td><td>D1R0.5</td><td>ϕ1 球刀</td><td>5</td></tr>
<tr><td colspan="6">编制　×××　审核　×××　批准　×××　共 1 页</td></tr>
</table>

二、前期准备工作

1. 绘制辅助图形

进入【建模】模块式→【草图】中绘制图形，使之作为加工坐标系的原点（如图 2.1.3 草图中绘制辅助图形和图 2.1.4 完成后的效果）。

2. 进入加工模块

打开【启动】菜单→【加工】→进入加工模块→打开【加工环境】对话框→【CAM 会话配置】cam_general→【要创建的 CAM 组装】mill_contour→【确定】（如图 2.1.5 进入加工模块）。

图 2.1.3　草图中绘制辅助图形

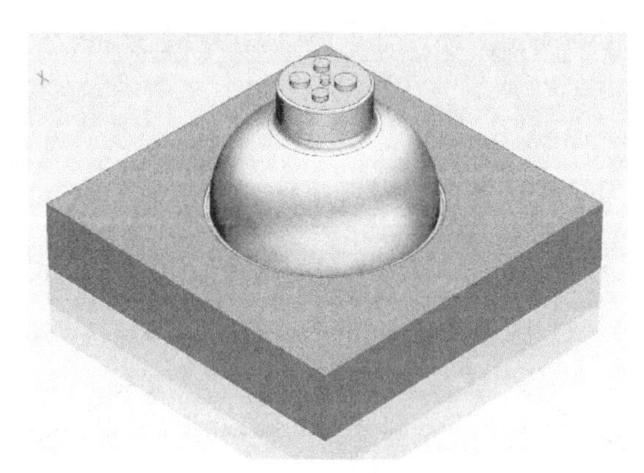

图 2.1.4　完成后的效果

图 2.1.5　进入加工模块

3. 创建刀具

【机床视图】→【创建刀具】→选择【平底刀】→【名称】D12→在【刀具设置】对话框中→【(D) 直径】12→【刀具号】1→【确定】(如图 2.1.6 创建 1 号刀具)。

→【创建刀具】→选择【平底刀】→【名称】D1→在【刀具设置】对话框中→【(D) 直径】1→【刀具号】2→【确定】(如图 2.1.7 创建 2 号刀具)。

图 2.1.6　创建 1 号刀具

尺寸
(D) 直径　1. 0000
(R1) 下半径　0. 0000
(B) 锥角　0. 0000
(A) 尖角　0. 0000
(L) 长度　75. 0000
(FL) 刀刃长度　50. 0000
刀刃　2
描述
材料：HSS
编号
刀具号　2

图 2.1.7　创建 2 号刀具

→【创建刀具】→选择【平底刀】→【名称】D8R4→在【刀具设置】对话框中→【(D)直径】8→【(R1)下半径】4→【刀具号】3→【确定】(如图2.1.8创建3号刀具)。

→【创建刀具】→选择【平底刀】→【名称】D3R1.5→在【刀具设置】对话框中→【(D)直径】3→【(R1)下半径】1.5→【刀具号】4→【确定】(如图2.1.9创建4号刀具)(此题中并未使用该刀具)。

→【创建刀具】→选择【平底刀】→【名称】D1R0.5→在【刀具设置】对话框中→【(D)直径】1→【(R1)下半径】0.5→【刀具号】5→【确定】(如图2.1.10创建5号刀具)。

图2.1.8 创建3号刀具

图2.1.9 创建4号刀具

图2.1.10 创建5号刀具

4. 设置坐标系和创建毛坯

【几何视图】→双击【MCS_MILL】→点击绘制的辅助的直线的交叉点，将加工坐标系移至毛坯左下角的上平面点即可(如图)→设定【安全距离】2→【确定】(如图2.1.11设置坐标系)。

→打开MCS_MILL前的【+】号，双击【WORKPIECE】→在【工件】对话框中→点击【指定部件】按钮→点击工件→【确定】(如图2.1.12指定部件)。

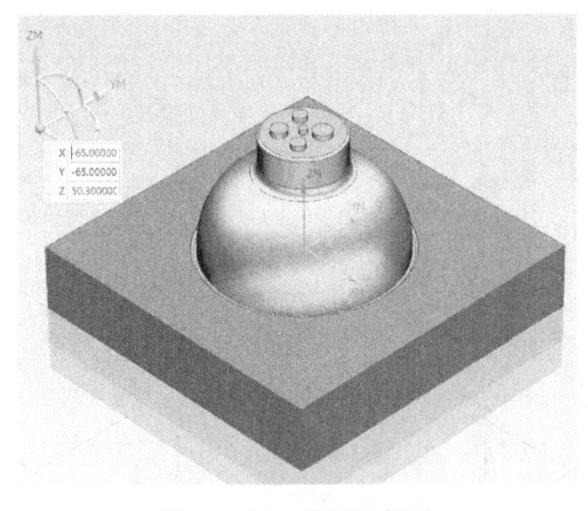

图2.1.11 设置坐标系

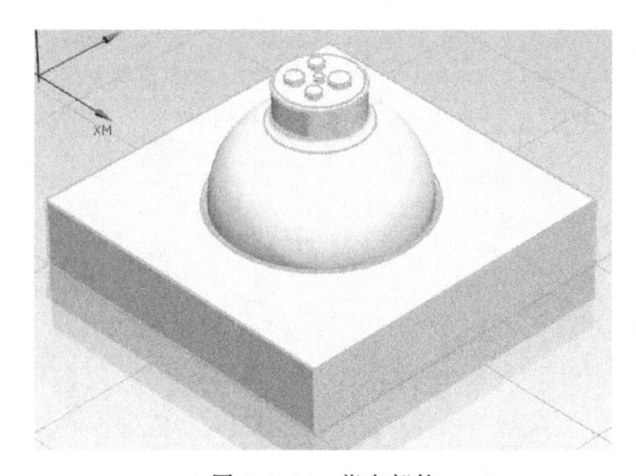

图2.1.12 指定部件

→点击【指定毛坯】按钮→在弹出的【毛坯几何体】对话中→【类型】→选择【包容块】，设置最小化包容工件的毛坯→毛坯设置的效果如图→【确定】→【确定】(如图2.1.13创建毛坯)。

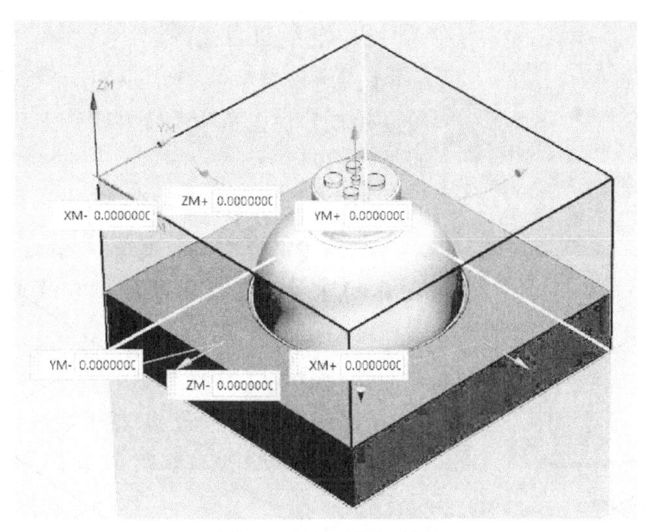

图 2.1.13　创建毛坯

三、ϕ12 的平底刀型腔铣粗加工

1. 选择粗加工方法

【程序顺序视图】→【创建工序】→弹出【创建工序】对话框→【类型】mill_contour→【工序子类型】型腔铣→【程序】PROGRAM→【刀具】D12→【几何体】WORKPIECE→【方法】MILL_ROUGH，进行粗加工→【名称】cu→【确定】(如图 2.1.14 选择粗加工方法)。

2. 选择加工区域

在弹出的【型腔铣】对话框中→【指定切削区域】→选择要加工的曲面→【确定】(如图 2.1.15 选择加工区域)。

图 2.1.14　选择粗加工方法

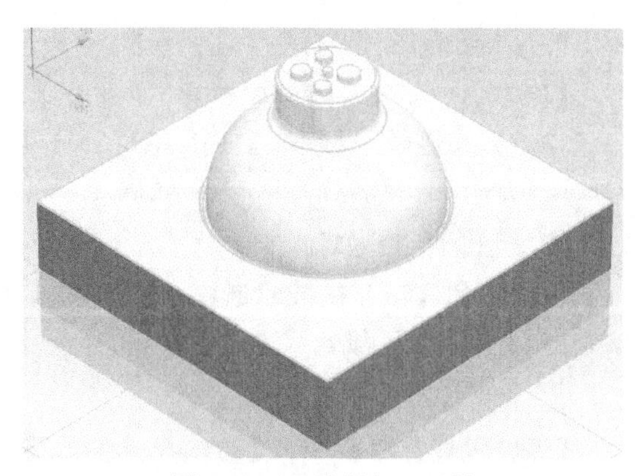

图 2.1.15　选择加工区域

图 2.1.16 设置加工参数

3. 设置加工参数

【刀轨设置】栏目中→【切削模式】跟随周边→【平面直径百分比】85→【最大距离】2（如图 2.1.16 设置加工参数）。

4. 设置进给率和速度

打开【进给率和速度】→勾选【主轴速度（rpm）】2500→【进给率】【切削】400→【确定】（如图 2.1.17 设置进给率和速度）。

5. 生成刀具路径

【操作】栏目中→点击【生成刀具路径】，生成该步操作的刀具路径（如图 2.1.18 生成刀具路径）。

图 2.1.17 设置进给率和速度

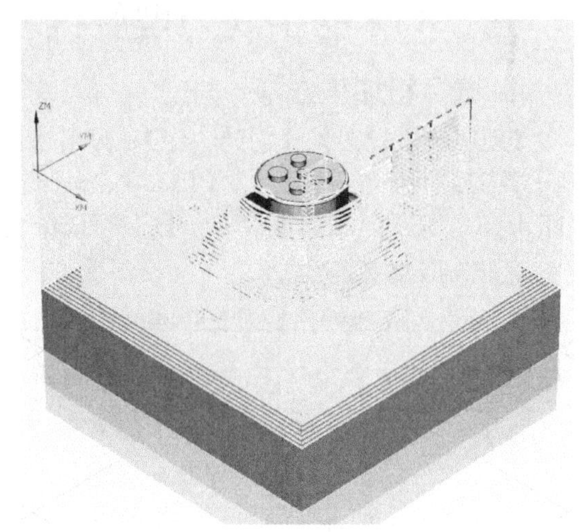

图 2.1.18 生成刀具路径

四、ϕ12 的平底刀型腔铣底面精加工

1. 选择精加工方法

【程序顺序视图】→【创建工序】→弹出【创建工序】对话框→【类型】mill_contour→【工序子类型】型腔铣→【程序】PROGRAM→【刀具】D2→【几何体】WORKPIECE→【方法】MILL_FINISH→【名称】jing-di→【确定】（如图 2.1.19 选择精加工方法）。

2. 选择加工区域

在弹出的【型腔铣】对话框中→【指定切削区域】→选择要加工的曲面→【确定】（如图 2.1.20 选择加工区域）。

3. 设置加工参数

【刀轨设置】栏目中→【切削模式】跟随部件→【平面直径百分比】50→【最大距离】6（如图 2.1.21 设置加工参数）。

图 2.1.19　选择精加工方法

图 2.1.20　选择加工区域

4. 设置切削层

【刀轨设置】栏目中→【切削层】→【范围定义】【范围深度】3.6001→【确定】（如图 2.1.22 设置切削层）。

图 2.1.21　设置加工参数

图 2.1.22　设置切削层

5. 设置切削参数

打开【切削参数】→【策略】【切削顺序】深度优先→【余量】所有均设为 0→【空间范围】【毛坯】【处理中的工件】使用 3D→【确定】（如图 2.1.23 深度优先、图 2.1.24 使用 3D）。

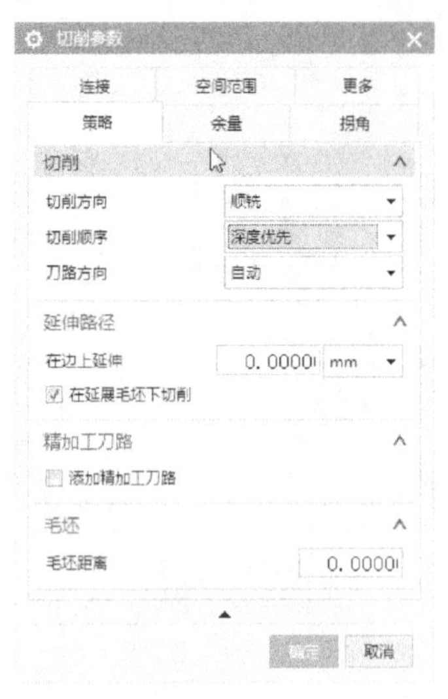

图 2.1.23　深度优先

图 2.1.24　使用 3D

6. 设置进给率和速度

打开【进给率和速度】→勾选【主轴速度（rpm）】3000→【进给率】【切削】200→【确定】（如图 2.1.25 设置切削参数）。

7. 生成刀具路径

【操作】栏目中→点击【生成刀具路径】，生成该步操作的刀具路径（如图 2.1.26 生成刀具路径）。

图 2.1.25　设置切削参数

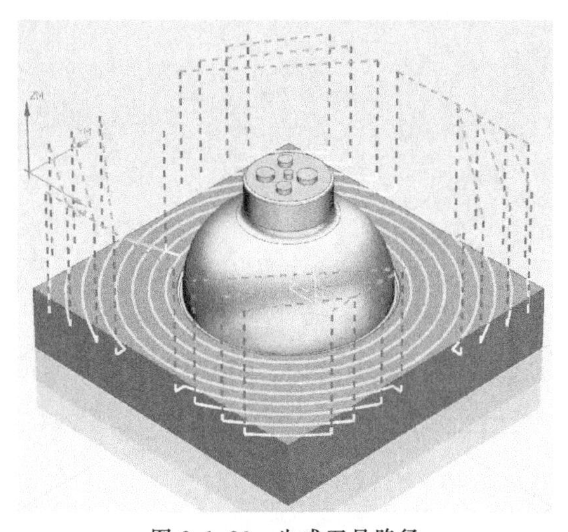

图 2.1.26　生成刀具路径

五、ϕ1的平底刀型腔铣顶部精加工

1. 选择精加工方法

【程序顺序视图】→【创建工序】→弹出【创建工序】对话框→【类型】mill_contour→【工序子类型】型腔铣→【程序】PROGRAM→【刀具】D1→【几何体】WORKPIECE→【方法】MILL_FINISH→【名称】jing-ding→【确定】(如图 2.1.27 选择精加工方法)。

2. 选择加工区域

在弹出的【型腔铣】对话框中→【指定切削区域】→选择要加工的曲面→【确定】(如图 2.1.28 选择加工区域)。

3. 设置加工参数

【刀轨设置】栏目中→【切削模式】跟随部件→【平面直径百分比】50→【最大距离】0.5(如图 2.1.29 设置加工参数)。

图 2.1.27　选择精加工方法

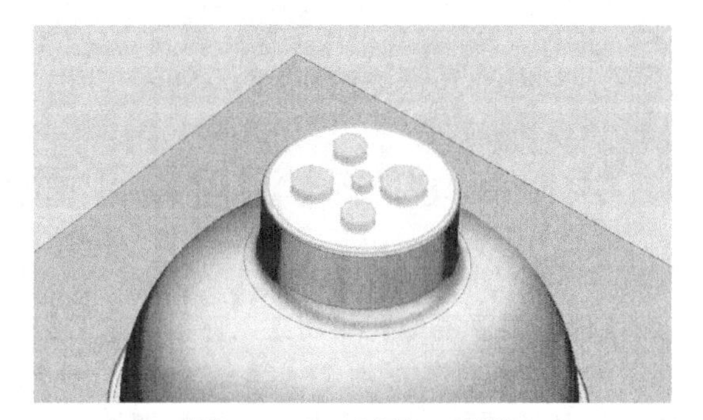

图 2.1.28　选择加工区域

图 2.1.29　设置加工参数

4. 设置进给率和速度

打开【进给率和速度】→勾选【主轴速度(rpm)】4000→【进给率】【切削】100→【确定】(如图 2.1.30 设置进给率和速度)。

5. 生成刀具路径

【操作】栏目中→点击【生成刀具路径】,生成该步操作的刀具路径(如图 2.1.31 生成刀具路径)。

图 2.1.30　设置进给率和速度

图 2.1.31　生成刀具路径

六、ϕ8的球刀深度铣侧面陡峭区域

1. 选择精加工方法

【程序顺序视图】→【创建工序】→弹出【创建工序】对话框→【类型】mill_contour→【工序子类型】深度轮廓加工（等高轮廓铣）→【程序】PROGRAM→【刀具】D8R4→【几何体】WORKPIECE→【方法】FINISH精加工→【名称】jing-ce（如图2.1.32选择精加工方法）。

2. 选择加工区域

在弹出的【深度轮廓加工】对话框中→【指定切削区域】→选择要加工的陡峭曲面→【确定】（如图2.1.33选择加工区域）。

图 2.1.32　选择精加工方法

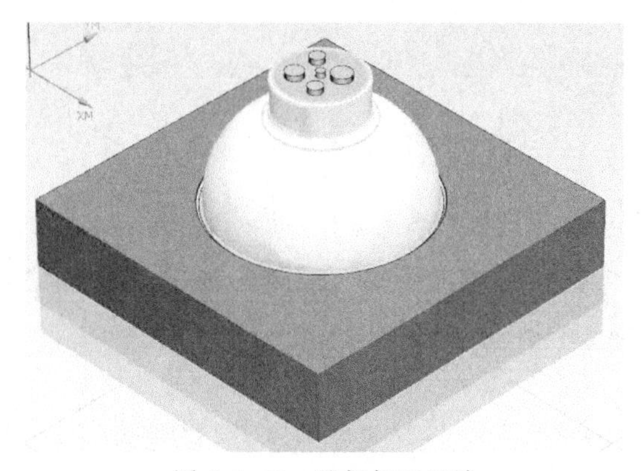

图 2.1.33　选择加工区域

3. 设置加工参数

弹出【深度轮廓加工】对话框→【陡峭空间范围】仅陡峭的→【角度】40→【最大距离】0.4（如图 2.1.34 设置加工参数）。

4. 设置进给率和速度

打开【进给率和速度】→勾选【主轴速度（rpm）】3500→【进给率】【切削】200→【确定】（如图 2.1.35 设置进给率和速度）。

5. 生成刀具路径

【操作】栏目中→点击【生成刀具路径】，生成该步操作的刀具路径（如图 2.1.36 生成刀具路径）。

图 2.1.34　设置加工参数

图 2.1.35　设置进给率和速度

图 2.1.36　生成刀具路径

七、ϕ8 的球刀固定轴轮廓铣再次加工侧面陡峭区域

1. 选择精加工方法

【程序顺序视图】→【创建工序】→弹出【创建工序】对话框→【类型】mill_contour→【工序子类型】固定轴曲面轮廓铣→【程序】PROGRAM→【刀具】D8R4→【几何体】WORKPIECE→【方法】MILL_FINISH→【名称】jing-qiu→【确定】（如图 2.1.37 选择精加工方法）。

2. 选择加工区域

在弹出的【固定轴曲面轮廓铣】对话框中→【指定切削区域】→选择要加工的曲面→【确定】（如图 2.1.38 选择加工区域）。

3. 设置驱动方法及加工参数设置

【驱动方法】栏目中→【方法】螺旋（如图 2.1.39 驱动方法）。

注：也可使用区域铣削加工。

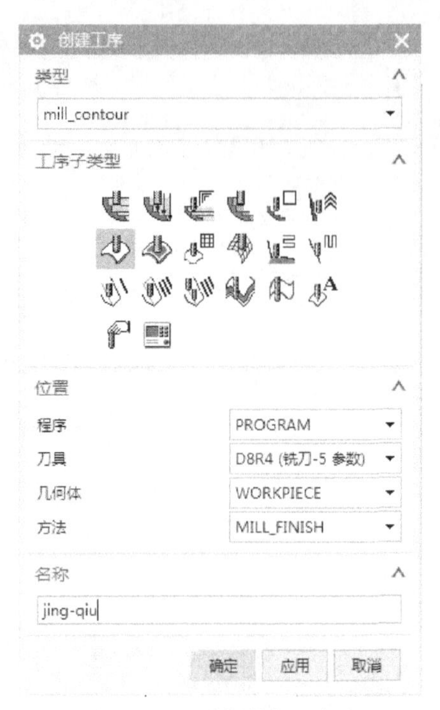

图 2.1.37 选择精加工方法

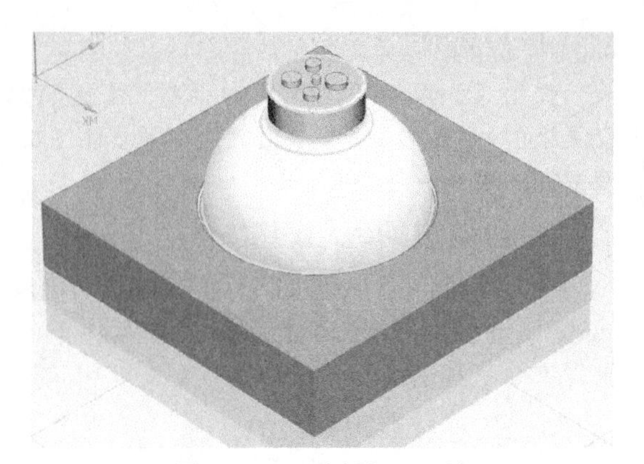

图 2.1.38 选择加工区域

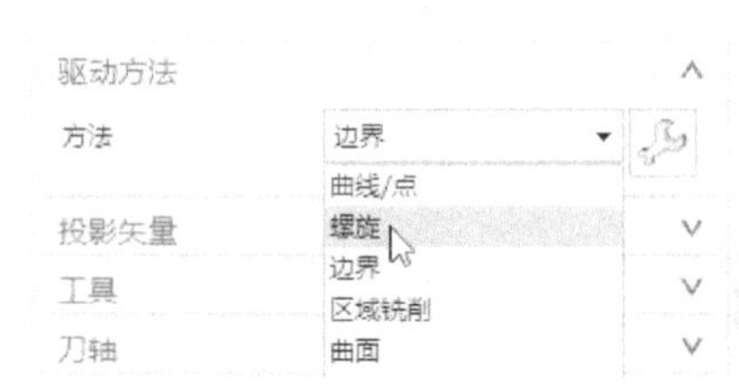

图 2.1.39 驱动方法

→弹出【螺旋】驱动方法对话框→【指定点】，定圆弧的圆心作为螺旋中心（如图2.1.40 螺旋中心）。

→【最大螺旋半径】50→【平面直径百分比】3→【确定】（如图 2.1.41 加工参数设置）。

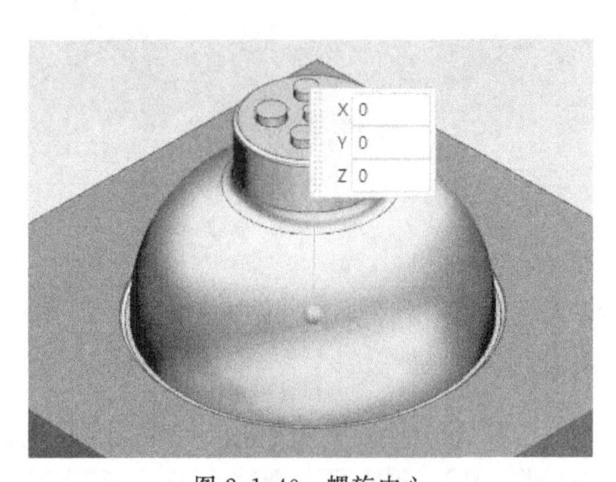

图 2.1.40 螺旋中心

图 2.1.41 加工参数设置

4. 设置进给率和速度

打开【进给率和速度】→勾选【主轴速度（rpm)】4000→【进给率】【切削】200→【确定】（如图 2.1.42 设置进给率和速度）。

5. 生成刀具路径

【操作】栏目中→点击【生成刀具路径】，生成该步操作的刀具路径（如图 2.1.43 生成刀具路径）。

图 2.1.42　设置进给率和速度

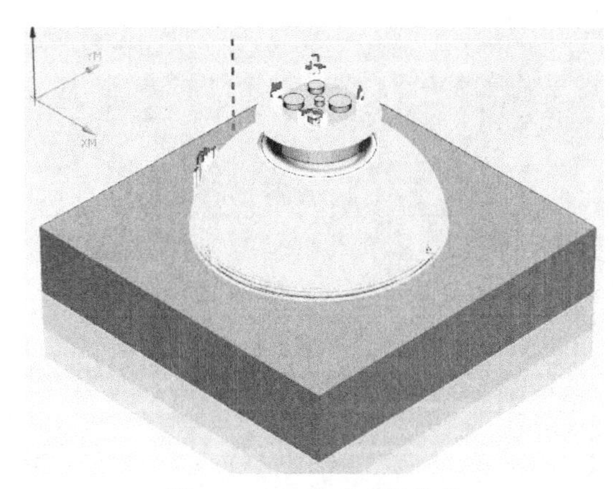

图 2.1.43　生成刀具路径

八、ϕ1 的球刀型腔铣精加工底部小槽区域

1. 选择精加工方法

【程序顺序视图】→【创建工序】→弹出【创建工序】对话框→【类型】mill_contour→【工序子类型】型腔铣→【程序】PROGRAM→【刀具】D1R0.5→【几何体】WORKPIECE→【方法】MILL_FINISH→【名称】jing-cao→【确定】(如图 2.1.44 选择精加工方法)。

图 2.1.44　选择精加工方法

2. 选择加工区域

在弹出的【型腔铣】对话框中→【指定切削区域】→选择要加工的曲面→【确定】(如图 2.1.45 选择加工区域)。

3. 设置加工参数

【刀轨设置】栏目中→【切削模式】跟随部件→【平面直径百分比】50→【最大距离】0.2（如图 2.1.46 设置加工参数)。

4. 设置切削参数

打开【切削参数】→【策略】【切削顺序】深度优先→【余量】所有均设为 0→【空间范围】【毛坯】【处理中的工件】使用 3D→【确定】(如图 2.1.47 深度优先、图 2.1.48 使用 3D)。

5. 设置进给率和速度

打开【进给率和速度】→勾选【主轴速度（rpm)】4500→【进给率】【切削】80→【确定】(如图 2.1.49 设置进给率和速度)。

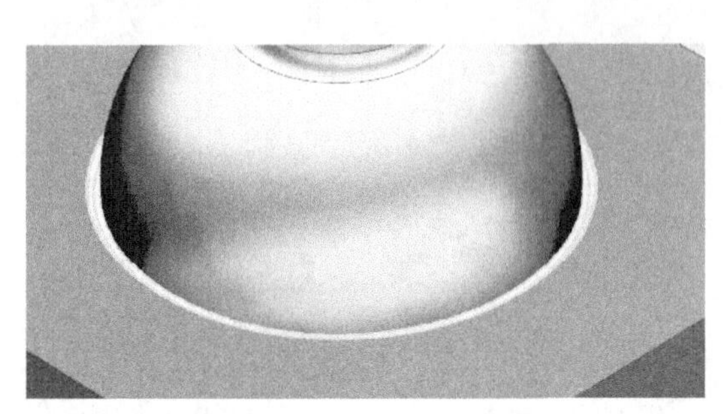

图 2.1.45　选择加工区域

图 2.1.46　设置加工参数

图 2.1.47　深度优先

图 2.1.48　使用 3D

图 2.1.49　设置进给率和速度

6. 生成刀具路径

【操作】栏目中→点击【生成刀具路径】，生成该步操作的刀具路径（如图 2.1.50 生成刀具路径）。

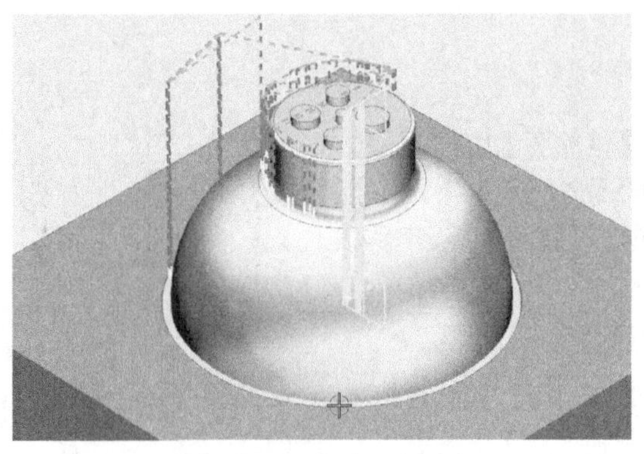

图 2.1.50　生成刀具路径

九、最终验证模拟

在左侧目录列表中选择操作→点击【确认刀轨】按钮→在弹出的【刀轨可视化】对话框中→选择【2D动态】→调整【动画速度】→点击【播放】(如图 2.1.51～图 2.1.56)。

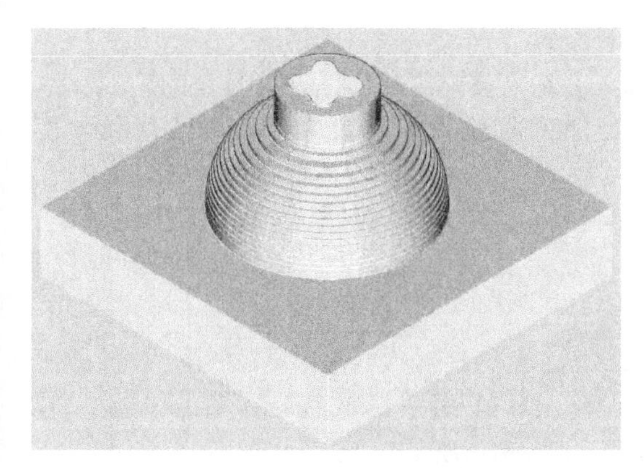

图 2.1.51　ϕ12 的平底刀型腔铣粗加工

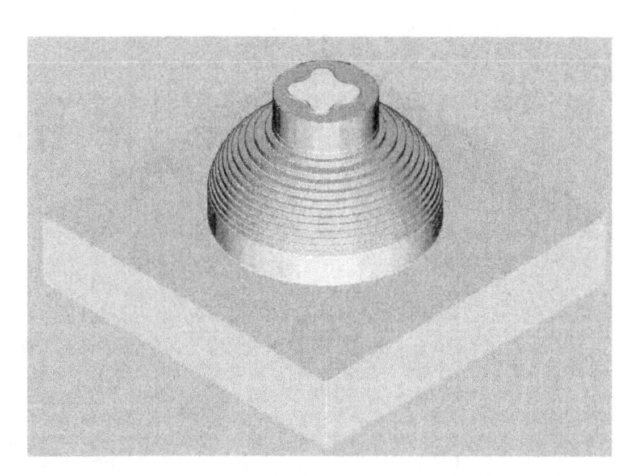

图 2.1.52　ϕ12 的平底刀型腔铣底面精加工

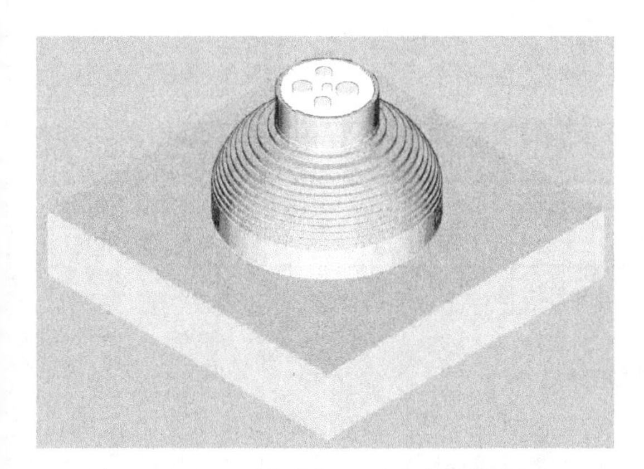

图 2.1.53　ϕ1 的平底刀型腔铣顶部精加工

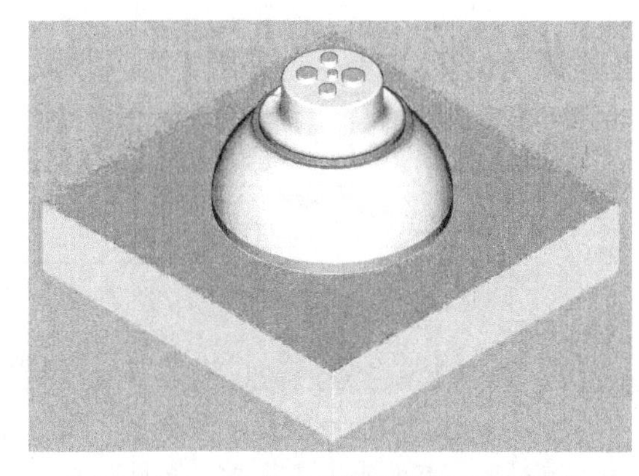

图 2.1.54　ϕ8 的球刀深度铣侧面陡峭区域

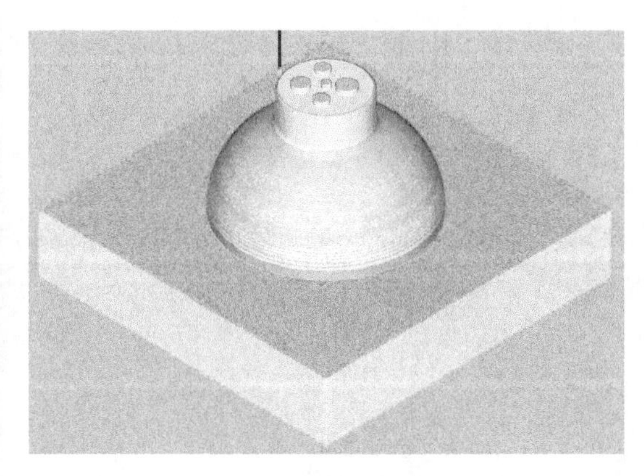

图 2.1.55　ϕ8 的球刀固定轴轮廓铣右侧小球面的区域

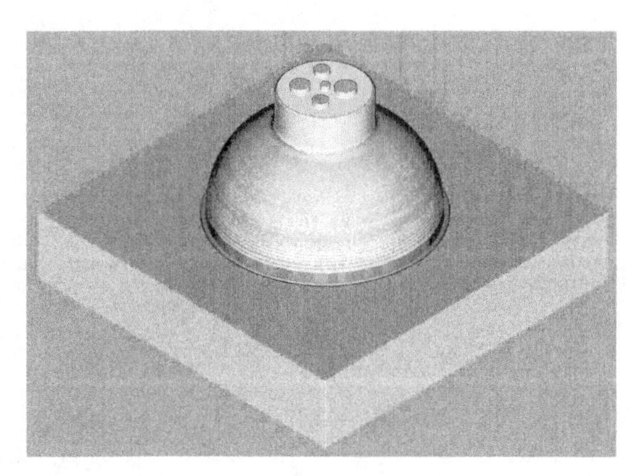

图 2.1.56　ϕ1 的球刀型腔铣精加工底部小槽区域

案例二　名片盒模具零件加工

一、工艺分析

1. 零件图工艺分析

该零件中间为名片盒模具的凸模（如图 2.2.1 名片盒模具零件），工件无尺寸公差要求。尺寸标注完整，轮廓描述清楚。零件材料为已经加工成型的标准铝块，无热处理和硬度要求。

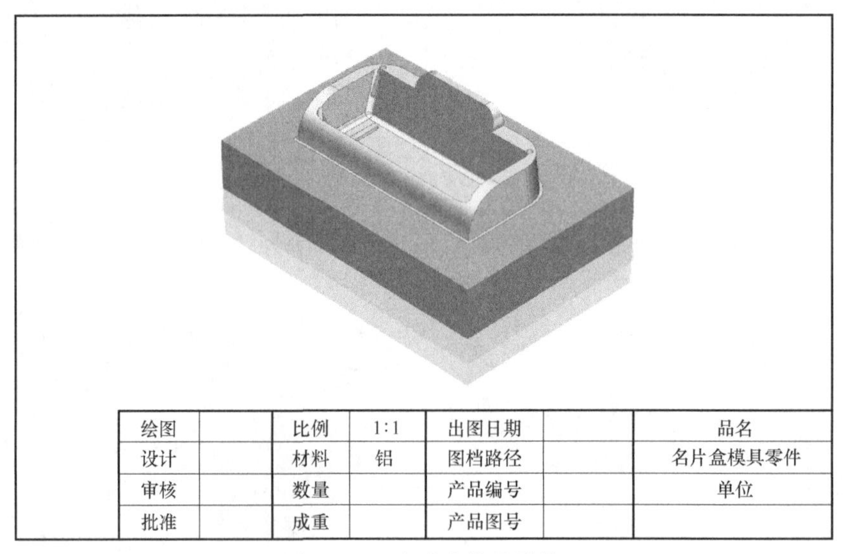

绘图		比例	1:1	出图日期		品名
设计		材料	铝	图档路径		名片盒模具零件
审核		数量		产品编号		单位
批准		成重		产品图号		

图 2.2.1　名片盒模具零件

2. 确定装夹方案、加工顺序及进给路线

工件采用通用的虎钳装夹方案，底部放置垫块，保证工件摆正，对刀点采用左下角的上表面点对刀，其装夹方式、加工区域和对刀点如图 2.2.2 所示。

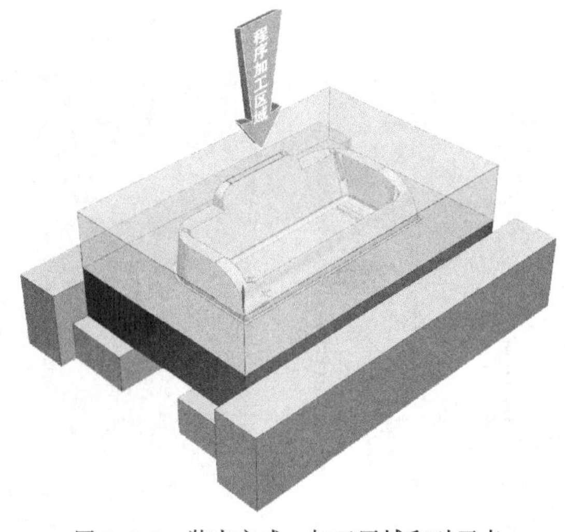

图 2.2.2　装夹方式、加工区域和对刀点

3. 刀具和加工区域选择

选用多把铣刀加工本例的区域，将所选定的刀具参数以及加工区域填入表 2.2.1 数控加工卡片中，以便于编程和操作管理。

表 2.2.1 数控加工卡片

产品名称或代号	模具零件加工综合实例		零件名称	名片盒模具零件		
序号	加工区域		刀具			
			名称	规格	刀号	
1	ϕ12 的平底刀型腔铣开粗加工		D12	ϕ12 平底刀	1	
2	ϕ5 的平底刀型腔铣精加工所有区域		D5	ϕ5 平底刀	2	
3	ϕ6 的球刀深度铣侧面陡峭区域		D6R3	ϕ6 球刀	3	
4	ϕ6 的球刀固定轴轮廓铣 Y 方向的曲面区域		D6R3	ϕ6 球刀	3	
5	ϕ6 的球刀固定轴轮廓铣 X 方向的曲面区域		D6R3	ϕ6 球刀	3	
6	ϕ1 的平底刀型腔铣整体的次残料精加工		D1	ϕ1 平底刀	4	
7	ϕ1 的球刀型腔铣残料半精加工小曲面		D1R0.5	ϕ1 球刀	5	
8	ϕ1 的球刀固定轴轮廓铣精修小曲面		D1R0.5	ϕ1 球刀	5	
9	ϕ1 的平底刀清根精加工件剩余的角落区域		D1	ϕ1 平底刀	4	
编制	×××	审核	×××	批准	×××	共 1 页

二、前期准备工作

1. 绘制辅助图形

进入【建模】模块式→【草图】中绘制图形，使之作为加工坐标系的原点（如图 2.2.3 草图中绘制辅助图形和图 2.2.4 完成后的效果）。

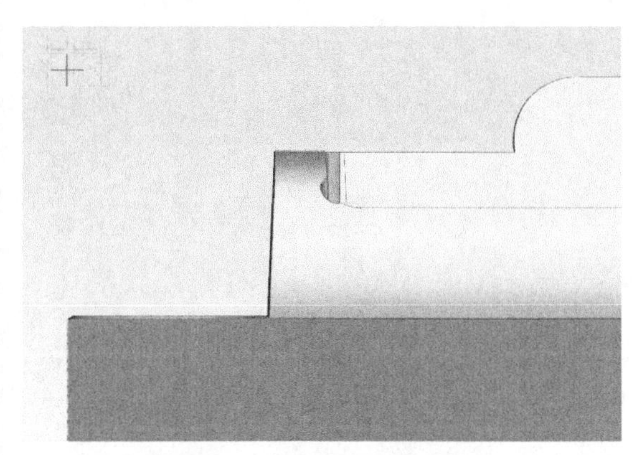

图 2.2.3 草图中绘制辅助图形

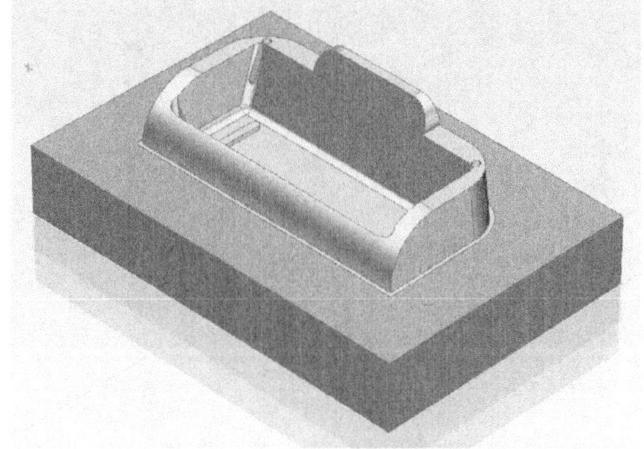

图 2.2.4 完成后的效果

2. 进入加工模块

打开【启动】菜单→【加工】→进入加工模块→打开【加工环境】对话框→【CAM 会话配置】cam_general→【要创建的 CAM 组装】mill_contour→【确定】（如图 2.2.5 进入加工模块）。

3. 创建刀具

【机床视图】→【创建刀具】→选择【平底刀】→【名称】D12→在【刀具设置】对话框中→【(D) 直径】12→【刀具号】1→【确定】（如图 2.2.6 创建 1 号刀具）。

图 2.2.5　进入加工模块

图 2.2.6　创建 1 号刀具

→【创建刀具】→选择【平底刀】→【名称】D5→在【刀具设置】对话框中→【(D) 直径】5→【刀具号】2→【确定】(如图 2.2.7 创建 2 号刀具)。

→【创建刀具】→选择【平底刀】→【名称】D6R3→在【刀具设置】对话框中→【(D) 直径】6→【(R1) 下半径】3→【刀具号】3→【确定】(如图 2.2.8 创建 3 号刀具)。

→【创建刀具】→选择【平底刀】→【名称】D1→在【刀具设置】对话框中→【(D) 直径】1→【刀具号】4→【确定】(如图 2.2.9 创建 4 号刀具)。

图 2.2.7　创建 2 号刀具　　图 2.2.8　创建 3 号刀具　　图 2.2.9　创建 4 号刀具

→【创建刀具】→选择【平底刀】→【名称】D1R0.5→在【刀具设置】对话框中→【(D) 直径】1→【(R1) 下半径】0.5→【刀具号】5→【确定】(如图 2.2.10 创建 5 号刀具)。

4. 设置坐标系和创建毛坯

【几何视图】→双击【MCS_MILL】→点击绘制的辅助的直线的交叉点，将加工坐标系移至毛坯左下角的上平面点即可（如图）→设定【安全距离】2→【确定】(如图 2.2.11 设置坐标系)。

图 2.2.10　创建 5 号刀具

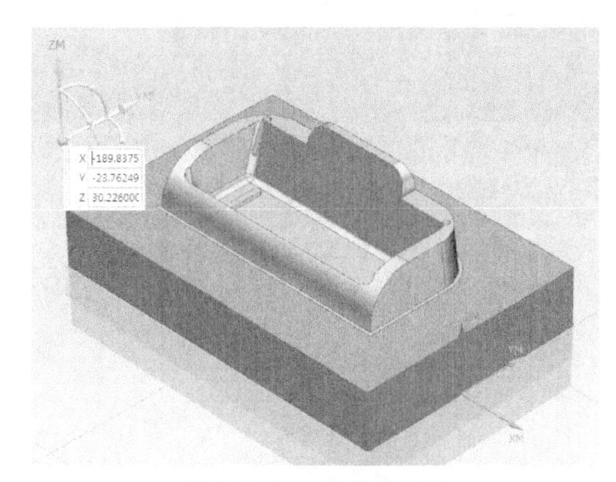

图 2.2.11　设置坐标系

→打开 MCS_MILL 前的【+】号，双击【WORKPIECE】→在【工件】对话框中→点击【指定部件】按钮→点击工件→【确定】(如图 2.2.12 指定部件)。

→点击【指定毛坯】按钮→在弹出的【毛坯几何体】对话框中→【类型】→选择【包容块】，设置最小化包容工件的毛坯→毛坯设置的效果如图→【确定】→【确定】（如图 2.2.13 创建毛坯)。

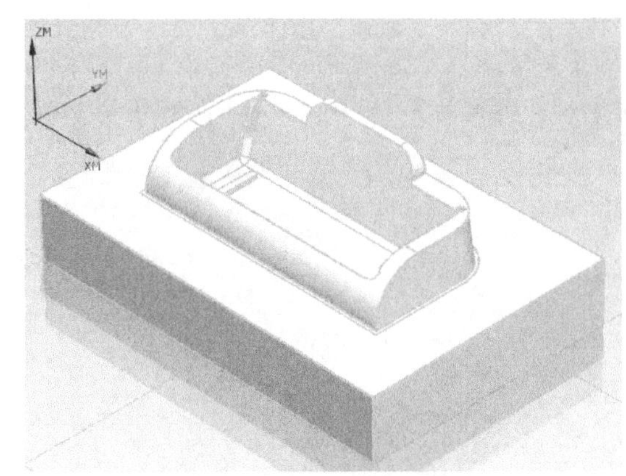

图 2.2.12　指定部件

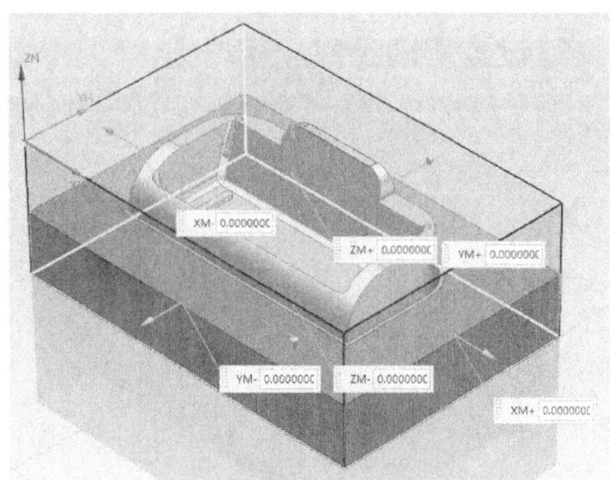

图 2.2.13　创建毛坯

三、ϕ12 的平底刀型腔铣开粗加工

1. 选择粗加工方法

【程序顺序视图】→【创建工序】→弹出【创建工序】对话框→【类型】mill_contour→【工序子类型】型腔铣→【程序】PROGRAM→【刀具】D12→【几何体】WORKPIECE→【方法】MILL_ROUGH，进行粗加工→【名称】cu→【确定】(如图 2.2.14 选择粗加工方法)。

2. 选择加工区域

在弹出的【型腔铣】对话框中→【指定切削区域】→选择要加工的曲面→【确定】（如图 2.2.15 选择加工区域)。

3. 设置加工参数

【刀轨设置】栏目中→【切削模式】跟随周边→【平面直径百分比】85→【最大距离】2

（如图 2.2.16 设置加工参数）。

图 2.2.14　选择粗加工方法

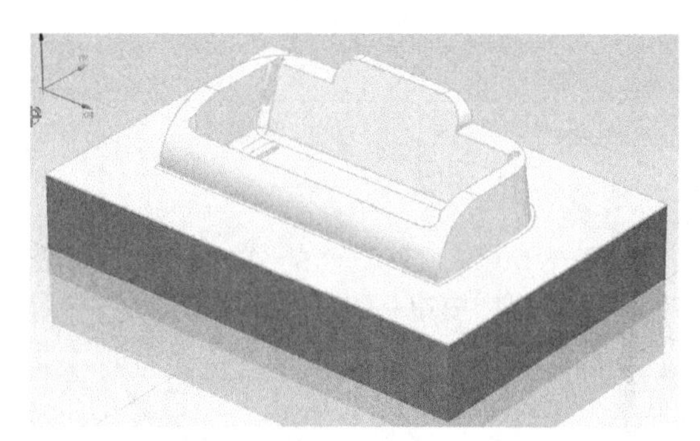

图 2.2.15　选择加工区域

4. 设置切削参数

打开【切削参数】→【余量】→【部件侧面余量】0.3→【确定】（如图 2.2.17 设置切削参数）。

图 2.2.16　设置加工参数

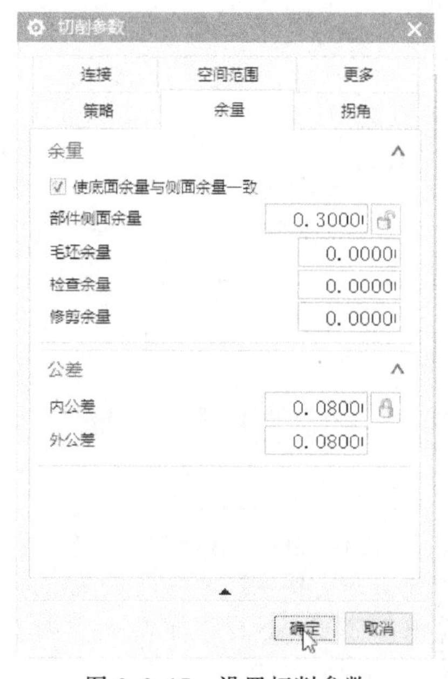

图 2.2.17　设置切削参数

5. 设置进给率和速度

打开【进给率和速度】→勾选【主轴速度（rpm）】2500→【进给率】【切削】250→【确定】（如图 2.2.18 设置进给率和速度）。

6. 生成刀具路径

【操作】栏目中→点击【生成刀具路径】，生成该步操作的刀具路径（如图 2.2.19 生成刀具路径）。

图 2.2.18　设置进给率和速度

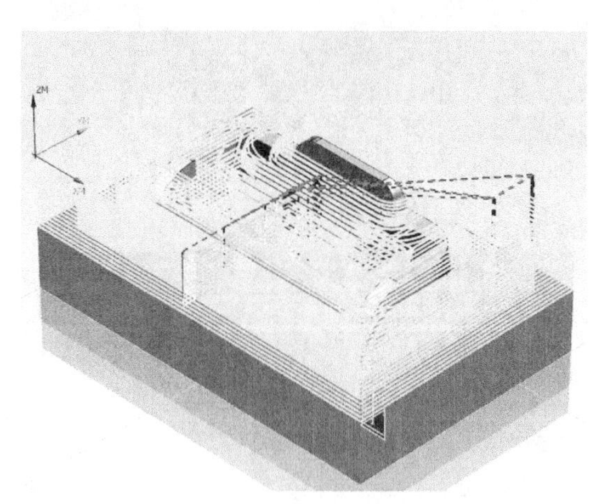

图 2.2.19　生成刀具路径

四、$\phi 5$的平底刀型腔铣精加工所有区域

1. 选择精加工方法

【程序顺序视图】→【创建工序】→弹出【创建工序】对话框→【类型】mill_contour→【工序子类型】型腔铣→【程序】PROGRAM→【刀具】D5→【几何体】WORKPIECE→【方法】【方法】MILL_FINISH→【名称】jing-xiaodao→【确定】（如图 2.2.20 选择精加工方法）。

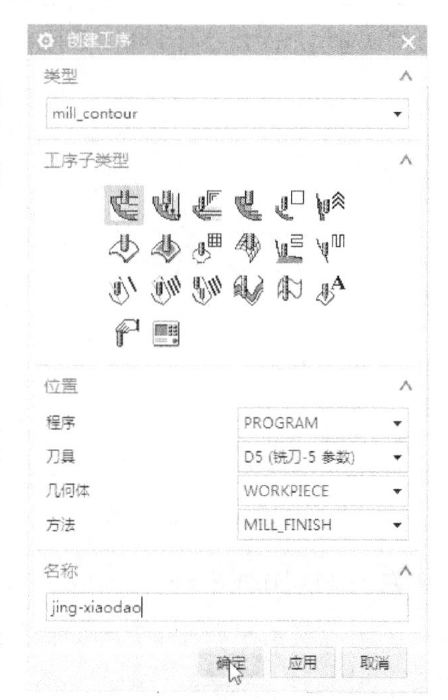

图 2.2.20　选择精加工方法

2. 选择加工区域

在弹出的【型腔铣】对话框中→【指定切削区域】→选择要加工的曲面→【确定】（如图 2.2.21 选择加工区域）。

3. 设置加工参数

【刀轨设置】栏目中→【切削模式】跟随周边→【平面直径百分比】50→【最大距离】0.5（如图 2.2.22 设置加工参数）。

4. 设置切削参数

打开【切削参数】→【余量】所有均设为 0→【空间范围】【毛坯】【处理中的工件】使 3D→【确定】（如图 2.2.23 余量、如图 2.2.24 使用 3D）。

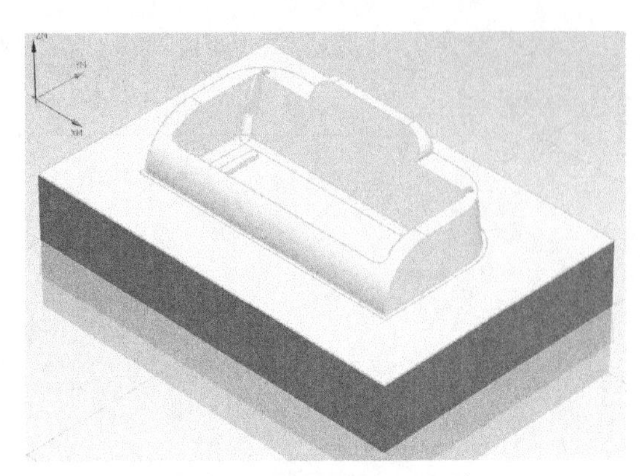

图 2.2.21　选择加工区域

图 2.2.22　设置加工参数

切削参数
连接　空间范围　更多
策略　余量　拐角
余量
使底面余量与侧面余量一致
部件侧面余量　0.0000
毛坯余量　0.0000
检查余量　0.0000
修剪余量　0.0000
公差
内公差　0.0300
外公差　0.0300
确定　取消

图 2.2.23　余量

图 2.2.24　使用 3D

5. 设置切削参数

打开【进给率和速度】→勾选【主轴速度（rpm）】4000→【进给率】【切削】200→【确定】（如图 2.2.25 设置切削参数）。

6. 生成刀具路径

【操作】栏目中→点击【生成刀具路径】，生成该步操作的刀具路径（如图 2.2.26 生成刀具路径）。

图 2.2.25 设置切削参数

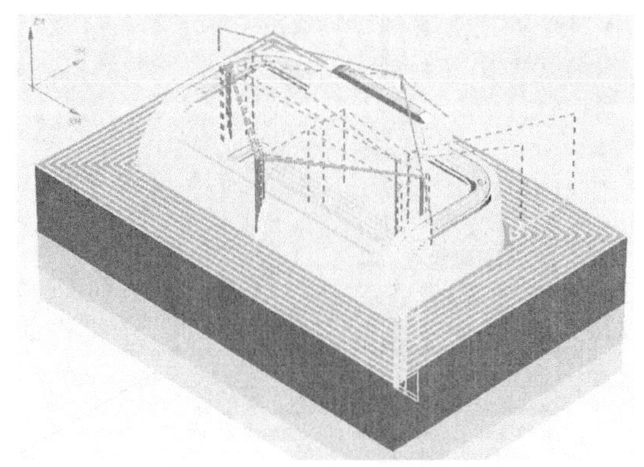

图 2.2.26 生成刀具路径

五、ϕ6 的球刀深度铣侧面陡峭区域

1. 选择精加工方法

【程序顺序视图】→【创建工序】→弹出【创建工序】对话框→【类型】mill_contour→【工序子类型】深度轮廓加工（等高轮廓铣）→【程序】PROGRAM→【刀具】D6R3→【几何体】WORKPIECE→【方法】FINISH 精加工→【名称】jing-ce→【确定】（如图 2.2.27 选择精加工方法）。

2. 选择加工区域

在弹出的【深度轮廓加工】对话框中→【指定切削区域】→选择要加工的陡峭曲面→【确定】（如图 2.2.28 选择加工区域）。

图 2.2.27 选择精加工方法

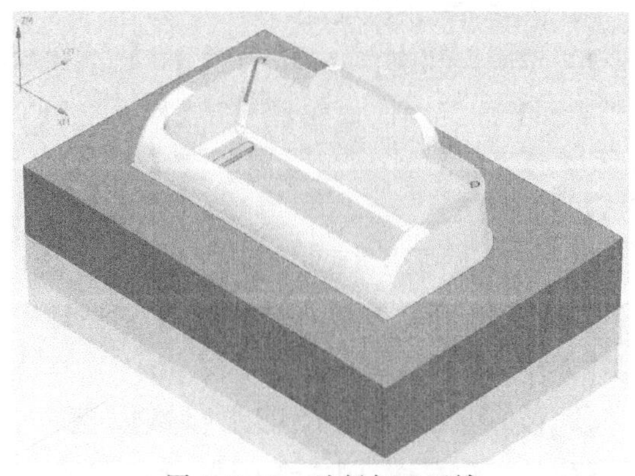

图 2.2.28 选择加工区域

图 2.2.29　设置加工参数

图 2.2.30　设置进给率和速度

3. 设置加工参数

弹出【深度轮廓加工】对话框→【陡峭空间范围】仅陡峭的→【角度】30→【最大距离】0.3（如图 2.2.29 设置加工参数）。

4. 设置进给率和速度

打开【进给率和速度】→勾选【主轴速度（rpm)】3000→【进给率】【切削】300→【确定】（如图 2.2.30 设置进给率和速度）。

5. 生成刀具路径

【操作】栏目中→点击【生成刀具路径】，生成该步操作的刀具路径（如图 2.2.31 生成刀具路径）。

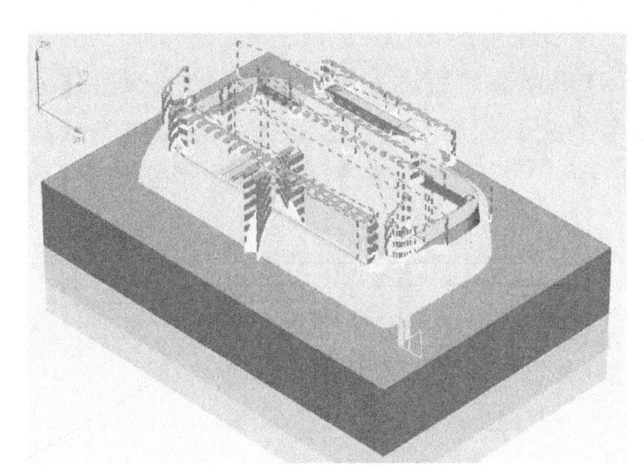

图 2.2.31　生成刀具路径

六、ϕ6 的球刀固定轴轮廓铣 Y 方向的曲面区域

1. 选择精加工方法

【程序顺序视图】→【创建工序】→弹出【创建工序】对话框→【类型】mill_contour→【工序子类型】固定轴曲面轮廓铣→【程序】PROGRAM→【刀具】D6R3→【几何体】WORKPIECE→【方法】MILL_FINISH→【名称】jing-daqu→【确定】（如图 2.2.32 选择精加工方法）。

2. 选择加工区域

在弹出的【固定轴曲面轮廓铣】对话框中→【指定切削区域】→选择要加工的曲面→【确定】(如图 2.2.33 选择加工区域)。

3. 设置驱动方法及加工参数设置

【驱动方法】栏目中→【方法】区域铣削（如图 2.2.34 驱动方法）。

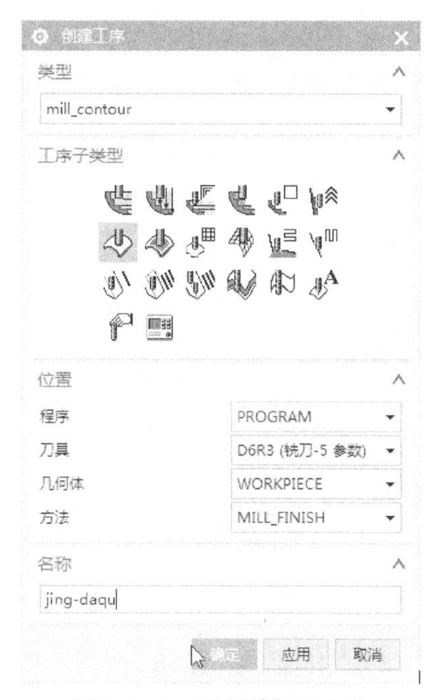

图 2.2.32　选择精加工方法

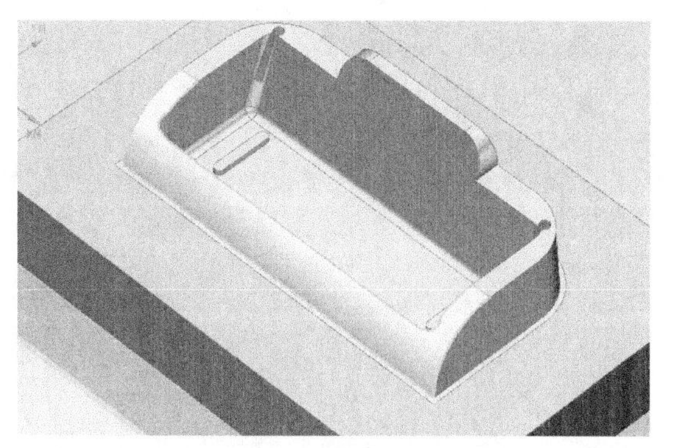

图 2.2.33　选择加工区域

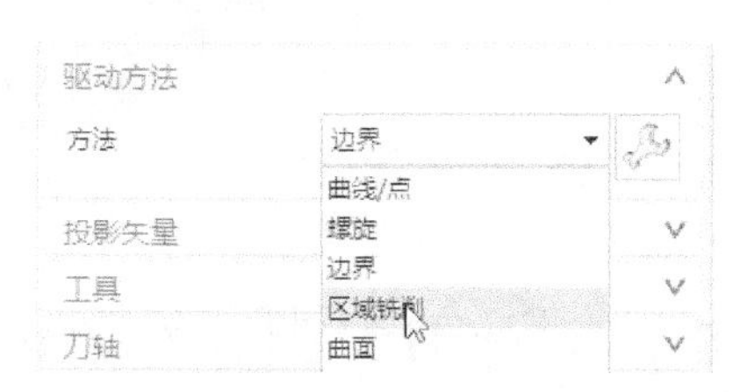

图 2.2.34　驱动方法

→弹出【区域铣削】驱动方法对话框→【陡峭空间范围】→【方法】非陡峭→【陡峭壁角度】40→【驱动设置】→【非陡峭切削模式】往复→【平面直径百分比】4→【剖切角】指定→【与 XC 夹角】－90→【确定】(如图 2.2.35 加工参数设置)。

4. 设置进给率和速度

打开【进给率和速度】→勾选【主轴速度（rpm)】4000→【进给率】【切削】200→【确定】(如图 2.2.36 设置进给率和速度)。

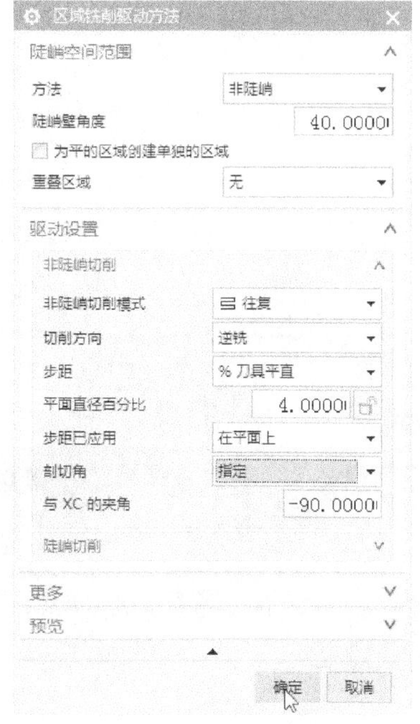

图 2.2.35　加工参数设置

图 2.2.36　设置进给率和速度

5. 生成刀具路径

【操作】栏目中→点击【生成刀具路径】，生成该步操作的刀具路径（如图 2.2.37 生成刀具路径）。

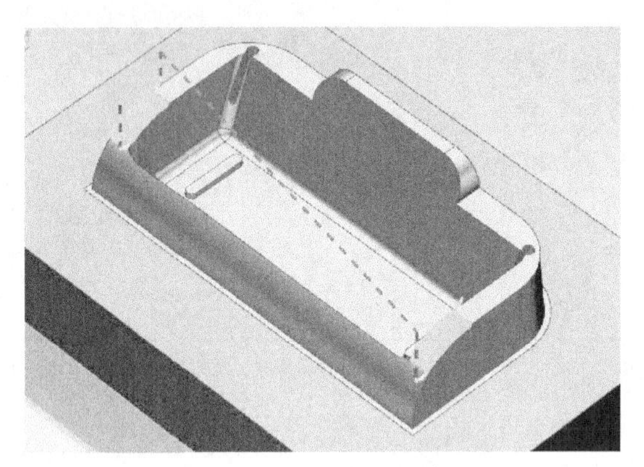

图 2.2.37　生成刀具路径

七、ϕ6 的球刀固定轴轮廓铣 X 方向的曲面区域

1. 选择精加工方法

【程序顺序视图】→【创建工序】→弹出【创建工序】对话框→【类型】mill_contour→【工序子类型】固定轴曲面轮廓铣→【程序】PROGRAM→【刀具】D6R3→【几何体】WORKPIECE→【方法】MILL_FINISH→【名称】FIXED_CONTOUR→【确定】（如图 2.2.38 选择精加工方法）。

2. 选择加工区域

在弹出的【固定轴曲面轮廓铣】对话框中→【指定切削区域】→选择要加工的曲面→【确定】（如图 2.2.39 选择加工区域）。

图 2.2.38　选择精加工方法

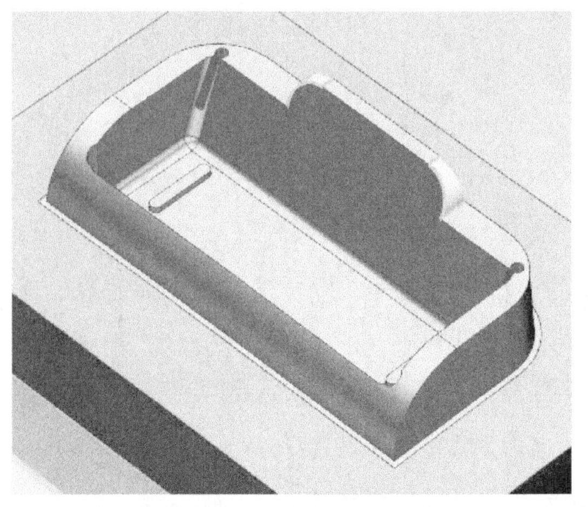

图 2.2.39　选择加工区域

3. 设置驱动方法及加工参数设置

【驱动方法】栏目中→【方法】区域铣削（如图 2.2.40 驱动方法）。

→弹出【区域铣削】驱动方法对话框→【陡峭空间范围】→【方法】非陡峭→【陡峭壁角度】60→【驱动设置】→【非陡峭切削模式】往复→【平面直径百分比】4→【剖切角】指定→【与 XC 夹角】0→【确定】（如图 2.2.41 加工参数设置）。

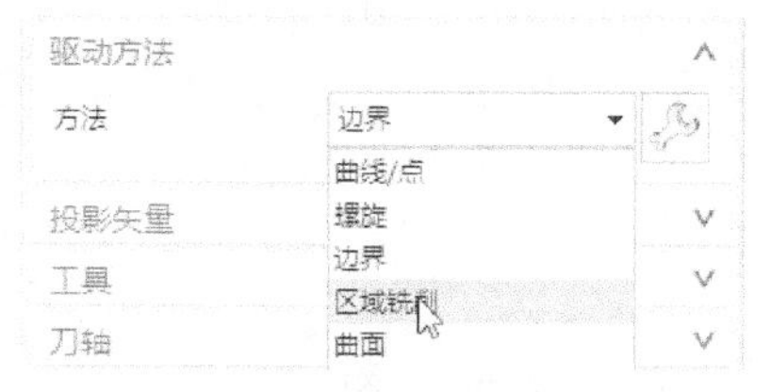

图 2.2.40　驱动方法

4. 设置进给率和速度

打开【进给率和速度】→勾选【主轴速度（rpm)】4000→【进给率】【切削】200→【确定】(如图 2.2.42 设置进给率和速度）。

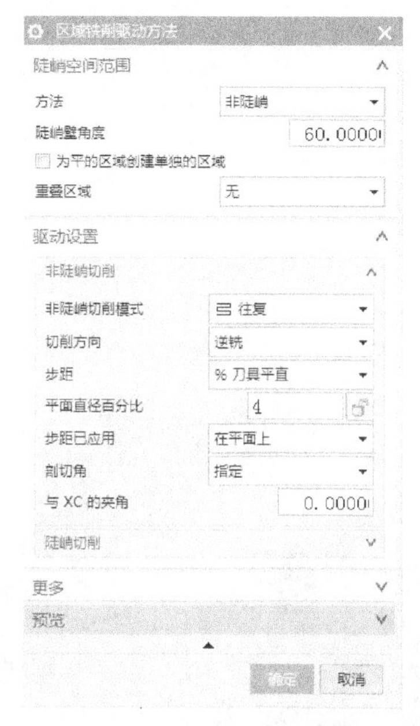

图 2.2.41　加工参数设置

图 2.2.42　设置进给率和速度

5. 生成刀具路径

【操作】栏目中→点击【生成刀具路径】，生成该步操作的刀具路径（如图 2.2.43 生成刀具路径）。

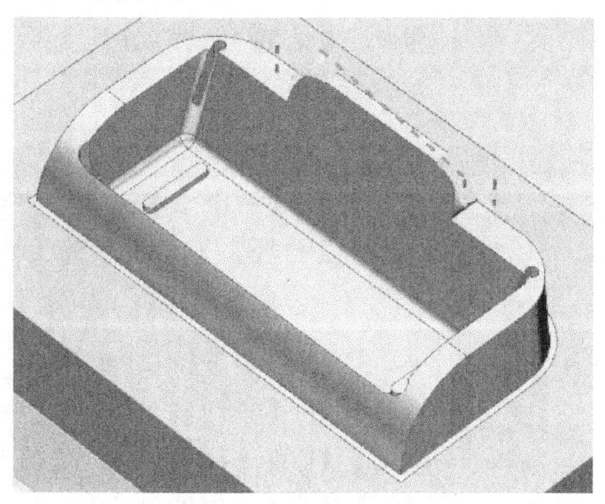

图 2.2.43　生成刀具路径

八、ϕ1的平底刀型腔铣整体的残料精加工

1. 选择精加工方法

【程序顺序视图】→【创建工序】→弹出【创建工序】对话框→【类型】mill_contour→【工序子类型】型腔铣→【程序】PROGRAM→【刀具】D1→【几何体】WORKPIECE→【方法】【方法】MILL_FINISH→【名称】jing-xiao1→【确定】(如图2.2.44选择精加工方法)。

2. 选择加工区域

在弹出的【型腔铣】对话框中→【指定切削区域】→选择要加工的曲面→【确定】(如图2.2.45选择加工区域)。

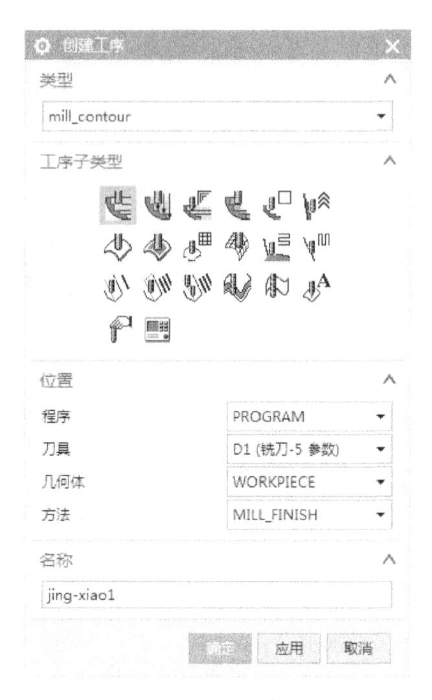

图2.2.44 选择精加工方法

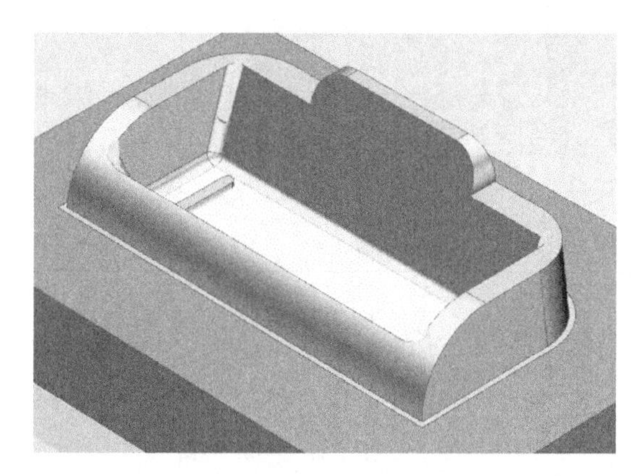

图2.2.45 选择加工区域

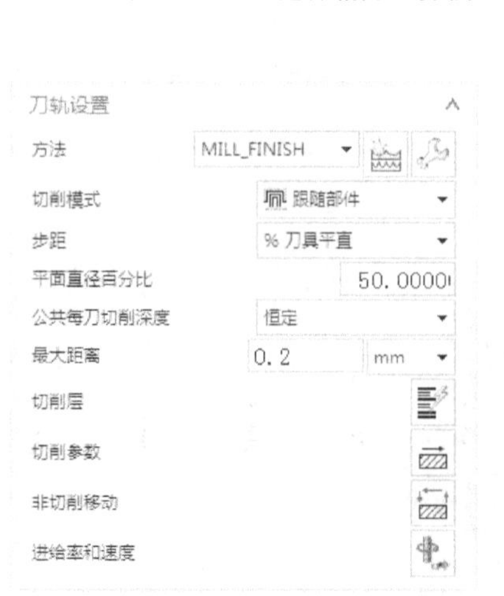

图2.2.46 设置加工参数

3. 设置加工参数

【刀轨设置】栏目中→【切削模式】跟随部件→【平面直径百分比】50→【最大距离】0.2(如图2.2.46设置加工参数)。

4. 设置切削参数

打开【切削参数】→【余量】所有均设为0→【空间范围】【毛坯】【处理中的工件】使用3D→【确定】(如图2.2.47余量、图2.2.48使用3D)。

5. 设置非切削移动

打开【非切削移动】→【进刀】→【封闭区域】【进刀类型】插削→【开放区域】【进刀类型】与封闭区域相同→【确定】(如图2.2.49设置非切削移动)。

图 2.2.47　余量　　图 2.2.48　使用 3D　　图 2.2.49　设置非切削移动

6. 设置进给率和速度

打开【进给率和速度】→勾选【主轴速度（rpm)】4000→【进给率】【切削】100→【确定】(如图 2.2.50 设置切削参数)。

7. 生成刀具路径

【操作】栏目中→点击【生成刀具路径】，生成该步操作的刀具路径（如图 2.2.51 生成刀具路径)。

图 2.2.50　设置切削参数

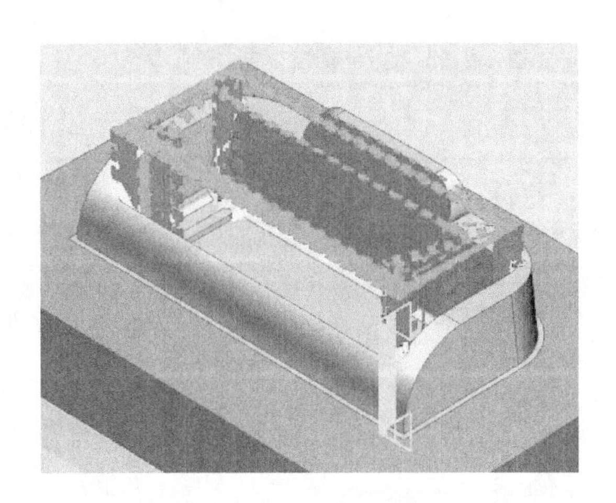

图 2.2.51　生成刀具路径

九、ϕ1的球刀型腔铣残料半精加工小曲面

1. 选择精加工方法

【程序顺序视图】→【创建工序】→弹出【创建工序】对话框→【类型】mill _ contour→【工序子类型】型腔铣→【程序】PROGRAM→【刀具】D1R0.5→【几何体】WORKPIECE→【方法】【方法】MILL _ FINISH→【名称】jing-xiao2→【确定】(如图 2.2.52 选择精加工方法)。

2. 选择加工区域

在弹出的【型腔铣】对话框中→【指定切削区域】→选择要加工的小曲面→【确定】(如图 2.2.53 选择加工区域选择加工区域)。

3. 设置加工参数

【刀轨设置】栏目中→【切削模式】跟随部件→【平面直径百分比】50→【最大距离】0.2 (如图 2.2.54 设置加工参数)。

图 2.2.52　选择精加工方法

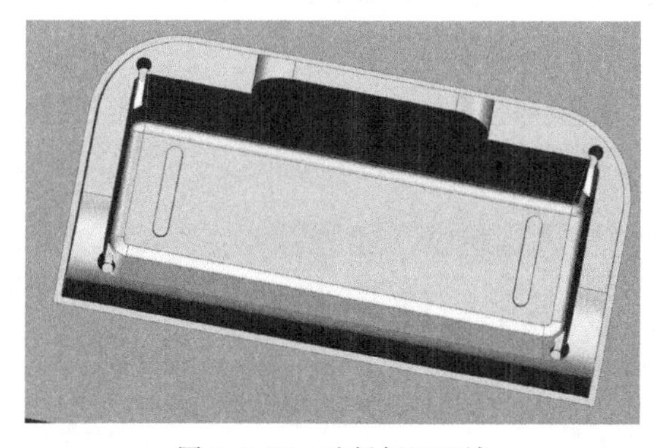

图 2.2.53　选择加工区域

图 2.2.54　设置加工参数

4. 设置切削参数

打开【切削参数】→【策略】【切削顺序】深度优先→【余量】所有均设为 0→【空间范围】【毛坯】【处理中的工件】使用 3D→【确定】(如图 2.2.55 深度优先、图 2.2.56 使用 3D)。

5. 设置非切削移动

打开【非切削移动】→【进刀】→【封闭区域】【进刀类型】插削→【开放区域】【进刀类型】与封闭区域相同→【确定】(如图 2.2.57 设置非切削移动)。

图 2.2.55　深度优先　　图 2.2.56　使用 3D　　图 2.2.57　设置非切削移动

6. 设置进给率和速度

打开【进给率和速度】→勾选【主轴速度（rpm)】4000→【进给率】【切削】100→【确定】(如图 2.2.58 设置切削参数)。

7. 生成刀具路径

【操作】栏目中→点击【生成刀具路径】，生成该步操作的刀具路径（如图 2.2.59 生成刀具路径)。

图 2.2.58　设置切削参数

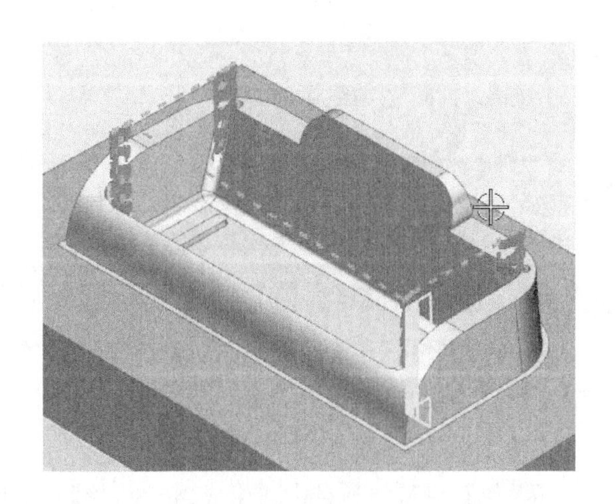

图 2.2.59　生成刀具路径

十、$\phi 1$的球刀固定轴轮廓铣精修小曲面

1. 选择精加工方法

【程序顺序视图】→【创建工序】→弹出【创建工序】对话框→【类型】mill _ contour→【工序子类型】固定轴曲面轮廓铣→【程序】PROGRAM→【刀具】D1R0.5→【几何体】WORKPIECE→【方法】【方法】MILL _ FINISH→【名称】jing-xiao2→【确定】(如图 2.2.60 选择精加工方法)。

2. 选择加工区域

在弹出的【固定轴曲面轮廓铣】对话框中→【指定切削区域】→选择要加工的小曲面→【确定】(如图 2.2.61 选择加工区域)。

3. 设置驱动方法及加工参数设置

【驱动方法】栏目中→【方法】区域铣削(如图 2.2.62 驱动方法)。

图 2.2.60 选择精加工方法

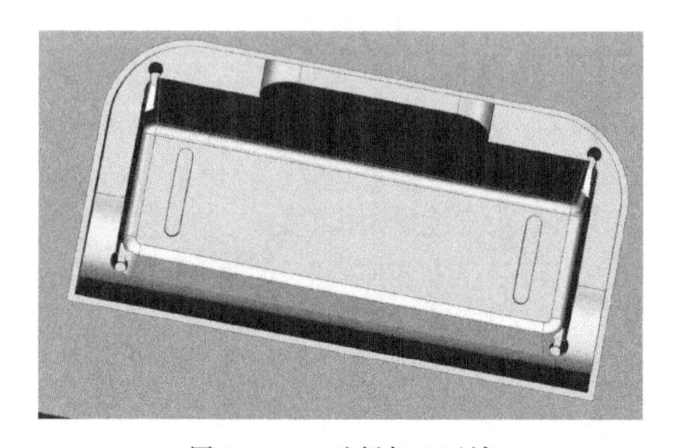

图 2.2.61 选择加工区域

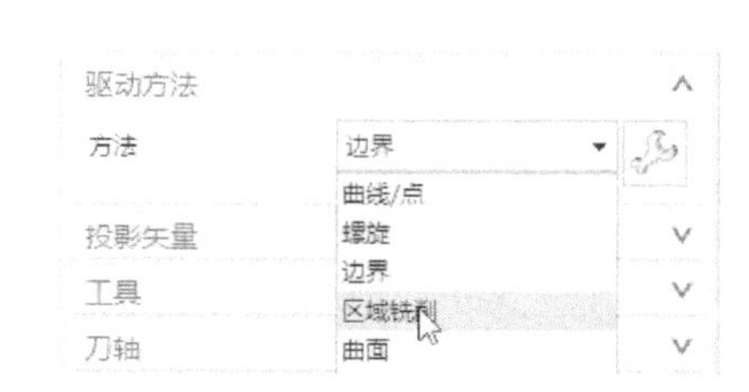

图 2.2.62 驱动方法

→弹出【区域铣削】驱动方法对话框【驱动设置】→【非陡峭切削模式】往复→【平面直径百分比】1→【剖切角】指定→【与 XC 夹角】90→【确定】(如图 2.2.63 加工参数设置)。

4. 设置进给率和速度

打开【进给率和速度】→勾选【主轴速度(rpm)】4000→【进给率】【切削】200→【确定】(如图 2.2.64 设置进给率和速度)。

5. 生成刀具路径

【操作】栏目中→点击【生成刀具路径】,生成该步操作的刀具路径(如图 2.2.65 生成刀具路径)。

图 2.2.63　加工参数设置

图 2.2.64　设置进给率和速度

十一、ϕ1 的平底刀清根精加工件剩余的角落区域

1. 选择精加工方法

【程序顺序视图】→【创建工序】→弹出【创建工序】对话框→【类型】mill _ contour→【工序子类型】单刀路清根→【程序】PROGRAM→【刀具】D1→【几何体】WORKPIECE→【方法】FINISH 精加工→【名称】jing-gen（如图 2.2.66 选择精加工方法）。

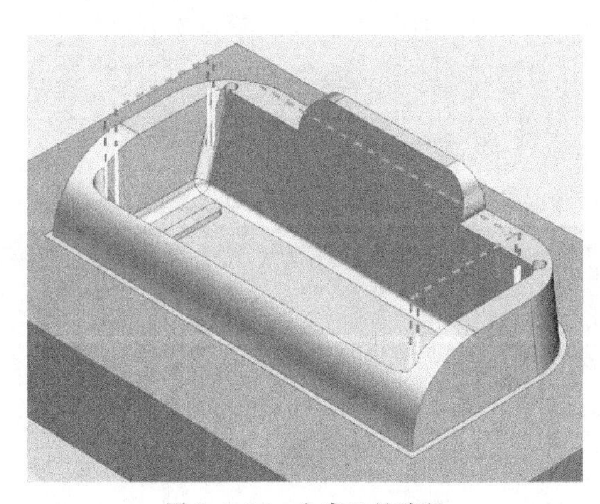

图 2.2.65　生成刀具路径

图 2.2.66　选择精加工方法

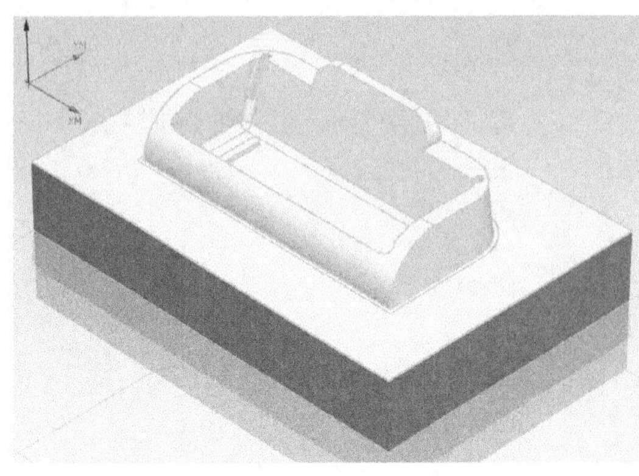

图 2.2.67　选择加工区域

2. 选择加工区域

在弹出的【单刀路清根】对话框中→【指定切削区域】→选择要加工的陡峭曲面→【确定】(如图 2.2.67 选择加工区域)。

3. 设置进给率和速度

打开【进给率和速度】→勾选【主轴速度 (rpm)】4000→【进给率】【切削】100→【确定】(如图 2.2.68 设置进给率和速度)。

4. 生成刀具路径

【操作】栏目中→点击【生成刀具路径】，生成该步操作的刀具路径(如图 2.2.69 生成刀具路径)。

图 2.2.68　设置进给率和速度

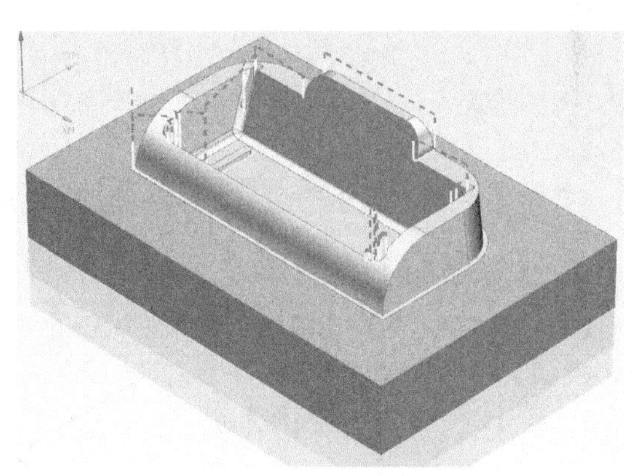

图 2.2.69　生成刀具路径

十二、最终验证模拟

在左侧目录列表中选择操作→点击【确认刀轨】按钮→在弹出的【刀轨可视化】对话框中→选择【2D 动态】→调整【动画速度】→点击【播放】(如图 2.2.70～图 2.2.78)。

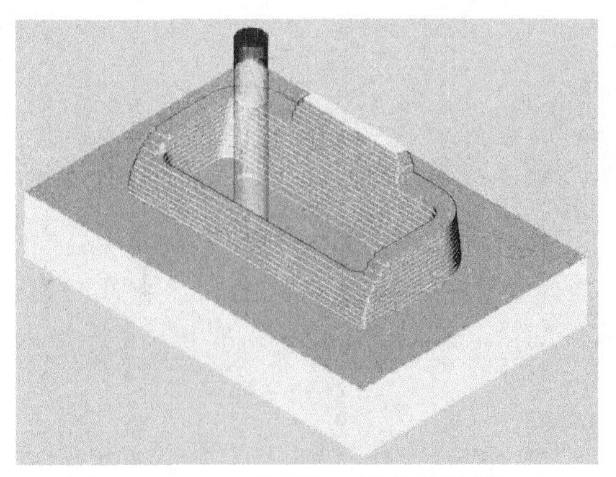

图 2.2.70　ϕ12 的平底刀型腔铣开粗加工

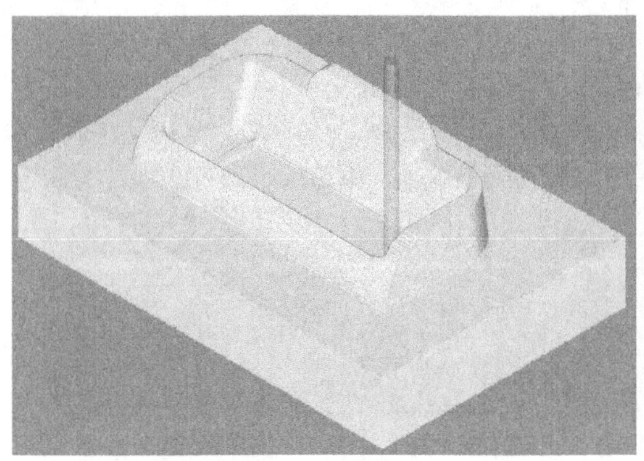

图 2.2.71　$\phi5$ 的平底刀型腔铣精加工所有区域

图 2.2.72　$\phi6$ 的球刀深度铣侧面陡峭区域

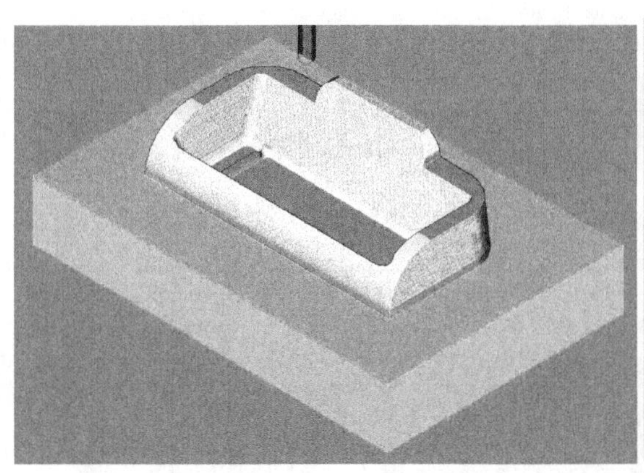

图 2.2.73　$\phi6$ 的球刀固定轴轮廓铣 Y 方向的曲面区域

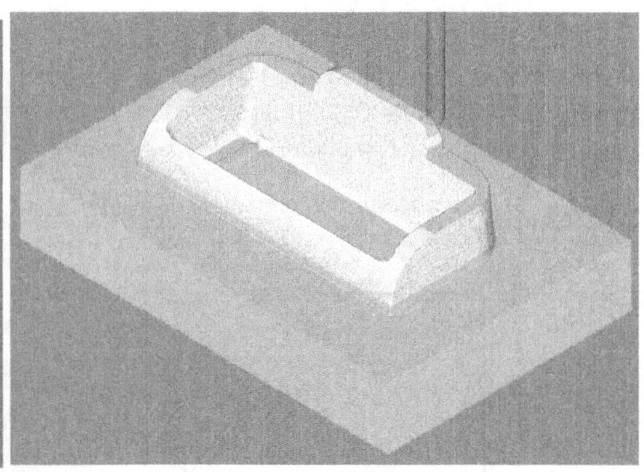

图 2.2.74　$\phi6$ 的球刀固定轴轮廓铣 X 方向的曲面区域

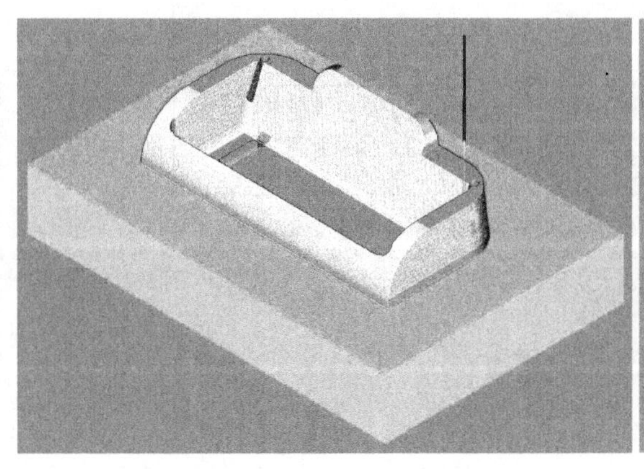

图 2.2.75　$\phi1$ 的平底刀型腔铣整体的次残料精加工

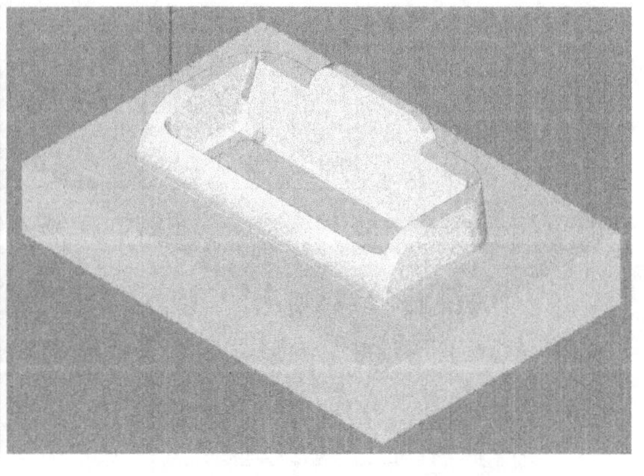

图 2.2.76　$\phi1$ 的球刀型腔铣残料半精加工小曲面

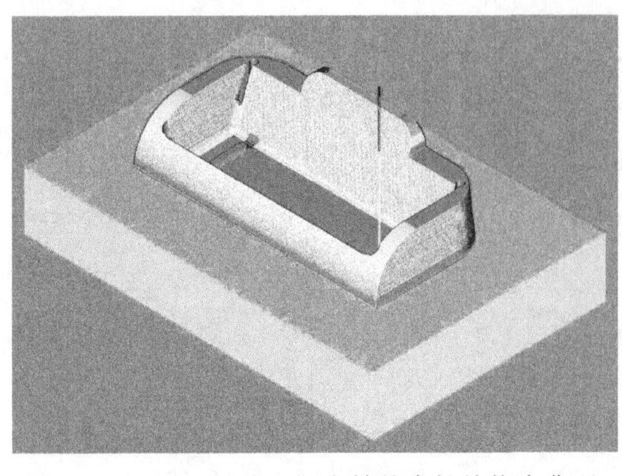

图 2.2.77　$\phi 1$ 的球刀固定轴轮廓铣精修小曲面

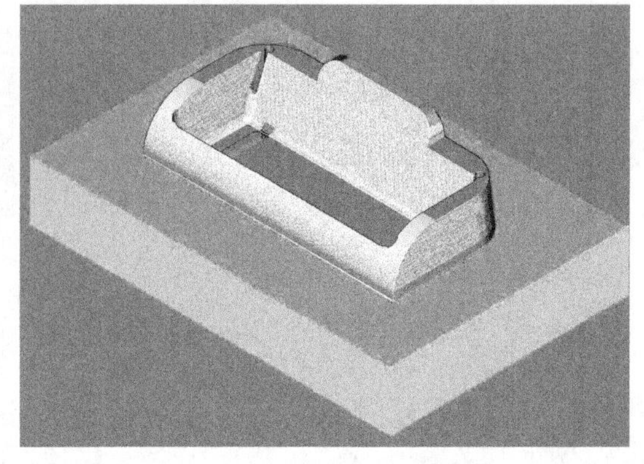

图 2.2.78　$\phi 1$ 的平底刀清根精加工件剩余的角落区域

案例三　洗衣机旋钮模具零件加工

一、工艺分析

1. 零件图工艺分析

该零件中间为洗衣机旋钮模具零件的凸模，工件无尺寸公差要求（如图 2.3.1 洗衣机旋钮模具零件）。尺寸标注完整，轮廓描述清楚。零件材料为已经加工成型的标准铝块，无热处理和硬度要求。

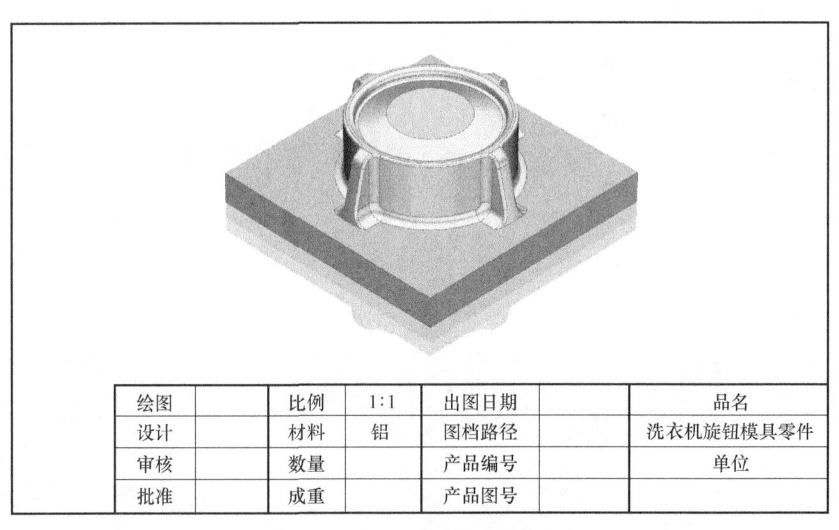

绘图		比例	1:1	出图日期		品名
设计		材料	铝	图档路径		洗衣机旋钮模具零件
审核		数量		产品编号		单位
批准		成重		产品图号		

图 2.3.1　洗衣机旋钮模具零件

2. 确定装夹方案、加工顺序及进给路线

工件采用通用的虎钳装夹方案，底部放置垫块，保证工件摆正，对刀点采用左下角的上表面点对刀，其装夹方式、加工区域和对刀点如图 2.3.2 所示。

3. 刀具和加工区域选择

选用多把铣刀加工本例的区域，将所选定的刀具参数以及加工区域填入表 2.3.1 数控加工卡片中，以便于编程和操作管理。

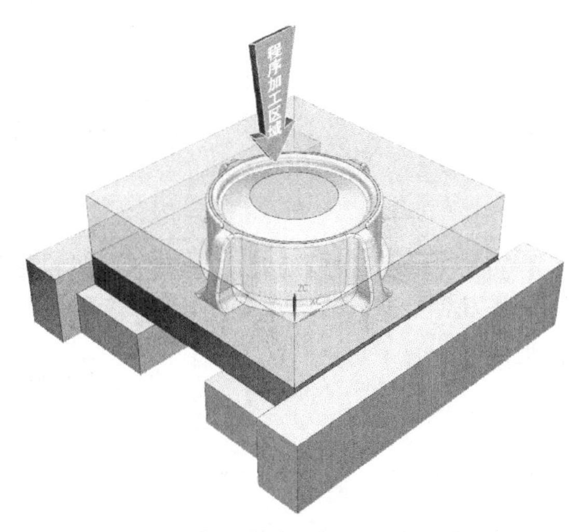

图 2.3.2　装夹方式、加工区域和对刀点

表 2.3.1　数控加工卡片

产品名称或代号	模具零件加工综合实例	零件名称	洗衣机旋钮模具零件		
序号	加工区域	刀具			
		名称	规格	刀号	
1	$\phi 15R3$ 的圆角刀型腔铣开粗加工	D15R3	ϕ15R3 圆角刀	1	
2	$\phi 8$ 的球刀型腔铣半精加工所有区域	D8R4	ϕ8 球刀	2	
3	$\phi 4$ 的球刀固定轴轮廓铣精加工顶面区域	D4R2	ϕ4 球刀	3	
4	$\phi 4$ 的球刀深度铣侧面陡峭区域	D4R2	ϕ4 球刀	3	
5	$\phi 15R3$ 的圆角刀型腔铣精加工底面区域	D15R3	ϕ15R3 圆角刀	1	
6	$\phi 4$ 的球刀固定轴轮廓铣底部第一个圆角的区域	D4R2	ϕ4 球刀	3	
7	$\phi 4$ 的球刀固定轴轮廓铣底部第二个圆角的区域	D4R2	ϕ4 球刀	3	
8	$\phi 4$ 的球刀固定轴轮廓铣底部第三个圆角的区域	D4R2	ϕ4 球刀	3	
9	$\phi 4$ 的球刀固定轴轮廓铣底部第四个圆角的区域	D4R2	ϕ4 球刀	3	
10	$\phi 2$ 的球刀型腔铣精加工剩余的小区域	D2R1	ϕ2 球刀	4	
11	$\phi 2$ 的球刀清根精加工顶面小圆角区域	D2R1	ϕ2 球刀	4	
编制 ×××	审核 ×××	批准	×××	共 1 页	

二、前期准备工作

1. 绘制辅助图形

进入【建模】模块式→【草图】中绘制图形，使之作为加工坐标系的原点（如图 2.3.3 草图中绘制辅助图形和图 2.3.4 完成后的效果）。

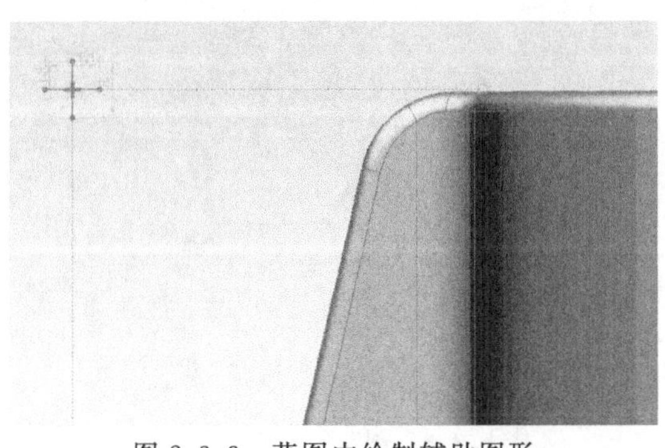

图 2.3.3　草图中绘制辅助图形

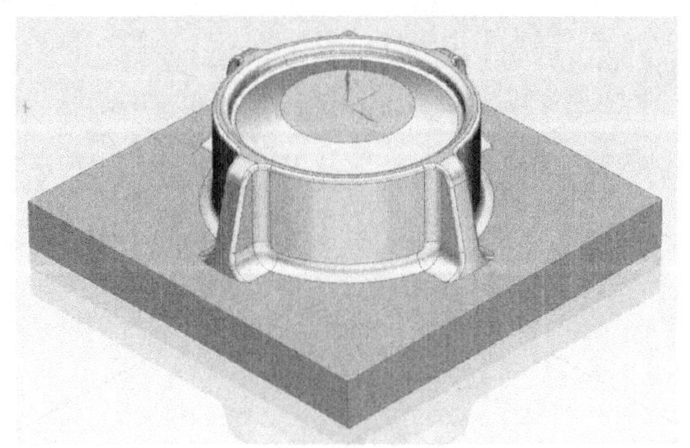

图 2.3.4　完成后的效果

2. 进入加工模块

打开【启动】菜单→【加工】，进入加工模块→打开【加工环境】对话框→【CAM 会话配置】cam _ general→【要创建的 CAM 组装】mill _ contour→【确定】（如图 2.3.5 进入加工模块）。

3. 创建刀具

→【创建刀具】→选择【平底刀】→【名称】D15R3→在【刀具设置】对话框中→【(D) 直径】15→【(R1) 下半径】3→【刀具号】1→【确定】（如图 2.3.6 创建 1 号刀具）。

图 2.3.5　进入加工模块

图 2.3.6　创建 1 号刀具

→【创建刀具】→选择【平底刀】→【名称】D8R4→在【刀具设置】对话框中→【(D) 直径】8→【(R1) 下半径】4→【刀具号】2→【确定】（如图 2.3.7 创建 2 号刀具）。

→【创建刀具】→选择【平底刀】→【名称】D4R2→在【刀具设置】对话框中→【(D) 直径】4→【(R1) 下半径】2→【刀具号】3→【确定】（如图 2.3.8 创建 3 号刀具）。

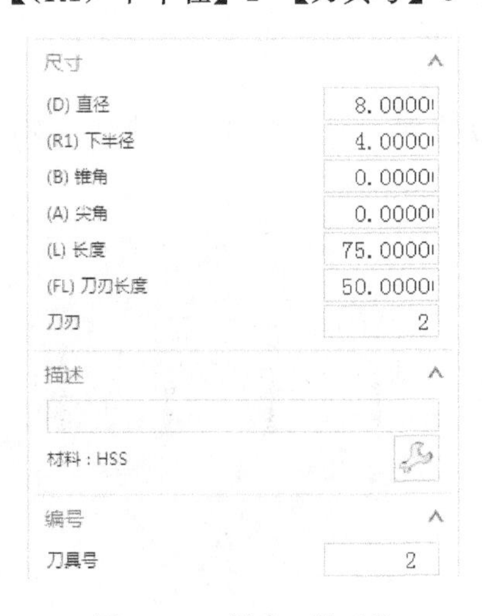

图 2.3.7　创建 2 号刀具

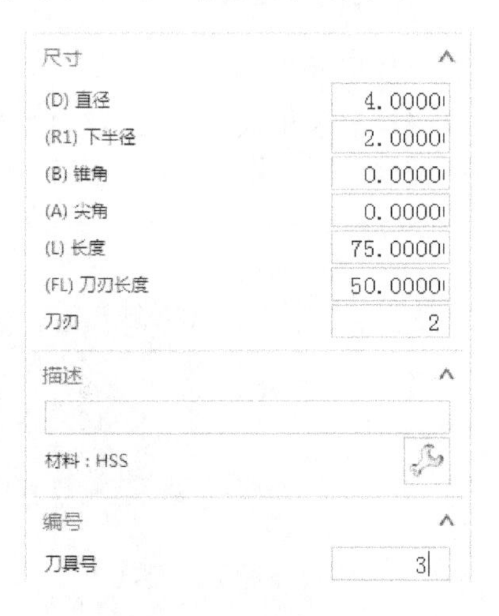

图 2.3.8　创建 3 号刀具

→【创建刀具】→选择【平底刀】→【名称】D2R1→在【刀具设置】对话框中→【（D）直径】2→【（R1）下半径】1→【刀具号】4→【确定】（如图 2.3.9 创建 4 号刀具）。

4. 设置坐标系和创建毛坯

【几何视图】→双击【MCS _ MILL】→点击绘制的辅助的直线的交叉点，将加工坐标系移至毛坯左下角的上平面点即可（如图）→设定【安全距离】2→【确定】（如图 2.3.10 设置坐标系）。

图 2.3.9　创建 4 号刀具

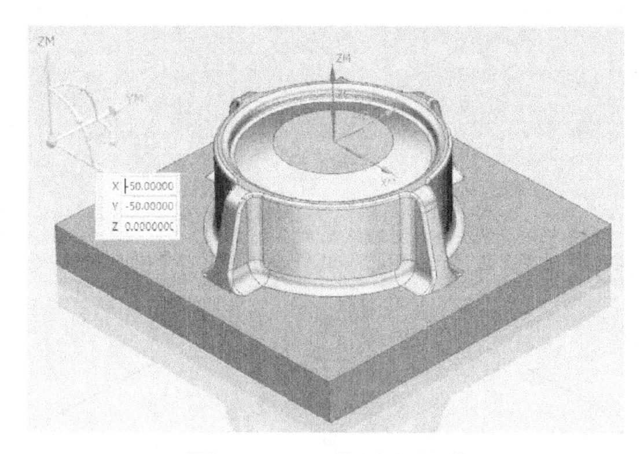

图 2.3.10　设置坐标系

→打开 MCS _ MILL 前的【+】号，双击【WORKPIECE】→在【工件】对话框中→点击【指定部件】按钮→点击工件→【确定】（如图 2.3.11 指定部件）。

→点击【指定毛坯】按钮→在弹出的【毛坯几何体】对话中→【类型】→选择【包容块】，设置最小化包容工件的毛坯→毛坯设置的效果如图→【确定】→【确定】（如图 2.3.12 创建毛坯）。

图 2.3.11　指定部件

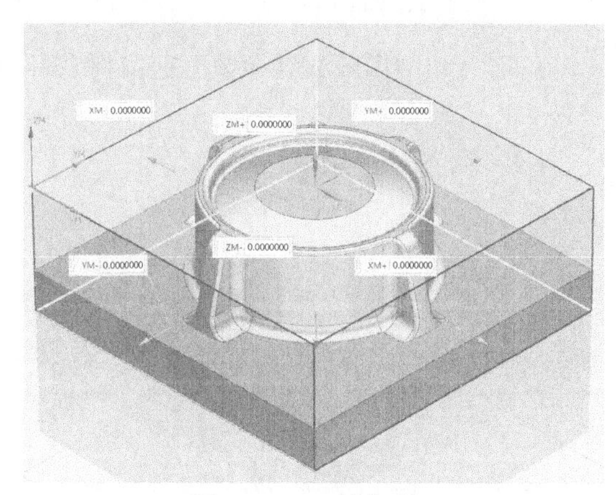

图 2.3.12　创建毛坯

三、$\phi 15R3$ 的圆角刀型腔铣开粗加工

1. 选择粗加工方法

【程序顺序视图】→【创建工序】→弹出【创建工序】对话框→【类型】mill _ contour→【工序子类型】型腔铣→【程序】PROGRAM→【刀具】D15R3→【几何体】WORKPIECE→【方法】MILL _ ROUGH，进行粗加工→【名称】cu→【确定】（如图 2.3.13 选择粗加工方法）。

2. 选择加工区域

在弹出的【型腔铣】对话框中→【指定切削区域】→选择要加工的曲面→【确定】（如图 2.3.14 选择加工区域）。

图 2.3.13　选择粗加工方法

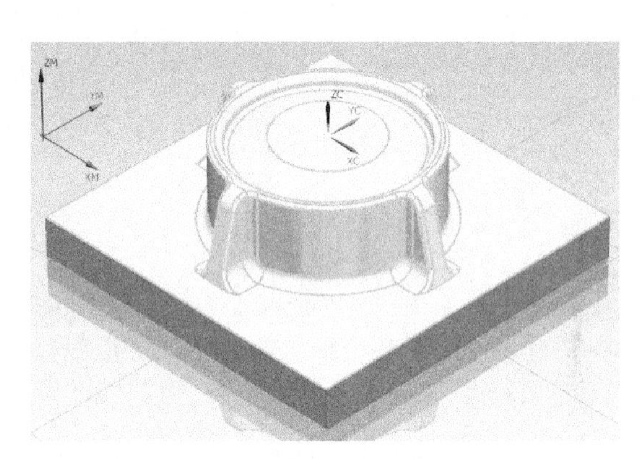

图 2.3.14　选择加工区域

3. 设置加工参数

【刀轨设置】栏目中→【切削模式】跟随部件→【平面直径百分比】85→【最大距离】3（如图 2.3.15 设置加工参数）。

4. 设置切削参数

打开【切削参数】→【余量】【部件侧面余量】0.3→【确定】（如图 2.3.16 余量）。

图 2.3.15　设置加工参数

图 2.3.16　余量

5. 设置进给率和速度

打开【进给率和速度】→勾选【主轴速度（rpm）】3000→【进给率】【切削】400→【确定】（如图 2.3.17 设置进给率和速度）。

6. 生成刀具路径

【操作】栏目中→点击【生成刀具路径】，生成该步操作的刀具路径（如图 2.3.18 生成刀具路径）。

图 2.3.17　设置进给率和速度

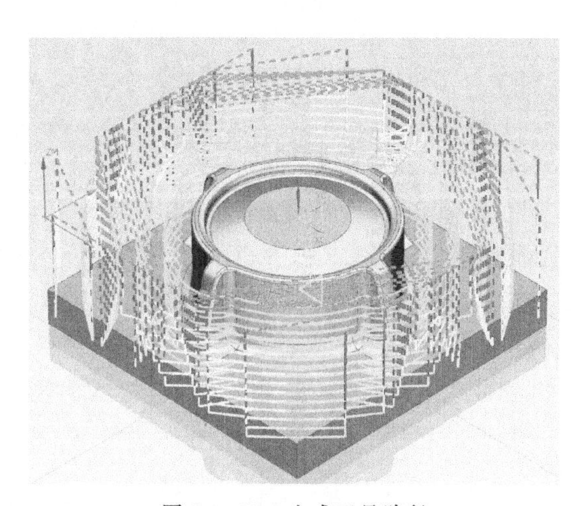

图 2.3.18　生成刀具路径

四、$\phi 8$的球刀型腔铣半精加工所有区域

1. 选择半精加工方法

【程序顺序视图】→【创建工序】→弹出【创建工序】对话框→【类型】mill _ contour→【工序子类型】型腔铣→【程序】PROGRAM→【刀具】D8R4→【几何体】WORKPIECE→【方法】MILL _ FINISH→【名称】jing1→【确定】（如图 2.3.19 选择半精加工方法）。

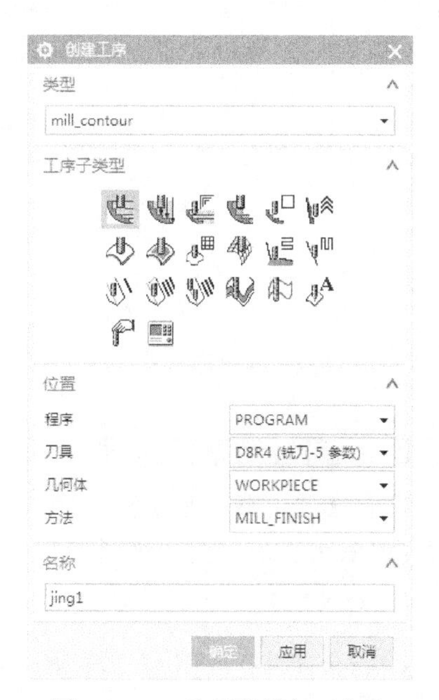

图 2.3.19　选择半精加工方法

2. 选择加工区域

在弹出的【型腔铣】对话框中→【指定切削区域】→选择要加工的曲面→【确定】（如图 2.3.20 选择加工区域）。

3. 设置加工参数

【刀轨设置】栏目中→【切削模式】跟随部件→【平面直径百分比】65→【最大距离】1（如图 2.3.21 设置加工参数）。

图 2.3.20　选择加工区域

图 2.3.21　设置加工参数

4. 设置切削参数

打开【切削参数】→【策略】【切削顺序】深度优先→【余量】【部件侧面余量】0.1→【空间范围】【毛坯】【处理中的工件】使用 3D→【确定】（如图 2.3.22 深度优先、图 2.3.23 余量、图 2.3.24 使用 3D）。

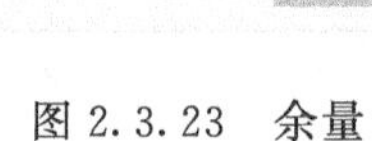

图 2.3.22　深度优先　　图 2.3.23　余量　　图 2.3.24　使用 3D

5. 设置进给率和速度

打开【进给率和速度】→勾选【主轴速度（rpm）】3500→【进给率】【切削】300→【确定】（如图 2.3.25 设置切削参数）。

6. 生成刀具路径

【操作】栏目中→点击【生成刀具路径】，生成该步操作的刀具路径（如图 2.3.26 生成刀具路径）。

图 2.3.25　设置切削参数

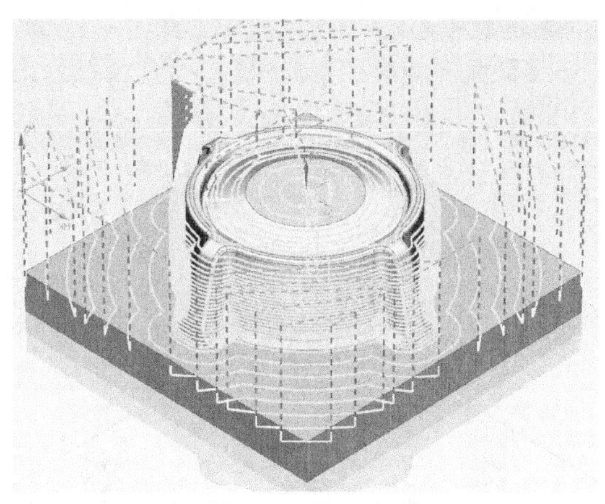
图 2.3.26　生成刀具路径

五、ϕ4 的球刀固定轴轮廓铣精加工顶面区域

1. 选择精加工方法

【程序顺序视图】→【创建工序】→弹出【创建工序】对话框→【类型】mill _ contour→【工序子类型】型腔铣→【程序】PROGRAM→【刀具】D4R2→【几何体】WORKPIECE→【方法】MILL _ FINISH→【名称】jing-ding→【确定】(如图 2.3.27 选择精加工方法)。

2. 选择加工区域

在弹出的【固定轴轮廓铣】对话框中→【指定切削区域】→选择要加工的曲面→【确定】(如图 2.3.28 选择加工区域)。

图 2.3.27　选择精加工方法

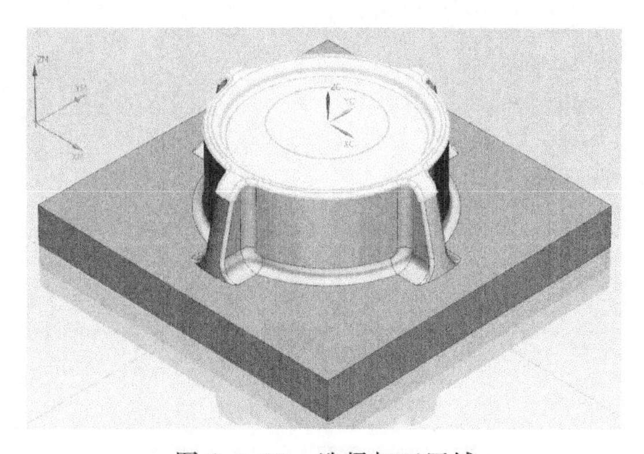
图 2.3.28　选择加工区域

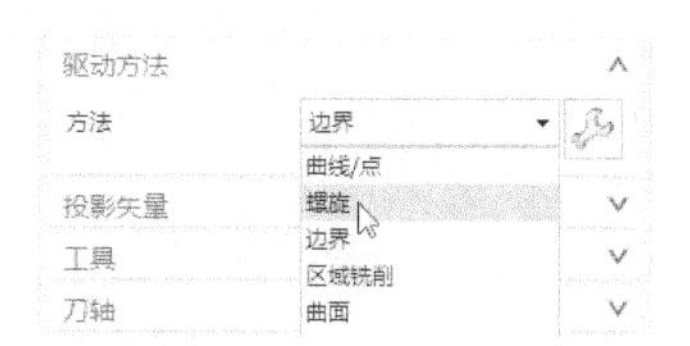

图 2.3.29　驱动方法

3. 设置驱动方法及加工参数设置

【驱动方法】栏目中→【方法】螺旋（如图 2.3.29 驱动方法）。

→弹出【螺旋】驱动方法对话框→【指定点】，定圆弧的圆心作为螺旋中心（如图 2.3.30 螺旋中心）。

→【最大螺旋半径】50→【平面直径百分比】4→【确定】（如图 2.3.31 加工参数设置）。

图 2.3.30　螺旋中心

图 2.3.31　加工参数设置

4. 设置进给率和速度

打开【进给率和速度】→勾选【主轴速度（rpm）】3500→【进给率】【切削】150→【确定】（如图 2.3.32 设置进给率和速度）。

5. 生成刀具路径

【操作】栏目中→点击【生成刀具路径】，生成该步操作的刀具路径（如图 2.3.33 生成刀具路径）。

图 2.3.32　设置进给率和速度

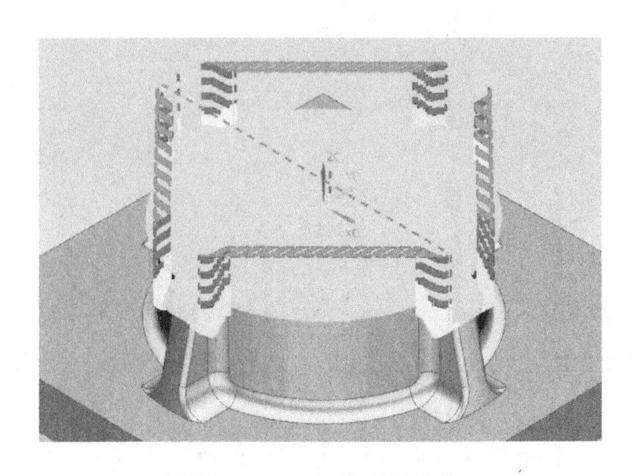

图 2.3.33　生成刀具路径

六、$\phi 4$ 的球刀深度铣侧面陡峭区域

1. 选择精加工方法

【程序顺序视图】→【创建工序】→弹出【创建工序】对话框→【类型】mill _ contour→【工序子类型】深度轮廓加工（等高轮廓铣）→【程序】PROGRAM→【刀具】D4R2→【几何体】WORKPIECE→【方法】FINISH 精加工→【名称】jing-ce→【确定】（如图 2.3.34 选择精加工方法）。

2. 选择加工区域

在弹出的【深度轮廓加工】对话框中→【指定切削区域】→选择要加工的陡峭曲面→【确定】(如图 2.3.35 选择加工区域)。

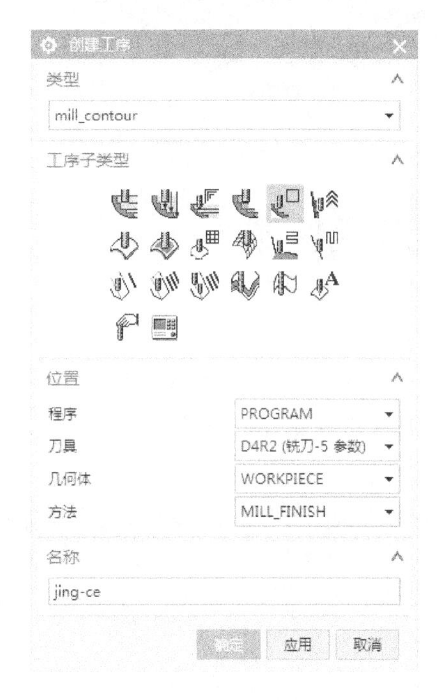

图 2.3.34　选择精加工方法

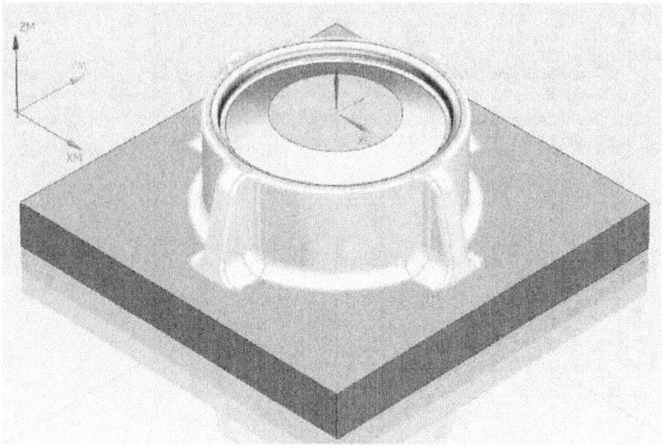

图 2.3.35　选择加工区域

3. 设置加工参数

弹出【深度轮廓加工】对话框→【陡峭空间范围】仅陡峭的→【角度】65→【最大距离】0.3（如图 2.3.36 设置加工参数)。

4. 设置进给率和速度

打开【进给率和速度】→勾选【主轴速度 (rpm)】3000→【进给率】【切削】200→【确定】（如图 2.3.37 设置进给率和速度)。

5. 生成刀具路径

【操作】栏目中→点击【生成刀具路径】，生成该步操作的刀具路径（如图 2.3.38 生成刀具路径)。

图 2.3.36　设置加工参数

图 2.3.37　设置进给率和速度

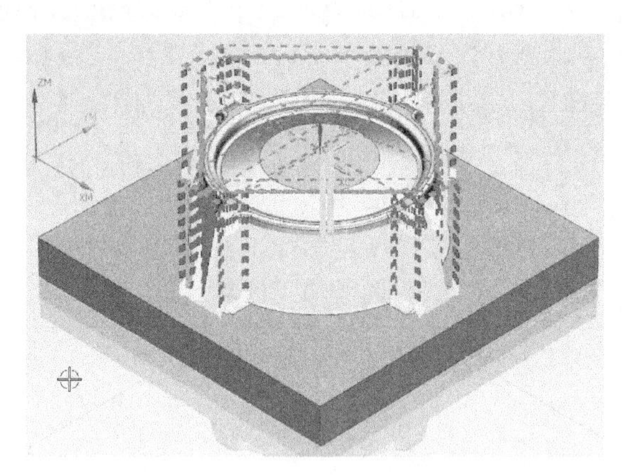

图 2.3.38　生成刀具路径

七、ϕ15R3 的圆角刀型腔铣精加工底面区域

1. 选择精加工方法

【程序顺序视图】→【创建工序】→弹出【创建工序】对话框→【类型】mill _ contour→【工序子类型】型腔铣→【程序】PROGRAM→【刀具】D15R3→【几何体】WORKPIECE→【方法】MILL _ FINISH→【名称】jing-di→【确定】(如图 2.3.39 选择精加工方法)。

2. 选择加工区域

在弹出的【型腔铣】对话框中→【指定切削区域】→选择要加工的曲面→【确定】(如图 2.3.40 选择加工区域)。

图 2.3.39　选择精加工方法

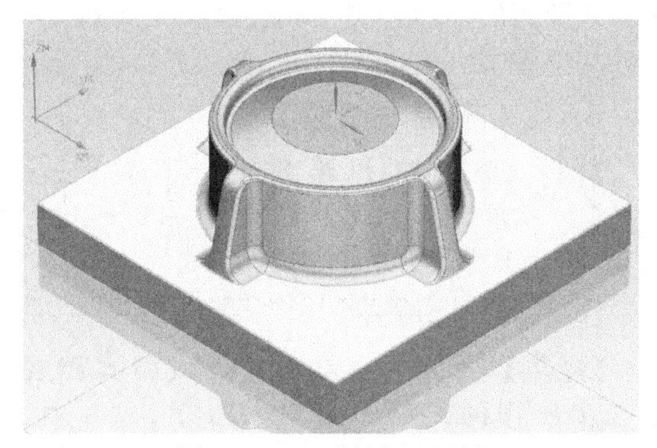

图 2.3.40　选择加工区域

3. 设置加工参数

【刀轨设置】栏目中→【切削模式】跟随部件→【平面直径百分比】50→【最大距离】6（如图 2.3.41 设置加工参数）。

4. 设置切削参数

打开【切削参数】→【余量】所有均设为 0→【空间范围】【毛坯】【处理中的工件】使用 3D→【确定】（如图 2.3.42 余量、图 2.3.43 使用 3D）。

图 2.3.41　设置加工参数

图 2.3.42　余量

5. 设置非切削移动

打开【非切削移动】→【进刀】→【封闭区域】【进刀类型】插削→【开放区域】【进刀类型】与封闭区域相同→【确定】（如图 2.3.44 设置非切削移动）。

图 2.3.43　使用 3D

图 2.3.44　设置非切削移动

6. 设置进给率和速度

打开【进给率和速度】→勾选【主轴速度（rpm）】3000→【进给率】【切削】200→【确定】（如图 2.3.45 设置切削参数）。

7. 生成刀具路径

【操作】栏目中→点击【生成刀具路径】，生成该步操作的刀具路径（如图 2.3.46 生成刀具路径）。

图 2.3.45　设置切削参数

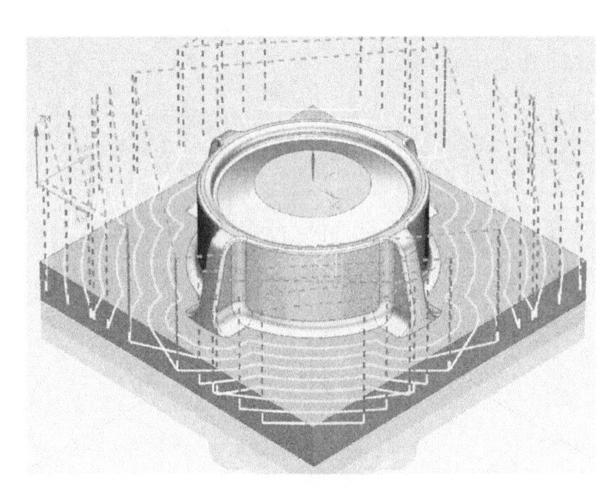

图 2.3.46　生成刀具路径

八、ϕ4 的球刀固定轴轮廓铣底部第一个圆角的区域

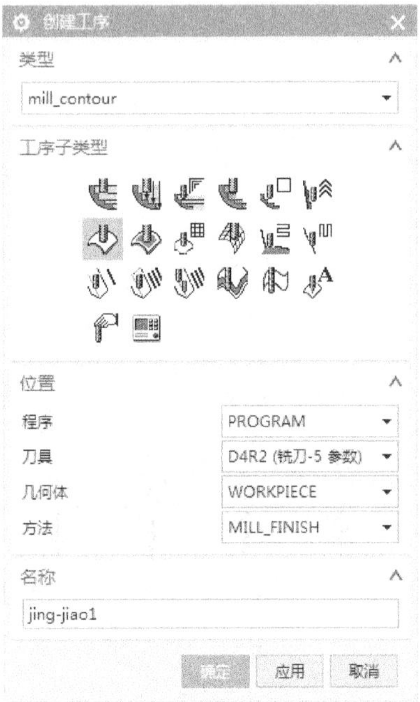

1. 选择精加工方法

【程序顺序视图】→【创建工序】→弹出【创建工序】对话框→【类型】mill _ contour→【工序子类型】固定轴曲面轮廓铣→【程序】PROGRAM→【刀具】D4R2→【几何体】WORKPIECE→【方法】MILL _ FINISH→【名称】jing-jiao1→【确定】（如图 2.3.47 选择精加工方法）。

图 2.3.47　选择精加工方法

2. 选择加工区域

在弹出的【固定轴曲面轮廓铣】对话框中→【指定切削区域】→选择要加工的曲面→【确定】（如图 2.3.48 选择加工区域）。

3. 设置驱动方法及加工参数设置

【驱动方法】栏目中→【方法】径向切削（如图 2.3.49 驱动方法）。

→弹出【径向切削】驱动方法对话框→【驱动几何体】→【指定驱动几何体】→【类型】开放→选择圆角的下边缘的曲线→【确定】（如图 2.3.50 指定驱动几何体）。

【驱动设置】→【切削类型】往复→【平面直径百分比】

4→【材料侧的条带】10→【另一侧的条带】0→【确定】（如图 2.3.51 加工参数设置）。

4. 设置进给率和速度

打开【进给率和速度】→勾选【主轴速度（rpm）】3000→【进给率】【切削】250→【确定】（如图 2.3.52 设置进给率和速度）。

5. 生成刀具路径

【操作】栏目中→点击【生成刀具路径】，生成该步操作的刀具路径（如图 2.3.53 生成刀具路径）。

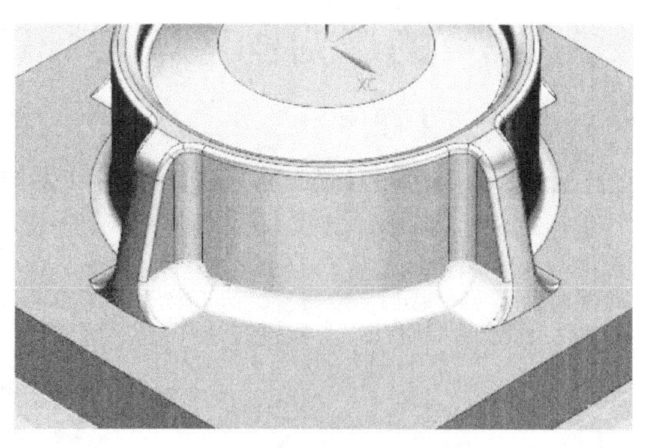

图 2.3.48 选择加工区域

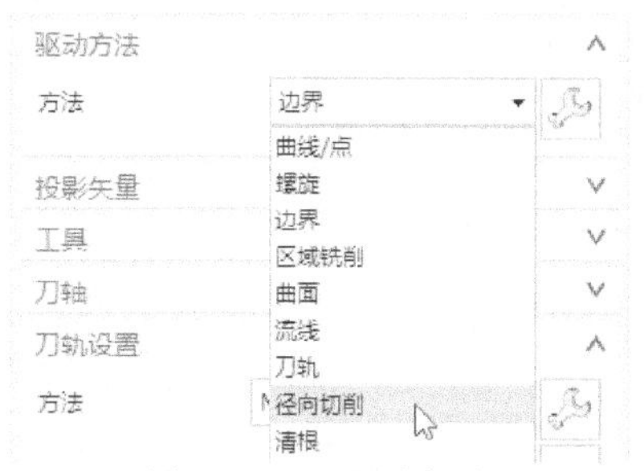

图 2.3.49 驱动方法

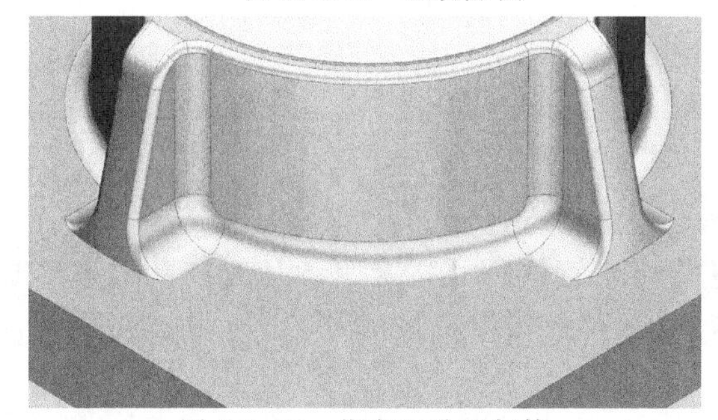

图 2.3.50 指定驱动几何体

图 2.3.51 加工参数设置

图 2.3.52 设置进给率和速度

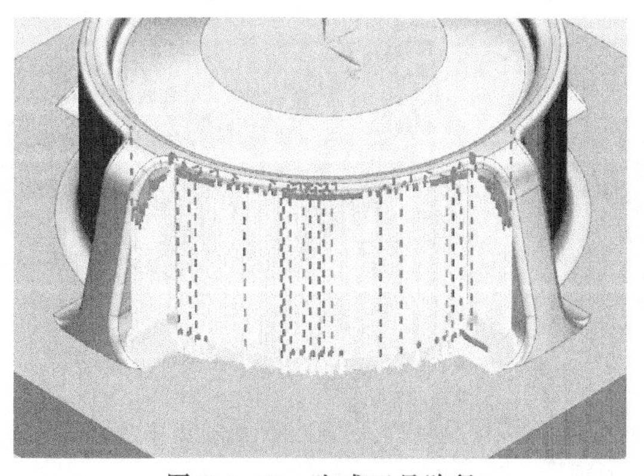

图 2.3.53 生成刀具路径

九、ϕ4的球刀固定轴轮廓铣底部第二个圆角的区域

1. 复制创建程序

右击【JING-JIAO1】→【复制】→【粘贴】→【重命名】JING-JIAO2（如图2.3.54复制创建程序）。

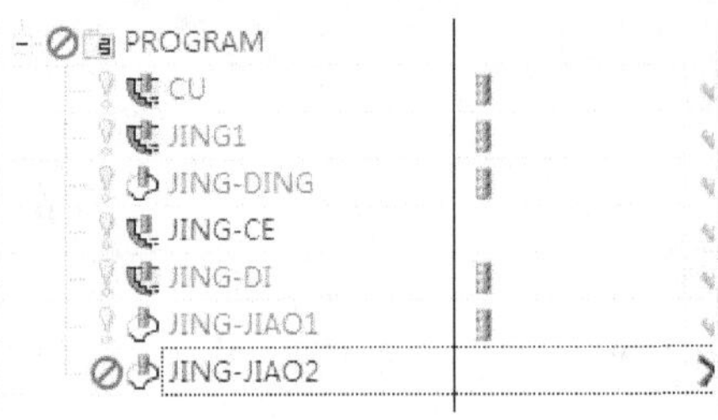

图2.3.54　复制创建程序

2. 选择加工区域

双击程序名→在弹出的【固定轴曲面轮廓铣】对话框中→【指定切削区域】→选择要加工的曲面→【确定】（如图2.3.55选择加工区域）。

3. 设置驱动方法及加工参数设置

【驱动方法】栏目中→【方法】径向切削（如图2.3.56驱动方法）。

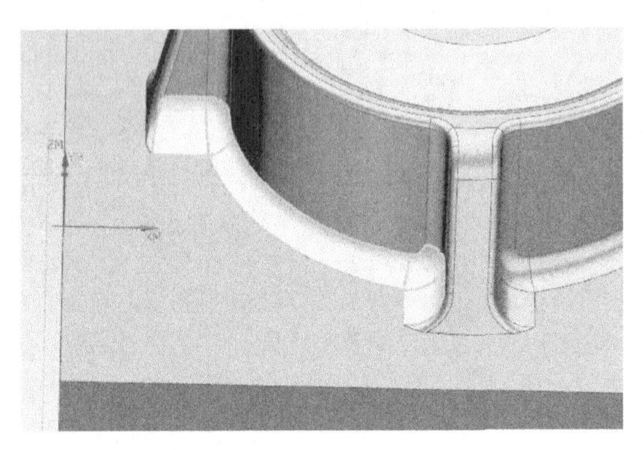

图2.3.55　选择加工区域

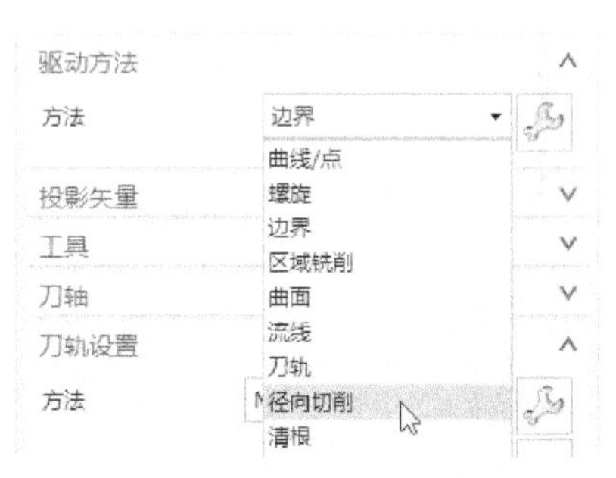

图2.3.56　驱动方法

→弹出【径向切削】驱动方法对话框→【驱动几何体】→【指定驱动几何体】→【重新选择】→【类型】开放→选择圆角的下边缘的曲线→【确定】→【确定】（如图2.3.57指定驱动几何体）。

4. 生成刀具路径

【操作】栏目中→点击【生成刀具路径】，生成该步操作的刀具路径（如图2.3.58生成刀具路径）。

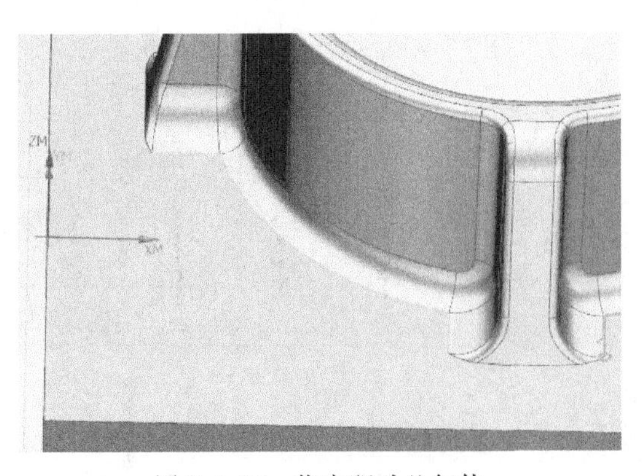

图2.3.57　指定驱动几何体

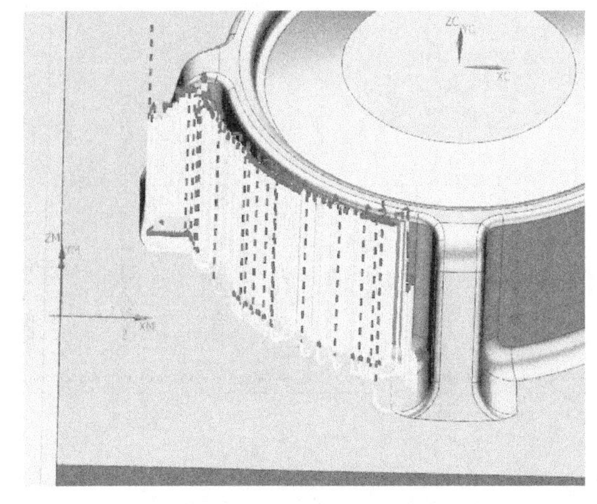

图2.3.58　生成刀具路径

十、$\phi 4$ 的球刀固定轴轮廓铣底部第三个圆角的区域

1. 复制创建程序

右击【JING-JIAO2】→【复制】→【粘贴】→【重命名】JING-JIAO3（如图 2.3.59 复制创建程序）。

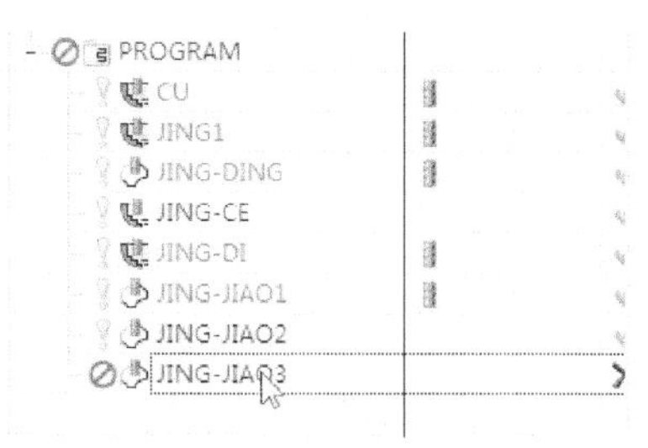

图 2.3.59　复制创建程序

2. 选择加工区域

双击程序名→在弹出的【固定轴曲面轮廓铣】对话框中→【指定切削区域】→选择要加工的曲面→【确定】（如图 2.3.60 选择加工区域）。

3. 设置驱动方法及加工参数设置

【驱动方法】栏目中→【方法】径向切削（如图 2.3.61 驱动方法）。

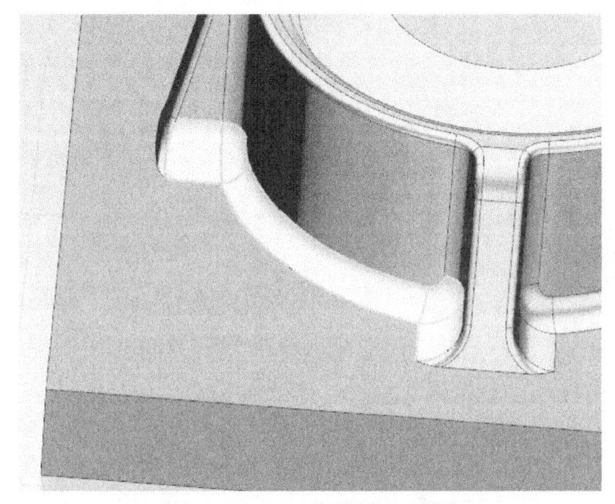

图 2.3.60　选择加工区域

图 2.3.61　驱动方法

→弹出【径向切削】驱动方法对话框→【驱动几何体】→【指定驱动几何体】→【重新选择】→【类型】开放→选择圆角的下边缘的曲线→【确定】→【确定】（如图 2.3.62 指定驱动几何体）。

4. 生成刀具路径

【操作】栏目中→点击【生成刀具路径】，生成该步操作的刀具路径（如图 2.3.63 生成刀具路径）。

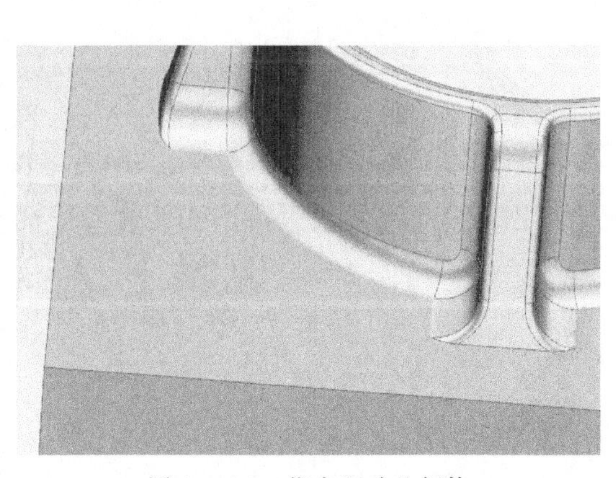

图 2.3.62　指定驱动几何体

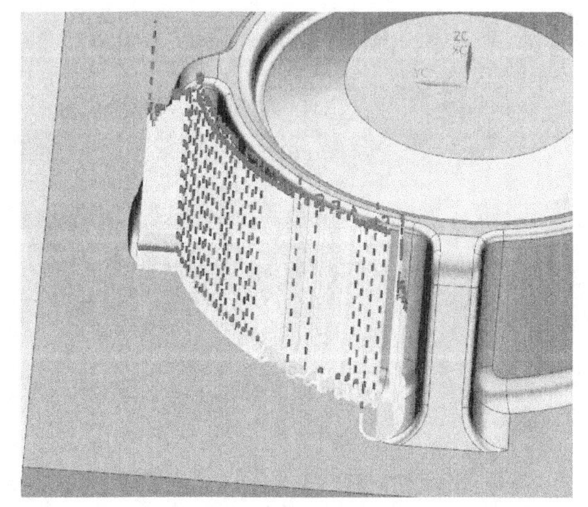

图 2.3.63　生成刀具路径

十一、ϕ4的球刀固定轴轮廓铣底部第四个圆角的区域

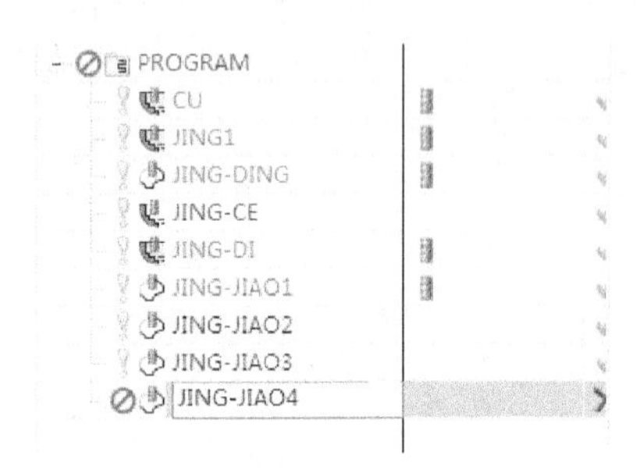

图 2.3.64 复制创建程序

1. 复制创建程序

右击【JING-JIAO3】→【复制】→【粘贴】→【重命名】JING-JIAO4（如图 2.3.64 复制创建程序）。

2. 选择加工区域

双击程序名→在弹出的【固定轴曲面轮廓铣】对话框中→【指定切削区域】→选择要加工的曲面→【确定】（如图 2.3.65 选择加工区域）。

3. 设置驱动方法及加工参数设置

【驱动方法】栏目中→【方法】径向切削（如图 2.3.66 驱动方法）。

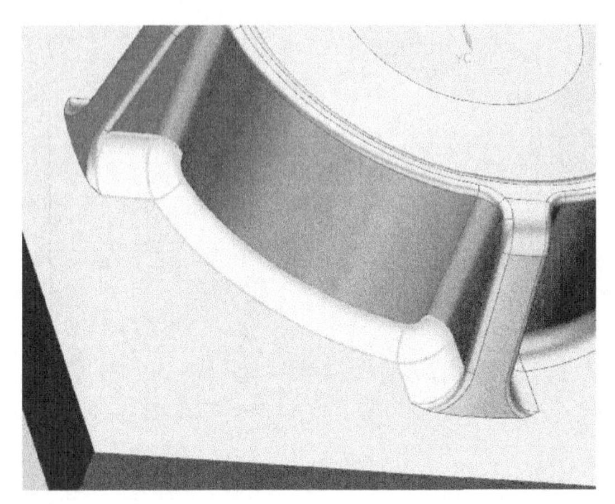

图 2.3.65 选择加工区域

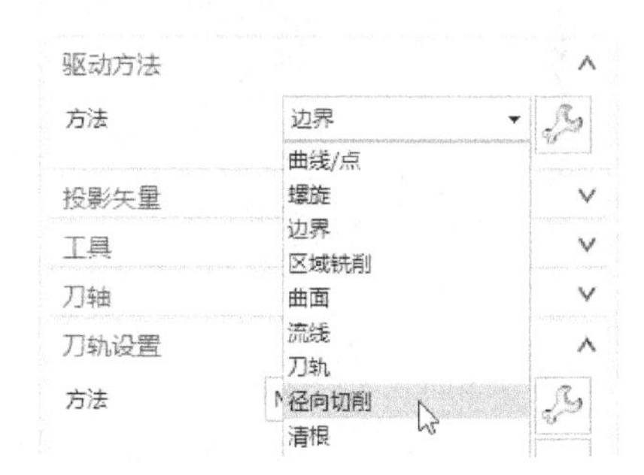

图 2.3.66 驱动方法

→弹出【径向切削】驱动方法对话框→【驱动几何体】→【指定驱动几何体】→【重新选择】→【类型】开放→选择圆角的下边缘的曲线→【确定】→【确定】（如图 2.3.67 指定驱动几何体）。

4. 生成刀具路径

【操作】栏目中→点击【生成刀具路径】，生成该步操作的刀具路径（如图 2.3.68 生成

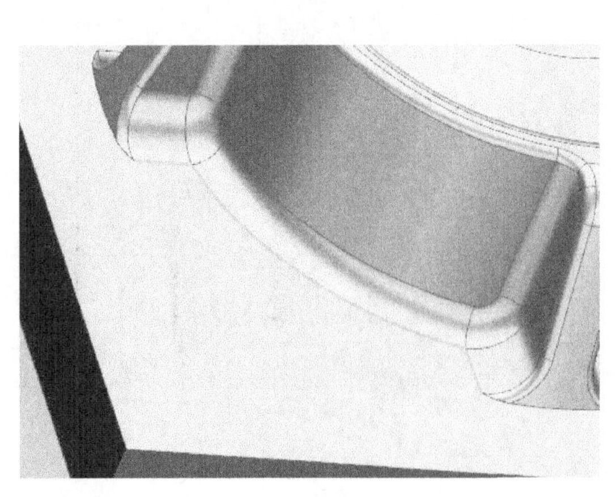

图 2.3.67 指定驱动几何体

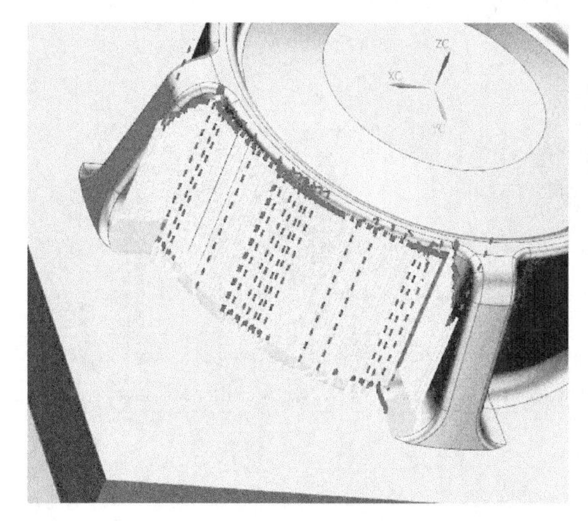

图 2.3.68 生成刀具路径

刀具路径）。

十二、$\phi 2$的球刀型腔铣精加工剩余的小区域

1. 选择精加工方法

【程序顺序视图】→【创建工序】→弹出【创建工序】对话框→【类型】mill _ contour→【工序子类型】型腔铣→【程序】PROGRAM→【刀具】D2R1→【几何体】WORKPIECE→【方法】MILL _ FINISH→【名称】jing-xiao→【确定】（如图 2.3.69 选择精加工方法）。

2. 选择加工区域

在弹出的【型腔铣】对话框中→【指定切削区域】→选择要加工的曲面→【确定】（如图 2.3.70 选择加工区域）。

图 2.3.69　选择精加工方法

图 2.3.70　选择加工区域

3. 设置加工参数

【刀轨设置】栏目中→【切削模式】跟随部件→【平面直径百分比】50→【最大距离】0.3（如图 2.3.71 设置加工参数）。

图 2.3.71　设置加工参数

4. 设置切削参数

打开【切削参数】→【余量】所有均设为 0→【空间范围】【毛坯】【处理中的工件】使用 3D→【确定】（如图 2.3.72 余量、图 2.3.73 使用 3D）。

5. 设置进给率和速度

打开【进给率和速度】→勾选【主轴速度（rpm）】4000→【进给率】【切削】80→【确定】（如图 2.3.74 设置切削参数）。

图 2.3.72　余量

图 2.3.73　使用 3D

6. 生成刀具路径

【操作】栏目中→点击【生成刀具路径】，生成该步操作的刀具路径（如图 2.3.75 生成刀具路径）。

图 2.3.74　设置切削参数

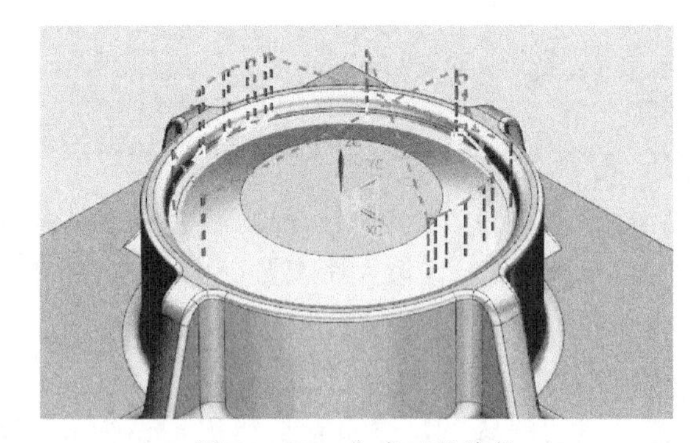

图 2.3.75　生成刀具路径

十三、$\phi 2$ 的球刀清根精加工顶面小圆角区域

1. 选择精加工方法

【程序顺序视图】→【创建工序】→弹出【创建工序】对话框→【类型】mill _ contour→【工序子类型】单刀路清根→【程序】PROGRAM→【刀具】D2R1→【几何体】WORKPIECE→

【方法】FINISH 精加工→【名称】jing-gen→【确定】（如图 2.3.76 选择精加工方法）。

2. 选择加工区域

在弹出的【深度轮廓加工】对话框中→【指定切削区域】→选择要加工的陡峭曲面→【确定】（如图 2.3.77 选择加工区域）。

图 2.3.76　选择精加工方法

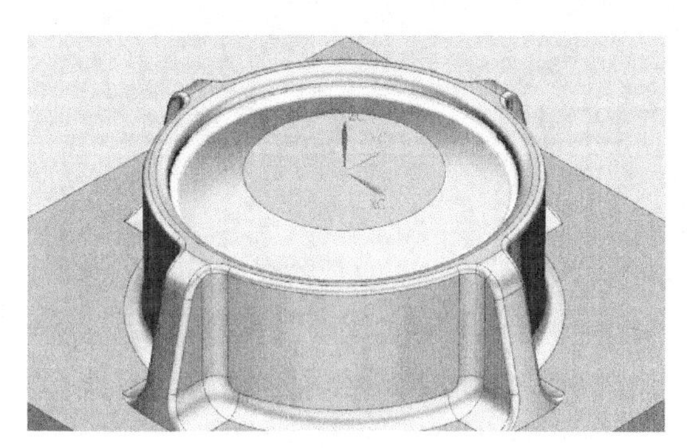

图 2.3.77　选择加工区域

3. 设置进给率和速度

打开【进给率和速度】→勾选【主轴速度（rpm）】4000→【进给率】【切削】80→【确定】（如图 2.3.78 设置进给率和速度）。

图 2.3.78　设置进给率和速度

图 2.3.79　生成刀具路径

4. 生成刀具路径

【操作】栏目中→点击【生成刀具路径】，生成该步操作的刀具路径（如图 2.3.79 生成刀具路径）。

十四、最终验证模拟

在左侧目录列表中选择操作→点击【确认刀轨】按钮→在弹出的【刀轨可视化】。对话框中→选择【2D 动态】→调整【动画速度】→点击【播放】（如图 2.3.80～图 2.3.90）。

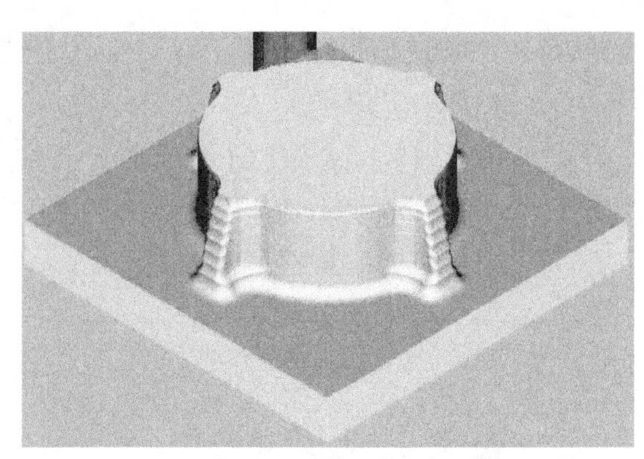

图 2.3.80　$\phi 15R3$ 的圆角刀型腔铣开粗加工

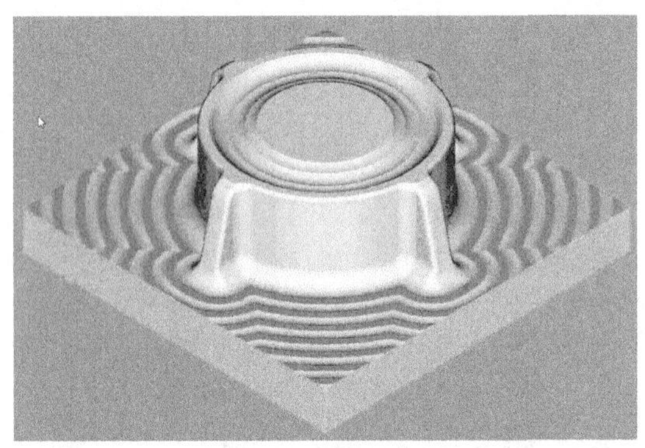

图 2.3.81　$\phi 8$ 的球刀型腔铣半精加工所有区域

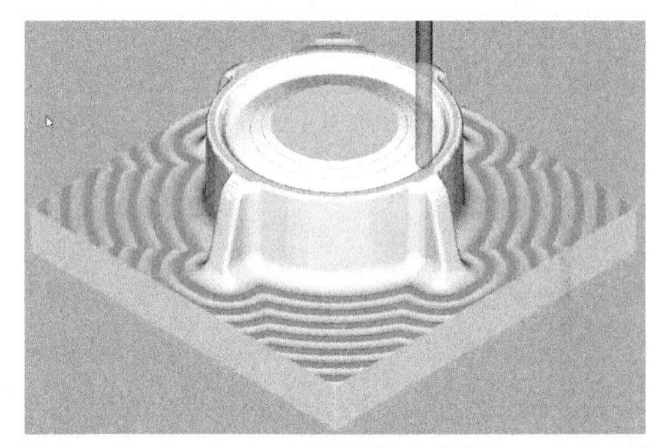

图 2.3.82　$\phi 4$ 的球刀固定轴轮廓铣精加工顶面区域

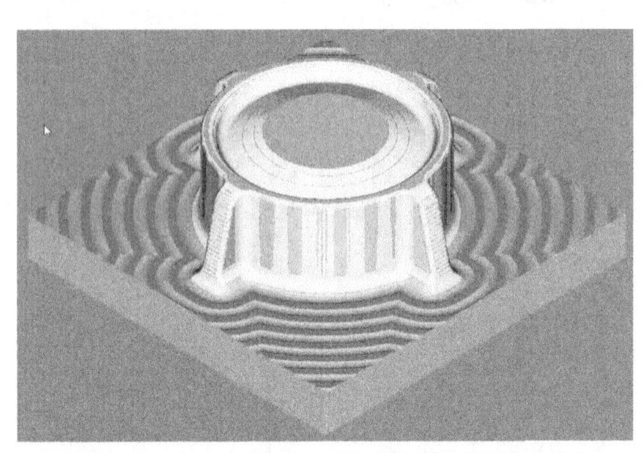

图 2.3.83　$\phi 4$ 的球刀深度铣侧面陡峭区域

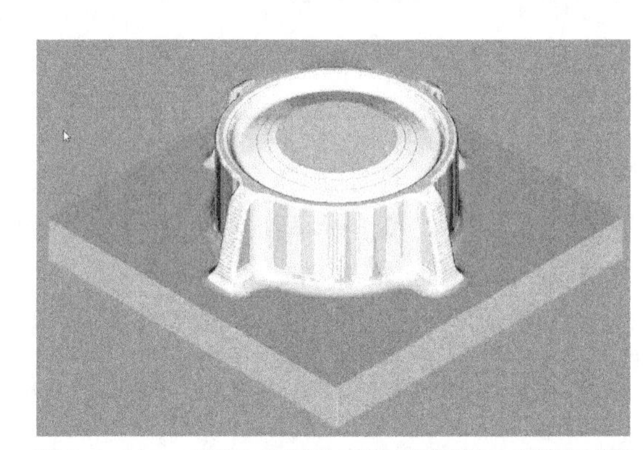

图 2.3.84　$\phi 15R3$ 的圆角刀型腔铣精加工底面区域

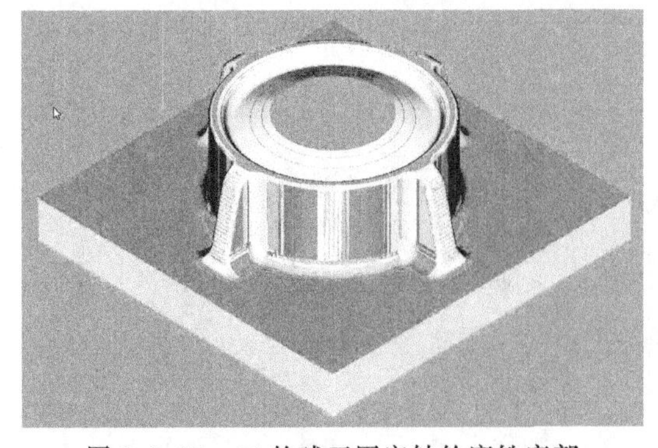

图 2.3.85　$\phi 4$ 的球刀固定轴轮廓铣底部第一个圆角的区域

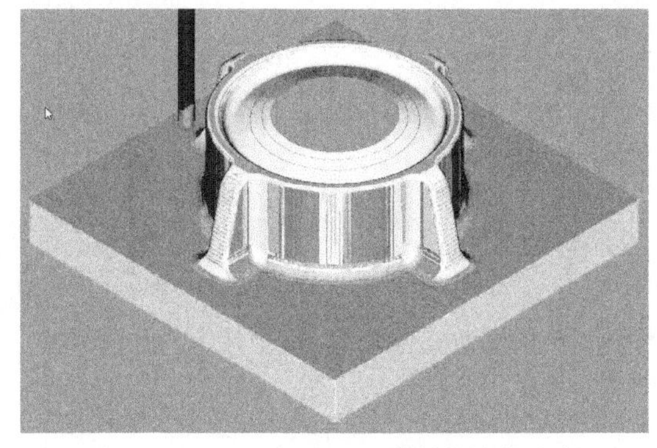

图 2.3.86　$\phi 4$ 的球刀固定轴轮廓铣底部第二个圆角的区域

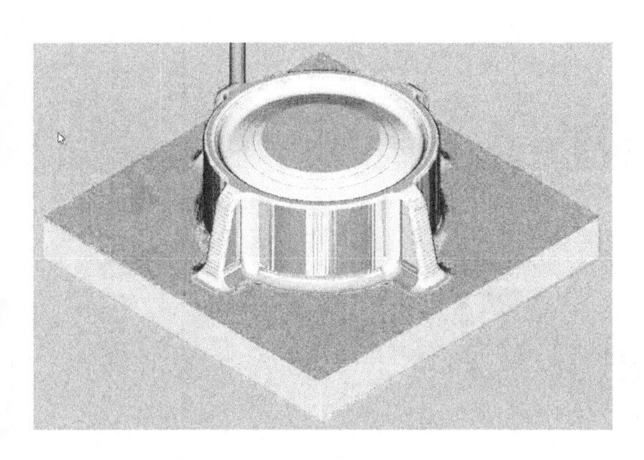

图 2.3.87　$\phi 4$ 的球刀固定轴轮廓铣底部第三个圆角的区域

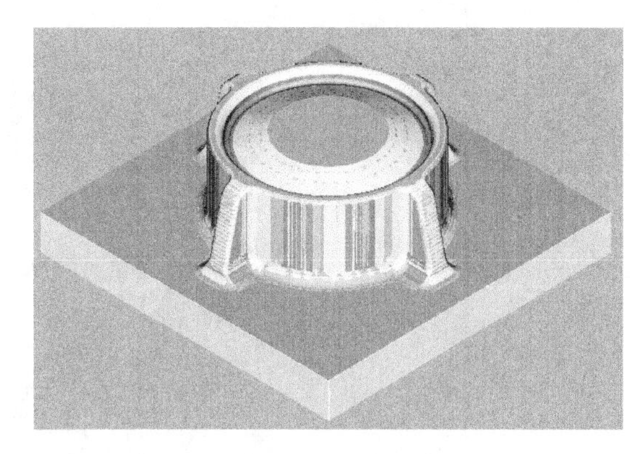

图 2.3.88　$\phi 4$ 的球刀固定轴轮廓铣底部第四个圆角的区域

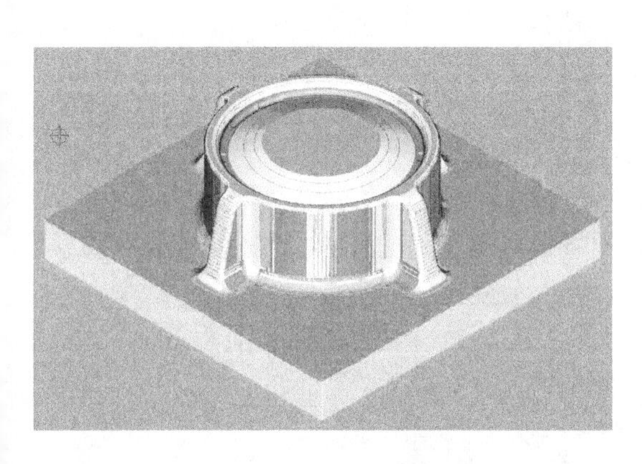

图 2.3.89　$\phi 2$ 的球刀型腔铣精加工剩余的小区域

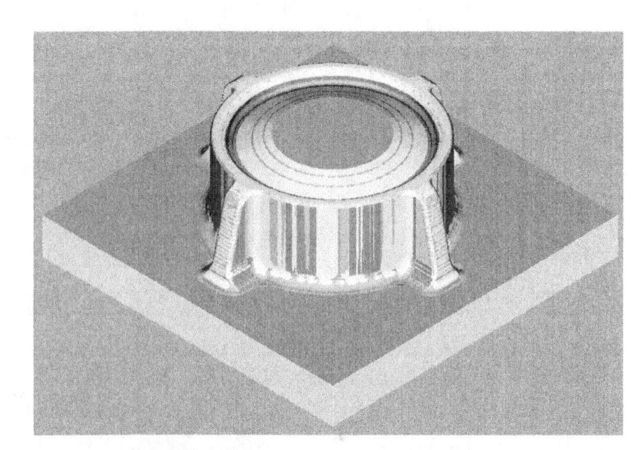

图 2.3.90　$\phi 2$ 的球刀清根精加工顶面小圆角区域

案例四　电话机凹模模具零件加工

一、工艺分析

1. 零件图工艺分析

该零件中间为电话机凹模模具零件，工件无尺寸公差要求（如图 2.4.1 电话机凹模模具零件）。尺寸标注完整，轮廓描述清楚。零件材料为已经加工成型的标准铝块，无热处理和硬度要求。

2. 确定装夹方案、加工顺序及进给路线

工件采用通用的虎钳装夹方案，底部放置垫块，保证工件摆正，对刀点采用左下角的上表面点对刀，其装夹方式、加工区域和对刀点如图 2.4.2 所示。

3. 刀具和加工区域选择

选用多把铣刀加工本例的区域，将所选定的刀具参数以及加工区域填入表 2.4.1 数控加工卡片中，以便于编程和操作管理。

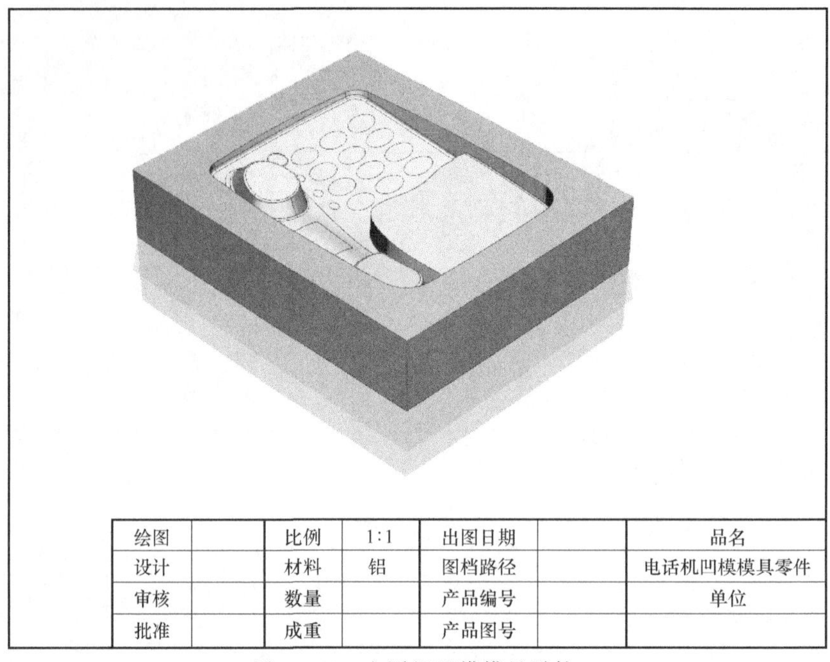

绘图
比例 1:1
出图日期
品名
设计
材料 铝
图档路径
电话机凹模模具零件
审核
数量
产品编号
单位
批准
成重
产品图号

图 2.4.1　电话机凹模模具零件

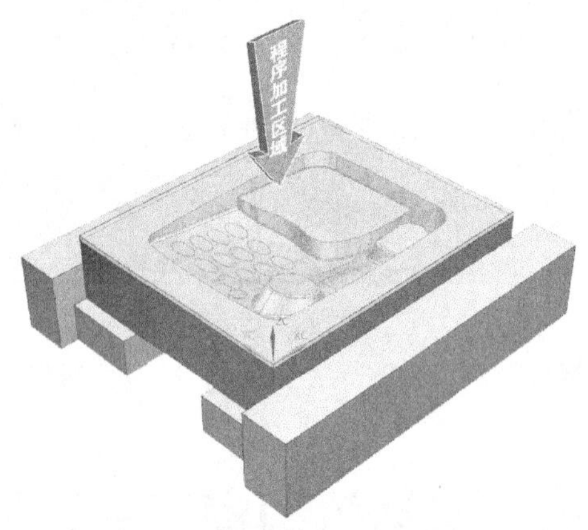

图 2.4.2　装夹方式、加工区域和对刀点

表 2.4.1　数控加工卡片

产品名称或代号	模具零件加工综合实例	零件名称	电话机凹模模具零件	
序号	加工区域	刀具		
		名称	规格	刀号
1	$\phi 12R1$ 的圆角刀型腔铣开粗加工	D12R1	$\phi 12R1$ 圆角刀	1
2	$\phi 5$ 的平底刀型腔铣半精加工所有区域	D5	$\phi 5$ 平底球刀	2
3	$\phi 5R1$ 的圆角刀型腔铣半精加工中间区域	D5R1	$\phi 5$ 圆角	3
4	$\phi 6$ 的球刀深度铣侧面陡峭区域	D6R3	$\phi 6$ 球刀	4
5	$\phi 6$ 的球刀固定轴轮廓铣斜线精加工中间曲面区域	D6R3	$\phi 6$ 球刀	4
6	$\phi 6$ 的球刀固定轴轮廓铣环绕精加工中间曲面区域	D6R3	$\phi 6$ 球刀	4
7	$\phi 2$ 的球刀型腔铣精加工剩余的区域	D2R1	$\phi 2$ 球刀	5
编制　×××	审核　×××	批准	×××	共 1 页

二、前期准备工作

1. 绘制辅助图形

进入【建模】模块式→【草图】中绘制图形，使之作为加工坐标系的原点（如图 2.4.3

草图中绘制辅助图形和图 2.4.4 完成后的效果）。

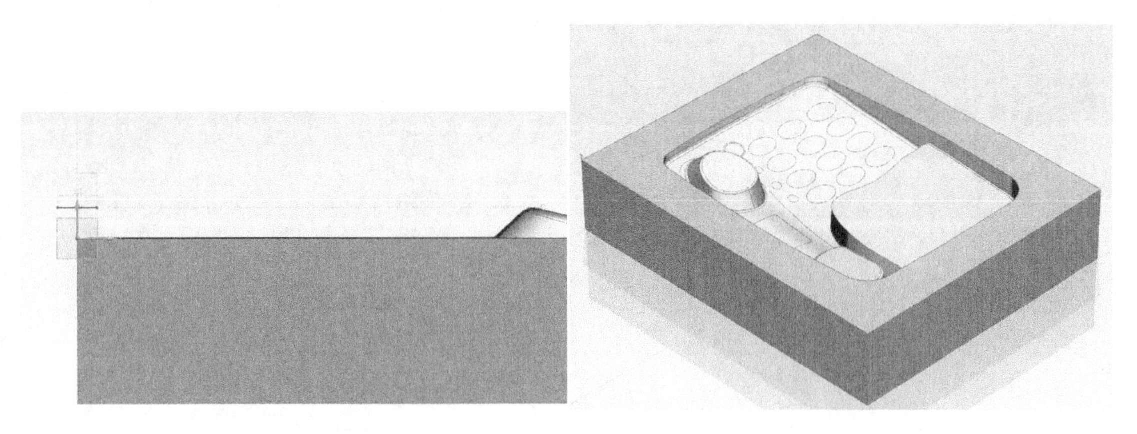

图 2.4.3　草图中绘制辅助图形　　　　图 2.4.4　完成后的效果

2. 进入加工模块

打开【启动】菜单→【加工】，进入加工模块→打开【加工环境】对话框→【CAM 会话配置】cam _ general→【要创建的 CAM 组装】mill _ contour→【确定】（如图 2.4.5 进入加工模块）。

3. 创建刀具

→【创建刀具】→选择【平底刀】→【名称】D12R1→在【刀具设置】对话框中→【（D）直径】12→【（R1）下半径】1→【刀具号】1→【确定】（如图 2.4.6 创建 1 号刀具）。

图 2.4.5　进入加工模块

图 2.4.6　创建 1 号刀具

→【创建刀具】→选择【平底刀】→【名称】D5→在【刀具设置】对话框中→【(D）直径】5→【刀具号】2→【确定】（如图 2.4.7 创建 2 号刀具）。

→【创建刀具】→选择【平底刀】→【名称】D5R1→在【刀具设置】对话框中→【(D) 直径】5→【(R1) 下半径】1→【刀具号】3→【确定】(如图 2.4.8 创建 3 号刀具)。

图 2.4.7　创建 2 号刀具

图 2.4.8　创建 3 号刀具

→【创建刀具】→选择【平底刀】→【名称】D6R3→在【刀具设置】对话框中→【(D) 直径】6→【(R1) 下半径】3→【刀具号】4→【确定】(如图 2.4.9 创建 4 号刀具)。

→【创建刀具】→选择【平底刀】→【名称】D2R1→在【刀具设置】对话框中→【(D) 直径】2→【(R1) 下半径】1→【刀具号】5→【确定】(如图 2.4.10 创建 5 号刀具)。

图 2.4.9　创建 4 号刀具

图 2.4.10　创建 5 号刀具

4. 设置坐标系和创建毛坯

【几何视图】→双击【MCS_MILL】→点击绘制的辅助的直线的交叉点，将加工坐标系移至毛坯左下角的上平面点即可(如图)→设定【安全距离】2→【确定】(如图 2.4.11 设置坐标系)。

→打开 MCS _ MILL 前的【+】号，双击【WORKPIECE】→在【工件】对话框中→点击【指定部件】按钮→点击工件→【确定】(如图 2.4.12 指定部件)。

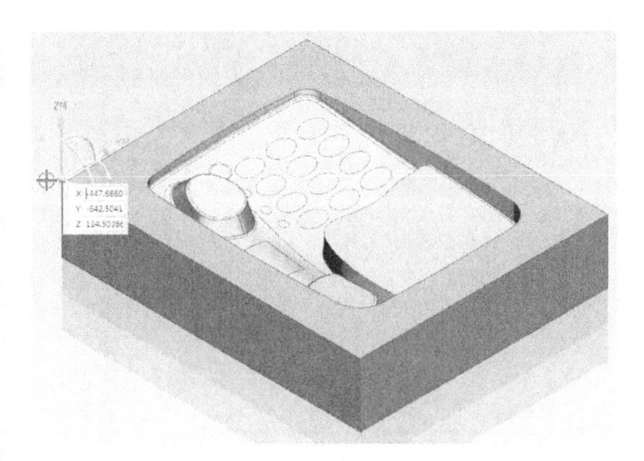

图 2.4.11　设置坐标系

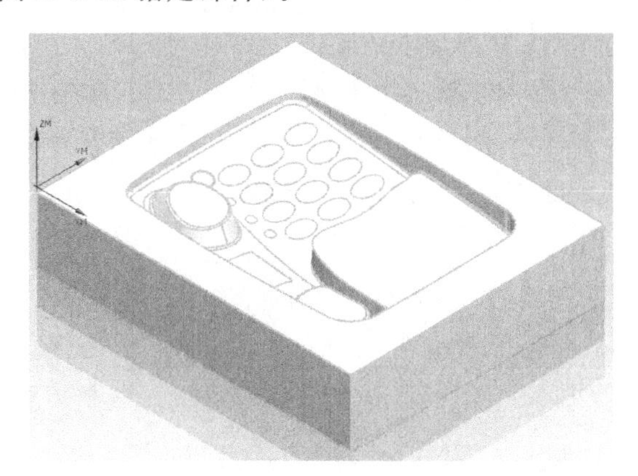

图 2.4.12　指定部件

→点击【指定毛坯】按钮→在弹出的【毛坯几何体】对话中→【类型】→选择【包容块】，设置最小化包容工件的毛坯→毛坯设置的效果如图→【确定】→【确定】(如图 2.4.13 创建毛坯)。

三、$\phi 12R1$ 的圆角刀型腔铣开粗加工

1. 选择粗加工方法

【程序顺序视图】→【创建工序】→弹出【创建工序】对话框→【类型】mill _ contour→【工序子类型】型腔铣→【程序】PROGRAM→【刀具】D12R1→【几何体】WORKPIECE→【方法】MILL _ ROUGH，进行粗加工→【名称】cu→【确定】(如图 2.4.14 选择粗加工方法)。

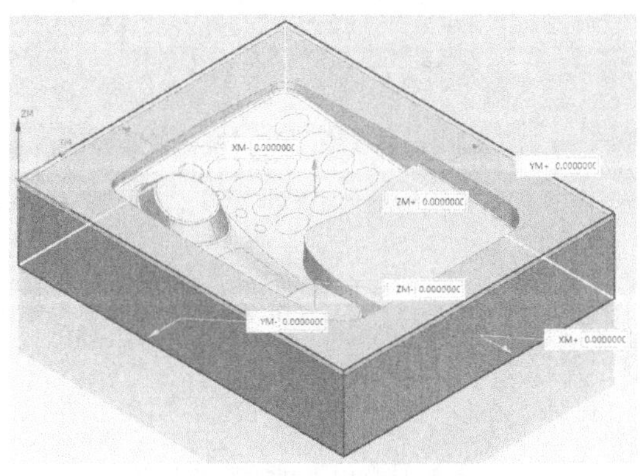

图 2.4.13　创建毛坯

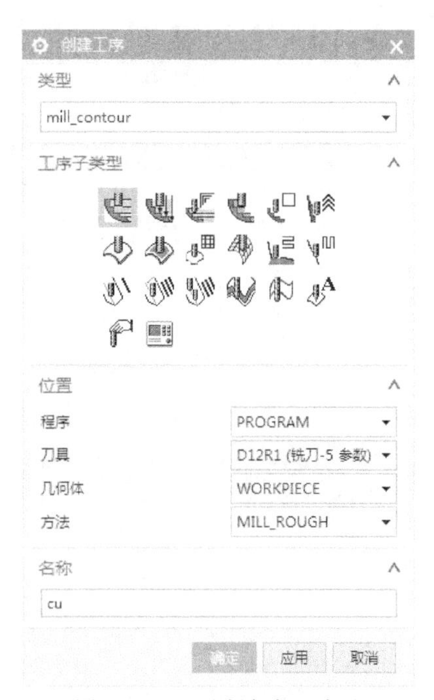

图 2.4.14　选择粗加工方法

2. 选择加工区域

在弹出的【型腔铣】对话框中→【指定切削区域】→选择要加工的曲面→【确定】（如图2.4.15选择加工区域）。

3. 设置加工参数

【刀轨设置】栏目中→【切削模式】跟随周边→【平面直径百分比】85→【最大距离】2（如图2.4.16设置加工参数）。

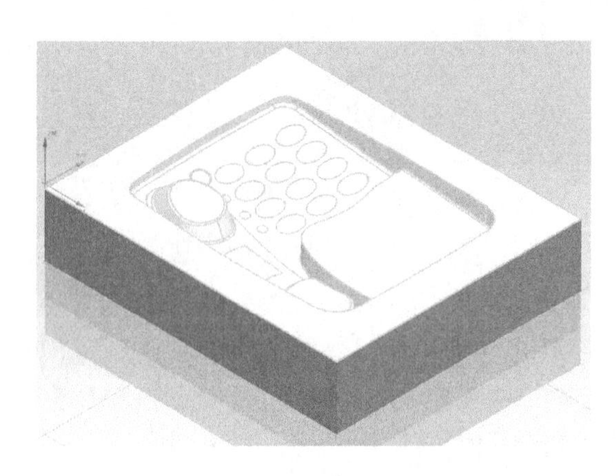

图2.4.15　选择加工区域

图2.4.16　设置加工参数

4. 设置切削参数

打开【切削参数】→【余量】【部件侧面余量】0.3→【确定】（如图2.4.17设置切削参数）。

5. 设置进给率和速度

打开【进给率和速度】→勾选【主轴速度（rpm)】2500→【进给率】【切削】500→【确定】（如图2.4.18设置进给率和速度）。

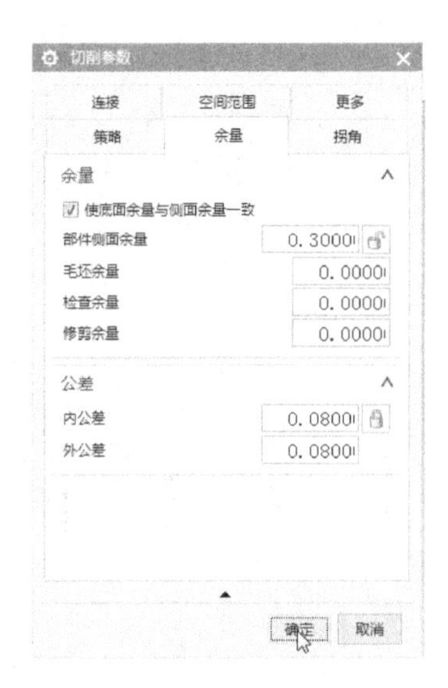

图2.4.17　设置切削参数

图2.4.18　设置进给率和速度

6. 生成刀具路径

【操作】栏目中→点击【生成刀具路径】，生成该步操作的刀具路径（如图 2.4.19 生成刀具路径）。

四、$\phi 5$ 的平底刀型腔铣半精加工所有区域

1. 选择半精加工方法

【程序顺序视图】→【创建工序】→弹出【创建工序】对话框→【类型】mill _ contour→【工序子类型】型腔铣→【程序】PROGRAM→【刀具】D5→【几何体】WORKPIECE→【方法】MILL _ FINISH→【名称】banjing1→【确定】（如图 2.4.20 选择半精加工方法）。

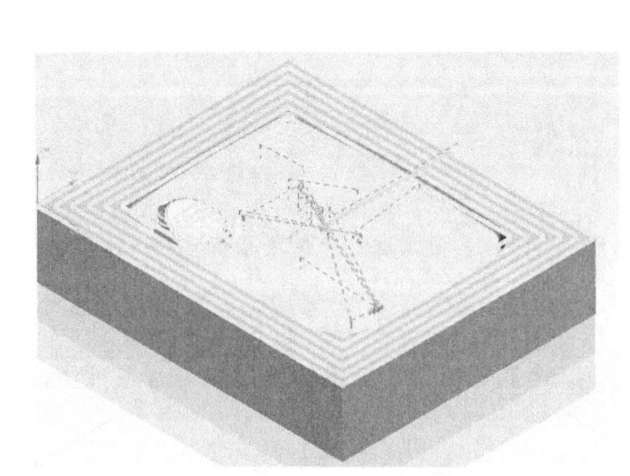

图 2.4.19 生成刀具路径

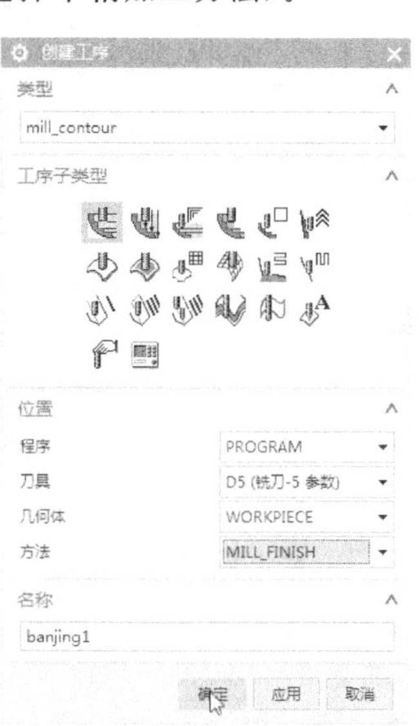

图 2.4.20 选择半精加工方法

2. 选择加工区域

在弹出的【型腔铣】对话框中→【指定切削区域】→选择要加工的曲面→【确定】（如图 2.4.21 选择加工区域）。

3. 设置加工参数

【刀轨设置】栏目中→【切削模式】跟随部件→【平面直径百分比】50→【最大距离】0.7（如图 2.4.22 设置加工参数）。

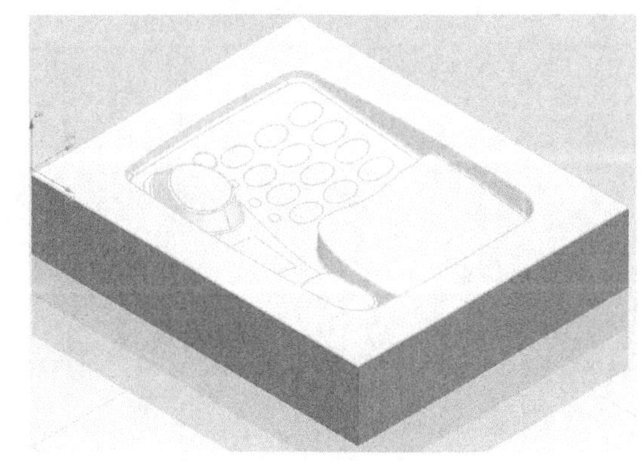

图 2.4.21 选择加工区域

图 2.4.22 设置加工参数

4. 设置切削参数

打开【切削参数】→【余量】【部件侧面余量】0.1→【空间范围】【毛坯】【处理中的工件】使用基于层的→【确定】（如图2.4.23余量、图2.4.24使用基于层的）。

图2.4.23　余量

图2.4.24　使用基于层的

5. 设置进给率和速度

打开【进给率和速度】→勾选【主轴速度（rpm)】3000→【进给率】【切削】400→【确定】（如图2.4.25设置切削参数）。

6. 生成刀具路径

【操作】栏目中→点击【生成刀具路径】，生成该步操作的刀具路径（如图2.4.26生成刀具路径）。

图2.4.25　设置切削参数

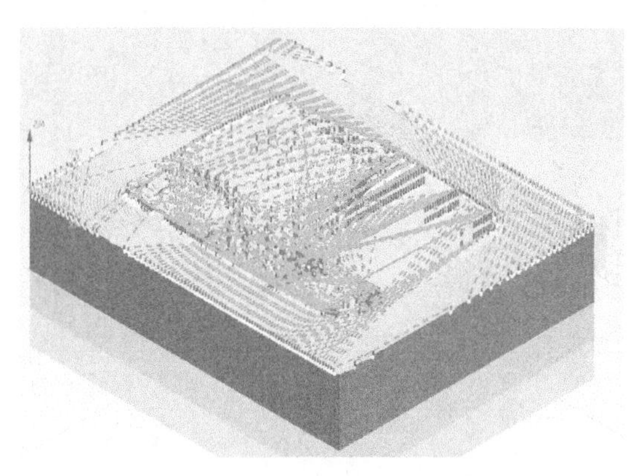

图2.4.26　生成刀具路径

五、ϕ5R1的圆角刀型腔铣半精加工中间区域

1. 选择半精加工方法

【程序顺序视图】→【创建工序】→弹出【创建工序】对话框→【类型】mill _ contour→【工序子类型】型腔铣→【程序】PROGRAM→【刀具】D5R1→【几何体】WORKPIECE→【方法】MILL _ FINISH→【名称】banjing2→【确定】(如图 2.4.27 选择半精加工方法)。

2. 选择加工区域

在弹出的【型腔铣】对话框中→【指定切削区域】→选择要加工的曲面→【确定】(如图 2.4.28 选择加工区域)。

图 2.4.27　选择半精加工方法

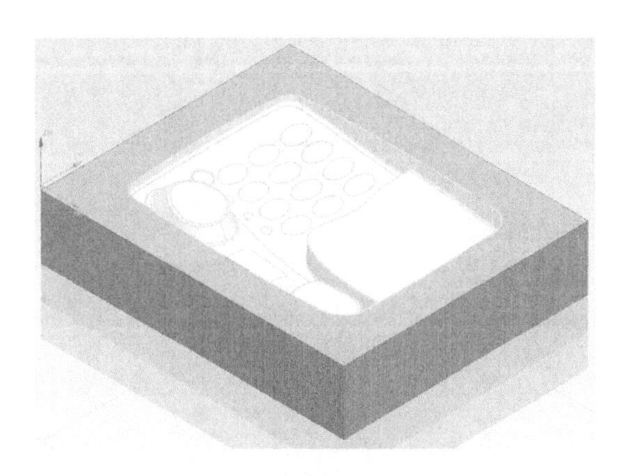

图 2.4.28　选择加工区域

3. 设置加工参数

【刀轨设置】栏目中→【切削模式】跟随部件→【平面直径百分比】50→【最大距离】0.4(如图 2.4.29 设置加工参数)。

图 2.4.29　设置加工参数

4. 设置切削参数

打开【切削参数】→【余量】【部件侧面余量】0.1→【空间范围】【毛坯】【处理中的工件】使用 3D→【确定】(如图 2.4.30 余量、图 2.4.31 使用 3D)。

5. 设置进给率和速度

打开【进给率和速度】→勾选【主轴速度(rpm)】3500→【进给率】【切削】180→【确定】(如图 2.4.32 设置进给率和速率)。

6. 生成刀具路径

【操作】栏目中→点击【生成刀具路径】,生成该步操作的刀具路径(如图 2.4.33 生成刀具路径)。

图 2.4.30　余量

图 2.4.31　使用 3D

图 2.4.32　设置进给率和速率

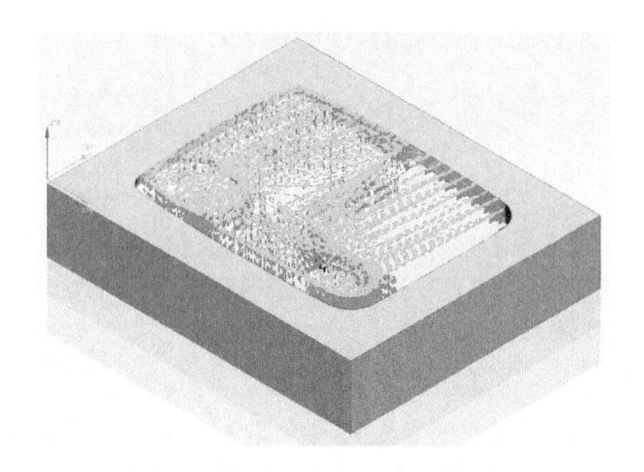

图 2.4.33　生成刀具路径

六、ϕ6 的球刀深度铣侧面陡峭区域

1. 选择精加工方法

【程序顺序视图】→【创建工序】→弹出【创建工序】对话框→【类型】mill _ contour→【工序子类型】深度轮廓加工（等高轮廓铣）→【程序】PROGRAM→【刀具】D6R3→【几何体】WORKPIECE→【方法】FINISH 精加工→【名称】jing-douqiao→【确定】（如图 2.4.34 选择精加工方法）。

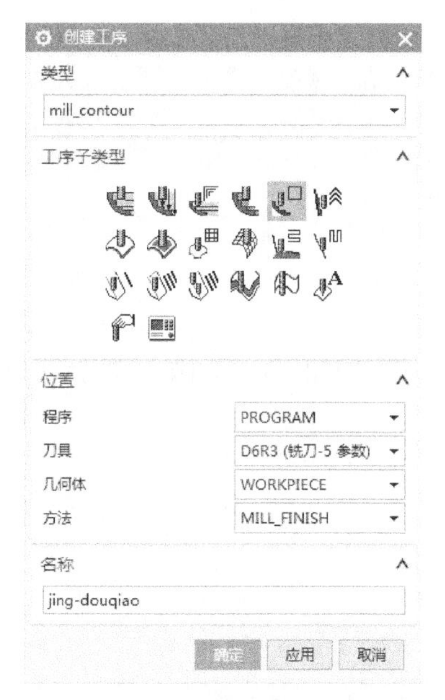

图 2.4.34　选择精加工方法

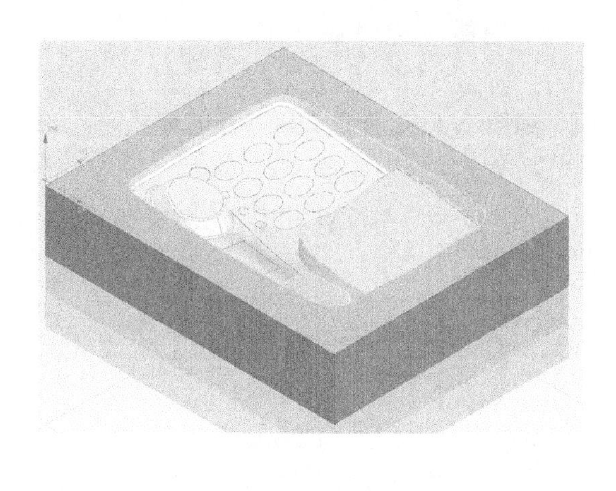

图 2.4.35　选择加工区域

2. 选择加工区域

在弹出的【深度轮廓加工】对话框中→【指定切削区域】→选择要加工的陡峭曲面→【确定】(如图 2.4.35 选择加工区域)。

3. 设置加工参数

弹出【深度轮廓加工】对话框→【陡峭空间范围】无→【最大距离】0.3（如图 2.4.36 设置加工参数)。

图 2.4.36　设置加工参数

图 2.4.37　设置非切削移动

4. 设置非切削移动

打开【非切削移动】→【进刀】→【封闭区域】【进刀类型】插削→【确定】(如图 2.4.37 设置非切削移动)。

5. 设置进给率和速度

打开【进给率和速度】→勾选【主轴速度(rpm)】4000→【进给率】【切削】150→【确定】(如图 2.4.38 设置进给率和速度)。

6. 生成刀具路径

【操作】栏目中→点击【生成刀具路径】,生成该步操作的刀具路径(如图 2.4.39 生成刀具路径)。

图 2.4.38 设置进给率和速度

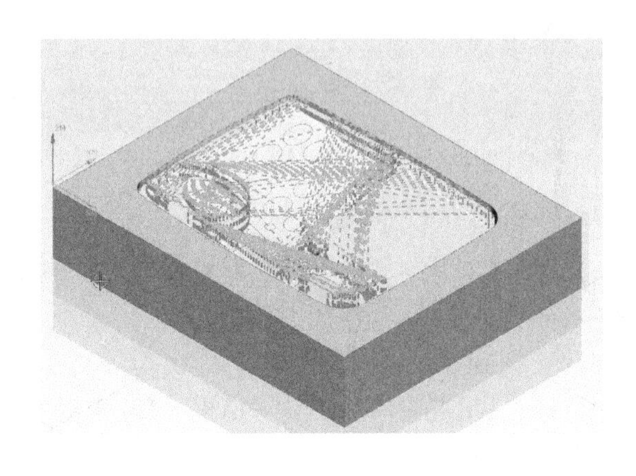

图 2.4.39 生成刀具路径

七、ϕ6 的球刀固定轴轮廓铣斜线精加工中间曲面区域

1. 选择精加工方法

【程序顺序视图】→【创建工序】→弹出【创建工序】对话框→【类型】mill _ contour→【工序子类型】固定轴曲面轮廓铣→【程序】PROGRAM→【刀具】D4R2→【几何体】WORKPIECE→【方法】MILL_FINISH→【名称】jing-qumian→【确定】(如图 2.4.40 选择精加工方法)。

2. 选择加工区域

在弹出的【固定轴轮廓铣】对话框中→【指定切削区域】→选择要加工的曲面→【确定】(如图 2.4.41 选择加工区域)。

3. 设置驱动方法及加工参数设置

【驱动方法】栏目中→【方法】区域铣削(如图 2.4.42 驱动方法)。

→弹出【区域铣削】驱动方法对话框→【陡峭空间范围】→【方法】非陡峭的→【陡峭壁角度】30→【驱动设置】→【非陡峭切削模式】往复→【平面直径百分比】4→【剖切角】指定→【与 XC 夹角】38→【确定】(如图 2.4.43 加工参数设置)。

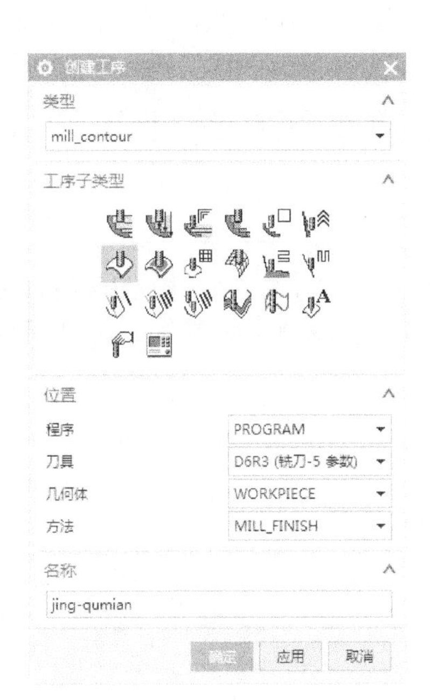

图 2.4.40　选择精加工方法

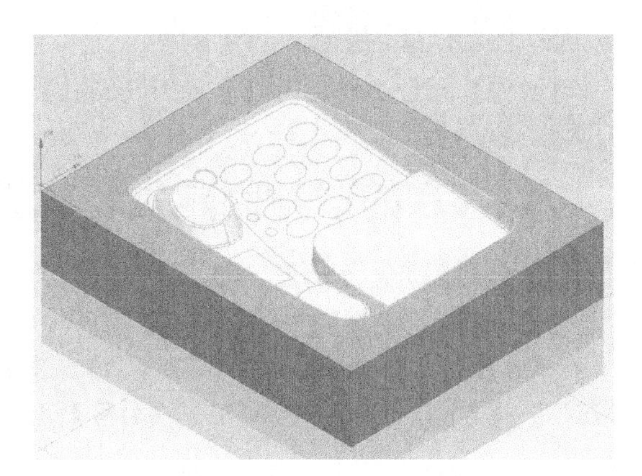

图 2.4.41　选择加工区域

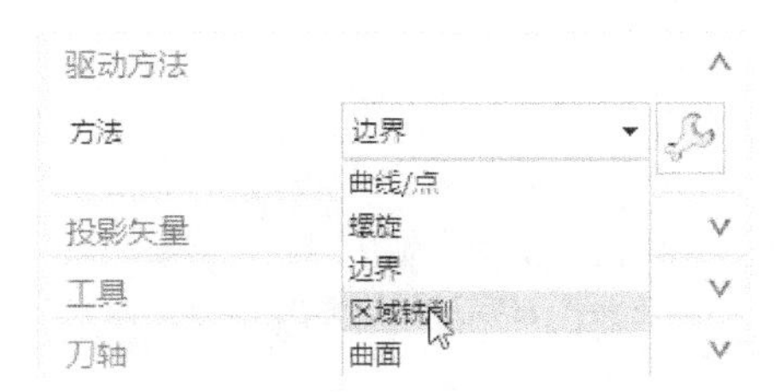

图 2.4.42　驱动方法

4. 设置进给率和速度

打开【进给率和速度】→勾选【主轴速度（rpm)】4000→【进给率】【切削】150→【确定】(如图 2.4.44 设置进给率和速度）。

图 2.4.43　加工参数设置

图 2.4.44　设置进给率和速度

5. 生成刀具路径

【操作】栏目中→点击【生成刀具路径】，生成该步操作的刀具路径（如图 2.4.45 生成刀具路径）。

八、ϕ6 的球刀固定轴轮廓铣环绕精加工中间曲面区域

1. 选择精加工方法

【程序顺序视图】→【创建工序】→弹出【创建工序】对话框→【类型】mill_contour→【工序子类型】固定轴曲面轮廓铣→【程序】PROGRAM→【刀具】D6R3→【几何体】WORKPIECE→【方法】MILL_FINISH→【名称】jing-qumian2→【确定】（如图 2.4.46 选择精加工方法）。

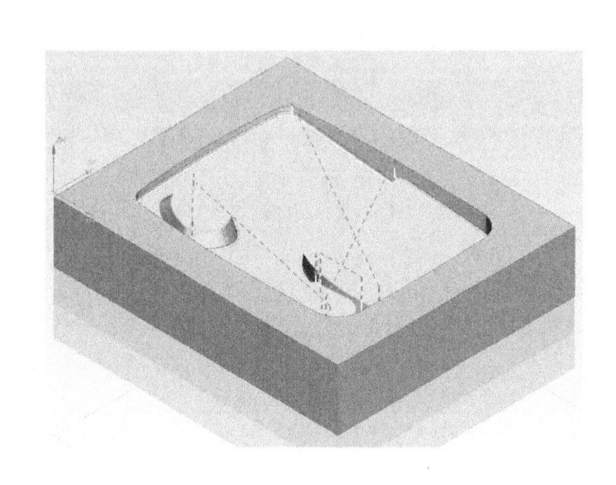

图 2.4.45 生成刀具路径

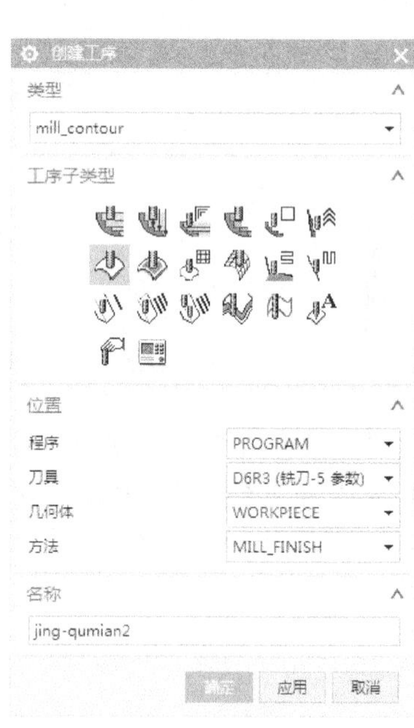

图 2.4.46 选择精加工方法

2. 选择加工区域

在弹出的【固定轴轮廓铣】对话框中→【指定切削区域】→选择要加工的曲面→【确定】（如图 2.4.47 选择加工区域）。

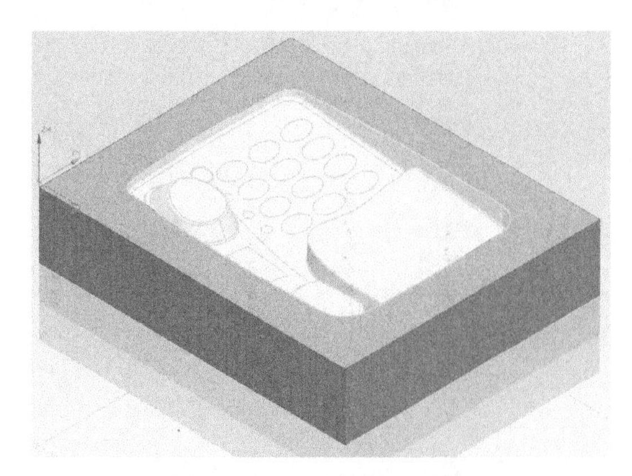

图 2.4.47 选择加工区域

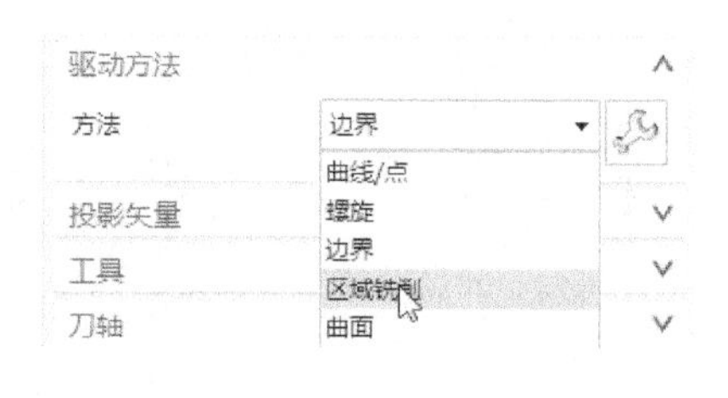

图 2.4.48 驱动方法

3. 设置驱动方法及加工参数设置

【驱动方法】栏目中→【方法】区域铣削（如图 2.4.48 驱动方法）。

→弹出【区域铣削】驱动方法对话框→【陡峭空间范围】→【方法】非陡峭→【陡峭壁角度】30→【驱动设置】→【非陡峭切削模式】跟随周边→【平面直径百分比】2→【确定】（如图 2.4.49 加工参数设置）。

4. 设置进给率和速度

打开【进给率和速度】→勾选【主轴速度（rpm）】4000→【进给率】【切削】150→【确定】（如图 2.4.50 设置进给率和速度）。

5. 生成刀具路径

【操作】栏目中→点击【生成刀具路径】，生成该步操作的刀具路径（如图 2.4.51 生成刀具路径）。

图 2.4.49　加工参数设置

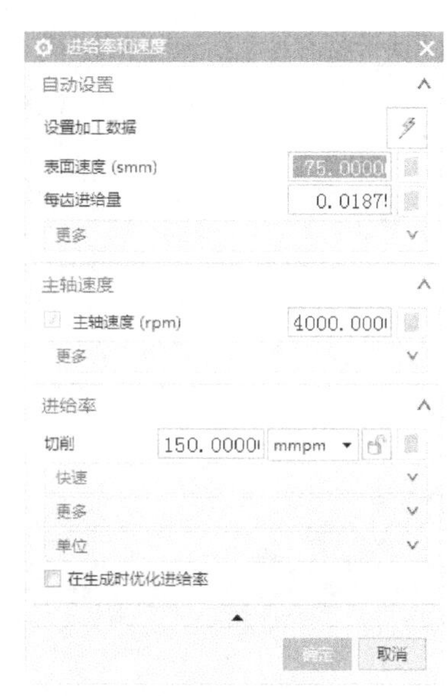

图 2.4.50　设置进给率和速度

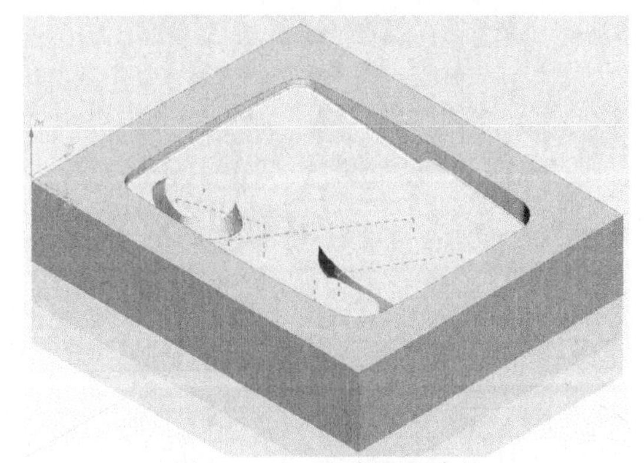

图 2.4.51　生成刀具路径

九、ϕ2 的球刀型腔铣精加工剩余的区域

1. 选择精加工方法

【程序顺序视图】→【创建工序】→弹出【创建工序】对话框→【类型】mill_contour→【工序

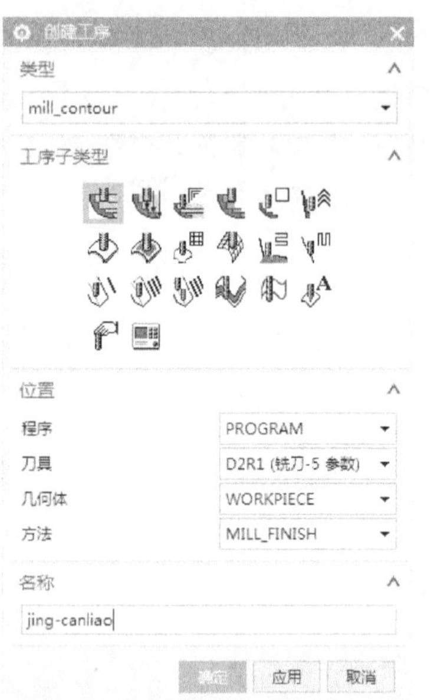

图 2.4.52　选择精加工方法

子类型】型腔铣→【程序】PROGRAM→【刀具】D10R1→【几何体】WORKPIECE→【方法】MILL_FINISH→【名称】jing-canliao→【确定】(如图 2.4.52 选择精加工方法)。

2. 选择加工区域

在弹出的【型腔铣】对话框中→【指定切削区域】→选择要加工的曲面→【确定】(如图 2.4.53 选择加工区域)。

3. 设置加工参数

【刀轨设置】栏目中→【切削模式】跟随部件→【平面直径百分比】8→【最大距离】0.2(如图 2.4.54 设置加工参数)。

4. 设置切削参数

打开【切削参数】→【策略】【切削顺序】深度优先→【余量】所有均设为 0→【空间范围】【毛坯】【处理中的工件】使用 3D→【确定】(如图 2.4.55 深度优先、图 2.4.56 余量、图 2.4.57 使用 3D)。

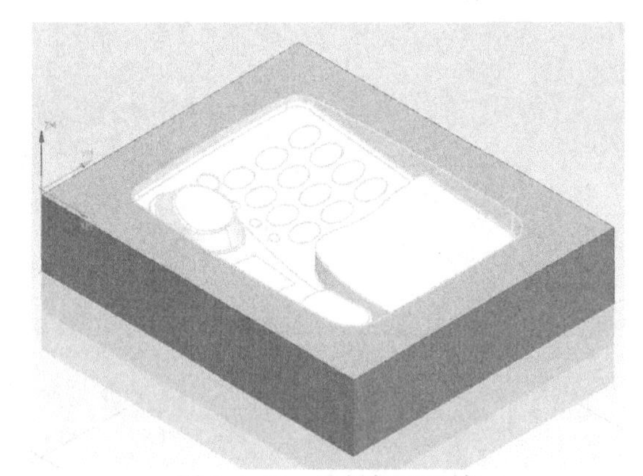

图 2.4.53　选择加工区域

图 2.4.54　设置加工参数

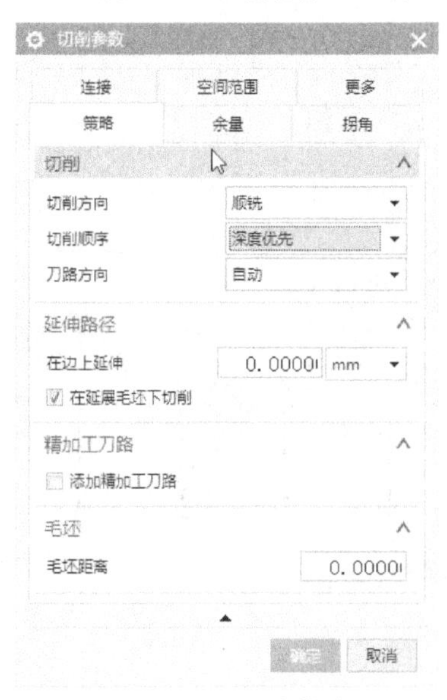

图 2.4.55　深度优先

图 2.4.56　余量

5. 设置切削参数

打开【进给率和速度】→勾选【主轴速度（rpm)】4500→【进给率】【切削】150→【确定】(如图 2.4.58 设置切削参数)。

图 2.4.57　使用 3D

图 2.4.58　设置切削参数

6. 生成刀具路径

【操作】栏目中→点击【生成刀具路径】，生成该步操作的刀具路径（如图 2.4.59 生成刀具路径)。

十、最终验证模拟

在左侧目录列表中选择操作→点击【确认刀轨】按钮→在弹出的【刀轨可视化】对话框中→选择【2D 动态】→调整【动画速度】→点击【播放】(如图 2.4.60～图 2.4.66)。

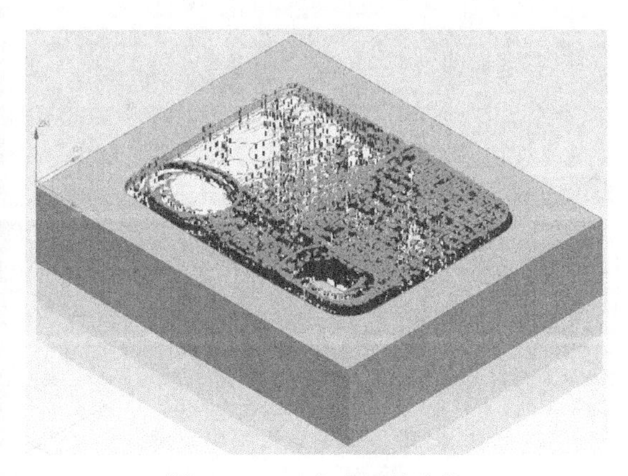

图 2.4.59　生成刀具路径

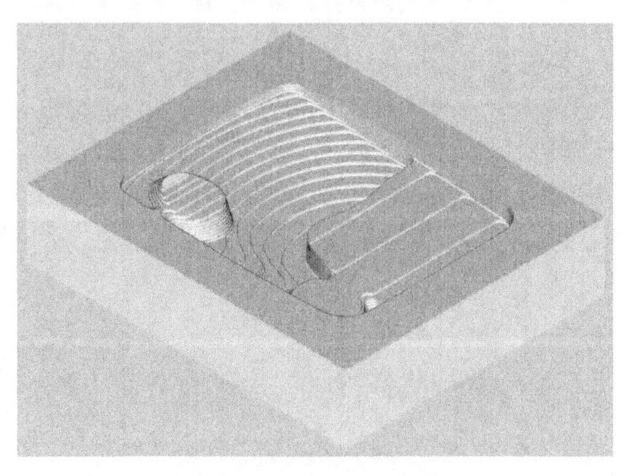

图 2.4.60　$\phi 12R1$ 的圆角刀型腔铣开粗加工

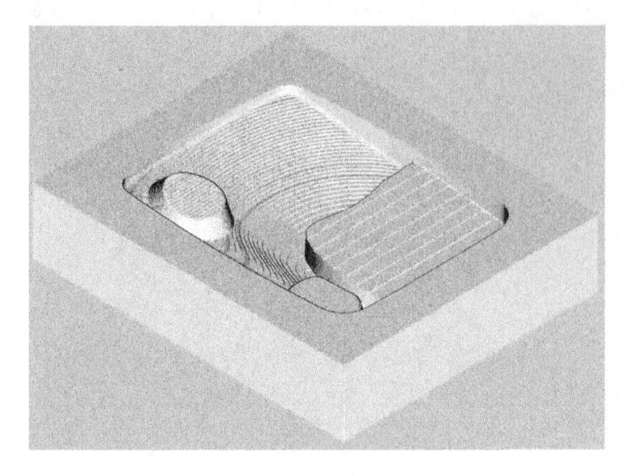

图 2.4.61　$\phi 5$ 的平底刀型腔铣半精加工所有区域

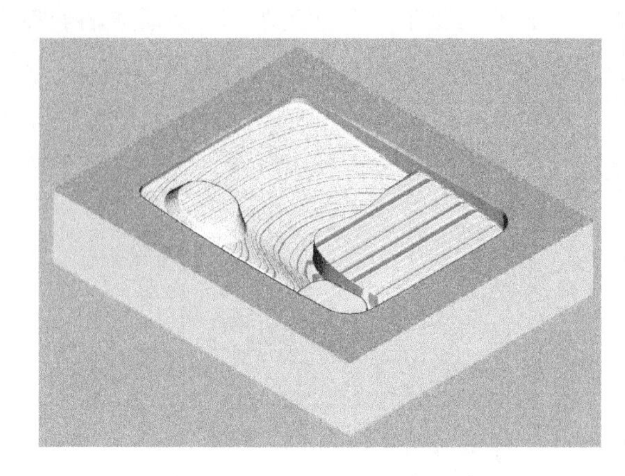

图 2.4.62　$\phi 5R1$ 的圆角刀型腔铣半精加工中间区域

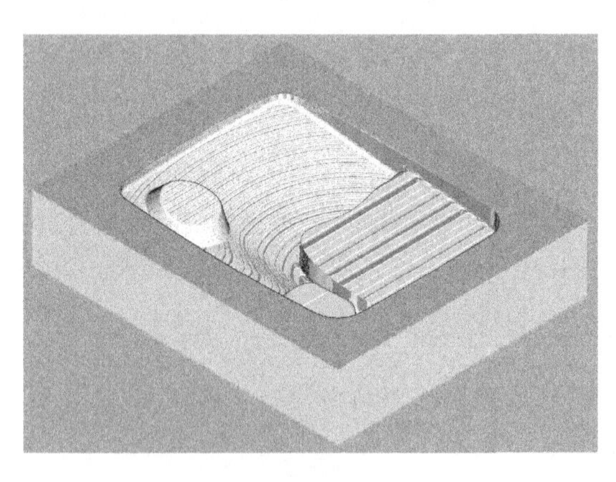

图 2.4.63　$\phi 6$ 的球刀深度铣侧面陡峭区域

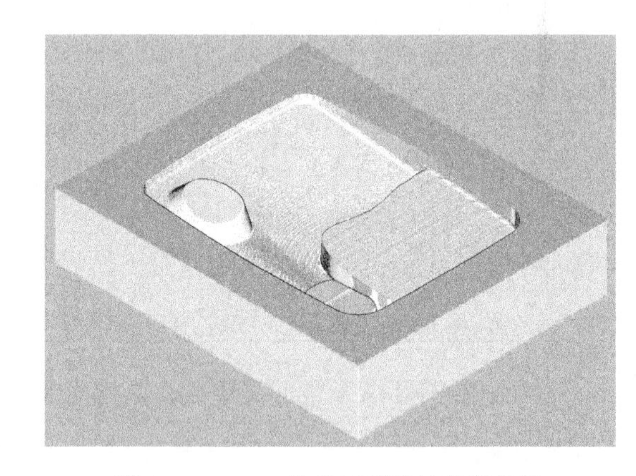

图 2.4.64　$\phi 6$ 的球刀固定轴轮廓铣斜线精加工中间曲面区域

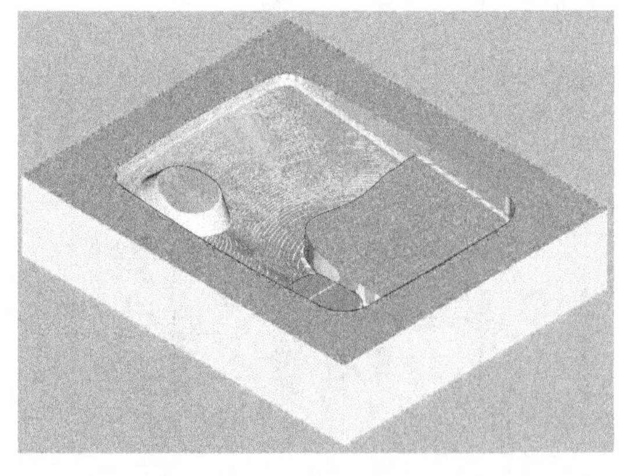

图 2.4.65　$\phi 6$ 的球刀固定轴轮廓铣环绕精加工中间曲面区域

图 2.4.66　$\phi 2$ 的球刀型腔铣精加工剩余的区域

案例五　电话机凸模模具零件加工

一、工艺分析

1. 零件图工艺分析

该零件中间为电话机凸模模具零件，工件无尺寸公差要求（如图 2.5.1 电话机凸模模具零件）。尺寸标注完整，轮廓描述清楚。零件材料为已经加工成型的标准铝块，无热处理和硬度要求。

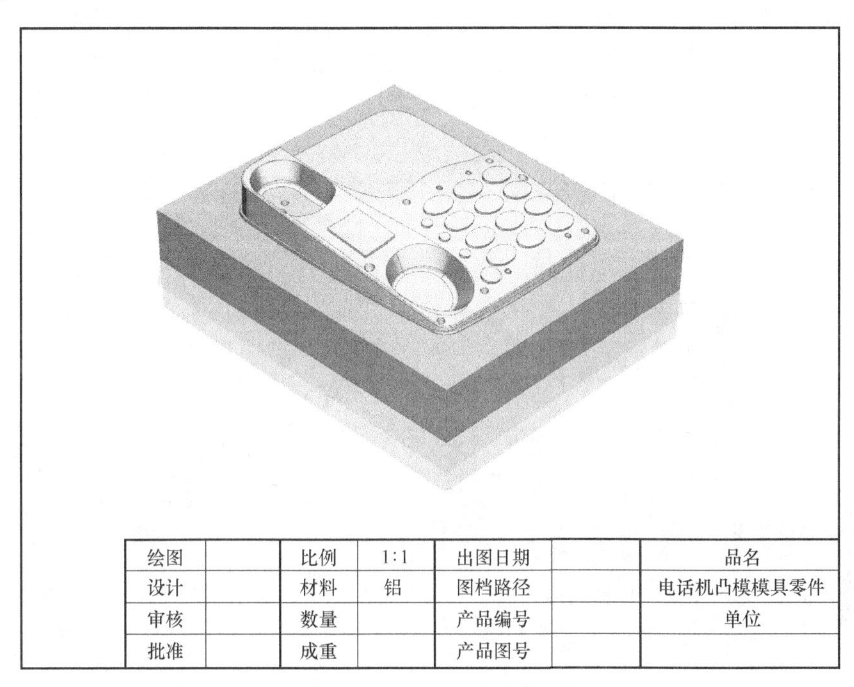

绘图		比例	1:1	出图日期		品名
设计		材料	铝	图档路径		电话机凸模模具零件
审核		数量		产品编号		单位
批准		成重		产品图号		

图 2.5.1　电话机凸模模具零件

2. 确定装夹方案、加工顺序及进给路线

工件采用通用的虎钳装夹方案，底部放置垫块，保证工件摆正，对刀点采用左下角的上表面点对刀，其装夹方式、加工区域和对刀点如图 2.5.2 所示。

3. 刀具和加工区域选择

选用多把铣刀加工本例的区域，将所选定的刀具参数以及加工区域填入表 2.5.1 数控加工卡片中，以便于编程和操作管理。

二、前期准备工作

1. 绘制辅助图形

进入【建模】模块式→【草图】中绘制图形，使之作为加工坐标系的原点（如图 2.5.3 草图中绘制辅助图形和 图 2.5.4 完成后的效果）。

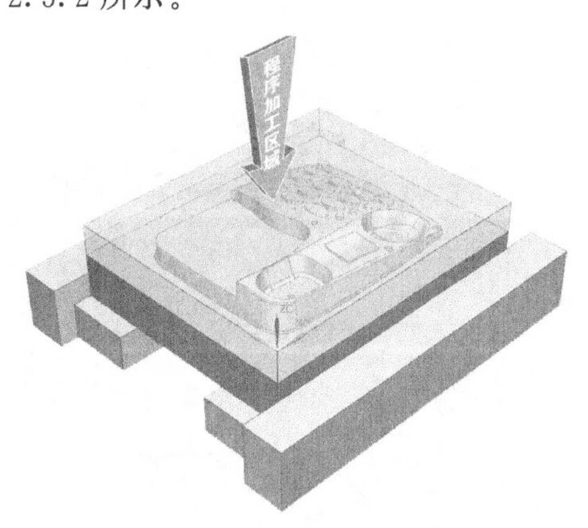

图 2.5.2　装夹方式、加工区域和对刀点

表 2.5.1　数控加工卡片

<table>
<tr><td>产品名称或代号</td><td colspan="2">模具零件加工综合实例</td><td>零件名称</td><td colspan="4">电话机凸模模具零件</td></tr>
<tr><td rowspan="2">序号</td><td rowspan="2" colspan="4">加工区域</td><td colspan="3">刀具</td></tr>
<tr><td>名称</td><td>规格</td><td>刀号</td></tr>
<tr><td>1</td><td colspan="4">ϕ15 的平底刀型腔铣开粗加工</td><td>D15</td><td>ϕ15 平底刀</td><td>1</td></tr>
<tr><td>2</td><td colspan="4">ϕ15 的平底刀面铣精加工底面</td><td>D15</td><td>ϕ15 平底刀</td><td>1</td></tr>
<tr><td>3</td><td colspan="4">ϕ5 的平底刀型腔铣半精加工中间曲面区域</td><td>D5</td><td>ϕ5 平底刀</td><td>2</td></tr>
<tr><td>4</td><td colspan="4">ϕ10 的球刀深度铣侧面陡峭区域</td><td>D10R5</td><td>ϕ10 球刀</td><td>3</td></tr>
<tr><td>5</td><td colspan="4">ϕ10 的球刀固定轴轮廓铣精加工中间大曲面区域</td><td>D10R5</td><td>ϕ10 球刀</td><td>3</td></tr>
<tr><td>6</td><td colspan="4">ϕ10 的球刀固定轴轮廓铣精加工左侧槽底区域</td><td>D10R5</td><td>ϕ10 球刀</td><td>3</td></tr>
<tr><td>7</td><td colspan="4">ϕ4 的球刀型腔铣精修中间曲面的区域</td><td>D4R2</td><td>ϕ4 球刀</td><td>4</td></tr>
<tr><td>8</td><td colspan="4">ϕ2 的平底刀型腔铣精修中间曲面的区域</td><td>D2</td><td>ϕ2 平底刀</td><td>5</td></tr>
<tr><td>9</td><td colspan="4">ϕ2 的平底刀深度铣加工多个小孔</td><td>D2</td><td>ϕ2 平底刀</td><td>5</td></tr>
<tr><td>10</td><td colspan="4">ϕ2 的平底刀清根精加工件剩余的角落区域</td><td>D2</td><td>ϕ2 平底刀</td><td>5</td></tr>
<tr><td>编制</td><td>×××</td><td>审核</td><td>×××</td><td>批准</td><td colspan="2">×××</td><td>共 1 页</td></tr>
</table>

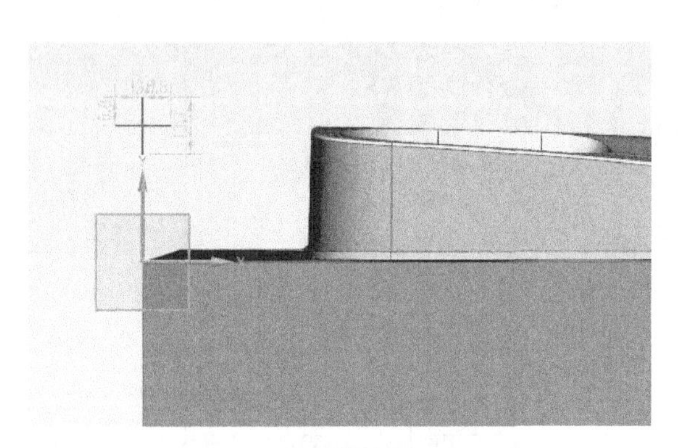

图 2.5.3　草图中绘制辅助图形

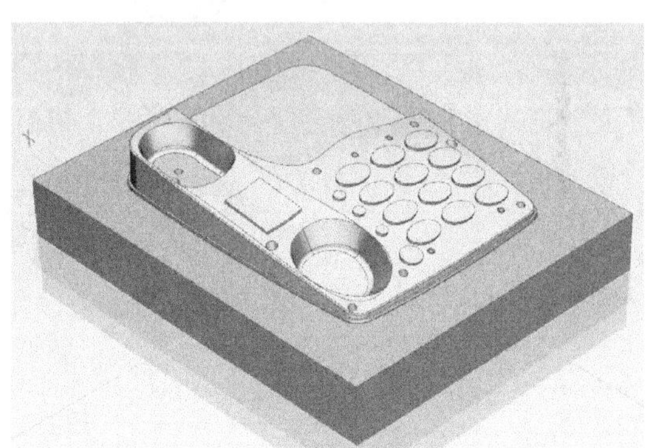

图 2.5.4　完成后的效果

图 2.5.5　进入加工模块

尺寸
(D) 直径　15.0000
(R1) 下半径　0.0000
(B) 锥角　0.0000
(A) 尖角　0.0000
(L) 长度　75.0000
(FL) 刀刃长度　50.0000
刀刃　2
描述
材料：HSS
编号
刀具号　1

图 2.5.6　创建 1 号刀具

2. 进入加工模块

打开【启动】菜单→【加工】，进入加工模块→打开【加工环境】对话框→【CAM 会话配置】cam_general→【要创建的 CAM 组装】mill_contour→【确定】（如图 2.5.5 进入加工模块）。

3. 创建刀具

→【创建刀具】→选择【平底刀】→【名称】D15→在【刀具设置】对话框中→【(D) 直径】15→【刀具号】1→【确定】（如图 2.5.6 创建 1 号刀具）。

→【创建刀具】→选择【平底刀】→【名称】D5→在【刀具设置】对话框中→【(D) 直径】5→【刀具号】2→【确定】（如图 2.5.7 创建 2 号刀具）。

→【创建刀具】→选择【平底刀】→【名称】D10R5→在【刀具设置】对话框中→【(D) 直径】10→【(R1) 下半径】5→【刀具号】3→【确定】（如图 2.5.8 创建 3 号刀具）。

图 2.5.7　创建 2 号刀具

图 2.5.8　创建 3 号刀具

→【创建刀具】→选择【平底刀】→【名称】D4R2→在【刀具设置】对话框中→【(D) 直径】4→【(R1) 下半径】2→【刀具号】4→【确定】（如图 2.5.9 创建 4 号刀具）。

4. 设置坐标系和创建毛坯

【几何视图】→双击【MCS_MILL】→点击绘制的辅助的直线的交叉点，将加工坐标系移至毛坯左下角的上平面点即可（如图）→设定【安全距离】2→【确定】（如图 2.5.10 设置坐标系）。

图 2.5.9　创建 4 号刀具

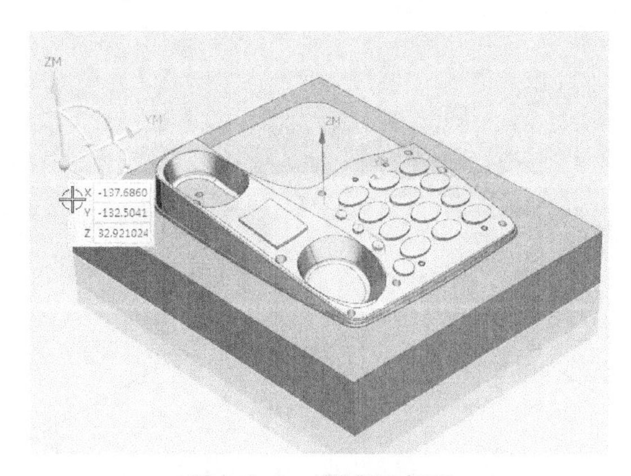

图 2.5.10　设置坐标系

→打开 MCS_MILL 前的【+】号，双击【WORKPIECE】→在【工件】对话框中→点击【指定部件】按钮→点击工件→【确定】（如图 2.5.11 指定部件）。

→点击【指定毛坯】按钮→在弹出的【毛坯几何体】对话中→【类型】→选择【包容块】，设置最小化包容工件的毛坯→毛坯设置的效果如图→【确定】→【确定】（如图 2.5.12 创建毛坯）。

图 2.5.11　指定部件

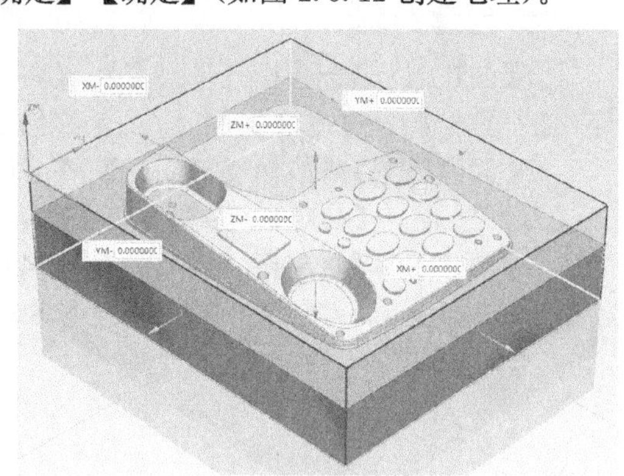

图 2.5.12　创建毛坯

三、ϕ15 的平底刀型腔铣开粗加工

1. 选择粗加工方法

【程序顺序视图】→【创建工序】→弹出【创建工序】对话框→【类型】mill_contour→【工序子类型】型腔铣→【程序】PROGRAM→【刀具】D15→【几何体】WORKPIECE→【方法】MILL_ROUGH，进行粗加工→【名称】cu→【确定】（如图 2.5.13 选择粗加工方法）。

图 2.5.13　选择粗加工方法

图 2.5.14　选择加工区域

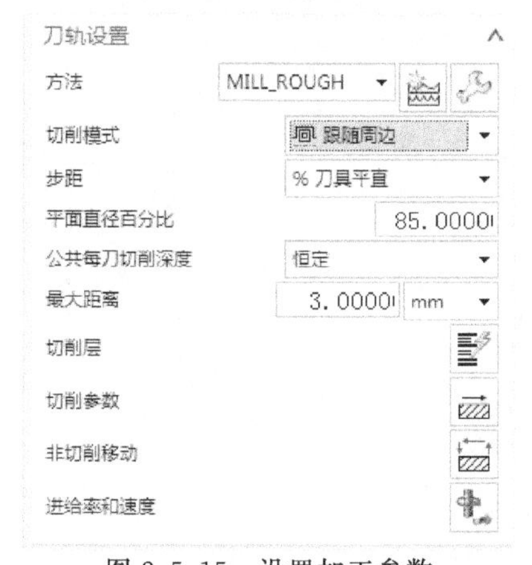

图 2.5.15　设置加工参数

2. 选择加工区域

在弹出的【型腔铣】对话框中→【指定切削区域】→选择要加工的曲面→【确定】（如图 2.5.14 选择加工区域）。

3. 设置加工参数

【刀轨设置】栏目中→【切削模式】跟随周边→【平面直径百分比】85→【最大距离】3（如图 2.5.15 设置加工参数）。

4. 设置切削参数

打开【切削参数】→【策略】【切削顺序】深度优先→【余量】【部件侧面余量】0.3→【确定】（如图 2.5.16 深度优先、图 2.5.17 余量）。

图 2.5.16　深度优先

图 2.5.17　余量

图 2.5.18　设置非切削移动

图 2.5.19　设置进给率和速度

5. 设置非切削移动

打开【非切削移动】→【进刀】→【封闭区域】【进刀类型】插削→【开放区域】【进刀类型】与封闭区域相同→【确定】(如图 2.5.18 设置非切削移动)。

6. 设置进给率和速度

打开【进给率和速度】→勾选【主轴速度(rpm)】2500→【进给率】【切削】500→【确定】(如图 2.5.19 设置进给率和速度)。

7. 生成刀具路径

【操作】栏目中→点击【生成刀具路径】，生成该步操作的刀具路径(如图 2.5.20 生成刀具路径)。

四、ϕ15 的平底刀面铣精加工底面

1. 选择精加工方法

【程序顺序视图】→【创建工序】→弹出【创建工序】对话框→【类型】mill_contour→【工序子类型】型腔铣→【程序】PROGRAM→【刀具】D15→【几何体】WORKPIECE→【方法】MILL_FINISH，进行粗加工→【名称】jing-di→【确定】(如图 2.5.21 选择精加工方法)。

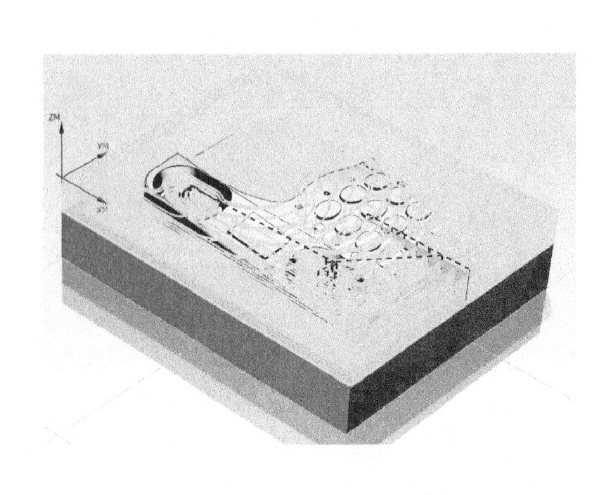

图 2.5.20　生成刀具路径

图 2.5.21　选择精加工方法

2. 选择加工区域

在弹出的【面铣】对话框中→【指定面边界】→选择需要加工的底面→【确定】(如图 2.5.22 选择加工区域)。

3. 设置加工参数

【刀轨设置】栏目中→【切削模式】跟随部件→【平面直径百分比】75→【毛坯距离】0→【每刀切削深度】0→【最终底面余量】0(如图 2.5.23 设置加工参数)。

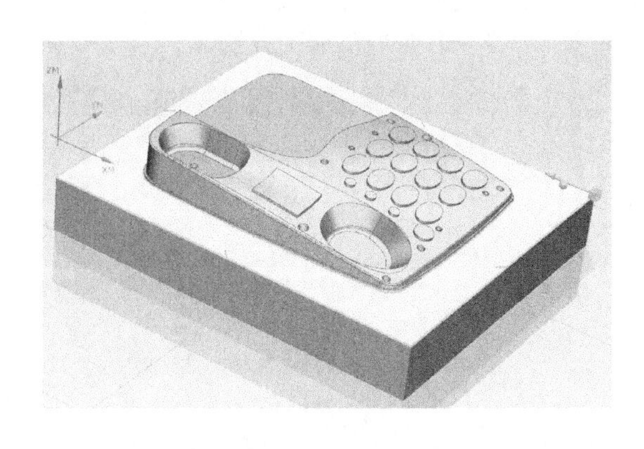

图 2.5.22　选择加工区域

图 2.5.23　设置加工参数

4. 设置切削参数

打开【切削参数】→【余量】【部件余量】0→【确定】（如图 2.5.24 余量）。

5. 设置进给率和速度

打开【进给率和速度】→勾选【主轴速度（rpm)】3000→【进给率】【切削】400→【确定】（如图 2.5.25 设置进给率和速度）。

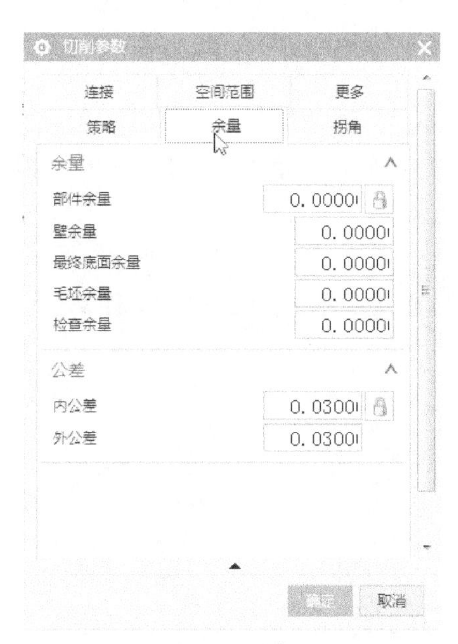

图 2.5.24　余量

图 2.5.25　设置进给率和速度

6. 生成刀具路径

【操作】栏目中→点击【生成刀具路径】，生成该步操作的刀具路径（如图 2.5.26 生成刀具路径）。

五、ϕ5 的平底刀型腔铣半精加工中间曲面区域

1. 选择半精加工方法

【程序顺序视图】→【创建工序】→弹出【创建工序】对话框→【类型】mill_contour→【工

序子类型】型腔铣→【程序】PROGRAM→【刀具】D5→【几何体】WORKPIECE→【方法】MILL_FINISH→【名称】banjing1→【确定】(如图 2.5.27 选择半精加工方法)。

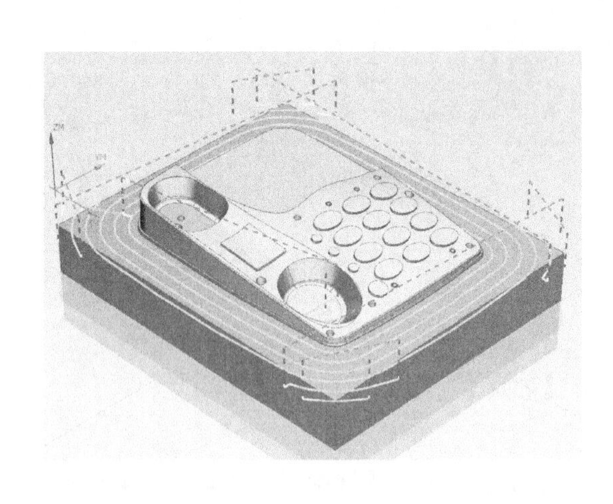

图 2.5.26　生成刀具路径

图 2.5.27　选择半精加工方法

2. 选择加工区域

在弹出的【型腔铣】对话框中→【指定切削区域】→选择要加工的曲面→【确定】(如图 2.5.28 选择加工区域)。

3. 设置加工参数

【刀轨设置】栏目中→【切削模式】跟随部件→【平面直径百分比】50→【最大距离】0.4(如图 2.5.29 设置加工参数)。

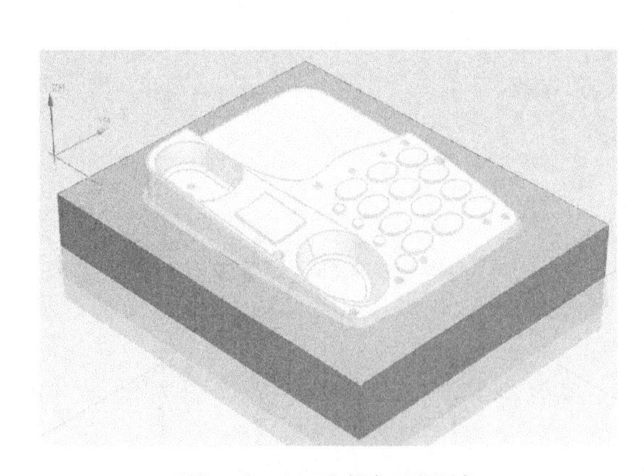

图 2.5.28　选择加工区域

图 2.5.29　设置加工参数

4. 设置切削参数

打开【切削参数】→【策略】【切削顺序】深度优先→【余量】所有均设为 0→【空间范围】

【毛坯】【处理中的工件】使用基于层的→【确定】（如图 2.5.30 深度优先、图 2.5.31 余量、图 2.5.32 使用基于层的）。

图 2.5.30　深度优先

图 2.5.31　余量

5. 设置非切削移动

打开【非切削移动】→【进刀】→【封闭区域】【进刀类型】插削→【开放区域】【进刀类型】与封闭区域相同→【确定】（如图 2.5.33 设置非切削移动）。

图 2.5.32　使用基于层的

图 2.5.33　设置非切削移动

6. 设置进给率和速度

打开【进给率和速度】→勾选【主轴速度（rpm）】4000→【进给率】【切削】320→【确定】（如图 2.5.34 设置切削参数）。

7. 生成刀具路径

【操作】栏目中→点击【生成刀具路径】，生成该步操作的刀具路径（如图 2.5.35 生成刀具路径）。

图 2.5.34　设置切削参数

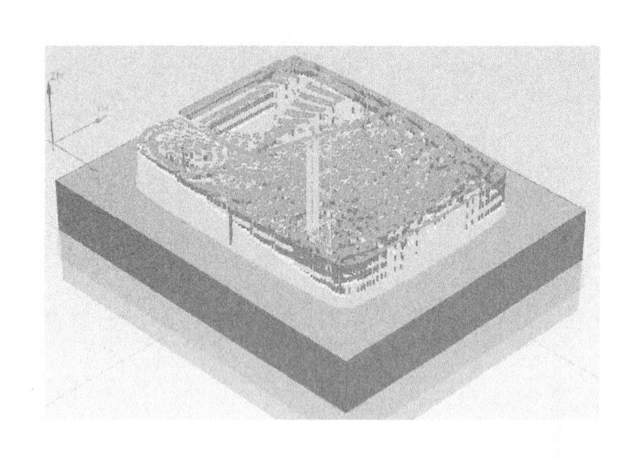

图 2.5.35　生成刀具路径

六、ϕ10 的球刀深度铣侧面陡峭区域

1. 选择精加工方法

【程序顺序视图】→【创建工序】→弹出【创建工序】对话框→【类型】mill_contour→【工序子类型】深度轮廓加工（等高轮廓铣）→【程序】PROGRAM →【刀具】D10R5 →【几何体】WORKPIECE→【方法】FINISH 精加工→【名称】jing-douqiao→【确定】（如图 2.5.36 选择精加工方法）。

图 2.5.36　选择精加工方法

2. 选择加工区域

在弹出的【深度轮廓加工】对话框中→【指定切削区域】→选择要加工的陡峭曲面→【确定】（如图 2.5.37 选择加工区域）。

3. 设置加工参数

弹出【深度轮廓加工】对话框→【陡峭空间范围】仅陡峭的→【陡峭空间范围】50→【最大距离】0.3（如图 2.5.38 设置加工参数）。

4. 设置非切削移动

打开【非切削移动】→【进刀】→【封闭区域】【进刀类型】插削→【确定】（如图 2.5.39 设置非切削移动）。

图 2.5.37　选择加工区域

图 2.5.38　设置加工参数

5. 设置进给率和速度

打开【进给率和速度】→勾选【主轴速度（rpm）】3000→【进给率】【切削】280→【确定】(如图 2.5.40 设置进给率和速度)。

图 2.5.39　设置非切削移动

图 2.5.40　设置进给率和速度

6. 生成刀具路径

【操作】栏目中→点击【生成刀具路径】，生成该步操作的刀具路径（如图 2.5.41 生成刀具路径）。

七、ϕ10的球刀固定轴轮廓铣精加工中间大曲面区域

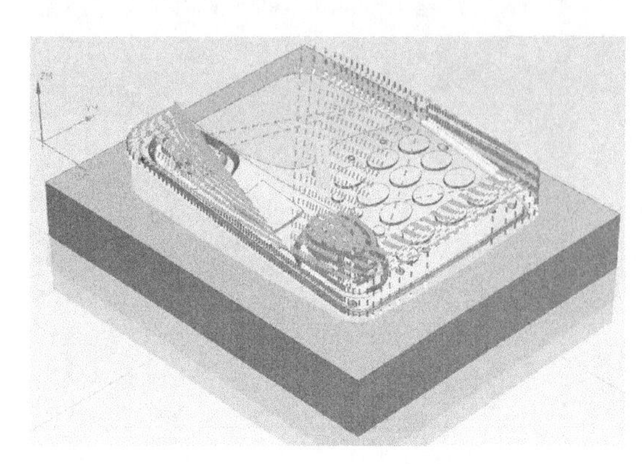

图 2.5.41 生成刀具路径

1. 选择精加工方法

【程序顺序视图】→【创建工序】→弹出【创建工序】对话框→【类型】mill_contour→【工序子类型】固定轴曲面轮廓铣→【程序】PROGRAM→【刀具】D4R2→【几何体】WORKPIECE→【方法】【方法】MILL_FINISH→【名称】jing-daqumian→【确定】(如图 2.5.42 选择精加工方法)。

2. 选择加工区域

在弹出的【固定轴轮廓铣】对话框中→【指定切削区域】→选择要加工的曲面→【确定】(如图 2.5.43 选择加工区域)。

3. 设置驱动方法及加工参数设置

【驱动方法】栏目中→【方法】区域铣削(如图 2.5.44 驱动方法)。

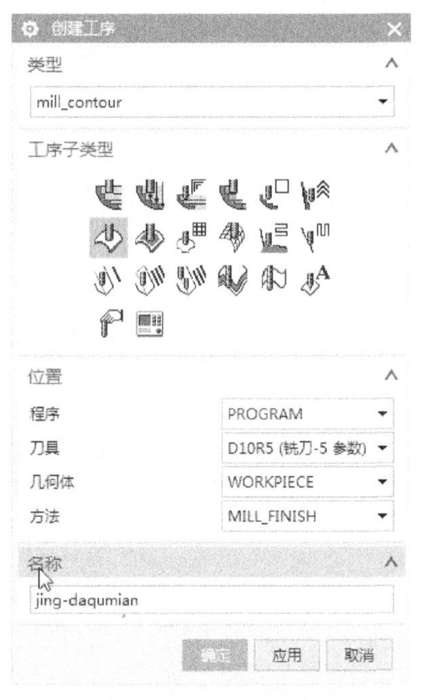

图 2.5.42 选择精加工方法

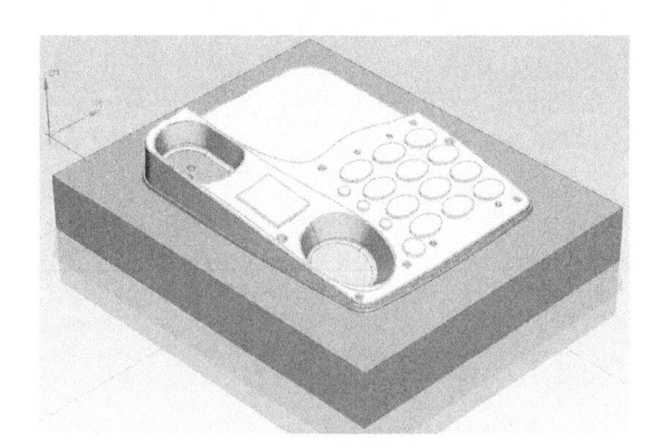

图 2.5.43 选择加工区域

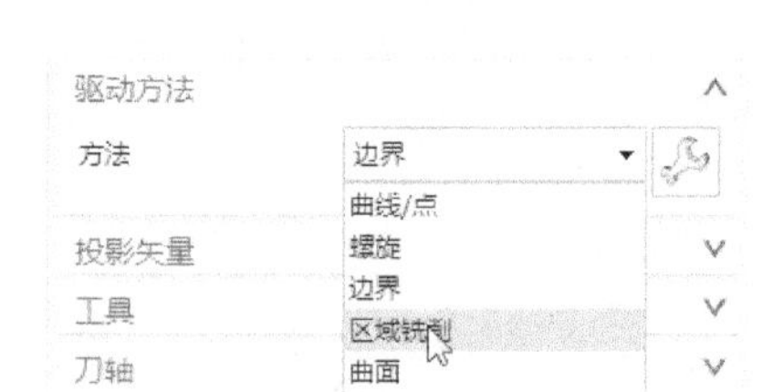

图 2.5.44 驱动方法

→弹出【区域铣削】驱动方法对话框→【驱动设置】→【非陡峭切削模式】往复→【平面直径百分比】4→【剖切角】指定→【与 XC 夹角】0→【确定】(如图 2.5.45 加工参数设置)。

4. 设置进给率和速度

打开【进给率和速度】→勾选【主轴速度(rpm)】4000→【进给率】【切削】250→【确定】(如图 2.5.46 设置进给率和速度)。

5. 生成刀具路径

【操作】栏目中→点击【生成刀具路径】，生成该步操作的刀具路径（如图 2.5.47 生成刀具路径）。

图 2.5.46　设置进给率和速度

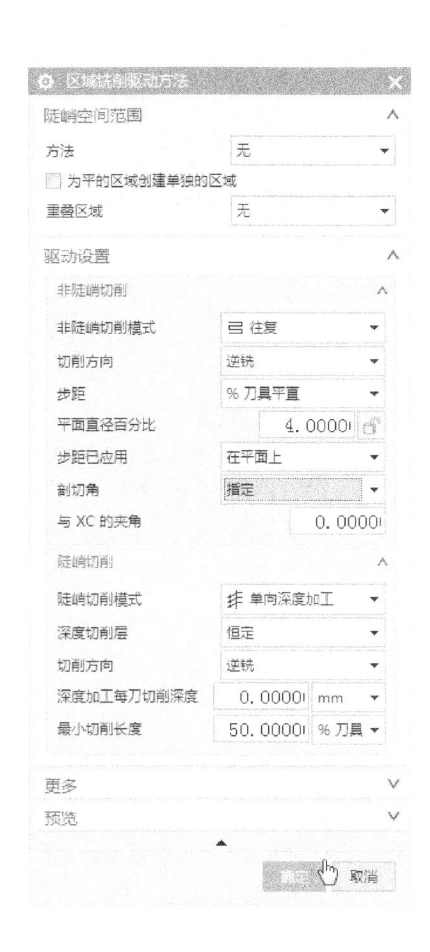

图 2.5.45　加工参数设置

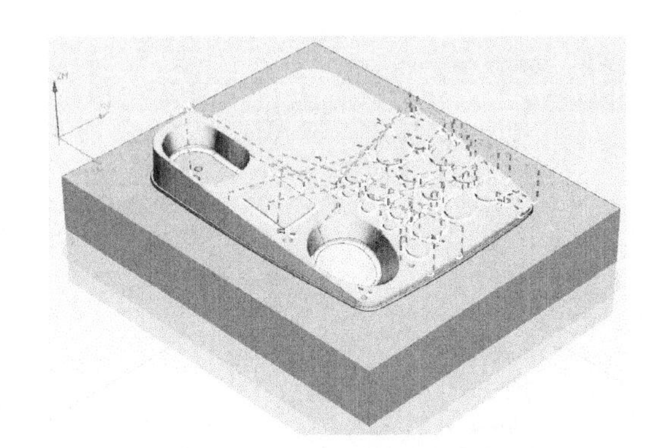

图 2.5.47　生成刀具路径

八、ϕ10 的球刀固定轴轮廓铣精加工左侧槽底区域

1. 选择精加工方法

【程序顺序视图】→【创建工序】→弹出【创建工序】对话框→【类型】mill_contour→【工序子类型】固定轴曲面轮廓铣→【程序】PROGRAM→【刀具】D10R5→【几何体】WORKPIECE→【方法】MILL_FINISH→【名称】jing-xiaoqumian→【确定】（如图 2.5.48 选择精加工方法）。

2. 选择加工区域

在弹出的【固定轴轮廓铣】对话框中→【指定切削区域】→选择要加工的曲面→【确定】（如图 2.5.49 选择加工区域）。

3. 设置驱动方法及加工参数设置

【驱动方法】栏目中→【方法】区域铣削（如图 2.5.50 驱动方法）。

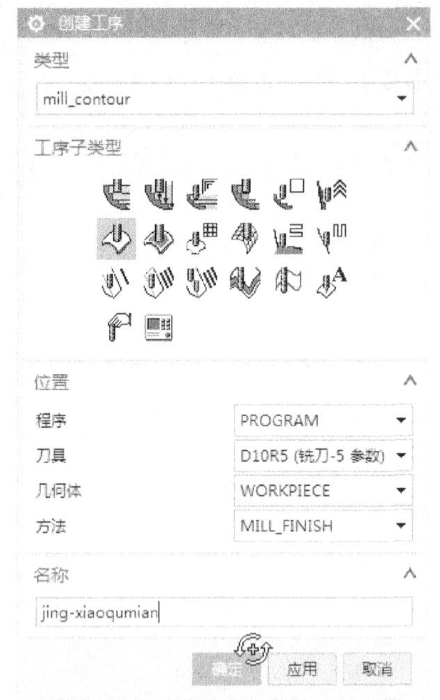

图 2.5.48 选择精加工方法

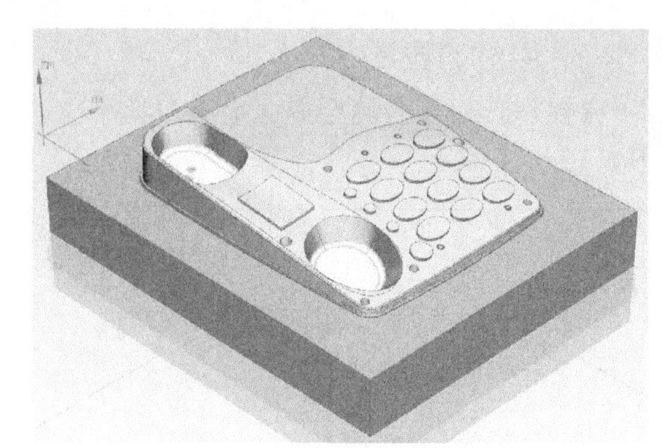

图 2.5.49 选择加工区域

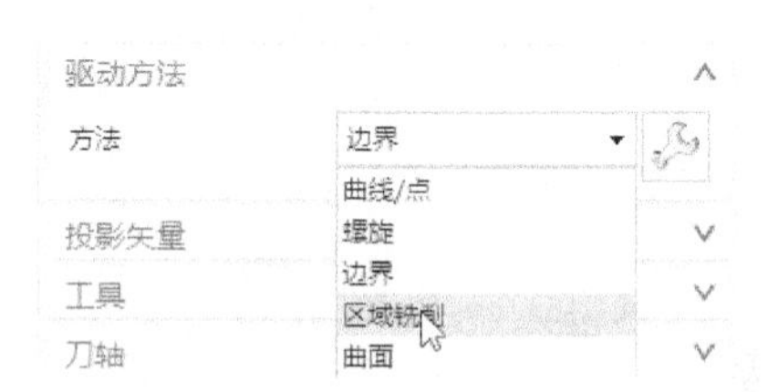

图 2.5.50 驱动方法

图 2.5.51 加工参数设置

图 2.5.52 设置进给率和速度

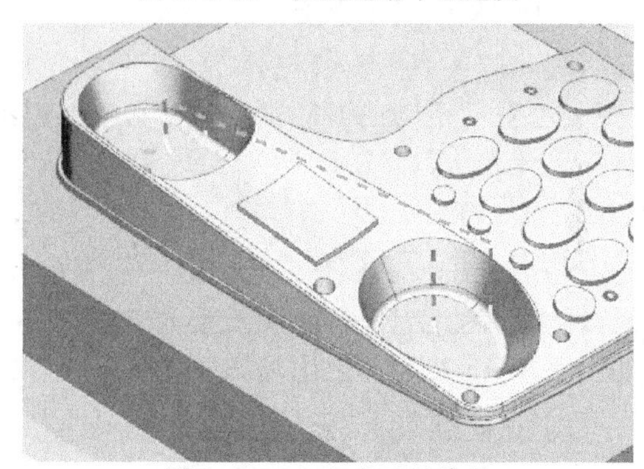

图 2.5.53 生成刀具路径

→弹出【区域铣削】驱动方法对话框→【陡峭空间范围】→【方法】非陡峭→【陡峭壁角度】60→【驱动设置】→【非陡峭切削模式】跟随周边→【平面直径百分比】3→【确定】（如图 2.5.51 加工参数设置）。

4. 设置进给率和速度

打开【进给率和速度】→勾选【主轴速度（rpm）】4000→【进给率】【切削】250→【确定】（如图 2.5.52 设置进给率和速度）。

5. 生成刀具路径

【操作】栏目中→点击【生成刀具路径】，生成该步操作的刀具路径（如图 2.5.53 生成刀具路径）。

九、$\phi 4$ 的球刀型腔铣精修中间曲面的区域

1. 选择精加工方法

【程序顺序视图】→【创建工序】→弹出【创建工序】对话框→【类型】mill_contour→【工序子类型】型腔铣→【程序】PROGRAM→【刀具】D4R2→【几何体】WORKPIECE→【方法】MILL_FINISH→【名称】jing-jingxiu1→【确定】（如图 2.5.54 选择精加工方法）。

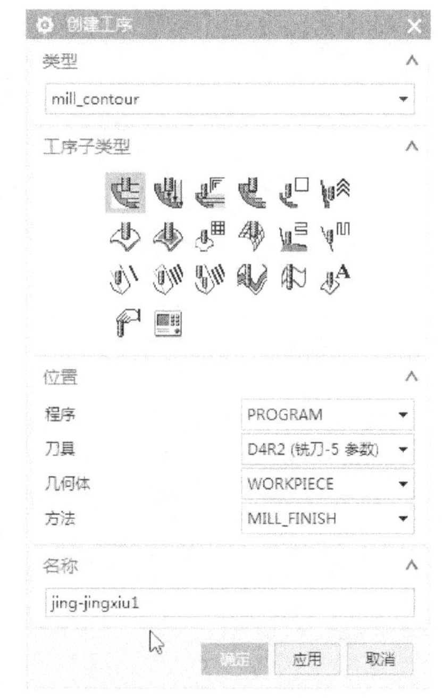

图 2.5.54　选择精加工方法

2. 选择加工区域

在弹出的【型腔铣】对话框中→【指定切削区域】→选择要加工的曲面→【确定】（如图 2.5.55 选择加工区域）。

3. 设置加工参数

【刀轨设置】栏目中→【切削模式】跟随部件→【平面直径百分比】10→【最大距离】0.2（如图 2.5.56 设置加工参数）。

4. 设置切削参数

打开【切削参数】→【策略】【切削顺序】深度优先→【余量】所有均设为 0→【空间范围】【毛坯】【处理中的工件】使用 3D→【确定】（如图 2.5.57 深度优先、图 2.5.58 余量、图 2.5.59 使用 3D）。

图 2.5.55　选择加工区域

图 2.5.56　设置加工参数

图 2.5.57　深度优先

图 2.5.58　余量

5. 设置非切削移动

打开【非切削移动】→【进刀】→【封闭区域】【进刀类型】插削→【开放区域】【进刀类型】与封闭区域相同→【确定】(如图 2.5.60 设置非切削移动)。

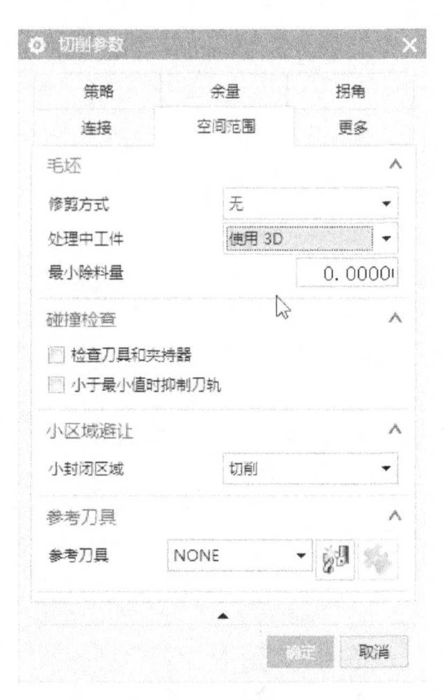

图 2.5.59　使用 3D

图 2.5.60　设置非切削移动

6. 设置进给率和速度

打开【进给率和速度】→勾选【主轴速度（rpm)】4000→【进给率】【切削】350→【确定】(如图 2.5.61 设置进给率和速度)。

7. 生成刀具路径

【操作】栏目中→点击【生成刀具路径】，生成该步操作的刀具路径（如图 2.5.62 生成刀具路径）。

图 2.5.61　设置进给率和速度

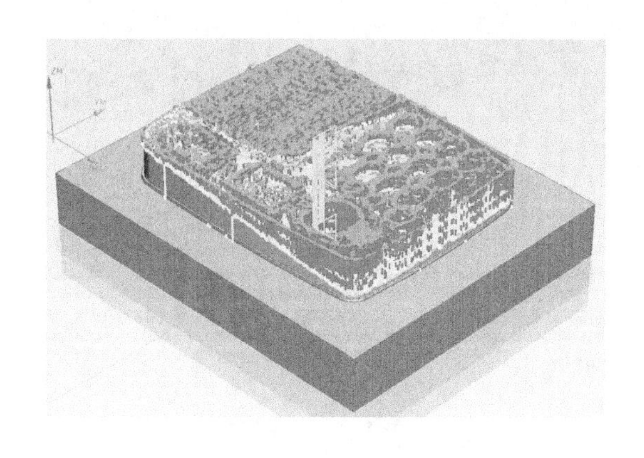

图 2.5.62　生成刀具路径

十、$\phi 2$ 的平底刀型腔铣精修中间曲面的区域

1. 选择精加工方法

【程序顺序视图】→【创建工序】→弹出【创建工序】对话框→【类型】mill_contour→【工序子类型】型腔铣→【程序】PROGRAM→【刀具】D2→【几何体】WORKPIECE→【方法】MILL_FINISH→【名称】jing-jingxiu2→【确定】（如图 2.5.63 选择精加工方法）

2. 选择加工区域

在弹出的【型腔铣】对话框中→【指定切削区域】→选择要加工的曲面→【确定】（如图 2.5.64 选择加工区域）。

3. 设置加工参数

【刀轨设置】栏目中→【切削模式】跟随部件→【平面直径百分比】20→【最大距离】0.2（如图 2.5.65 设置加工参数）。

4. 设置切削参数

打开【切削参数】→【策略】【切削顺序】深度优先→【余量】所有均设为 0→【空间范围】【毛坯】【处理中的工件】使用基于层的→【确定】（如图 2.5.66 深度优先、图 2.5.67 余量、图 2.5.68 使用基于层的）。

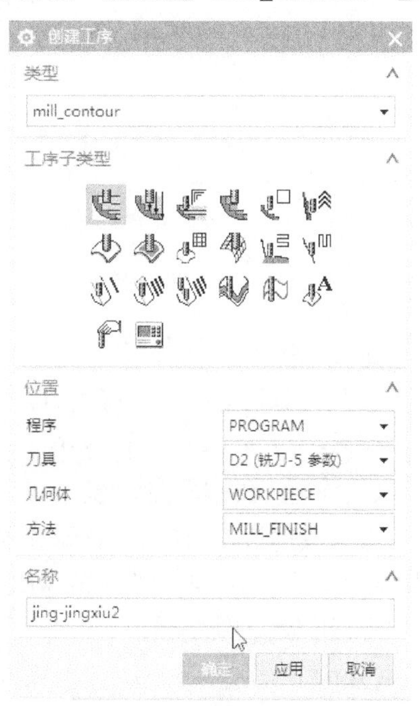

图 2.5.63　选择精加工方法

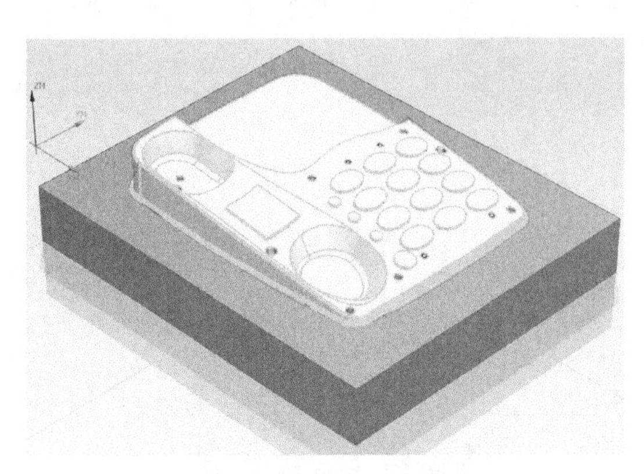

图 2.5.64　选择加工区域

图 2.5.65　设置加工参数

切削参数
连接　空间范围　更多
策略　余量　拐角
切削
切削方向　顺铣
切削顺序　深度优先
刀路方向　自动
延伸路径
在边上延伸　0.0000 mm
在延展毛坯下切削
精加工刀路
添加精加工刀路
毛坯
毛坯距离　0.0000
确定　取消

图 2.5.66　深度优先

图 2.5.67　余量

5. 设置非切削移动

打开【非切削移动】→【进刀】→【封闭区域】【进刀类型】插削→【开放区域】【进刀类型】与封闭区域相同→【确定】(如图 2.5.69 设置非切削移动)。

6. 设置进给率和速度

打开【进给率和速度】→勾选【主轴速度（rpm)】4000→【进给率】【切削】350→【确定】(如图 2.5.70 设置进给率和速度)。

7. 生成刀具路径

【操作】栏目中→点击【生成刀具路径】，生成该步操作的刀具路径（如图 2.5.71 生成刀具路径)。

图 2.5.68　使用基于层的

图 2.5.69　设置非切削移动

图 2.5.70　设置进给率和速度

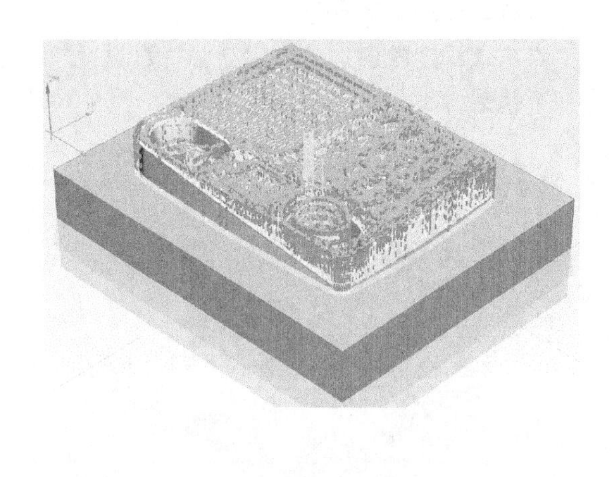

图 2.5.71　生成刀具路径

十一、$\phi 2$ 的平底深度铣加工多个小孔

1. 选择精加工方法

【程序顺序视图】→【创建工序】→弹出【创建工序】对话框→【类型】mill_contour→【工序子类型】深度轮廓加工（等高轮廓铣）→【程序】PROGRAM→【刀具】D2→【几何体】WORKPIECE→【方法】FINISH 精加工→【名称】jing-kong→【确定】（如图 2.5.72 选择精加工方法）。

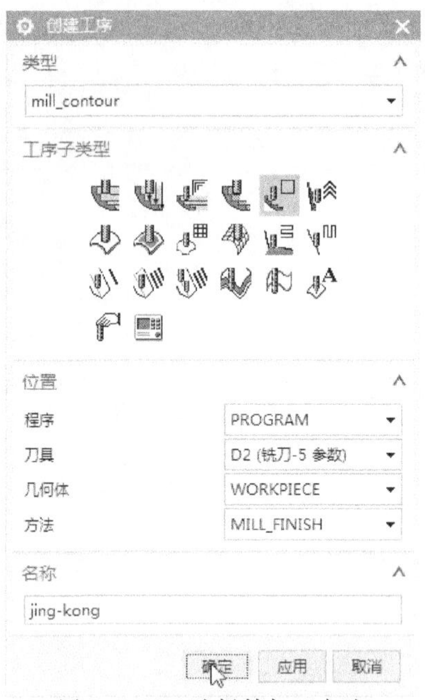

图 2.5.72　选择精加工方法

2. 选择加工区域

在弹出的【深度轮廓加工】对话框中→【指定切削区域】→选择要加工的孔的侧壁→【确定】(如图 2.5.73 选择加工区域)。

3. 设置加工参数

弹出【深度轮廓加工】对话框→【陡峭空间范围】无→【最大距离】0.3（如图 2.5.74 设置加工参数)。

图 2.5.73　选择加工区域

图 2.5.74　设置加工参数

4. 设置非切削移动

打开【非切削移动】→【进刀】→【封闭区域】【进刀类型】插削→【开放区域】【进刀类型】与封闭区域相同→【确定】(如图 2.5.75 设置非切削移动)。

5. 设置进给率和速度

打开【进给率和速度】→勾选【主轴速度（rpm)】3000→【进给率】【切削】150→【确定】(如图 2.5.76 设置进给率和速度)。

图 2.5.75　设置非切削移动

6. 生成刀具路径

【操作】栏目中→点击【生成刀具路径】，生成该步操作的刀具路径（如图 2.5.77 生成刀具路径）。

图 2.5.76　设置进给率和速度

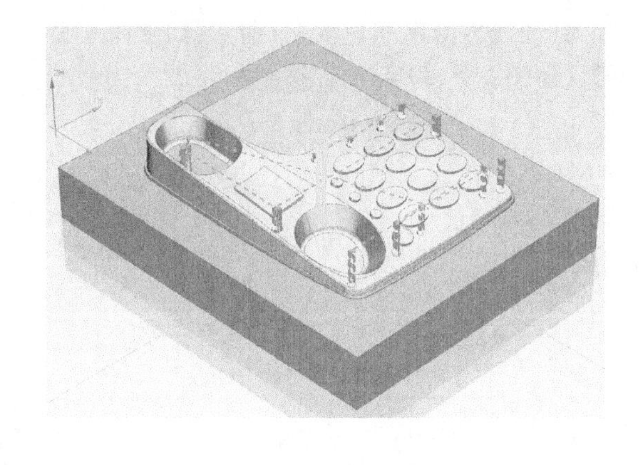

图 2.5.77　生成刀具路径

十二、$\phi 2$ 的平底刀清根精加工件剩余的角落区域

1. 选择精加工方法

【程序顺序视图】→【创建工序】→弹出【创建工序】对话框→【类型】mill_contour→【工序子类型】单刀路清根→【程序】PROGRAM→【刀具】D2→【几何体】WORKPIECE→【方

法】FINISH 精加工→【名称】jing-qinggen→【确定】(如图 2.5.78 选择精加工方法)。

2. 选择加工区域

在弹出的【深度轮廓加工】对话框中→【指定切削区域】→选择要加工的曲面→【确定】(如图 2.5.79 选择加工区域)。

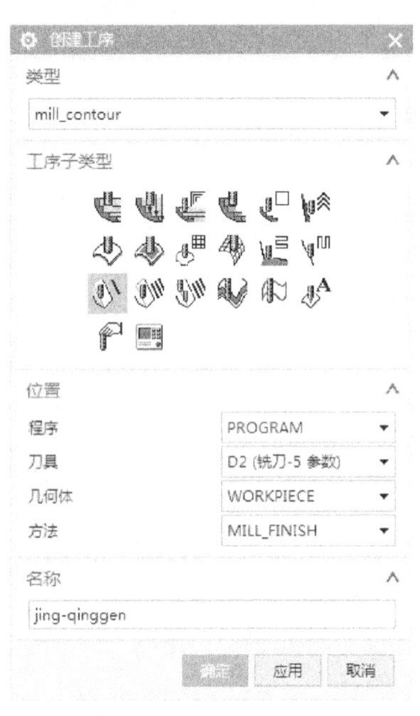

图 2.5.78 选择精加工方法

图 2.5.79 选择加工区域

3. 设置进给率和速度

打开【进给率和速度】→勾选【主轴速度(rpm)】4500→【进给率】【切削】150→【确定】(如图 2.5.80 设置进给率和速度)。

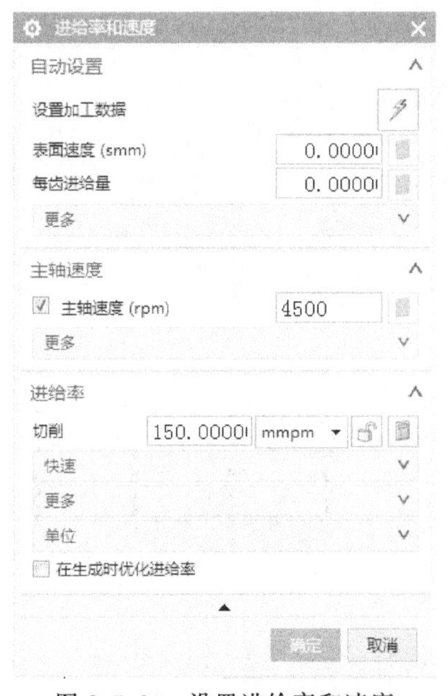

图 2.5.80 设置进给率和速度

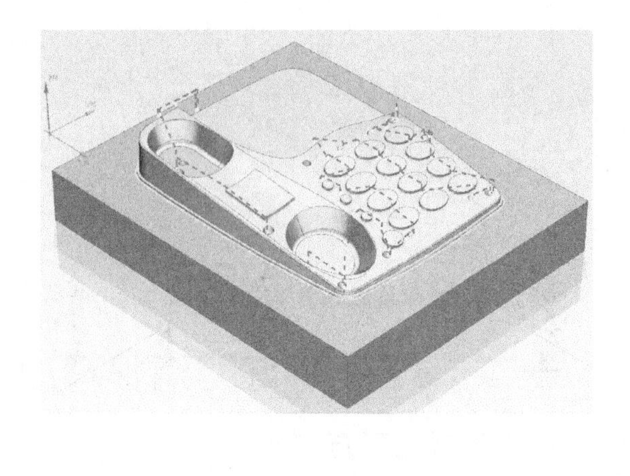

图 2.5.81 生成刀具路径

4. 生成刀具路径

【操作】栏目中→点击【生成刀具路径】，生成该步操作的刀具路径（如图 2.5.81 生成刀具路径）。

十三、最终验证模拟

在左侧目录列表中选择操作→点击【确认刀轨】按钮→在弹出的【刀轨可视化】对话框中→选择【2D 动态】→调整【动画速度】→点击【播放】（如图 2.5.82～图 2.5.91）。

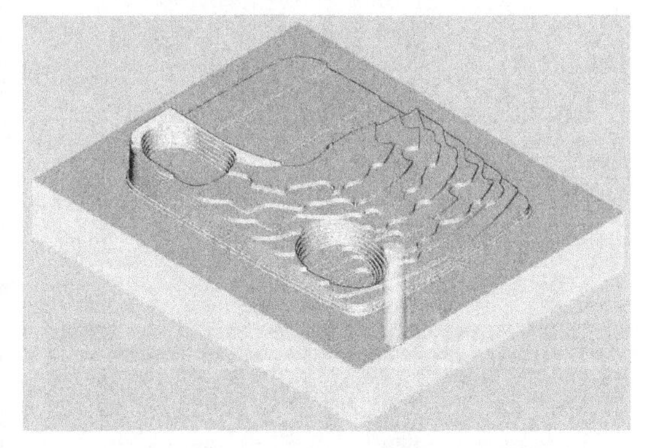

图 2.5.82　ϕ15 的平底刀型腔铣开粗加工

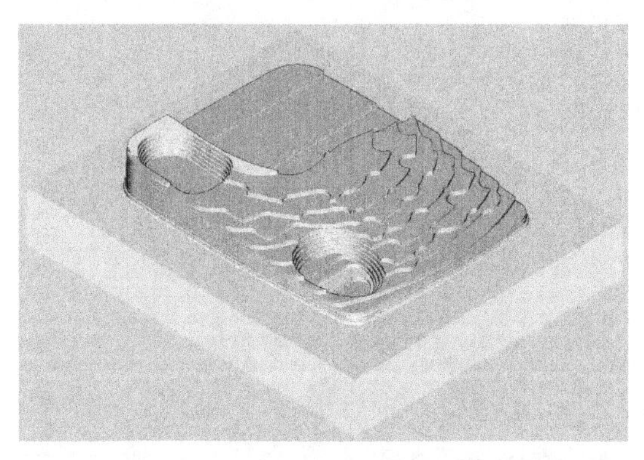

图 2.5.83　ϕ15 的平底刀面铣精加工底面

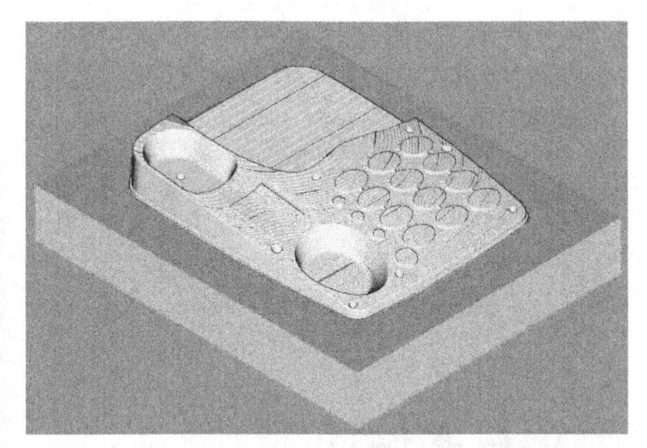

图 2.5.84　ϕ5 的平底刀型腔铣半精加工中间曲面区域

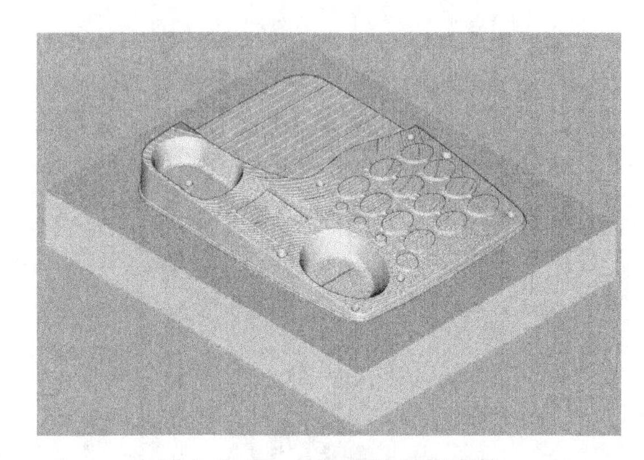

图 2.5.85　ϕ10 的球刀深度铣侧面陡峭区域

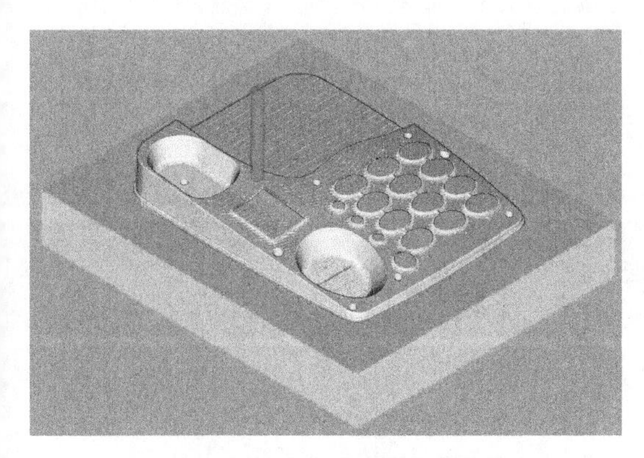

图 2.5.86　ϕ10 的球刀固定轴轮廓铣精加工中间大曲面区域

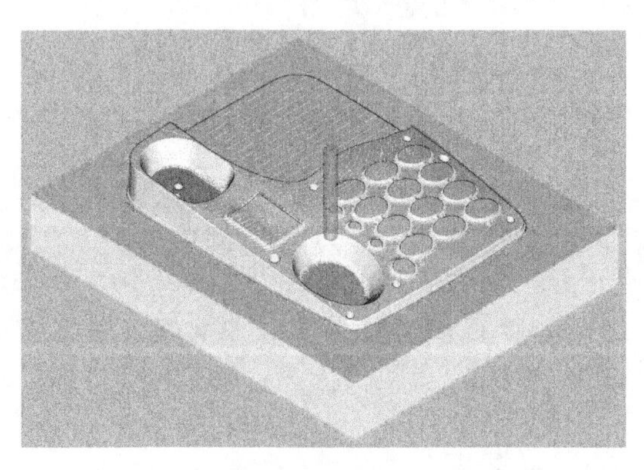

图 2.5.87　ϕ10 的球刀固定轴轮廓铣精加工左侧槽底区域

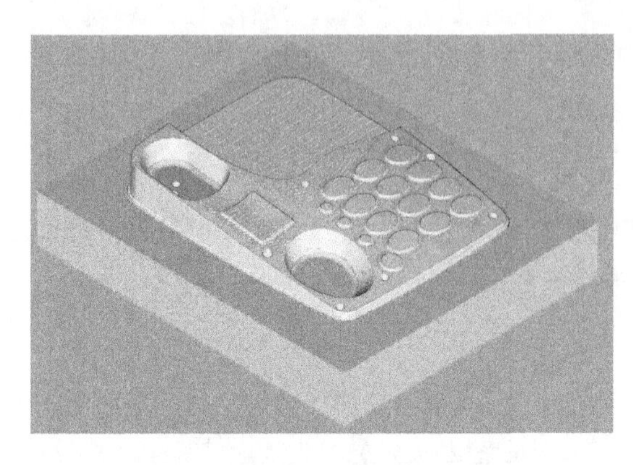

图 2.5.88 $\phi4$ 的球刀型腔铣精修中间曲面的区域

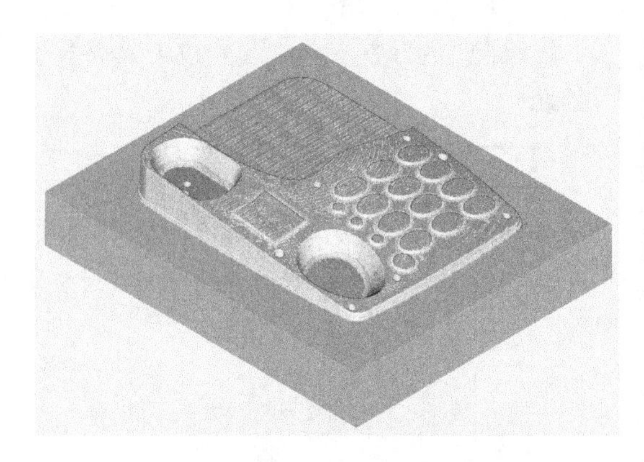

图 2.5.89 $\phi2$ 的平底刀型腔铣精修中间曲面的区域

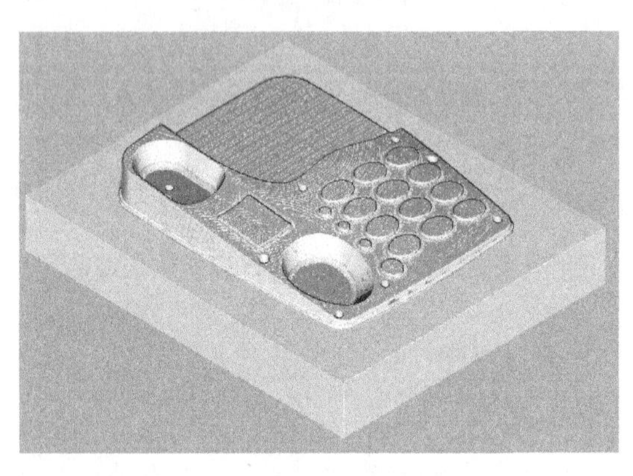

图 2.5.90 $\phi2$ 的平底刀深度铣加工多个小孔

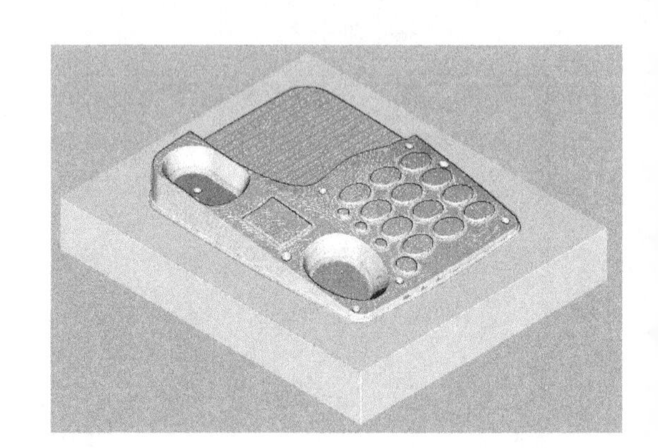

图 2.5.91 $\phi2$ 的平底刀清根精加工件剩余的角落区域

案例六　扣板塑胶件模具零件加工

一、工艺分析

1. 零件图工艺分析

该零件中间为扣板塑胶件模具零件，工件无尺寸公差要求（如图 2.6.1 扣板塑胶件模具零件）。尺寸标注完整，轮廓描述清楚。零件材料为已经加工成型的标准铝块，无热处理和硬度要求。

2. 确定装夹方案、加工顺序及进给路线

工件采用通用的虎钳装夹方案，底部放置垫块，保证工件摆正，对刀点采用左下角的上表面点对刀，其装夹方式、加工区域和对刀点如图 2.6.2 所示。

3. 刀具和加工区域选择

选用多把铣刀加工本例的区域，将所选定的刀具参数以及加工区域填入表 2.6.1 数控加工卡片中，以便于编程和操作管理。

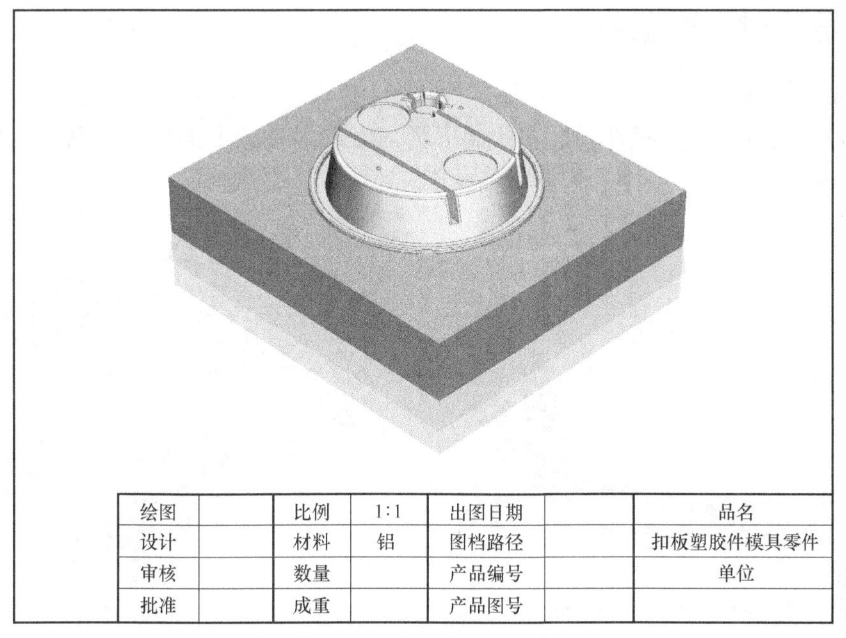

绘图
比例
1:1
出图日期
品名
设计
材料
铝
图档路径
扣板塑胶件模具零件
审核
数量
产品编号
单位
批准
成重
产品图号

图 2.6.1　扣板塑胶件模具零件

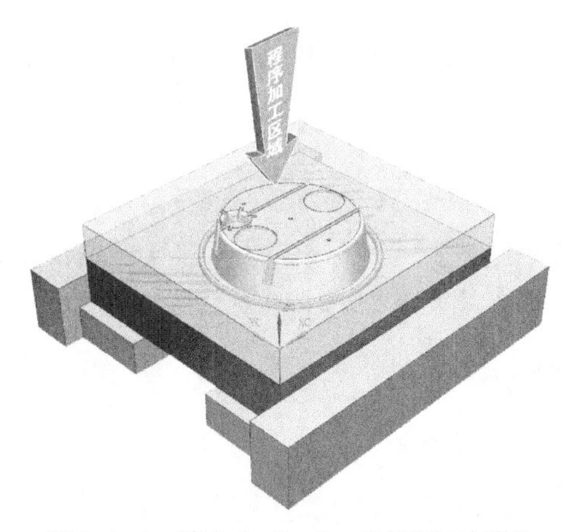

图 2.6.2　装夹方式、加工区域和对刀点

表 2.6.1　数控加工卡片

产品名称或代号	模具零件加工综合实例	零件名称	扣板塑胶件模具零件		
序号	加工区域		刀具		
			名称	规格	刀号
1	ϕ20 的平底刀型腔铣开粗加工		D20	ϕ20 平底刀	1
2	ϕ12R1 的圆角刀型腔铣半精加工曲面区域		D12R1	ϕ12R1 圆角刀	2
3	ϕ8 的球刀深度铣侧面陡峭区域		D8R4	ϕ8 球刀	3
4	ϕ8 的球刀固定轴轮廓铣径向加工顶部第一个圆角区域		D8R4	ϕ8 球刀	3
5	ϕ8 的球刀固定轴轮廓铣径向加工顶部第二个圆角区域		D8R4	ϕ8 球刀	3
6	ϕ8 的球刀固定轴轮廓铣径向加工顶部第三个圆角区域		D8R4	ϕ8 球刀	3
7	ϕ8 的球刀固定轴轮廓铣径向加工顶部第四个圆角区域		D8R4	ϕ8 球刀	3
8	ϕ3 的平底刀型腔铣精加工曲面区域		D3	ϕ 平底刀	5
9	ϕ3 的球刀型腔铣精加工曲面区域		D3R1.5	ϕ3 球刀	4
10	ϕ3 的平底刀清根精加工件剩余的角落区域		D3	ϕ 平底刀	5
11	ϕ3 的球刀清根精加工件剩余的角落区域				
编制	×××	审核	×××	批准	××× 共 1 页

二、前期准备工作

1. 绘制辅助图形

进入【建模】模块式→【草图】中绘制图形，使之作为加工坐标系的原点（如图 2.6.3 草图中绘制辅助图形和图 2.6.4 完成后的效果）。

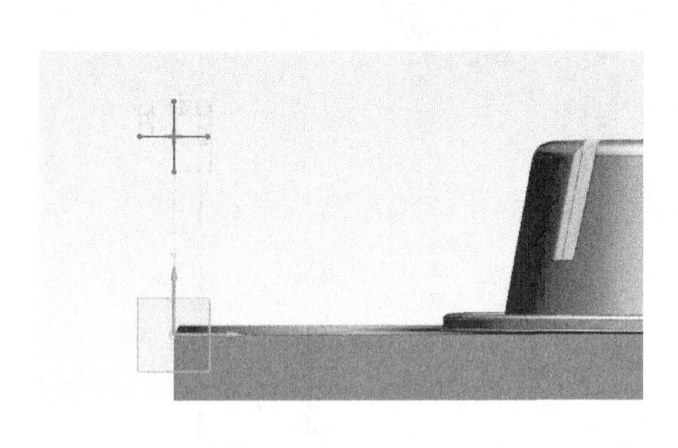

图 2.6.3　草图中绘制辅助图形

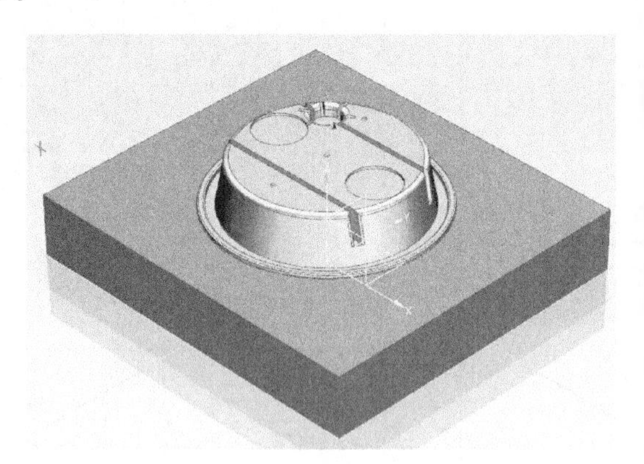

图 2.6.4　完成后的效果

2. 进入加工模块

打开【启动】菜单→【加工】，进入加工模块→打开【加工环境】对话框→【CAM 会话配置】cam_general→【要创建的 CAM 组装】mill_contour→【确定】（如图 2.6.5 进入加工模块）。

3. 创建刀具

→【创建刀具】→选择【平底刀】→【名称】D20→在【刀具设置】对话框中→【(D) 直径】20→【刀具号】1→【确定】（如图 2.6.6 创建 1 号刀具）。

图 2.6.5　进入加工模块

图 2.6.6　创建 1 号刀具

→【创建刀具】→选择【平底刀】→【名称】D12R1→在【刀具设置】对话框中→【(D) 直径】12→【(R1) 下半径】1→【刀具号】2→【确定】(如图 2.6.7 创建 2 号刀具)。

→【创建刀具】→选择【平底刀】→【名称】D8R4→在【刀具设置】对话框中→【(D) 直径】8→【(R1) 下半径】4→【刀具号】3→【确定】(如图 2.6.8 创建 3 号刀具)。

图 2.6.7　创建 2 号刀具　　图 2.6.8　创建 3 号刀具

→【创建刀具】→选择【平底刀】→【名称】D3R1.5→在【刀具设置】对话框中→【(D) 直径】3→【(R1) 下半径】1.5→【刀具号】4→【确定】(如图 2.6.9 创建 4 号刀具)。

→【创建刀具】→选择【平底刀】→【名称】D3→在【刀具设置】对话框中→【(D) 直径】3→【刀具号】4→【确定】(如图 2.6.10 创建 5 号刀具)。

图 2.6.9　创建 4 号刀具

图 2.6.10　创建 5 号刀具

4. 设置坐标系和创建毛坯

【几何视图】→双击【MCS_MILL】→将加工坐标系移至毛坯左下角的上平面点即可(如图)→设定【安全距离】2→【确定】(如图 2.6.11 设置坐标系)。

→打开 MCS_MILL 前的【+】号，双击【WORKPIECE】→在【工件】对话框中→点击【指定部件】按钮→点击工件→【确定】(如图 2.6.12 指定部件)。

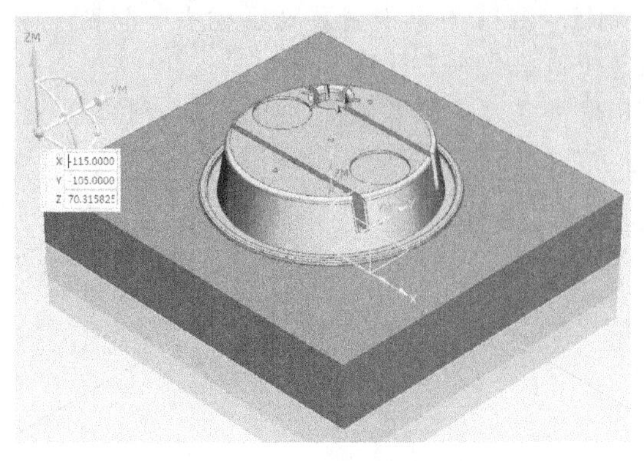

图 2.6.11　设置坐标系

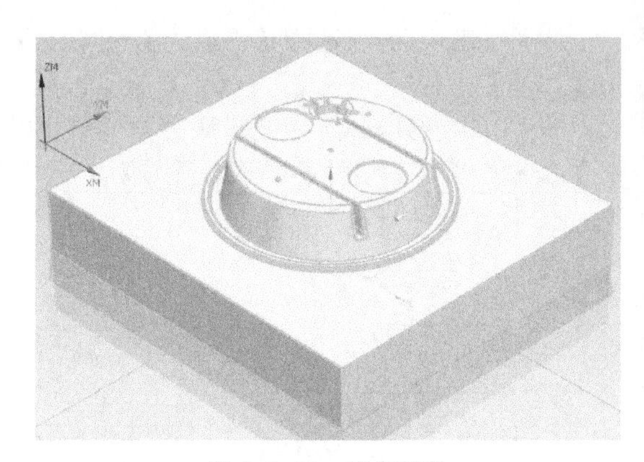

图 2.6.12　指定部件

→点击【指定毛坯】按钮→在弹出的【毛坯几何体】对话中→【类型】→选择【包容块】，设置最小化包容工件的毛坯→毛坯设置的效果如图→【确定】→【确定】（如图 2.6.13 创建毛坯）。

三、ϕ20 的平底刀型腔铣开粗加工

1. 选择粗加工方法

【程序顺序视图】→【创建工序】→弹出【创建工序】对话框→【类型】mill_contour→【工序子类型】型腔铣→【程序】PROGRAM→【刀具】D20→【几何体】WORKPIECE→【方法】MILL_ROUGH，进行粗加工→【名称】cu→【确定】（如图 2.6.14 选择粗加工方法）。

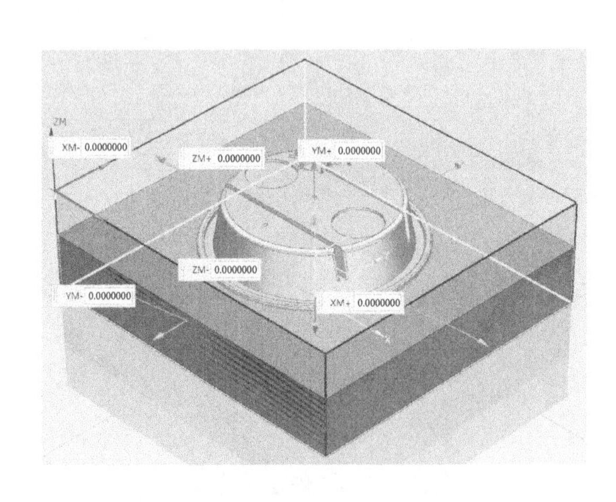

图 2.6.13　创建毛坯

图 2.6.14　选择粗加工方法

2. 选择加工区域

在弹出的【型腔铣】对话框中→【指定切削区域】→选择要加工的曲面→【确定】（如图 2.6.15 选择加工区域）。

3. 设置加工参数

【刀轨设置】栏目中→【切削模式】跟随周边→【平面直径百分比】85→【最大距离】3（如图 2.6.16 设置加工参数）。

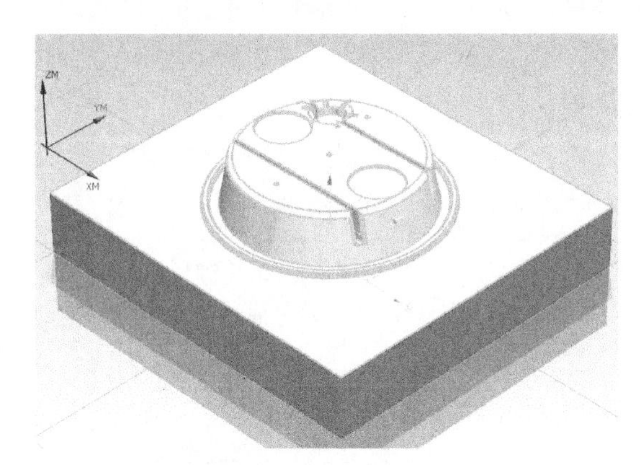

图 2.6.15　选择加工区域

图 2.6.16　设置加工参数

4. 设置切削参数

打开【切削参数】→【策略】→【切削】【切削顺序】深度优先→【余量】【部件侧面余量】0.3→【确定】（如图 2.6.17 深度优先、图 2.6.18 设置切削参数余量）。

图 2.6.17　深度优先

图 2.6.18　设置切削参数余量

5. 设置非切削移动

打开【非切削移动】→【进刀】→【封闭区域】【进刀类型】插削→【开放区域】【进刀类型】与封闭区域相同→【确定】（如图 2.6.19 设置非切削移动）。

6. 设置进给率和速度

打开【进给率和速度】→勾选【主轴速度（rpm)】3000→【进给率】【切削】500→【确定】（如图 2.6.20 设置进给率和速度）。

图 2.6.19　设置非切削移动

图 2.6.20　设置进给率和速度

7. 生成刀具路径

【操作】栏目中→点击【生成刀具路径】，生成该步操作的刀具路径（如图 2.6.21 生成刀具路径）。

四、ϕ12*R*1 的圆角刀型腔铣半精加工曲面区域

1. 选择半精加工方法

【程序顺序视图】→【创建工序】→弹出【创建工序】对话框→【类型】mill_contour→【工序子类型】型腔铣→【程序】PROGRAM→【刀具】D12R1→【几何体】WORKPIECE→【方法】MILL_FINISH→【名称】banjing→【确定】（如图 2.6.22 选择半精加工方法）。

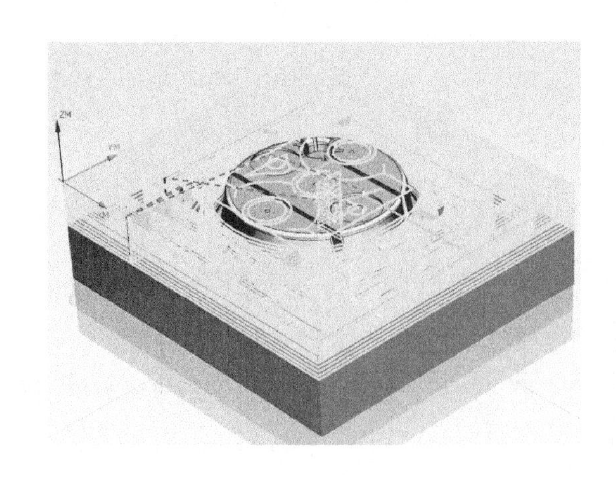
图 2.6.21　生成刀具路径

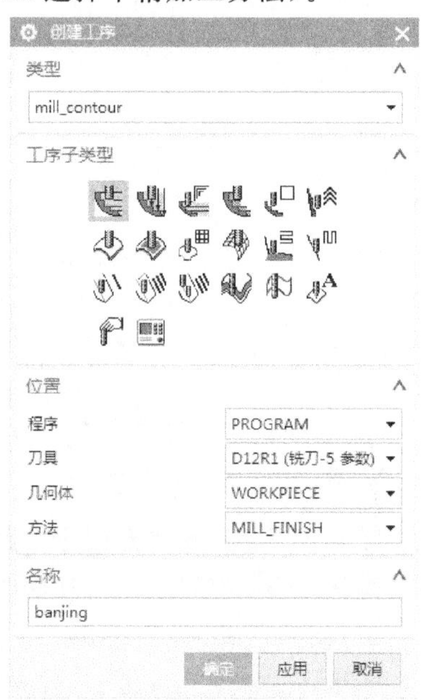

图 2.6.22　选择半精加工方法

2. 选择加工区域

在弹出的【型腔铣】对话框中→【指定切削区域】→选择要加工的曲面→【确定】（如图2.6.23 选择加工区域）。

3. 设置加工参数

【刀轨设置】栏目中→【切削模式】跟随周边→【平面直径百分比】50→【最大距离】1（如图2.6.24 设置加工参数）。

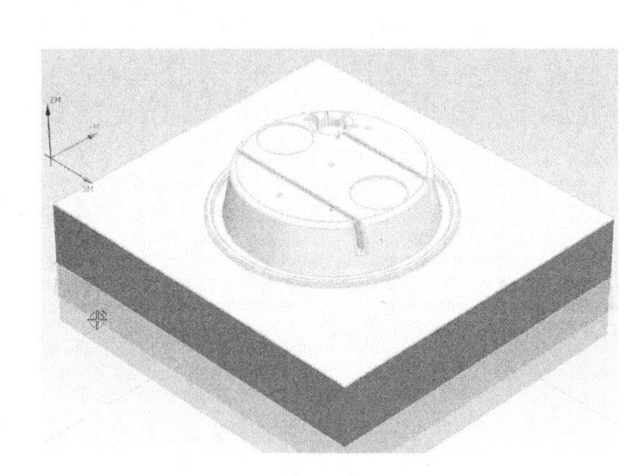

图2.6.23　选择加工区域

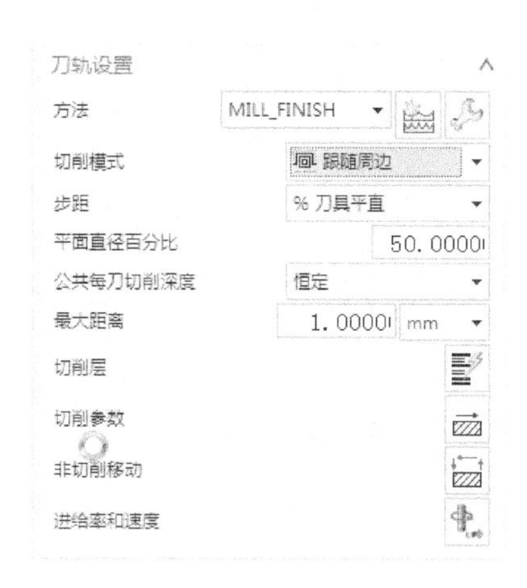

图2.6.24　设置加工参数

4. 设置切削参数

打开【切削参数】→【策略】【切削】【切削顺序】深度优先→【余量】所有均设为0→【空间范围】【毛坯】【处理中的工件】使用3D→【确定】（如图2.6.25 深度优先、图2.6.26 余量、图2.6.27 使用3D）。

图2.6.25　深度优先

图2.6.26　余量

5. 设置非切削移动

打开【非切削移动】→【进刀】→【封闭区域】【进刀类型】插削→【开放区域】【进刀类型】与封闭区域相同→【确定】(如图 2.6.28 设置非切削移动)。

图 2.6.27 使用 3D

图 2.6.28 设置非切削移动

6. 设置进给率和速度

打开【进给率和速度】→勾选【主轴速度 (rpm)】3000→【进给率】【切削】320→【确定】(如图 2.6.29 设置进给率和速度)。

图 2.6.29 设置进给率和速度

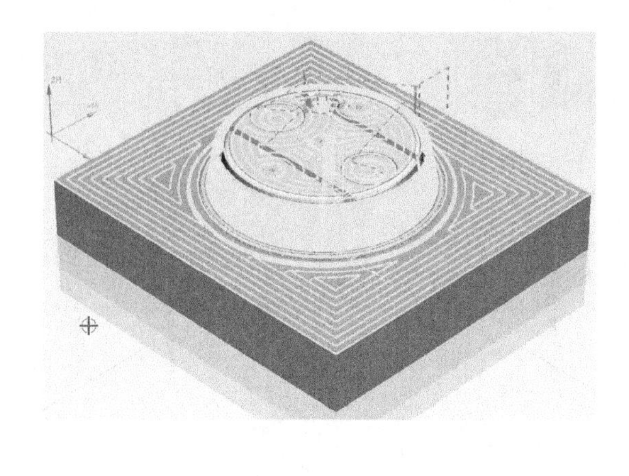

图 2.6.30 生成刀具路径

7. 生成刀具路径

【操作】栏目中→点击【生成刀具路径】，生成该步操作的刀具路径（如图 2.6.30 生成刀具路径）。

五、ϕ8 的球刀深度铣侧面陡峭区域

1. 选择精加工方法

【程序顺序视图】→【创建工序】→弹出【创建工序】对话框→【类型】mill_contour→【工序子类型】深度轮廓加工（等高轮廓铣）→【程序】PROGRAM→【刀具】D8R4→【几何体】WORKPIECE→【方法】FINISH 精加工→【名称】jing-douqiao→【确定】（如图 2.6.31 选择精加工方法）。

图 2.6.31　选择精加工方法

2. 选择加工区域

在弹出的【深度轮廓加工】对话框中→【指定切削区域】→选择要加工的陡峭曲面→【确定】（如图 2.6.32 选择加工区域）。

3. 设置加工参数

弹出【深度轮廓加工】对话框→【陡峭空间范围】仅陡峭的→【陡峭空间范围】50→【最大距离】0.4（如图 2.6.33 设置加工参数）。

4. 设置进给率和速度

打开【进给率和速度】→勾选【主轴速度（rpm）】3000→【进给率】【切削】300→【确定】（如图 2.6.34 设置进给率和速度）。

图 2.6.32　选择加工区域

图 2.6.33　设置加工参数

5. 生成刀具路径

【操作】栏目中→点击【生成刀具路径】，生成该步操作的刀具路径（如图 2.6.35 生成刀具路径）。

图 2.6.34 设置进给率和速度

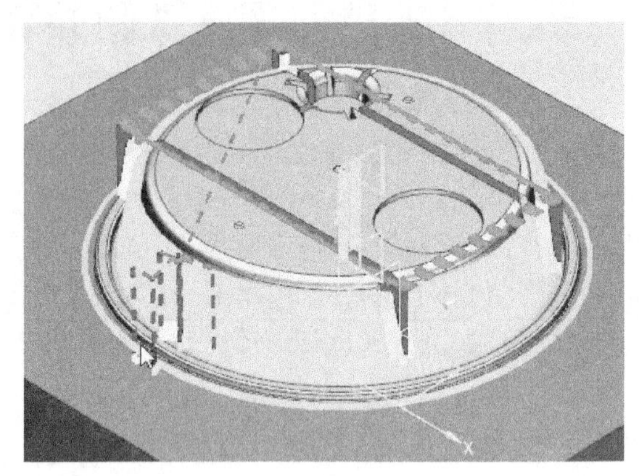

图 2.6.35 生成刀具路径

六、ϕ8 的球刀固定轴轮廓铣径向加工顶部第一个圆角区域

1. 选择精加工方法

【程序顺序视图】→【创建工序】→弹出【创建工序】对话框→【类型】mill_contour→【工序子类型】固定轴曲面轮廓铣→【程序】PROGRAM→【刀具】D8R4→【几何体】WORKPIECE→【方法】MILL_FINISH→【名称】jing-ding1→【确定】(如图 2.6.36 选择精加工方法)。

2. 选择加工区域

在弹出的【固定轴曲面轮廓铣】对话框中→【指定切削区域】→选择要加工的曲面→【确定】(如图 2.6.37 选择加工区域)。

图 2.6.36 选择精加工方法

3. 设置驱动方法及加工参数设置

【驱动方法】栏目中→【方法】径向切削(如图 2.6.38 驱动方法)。

→弹出【径向切削】驱动方法对话框→【驱动几何体】→【指定驱动几何体】→【类型】开放→选择圆角的上边缘的曲线→【确定】(如图 2.6.39 指定驱动几何体)。

【驱动设置】→【切削类型】往复→【平面直径百分比】4→【材料侧的条带】0→【另一侧的条带】5→【确定】(如图 2.6.40 加工参数设置)。

4. 设置进给率和速度

打开【进给率和速度】→勾选【主轴速度(rpm)】3000→【进给率】【切削】300→【确定】(如图 2.6.41 设置进给率和速度)。

5. 生成刀具路径

【操作】栏目中→点击【生成刀具路径】,生成该步操作的刀具路径(如图 2.6.42 生成刀具路径)。

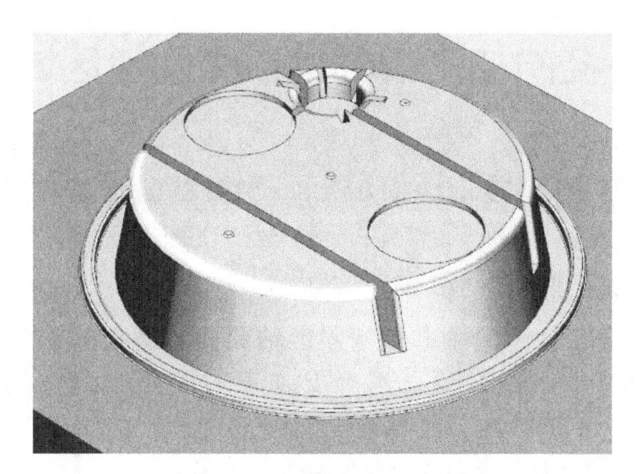

图 2.6.37　选择加工区域

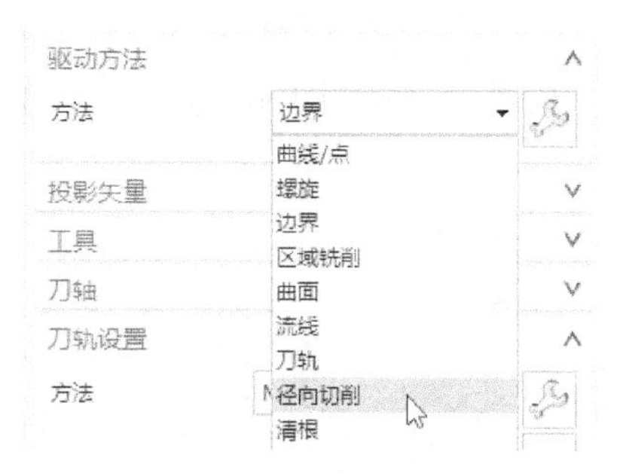

图 2.6.38　驱动方法

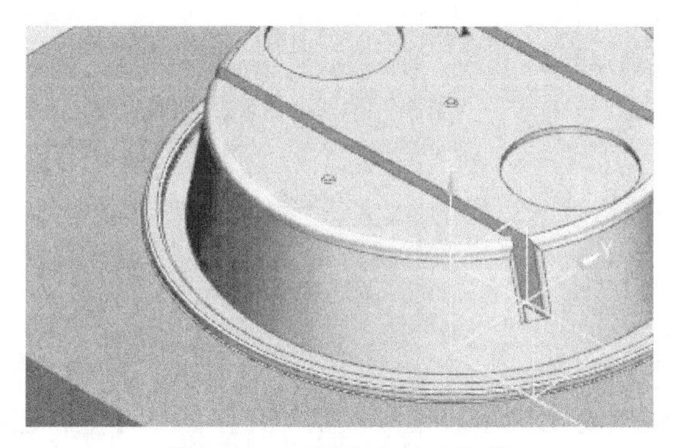

图 2.6.39　指定驱动几何体

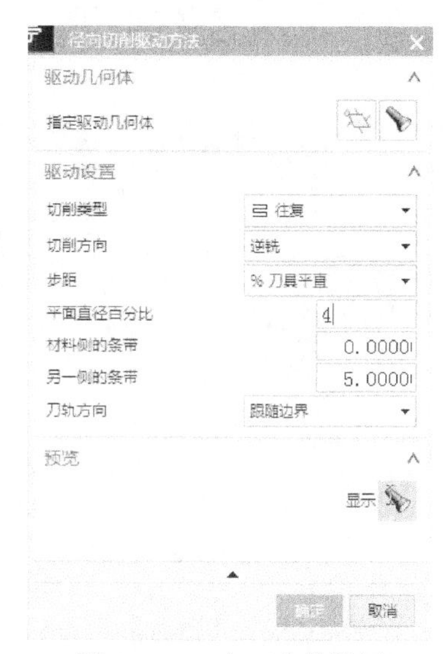

图 2.6.40　加工参数设置

图 2.6.41　设置进给率和速度

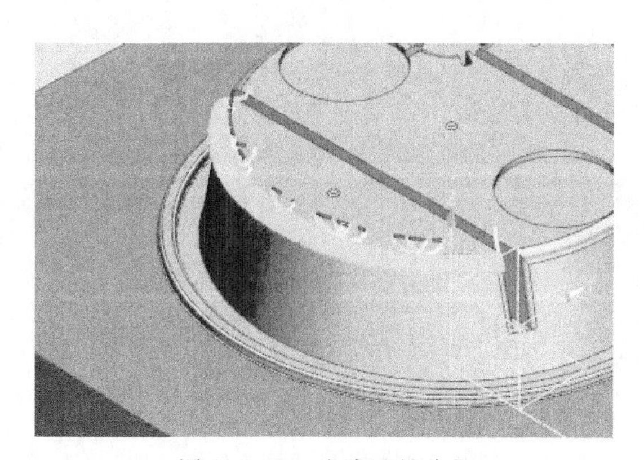

图 2.6.42　生成刀具路径

七、ϕ8的球刀固定轴轮廓铣径向加工顶部第二个圆角区域

1. 复制创建程序

右击【JING-DING1】→【复制】→【粘贴】→【重命名】JING-DING2（如图2.6.43复制创建程序）。

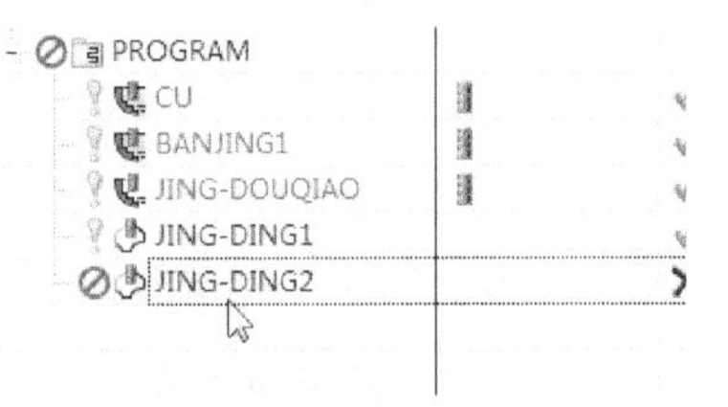

图2.6.43 复制创建程序

2. 选择加工区域

双击程序名→在弹出的【固定轴曲面轮廓铣】对话框中→【指定切削区域】→选择要加工的曲面→【确定】（如图2.6.44选择加工区域）。

3. 设置驱动方法及加工参数设置

【驱动方法】栏目中→【方法】径向切削（如图2.6.45驱动方法）。

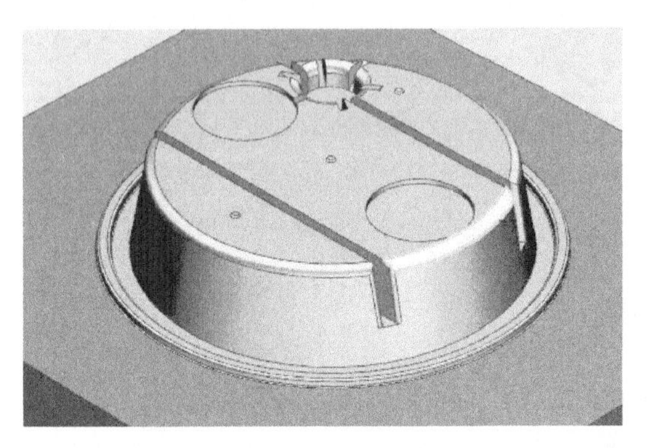

图2.6.44 选择加工区域

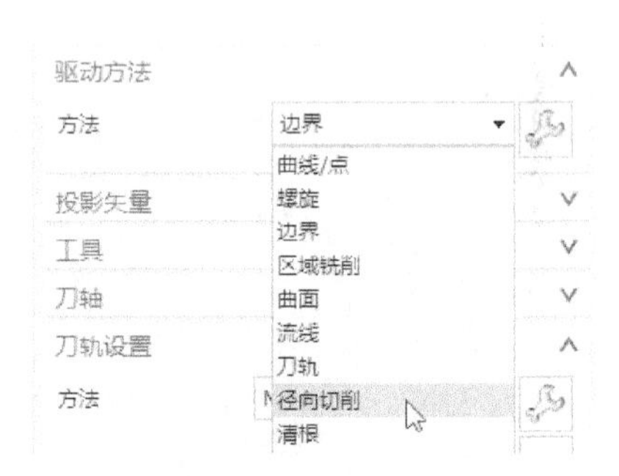

图2.6.45 驱动方法

→弹出【径向切削】驱动方法对话框→【驱动几何体】→【指定驱动几何体】→【重新选择】→【类型】开放→选择圆角的下边缘的曲线→【确定】→【确定】（如图2.6.46指定驱动几何体）。

4. 生成刀具路径

【操作】栏目中→点击【生成刀具路径】，生成该步操作的刀具路径（如图2.6.47生成刀具路径）。

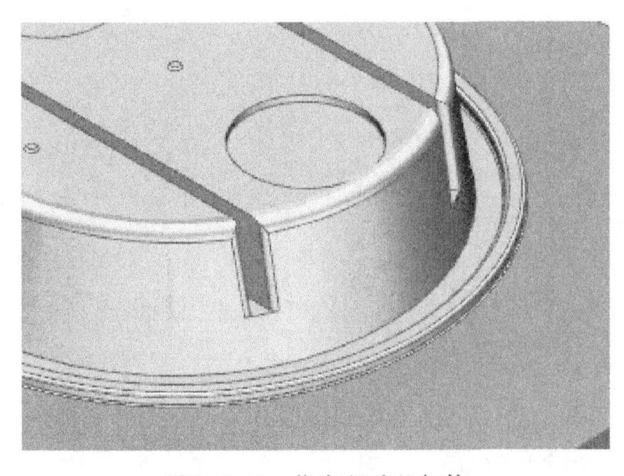

图2.6.46 指定驱动几何体

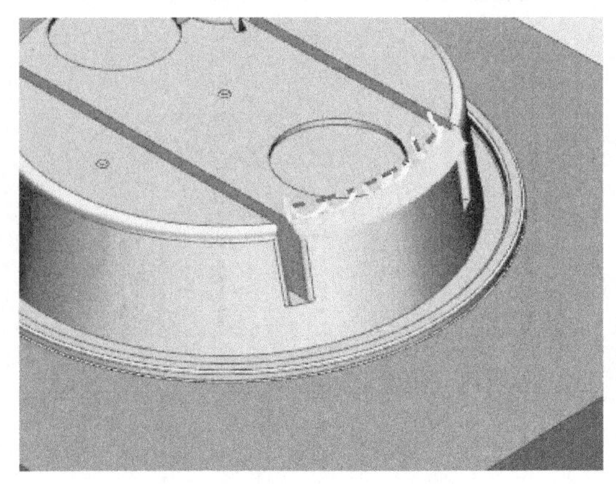

图2.6.47 生成刀具路径

八、ϕ8 的球刀固定轴轮廓铣径向加工顶部第三个圆角区域

1. 复制创建程序

右击【JING-DING2】→【复制】→【粘贴】→【重命名】JING-DING3（如图 2.6.48 复制创建程序）。

2. 选择加工区域

双击程序名→在弹出的【固定轴曲面轮廓铣】对话框中→【指定切削区域】→选择要加工的曲面→【确定】（如图 2.6.49 选择加工区域）。

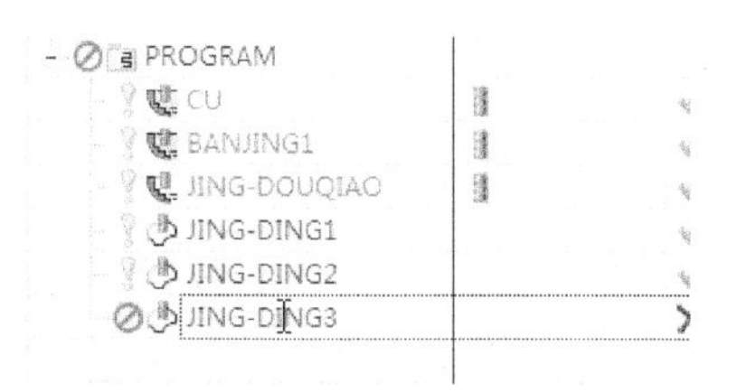

图 2.6.48　复制创建程序

3. 设置驱动方法及加工参数设置

【驱动方法】栏目中→【方法】径向切削（如图 2.6.50 驱动方法）。

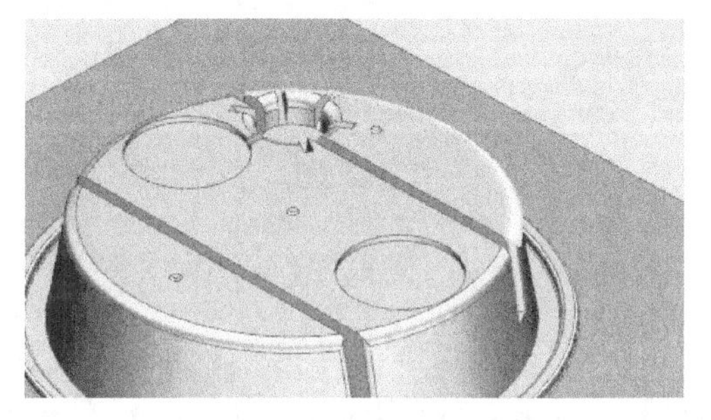
图 2.6.49　选择加工区域

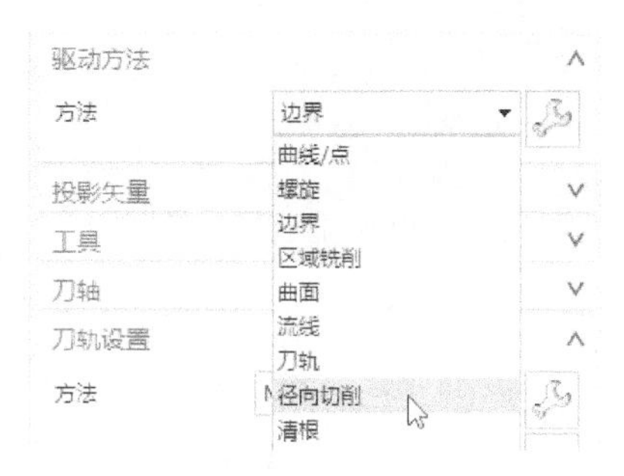

图 2.6.50　驱动方法

→弹出【径向切削】驱动方法对话框→【驱动几何体】→【指定驱动几何体】→【重新选择】→【类型】开放→选择圆角的下边缘的曲线→【确定】→【确定】→【确定】（如图 2.6.51 指定驱动几何体）。

4. 生成刀具路径

【操作】栏目中→点击【生成刀具路径】，生成该步操作的刀具路径（如图 2.6.52 生成刀具路径）。

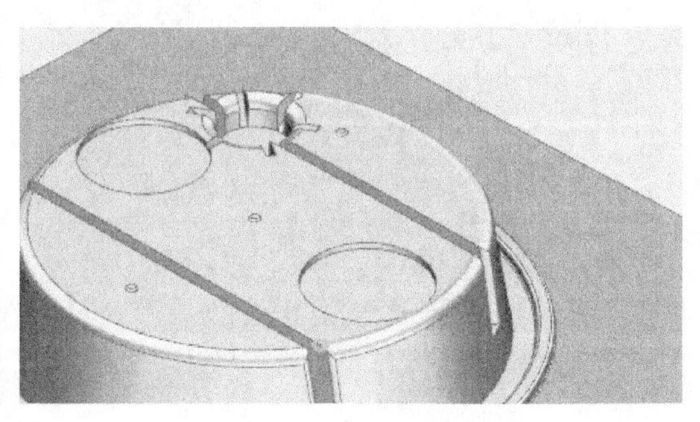
图 2.6.51　指定驱动几何体

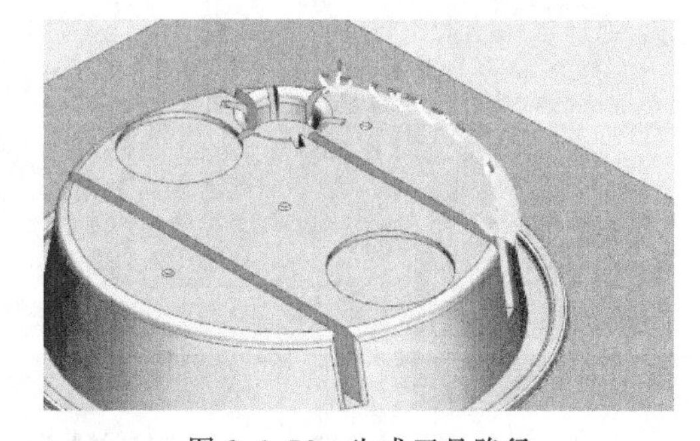
图 2.6.52　生成刀具路径

九、ϕ8 的球刀固定轴轮廓铣径向加工顶部第四个圆角区域

1. 复制创建程序

右击【JING-DING3】→【复制】→【粘贴】→【重命名】JING-DING4（如图 2.6.53 复制创

建程序）。

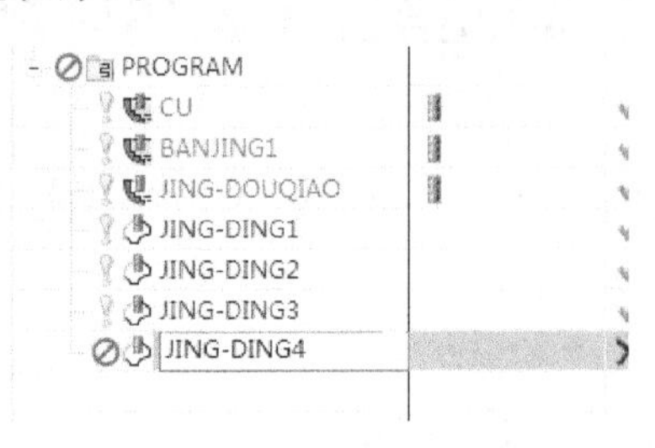

图 2.6.53　复制创建程序

2. 选择加工区域

双击程序名→在弹出的【固定轴曲面轮廓铣】对话框中→【指定切削区域】→选择要加工的曲面→【确定】（如图 2.6.54 选择加工区域）。

3. 设置驱动方法及加工参数设置

【驱动方法】栏目中→【方法】径向切削（如图 2.6.55 驱动方法）。

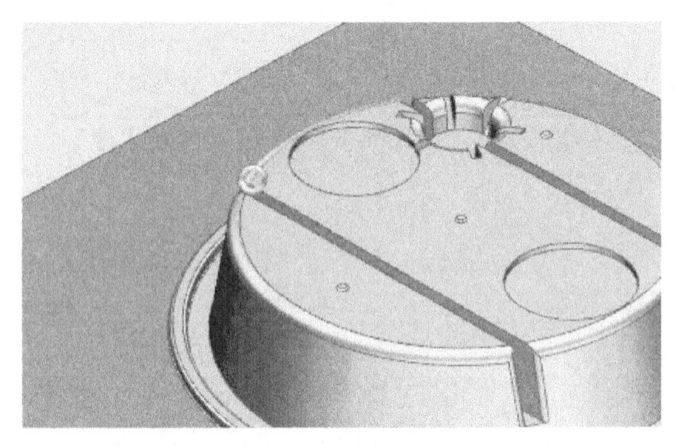

图 2.6.54　选择加工区域

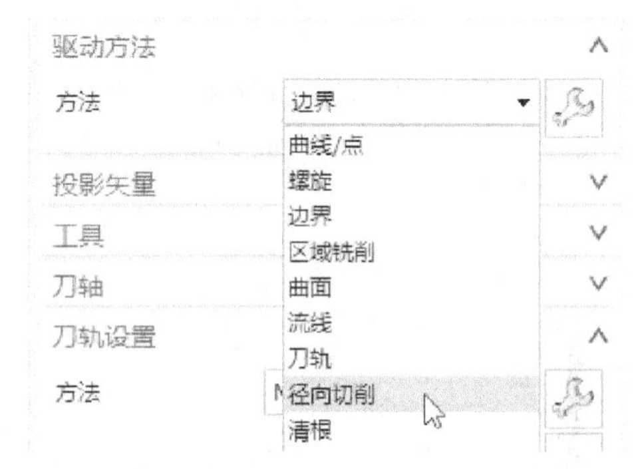

图 2.6.55　驱动方法

→弹出【径向切削】驱动方法对话框→【驱动几何体】→【指定驱动几何体】→【重新选择】→【类型】开放→选择圆角的下边缘的曲线→【确定】→【确定】→【确定】（如图 2.6.56 指定驱动几何体）。

4. 生成刀具路径

【操作】栏目中→点击【生成刀具路径】，生成该步操作的刀具路径（如图 2.6.57 生成刀具路径）。

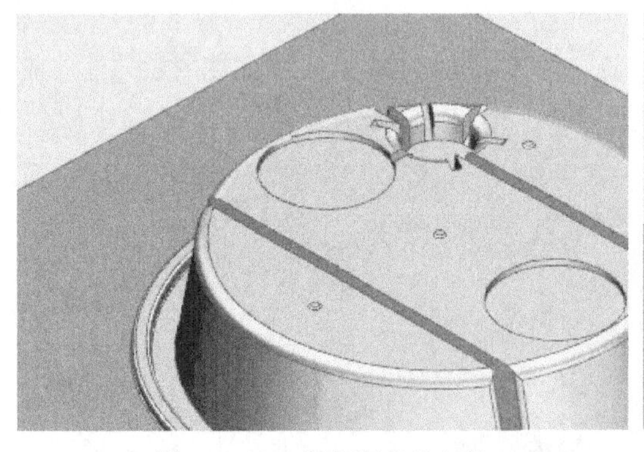

图 2.6.56　指定驱动几何体

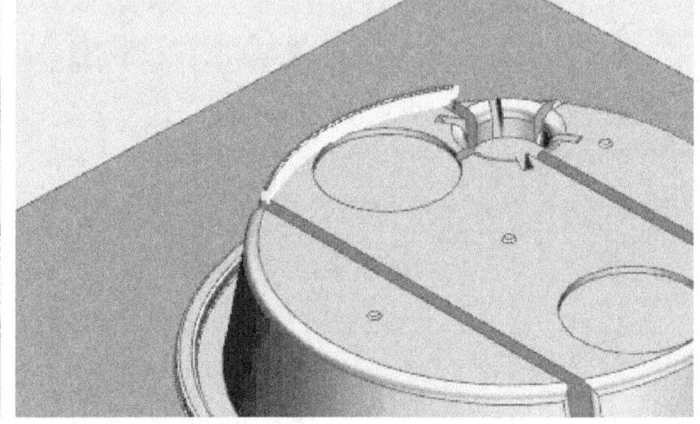

图 2.6.57　生成刀具路径

十、ϕ3的平底刀型腔铣精加工曲面区域

1. 选择精加工方法

【程序顺序视图】→【创建工序】→弹出【创建工序】对话框→【类型】mill_contour→【工序子类型】型腔铣→【程序】PROGRAM→【刀具】D3→【几何体】WORKPIECE→【方法】【方法】MILL_FINISH→【名称】jing1→【确定】（如图 2.6.58 选择精加工方法）。

2. 选择加工区域

在弹出的【型腔铣】对话框中→【指定切削区域】→选择要加工的曲面→【确定】（如图 2.6.59 选择加工区域）。

3. 设置加工参数

【刀轨设置】栏目中→【切削模式】跟随部件→【平面直径百分比】50→【最大距离】0.3（如图 2.6.60 设置加工参数）。

4. 设置切削参数

打开【切削参数】→【策略】【切削】【切削顺序】深度优先→【余量】所有均设为 0→【空间范围】【毛坯】【处理中的工件】使用基于层的→【确定】（如图 2.6.61 深度优先、图 2.6.62 余量、图 2.6.63 使用基于层的）。

5. 设置非切削移动

打开【非切削移动】→【进刀】→【封闭区域】【进刀类型】插削→【开放区域】【进刀类型】与封闭区域相同→【确定】（如图 2.6.64 设置非切削移动）。

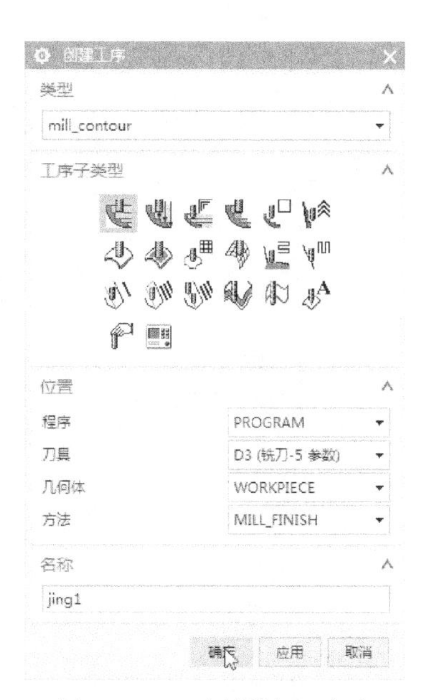

图 2.6.58　选择精加工方法

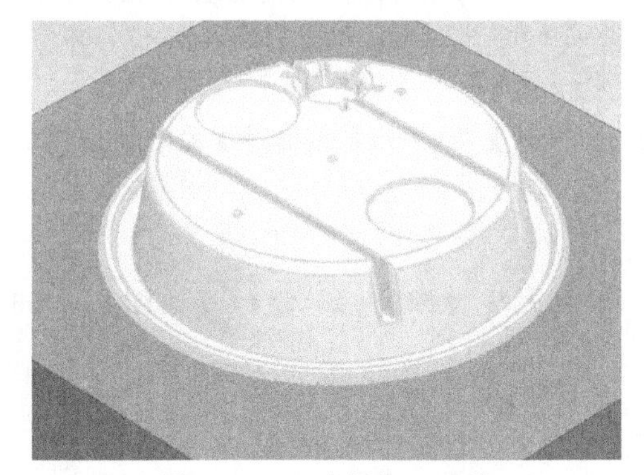

图 2.6.59　选择加工区域

图 2.6.60　设置加工参数

图 2.6.61　深度优先

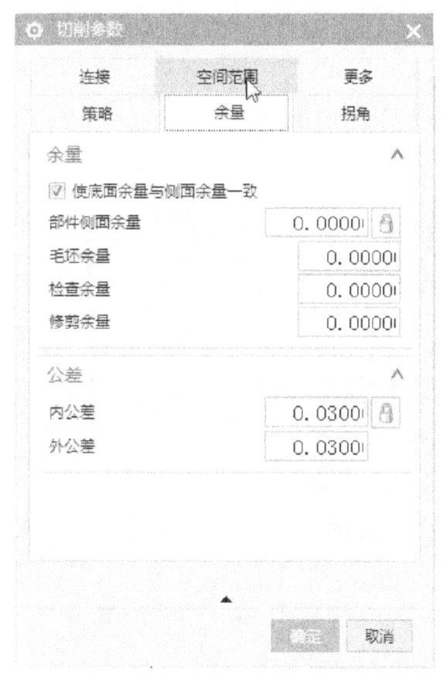

图 2.6.62　余量

图 2.6.63　使用基于层的

图 2.6.64　设置非切削移动

6. 设置进给率和速度

打开【进给率和速度】→勾选【主轴速度（rpm）】4000→【进给率】【切削】200→【确定】（如图 2.6.65 设置切削参数）。

7. 生成刀具路径

【操作】栏目中→点击【生成刀具路径】，生成该步操作的刀具路径（如图 2.6.66 生成刀具路径）。

图 2.6.65　设置切削参数

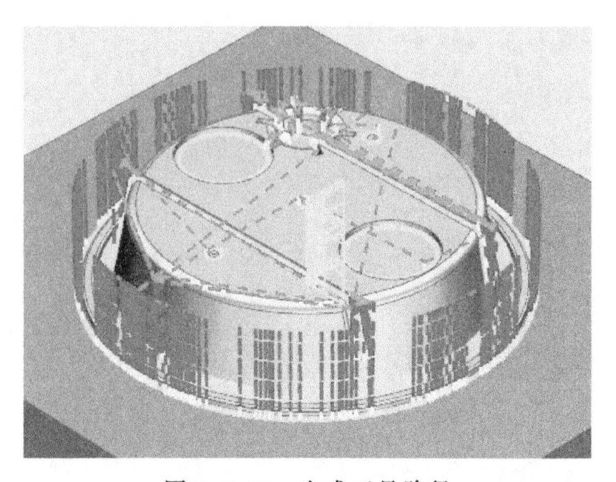

图 2.6.66　生成刀具路径

十一、$\phi 3$ 的球刀型腔铣精加工曲面区域

1. 选择精加工方法

【程序顺序视图】→【创建工序】→弹出【创建工序】对话框→【类型】mill_contour→【工序子类型】型腔铣→【程序】PROGRAM→【刀具】D3R1.5→【几何体】WORKPIECE→【方法】MILL_FINISH→【名称】jing2→【确定】(如图 2.6.67 选择精加工方法)。

2. 选择加工区域

在弹出的【型腔铣】对话框中→【指定切削区域】→选择要加工的曲面→【确定】(如图 2.6.68 选择加工区域)。

图 2.6.67　选择精加工方法

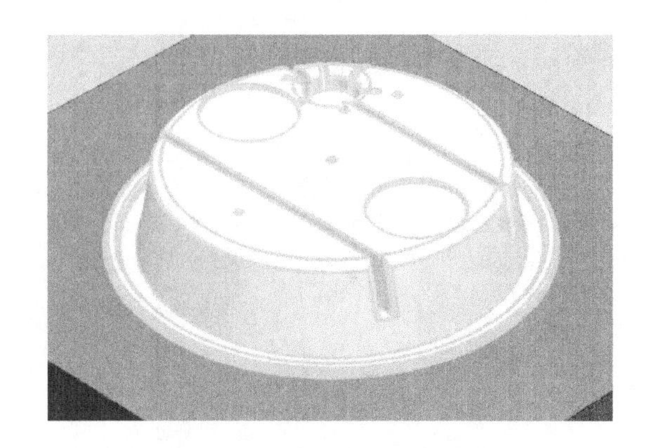

图 2.6.68　选择加工区域

3. 设置加工参数

【刀轨设置】栏目中→【切削模式】跟随部件→【平面直径百分比】10→【最大距离】0.2(如图 2.6.69 设置加工参数)。

4. 设置切削参数

打开【切削参数】→【余量】所有均设为 0→【空间范围】【毛坯】【处理中的工件】使用基于层的→【确定】(如图 2.6.70 余量、图 2.6.71 使用基于层的)。

5. 设置非切削移动

打开【非切削移动】→【进刀】→【封闭区域】【进刀类型】插削→【开放区域】【进刀类型】与封闭区域相同→【确定】(如图 2.6.72 设置非切削移动)。

6. 设置进给率和速度

打开【进给率和速度】→勾选【主轴速度 (rpm)】4000→【进给率】【切削】250→【确定】(如图 2.6.73 设置切削参数)。

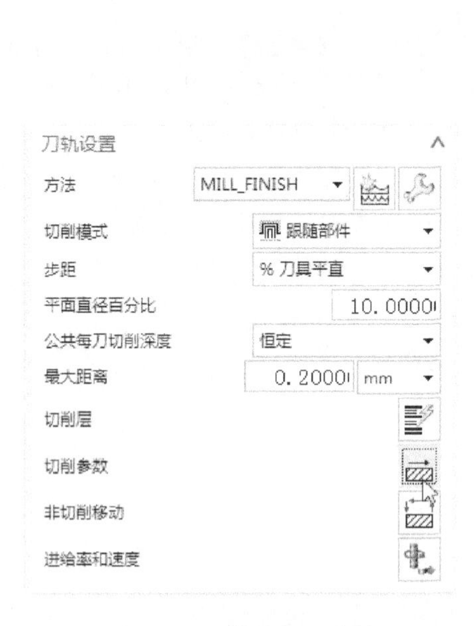

图 2.6.69 设置加工参数

图 2.6.70 余量

图 2.6.71 使用基于层的

图 2.6.72 设置非切削移动

7. 生成刀具路径

【操作】栏目中→点击【生成刀具路径】，生成该步操作的刀具路径（如图 2.6.74 生成刀具路径）。

图 2.6.73　设置切削参数

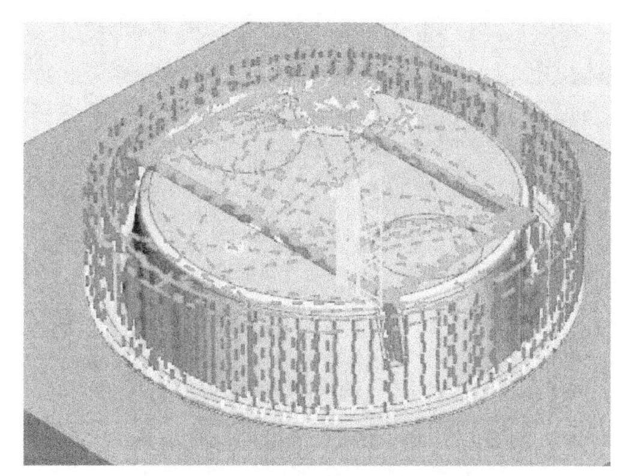

图 2.6.74　生成刀具路径

十二、$\phi3$ 的平底刀清根精加工件剩余的角落区域

1. 选择精加工方法

【程序顺序视图】→【创建工序】→弹出【创建工序】对话框→【类型】mill_contour→【工序子类型】单刀路清根→【程序】PROGRAM→【刀具】D3→【几何体】WORKPIECE→【方法】FINISH 精加工→【名称】jing-qinggen1（如图 2.6.75 选择精加工方法）。

2. 选择加工区域

在弹出的【单刀路清根】对话框中→【指定切削区域】→选择要加工的曲面→【确定】（如图 2.6.76 选择加工区域）。

图 2.6.75　选择精加工方法

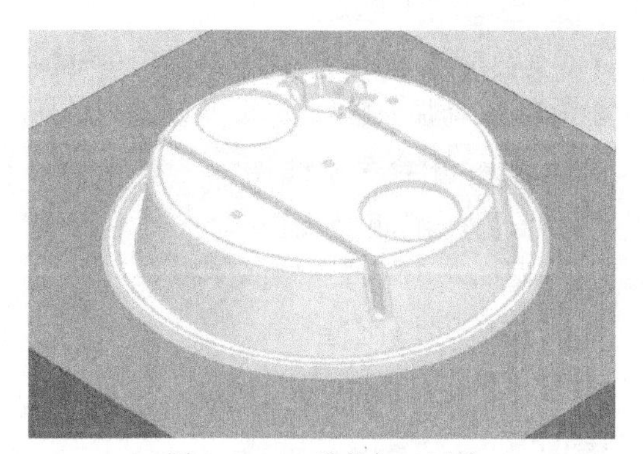

图 2.6.76　选择加工区域

3. 设置进给率和速度

打开【进给率和速度】→勾选【主轴速度（rpm）】3000→【进给率】【切削】150→【确定】（如图2.6.77设置进给率和速度）。

4. 生成刀具路径

【操作】栏目中→点击【生成刀具路径】，生成该步操作的刀具路径（如图2.6.78生成刀具路径）。

图2.6.77 设置进给率和速度

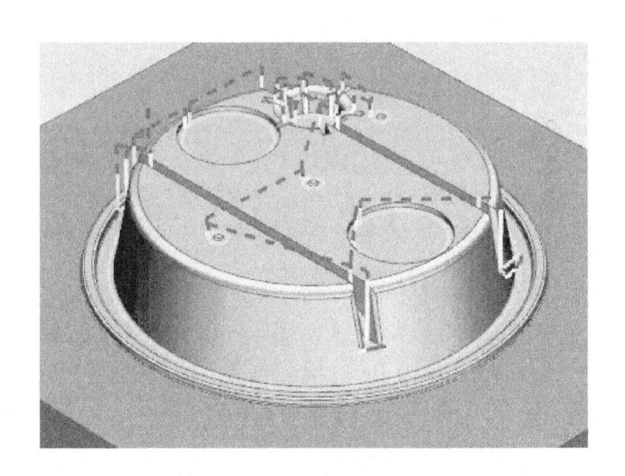

图2.6.78 生成刀具路径

十三、ϕ3的球刀清根精加工件剩余的角落区域

1. 选择精加工方法

【程序顺序视图】→【创建工序】→弹出【创建工序】对话框→【类型】mill_contour→【工序子类型】单刀路清根→【程序】PROGRAM→【刀具】D3R1.5→【几何体】WORKPIECE→【方法】FINISH精加工→【名称】jing-qinggen2（如图2.6.79选择精加工方法）。

2. 选择加工区域

在弹出的【单刀路清根】对话框中→【指定切削区域】→选择要加工的曲面→【确定】（如图2.6.80选择加工区域）。

3. 设置进给率和速度

打开【进给率和速度】→勾选【主轴速度（rpm）】4000→【进给率】【切削】150→【确定】（如图2.6.81设置进给率和速度）。

4. 生成刀具路径

【操作】栏目中→点击【生成刀具路径】，生成该步操作的刀具路径（如图2.6.82生成刀具路径）。

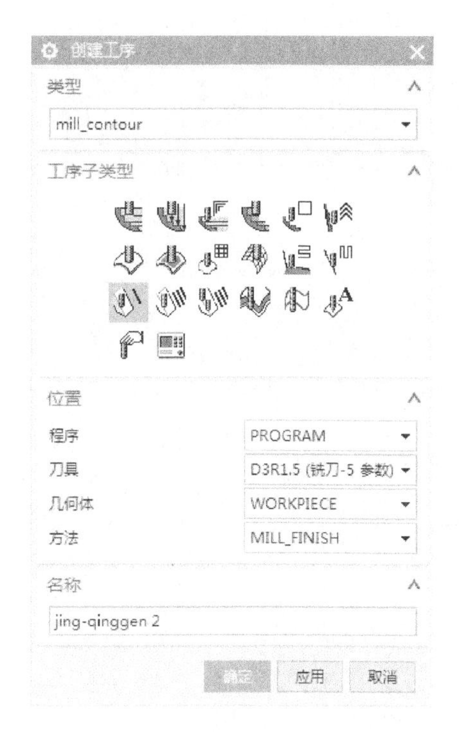

图 2.6.79　选择精加工方法

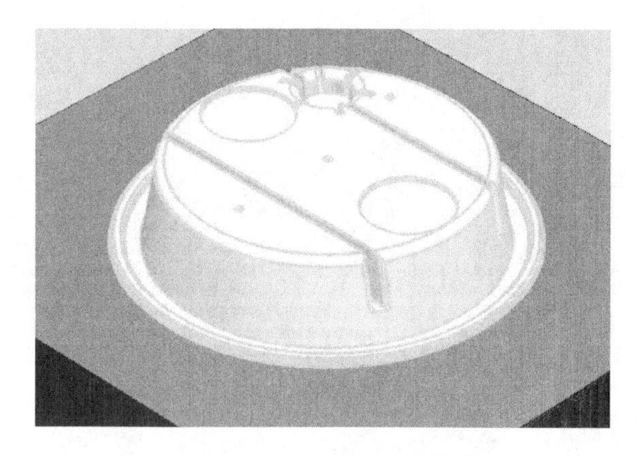

图 2.6.80　选择加工区域

图 2.6.81　设置进给率和速度

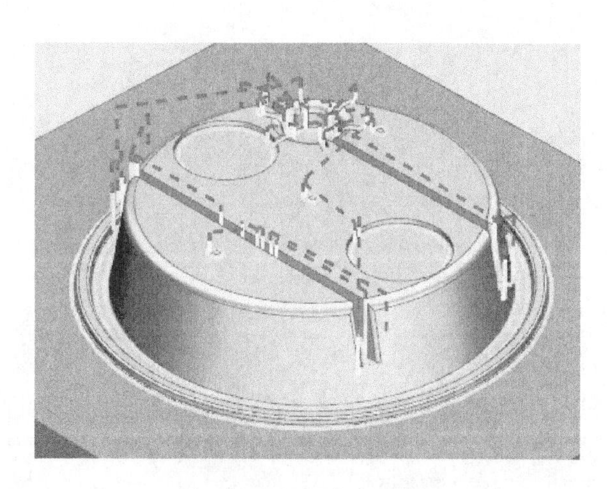

图 2.6.82　生成刀具路径

十四、最终验证模拟

在左侧目录列表中选择操作→点击【确认刀轨】按钮→在弹出的【刀轨可视化】对话框中→选择【2D 动态】→调整【动画速度】→点击【播放】(如图 2.6.83～图 2.6.93)。

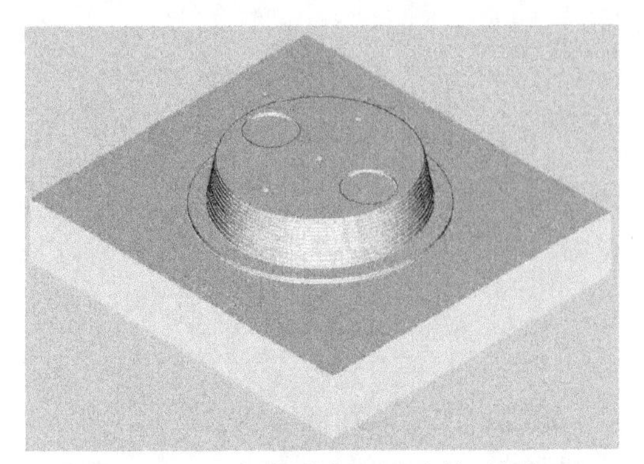
图 2.6.83　ϕ20 的平底刀型腔铣开粗加工

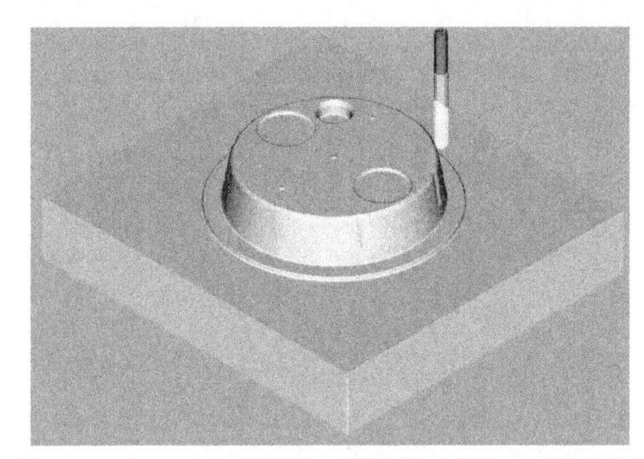
图 2.6.84　$\phi 12R1$ 的圆角刀型腔铣半精加工曲面区域

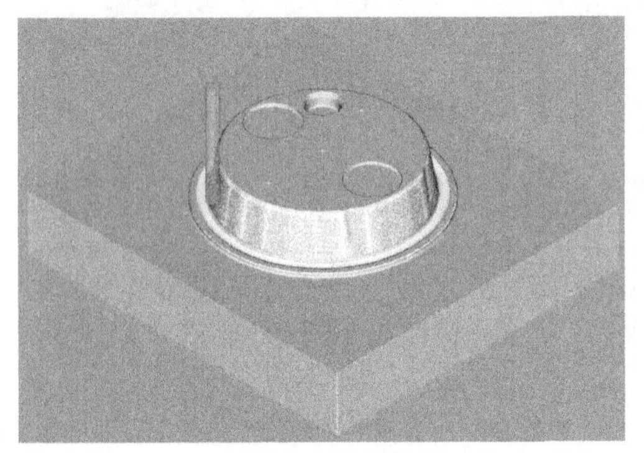
图 2.6.85　ϕ8 的球刀深度铣侧面陡峭区域

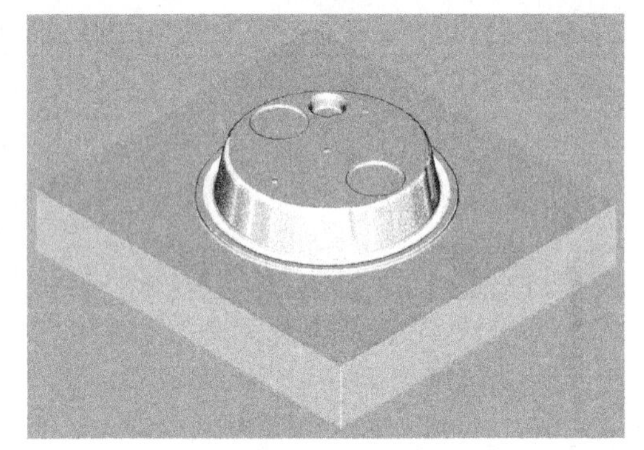
图 2.6.86　ϕ8 的球刀固定轴轮廓铣径向加工顶部第一个圆角区域

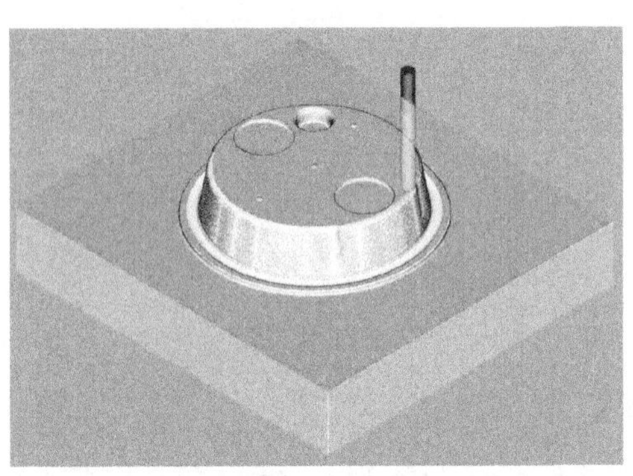
图 2.6.87　ϕ8 的球刀固定轴轮廓铣径向加工顶部第二个圆角区域

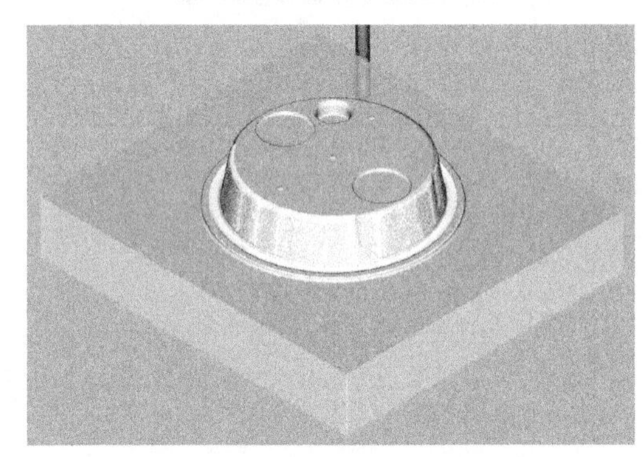
图 2.6.88　ϕ8 的球刀固定轴轮廓铣径向加工顶部第三个圆角区域

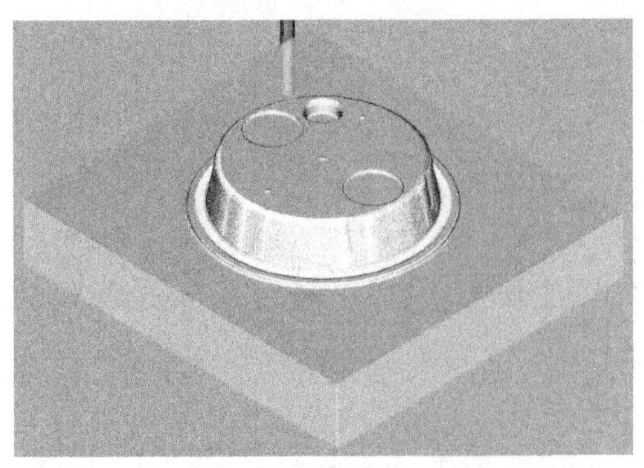
图 2.6.89　ϕ8 的球刀固定轴轮廓铣径向加工顶部第四个圆角区域

图 2.6.90　ϕ3 的平底刀型腔铣精加工曲面区域

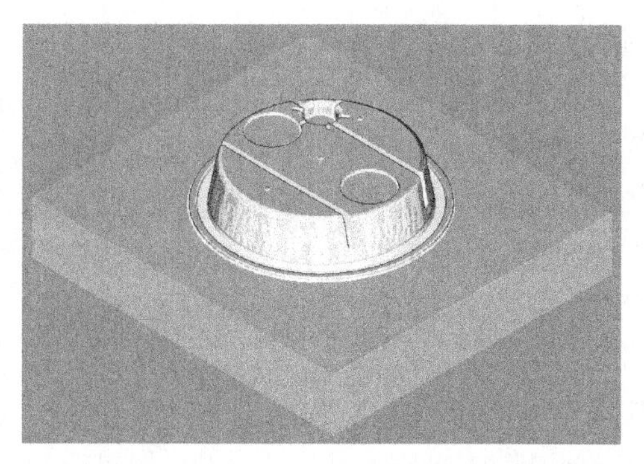

图 2.6.91　$\phi 3$ 的球刀型腔铣精加工曲面区域

图 2.6.92　$\phi 3$ 的平底刀清根精加工件剩余的角落区域

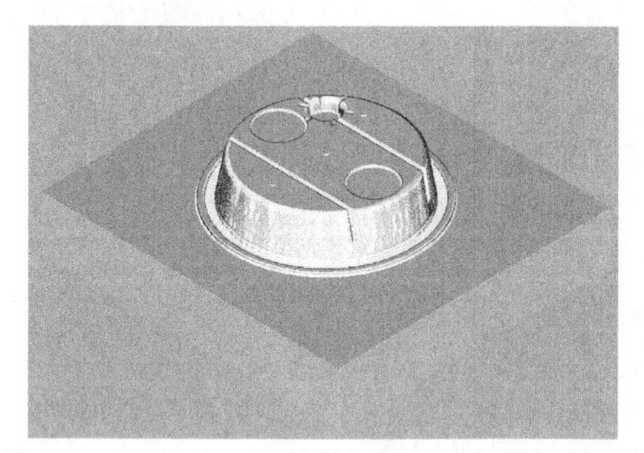

图 2.6.93　$\phi 3$ 的球刀清根精加工剩余的角落区域

案例七　电吹风凸模模具零件加工

一、工艺分析

1. 零件图工艺分析

该零件中间为电吹风凸模模具零件，工件无尺寸公差要求（如图 2.7.1 电吹风凸模模具零

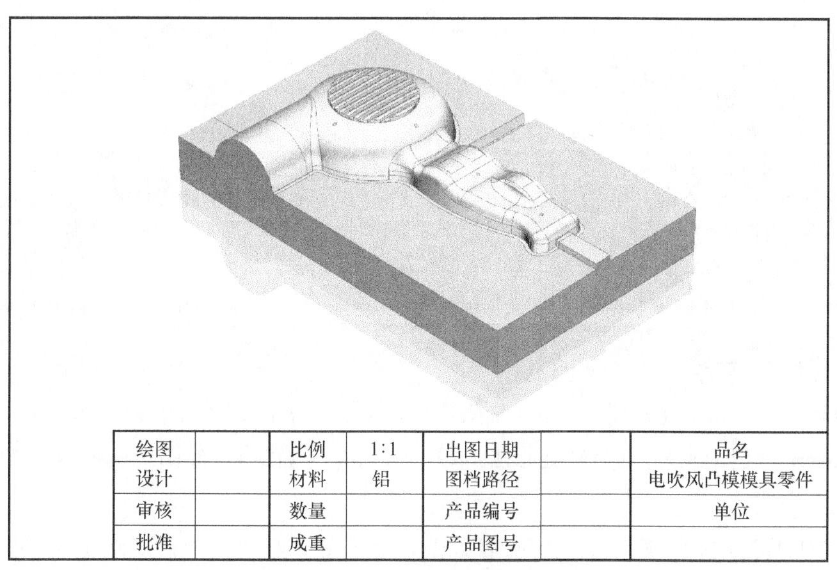

绘图		比例	1:1	出图日期		品名
设计		材料	铝	图档路径		电吹风凸模模具零件
审核		数量		产品编号		单位
批准		成重		产品图号		

图 2.7.1　电吹风凸模模具零件

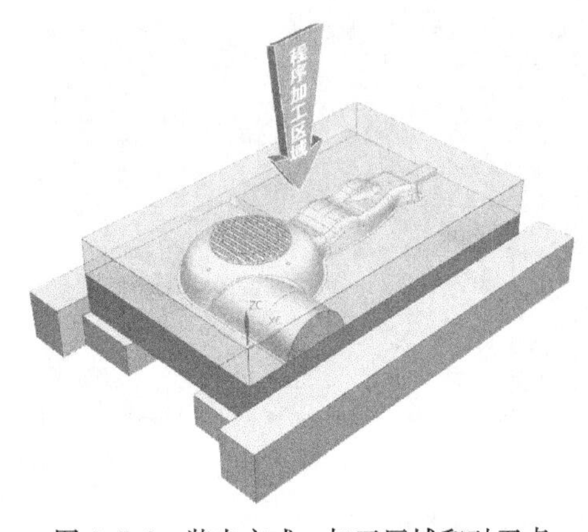

图 2.7.2　装夹方式、加工区域和对刀点

件）。尺寸标注完整，轮廓描述清楚。零件材料为已经加工成型的标准铝块，无热处理和硬度要求。

2. 确定装夹方案、加工顺序及进给路线

工件采用通用的虎钳装夹方案，底部放置垫块，保证工件摆正，对刀点采用左下角的上表面点对刀，其装夹方式、加工区域和对刀点如图 2.7.2 所示。

3. 刀具和加工区域选择

选用多把铣刀加工本例的区域，将所选定的刀具参数以及加工区域填入表 2.7.1 数控加工卡片中，以便于编程和操作管理。

表 2.7.1　数控加工卡片

产品名称或代号	模具零件加工综合实例	零件名称	电吹风凸模模具零件	
序号	加工区域	刀具		
		名称	规格	刀号
1	ϕ20 的平底刀型腔铣开粗加工	D20	ϕ20 平底刀	1
2	ϕ10 的平底刀型腔铣半精加工曲面区域	D10	ϕ10 平底刀	2
3	ϕ2 的平底刀型腔铣精加工顶部平面区域	D2	ϕ2 平底刀	5
4	ϕ8 的球刀固定轴轮廓铣精加工 X 方向曲面区域	D8R4	ϕ8 球刀	3
5	ϕ8 的球刀固定轴轮廓铣精加工顶部圆形区域	D8R4	ϕ8 球刀	3
6	ϕ8 的球刀深度铣侧面陡峭区域	D8R4	ϕ8 球刀	3
7	ϕ2 的平底刀型腔铣残料加工右侧小区域	D8R4	ϕ2 平底刀	3
8	ϕ4 的球刀清根精加工曲面的角落区域	D4R2	ϕ4 球刀	4
9	ϕ2 的平底刀清根精加工曲面的角落区域	D2	ϕ2 平底刀	5
10	ϕ2 的球刀型腔铣精加工右侧小圆角区域	D2R1	ϕ2 球刀	6
编制　×××	审核　×××	批准　×××	共 1 页	

二、前期准备工作

1. 绘制辅助图形

进入【建模】模块式→【草图】中绘制图形，使之作为加工坐标系的原点（如图 2.7.3 草图中绘制辅助图形和图 2.7.4 完成后的效果）。

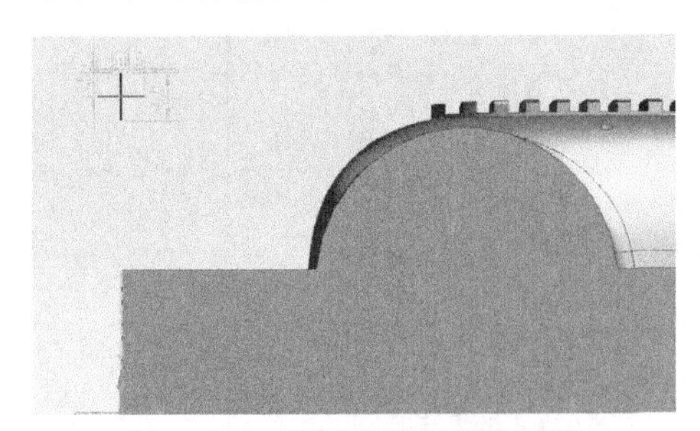

图 2.7.3　草图中绘制辅助图形

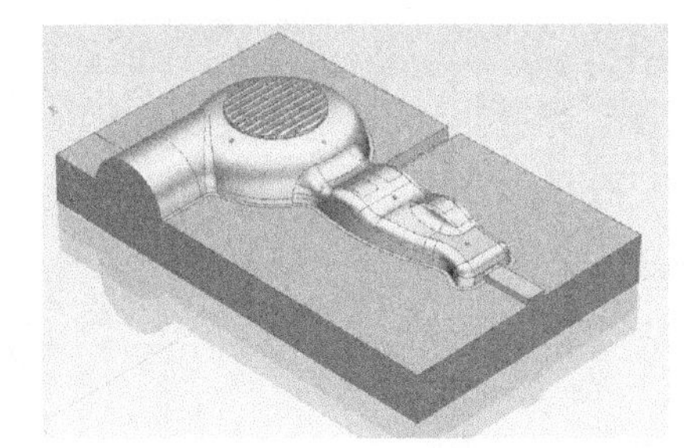

图 2.7.4　完成后的效果

2. 进入加工模块

打开【启动】菜单→【加工】，进入加工模块→打开【加工环境】对话框→【CAM 会话配置】cam_general→【要创建的 CAM 组装】mill_contour→【确定】（如图 2.7.5 进入加工模块）。

3. 创建刀具

→【创建刀具】→选择【平底刀】→【名称】D20→在【刀具设置】对话框中→【(D) 直径】20→【刀具号】1→【确定】（如图 2.7.6 创建 1 号刀具）。

图 2.7.5　进入加工模块

图 2.7.6　创建 1 号刀具

→【创建刀具】→选择【平底刀】→【名称】D10→在【刀具设置】对话框中→【(D) 直径】10→→【刀具号】2→【确定】(如图 2.7.7 创建 2 号刀具)。

→【创建刀具】→选择【平底刀】→【名称】D8R4→在【刀具设置】对话框中→【(D) 直径】8→【(R1) 下半径】4→【刀具号】3→【确定】(如图 2.7.8 创建 3 号刀具)。

图 2.7.7　创建 2 号刀具

图 2.7.8　创建 3 号刀具

→【创建刀具】→选择【平底刀】→【名称】D4R2→在【刀具设置】对话框中→【(D) 直径】4→【(R1) 下半径】2→【刀具号】4→【确定】(如图 2.7.9 创建 4 号刀具)。

→【创建刀具】→选择【平底刀】→【名称】D2→在【刀具设置】对话框中→【(D) 直径】2→【刀具号】5→【确定】(如图 2.7.10 创建 5 号刀具)。

→【创建刀具】→选择【平底刀】→【名称】D2R1→在【刀具设置】对话框中→【(D) 直径】2→【(R1) 下半径】1→【刀具号】6→【确定】(如图 2.7.11 创建 6 号刀具)。

4. 设置坐标系和创建毛坯

【几何视图】→双击【MCS_MILL】→将加工坐标系移至毛坯左下角的上平面点即可(如图)→设定【安全距离】2→【确定】(如图 2.7.12 设置坐标系)。

→打开 MCS_MILL 前的【+】号，双击【WORKPIECE】→在【工件】对话框中→点

图 2.7.9　创建 4 号刀具

图 2.7.10　创建 5 号刀具

图 2.7.11　创建 6 号刀具

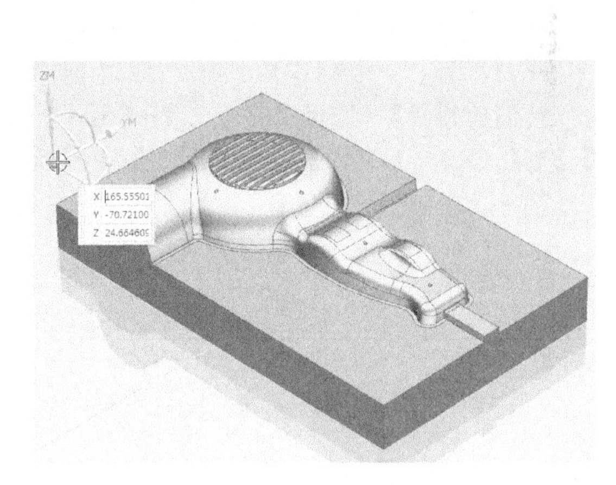

图 2.7.12　设置坐标系

击【指定部件】按钮→点击工件→【确定】(如图 2.7.13 指定部件)。

→点击【指定毛坯】按钮→在弹出的【毛坯几何体】对话中→【类型】→选择【包容块】，设置最小化包容工件的毛坯→毛坯设置的效果如图→【确定】→【确定】(如图 2.7.14 创建毛坯)。

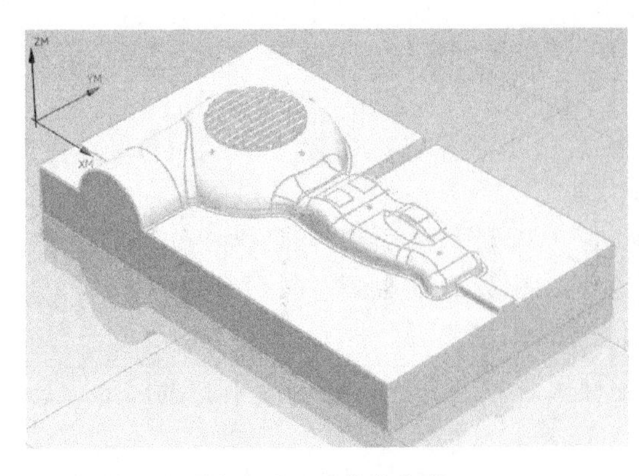

图 2.7.13　指定部件

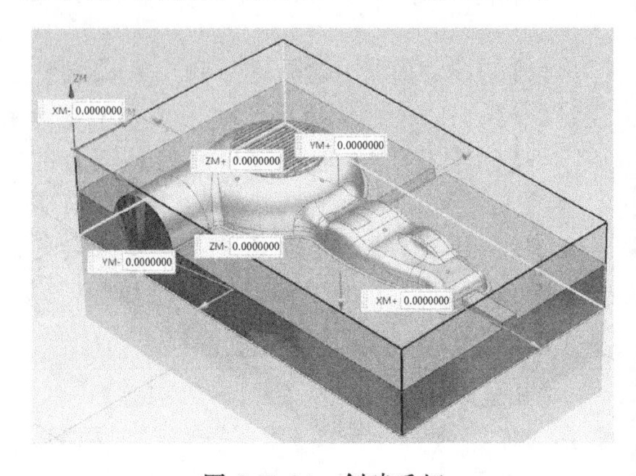

图 2.7.14　创建毛坯

三、ϕ20 的平底刀型腔铣开粗加工

1. 选择粗加工方法

【程序顺序视图】→【创建工序】→弹出【创建工序】对话框→【类型】mill_contour→【工序子类型】型腔铣→【程序】PROGRAM→【刀具】D20→【几何体】WORKPIECE→【方法】MILL_ROUGH，进行粗加工→【名称】cu→【确定】(如图 2.7.15 选择粗加工方法)。

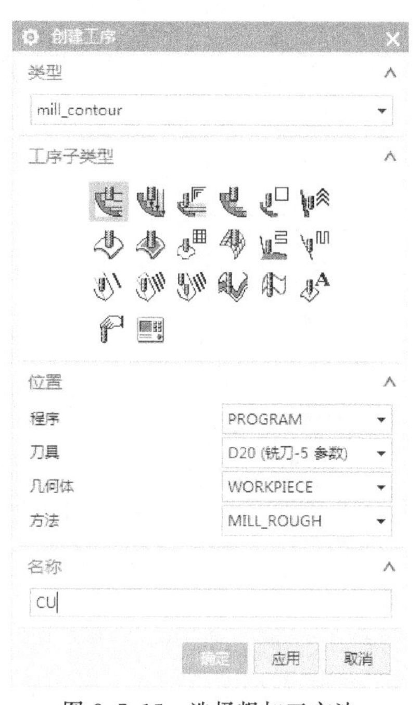

图 2.7.15　选择粗加工方法

2. 选择加工区域

在弹出的【型腔铣】对话框中→【指定切削区域】→选择要加工的曲面→【确定】(如图 2.7.16 选择加工区域)。

3. 设置加工参数

【刀轨设置】栏目中→【切削模式】跟随周边→【平面直径百分比】85→【最大距离】3 (如图 2.7.17 设置加工参数)。

4. 设置切削参数

打开【切削参数】→【策略】【切削】【切削顺序】深度优先→【余量】【部件侧面余量】0.3→【空间范围】【毛坯】【处理中的工件】无→【确定】(如图 2.7.18 深度优先、图 2.7.19 余量、图 2.7.20 无)。

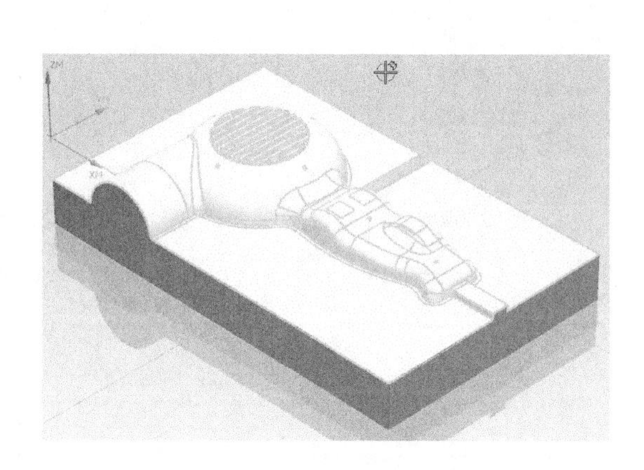

图 2.7.16　选择加工区域

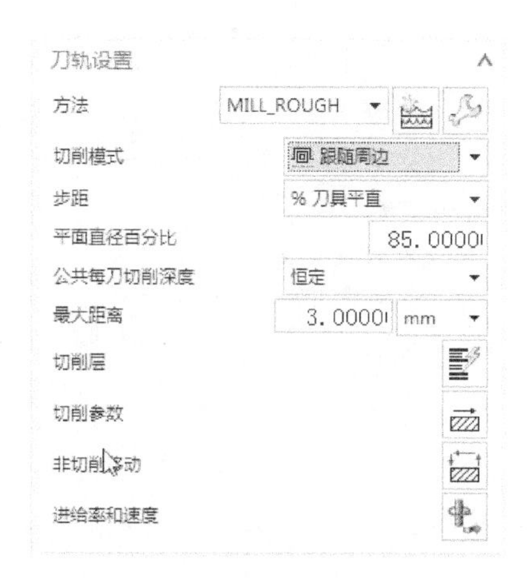

图 2.7.17　设置加工参数

5. 设置非切削移动

打开【非切削移动】→【进刀】→【封闭区域】【进刀类型】插削→【开放区域】【进刀类型】与封闭区域相同→【确定】(如图 2.7.21 设置非切削移动)。

6. 设置进给率和速度

打开【进给率和速度】→勾选【主轴速度 (rpm)】2500→【进给率】【切削】500→【确定】(如图 2.7.22 设置进给率和速度)。

图 2.7.18　深度优先

图 2.7.19　余量

图 2.7.20　无

图 2.7.21　设置非切削移动

7. 生成刀具路径

【操作】栏目中→点击【生成刀具路径】，生成该步操作的刀具路径（如图 2.7.23 生成刀具路径）。

图 2.7.22　设置进给率和速度

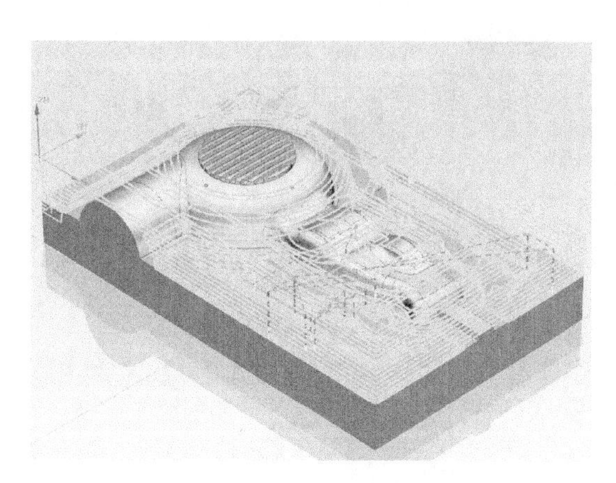

图 2.7.23　生成刀具路径

四、ϕ10 的平底刀型腔铣半精加工曲面区域

1. 选择半精加工方法

【程序顺序视图】→【创建工序】→弹出【创建工序】对话框→【类型】mill_contour→【工序子类型】型腔铣→【程序】PROGRAM→【刀具】D10→【几何体】WORKPIECE→【方法】MILL_FINISH→【名称】banjing1→【确定】(如图 2.7.24 选择半精加工方法)。

2. 选择加工区域

在弹出的【型腔铣】对话框中→【指定切削区域】→选择要加工的平面→【确定】(如图 2.7.25 选择加工区域)。

3. 设置加工参数

【刀轨设置】栏目中→【切削模式】跟随周边→【平面直径百分比】40→【最大距离】1.5 (如图 2.7.26 设置加工参数)。

4. 设置切削参数

打开【切削参数】→【策略】【切削】【切削顺序】深度优先→【余量】所有均设为 0→【空间范围】【毛坯】【处理中的工件】使用基于层的→【确定】(如图 2.7.27 深度优先、图 2.7.28 余量、图 2.7.29 使用基于层的)。

5. 设置非切削移动

打开【非切削移动】→【进刀】→【封闭区域】【进刀类型】插削→【开放区域】【进刀类型】与封闭区域相同→【确定】(如图 2.7.30 设置非切削移动)。

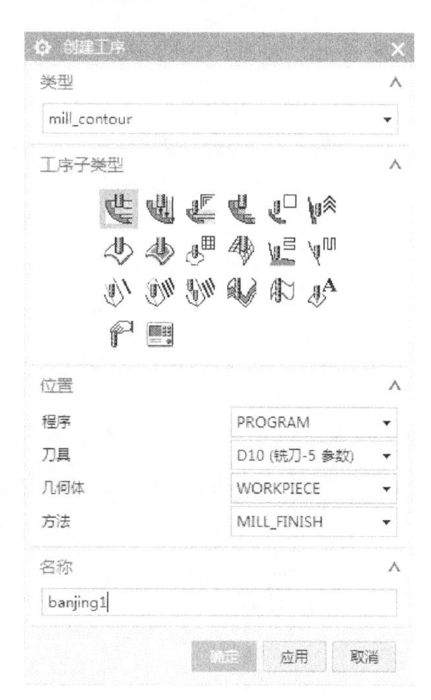

图 2.7.24　选择半精加工方法

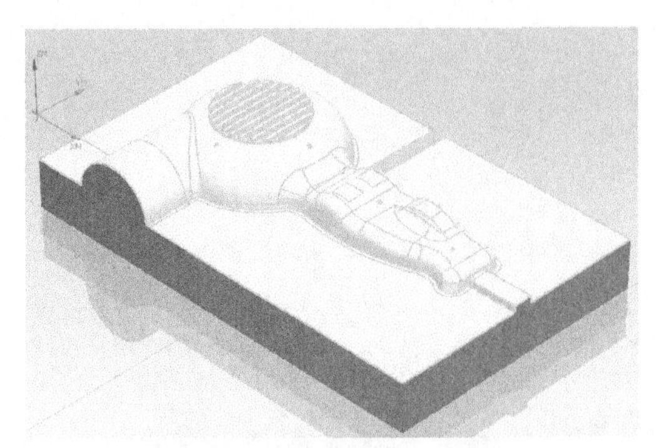

图 2.7.25　选择加工区域

图 2.7.26　设置加工参数

图 2.7.27　深度优先

图 2.7.28　余量

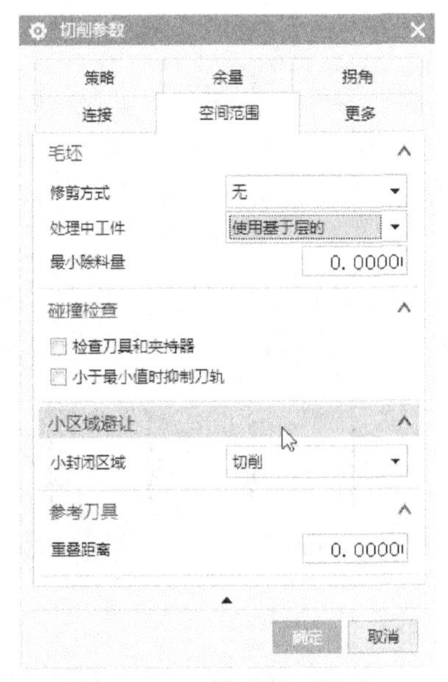

图 2.7.29　使用基于层的

图 2.7.30　设置非切削移动

6. 设置进给率和速度

打开【进给率和速度】→勾选【主轴速度（rpm）】3000→【进给率】【切削】350→【确定】（如图 2.7.31 设置切削参数）。

7. 生成刀具路径

【操作】栏目中→点击【生成刀具路径】，生成该步操作的刀具路径（如图 2.7.32 生成刀具路径）。

图 2.7.31　设置切削参数

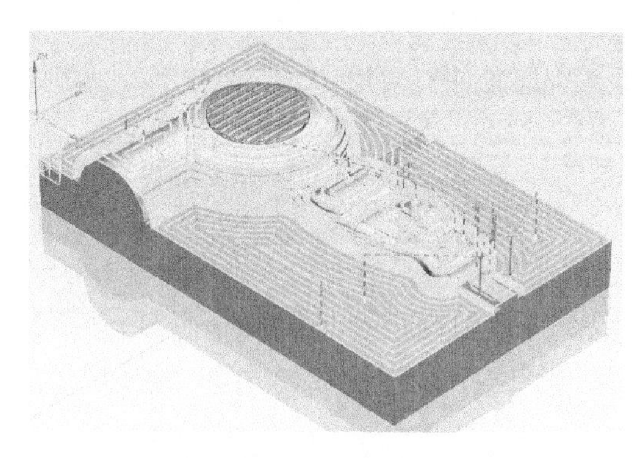

图 2.7.32　生成刀具路径

五、$\phi 2$ 的平底刀型腔铣精加工顶部平面区域

1. 选择精加工方法

【程序顺序视图】→【创建工序】→弹出【创建工序】对话框→【类型】mill_contour→【工序子类型】型腔铣→【程序】PROGRAM→【刀具】D2→【几何体】WORKPIECE→【方法】MILL_FINISH→【名称】jing-dingping→【确定】（如图 2.7.33 选择精加工方法）。

图 2.7.33　选择精加工方法

2. 选择加工区域

在弹出的【型腔铣】对话框中→【指定切削区域】→选择要加工的平面→【确定】（如图 2.7.34 选择加工区域）。

3. 设置加工参数

【刀轨设置】栏目中→【切削模式】跟随周边→【平面直径百分比】50→【最大距离】0.3（如图 2.7.35 设置加工参数）。

4. 设置切削参数

打开【切削参数】→【策略】【切削】【切削顺序】深度优先→【余量】所有均设为 0→【空间范围】【毛坯】

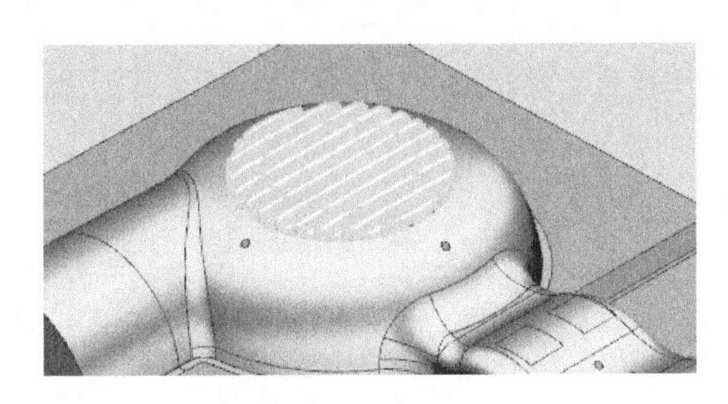

图 2.7.34　选择加工区域

图 2.7.35　设置加工参数

【处理中的工件】使用 3D→【确定】（如图 2.7.36 深度优先、图 2.7.37 余量、图 2.7.38 使用 3D）。

图 2.7.36　深度优先

图 2.7.37　余量

5. 设置非切削移动

打开【非切削移动】→【进刀】→【封闭区域】【进刀类型】插削→【开放区域】【进刀类型】与封闭区域相同→【确定】（如图 2.7.39 设置非切削移动）。

6. 设置进给率和速度

打开【进给率和速度】→勾选【主轴速度（rpm）】3000→【进给率】【切削】250→【确定】（如图 2.7.40 设置进给率和速度）。

7. 生成刀具路径

【操作】栏目中→点击【生成刀具路径】，生成该步操作的刀具路径（如图 2.7.41 生成刀具路径）。

图 2.7.38　使用 3D

图 2.7.39　设置非切削移动

图 2.7.40　设置进给率和速度

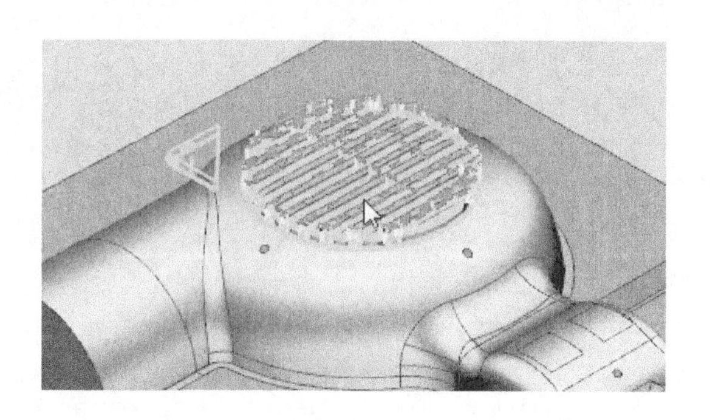

图 2.7.41　生成刀具路径

六、ϕ8 的球刀固定轴轮廓铣精加工 X 方向曲面区域

1. 选择精加工方法

【程序顺序视图】→【创建工序】→弹出【创建工序】对话框→【类型】mill_contour→【工序子类型】固定轴曲面轮廓铣→【程序】PROGRAM→【刀具】D8R4→【几何体】WORKPIECE→【方法】MILL_FINISH→【名称】jing-x→【确定】(如图 2.7.42 选择精加工方法)。

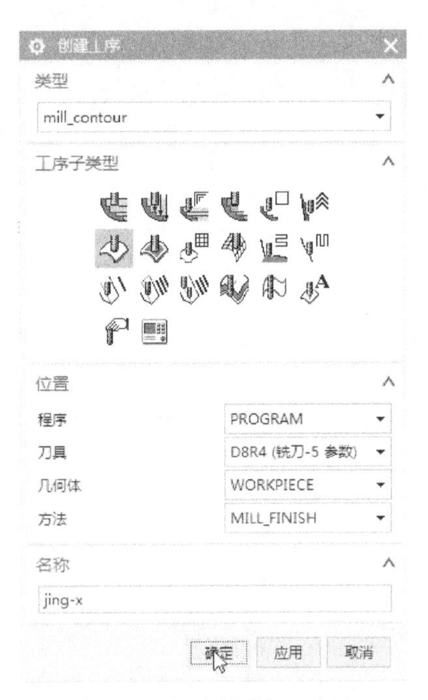

图 2.7.42　选择精加工方法

2. 选择加工区域

在弹出的【固定轴轮廓铣】对话框中→【指定切削区域】→选择要加工的曲面→【确定】（如图 2.7.43 选择加工区域）。

3. 设置驱动方法及加工参数设置

【驱动方法】栏目中→【方法】区域铣削（如图 2.7.44 驱动方法）。

→弹出【区域铣削】驱动方法对话框→【陡峭空间范围】→【方法】非陡峭→【陡峭壁角度】60→【驱动设置】→【非陡峭切削模式】往复→【平面直径百分比】3→【剖切角】指定→【与 XC 夹角】0→【确定】（如图 2.7.45 加工参数设置）。

4. 设置进给率和速度

打开【进给率和速度】→勾选【主轴速度（rpm）】3000→【进给率】【切削】400→【确定】（如图 2.7.46 设置进给率和速度）。

5. 生成刀具路径

【操作】栏目中→点击【生成刀具路径】，生成该步操作的刀具路径（如图 2.7.47 生成刀具路径）。

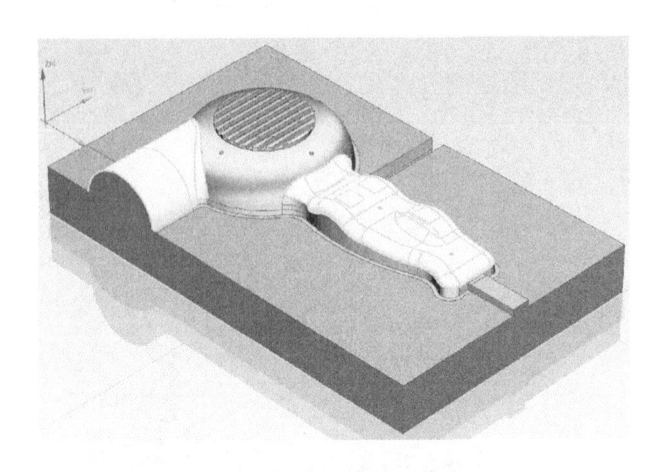

图 2.7.43　选择加工区域

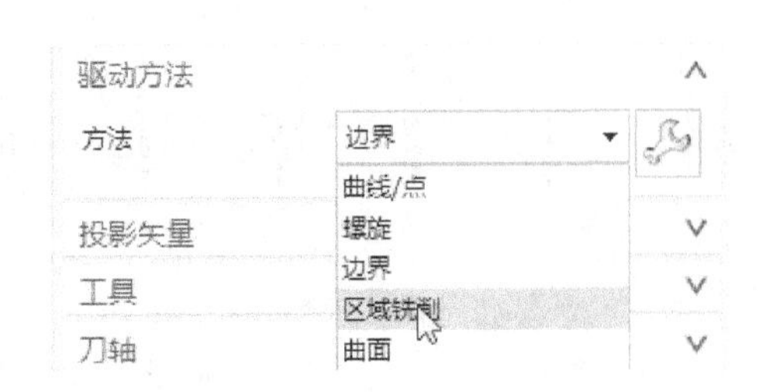

图 2.7.44　驱动方法

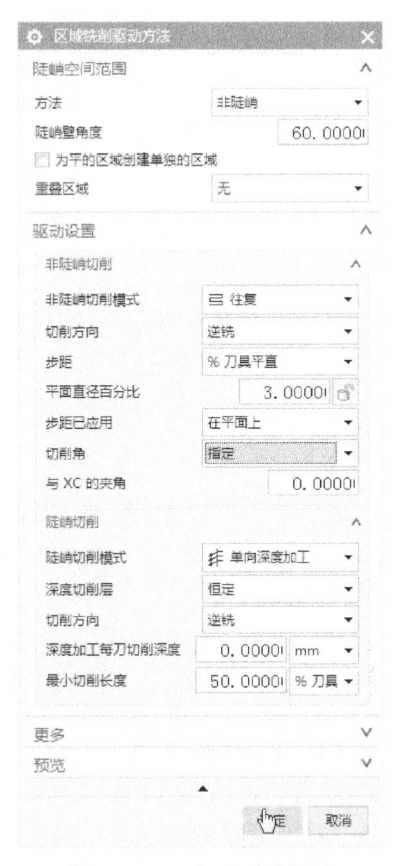

图 2.7.45　加工参数设置

图 2.7.46　设置进给率和速度

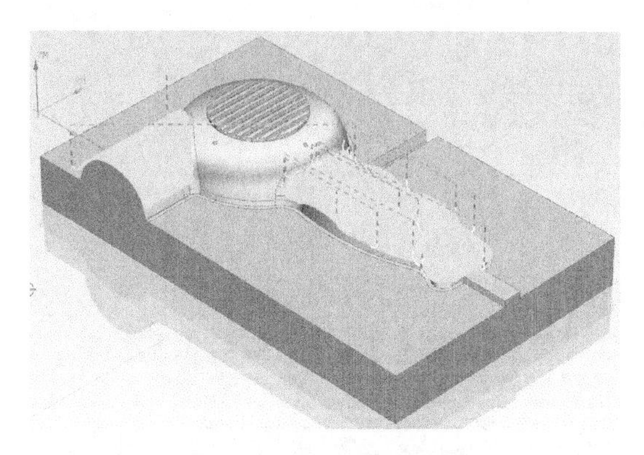

图 2.7.47　生成刀具路径

七、$\phi 8$ 的球刀固定轴轮廓铣精加工顶部圆形区域

1. 选择精加工方法

【程序顺序视图】→【创建工序】→弹出【创建工序】对话框→【类型】mill_contour→【工序子类型】固定轴曲面轮廓铣→【程序】PROGRAM→【刀具】D8R4→【几何体】WORKPIECE→【方法】MILL_FINISH→【名称】jing-dingyuan（如图 2.7.48 选择精加工方法）。

2. 选择加工区域

在弹出的【固定轴曲面轮廓铣】对话框中→【指定切削区域】→选择要加工的曲面→【确定】（如图 2.7.49 选择加工区域）。

3. 设置驱动方法及加工参数设置

【驱动方法】栏目中→【方法】螺旋（如图 2.7.50 驱动方法）。

→弹出【螺旋驱动方法】对话框→【指定点】，定圆弧的圆心作为螺旋中心（如图 2.7.51 螺旋中心）。

→【最大螺旋半径】50→【平面直径百分比】4→【确定】（如图 2.7.52 加工参数设置）。

4. 设置进给率和速度

打开【进给率和速度】→勾选【主轴速度（rpm）】3000→【进给率】【切削】350→【确定】（如图 2.7.53 设置进给率和速度）。

5. 生成刀具路径

【操作】栏目中→点击【生成刀具路径】，生成该

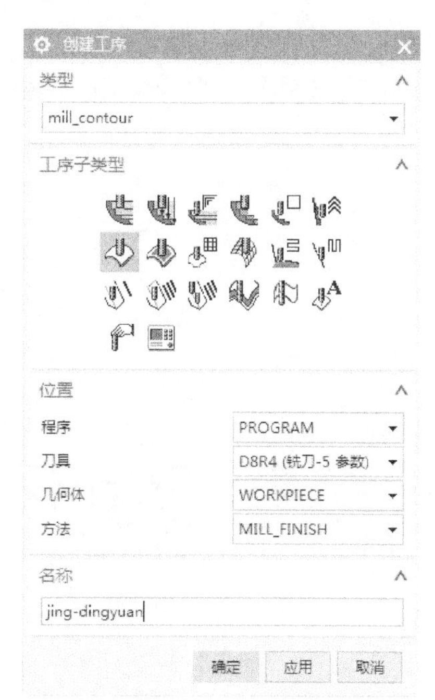

图 2.7.48　选择精加工方法

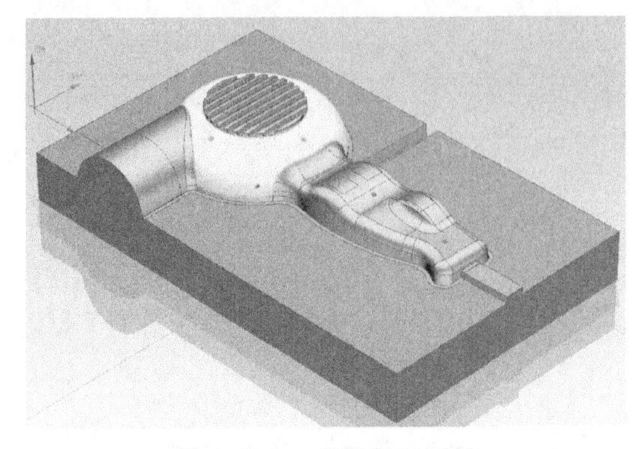

图 2.7.49 选择加工区域

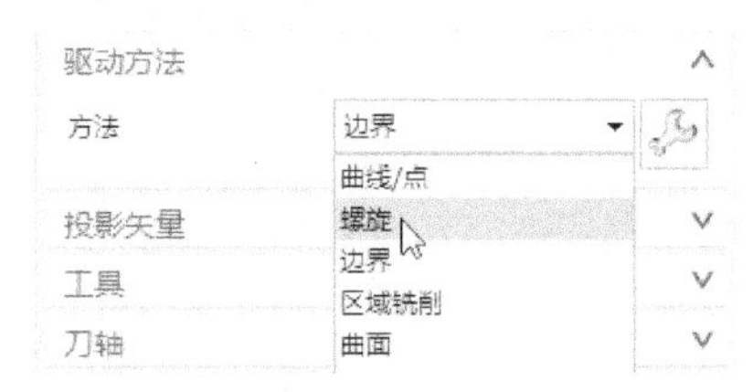

图 2.7.50 驱动方法

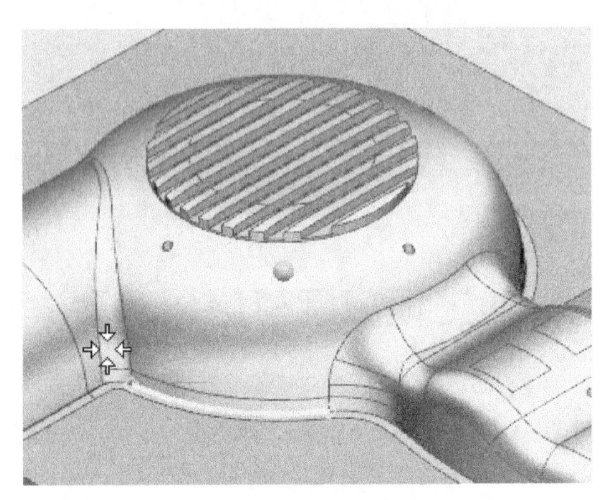

图 2.7.51 螺旋中心

图 2.7.52 加工参数设置

步操作的刀具路径（如图 2.7.54 生成刀具路径）。

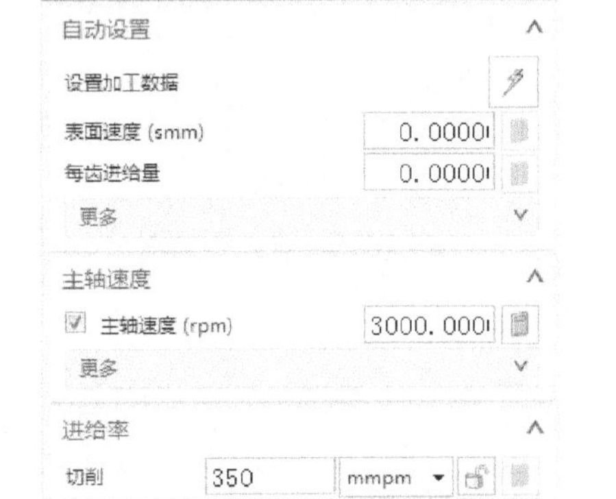

图 2.7.53 设置进给率和速度

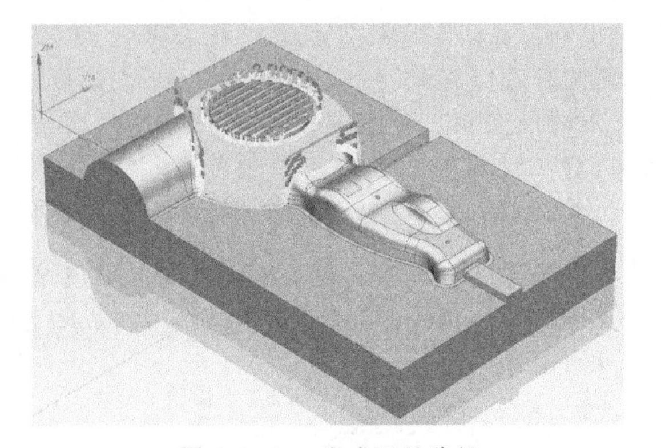

图 2.7.54 生成刀具路径

八、ϕ8 的球刀深度铣侧面陡峭区域

1. 选择精加工方法

【程序顺序视图】→【创建工序】→弹出【创建工序】对话框→【类型】mill_contour→【工序子类型】深度轮廓加工（等高轮廓铣）→【程序】PROGRAM→【刀具】D8R4→【几何体】WORKPIECE→【方法】FINISH 精加工→【名称】jing-douqiao→【确定】（如图 2.7.55 选择精加工方法）。

2. 选择加工区域

在弹出的【深度轮廓加工】对话框中→【指定切削区域】→选择要加工的陡峭曲面→【确定】（如图 2.7.56 选择加工区域）。

图 2.7.55　选择精加工方法

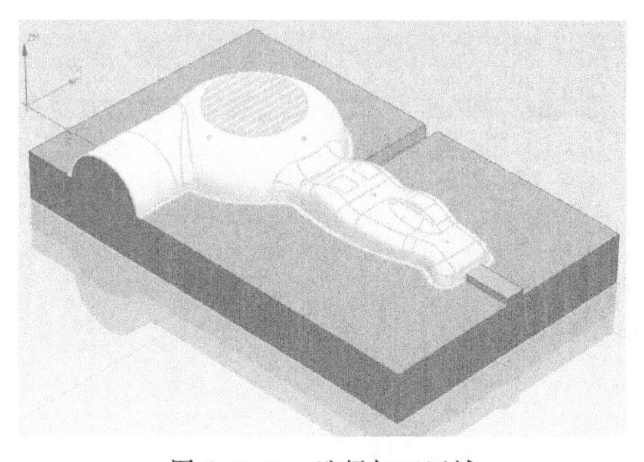

图 2.7.56　选择加工区域

3. 设置加工参数

弹出【深度轮廓加工】对话框→【陡峭空间范围】仅陡峭的→【角度】50→【最大距离】0.3（如图 2.7.57 设置加工参数）。

4. 设置非切削移动

打开【非切削移动】→【进刀】→【封闭区域】【进刀类型】插削→【开放区域】【进刀类型】与封闭区域相同→【确定】（如图 2.7.58 设置非切削移动）。

5. 设置进给率和速度

打开【进给率和速度】→勾选【主轴速度（rpm）】3000→【进给率】【切削】200→【确定】（如图 2.7.59 设置进给率和速度）。

6. 生成刀具路径

【操作】栏目中→点击【生成刀具路径】，生成该步操作的刀具路径（如图 2.7.60 生成刀具路径）。

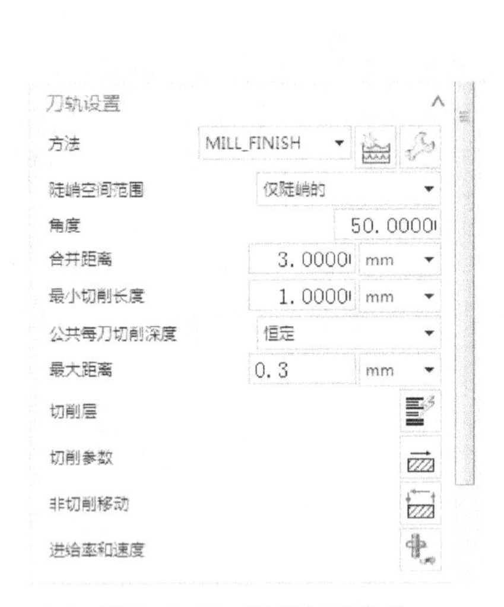

图 2.7.57　设置加工参数

图 2.7.58　设置非切削移动

图 2.7.59　设置进给率和速度

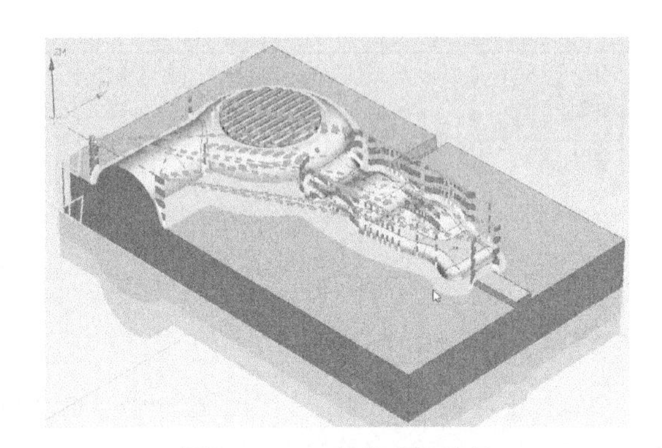

图 2.7.60　生成刀具路径

九、ϕ2的平底刀型腔铣残料加工右侧小区域

1. 选择精加工方法

【程序顺序视图】→【创建工序】→弹出【创建工序】对话框→【类型】mill_contour→【工序子类型】型腔铣→【程序】PROGRAM→【刀具】D2→【几何体】WORKPIECE→【方法】MILL_FINISH→【名称】jing-xiao→【确定】(如图 2.7.61 选择精加工方法)。

2. 选择加工区域

在弹出的【型腔铣】对话框中→【指定切削区域】→选择要加工的曲面→【确定】(如图 2.7.62 选择加工区域)。

图 2.7.61　选择精加工方法

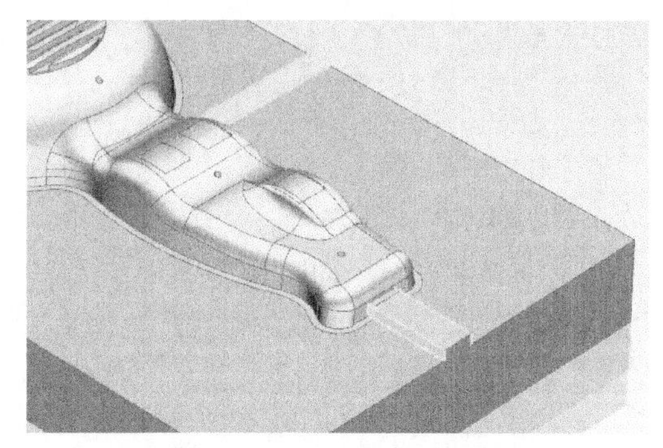

图 2.7.62　选择加工区域

3. 设置加工参数

【刀轨设置】栏目中→【切削模式】跟随部件→【平面直径百分比】20→【最大距离】0.3（如图 2.7.63 设置加工参数）。

4. 设置切削层

打开【切削层】→【范围 1 的顶部】→【ZC】27.6801→【确定】（如图 2.7.64 设置切削层）。

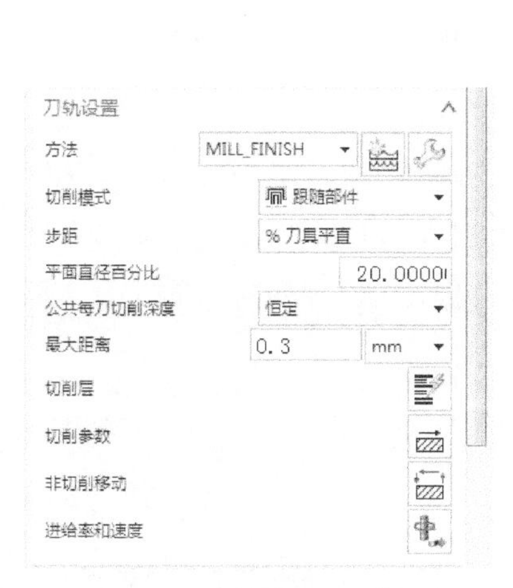

图 2.7.63　设置加工参数

图 2.7.64　设置切削层

5. 设置切削参数

打开【切削参数】→【策略】【切削顺序】深度优先→【余量】所有均设为0→【空间范围】【毛坯】【处理中的工件】使用3D→【确定】（如图2.7.65深度优先、图2.7.66余量、图2.7.67使用3D）。

图2.7.65　深度优先

图2.7.66　余量

6. 设置非切削移动

打开【非切削移动】→【进刀】→【封闭区域】【进刀类型】插削→【开放区域】【进刀类型】与封闭区域相同→【确定】（如图2.7.68设置非切削移动）。

图2.7.67　使用3D

图2.7.68　设置非切削移动

7. 设置进给率和速度

打开【进给率和速度】→勾选【主轴速度（rpm）】4000→【进给率】【切削】200→【确定】(如图 2.7.69 设置进给率和速度)。

8. 生成刀具路径

【操作】栏目中→点击【生成刀具路径】，生成该步操作的刀具路径（如图 2.7.70 生成刀具路径）。

图 2.7.69　设置进给率和速度

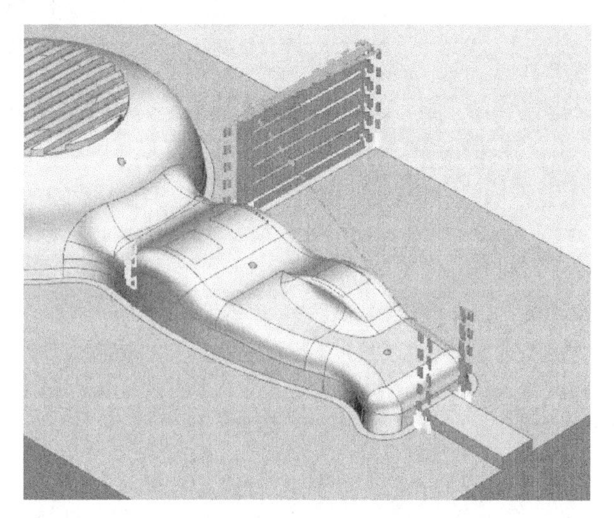

图 2.7.70　生成刀具路径

十、$\phi 4$ 的球刀清根精加工曲面的角落区域

1. 选择精加工方法

【程序顺序视图】→【创建工序】→弹出【创建工序】对话框→【类型】mill_contour→【工序子类型】单刀路清根→【程序】PROGRAM→【刀具】D1→【几何体】WORKPIECE→【方法】FINISH 精加工→【名称】qinggen1→【确定】(如图 2.7.71 选择精加工方法)。

2. 选择加工区域

在弹出的【单刀路清根】对话框中→【指定切削区域】→选择要加工的陡峭曲面→【确定】(如图 2.7.72 选择加工区域)。

3. 设置进给率和速度

【刀轨设置】栏目中→打开【进给率和速度】→勾选【主轴速度（rpm）】4000→【进给率】【切削】200→【确定】(如图 2.7.73 设置进给率和速度)。

4. 生成刀具路径

【操作】栏目中→点击【生成刀具路径】，生成该步操作的刀具路径（如图 2.7.74 生成刀具路径）。

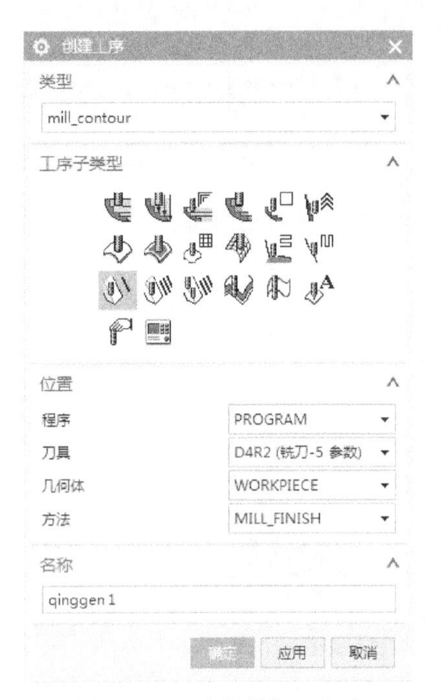

图 2.7.71 选择精加工方法

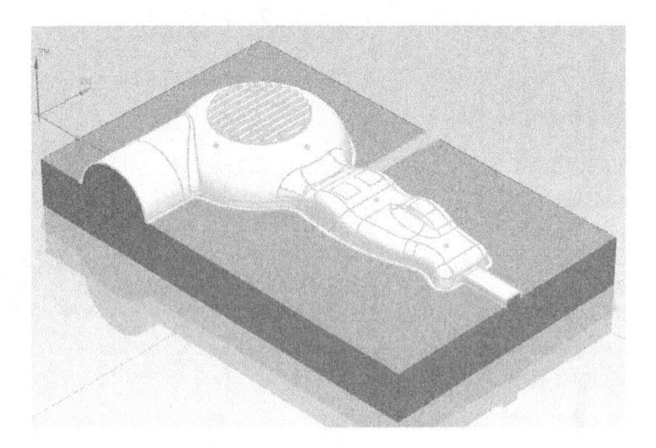

图 2.7.72 选择加工区域

图 2.7.73 设置进给率和速度

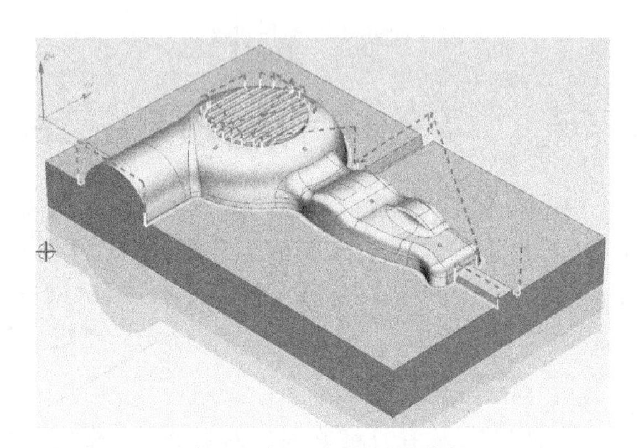

图 2.7.74 生成刀具路径

十一、$\phi 2$的平底刀清根精加工曲面的角落区域

1. 选择精加工方法

【程序顺序视图】→【创建工序】→弹出【创建工序】对话框→【类型】mill_contour→【工序子类型】单刀路清根→【程序】PROGRAM→【刀具】D2→【几何体】WORKPIECE→【方法】FINISH 精加工→【名称】qinggen→【确定】(如图 2.7.75 选择精加工方法)。

2. 选择加工区域

在弹出的【单刀路清根】对话框中→【指定切削区域】→选择要加工的曲面→【确定】(如图 2.7.76 选择加工区域)。

图 2.7.75　选择精加工方法

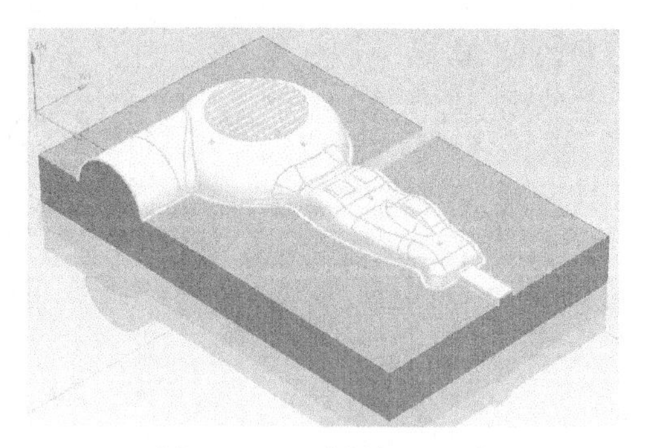

图 2.7.76　选择加工区域

3. 设置进给率和速度

【刀轨设置】栏目中→打开【进给率和速度】→勾选【主轴速度 (rpm)】4000→【进给率】【切削】200→【确定】(如图 2.7.77 设置进给率和速度)。

4. 生成刀具路径

【操作】栏目中→点击【生成刀具路径】，生成该步操作的刀具路径（如图 2.7.78 生成刀具路径）。

图 2.7.77　设置进给率和速度

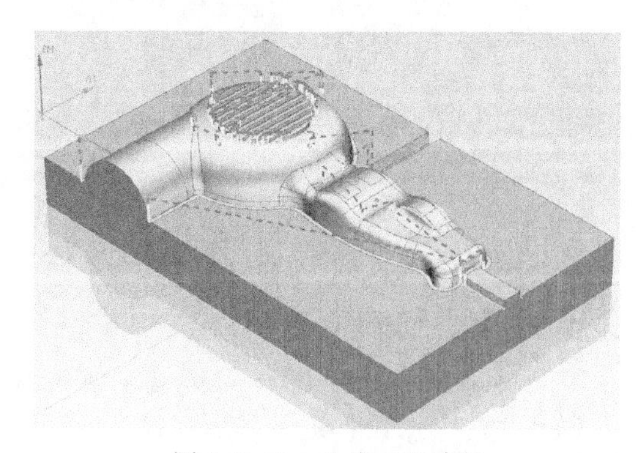

图 2.7.78　生成刀具路径

十二、ϕ2的球刀型腔铣精加工右侧小圆角区域

1. 选择精加工方法

【程序顺序视图】→【创建工序】→弹出【创建工序】对话框→【类型】mill_contour→【工序子类型】型腔铣→【程序】PROGRAM→【刀具】D2R1→【几何体】WORKPIECE→【方法】MILL_FINISH→【名称】jing-xiaoyuanjiao→【确定】(如图2.7.79选择精加工方法)。

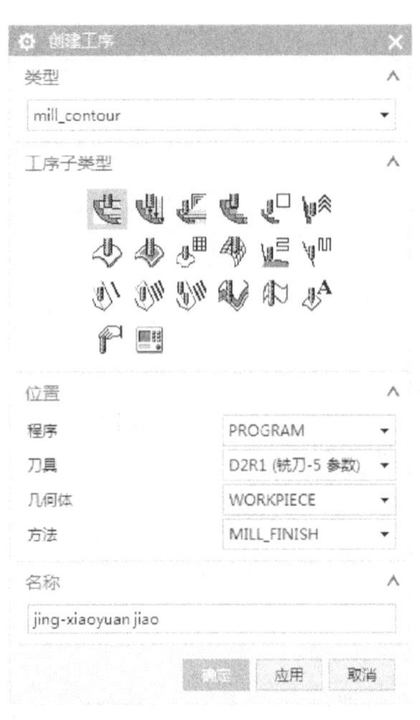

图2.7.79 选择精加工方法

2. 选择加工区域

在弹出的【型腔铣】对话框中→【指定切削区域】→选择要加工的曲面→【确定】(如图2.7.80选择加工区域)。

3. 设置加工参数

【刀轨设置】栏目中→【切削模式】跟随部件→【平面直径百分比】10→【最大距离】0.3(如图2.7.81设置加工参数)。

4. 设置切削参数

打开【切削参数】→【策略】【切削顺序】深度优先→【余量】所有均设为0→【空间范围】【毛坯】【处理中的工件】使用3D→【确定】(如图2.7.82深度优先、图2.7.83余量、图2.7.84使用3D)。

5. 设置非切削移动

打开【非切削移动】→【进刀】→【封闭区域】【进刀类型】插削→【开放区域】【进刀类型】与封闭区域相同→【确定】(如图2.7.85设置非切削移动)。

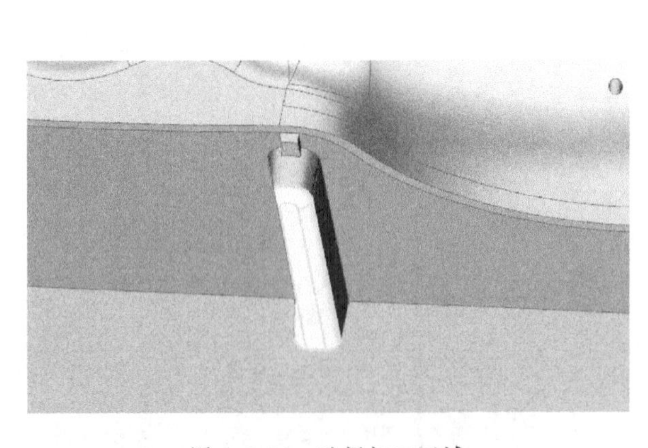

图2.7.80 选择加工区域

图2.7.81 设置加工参数

6. 设置进给率和速度

打开【进给率和速度】→勾选【主轴速度(rpm)】3500→【进给率】【切削】200→【确定】(如图2.7.86设置进给率和速度)。

图 2.7.82　深度优先

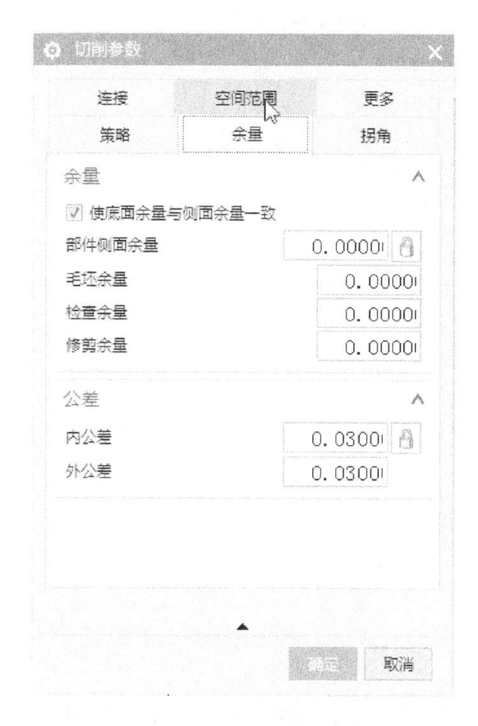

图 2.7.83　余量

图 2.7.84　使用 3D

图 2.7.85　设置非切削移动

7. 生成刀具路径

【操作】栏目中→点击【生成刀具路径】，生成该步操作的刀具路径（如图 2.7.87 生成刀具路径）。

图 2.7.86　设置进给率和速度

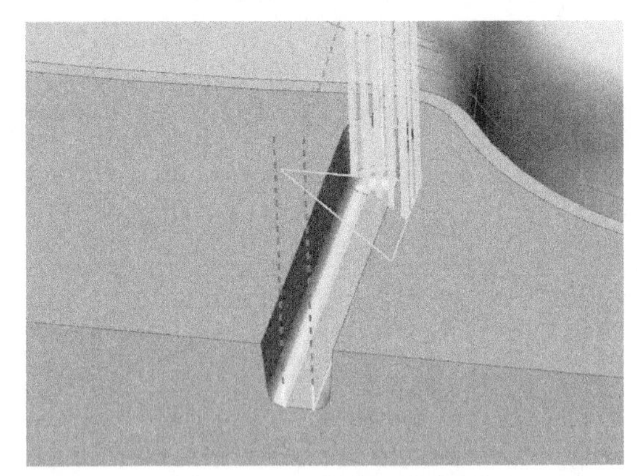

图 2.7.87　生成刀具路径

十三、最终验证模拟

在左侧目录列表中选择操作→点击【确认刀轨】按钮→在弹出的【刀轨可视化】对话框中→选择【2D动态】→调整【动画速度】→点击【播放】(如图 2.7.88～图 2.7.97)。

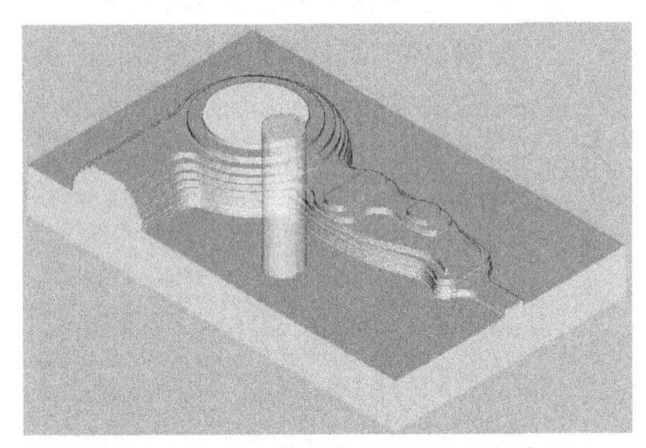

图 2.7.88　ϕ20的平底刀型腔铣开粗加工

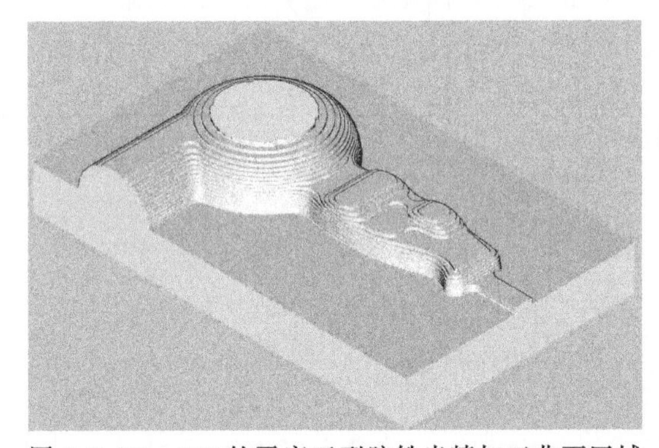

图 2.7.89　ϕ10的平底刀型腔铣半精加工曲面区域

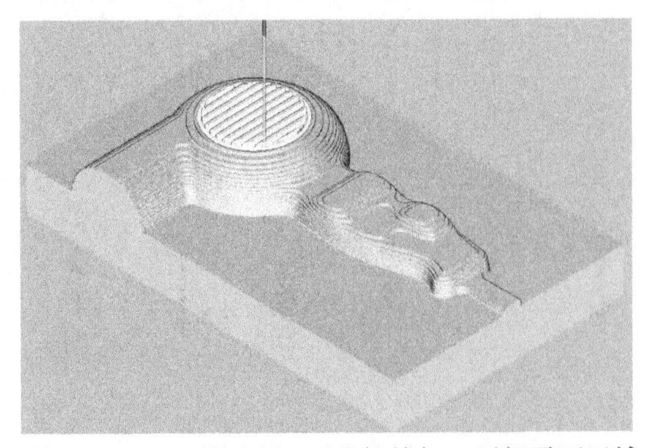

图 2.7.90　ϕ2的平底刀型腔铣精加工顶部平面区域

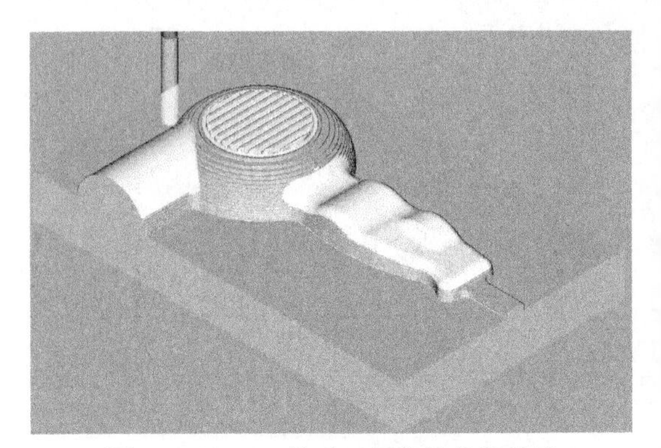

图 2.7.91　ϕ8的球刀固定轴轮廓铣精加工X方向曲面区域

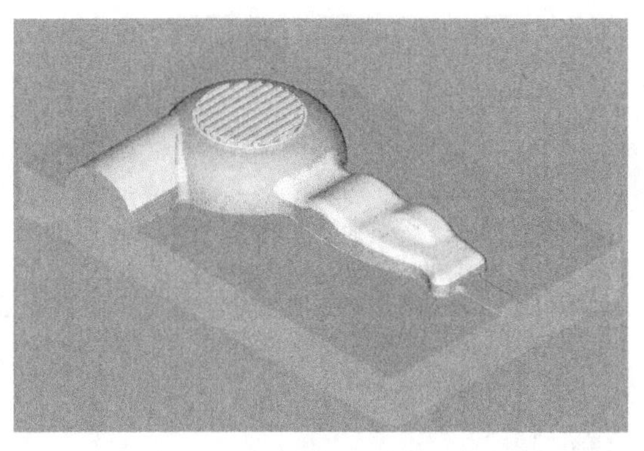

图 2.7.92　$\phi 8$ 的球刀固定轴轮廓铣精加工顶部圆形区域

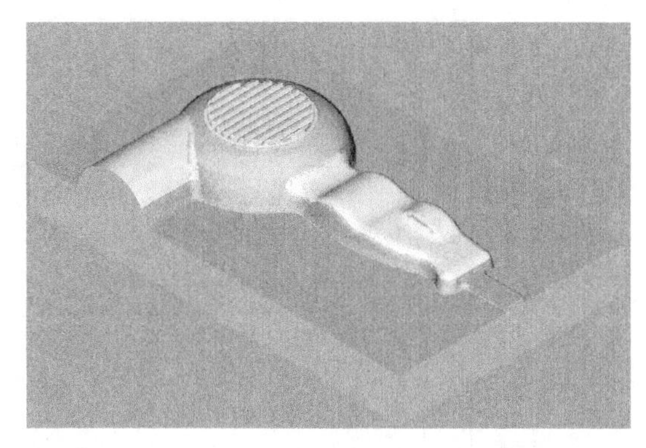

图 2.7.93　$\phi 8$ 的球刀深度铣侧面陡峭区域

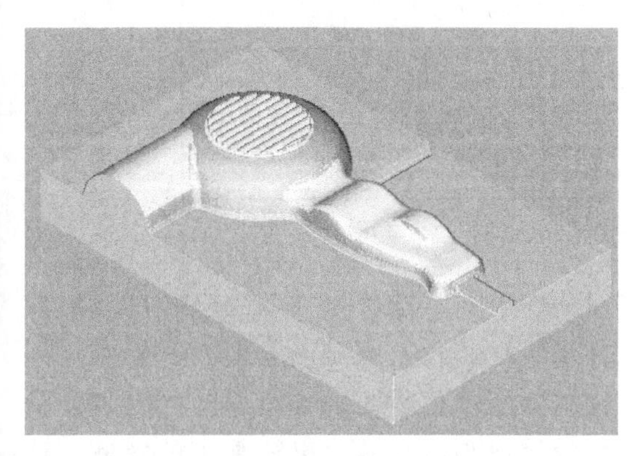

图 2.7.94　$\phi 2$ 的平底刀型腔铣残料加工右侧小区域

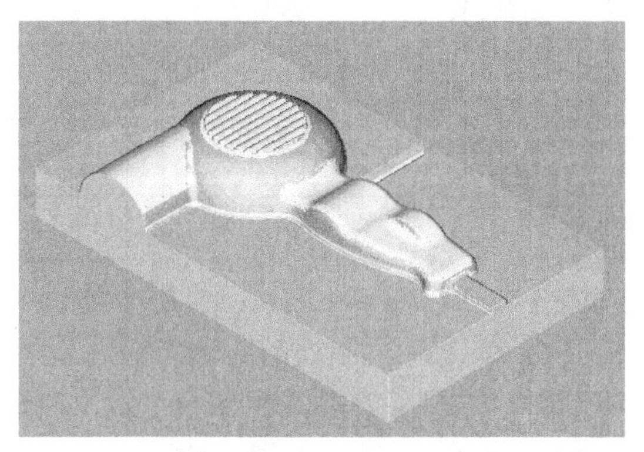

图 2.7.95　$\phi 4$ 的球刀清根精加工曲面的角落区域

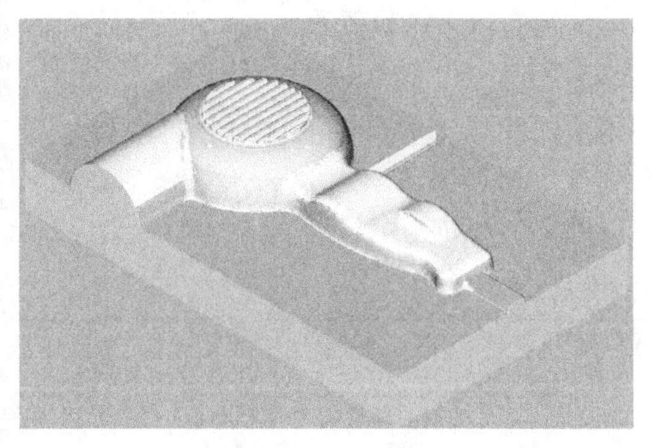

图 2.7.96　$\phi 2$ 的平底刀清根精加工曲面的角落区域

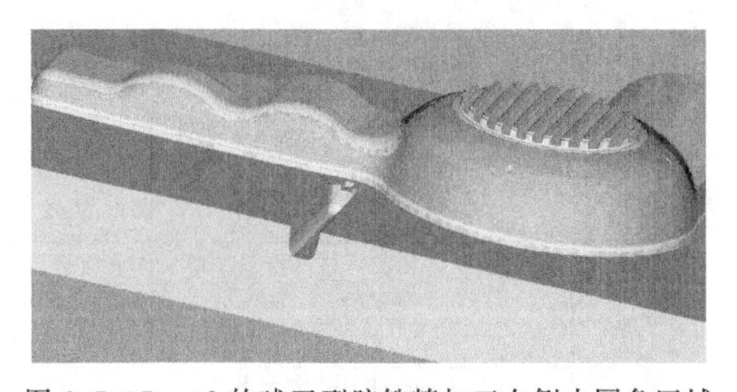

图 2.7.97　$\phi 2$ 的球刀型腔铣精加工右侧小圆角区域

案例八　电吹风凹模模具零件加工

一、工艺分析

1. 零件图工艺分析

该零件中间为电吹风凹模模具零件，工件无尺寸公差要求（如图 2.8.1 电吹风凹模模具零件）。尺寸标注完整，轮廓描述清楚。零件材料为已经加工成型的标准铝块，无热处理和硬度要求。

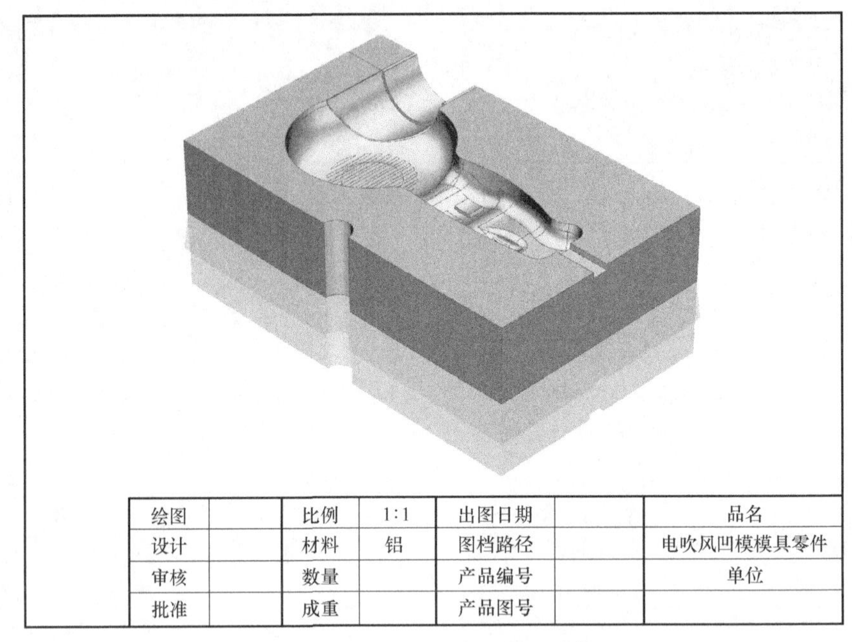

绘图		比例	1:1	出图日期		品名
设计		材料	铝	图档路径		电吹风凹模模具零件
审核		数量		产品编号		单位
批准		成重		产品图号		

图 2.8.1　电吹风凹模模具零件

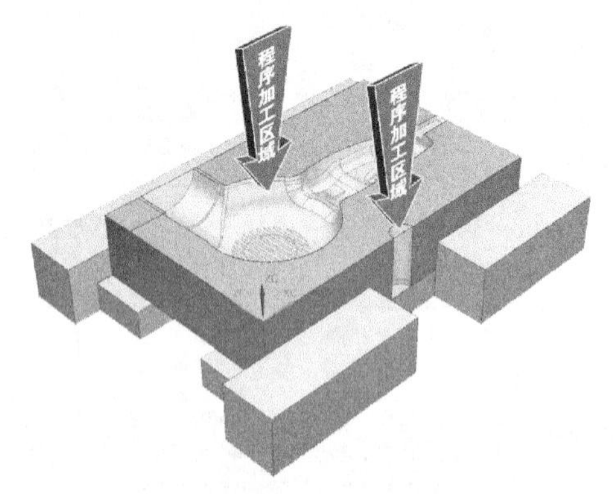

图 2.8.2　装夹方式、加工区域和对刀点

2. 确定装夹方案、加工顺序及进给路线

工件采用通用的虎钳装夹方案，底部放置垫块，保证工件摆正，注意：靠近虎钳一侧用大小一样的两块铝块顶紧时，让出待加工的区域，对刀点仍然采用左下角的上表面点对刀。其装夹方式、加工区域和对刀点如图 2.8.2 所示。

3. 刀具和加工区域选择

选用多把铣刀加工本例的区域，将所选定的刀具参数以及加工区域填入表 2.8.1 数控加工卡片中，以便于编程和操作管理。

表 2.8.1　数控加工卡片

产品名称或代号	模具零件加工综合实例	零件名称	电吹风凹模模具零件		
序号	加工区域		刀具		
			名称	规格	刀号
1	ϕ12 的平底刀型腔铣开粗加工		D12	ϕ12 平底刀	1
2	ϕ5 的平底刀型腔铣半精加工曲面区域		D5	ϕ5 平底刀	2
3	ϕ5 的平底刀面铣左侧半圆柱的区域		D5	ϕ5 平底刀	2
4	ϕ6 的球刀深度铣侧面陡峭区域		D6R3	ϕ6 球刀	4
5	ϕ6 的球刀固定轴轮廓铣精加工 X 方向曲面区域		D6R3	ϕ6 球刀	4
6	ϕ6 的球刀固定轴轮廓铣精加工底部圆形区域		D6R3	ϕ6 球刀	4
7	ϕ2 的平底刀清根精加工曲面的角落区域		D2	ϕ2 平底刀	3
编制 ×××	审核 ×××	批准 ×××		共 1 页	

二、前期准备工作

1. 进入加工模块

打开【启动】菜单→【加工】，进入加工模块→打开【加工环境】对话框→【CAM 会话配置】cam_general→【要创建的 CAM 组装】mill_contour→【确定】(如图 2.8.3 进入加工模块)。

2. 创建刀具

→【创建刀具】→选择【平底刀】→【名称】D12→在【刀具设置】对话框中→【(D) 直径】12→【刀具号】1→【确定】(如图 2.8.4 创建 1 号刀具)。

图 2.8.3 进入加工模块

图 2.8.4 创建 1 号刀具

→【创建刀具】→选择【平底刀】→【名称】D5→在【刀具设置】对话框中→【(D) 直径】5→【刀具号】2→【确定】(如图 2.8.5 创建 2 号刀具)。

→【创建刀具】→选择【平底刀】→【名称】D2→在【刀具设置】对话框中→【(D) 直径】2→【刀具号】3→【确定】(如图 2.8.6 创建 3 号刀具)。

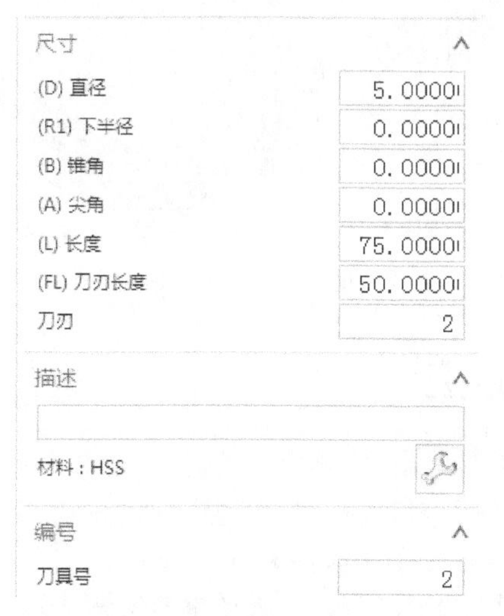

图 2.8.5 创建 2 号刀具

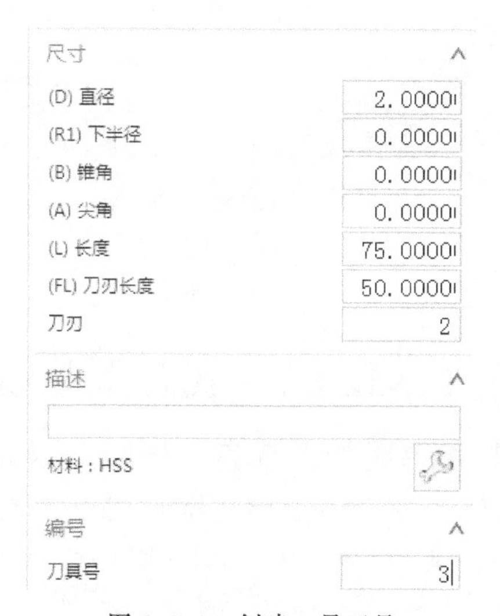

图 2.8.6 创建 3 号刀具

→【创建刀具】→选择【平底刀】→【名称】D6R3→在【刀具设置】对话框中→【(D) 直径】6→【(R1) 下半径】3→【刀具号】4→【确定】(如图 2.8.7 创建 4 号刀具)。

3. 设置坐标系和创建毛坯

【几何视图】→双击【MCS_MILL】→将加工坐标系移至毛坯左下角的上平面点即可（如图）→设定【安全距离】2→【确定】（如图 2.8.8 设置坐标系）。

图 2.8.7　创建 4 号刀具

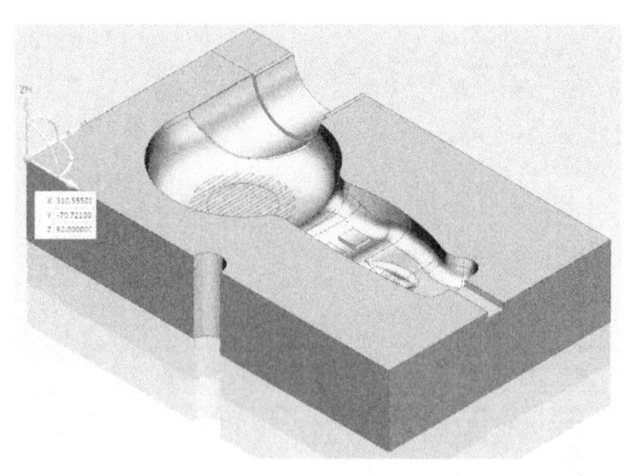

图 2.8.8　设置坐标系

→打开 MCS_MILL 前的【+】号，双击【WORKPIECE】→在【工件】对话框中→点击【指定部件】按钮→点击工件→【确定】（如图 2.8.9 指定部件）。

→点击【指定毛坯】按钮→在弹出的【毛坯几何体】对话中→【类型】→选择【包容块】，设置最小化包容工件的毛坯→毛坯设置的效果如图→【确定】→【确定】（如图 2.8.10 创建毛坯）。

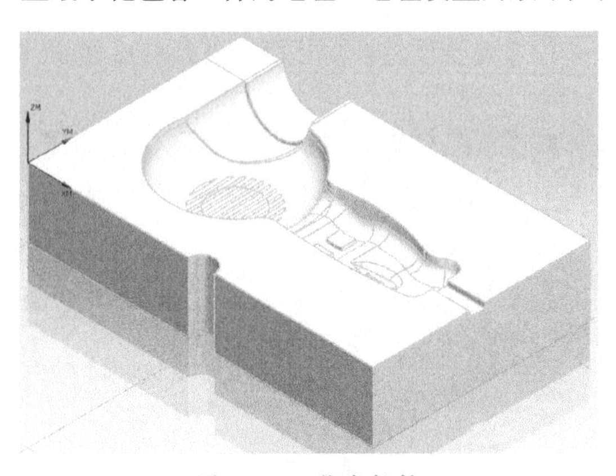

图 2.8.9　指定部件

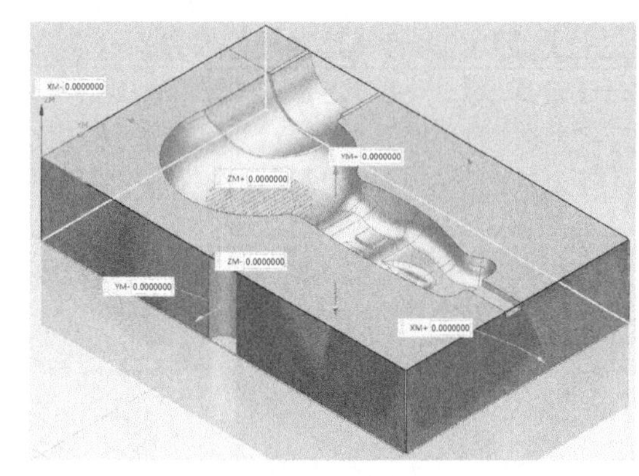

图 2.8.10　创建毛坯

三、ϕ12 的平底刀型腔铣开粗加工

1. 选择粗加工方法

【程序顺序视图】→【创建工序】→弹出【创建工序】对话框→【类型】mill_contour→【工序子类型】型腔铣→【程序】PROGRAM→【刀具】D12→【几何体】WORKPIECE→【方法】MILL_ROUGH，进行粗加工→【名称】cu→【确定】（如图 2.8.11 选择粗加工方法）。

2. 选择加工区域

在弹出的【型腔铣】对话框中→【指定切削区域】→选择要加工的曲面→【确定】（如图

2.8.12 选择加工区域）。

图 2.8.11　选择粗加工方法

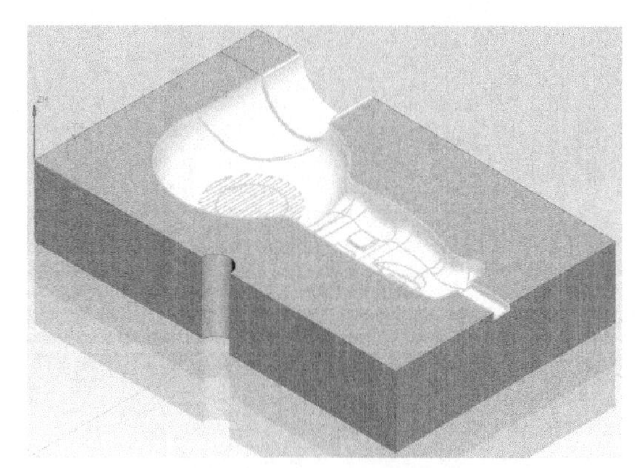

图 2.8.12　选择加工区域

3. 设置加工参数

【刀轨设置】栏目中→【切削模式】跟随部件→【平面直径百分比】85→【最大距离】3（如图 2.8.13 设置加工参数）。

4. 设置切削参数

打开【切削参数】→【策略】【切削】【切削顺序】深度优先→【余量】【部件侧面余量】0.3→【确定】（如图 2.8.14 深度优先、图 2.8.15 余量）。

图 2.8.13　设置加工参数

图 2.8.14　深度优先

5. 设置非切削移动

打开【非切削移动】→【进刀】→【封闭区域】【进刀】插削→【开放区域】【进刀类型】与封闭区域相同→【确定】（如图 2.8.16 设置非切削移动）。

图 2.8.15　余量

图 2.8.16　设置非切削移动

6. 设置进给率和速度

打开【进给率和速度】→勾选【主轴速度（rpm）】2500→【进给率】【切削】500→【确定】（如图 2.8.17 设置进给率和速度）。

7. 生成刀具路径

【操作】栏目中→点击【生成刀具路径】，生成该步操作的刀具路径（如图 2.8.18 生成刀具路径）。

图 2.8.17　设置进给率和速度

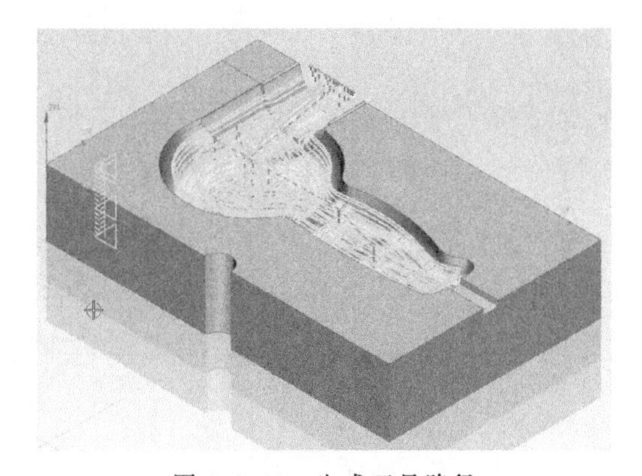

图 2.8.18　生成刀具路径

四、ϕ5的平底刀型腔铣半精加工曲面区域

1. 选择半精加工方法

【程序顺序视图】→【创建工序】→弹出【创建工序】对话框→【类型】mill_contour→【工序子类型】型腔铣→【程序】PROGRAM→【刀具】D5→【几何体】WORKPIECE→【方法】MILL_FINISH→【名称】banjing→【确定】(如图2.8.19选择半精加工方法)。

2. 选择加工区域

在弹出的【型腔铣】对话框中→【指定切削区域】→选择要加工的平面→【确定】(如图2.8.20选择加工区域)。

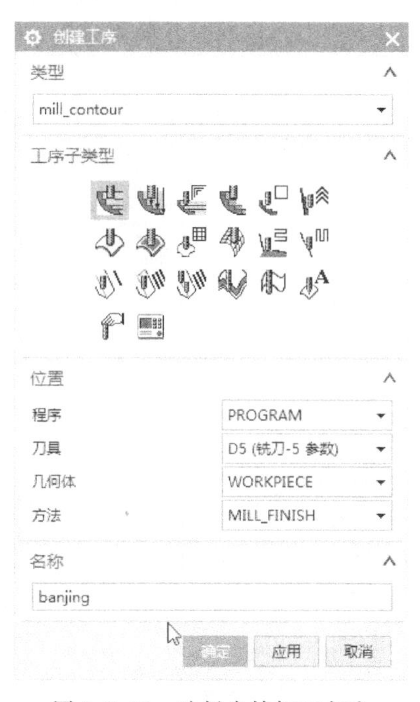

图2.8.19　选择半精加工方法

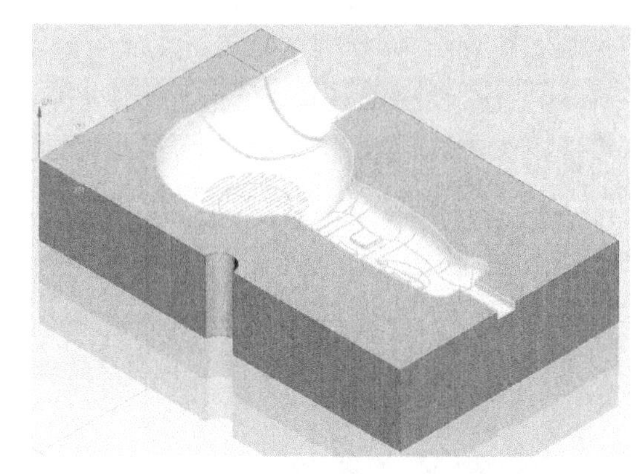

图2.8.20　选择加工区域

3. 设置加工参数

【刀轨设置】栏目中→【切削模式】跟随周边→【平面直径百分比】50→【最大距离】0.8(如图2.8.21设置加工参数)。

图2.8.21　设置加工参数

4. 设置切削参数

打开【切削参数】→【策略】【切削】【切削顺序】深度优先→【余量】所有均设为0→【空间范围】【毛坯】【处理中的工件】使用3D→【确定】(如图2.8.22深度优先、图2.8.23余量、图2.8.24使用3D)。

5. 设置非切削移动

打开【非切削移动】→【进刀】→【封闭区域】【进刀】插削→【开放区域】【进刀类型】与封闭区域相同→【确定】(如图2.8.25设置非切削移动)。

图 2.8.22　深度优先

图 2.8.23　余量

图 2.8.24　使用 3D

图 2.8.25　设置非切削移动

6. 设置进给率和速度

打开【进给率和速度】→勾选【主轴速度（rpm）】3500→【进给率】【切削】320→【确定】（如图 2.8.26 设置进给率和速度）。

7. 生成刀具路径

【操作】栏目中→点击【生成刀具路径】，生成该步操作的刀具路径（如图 2.8.27 生成刀具路径）。

图 2.8.26　设置进给率和速度

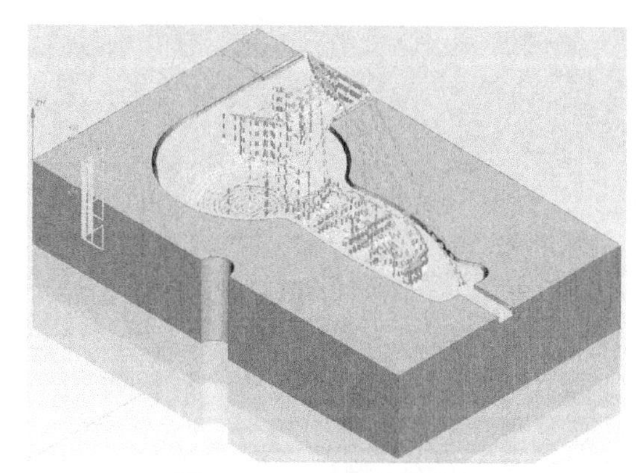

图 2.8.27　生成刀具路径

五、ϕ5 的平底刀面铣左侧半圆柱的区域

1. 选择精加工方法

【程序顺序视图】→【创建工序】→弹出【创建工序】对话框→【类型】mill_contour→【工序子类型】型腔铣→【程序】PROGRAM-3→【刀具】D5→【几何体】WORKPIECE→【方法】MILL_FINISH，进行粗加工→【名称】jing-zuo→【确定】(如图 2.8.28 选择精加工方法)。

2. 选择加工区域

在弹出的【面铣】对话框中→【指定面边界】→【选择方法】曲线→选择需要加工的底面的边界→【确定】(如图 2.8.29 选择加工区域)。

图 2.8.28　选择精加工方法

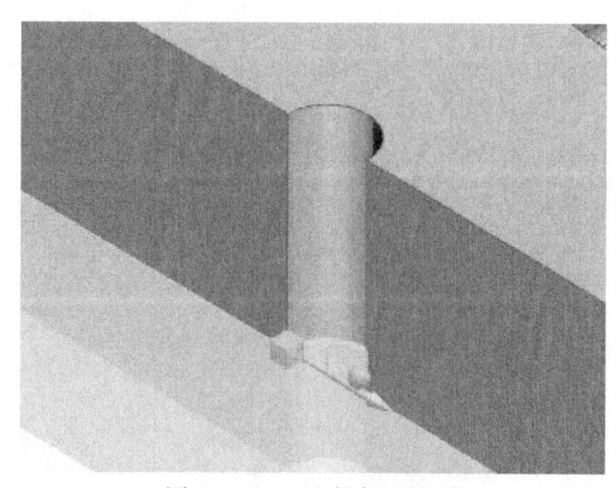

图 2.8.29　选择加工区域

3. 设置刀轴

【刀轴】栏目中→【轴】+ZM 轴→【确定】(如图 2.8.30 设置刀轴)。

4. 设置加工参数

【刀轨设置】栏目中→【切削模式】跟随周边→【平面直径百分比】75→【毛坯距离】46→【每刀切削深度】2(如图 2.8.31 设置加工参数)。

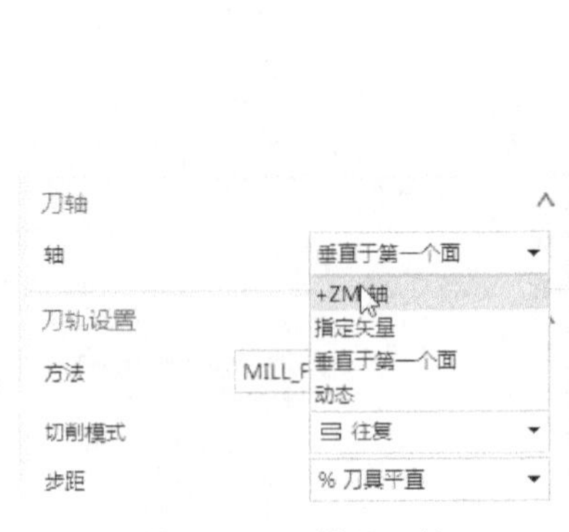

图 2.8.30　设置刀轴

图 2.8.31　设置加工参数

5. 设置切削参数

打开【切削参数】→【余量】【部件余量】1(避免损伤垫块)→【确定】(如图 2.8.32 余量)。

6. 设置非切削移动

打开【非切削移动】→【进刀】→【封闭区域】【进刀】插削→【开放区域】【进刀类型】与封闭区域相同→【确定】(如图 2.8.33 设置非切削移动)。

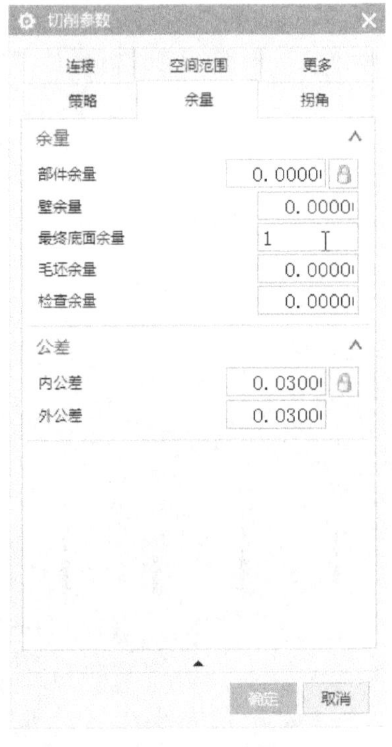

图 2.8.32　余量

图 2.8.33　设置非切削移动

7. 设置进给率和速度

打开【进给率和速度】→勾选【主轴速度（rpm）】2500→【进给率】【切削】200→【确定】（如图 2.8.34 设置进给率和速度）。

8. 生成刀具路径

【操作】栏目中→点击【生成刀具路径】，生成该步操作的刀具路径（如图 2.8.35 生成刀具路径）。

图 2.8.34　设置进给率和速度

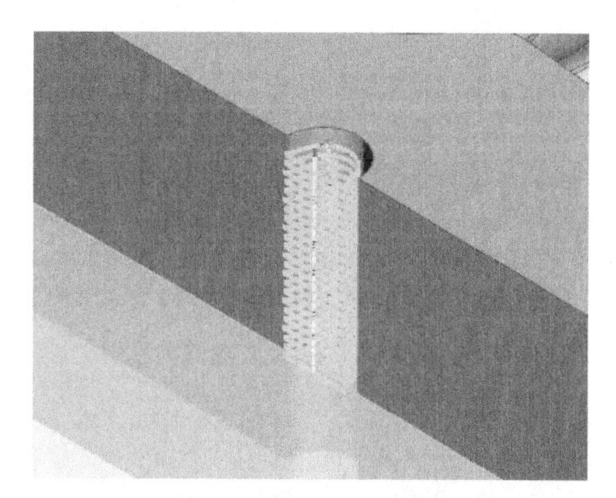

图 2.8.35　生成刀具路径

六、ϕ6 的球刀深度铣侧面陡峭区域

1. 选择精加工方法

【程序顺序视图】→【创建工序】→弹出【创建工序】对话框→【类型】mill_contour→【工序子类型】深度轮廓加工（等高轮廓铣）→【程序】PROGRAM→【刀具】D6R3→【几何体】WORKPIECE→【方法】FINISH 精加工→【名称】jing-douqiao→【确定】（如图 2.8.36 选择精加工方法）。

2. 选择加工区域

在弹出的【深度轮廓加工】对话框中→【指定切削区域】→选择要加工的陡峭曲面→【确定】（如图 2.8.37 选择加工区域）。

3. 设置加工参数

弹出【深度轮廓加工】对话框→【陡峭空间范围】仅陡峭的→【角度】40→【最大距离】0.3（如图 2.8.38 设置加工参数）。

4. 设置非切削移动

打开【非切削移动】→【进刀】→【封闭区域】【进刀】插削→【开放区域】【进刀类型】与封闭区域相同→【确定】（如图 2.8.39 设置非切削移动）。

图 2.8.36　选择精加工方法

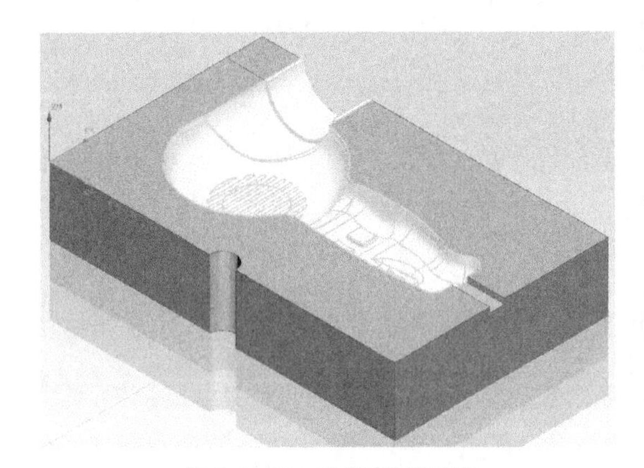

图 2.8.37　选择加工区域

图 2.8.38　设置加工参数

图 2.8.39　设置非切削移动

5. 设置进给率和速度

打开【进给率和速度】→勾选【主轴速度（rpm）】4000→【进给率】【切削】300→【确定】（如图 2.8.40 设置进给率和速度）。

6. 生成刀具路径

【操作】栏目中→点击【生成刀具路径】，生成该步操作的刀具路径（如图 2.8.41 生成刀具路径）。

图 2.8.40　设置进给率和速度

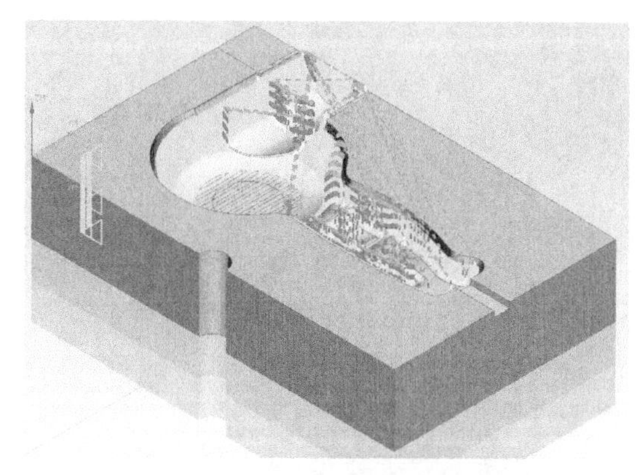

图 2.8.41　生成刀具路径

七、ϕ6 的球刀固定轴轮廓铣精加工 X 方向曲面区域

1. 选择精加工方法

【程序顺序视图】→【创建工序】→弹出【创建工序】对话框→【类型】mill_contour→【工序子类型】固定轴曲面轮廓铣→【程序】PROGRAM→【刀具】D6R3→【几何体】WORKPIECE→【方法】MILL_FINISH→【名称】jing-x→【确定】(如图 2.8.42 选择精加工方法)。

图 2.8.42　选择精加工方法

2. 选择加工区域

在弹出的【固定轴轮廓铣】对话框中→【指定切削区域】→选择要加工的曲面→【确定】(如图 2.8.43 选择加工区)。

3. 设置驱动方法及加工参数设置

【驱动方法】栏目中→【方法】区域铣削（如图 2.8.44 驱动方法）。

→弹出【区域铣削】驱动方法对话框→【陡峭空间范围】→【方法】非陡峭→【陡峭壁角度】55→【驱动设置】→【非陡峭切削模式】往复→【平面直径百分比】4→【剖切角】指定→【与 XC 夹角】0→【确定】(如图 2.8.45 加工参数设置)。

4. 设置非切削移动

打开【非切削移动】→【进刀】→【开放区域】【进刀类型】插削→【确定】(如图 2.8.46 设置非切削移动)。

5. 设置进给率和速度

打开【进给率和速度】→勾选【主轴速度（rpm)】4000→【进给率】【切削】290→【确定】(如图 2.8.47 设置进给率和速度)。

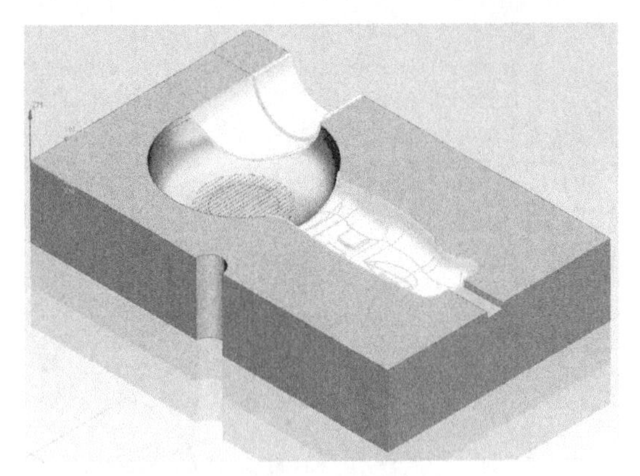

图 2.8.43　选择加工区

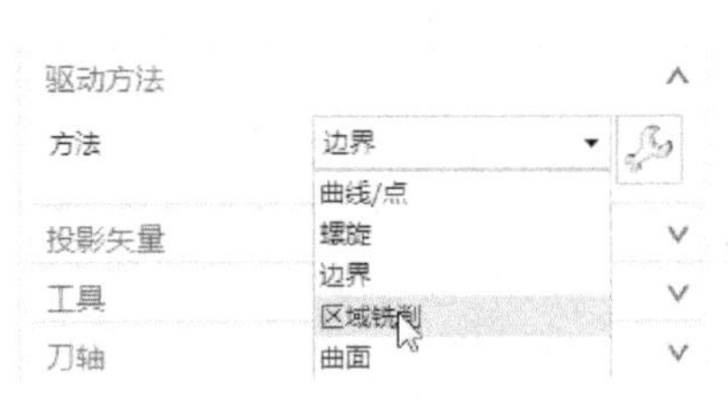

图 2.8.44　驱动方法

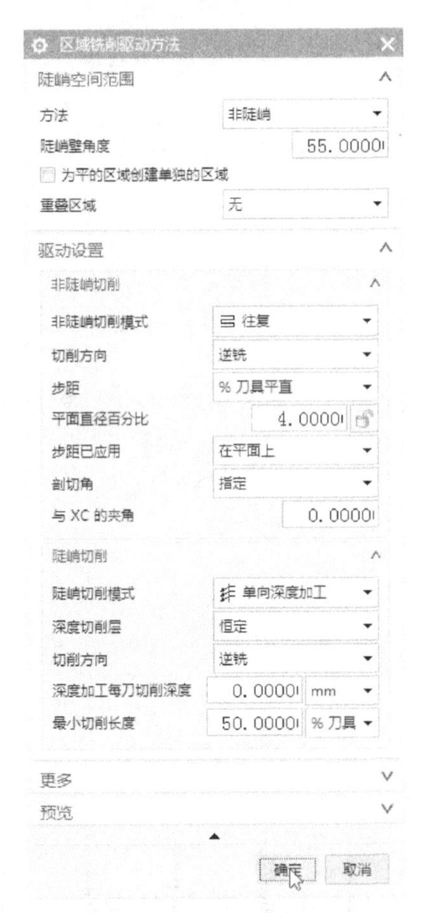

图 2.8.45　加工参数设置

图 2.8.46　设置非切削移动

6. 生成刀具路径

【操作】栏目中→点击【生成刀具路径】，生成该步操作的刀具路径（如图 2.8.48 生成刀具路径）。

图 2.8.47 设置进给率和速度

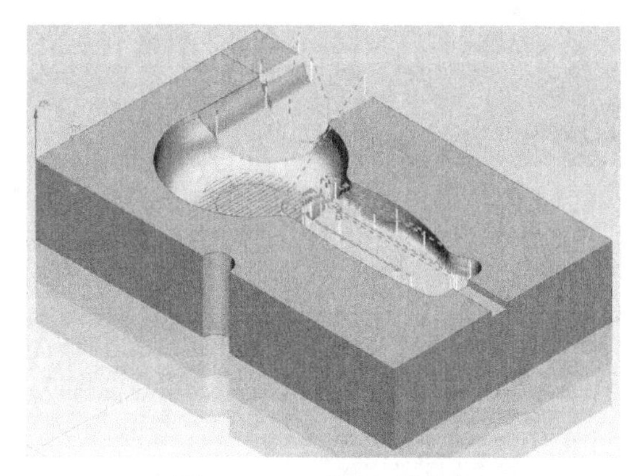

图 2.8.48 生成刀具路径

八、ϕ6 的球刀固定轴轮廓铣精加工底部圆形区域

1. 选择精加工方法

【程序顺序视图】→【创建工序】→弹出【创建工序】对话框→【类型】mill_contour→【工序子类型】固定轴曲面轮廓铣→【程序】PROGRAM→【刀具】D6R3→【几何体】WORKPIECE→【方法】MILL_FINISH→【名称】jing-yuan（如图 2.8.49 选择精加工方法）。

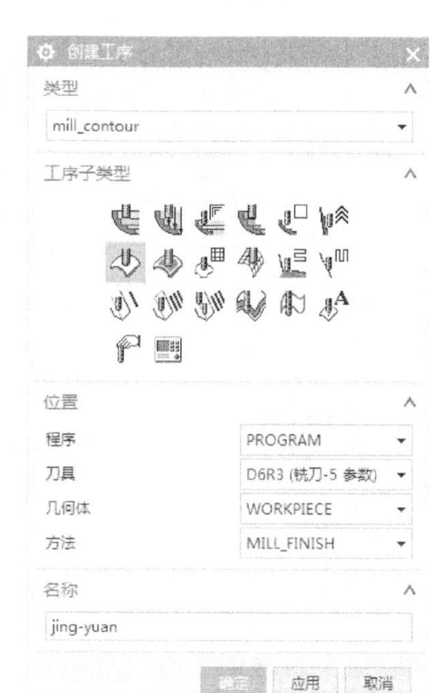

图 2.8.49 选择精加工方法

2. 选择加工区域

在弹出的【固定轴曲面轮廓铣】对话框中→【指定切削区域】→选择要加工的曲面→【确定】（如图 2.8.50 选择加工区域）。

3. 设置驱动方法及加工参数设置

【驱动方法】栏目中→【方法】螺旋（如图 2.8.51 驱动方法）。

→弹出【螺旋驱动方法】对话框→【指定点】，定圆弧的圆心作为螺旋中心（如图 2.8.52 螺旋中心）。

→【最大螺旋半径】50→【平面直径百分比】4→【确定】（如图 2.8.53 加工参数设置）。

4. 设置进给率和速度

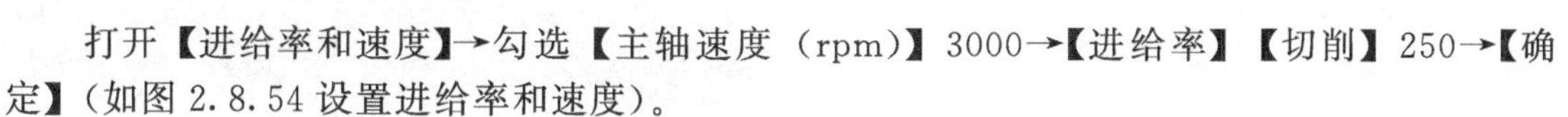

打开【进给率和速度】→勾选【主轴速度（rpm)】3000→【进给率】【切削】250→【确定】（如图 2.8.54 设置进给率和速度）。

5. 生成刀具路径

【操作】栏目中→点击【生成刀具路径】，生成该步操作的刀具路径（如图 2.8.55 生成

刀具路径）。

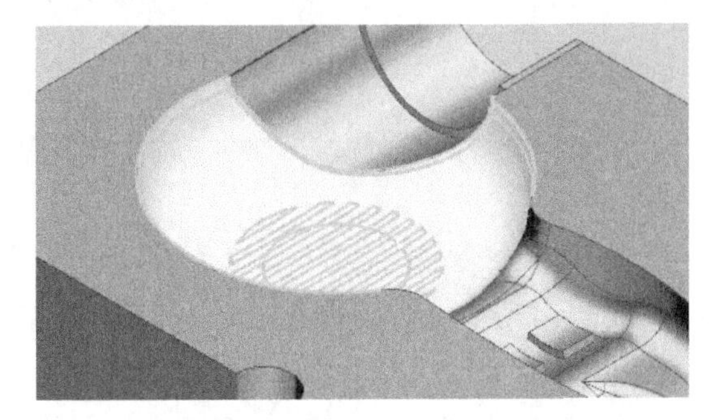

图 2.8.50 选择加工区域

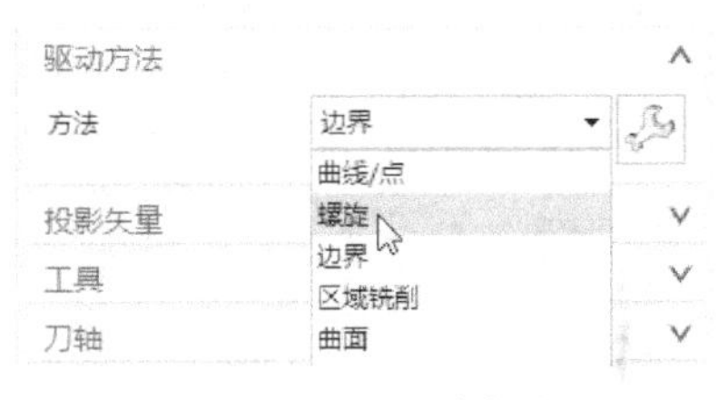

图 2.8.51 驱动方法

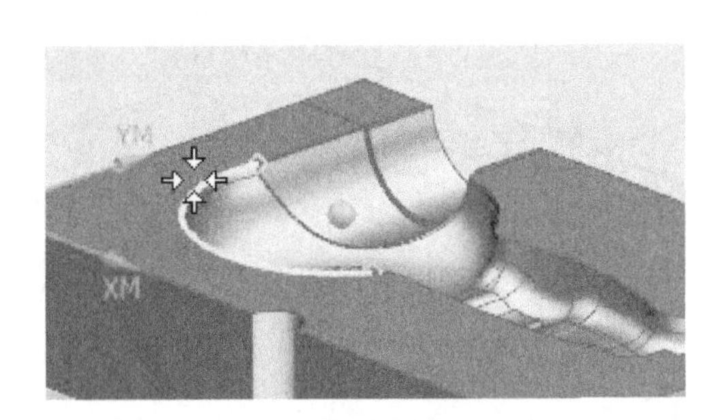

图 2.8.52 螺旋中心

图 2.8.53 加工参数设置

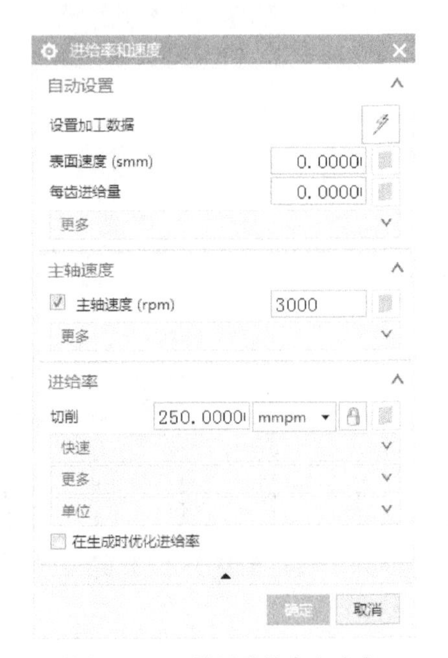

图 2.8.54 设置进给率和速度

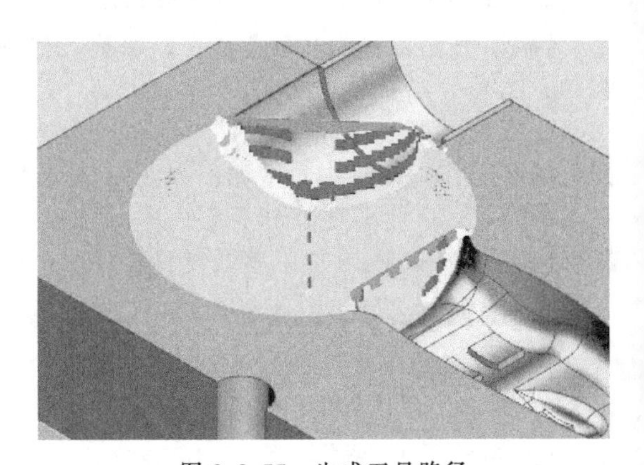

图 2.8.55 生成刀具路径

九、$\phi 2$ 的平底刀清根精加工曲面的角落区域

1. 选择精加工方法

【程序顺序视图】→【创建工序】→弹出【创建工序】对话框→【类型】mill_contour→【工序子类型】单刀路清根→【程序】PROGRAM→【刀具】D2→【几何体】WORKPIECE→【方法】FINISH 精加工→【名称】qinggen→【确定】(如图 2.8.56 选择精加工方法)。

2. 选择加工区域

在弹出的【单刀路清根】对话框中→【指定切削区域】→选择要加工的陡峭曲面→【确定】(如图 2.8.57 选择加工区域)。

图 2.8.56　选择精加工方法

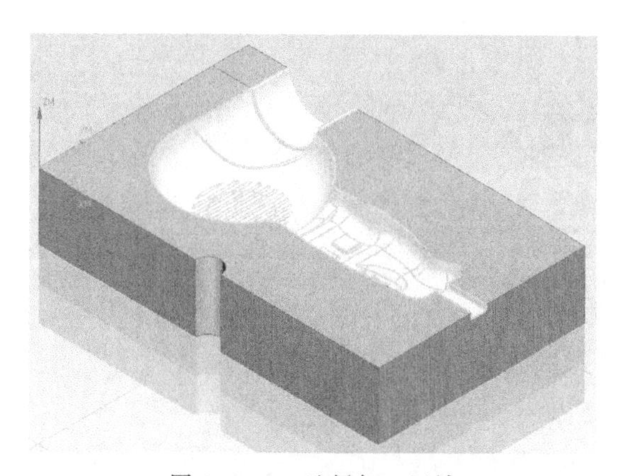

图 2.8.57　选择加工区域

图 2.8.58　设置进给率和速度

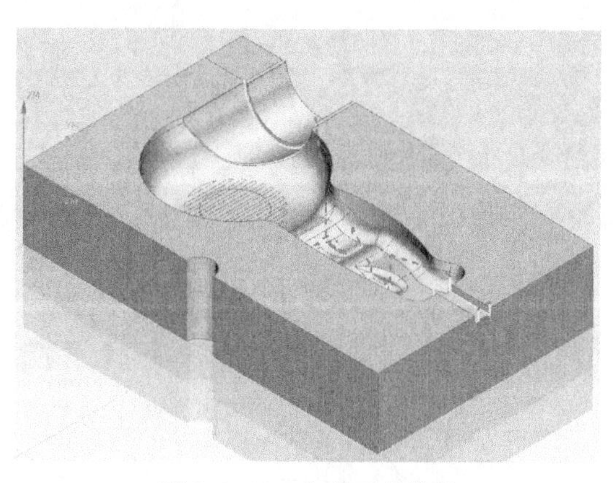

图 2.8.59　生成刀具路径

3. 设置进给率和速度

【刀轨设置】栏目中→打开【进给率和速度】→勾选【主轴速度（rpm)】3000→【进给率】【切削】150→【确定】（如图 2.8.58 设置进给率和速度）。

4. 生成刀具路径

【操作】栏目中→点击【生成刀具路径】，生成该步操作的刀具路径（如图 2.8.59 生成刀具路径）。

十、最终验证模拟

在左侧目录列表中选择操作→点击【确认刀轨】按钮→在弹出的【刀轨可视化】对话框中→选择【2D 动态】→调整【动画速度】→点击【播放】（如图 2.8.60～图 2.8.66）。

图 2.8.60 ϕ12 的平底刀型腔铣开粗加工

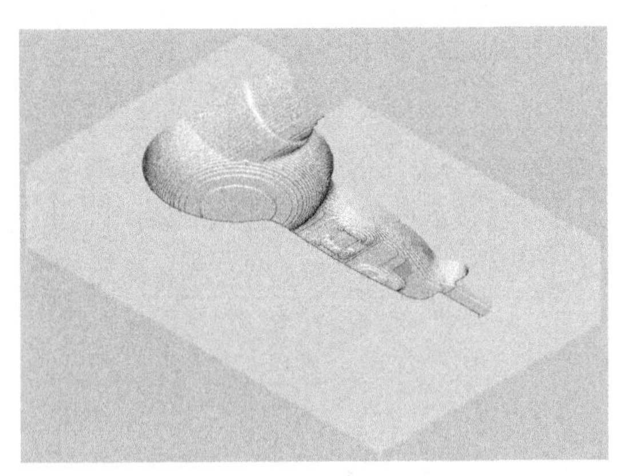

图 2.8.61 ϕ5 的平底刀型腔铣半精加工曲面区域

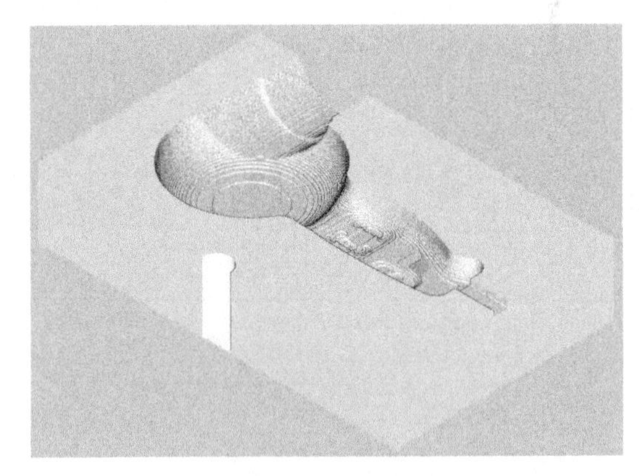

图 2.8.62 ϕ5 的平底刀面铣左侧半圆柱的区域

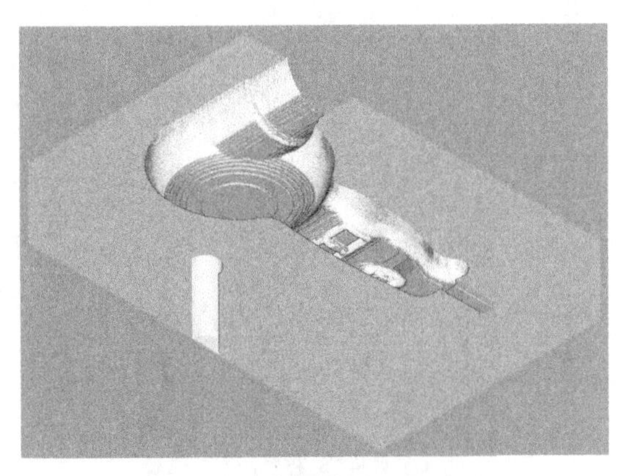

图 2.8.63 ϕ6 的球刀深度铣侧面陡峭区域

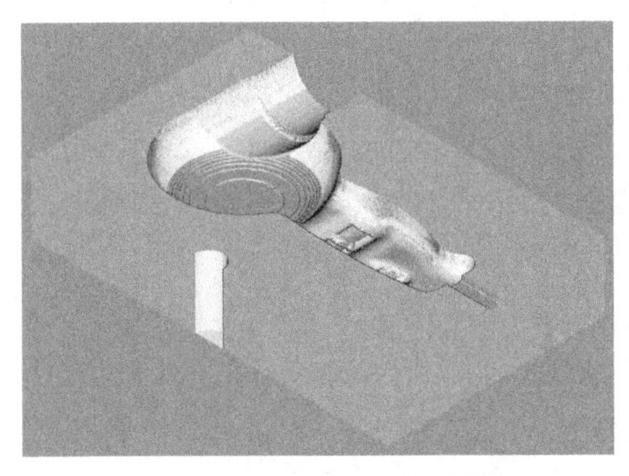

图 2.8.64 ϕ6 的球刀固定轴轮廓铣精加工 X 方向曲面区域

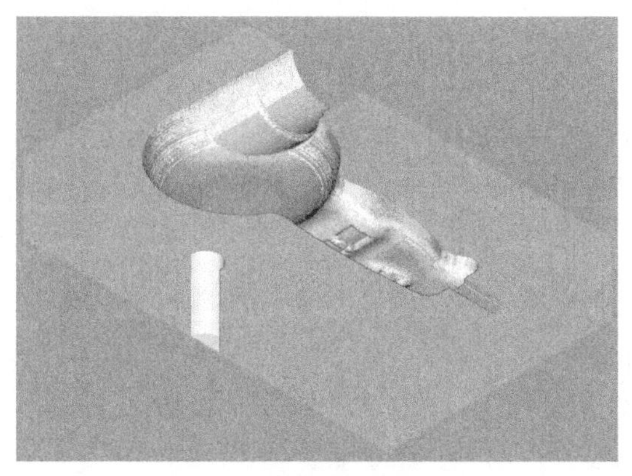

图 2.8.65　$\phi 6$ 的球刀固定轴轮廓铣精加工底部圆形区域

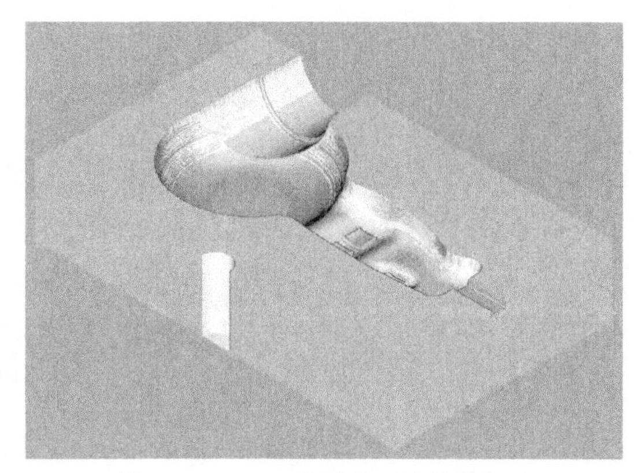

图 2.8.66　$\phi 2$ 的平底刀清根精加工曲面的角落区域

案例九　游戏手柄凹模模具零件加工

一、工艺分析

1. 零件图工艺分析

该零件中间为电吹风凸模模具零件，工件无尺寸公差要求（如图 2.9.1 游戏手柄凹模模具零件）。尺寸标注完整，轮廓描述清楚。零件材料为已经加工成型的标准铝块，无热处理和硬度要求。

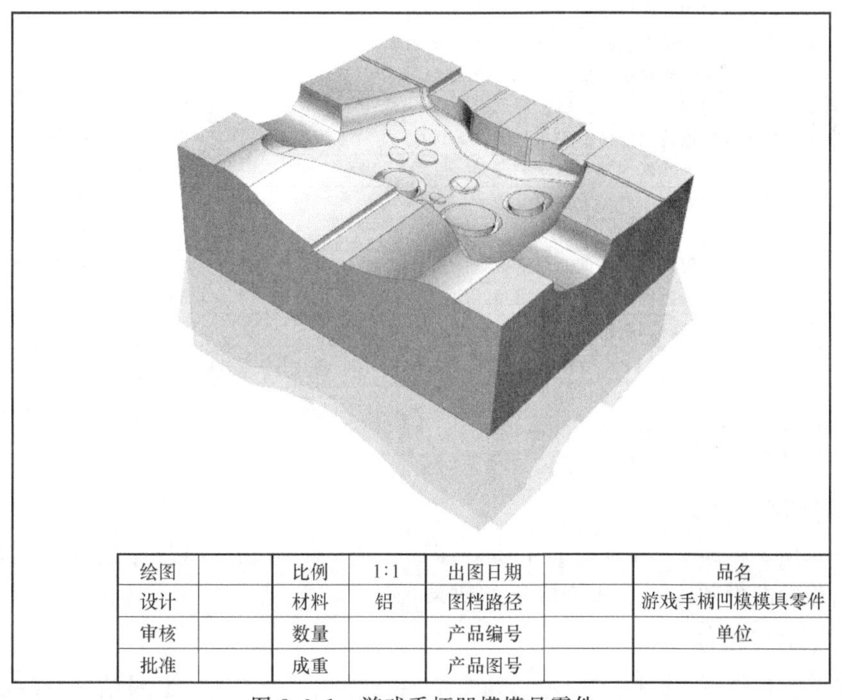

绘图		比例	1:1	出图日期		品名
设计		材料	铝	图档路径		游戏手柄凹模模具零件
审核		数量		产品编号		单位
批准		成重		产品图号		

图 2.9.1　游戏手柄凹模模具零件

2. 确定装夹方案、加工顺序及进给路线

工件采用通用的虎钳装夹方案，底部放置垫块，保证工件摆正，对刀点采用左下角的上

表面点对刀，其装夹方式、加工区域和对刀点如图 2.9.2 所示。

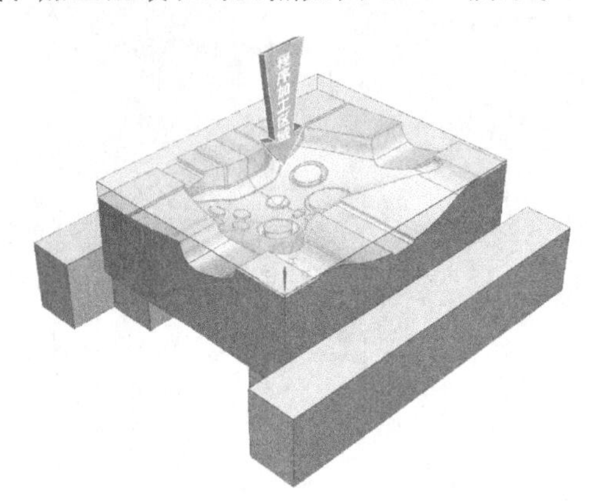

图 2.9.2　装夹方式、加工区域和对刀点

3. 刀具和加工区域选择

选用多把铣刀加工本例的区域，将所选定的刀具参数以及加工区域填入表 2.9.1 数控加工卡片中，以便于编程和操作管理。

表 2.9.1　数控加工卡片

<table>
<tr><td>产品名称或代号</td><td colspan="2">模具零件加工综合实例</td><td>零件名称</td><td colspan="4">游戏手柄凹模模具零件</td></tr>
<tr><td rowspan="2">序号</td><td rowspan="2" colspan="4">加工区域</td><td colspan="3">刀具</td></tr>
<tr><td>名称</td><td>规格</td><td>刀号</td></tr>
<tr><td>1</td><td colspan="4">ϕ15 的平底刀型腔铣开粗加工</td><td>D15</td><td>ϕ15 平底刀</td><td>1</td></tr>
<tr><td>2</td><td colspan="4">ϕ8 的平底刀型腔铣半精加工曲面区域</td><td>D8</td><td>ϕ8 平底刀</td><td>2</td></tr>
<tr><td>3</td><td colspan="4">ϕ8 的球刀固定轴轮廓铣精加工 X 方向曲面区域</td><td>D8R4</td><td>ϕ8 球刀</td><td>3</td></tr>
<tr><td>4</td><td colspan="4">ϕ8 的球刀固定轴轮廓铣精加工 Y 方向斜面曲面区域</td><td>D8R4</td><td>ϕ8 球刀</td><td>3</td></tr>
<tr><td>5</td><td colspan="4">ϕ8 的球刀固定轴轮廓铣精加工 Y 方向凹槽曲面区域</td><td>D8R4</td><td>ϕ8 球刀</td><td>3</td></tr>
<tr><td>6</td><td colspan="4">ϕ8 的球刀深度铣侧面陡峭区域</td><td>D8R4</td><td>ϕ8 球刀</td><td>3</td></tr>
<tr><td>7</td><td colspan="4">ϕ8 的球刀固定轴轮廓铣精加工中间的曲面区域</td><td>D8R4</td><td>ϕ8 球刀</td><td>3</td></tr>
<tr><td>8</td><td colspan="4">ϕ3 的球刀型腔铣残料加工曲面剩余区域</td><td>D3R1.5</td><td>ϕ3 球刀</td><td>4</td></tr>
<tr><td>9</td><td colspan="4">ϕ2 的平底刀型腔铣残料加工尖角区域</td><td>D2</td><td>ϕ2 平底刀</td><td>4</td></tr>
<tr><td>10</td><td colspan="4">ϕ3 的球刀型腔铣残料加工下方小圆角区域</td><td>D3R1.5</td><td>ϕ3 球刀</td><td>4</td></tr>
<tr><td>11</td><td colspan="4">ϕ2 的平底刀清根精加工曲面的角落区域</td><td>D2</td><td>ϕ2 平底刀</td><td>4</td></tr>
<tr><td>12</td><td colspan="4">ϕ2 的球刀型腔铣残料加工上方小圆角区域</td><td>D2R1</td><td>ϕ2 球刀</td><td>6</td></tr>
<tr><td>13</td><td colspan="4">ϕ8 的球刀固定轴轮廓铣精加工上方剩余的曲面</td><td>D8R4</td><td>ϕ8 球刀</td><td>3</td></tr>
<tr><td>编制</td><td>×××</td><td>审核</td><td>×××</td><td>批准</td><td colspan="2">×××</td><td>共 1 页</td></tr>
</table>

二、前期准备工作

1. 绘制辅助图形

进入【建模】模块式→【草图】中绘制图形，使之作为加工坐标系的原点（如图 2.9.3 草图中绘制辅助图形和图 2.9.4 完成后的效果）。

2. 进入加工模块

打开【启动】菜单→【加工】，进入加工模块→打开【加工环境】对话框→【CAM 会话配置】cam_general→【要创建的 CAM 组装】mill_contour→【确定】（如图 2.9.5 进入加工模块）。

3. 创建刀具

→【创建刀具】→选择【平底刀】→【名称】D15→在【刀具设置】对话框中→【(D) 直径】

15→【刀具号】1→【确定】(如图 2.9.6 创建 1 号刀具)。

图 2.9.3　草图中绘制辅助图形

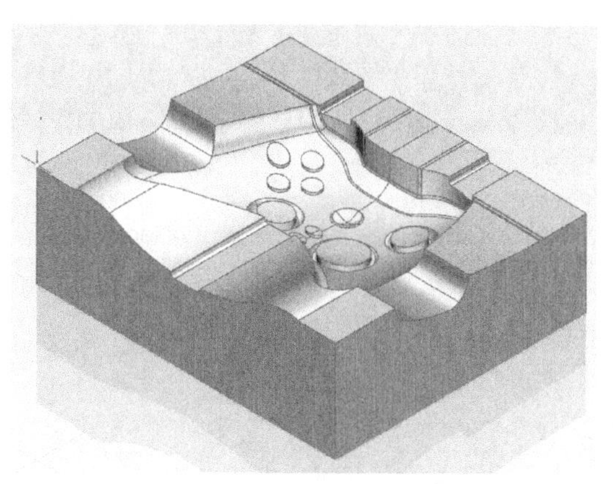

图 2.9.4　完成后的效果

图 2.9.5　进入加工模块

尺寸
(D) 直径　15.0000
(R1) 下半径　0.0000
(B) 锥角　0.0000
(A) 尖角　0.0000
(L) 长度　75.0000
(FL) 刀刃长度　50.0000
刀刃　2
描述
材料：HSS
编号
刀具号　1

图 2.9.6　创建 1 号刀具

→【创建刀具】→选择【平底刀】→【名称】D8→在【刀具设置】对话框中→【(D) 直径】8→【刀具号】2→【确定】(如图 2.9.7 创建 2 号刀具)。

→【创建刀具】→选择【平底刀】→【名称】D8R4→在【刀具设置】对话框中→【(D) 直径】8→【(R1) 下半径】4→【刀具号】3→【确定】(如图 2.9.8 创建 3 号刀具)。

→【创建刀具】→选择【平底刀】→【名称】D3R1.5→在【刀具设置】对话框中→【(D) 直径】3→【(R1) 下半径】1.5→【刀具号】4→【确定】(如图 2.9.9 创建 4 号刀具)。

→【创建刀具】→选择【平底刀】→【名称】D2→在【刀具设置】对话框中→【(D) 直径】2→【刀具号】5→【确定】(如图 2.9.10 创建 5 号刀具)。

→【创建刀具】→选择【平底刀】→【名称】D2R1→在【刀具设置】对话框中→【(D) 直径】2→【(R1) 下半径】1→【刀具号】6→【确定】(如图 2.9.11 创建 6 号刀具)。

4. 设置坐标系和创建毛坯

【几何视图】→双击【MCS_MILL】→将加工坐标系移至毛坯左下角的上平面点即可(如

图)→设定【安全距离】2→【确定】(如图 2.9.12 设置坐标系)。

图 2.9.7　创建 2 号刀具

图 2.9.8　创建 3 号刀具

图 2.9.9　创建 4 号刀具

图 2.9.10　创建 5 号刀具

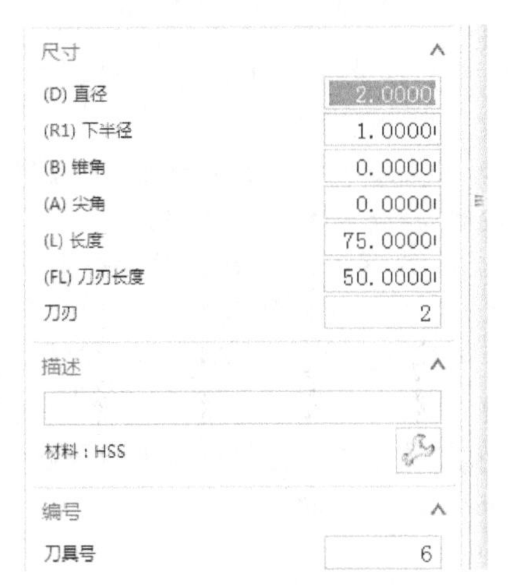

图 2.9.11　创建 6 号刀具

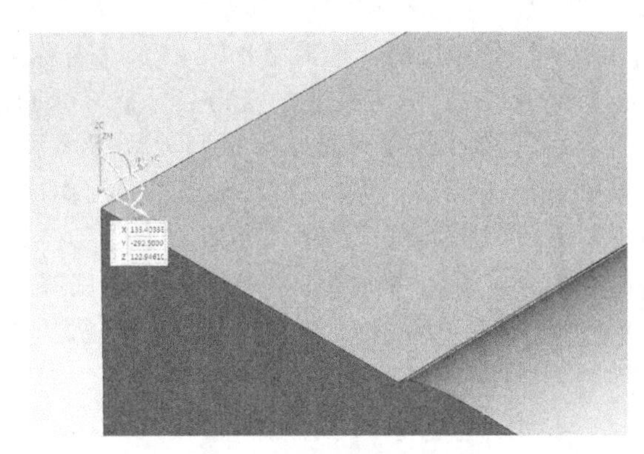

图 2.9.12　设置坐标系

→打开 MCS_MILL 前的【+】号，双击【WORKPIECE】→在【工件】对话框中→点击【指定部件】按钮→点击工件→【确定】（如图 2.9.13 指定部件）。

→点击【指定毛坯】按钮→在弹出的【毛坯几何体】对话中→【类型】→选择【包容块】，设置最小化包容工件的毛坯→毛坯设置的效果如图→【确定】→【确定】（如图 2.9.14 创建毛坯）。

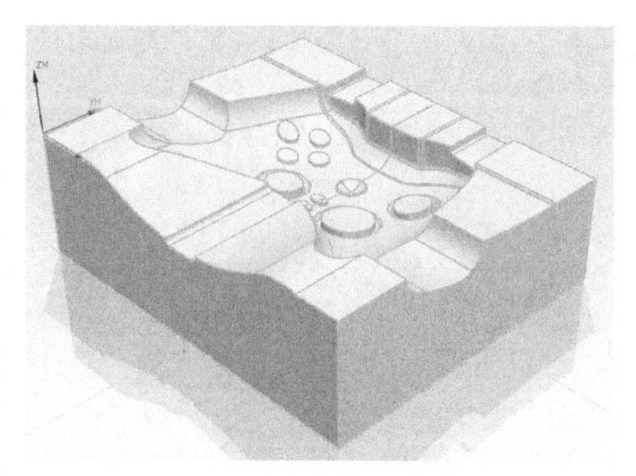

图 2.9.13　指定部件

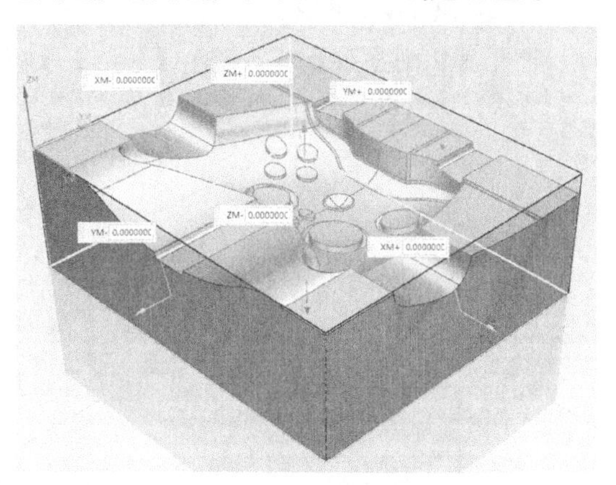

图 2.9.14　创建毛坯

三、ϕ15 的平底刀型腔铣开粗加工

1. 选择粗加工方法

【程序顺序视图】→【创建工序】→弹出【创建工序】对话框→【类型】mill_contour→【工序子类型】型腔铣→【程序】PROGRAM→【刀具】D15→【几何体】WORKPIECE→【方法】MILL_ROUGH，进行粗加工→【名称】cu→【确定】（如图 2.9.15 选择粗加工方法）。

2. 选择加工区域

在弹出的【型腔铣】对话框中→【指定切削区域】→选择要加工的曲面→【确定】（如图 2.9.16 选择加工区域）。

图 2.9.15　选择粗加工方法

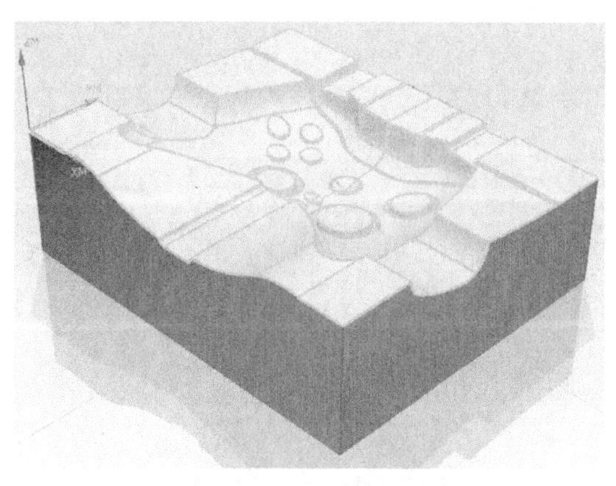

图 2.9.16　选择加工区域

3. 设置加工参数

【刀轨设置】栏目中→【切削模式】跟随部件→【平面直径百分比】85→【最大距离】3（如图 2.9.17 设置加工参数）。

4. 设置切削参数

打开【切削参数】→【策略】【切削】【切削顺序】深度优先→【余量】【部件侧面余量】0.3→【确定】（如图 2.9.18 深度优先、图 2.9.19 余量）。

图 2.9.17 设置加工参数

图 2.9.18 深度优先

5. 设置非切削移动

打开【非切削移动】→【进刀】→【封闭区域】【进刀类型】螺旋→【开放区域】【进刀类型】与封闭区域相同→【确定】（如图 2.9.20 设置非切削移动）。

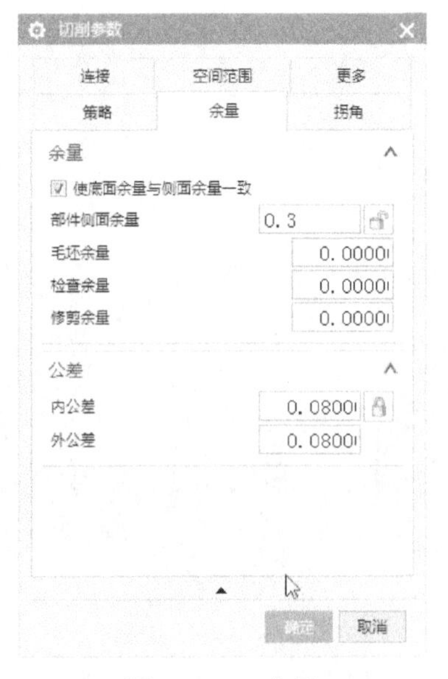

图 2.9.19 余量

图 2.9.20 设置非切削移动

6. 设置进给率和速度

打开【进给率和速度】→勾选【主轴速度（rpm）】2500→【进给率】【切削】500→【确定】（如图 2.9.21 设置进给率和速度）。

7. 生成刀具路径

【操作】栏目中→点击【生成刀具路径】，生成该步操作的刀具路径（如图 2.9.22 生成刀具路径）。

图 2.9.21　设置进给率和速度

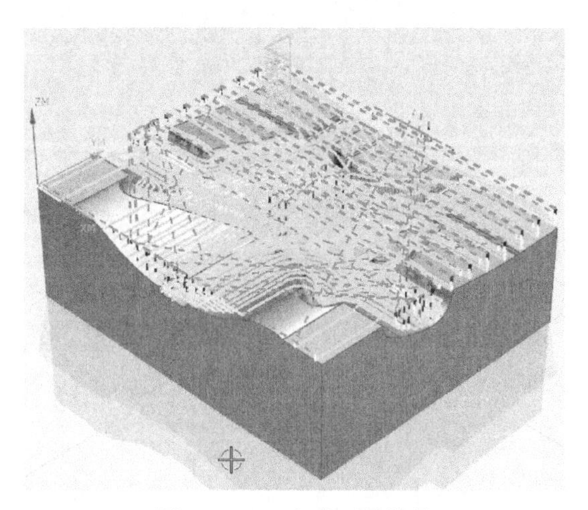

图 2.9.22　生成刀具路径

四、ϕ8 的平底刀型腔铣半精加工曲面区域

1. 选择半精加工方法

【程序顺序视图】→【创建工序】→弹出【创建工序】对话框→【类型】mill_contour→【工序子类型】型腔铣→【程序】PROGRAM→【刀具】D8→【几何体】WORKPIECE→【方法】MILL_FINISH→【名称】banjing→【确定】（如图 2.9.23 选择半精加工方法）。

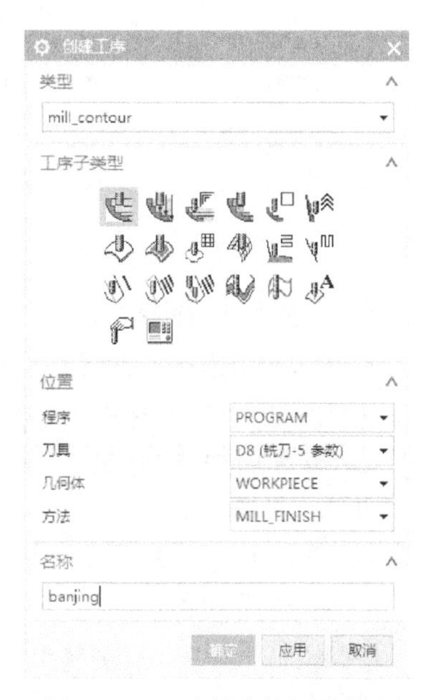

图 2.9.23　选择半精加工方法

2. 选择加工区域

在弹出的【型腔铣】对话框中→【指定切削区域】→选择要加工的平面→【确定】（如图 2.9.24 选择加工区域）。

3. 设置加工参数

【刀轨设置】栏目中→【切削模式】跟随部件→【平面直径百分比】50→【最大距离】1（如图 2.9.25 设置加工参数）。

4. 设置切削参数

打开【切削参数】→【策略】【切削】【切削顺序】深度

优先→【余量】所有均设为0→【空间范围】【毛坯】【处理中的工件】使用基于层的→【确定】（如图2.9.26深度优先、图2.9.27余量、图2.9.28使用基于层的）。

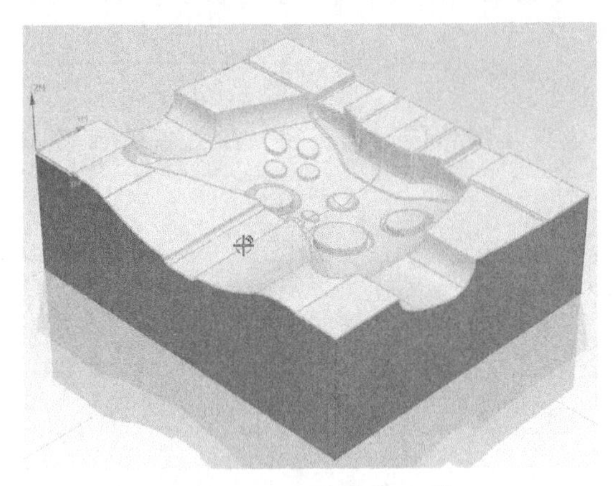

图2.9.24　选择加工区域

图2.9.25　设置加工参数

图2.9.26　深度优先

图2.9.27　余量

5. 设置非切削移动

打开【非切削移动】→【进刀】→【封闭区域】【进刀类型】插削→【开放区域】【进刀类型】与封闭区域相同→【确定】（如图2.9.29设置非切削移动）。

6. 设置进给率和速度

打开【进给率和速度】→勾选【主轴速度（rpm)】3500→【进给率】【切削】350→【确定】（如图2.9.30设置进给率和速度）。

7. 生成刀具路径

【操作】栏目中→点击【生成刀具路径】，生成该步操作的刀具路径（如图2.9.31生成刀具路径）。

图 2.9.28　使用基于层的

图 2.9.29　设置非切削移动

图 2.9.30　设置进给率和速度

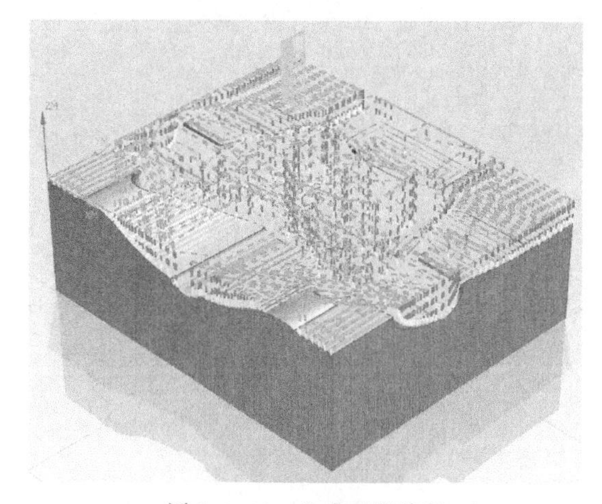

图 2.9.31　生成刀具路径

五、ϕ8 的球刀固定轴轮廓铣精加工 X 方向曲面区域

1. 选择精加工方法

【程序顺序视图】→【创建工序】→弹出【创建工序】对话框→【类型】mill_contour→【工序子类型】固定轴曲面轮廓铣→【程序】PROGRAM→【刀具】D8R4→【几何体】WORKPIECE→【方法】MILL_FINISH→【名称】jing-X→【确定】(如图 2.9.32 选择精加工方法)。

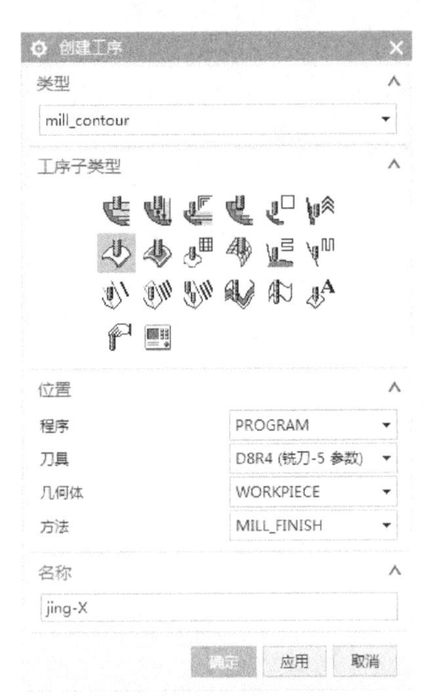

图 2.9.32 选择精加工方法

2. 选择加工区域

在弹出的【固定轴轮廓铣】对话框中→【指定切削区域】→选择要加工的曲面→【确定】(如图 2.9.33 选择加工区域)。

3. 设置驱动方法及加工参数设置

【驱动方法】栏目中→【方法】区域铣削（如图 2.9.34 驱动方法)。

→弹出【区域铣削驱动方法】对话框→【驱动设置】→【非陡峭切削模式】往复→【平面直径百分比】4→【剖切角】指定→【与 XC 夹角】0→【确定】(如图 2.9.35 加工参数设置)。

4. 设置进给率和速度

打开【进给率和速度】→勾选【主轴速度（rpm)】4000→【进给率】【切削】290→【确定】(如图 2.9.36 设置进给率和速度)。

5. 生成刀具路径

【操作】栏目中→点击【生成刀具路径】，生成该步操作的刀具路径（如图 2.9.37 生成刀具路径)。

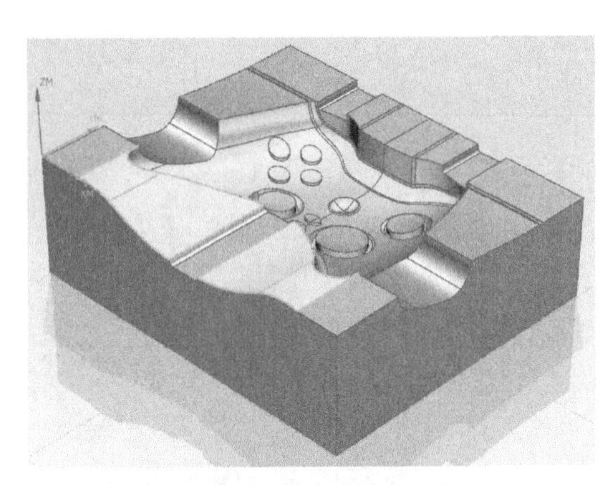

图 2.9.33 选择加工区域

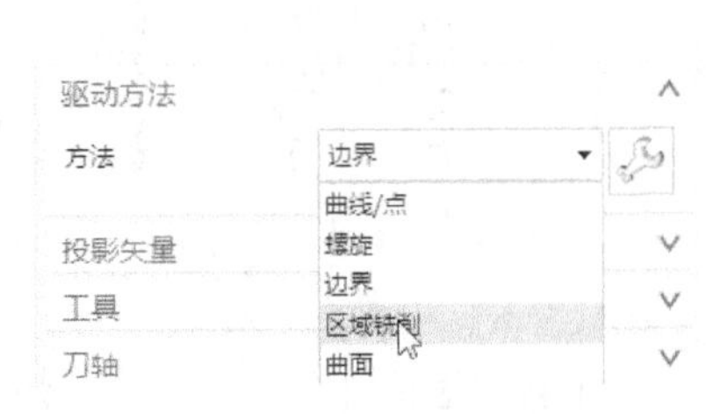

图 2.9.34 驱动方法

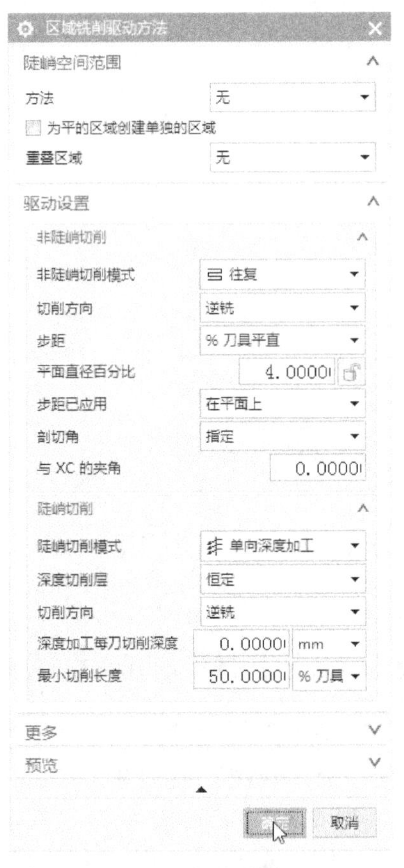

图 2.9.35 加工参数设置

图 2.9.36　设置进给率和速度

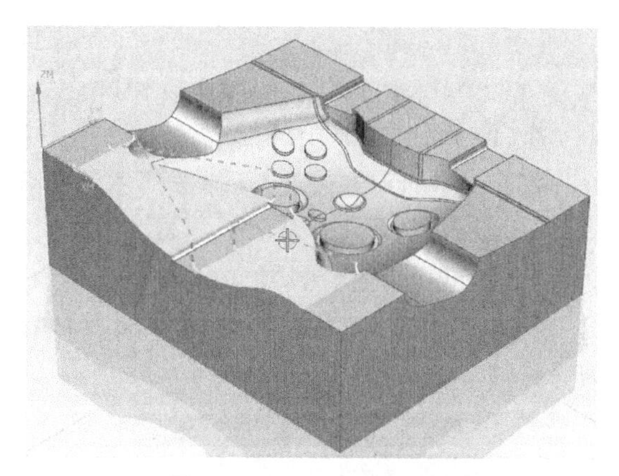

图 2.9.37　生成刀具路径

六、ϕ8 的球刀固定轴轮廓铣精加工 Y 方向斜面曲面区域

1. 选择精加工方法

【程序顺序视图】→【创建工序】→弹出【创建工序】对话框→【类型】mill_contour→【工序子类型】固定轴曲面轮廓铣→【程序】PROGRAM→【刀具】D8R4→【几何体】WORKPIECE→【方法】MILL_FINISH→【名称】jing-Y1→【确定】(如图 2.9.38 选择精加工方法)。

2. 选择加工区域

在弹出的【固定轴轮廓铣】对话框中→【指定切削区域】→选择要加工的曲面→【确定】(如图 2.9.39 选择加工区域)。

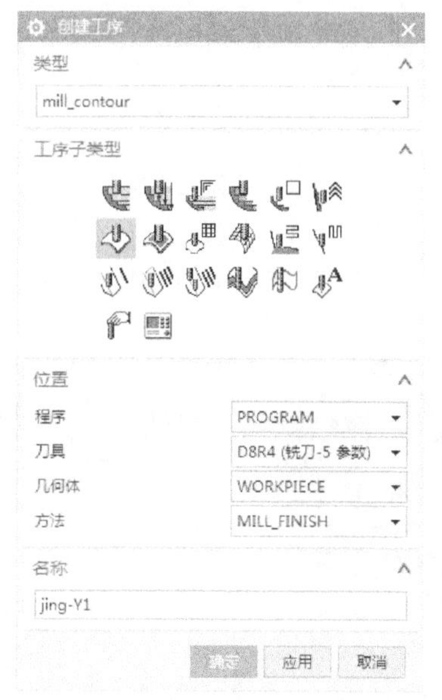

图 2.9.38　选择精加工方法

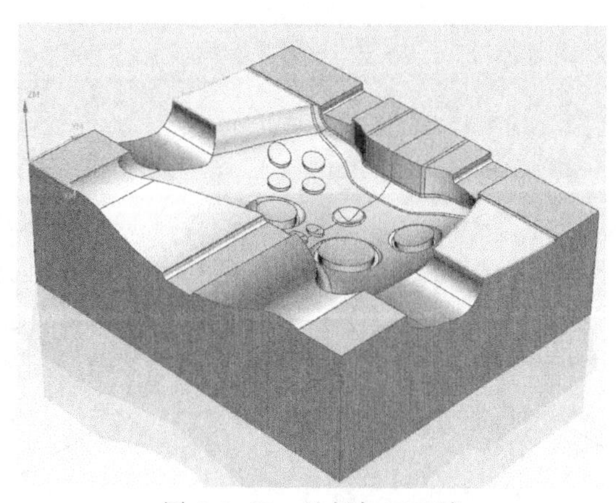

图 2.9.39　选择加工区域

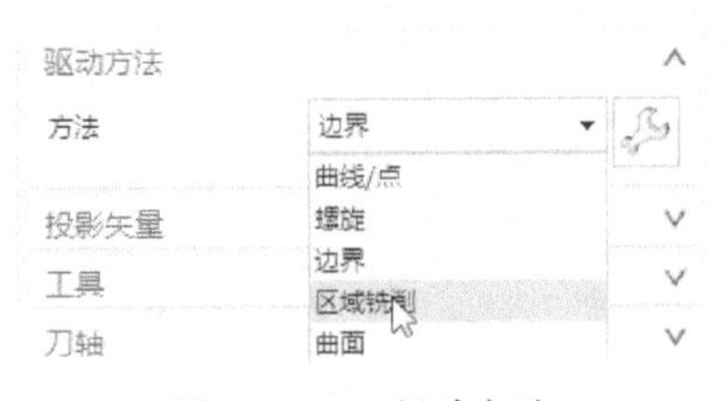

图 2.9.40 驱动方法

3. 设置驱动方法及加工参数设置

【驱动方法】栏目中→【方法】区域铣削（如图 2.9.40 驱动方法）。

→弹出【区域铣削】驱动方法对话框→【驱动设置】→【非陡峭切削模式】往复→【平面直径百分比】4→【剖切角】指定→【与 XC 夹角】－90→【确定】（如图 2.9.41 加工参数设置）。

4. 设置进给率和速度

打开【进给率和速度】→勾选【主轴速度（rpm）】4000→【进给率】【切削】290→【确定】（如图 2.9.42 设置进给率和速度）。

5. 生成刀具路径

【操作】栏目中→点击【生成刀具路径】，生成该步操作的刀具路径（如图 2.9.43 生成刀具路径）。

图 2.9.41 加工参数设置

图 2.9.42 设置进给率和速度

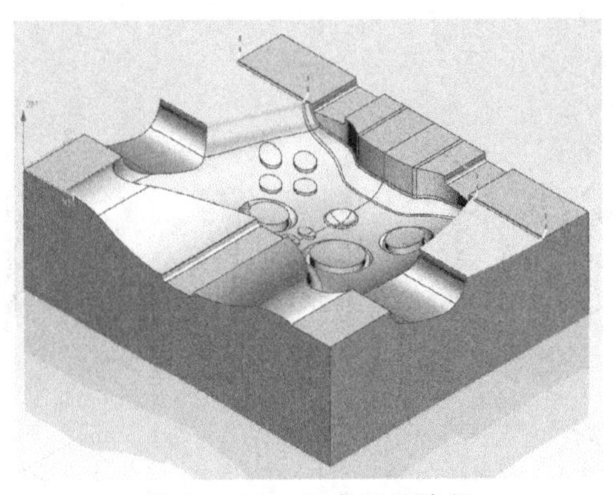

图 2.9.43 生成刀具路径

七、ϕ8 的球刀固定轴轮廓铣精加工 Y 方向凹槽曲面区域

1. 复制创建程序

右击【JING-Y1】→【复制】→【粘贴】→【重命名】JING-Y2（如图 2.9.44 复制创建程序）。

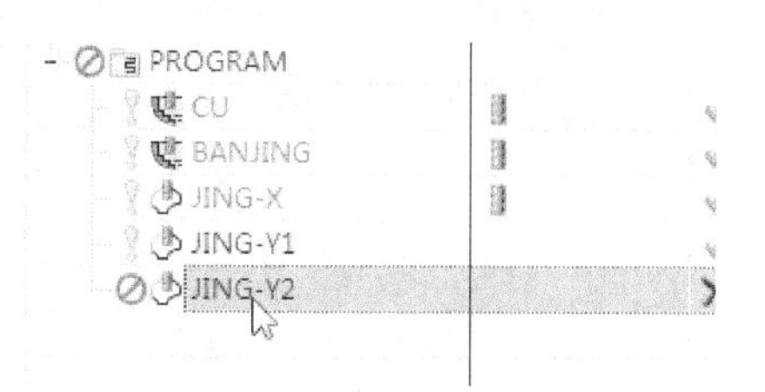

图 2.9.44 复制创建程序

2. 选择加工区域

双击程序名→在弹出的【固定轴轮廓铣】对话框中→【指定切削区域】→选择要加工的曲面→【确定】（如图 2.9.45 选择加工区域）。

3. 驱动方法及加工参数设置、进给率和速度保持不变

4. 生成刀具路径

【操作】栏目中→点击【生成刀具路径】，生成该步操作的刀具路径（如图 2.9.46 生成刀具路径）。

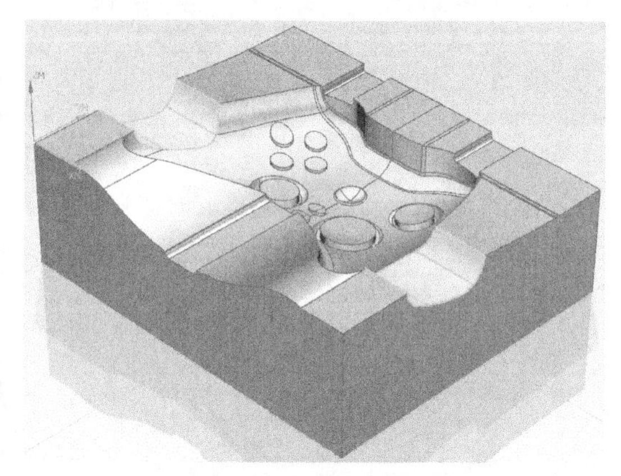

图 2.9.45 选择加工区域

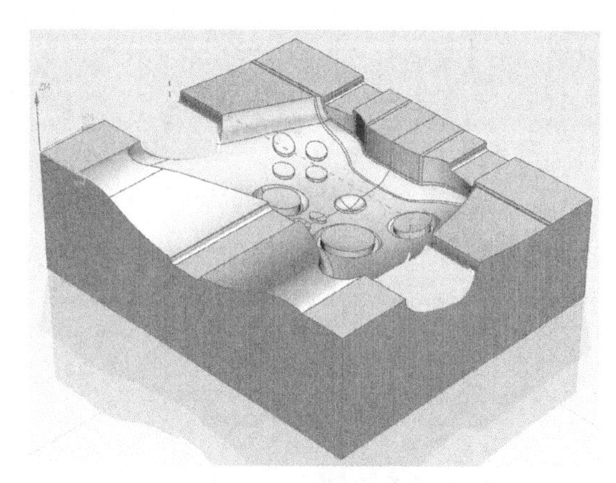

图 2.9.46 生成刀具路径

八、ϕ8 的球刀深度铣侧面陡峭区域

1. 选择精加工方法

【程序顺序视图】→【创建工序】→弹出【创建工序】对话框→【类型】mill_contour→【工序子类型】深度轮廓加工（等高轮廓铣）→【程序】PROGRAM→【刀具】D8R4→【几何体】WORKPIECE→【方法】FINISH 精加工→【名称】jing-douqiao→【确定】（如图 2.9.47 选择精加工方法）。

2. 选择加工区域

在弹出的【深度轮廓加工】对话框中→【指定切削区域】→选择要加工的陡峭曲面→【确定】（如图 2.9.48 选择加工区域）。

3. 设置加工参数

弹出【深度轮廓加工】对话框→【陡峭空间范围】无→【最大距离】0.3（如图 2.9.49 设置加工参数）。

4. 设置非切削移动

打开【非切削移动】→【进刀】→【封闭区域】【进刀类型】插削→【开放区域】【进刀类型】

与封闭区域相同→【确定】(如图 2.9.50 设置非切削移动)。

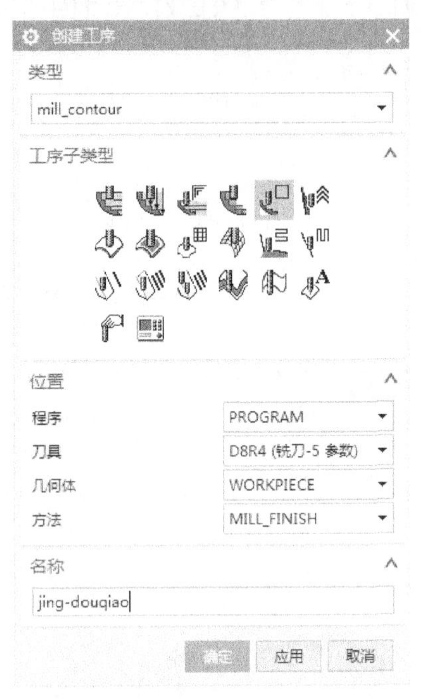

图 2.9.47　选择精加工方法

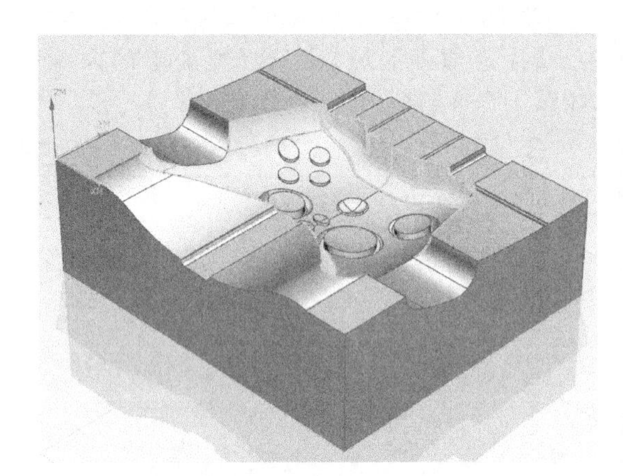

图 2.9.48　选择加工区域

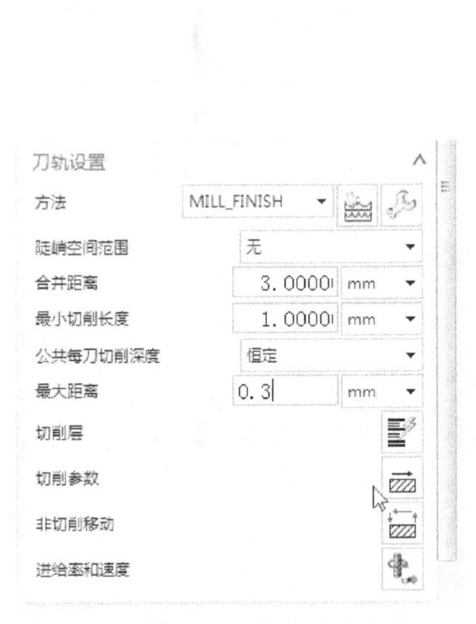

图 2.9.49　设置加工参数

图 2.9.50　设置非切削移动

5. 设置进给率和速度

打开【进给率和速度】→勾选【主轴速度(rpm)】3500→【进给率】【切削】320→【确定】(如图 2.9.51 设置进给率和速度)。

6. 生成刀具路径

【操作】栏目中→点击【生成刀具路径】,生成该步操作的刀具路径(如图 2.9.52 生成刀具路径）。

图 2.9.51　设置进给率和速度

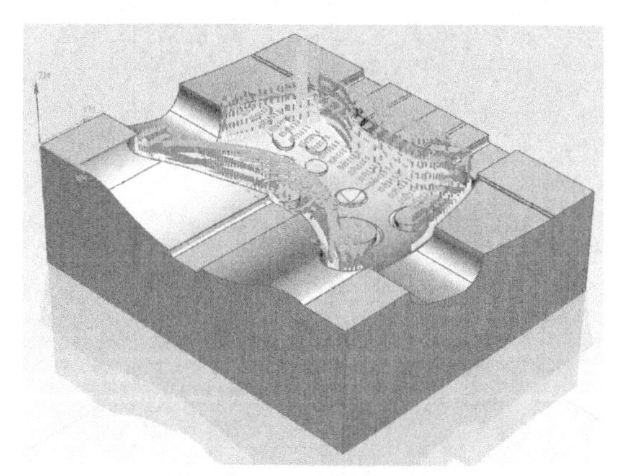

图 2.9.52　生成刀具路径

九、$\phi 8$ 的球刀固定轴轮廓铣精加工中间的曲面区域

1. 选择精加工方法

【程序顺序视图】→【创建工序】→弹出【创建工序】对话框→【类型】mill_contour→【工序子类型】固定轴曲面轮廓铣→【程序】PROGRAM→【刀具】D8R4→【几何体】WORKPIECE→【方法】MILL_FINISH→【名称】jing-qumian→【确定】（如图 2.9.53 选择精加工方法）。

2. 选择加工区域

在弹出的【固定轴轮廓铣】对话框中→【指定切削区域】→选择要加工的曲面→【确定】（如图 2.9.54 选择加工区域）。

3. 设置驱动方法及加工参数设置

【驱动方法】栏目中→【方法】区域铣削（如图 2.9.55 驱动方法）。

→弹出【区域铣削】驱动方法对话框→【驱动设置】→【非陡峭切削模式】跟随周边→【平面直径百分比】3→【确定】（如图 2.9.56 加工参数设置）。

4. 设置进给率和速度

打开【进给率和速度】→勾选【主轴速度（rpm)】4000→【进给率】【切削】250→【确定】（如图 2.9.57 设置进给率和速度）。

5. 生成刀具路径

【操作】栏目中→点击【生成刀具路径】，生成该步操作的刀具路径（如图 2.9.58 生成刀具路径）。

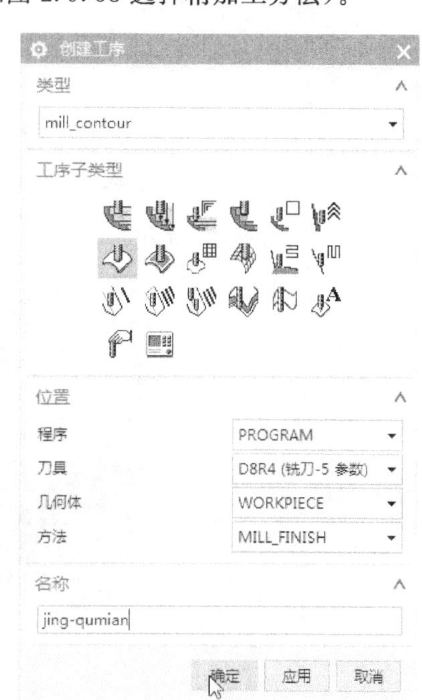

图 2.9.53　选择精加工方法

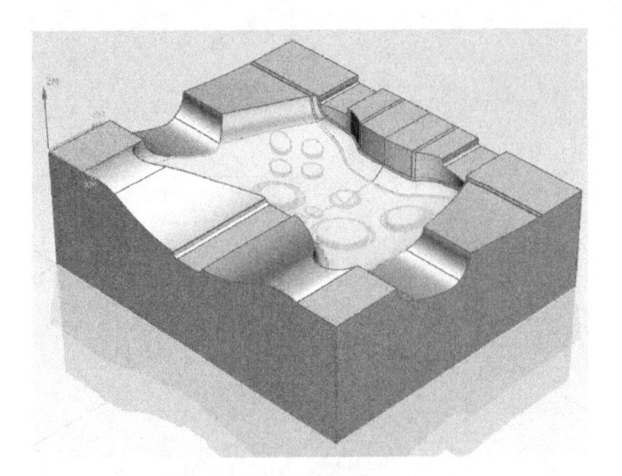

图 2.9.54　选择加工区域

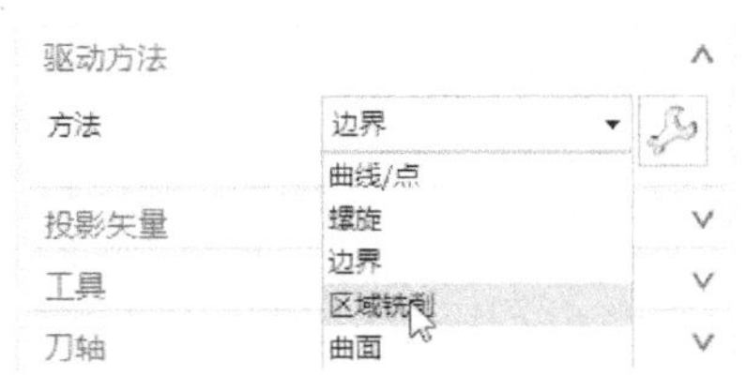

图 2.9.55　驱动方法

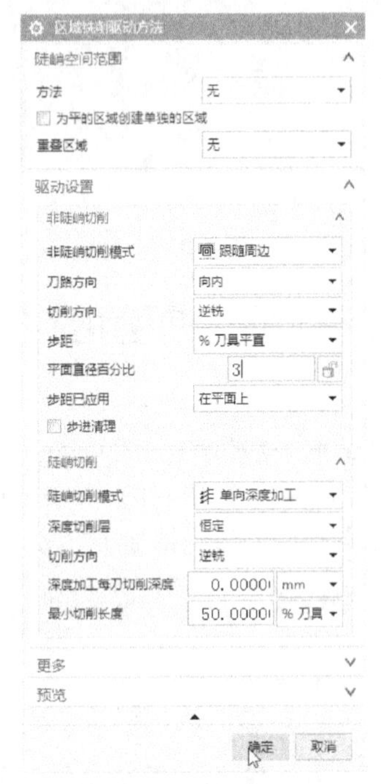

图 2.9.56　加工参数设置

图 2.9.57　设置进给率和速度

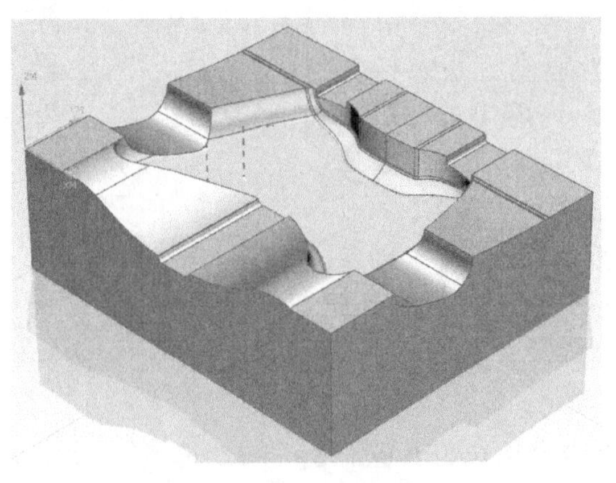

图 2.9.58　生成刀具路径

十、ϕ3的球刀型腔铣残料加工曲面剩余区域

1. 选择精加工方法

【程序顺序视图】→【创建工序】→弹出【创建工序】对话框→【类型】mill_contour→【工序子类型】型腔铣→【程序】PROGRAM→【刀具】D3R1.5→【几何体】WORKPIECE→【方法】MILL_FINISH→【名称】jing-canliao→【确定】(如图 2.9.59 选择精加工方法)。

2. 选择加工区域

在弹出的【型腔铣】对话框中→【指定切削区域】→选择要加工的平面→【确定】(如图 2.9.60 选择加工区域)。

图 2.9.59　选择精加工方法

图 2.9.60　选择加工区域

3. 设置加工参数

【刀轨设置】栏目中→【切削模式】跟随周边→【平面直径百分比】10→【最大距离】0.2 (如图 2.9.61 设置加工参数)。

4. 设置切削参数

打开【切削参数】→【策略】【切削】【切削顺序】深度优先→【余量】所有均设为 0→【空间范围】【毛坯】【处理中的工件】使用 3D→【确定】(如图 2.9.62 深度优先、图 2.9.63 余量、图 2.9.64 使用 3D)。

5. 设置非切削移动

打开【非切削移动】→【进刀】→【封闭区域】【进刀类型】插削→【开放区域】【进刀类型】与封闭区域相同→【确定】(如图 2.9.65 设置非切削移动)。

图 2.9.61　设置加工参数

图 2.9.62 深度优先

图 2.9.63 余量

图 2.9.64 使用 3D

图 2.9.65 设置非切削移动

6. 设置进给率和速度

打开【进给率和速度】→勾选【主轴速度（rpm）】4000→【进给率】【切削】180→【确定】（如图 2.9.66 设置进给率和速度）。

7. 生成刀具路径

【操作】栏目中→点击【生成刀具路径】，生成该步操作的刀具路径（如图 2.9.67 生成刀具路径）。

图 2.9.66　设置进给率和速度

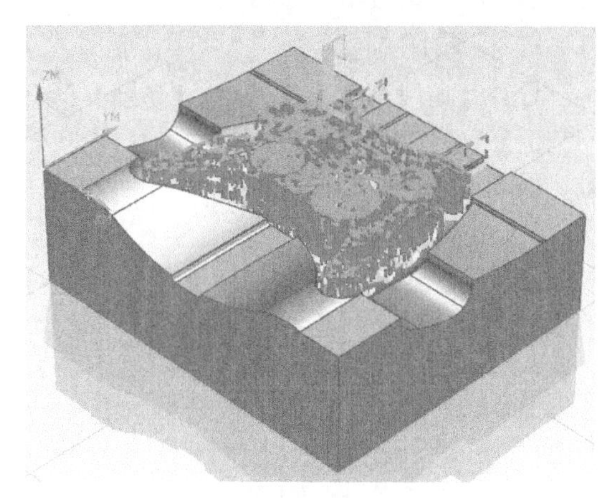

图 2.9.67　生成刀具路径

十一、$\phi 2$ 的平底刀型腔铣残料加工尖角区域

1. 选择精加工方法

【程序顺序视图】→【创建工序】→弹出【创建工序】对话框→【类型】mill_contour→【工序子类型】型腔铣→【程序】PROGRAM→【刀具】D3R1.5→【几何体】WORKPIECE→【方法】MILL_FINISH→【名称】jing-ping→【确定】(如图 2.9.68 选择精加工方法)。

2. 选择加工区域

在弹出的【型腔铣】对话框中→【指定切削区域】→选择要加工的平面→【确定】(如图 2.9.69 选择加工区域)。

图 2.9.68　选择精加工方法

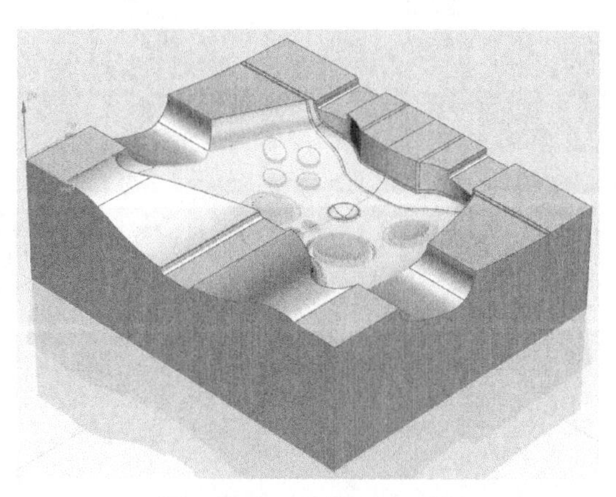

图 2.9.69　选择加工区域

3. 设置加工参数

【刀轨设置】栏目中→【切削模式】跟随周边→【平面直径百分比】10→【最大距离】0.2（如图 2.9.70 设置加工参数）。

4. 设置切削参数

打开【切削参数】→【策略】【切削】【切削顺序】深度优先→【余量】所有均设为 0→【空间范围】【毛坯】【处理中的工件】使用 3D→【确定】（如图 2.9.71 深度优先、图 2.9.72 余量、图 2.9.73 使用 3D）。

图 2.9.70　设置加工参数

图 2.9.71　深度优先

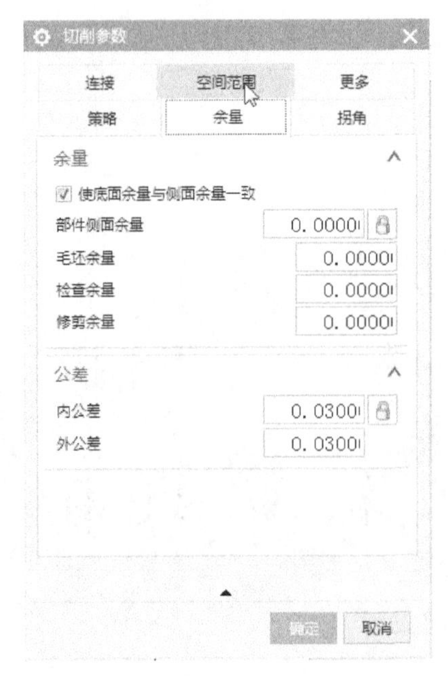

图 2.9.72　余量

图 2.9.73　使用 3D

5. 设置非切削移动

打开【非切削移动】→【进刀】→【封闭区域】【进刀类型】插削→【开放区域】【进刀类型】与封闭区域相同→【确定】(如图 2.9.74 设置非切削移动)。

6. 设置进给率和速度

打开【进给率和速度】→勾选【主轴速度 (rpm)】4000→【进给率】【切削】280→【确定】(如图 2.9.75 设置进给率和速度)。

图 2.9.74　设置非切削移动

图 2.9.75　设置进给率和速度

7. 生成刀具路径

【操作】栏目中→点击【生成刀具路径】，生成该步操作的刀具路径（如图 2.9.76 生成刀具路径）。

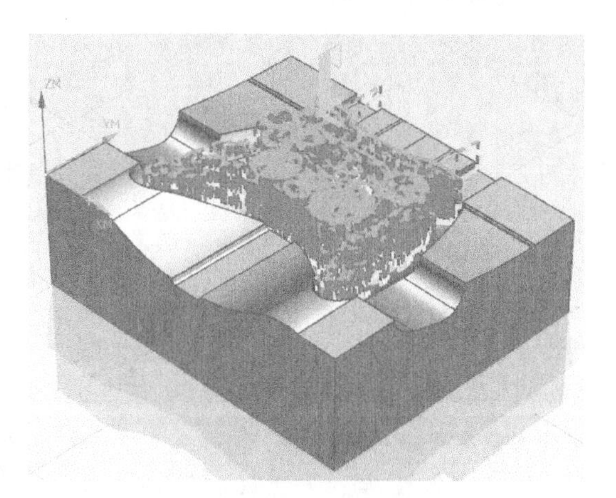

图 2.9.76　生成刀具路径

十二、$\phi 3$ 的球刀型腔铣残料加工下方小圆角区域

1. 选择精加工方法

【程序顺序视图】→【创建工序】→弹出【创建工序】对话框→【类型】mill_contour→【工序子类型】型腔铣→【程序】PROGRAM→【刀具】D3R1.5→【几何体】WORKPIECE→【方法】MILL_FINISH→【名称】jing-canliao2→【确定】(如图 2.9.77 选择精加工方法)。

2. 选择加工区域

在弹出的【型腔铣】对话框中→【指定切削区域】→选择要加工的平面→【确定】(如图 2.9.78 选择加工区域)。

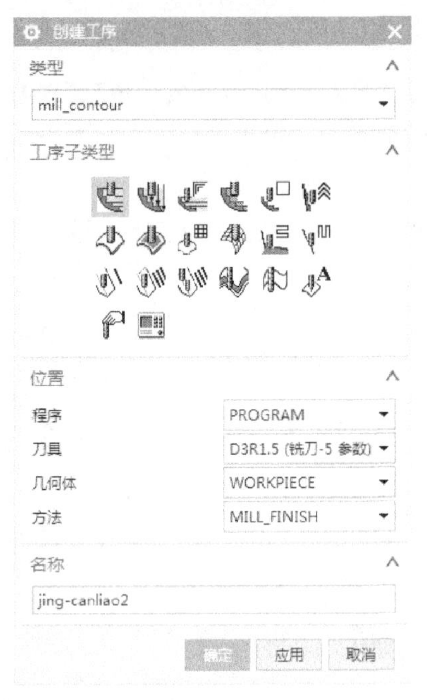

图 2.9.77　选择精加工方法

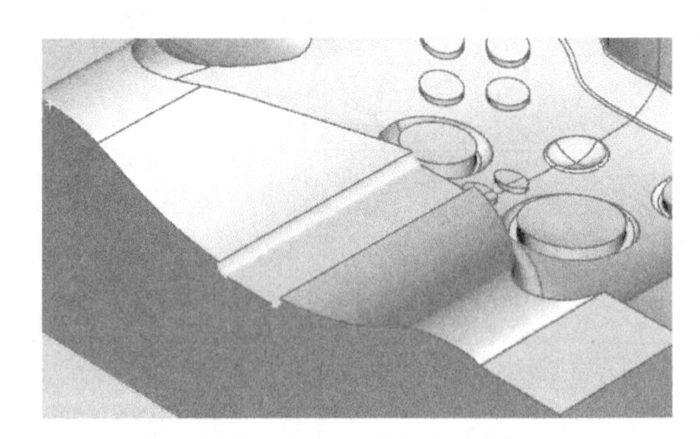

图 2.9.78　选择加工区域

3. 设置加工参数

【刀轨设置】栏目中→【切削模式】跟随周边→【平面直径百分比】10→【最大距离】0.3（如图 2.9.79 设置加工参数）。

4. 设置切削参数

打开【切削参数】→【策略】【切削】【切削顺序】深度优先→【余量】所有均设为 0→【空间范围】【毛坯】【处理中的工件】使用 3D→【确定】（如图 2.9.80 深度优、图 2.9.81 余量、图 2.9.82 使用 3D）。

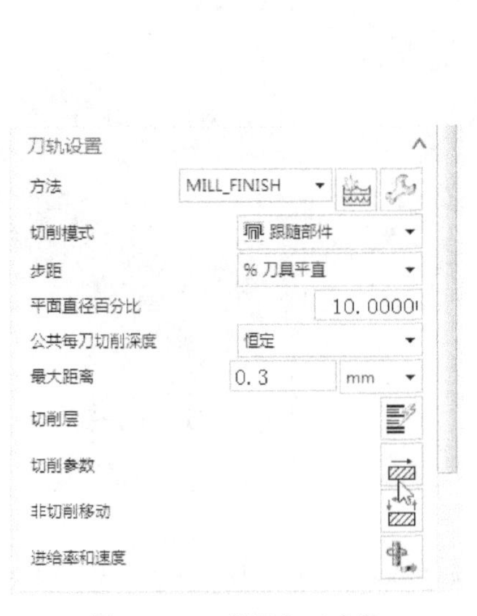

图 2.9.79　设置加工参数

图 2.9.80　深度优先

图 2.9.81　余量

图 2.9.82　使用 3D

5. 设置非切削移动

打开【非切削移动】→【进刀】→【封闭区域】【进刀类型】插削→【开放区域】【进刀类型】与封闭区域相同→【确定】(如图 2.9.83 设置非切削移动)。

6. 设置进给率和速度

打开【进给率和速度】→勾选【主轴速度 (rpm)】3000→【进给率】【切削】200→【确定】(如图 2.9.84 设置进给率和速度)。

图 2.9.83　设置非切削移动

图 2.9.84　设置进给率和速度

7. 生成刀具路径

【操作】栏目中→点击【生成刀具路径】，生成该步操作的刀具路径（如图 2.9.85 生成刀具路径）。

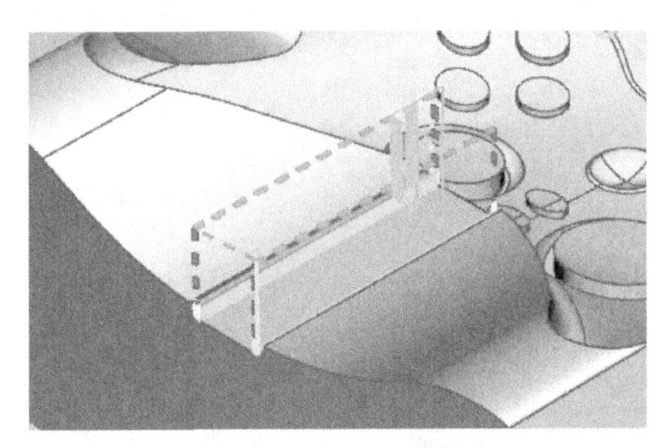

图 2.9.85　生成刀具路径

十三、ϕ2 的平底刀清根精加工曲面的角落区域

1. 选择精加工方法

【程序顺序视图】→【创建工序】→弹出【创建工序】对话框→【类型】mill_contour→【工序子类型】单刀路清根→【程序】PROGRAM→【刀具】D2→【几何体】WORKPIECE→【方法】FINISH 精加工→【名称】qinggen→【确定】（如图 2.9.86 选择精加工方法）。

2. 选择加工区域

在弹出的【深度轮廓加工】对话框中→【指定切削区域】→选择要加工的陡峭曲面→【确定】（如图 2.9.87 选择加工区域）。

图 2.9.86　选择精加工方法

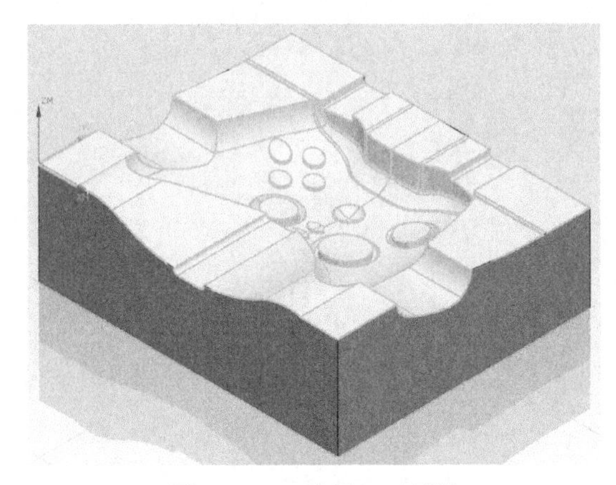

图 2.9.87　选择加工区域

3. 设置进给率和速度

【刀轨设置】栏目中→打开【进给率和速度】→勾选【主轴速度（rpm）】3500→【进给率】【切削】150→【确定】（如图 2.9.88 设置进给率和速度）。

4. 生成刀具路径

【操作】栏目中→点击【生成刀具路径】，生成该步操作的刀具路径（如图 2.9.89 生成刀具路径）。

图 2.9.88　设置进给率和速度

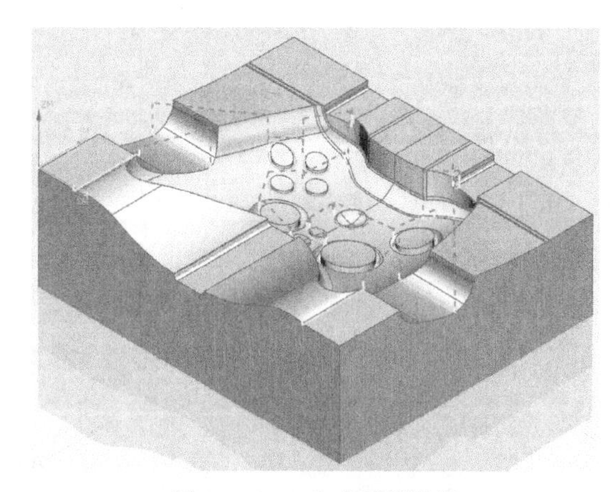

图 2.9.89　生成刀具路径

十四、$\phi 2$的球刀型腔铣残料加工上方小圆角区域

1. 选择精加工方法

【程序顺序视图】→【创建工序】→弹出【创建工序】对话框→【类型】mill_contour→【工序子类型】型腔铣→【程序】PROGRAM→【刀具】D2R1→【几何体】WORKPIECE→【方法】MILL_FINISH→【名称】jing-xiaoqumian→【确定】（如图 2.9.90 选择精加工方法）。

2. 选择加工区域

在弹出的【型腔铣】对话框中→【指定切削区域】→选择要加工的平面→【确定】（如图 2.9.91 选择加工区域）。

3. 设置加工参数

【刀轨设置】栏目中→【切削模式】跟随周边→【平面直径百分比】10→【最大距离】0.2（如图 2.9.92 设置加工参数）。

4. 设置切削参数

打开【切削参数】→【策略】【切削】【切削顺序】深度优先→【余量】所有均设为 0→【空间范围】【毛坯】【处理中的工件】使用 3D→【确定】（如图 2.9.93 深度优先、图 2.9.94 余量、图 2.9.95 使用 3D）。

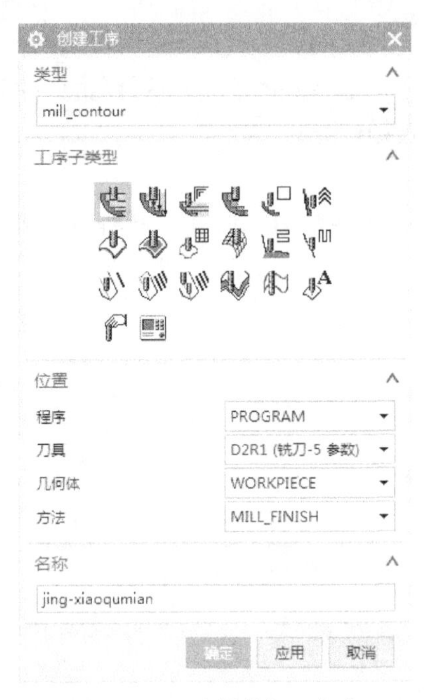

图 2.9.90 选择精加工方法

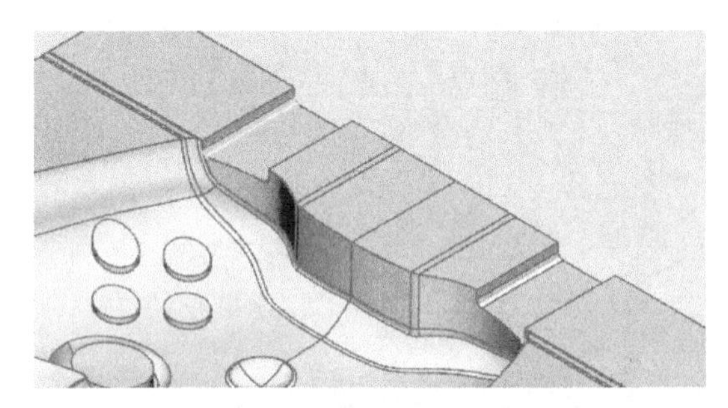

图 2.9.91 选择加工区域

图 2.9.92 设置加工参数

图 2.9.93 深度优先

5. 设置非切削移动

打开【非切削移动】→【进刀】→【封闭区域】【进刀类型】插削→【开放区域】【进刀类型】与封闭区域相同→【确定】(如图 2.9.96 设置非切削移动)。

6. 设置进给率和速度

打开【进给率和速度】→勾选【主轴速度(rpm)】4000→【进给率】【切削】180→【确定】(如图 2.9.97 设置进给率和速度)。

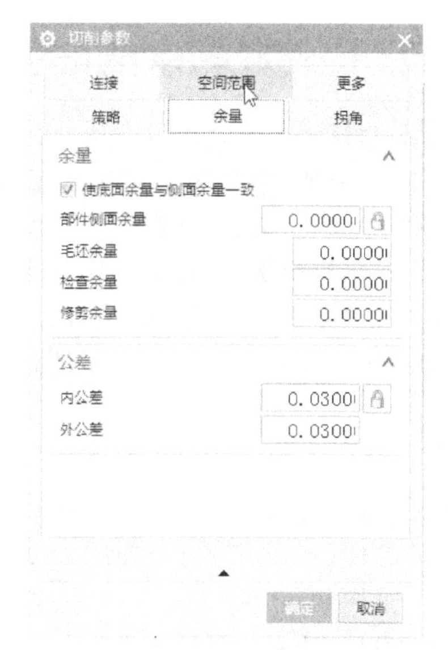

图 2.9.94　余量

图 2.9.95　使用 3D

图 2.9.96　设置非切削移动

图 2.9.97　设置进给率和速度

7. 生成刀具路径

【操作】栏目中→点击【生成刀具路径】，生成该步操作的刀具路径（如图 2.9.98 生成刀具路径）。

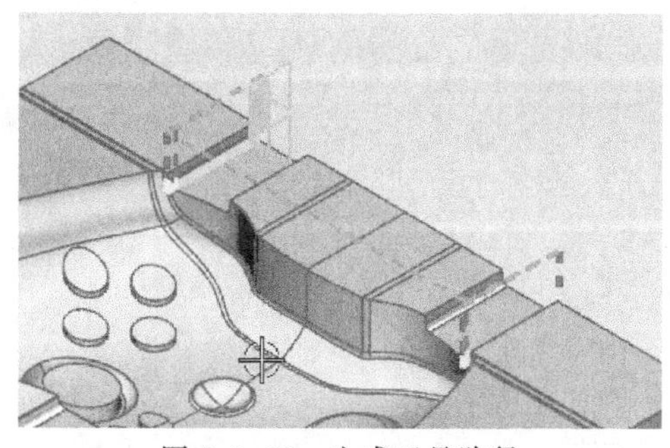

图 2.9.98　生成刀具路径

十五、$\phi 8$的球刀固定轴轮廓铣精加工上方剩余的曲面

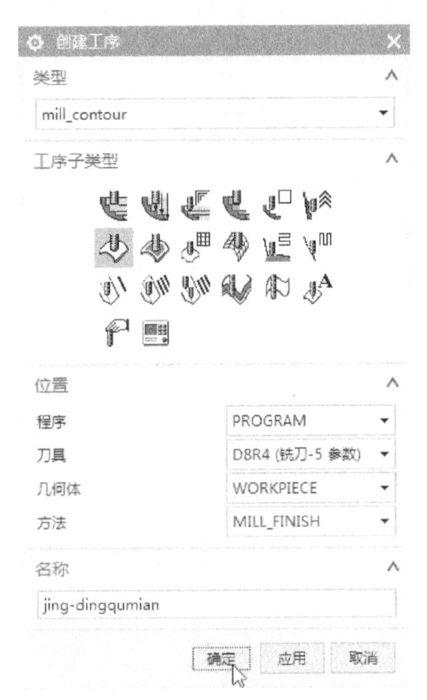

图 2.9.99　选择精加工方法

1. 选择精加工方法

【程序顺序视图】→【创建工序】→弹出【创建工序】对话框→【类型】mill_contour→【工序子类型】固定轴曲面轮廓铣→【程序】PROGRAM→【刀具】D8R4→【几何体】WORKPIECE→【方法】MILL_FINISH→【名称】jing-dingqumian→【确定】（如图 2.9.99 选择精加工方法）。

2. 选择加工区域

在弹出的【固定轴轮廓铣】对话框中→【指定切削区域】→选择要加工的曲面→【确定】（如图 2.9.100 选择加工区域）。

3. 设置驱动方法及加工参数设置

【驱动方法】栏目中→【方法】区域铣削（如图 2.9.101 驱动方法）。

→弹出【区域铣削】驱动方法对话框→【非陡峭切削模式】往复→【平面直径百分比】5→【剖切角】指定→【与 XC 夹角】36→【确定】（如图 2.9.102 加工参数设置）。

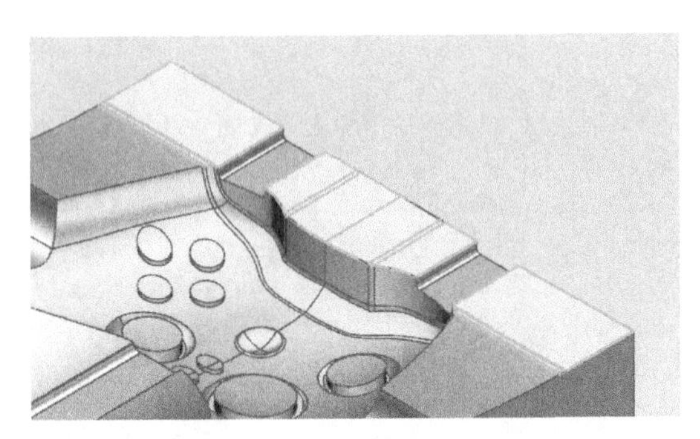

图 2.9.100　选择加工区域

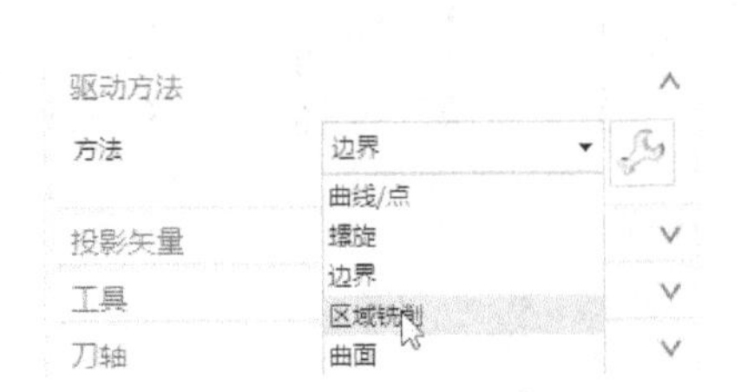

图 2.9.101　驱动方法

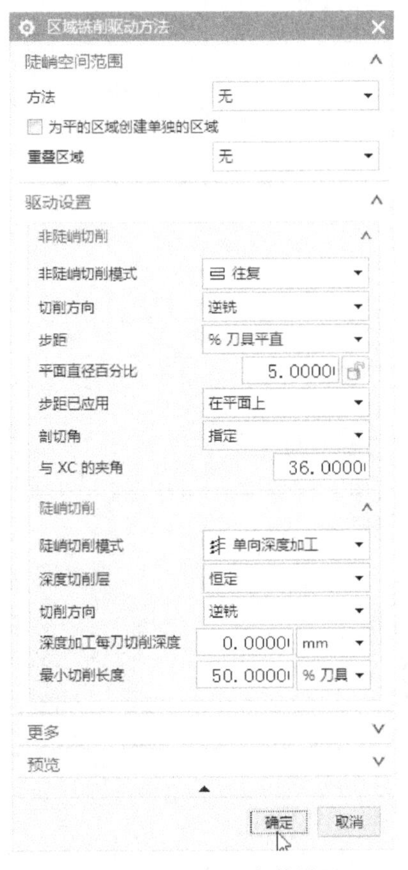

图 2.9.102　加工参数设置

4. 设置进给率和速度

打开【进给率和速度】→勾选【主轴速度（rpm）】4000→【进给率】【切削】250→【确定】（如图 2.9.103 设置进给率和速度）。

5. 生成刀具路径

【操作】栏目中→点击【生成刀具路径】，生成该步操作的刀具路径（如图 2.9.104 生成刀具路径）。

图 2.9.103　设置进给率和速度

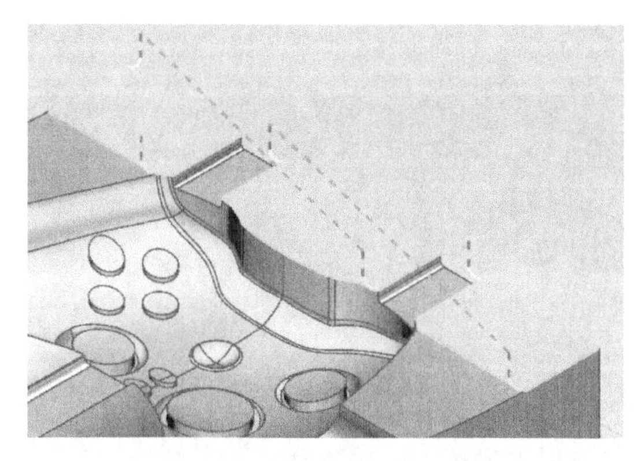

图 2.9.104　生成刀具路径

十六、最终验证模拟

在左侧目录列表中选择操作→点击【确认刀轨】按钮→在弹出的【刀轨可视化】对话框中→选择【2D 动态】→调整【动画速度】→点击【播放】（如图 2.9.105～图 2.9.117）。

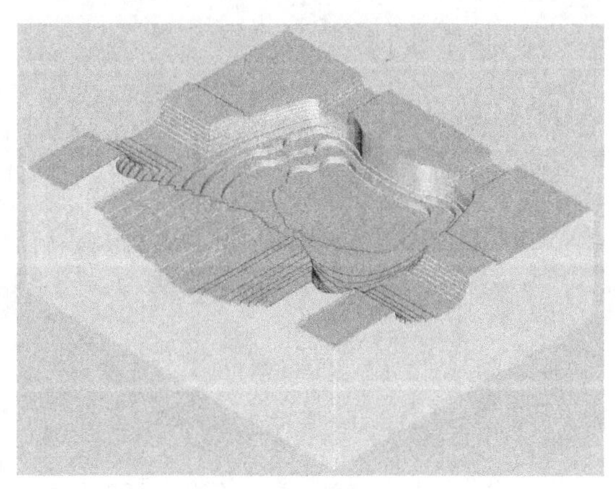

图 2.9.105　ϕ15 的平底刀型腔铣开粗加工

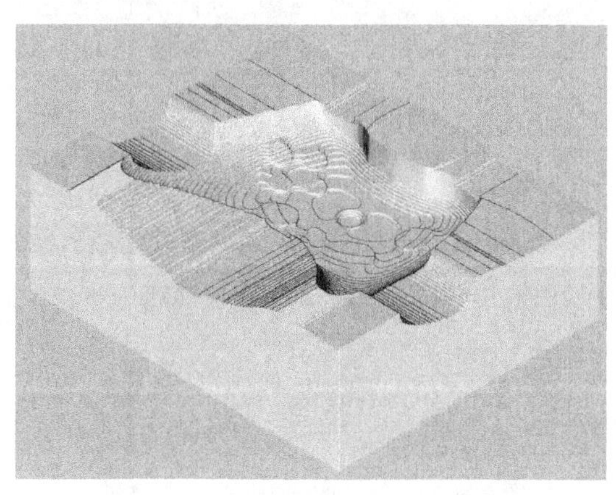

图 2.9.106　ϕ8 的平底刀型腔铣半精加工曲面区域

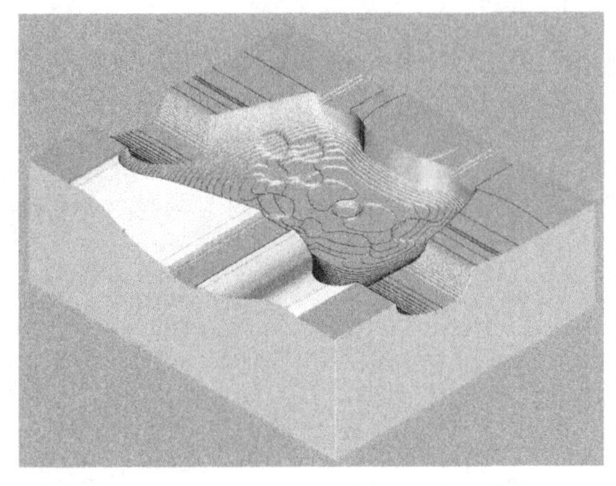

图 2.9.107 $\phi 8$ 的球刀固定轴轮廓铣精加工 X方向曲面区域

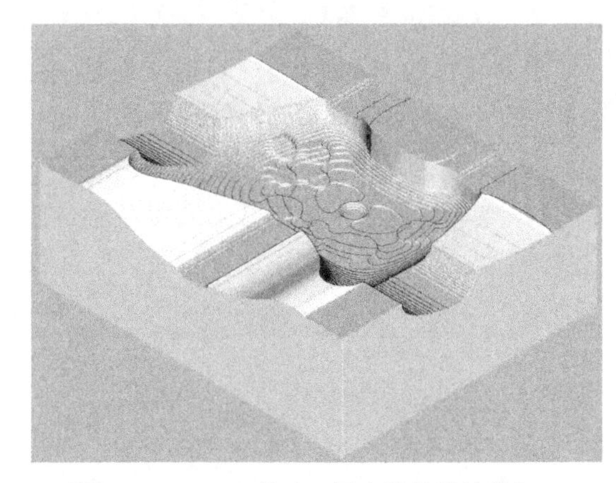

图 2.9.108 $\phi 8$ 的球刀固定轴轮廓铣精加工 Y方向斜面曲面区域

图 2.9.109 $\phi 8$ 的球刀固定轴轮廓铣精加工 Y方向凹槽曲面区域

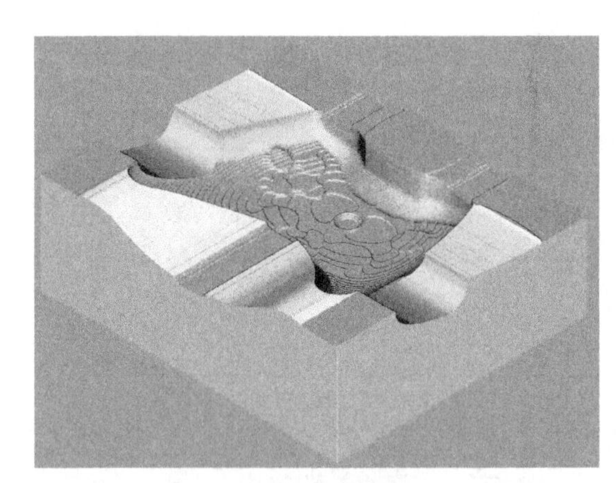

图 2.9.110 $\phi 8$ 的球刀深度铣侧面陡峭区域

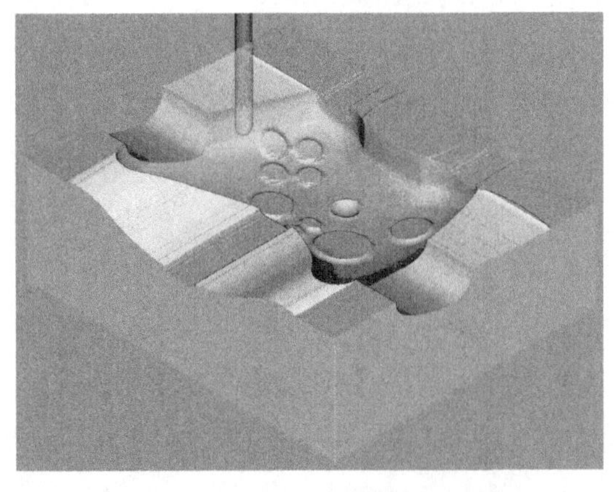

图 2.9.111 $\phi 8$ 的球刀固定轴轮廓铣精加工中间的曲面区域

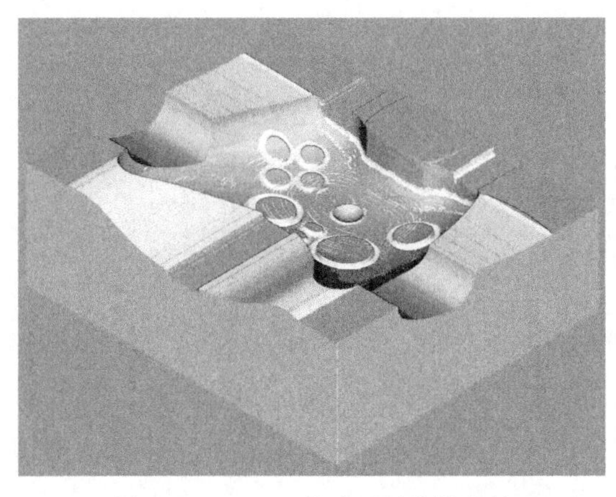

图 2.9.112 $\phi 3$ 的球刀型腔铣残料加工曲面剩余区域

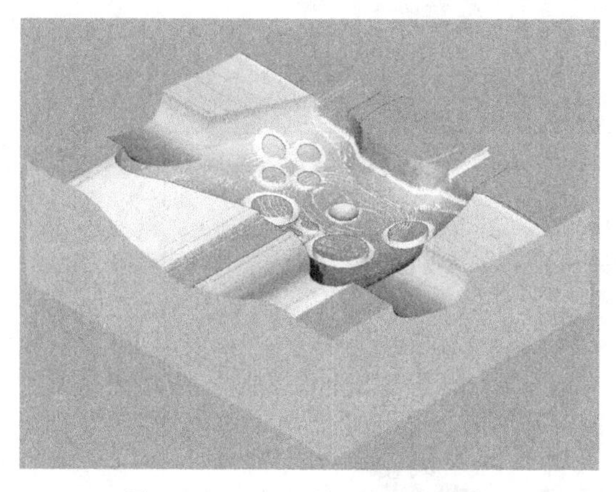

图 2.9.113　$\phi 2$ 的平底刀型腔铣残料加工尖角区域

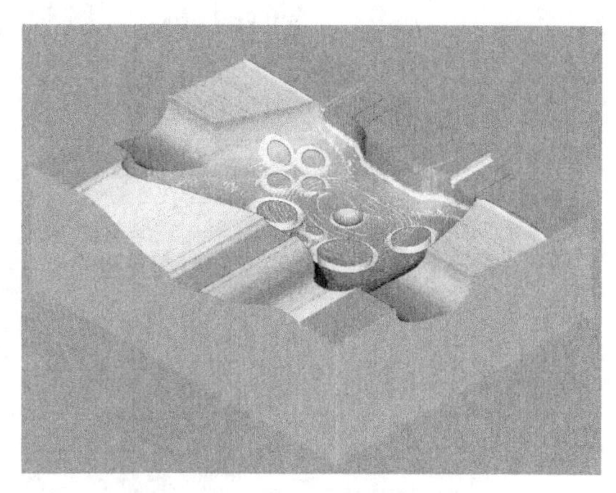

图 2.9.114　$\phi 3$ 的球刀型腔铣残料加工下方小圆角区域

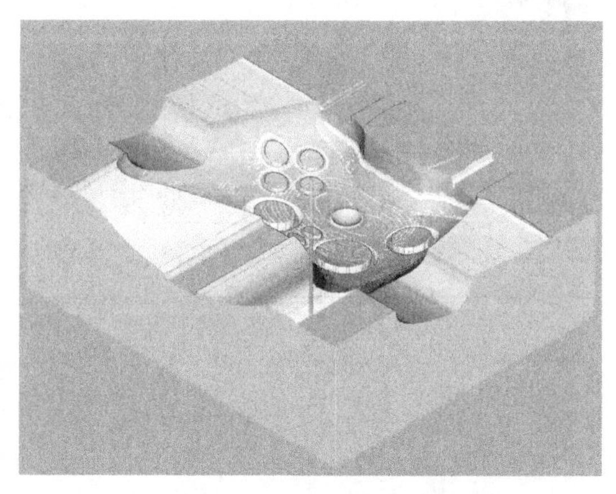

图 2.9.115　$\phi 2$ 的平底刀清根精加工曲面的角落区域

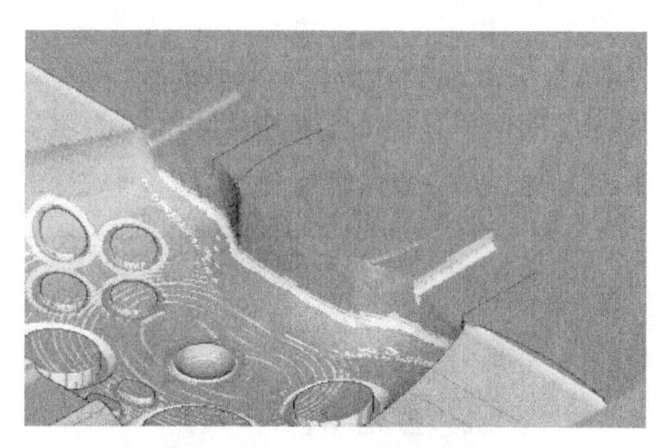

图 2.9.116　$\phi 2$ 的球刀型腔铣残料加工上方小圆角区域

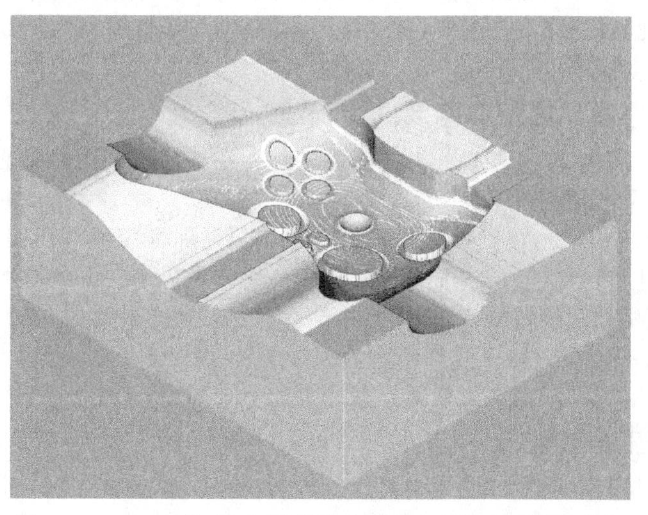

图 2.9.117　$\phi 8$ 的球刀固定轴轮廓铣精加工上方剩余的曲面

案例十　游泳镜模具零件加工

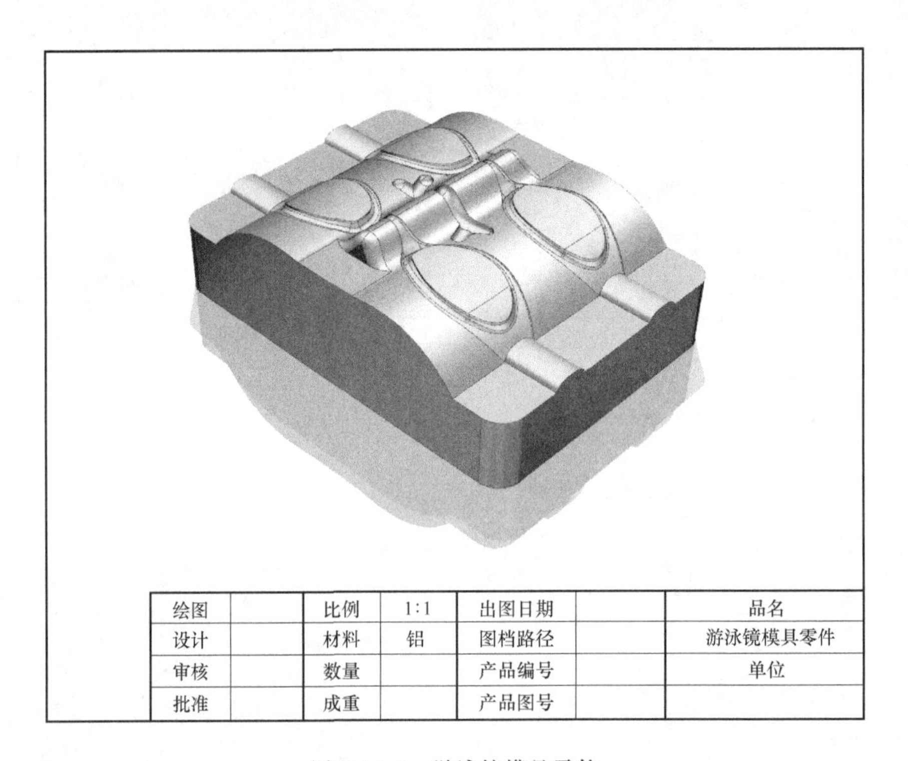

绘图		比例	1:1	出图日期		品名
设计		材料	铝	图档路径		游泳镜模具零件
审核		数量		产品编号		单位
批准		成重		产品图号		

图 2.10.1　游泳镜模具零件

一、工艺分析

1. 零件图工艺分析

该零件中间由一系列的曲面组成，在外侧的区域有高度不同的台阶小平面的形状，四周有四个自上而下的圆角（如图 2.10.1 游泳镜模具零件）。零件材料为已经加工成型的标准铝块，无热处理和硬度要求。

2. 确定装夹方案、加工顺序及进给路线

工件采用通用的虎钳装夹方案，需进行翻转装夹底部放置垫块，保证工件摆正，生成两套加工程序，具体操作如下：

① 程序一的装夹方式：在工件底部放置 2 块垫块，保证工件高出钳口 32mm 以上，用台虎钳夹紧，左侧用铝棒顶紧，方面掉头的加工，对刀点采用左下角的上表面点对刀，其装夹方式、加工区域和对刀点如图 2.10.2 所示。

② 程序二的装夹方式：将工件翻转，装夹如图 2.10.3 所示的方法，工件底部放置 2 块垫块，靠紧左侧的铝棒，用台虎钳夹紧，这样可以不需对刀。

3. 刀具和加工区域选择

选用多把铣刀加工本例的区域，将所选定的刀具参数以及加工区域填入表 2.10.1 数控加工卡片中，以便于编程和操作管理。

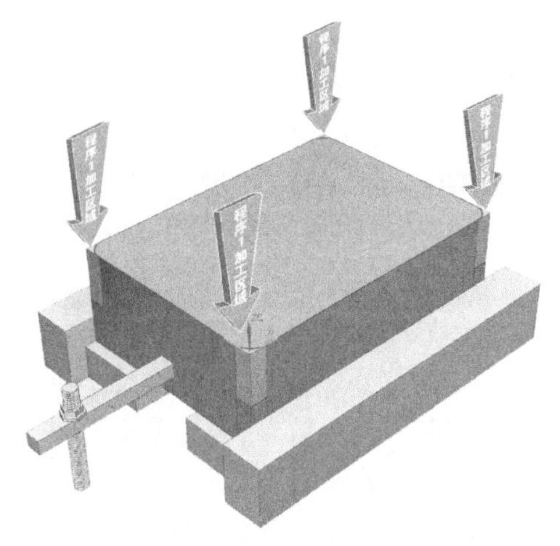

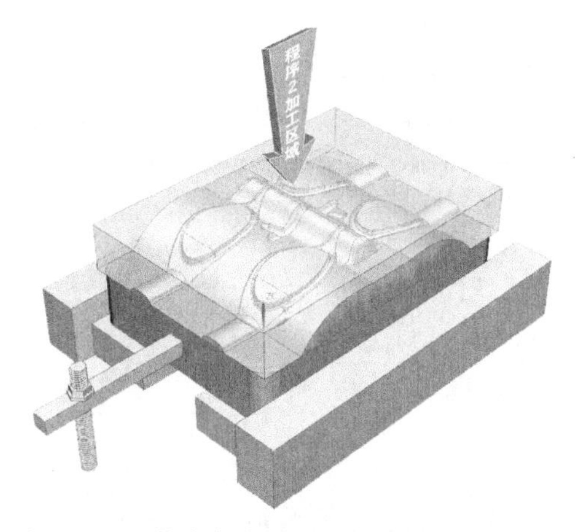

图 2.10.2　装夹方式、加工区域和对刀点（一）

图 2.10.3　装夹方式、加工区域和对刀点（二）

表 2.10.1　数控加工卡片

产品名称或代号	数控零件加工综合实例	零件名称	游泳镜模具零件	
序号	加工区域	刀具		
		名称	规格	刀号
1	程序一：ϕ15 的平底刀型腔铣加工四个角	D15	ϕ15 平底刀	1
2	程序二：ϕ15 的平底刀型腔铣开粗加工	D15	ϕ15 平底刀	1
3	程序二：ϕ8 的平底刀型腔铣半精加工所有区域	D8	ϕ8 平底刀	2
4	程序二：ϕ8 的球刀型腔铣半精加工曲面区域	D8R4	ϕ4 球刀	4
5	程序二：ϕ8 的球刀固定轴轮廓铣精加工 X 向曲面区域	D8R4	ϕ4 球刀	4
6	程序二：ϕ8 的球刀固定轴轮廓铣精加工 X 向曲面区域	D8R4	ϕ4 球刀	4
7	程序二：ϕ2 的球刀深度铣侧面陡峭区域	D2R1	ϕ2 球刀	5
8	程序二：ϕ2 的球刀固定轴轮廓铣精加工游泳镜下侧的区域	D2R1	ϕ2 球刀	5
9	程序二：ϕ2 的球刀固定轴轮廓铣精加工游泳镜上侧的区域	D2R1	ϕ2 球刀	5
10	程序二：ϕ2 的球刀固定轴轮廓铣精加工游泳镜中间的小区域	D2R1	ϕ2 球刀	5
11	程序二：ϕ2 的平底刀清根精加工曲面的角落区域	D2	ϕ2 平底刀	3
12	程序二：ϕ1 的球刀清根精加工曲面的角落区域	D1R0.5	ϕ1 球刀	6
编制　×××	审核　×××	批准　×××	共 1 页	

二、前期准备工作

1. 绘制辅助图形

进入【建模】模块式→绘制加工所需要辅助线和辅助实体，使之作为加工坐标系的原点和加工的毛坯（如图 2.10.4 绘制辅助图形）。

2. 进入加工模块

打开【启动】菜单→【加工】，进入加工模块→打开【加工环境】对话框→【CAM 会话配置】cam _ general→【要创建的 CAM 组装】mill _ contour →【确定】（如图 2.10.5 进入加工模块）。

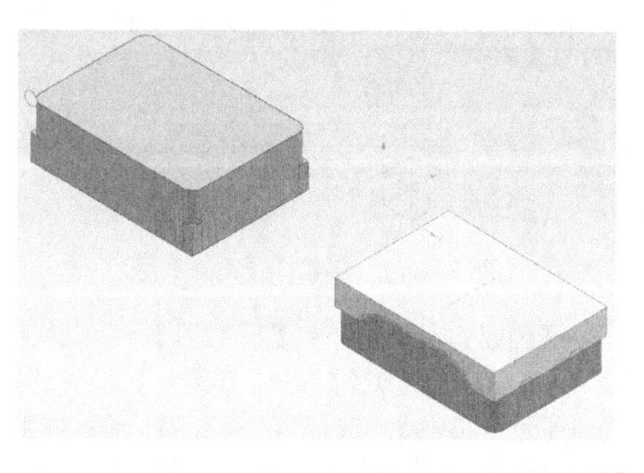

图 2.10.4　绘制辅助图形

3. 创建刀具

→【创建刀具】→选择【平底刀】→【名称】D15→在【刀具设置】对话框中→【(D) 直径】15【刀具号】1→【确定】（如图

2.10.6 创建 1 号刀具）。

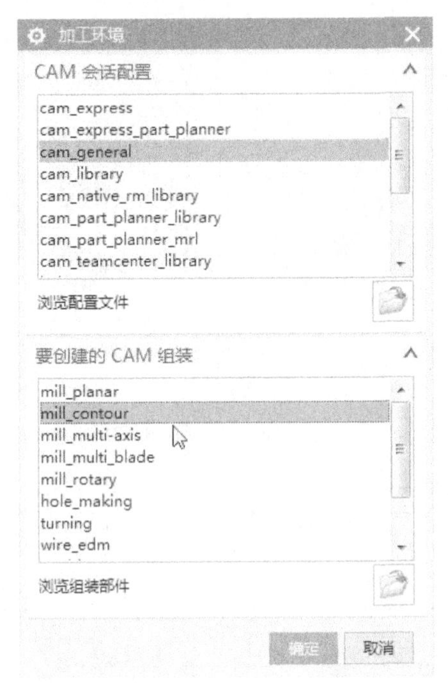

图 2.10.5　进入加工模块

图 2.10.6　创建 1 号刀具

→【创建刀具】→选择【平底刀】→【名称】D8→在【刀具设置】对话框中→【(D) 直径】8→【刀具号】2→【确定】(如图 2.10.7 创建 2 号刀具)。

→【创建刀具】→选择【平底刀】→【名称】D2→在【刀具设置】对话框中→【(D) 直径】2→【刀具号】3→【确定】(如图 2.10.8 创建 3 号刀具)。

图 2.10.7　创建 2 号刀具

图 2.10.8　创建 3 号刀具

→【创建刀具】→选择【平底刀】→【名称】D8R4→在【刀具设置】对话框中→【(D) 直径】8→【(R1) 下半径】4→【刀具号】4→【确定】(如图 2.10.9 创建 4 号刀具)。

→【创建刀具】→选择【平底刀】→【名称】D2R1→在【刀具设置】对话框中→【(D) 直径】2→【(R1) 下半径】1→【刀具号】5→【确定】(如图 2.10.10 创建 5 号刀具)。

图 2.10.9　创建 4 号刀具

图 2.10.10　创建 5 号刀具

→【创建刀具】→选择【平底刀】→【名称】D1R0.5→在【刀具设置】对话框中→【(D) 直径】1→【(R1) 下半径】0.5→【刀具号】5→【确定】(如图 2.10.11 创建 6 号刀具)。

4. 创建程序

【程序顺序视图】→【创建程序】→【名称】PROGRAM1→【确定】(如图 2.10.12 创建程序 1)。

图 2.10.11　创建 6 号刀具

图 2.10.12　创建程序 1

【程序顺序视图】→【创建程序】→【名称】PROGRAM2→【确定】(如图 2.10.13 创建程序 2)。

5. 设置坐标系和创建毛坯

【几何视图】→通过【复制】、【粘贴】、【重命名】的方式，建立【MCSMILL1】【WORKPIECE1】和【MCSMILL2】【WORKPIECE2】(如图 2.10.14 创建第二个坐标系)。

坐标系一：坐标系和创建毛坯

双击【MCS_MILL-1】→点击绘制的辅助的直线的交叉点，将加工坐标系移至毛坯左下角的上平面点即可（如图）→设定【安全距离】2→【确定】(如图 2.10.15 坐标系一：设

图 2.10.13 创建程序 2

图 2.10.14 创建第二个坐标系

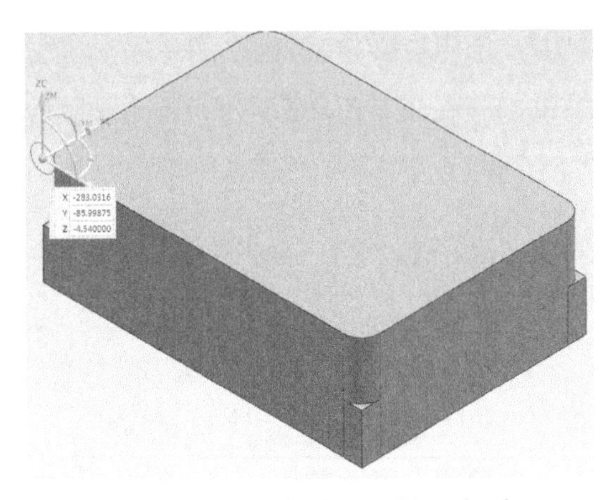

图 2.10.15 坐标系一：设置坐标系

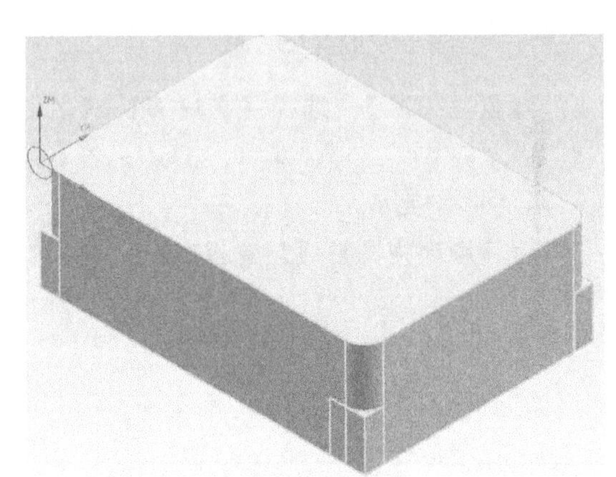

图 2.10.16 坐标系一：指定部件

置坐标系)。

→打开 MCS _ MILL-1 前的【+】号，双击【WORKPIECE-1】→在【工件】对话框中→点击【指定部件】按钮→点击工件→【确定】(如图 2.10.16 坐标系一：指定部件)。

→点击【指定毛坯】按钮→在弹出的【毛坯几何体】对话中→【类型】→选择【包容块】，设置最小化包容工件的毛坯→毛坯设置的效果如下→【确定】→【确定】(如图 2.10.17 坐标系一：创建毛坯)。

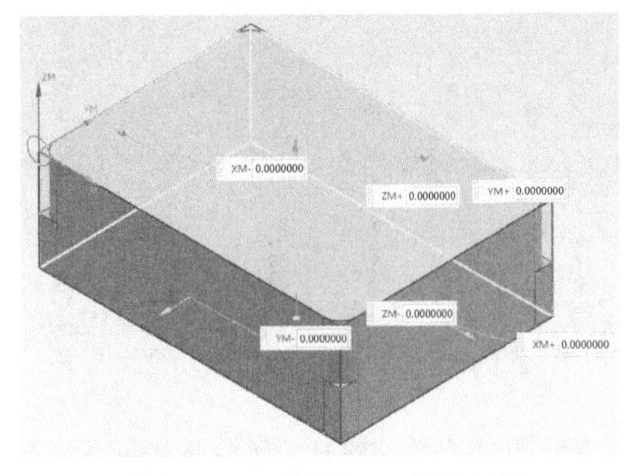

图 2.10.17 坐标系一：创建毛坯

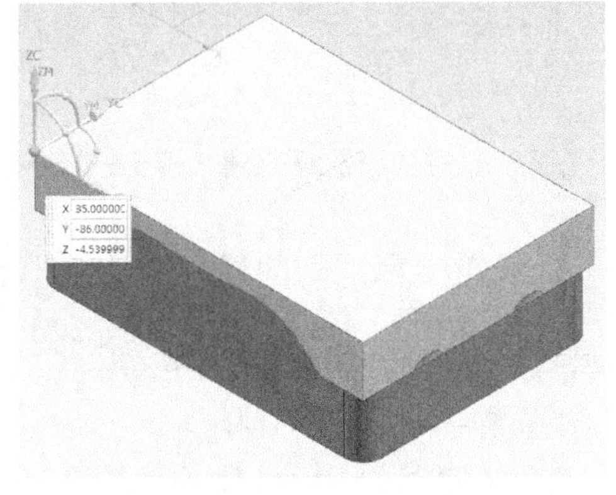

图 2.10.18 坐标系二：设置坐标系

坐标系二：坐标系和创建毛坯：

双击【MCS _ MILL-2】→点击绘制的辅助的直线的交叉点，将加工坐标系移至毛坯左下角的上平面点即可（如图）→设定【安全距离】2→【确定】（如图 2.10.18 坐标系二　设置坐标系）。

→打开 MCS _ MILL-2 前的【+】号，双击【WORKPIECE-2】→在【工件】对话框中→【指定部件】按钮→点击工件→【确定】（如图 2.10.19 坐标系二　指定部件）。

→点击【指定毛坯】按钮→在弹出的【毛坯几何体】对话中→【类型】→选择【包容块】，设置最小化包容工件的毛坯→毛坯设置的效果如图→【确定】（如图 2.10.20 坐标系二　创建毛坯）。创建毛坯完成后将辅助物体隐藏即可。

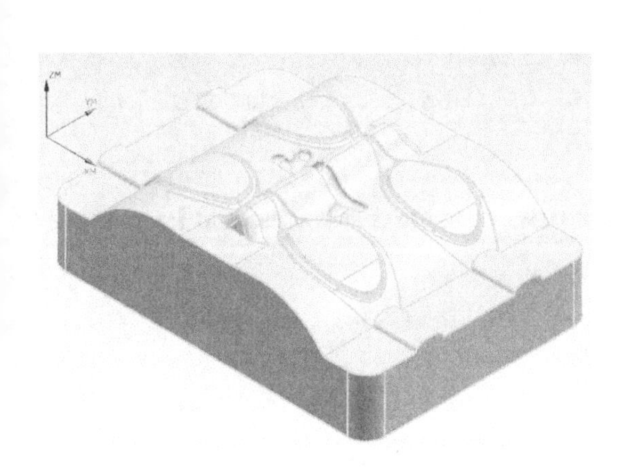

图 2.10.19　坐标系二　指定部件

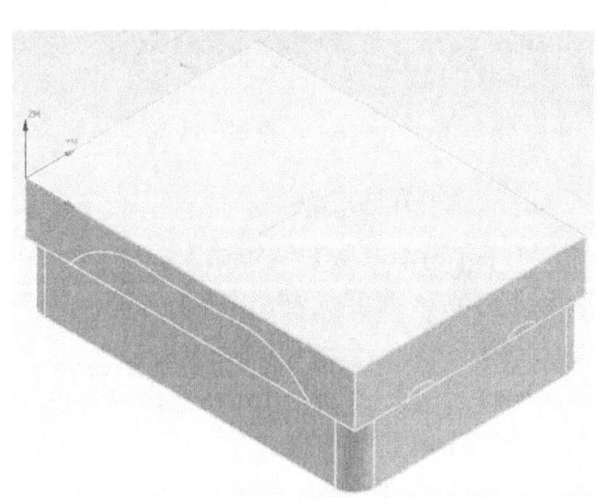

图 2.10.20　坐标系二　创建毛坯

三、程序一：ϕ15 的平底刀型腔铣加工四个角

1. 选择粗加工方法

【程序顺序视图】→【创建工序】→弹出【创建工序】对话框→【类型】mill _ contour→【工序子类型】型腔铣→【程序】PROGRAM1→【刀具】D15→【几何体】WORKPIECE1→【方法】MILL _ FINISH，进行粗加工→【名称】1→【确定】（如图 2.10.21 选择粗加工方法）。

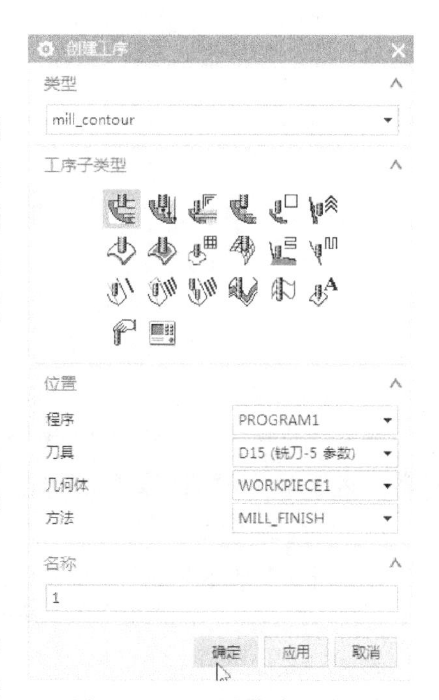

图 2.10.21　选择粗加工方法

2. 选择加工区域

在弹出的【型腔铣】对话框中→【指定切削区域】→选择要加工的曲面→【确定】（如图 2.10.22 选择加工区域）。

3. 设置加工参数

【刀轨设置】栏目中→【切削模式】跟随部件→【平面直径百分比】50→【最大距离】2（如图 2.10.23 设置加工参数）。

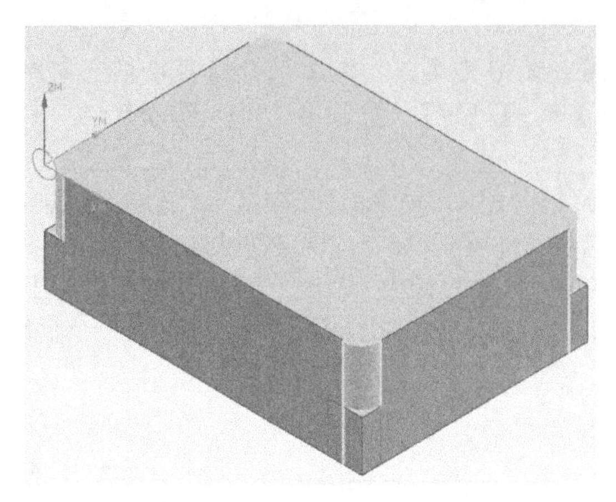

图 2.10.22　选择加工区域

图 2.10.23　设置加工参数

4. 设置切削参数

打开【切削参数】→【策略】【切削顺序】深度优先→【余量】【部件侧面余量】0→【确定】（如图 2.10.24 深度优先、图 2.10.25 余量）。

图 2.10.24　深度优先

图 2.10.25　余量

5. 设置非切削移动

打开【非切削移动】→【进刀】→【封闭区域】【进刀类型】插销→【开放区域】【进刀类型】与封闭区域相同→【确定】（如图 2.10.26 设置非切削移动）。

6. 设置进给率和速度

打开【进给率和速度】→勾选【主轴速度（rpm）】2500→【进给率】【切削】200→【确定】（如图 2.10.27 设置进给率和速度）。

7. 生成刀具路径

【操作】栏目中→点击【生成刀具路径】，生成该步操作的刀具路径（如图 2.10.28 生成

图 2.10.26　设置非切削移动

图 2.10.27　设置进给率和速度

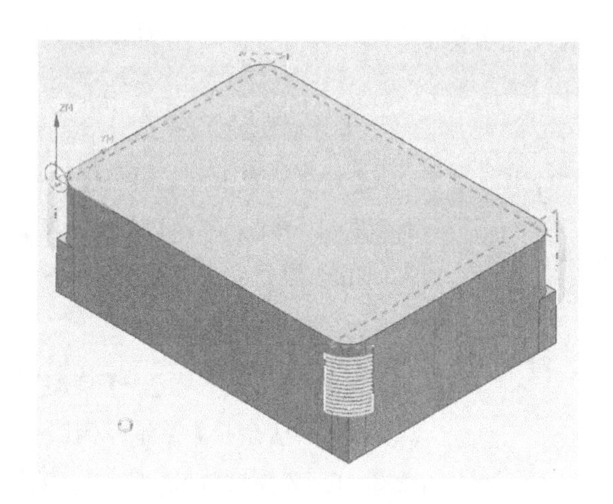

图 2.10.28　生成刀具路径

刀具路径)。

四、程序二：ϕ15 的平底刀型腔铣开粗加工

1. 选择粗加工方法

【程序顺序视图】→【创建工序】→弹出【创建工序】对话框→【类型】mill _ contour→【工序子类型】型腔铣→【程序】PROGRAM2→【刀具】D15→【几何体】WORKPIECE2→【方法】MILL _ ROUGH，进行粗加工→【名称】2-cu→【确定】（如图 2.10.29 选择粗加工方法）。

2. 选择加工区域

在弹出的【型腔铣】对话框中→【指定切削区域】→选择要加工的曲面→【确定】（如图 2.10.30 选择加工区域）。

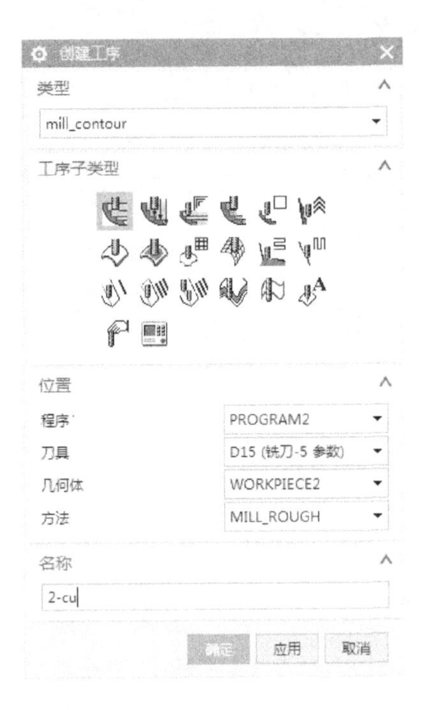

图 2.10.29　选择粗加工方法

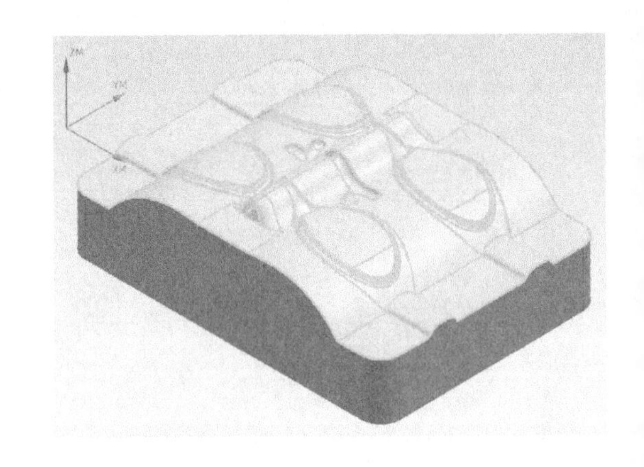

图 2.10.30　选择加工区域

图 2.10.31　设置加工参数

3. 设置加工参数

【刀轨设置】栏目中→【切削模式】跟随部件→【平面直径百分比】85→【最大距离】2.5（如图 2.10.31 设置加工参数）。

4. 设置切削参数

打开【切削参数】→【策略】【切削】【切削顺序】深度优先→【余量】【部件侧面余量】0.3→【确定】（如图 2.10.32 深度优先、图 2.10.33 余量）。

5. 设置非切削移动

打开【非切削移动】→【进刀】→【封闭区域】【进刀类型】螺旋→【开放区域】【进刀类型】与封闭区域相同→【确定】（如图 2.10.34 设置非切削移动）。

6. 设置进给率和速度

打开【进给率和速度】→勾选【主轴速度（rpm）】2500→【进给率】【切削】200→【确定】（如图 2.10.35 设置进给率和速度）。

7. 生成刀具路径

【操作】栏目中→点击【生成刀具路径】，生成该步操作的刀具路径（如图 2.10.36 生成刀具路径）。

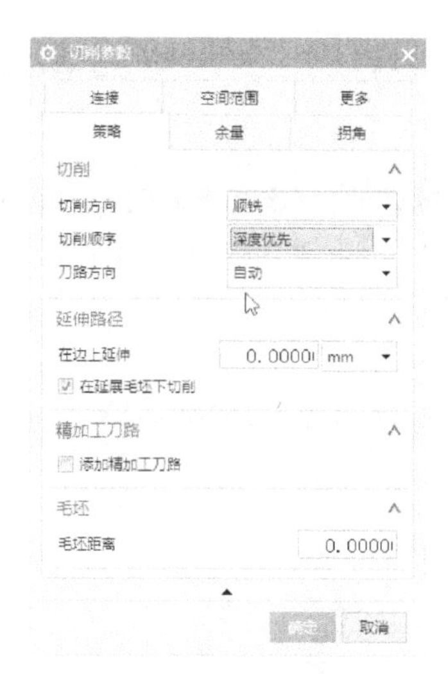

图 2.10.32　深度优先

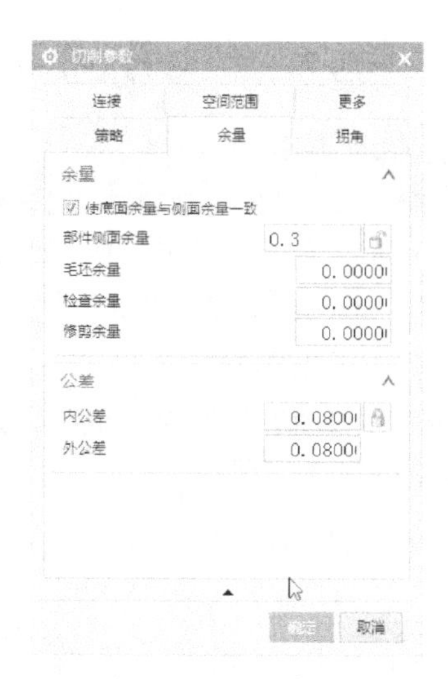

图 2.10.33　余量

图 2.10.34　设置非切削移动

图 2.10.35　设置进给率和速度

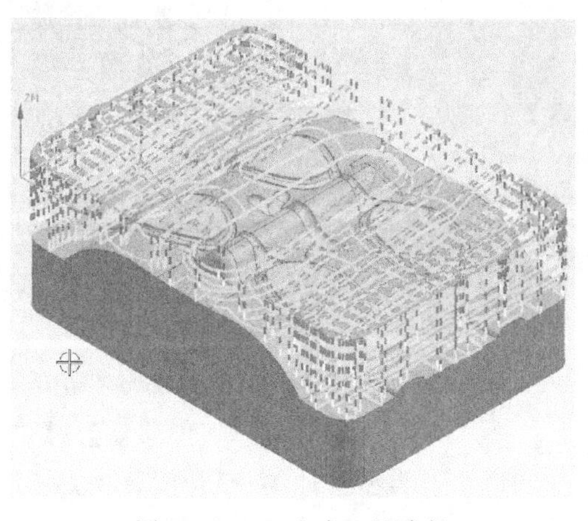

图 2.10.36　生成刀具路径

五、程序二：$\phi 8$的平底刀型腔铣半精加工所有区域

1. 选择半精加工方法

【程序顺序视图】→【创建工序】→弹出【创建工序】对话框→【类型】mill _ contour→【工序子类型】型腔铣→【程序】PROGRAM2→【刀具】D8→【几何体】WORKPIECE2→【方法】MILL _ FINISH→【名称】2-banjing→【确定】(如图 2.10.37 选择半精加工方法)。

2. 选择加工区域

在弹出的【型腔铣】对话框中→【指定切削区域】→选择要加工的平面→【确定】(如图 2.10.38 选择加工区域)。

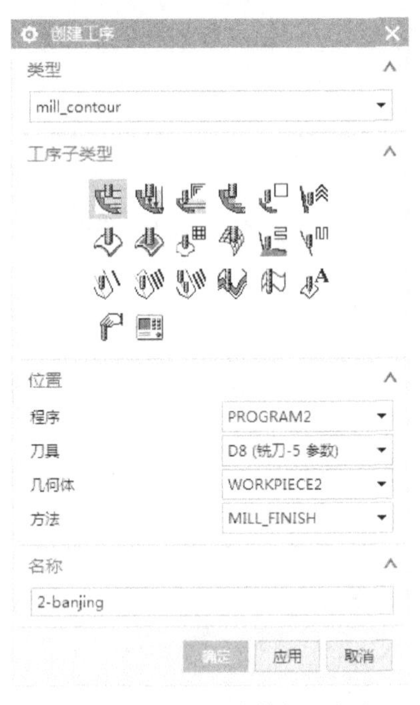

图 2.10.37　选择半精加工方法

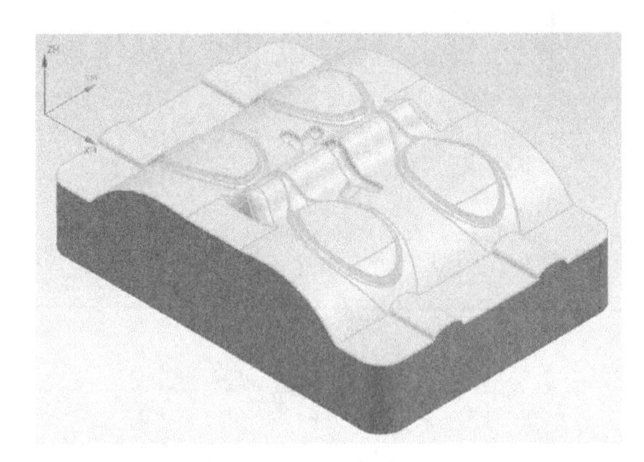

图 2.10.38　选择加工区域

3. 设置加工参数

【刀轨设置】栏目中→【切削模式】跟随部件→【平面直径百分比】60→【最大距离】1.2(如图 2.10.39 设置加工参数)。

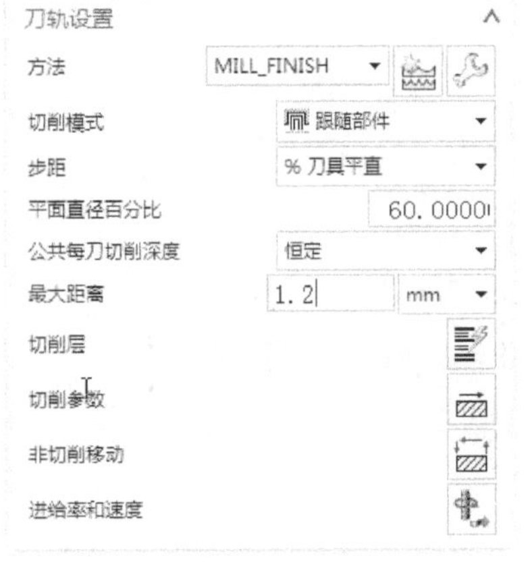

图 2.10.39　设置加工参数

4. 设置切削参数

打开【切削参数】→【策略】【切削】【切削顺序】深度优先→【余量】所有均设为 0→【空间范围】【毛坯】【处理中的工件】使用基于层的→【确定】(如图 2.10.40 深度优先、图 2.10.41 余量、图 2.10.42 使用基于层的)。

5. 设置非切削移动

打开【非切削移动】→【进刀】→【封闭区域】【进刀类型】插销→【开放区域】【进刀类型】与封闭区域相同→【确定】(如图 2.10.43 设置非切削移动)。

图 2.10.40　深度优先

图 2.10.41　余量

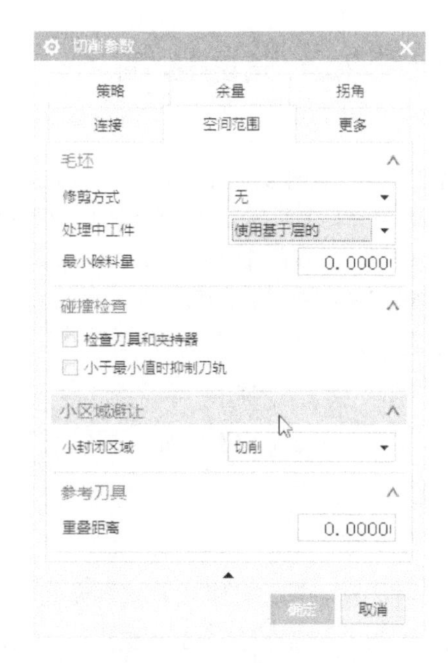

图 2.10.42　使用基于层的

图 2.10.43　设置非切削移动

6. 设置进给率和速度

打开【进给率和速度】→勾选【主轴速度（rpm）】4000→【进给率】【切削】180→【确定】（如图 2.10.44 设置进给率和速度）。

7. 生成刀具路径

【操作】栏目中→点击【生成刀具路径】，生成该步操作的刀具路径（如图 2.10.45 生成刀具路径）。

图 2.10.44　设置进给率和速度

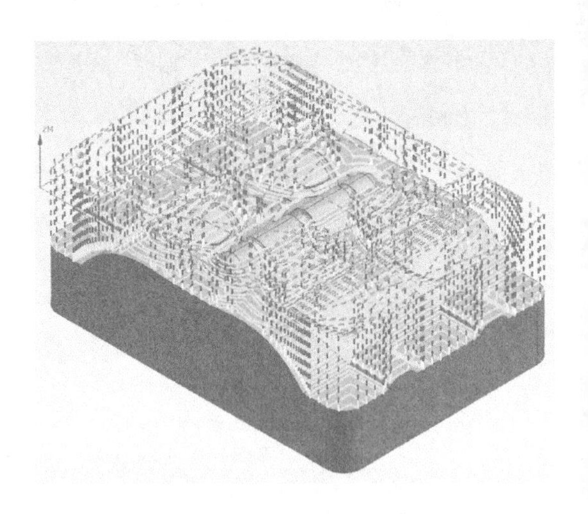

图 2.10.45　生成刀具路径

六、程序二：$\phi 8$的球刀型腔铣半精加工曲面区域

1. 选择半精加工方法

【程序顺序视图】→【创建工序】→弹出【创建工序】对话框→【类型】mill_contour→【工序子类型】型腔铣→【程序】PROGRAM2→【刀具】D8R4→【几何体】WORKPIECE2→【方法】MILL_FINISH→【名称】2-qumianbanjing→【确定】(如图 2.10.46 选择半精加工方法)。

图 2.10.46　选择半精加工方法

2. 选择加工区域

在弹出的【型腔铣】对话框中→【指定切削区域】→选择要加工的平面→【确定】(如图 2.10.47 选择加工区域)。

3. 设置加工参数

【刀轨设置】栏目中→【切削模式】跟随部件→【平面直径百分比】10→【最大距离】0.6（如图 2.10.48 设置加工参数)。

4. 设置切削参数

打开【切削参数】→【策略】【切削】【切削顺序】深度优先→【余量】所有均设为 0→【空间范围】【毛坯】【处理中的工件】使用 3D→【确定】（如图 2.10.49 深度优先、图 2.10.50 余量、图 2.10.51 使用基于层的)。

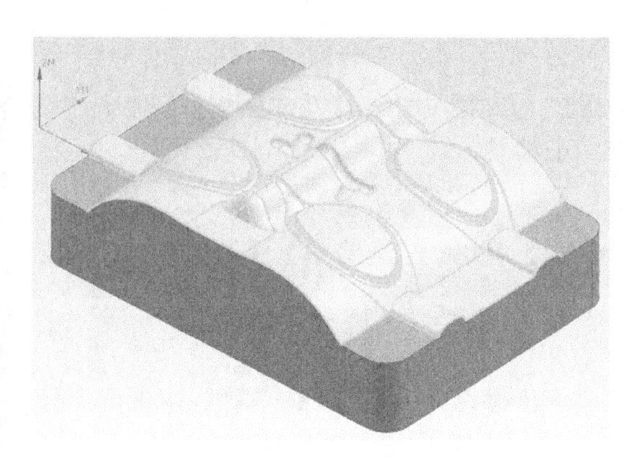

图 2.10.47　选择加工区域

图 2.10.48　设置加工参数

图 2.10.49　深度优先

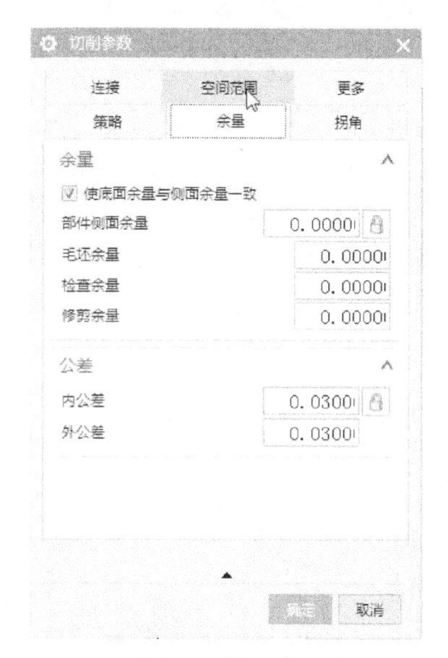

图 2.10.50　余量

图 2.10.51　使用基于层的

图 2.10.52　设置非切削移动

5. 设置非切削移动

打开【非切削移动】→【进刀】→【封闭区域】【进刀类型】插削→【开放区域】【进刀类型】与封闭区域相同→【确定】(如图 2.10.52 设置非切削移动)。

6. 设置进给率和速度

打开【进给率和速度】→勾选【主轴速度（rpm)】4000→【进给率】【切削】180→【确定】(如图 2.10.53 设置进给率和速度)。

7. 生成刀具路径

【操作】栏目中→点击【生成刀具路径】，生成该步操作的刀具路径（如图 2.10.54 生成刀具路径)。

图 2.10.53 设置进给率和速度

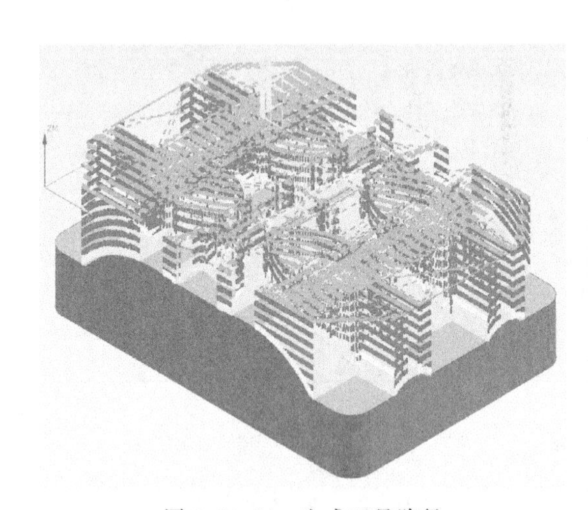

图 2.10.54 生成刀具路径

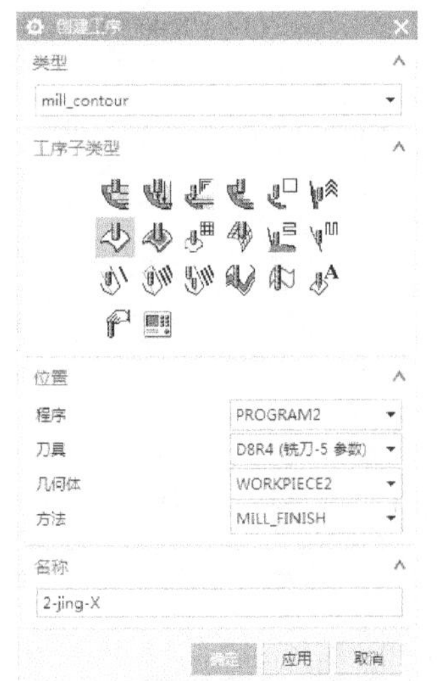

图 2.10.55 选择精加工方法

七、程序二：ϕ8 的球刀固定轴轮廓铣精加工 X 向曲面区域

1. 选择精加工方法

【程序顺序视图】→【创建工序】→弹出【创建工序】对话框→【类型】mill _ contour→【工序子类型】固定轴曲面轮廓铣→【程序】PROGRAM2→【刀具】D8R4→【几何体】WORKPIECE2→【方法】MILL _ FINISH→【名称】2-jing-X→【确定】(如图 2.10.55 选择精加工方法)。

2. 选择加工区域

在弹出的【固定轴轮廓铣】对话框中→【指定切削区域】→选择要加工的曲面→【确定】(如图 2.10.56 选择加工区域)。

3. 设置驱动方法及加工参数设置

【驱动方法】栏目中→【方法】区域铣削（如图 2.10.57 驱动方法）。

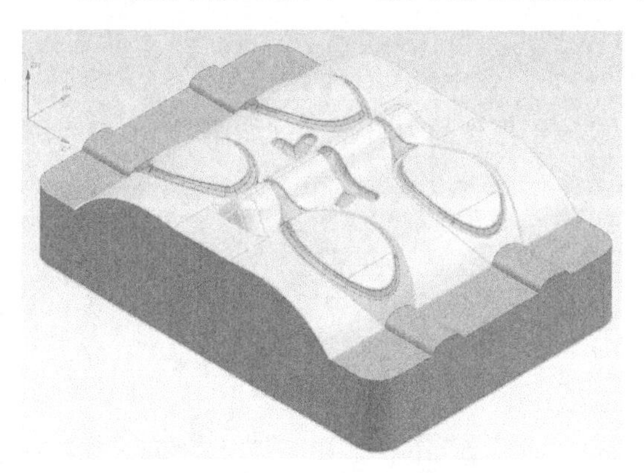

图 2.10.56　选择加工区域

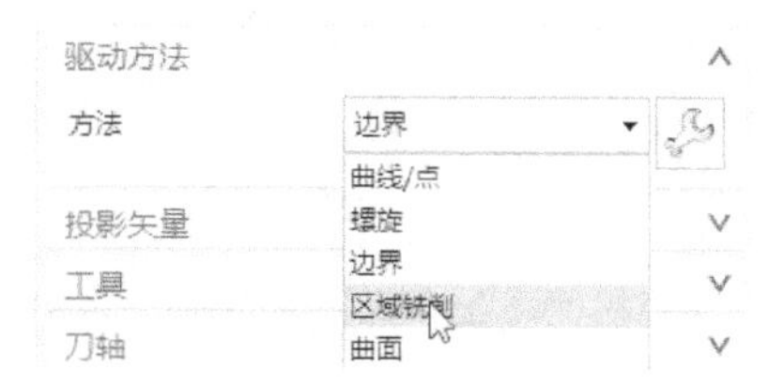

图 2.10.57　驱动方法

→弹出【区域铣削】驱动方法对话框→【驱动设置】→【非陡峭切削模式】往复→【平面直径百分比】4→【剖切角】指定→【与 XC 夹角】0→【确定】（如图 2.10.58 加工参数设置）。

4. 设置非切削移动

打开【非切削移动】→【进刀】→【开放区域】【进刀类型】插削→【确定】（如图 2.10.59 设置非切削移动）。

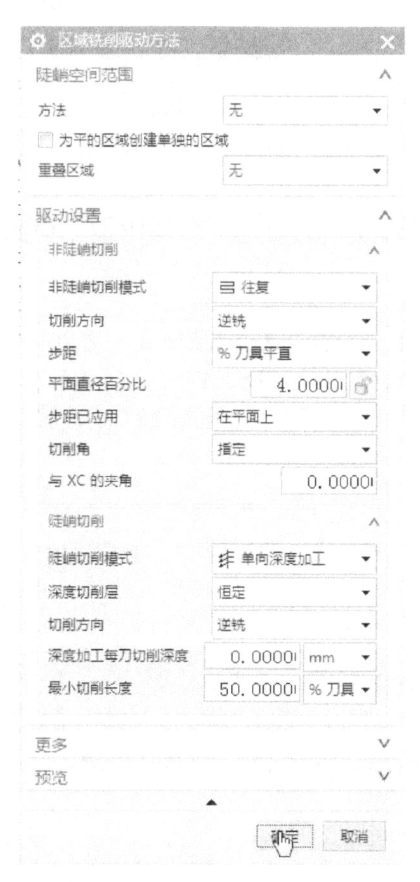

图 2.10.58　加工参数设置

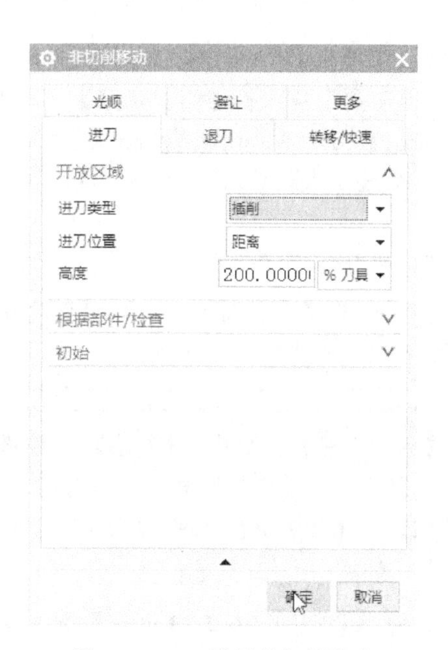

图 2.10.59　设置非切削移动

5. 设置进给率和速度

打开【进给率和速度】→勾选【主轴速度（rpm）】3500→【进给率】【切削】200→【确定】（如图 2.10.60 设置进给率和速度）。

6. 生成刀具路径

【操作】栏目中→点击【生成刀具路径】，生成该步操作的刀具路径（如图 2.10.61 生成刀具路径）。

图 2.10.60 设置进给率和速度

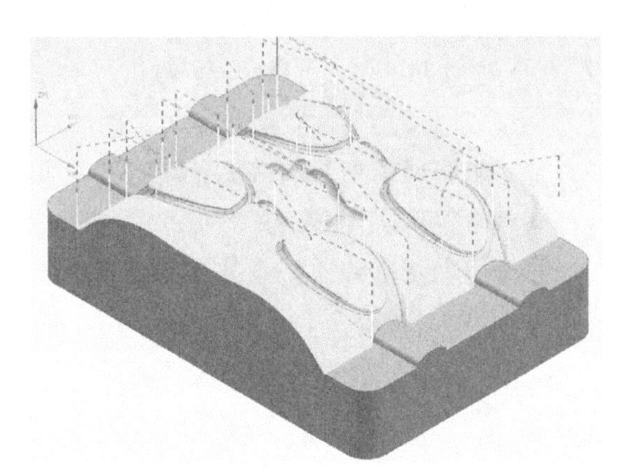

图 2.10.61 生成刀具路径

八、程序二：$\phi 8$的球刀固定轴轮廓铣精加工Y向曲面区域

1. 选择精加工方法

【程序顺序视图】→【创建工序】→弹出【创建工序】对话框→【类型】mill _ contour→【工序子类型】固定轴曲面轮廓铣→【程序】PROGRAM2→【刀具】D8R4→【几何体】WORKPIECE2→【方法】MILL _ FINISH→【名称】2-jing-Y→【确定】（如图 2.10.62 选择精加工方法）。

2. 选择加工区域

在弹出的【固定轴轮廓铣】对话框中→【指定切削区域】→选择要加工的曲面→【确定】（如图 2.10.63 选择加工区域）。

3. 设置驱动方法及加工参数设置

【驱动方法】栏目中→【方法】区域铣削（如图 2.10.64 驱动方法）。

→弹出【区域铣削】驱动方法对话框→【驱动设置】→【非陡峭切削模式】往复→【平面直径百分比】4→【剖切角】指定→【与 XC 夹角】－90→【确定】（如图 2.10.65 加工参数设置）。

4. 设置非切削移动

打开【非切削移动】→【进刀】→【开放区域】【进刀类型】插削→【确定】（如图 2.10.66 设置非切削移动）。

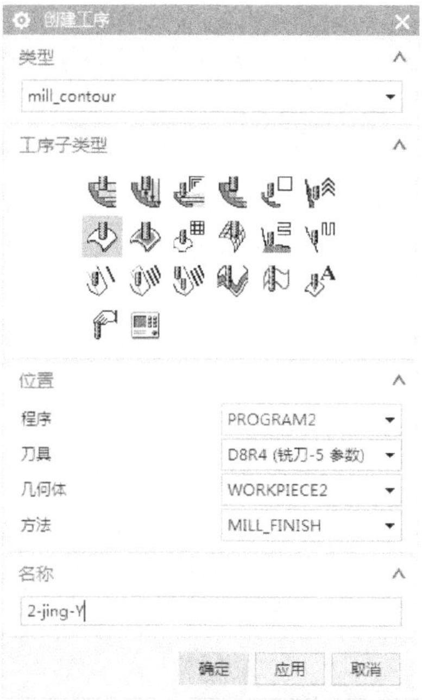

创建工序
类型
mill_contour
工序子类型
位置
程序
PROGRAM2
刀具
D8R4 (铣刀-5 参数)
几何体
WORKPIECE2
方法
MILL_FINISH
名称
2-jing-Y
确定
应用
取消

图 2.10.62　选择精加工方法

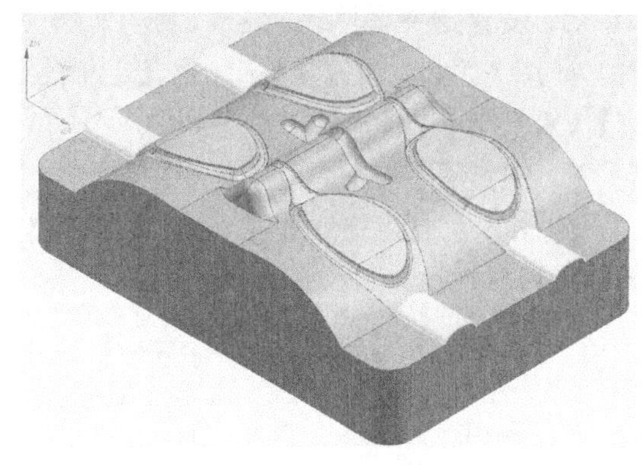

图 2.10.63　选择加工区域

驱动方法
方法
边界
曲线/点
螺旋
边界
区域铣削
曲面
投影矢量
工具
刀轴

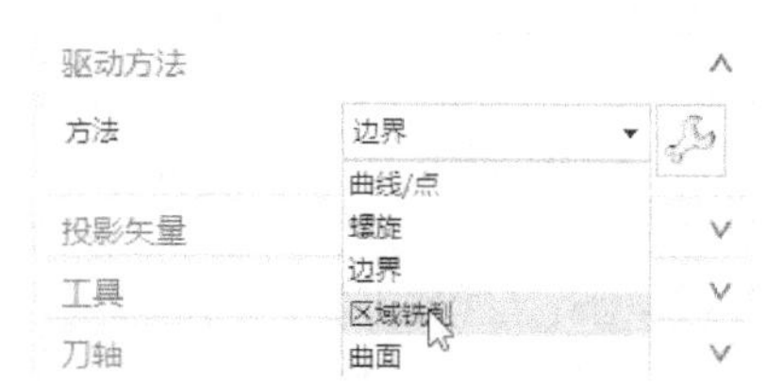

图 2.10.64　驱动方法

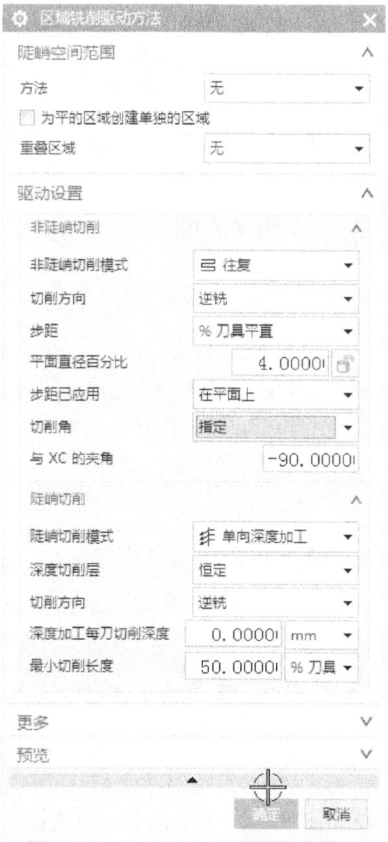

区域铣削驱动方法
陡峭空间范围
方法
无
为平的区域创建单独的区域
重叠区域
无
驱动设置
非陡峭切削
非陡峭切削模式
往复
切削方向
逆铣
步距
% 刀具平直
平面直径百分比
4.0000
步距已应用
在平面上
切削角
指定
与 XC 的夹角
-90.0000
陡峭切削
陡峭切削模式
单向深度加工
深度切削层
恒定
切削方向
逆铣
深度加工每刀切削深度
0.0000
mm
最小切削长度
50.0000
% 刀具
更多
预览
确定
取消

图 2.10.65　加工参数设置

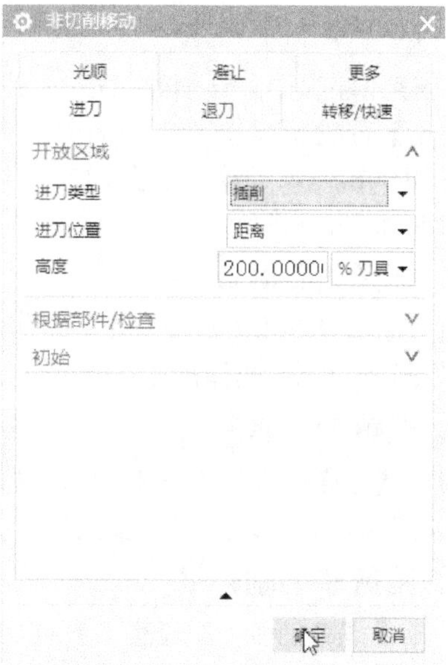

非切削移动
光顺
避让
更多
进刀
退刀
转移/快速
开放区域
进刀类型
插削
进刀位置
距离
高度
200.0000
% 刀具
根据部件/检查
初始
确定
取消

图 2.10.66　设置非切削移动

5. 设置进给率和速度

打开【进给率和速度】→勾选【主轴速度（rpm)】3500→【进给率】【切削】200→【确定】(如图 2.10.67 设置进给率和速度)。

6. 生成刀具路径

【操作】栏目中→点击【生成刀具路径】，生成该步操作的刀具路径（如图 2.10.68 生成刀具路径)。

图 2.10.67 设置进给率和速度

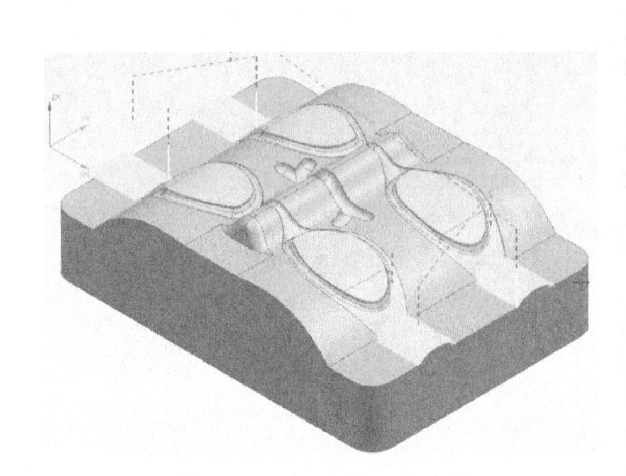

图 2.10.68 生成刀具路径

九、程序二：$\phi 2$ 的球刀深度铣侧面陡峭区域

1. 选择精加工方法

【程序顺序视图】→【创建工序】→弹出【创建工序】对话框→【类型】mill_contour→【工序子类型】深度轮廓加工（等高轮廓铣）→【程序】PROGRAM2→【刀具】D2R1→【几何体】WORKPIECE2→【方法】FINISH 精加工→【名称】2-douqiao→【确定】(如图 2.10.69 选择精加工方法)。

2. 选择加工区域

在弹出的【深度轮廓加工】对话框中→【指定切削区域】→选择要加工的陡峭曲面→【确定】(如图 2.10.70 选择加工区域)。

3. 设置加工参数

弹出【深度轮廓加工】对话框→【陡峭空间范围】仅陡峭的→【角度】60→【最大距离】0.3（如图 2.10.71 设置加工参数)。

4. 设置非切削移动

打开【非切削移动】→【进刀】→【封闭区域】【进刀类型】插削→【开放区域】【进刀类型】与封闭区域相同→【确定】(如图 2.10.72 设置非切削移动)。

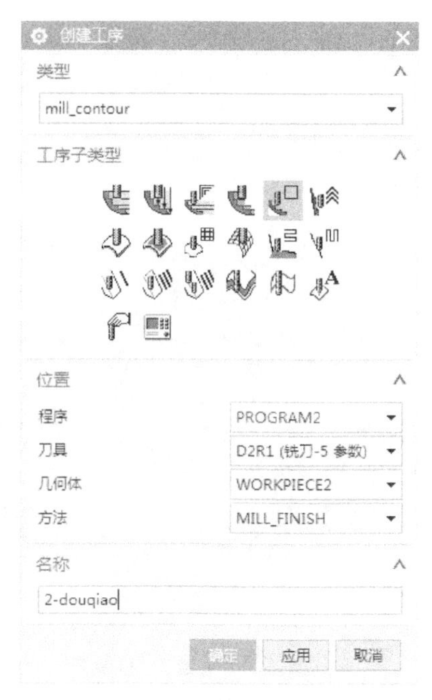

图 2.10.69　选择精加工方法

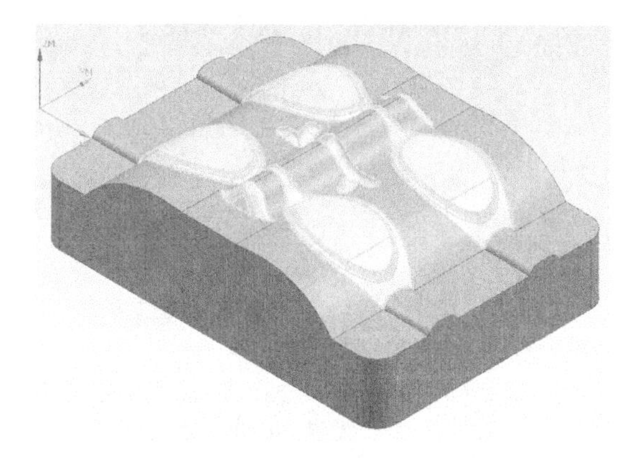

图 2.10.70　选择加工区域

图 2.10.71　设置加工参数

图 2.10.72　设置非切削移动

5. 设置进给率和速度

打开【进给率和速度】→勾选【主轴速度（rpm)】4000→【进给率】【切削】150→【确定】(如图 2.10.73 设置进给率和速度)。

6. 生成刀具路径

【操作】栏目中→点击【生成刀具路径】，生成该步操作的刀具路径（如图 2.10.74 生成刀具路径)。

图 2.10.73　设置进给率和速度

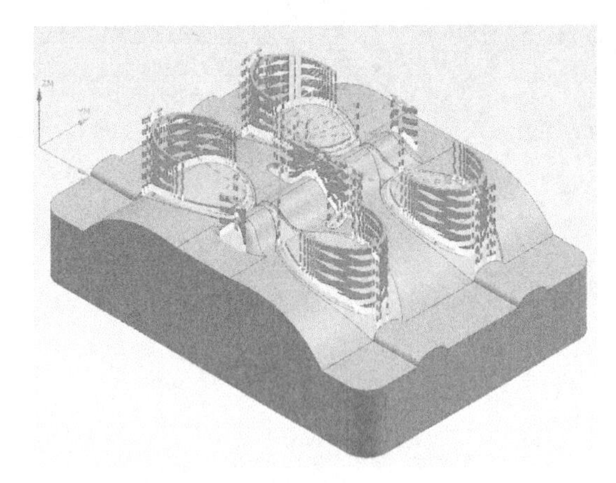

图 2.10.74　生成刀具路径

十、程序二：$\phi2$ 的球刀固定轴轮廓铣精加工游泳镜下侧的区域

1. 选择精加工方法

【程序顺序视图】→【创建工序】→弹出【创建工序】对话框→【类型】mill _ contour→【工序子类型】固定轴曲面轮廓铣→【程序】PROGRAM2→【刀具】D8R4→【几何体】WORKPIECE2→【方法】MILL _ FINISH→【名称】jing-xiao→【确定】(如图 2.10.75 选择精加工方法)。

2. 选择加工区域

在弹出的【固定轴轮廓铣】对话框中→【指定切削区域】→选择要加工的曲面→【确定】(如图 2.10.76 选择加工区域)。

3. 设置驱动方法及加工参数设置

【驱动方法】栏目中→【方法】区域铣削 (如图 2.10.77 驱动方法)。

→弹出【区域铣削】驱动方法对话框→【驱动设置】→【非陡峭切削模式】跟随周边→【平面直径百分比】4→【确定】(如图 2.10.78 加工参数设置)。

4. 设置非切削移动

打开【非切削移动】→【进刀】→【开放区域】【进刀类型】插削→【确定】(如图 2.10.79 设置非切削移动)。

5. 设置进给率和速度

打开【进给率和速度】→勾选【主轴速度 (rpm)】4000→【进给率】【切削】180→【确定】(如图 2.10.80 设置进给率和速度)。

6. 生成刀具路径

【操作】栏目中→点击【生成刀具路径】，生成该步操作的刀具路径 (如图 2.10.81 生成刀具路径)。

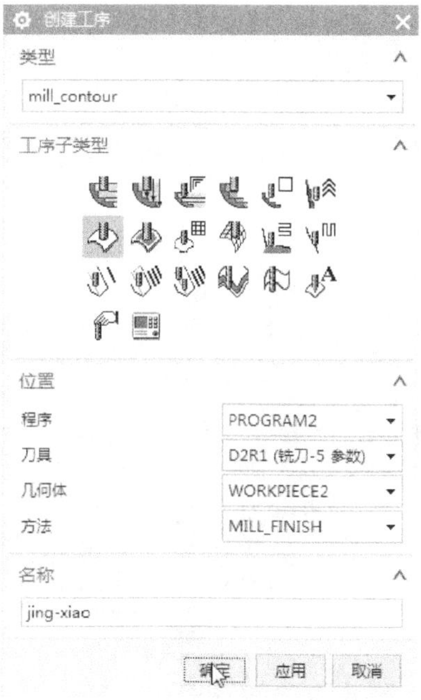

创建工序
类型
mill_contour
工序子类型
位置
程序
PROGRAM2
刀具
D2R1 (铣刀-5 参数)
几何体
WORKPIECE2
方法
MILL_FINISH
名称
jing-xiao
确定
应用
取消

图 2.10.75　选择精加工方法

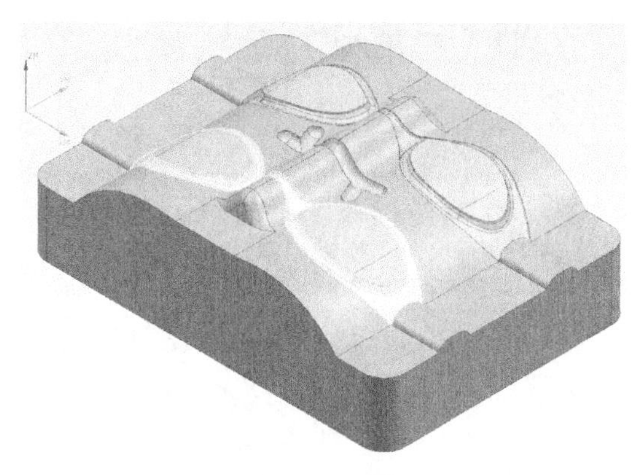

图 2.10.76　选择加工区域

驱动方法
方法
边界
曲线/点
螺旋
边界
区域铣削
曲面
投影矢量
工具
刀轴

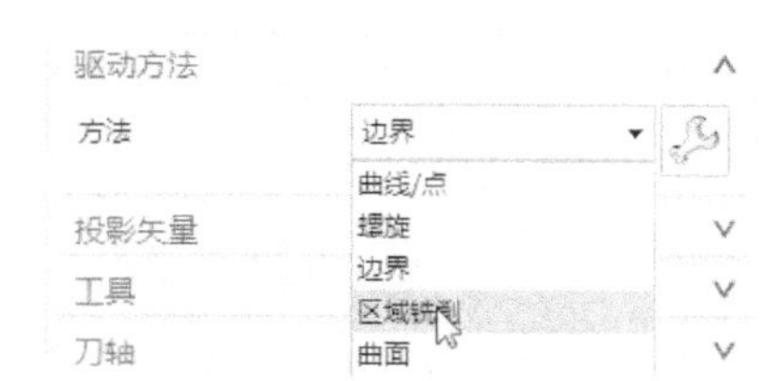

图 2.10.77　驱动方法

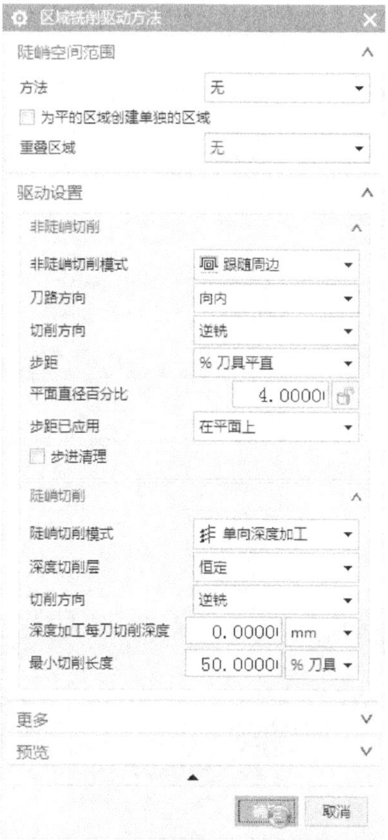

区域铣削驱动方法
陡峭空间范围
方法
无
为平的区域创建单独的区域
重叠区域
无
驱动设置
非陡峭切削
非陡峭切削模式
跟随周边
刀路方向
向内
切削方向
逆铣
步距
% 刀具平直
平面直径百分比
4.0000
步距已应用
在平面上
步进清理
陡峭切削
陡峭切削模式
单向深度加工
深度切削层
恒定
切削方向
逆铣
深度加工每刀切削深度
0.0000
mm
最小切削长度
50.0000
% 刀具
更多
预览
确定
取消

图 2.10.78　加工参数设置

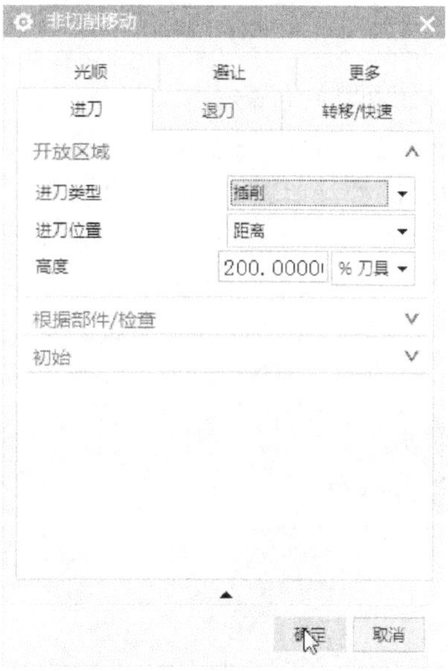

非切削移动
光顺
避让
更多
进刀
退刀
转移/快速
开放区域
进刀类型
插削
进刀位置
距离
高度
200.0000
% 刀具
根据部件/检查
初始
确定
取消

图 2.10.79　设置非切削移动

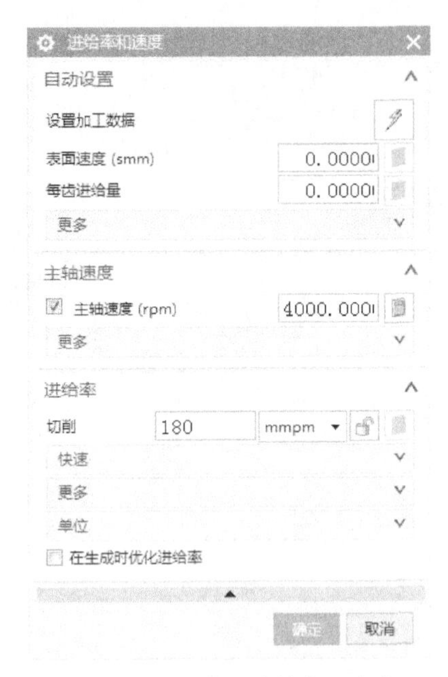

图 2.10.80　设置进给率和速度

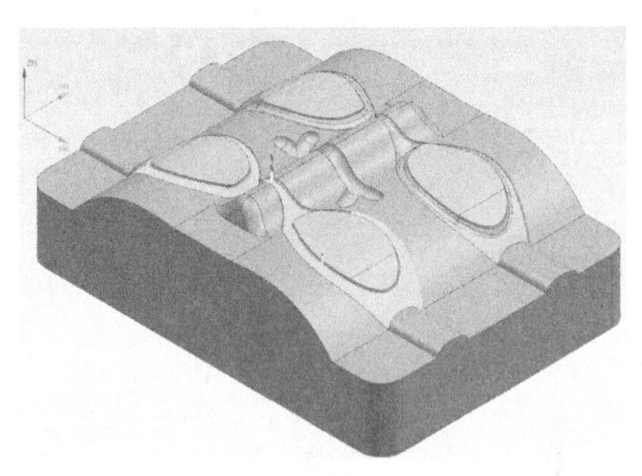

图 2.10.81　生成刀具路径

十一、程序二：ϕ2 的球刀固定轴轮廓铣精加工游泳镜上侧的区域

1. 复制创建程序

右击【JING-JIAO】→【复制】→【粘贴】→【重命名】JING-XIAO2（如图 2.10.82 复制创建程序）。

2. 选择加工区域

双击程序名→在弹出的【固定轴曲面轮廓铣】对话框中→【指定切削区域】→选择要加工的曲面→【确定】（如图 2.10.83 选择加工区域）。

3. 生成刀具路径

【操作】栏目中→点击【生成刀具路径】，生成该步操作的刀具路径（如图 2.10.84 生成刀具路径）。

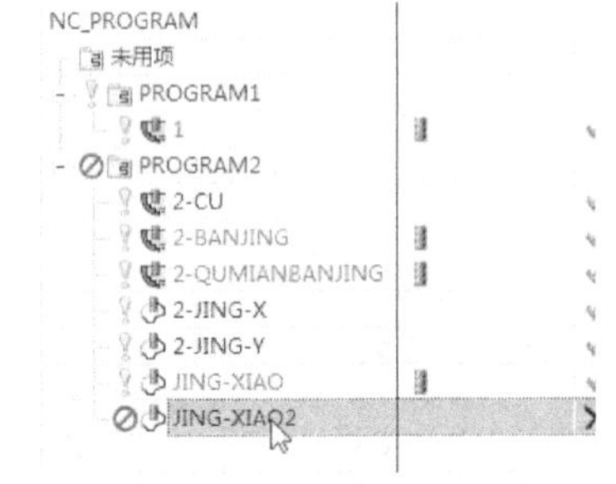

图 2.10.82　复制创建程序

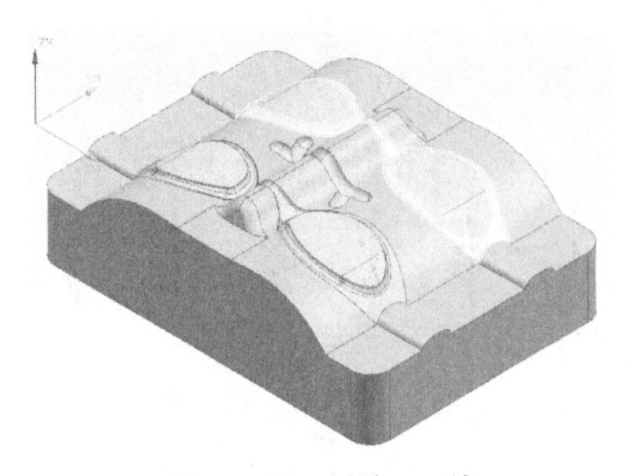

图 2.10.83　选择加工区域

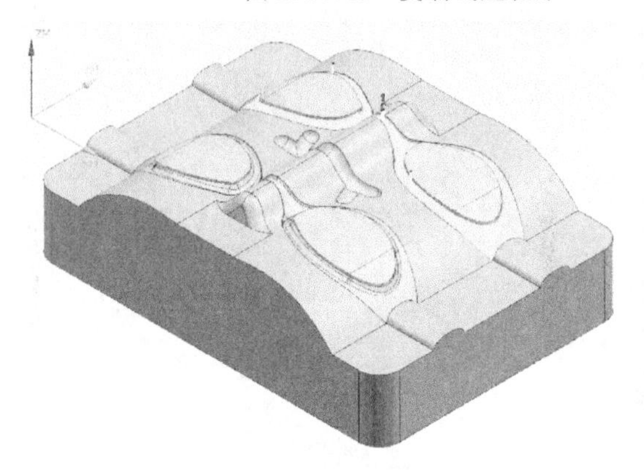

图 2.10.84　生成刀具路径

十二、程序二：$\phi 2$ 的球刀固定轴轮廓铣精加工游泳镜中间的小区域

1. 复制创建程序

右击【JING-JIAO2】→【复制】→【粘贴】→【重命名】JING-XIAOZHONG（如图 2.10.85 复制创建程序）。

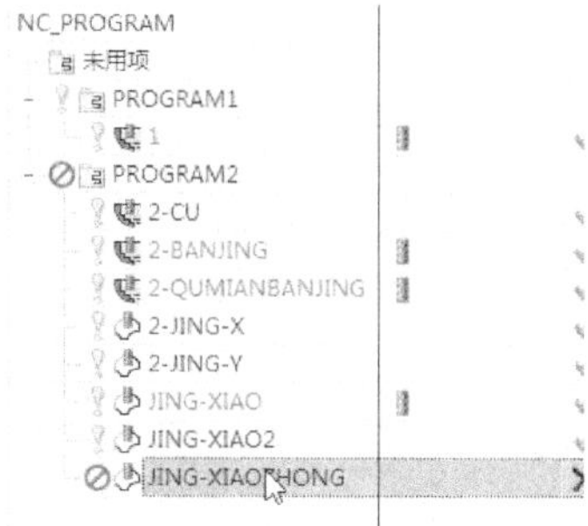

图 2.10.85　复制创建程序

2. 选择加工区域

双击程序名→在弹出的【固定轴曲面轮廓铣】对话框中→【指定切削区域】→选择要加工的曲面→【确定】（如图 2.10.86 选择加工区域）。

3. 生成刀具路径

【操作】栏目中→点击【生成刀具路径】，生成该步操作的刀具路径（如图 2.10.87 生成刀具路径）。

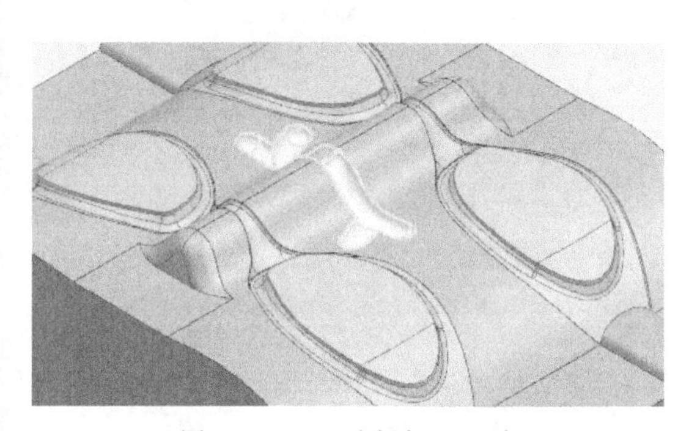

图 2.10.86　选择加工区域

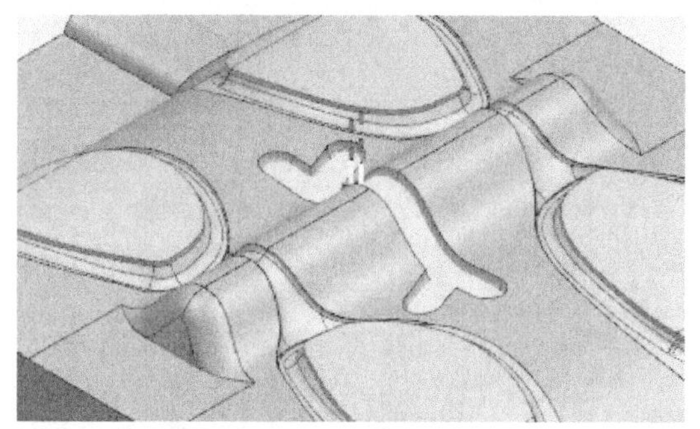

图 2.10.87　生成刀具路径

十三、程序二：$\phi 2$ 的平底刀清根精加工曲面的角落区域

1. 选择精加工方法

【程序顺序视图】→【创建工序】→弹出【创建工序】对话框→【类型】mill _ contour→【工序子类型】单刀路清根→【程序】PROGRAM2→【刀具】D2→【几何体】WORKPIECE2→【方法】FINISH 精加工→【名称】2-qinggen1→【确定】（如图 2.10.88 选择精加工方法）。

2. 选择加工区域

在弹出的【单刀路清根】对话框中→【指定切削区域】→选择要加工的曲面→【确定】（如图 2.10.89 选择加工区域）。

3. 设置进给率和速度

【刀轨设置】栏目中→打开【进给率和速度】→勾选【主轴速度（rpm）】5000→【进给率】【切削】200→【确定】（如图 2.10.90 设置进给率和速度）。

4. 生成刀具路径

【操作】栏目中→点击【生成刀具路径】，生成该步操作的刀具路径（如图 2.10.91 生成刀具路径）。

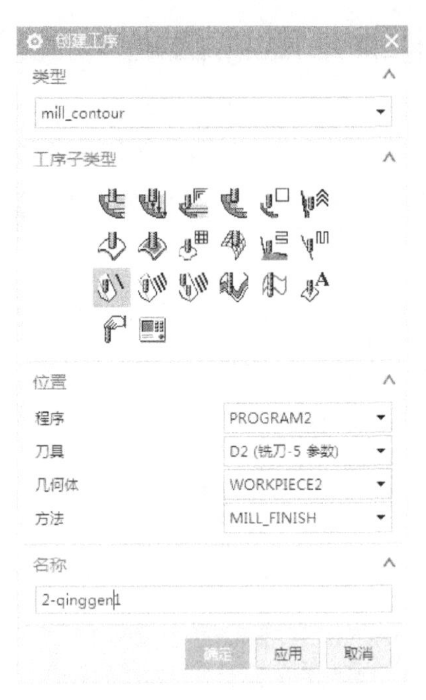

图 2.10.88 选择精加工方法

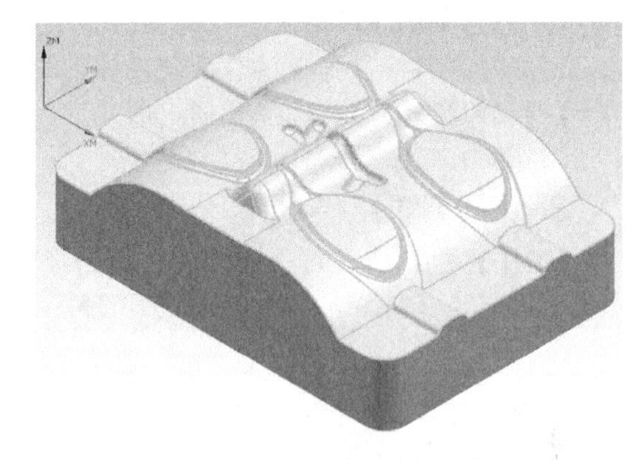

图 2.10.89 选择加工区域

图 2.10.90 设置进给率和速度

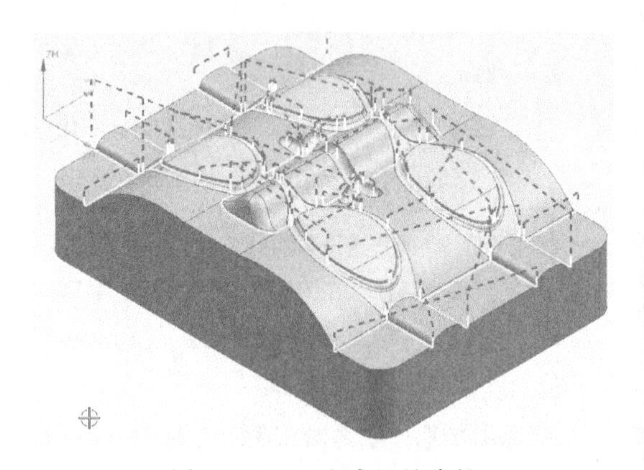

图 2.10.91 生成刀具路径

十四、程序二：$\phi1$的球刀清根精加工曲面的角落区域

1. 选择精加工方法

【程序顺序视图】→【创建工序】→弹出【创建工序】对话框→【类型】mill _ contour→【工序子类型】单刀路清根→【程序】PROGRAM2→【刀具】D2→【几何体】WORKPIECE2→【方法】FINISH 精加工→【名称】2-qinggen2→【确定】(如图 2.10.92 选择精加工方法)。

2. 选择加工区域

在弹出的【单刀路清根】对话框中→【指定切削区域】→选择要加工的曲面→【确定】(如图 2.10.93 选择加工区域)。

图 2.10.92　选择精加工方法

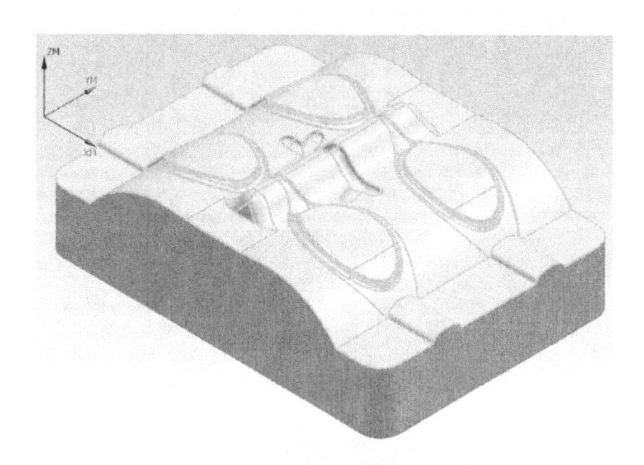

图 2.10.93　选择加工区域

3. 设置进给率和速度

【刀轨设置】栏目中→打开【进给率和速度】→勾选【主轴速度 (rpm)】5000→【进给率】【切削】120→【确定】(如图 2.10.94 设置进给率和速度)。

图 2.10.94　设置进给率和速度

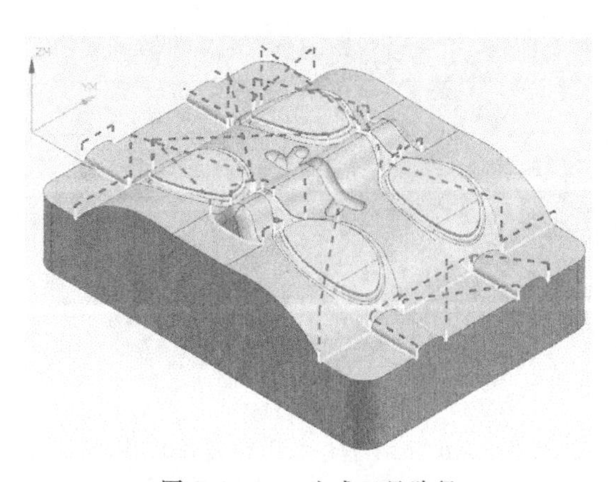

图 2.10.95　生成刀具路径

4. 生成刀具路径

【操作】栏目中→点击【生成刀具路径】，生成该步操作的刀具路径（如图 2.10.95 生成刀具路径）。

十五、最终验证模拟

在左侧目录列表中选择操作→点击【确认刀轨】按钮→在弹出的【刀轨可视化】对话框中→选择【2D 动态】→调整【动画速度】→点击【播放】（如图 2.10.96～图 2.10.107）。

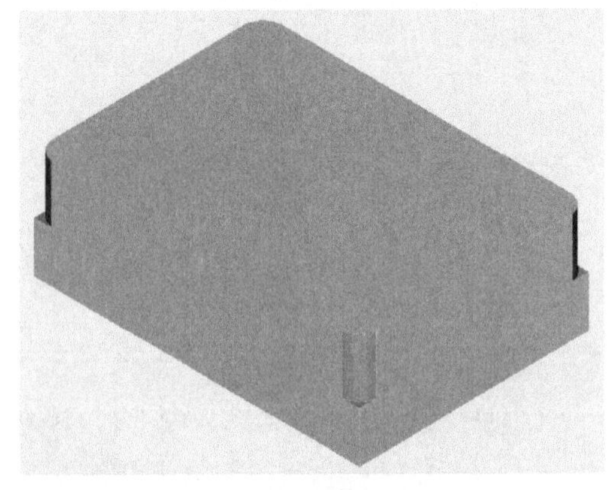

图 2.10.96　程序一：ϕ15 的平底刀型腔铣加工四个角

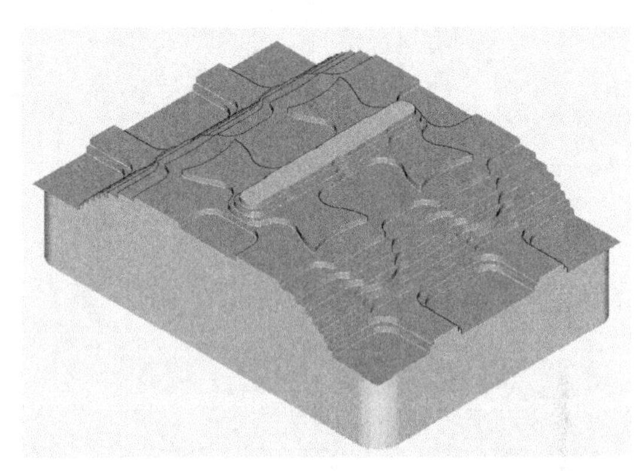

图 2.10.97　程序二：ϕ15 的平底刀型腔铣开粗加工

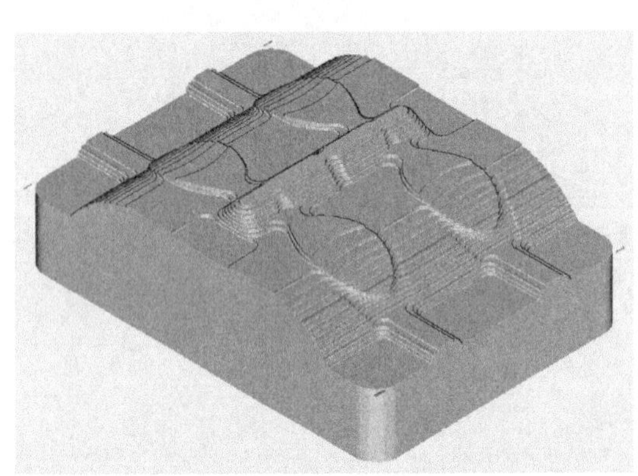

图 2.10.98　程序二：ϕ8 的平底刀型腔铣半精加工所有区域

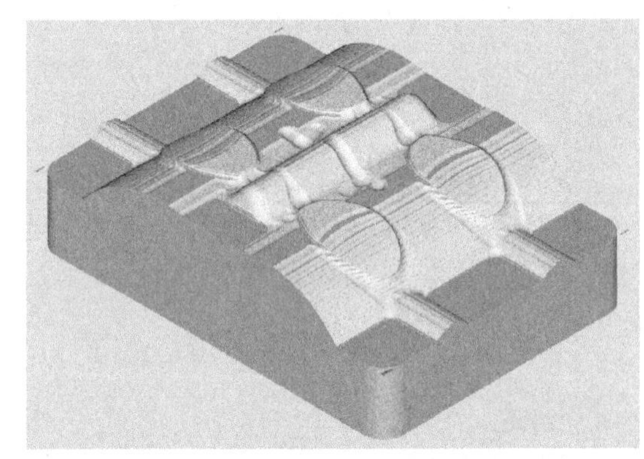

图 2.10.99　程序二：ϕ8 的球刀型腔铣半精加工曲面区域

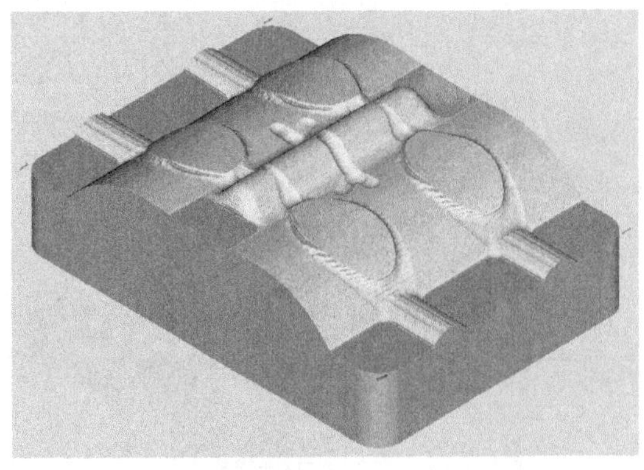

图 2.10.100　程序二：ϕ8 的球刀固定轴轮廓铣精加工 X 向曲面区域

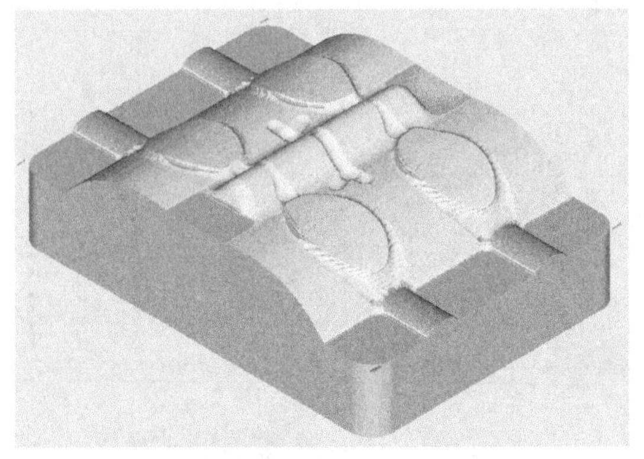

图 2.10.101　程序二：ϕ8 的球刀固定轴轮廓铣精加工 Y 向曲面区域

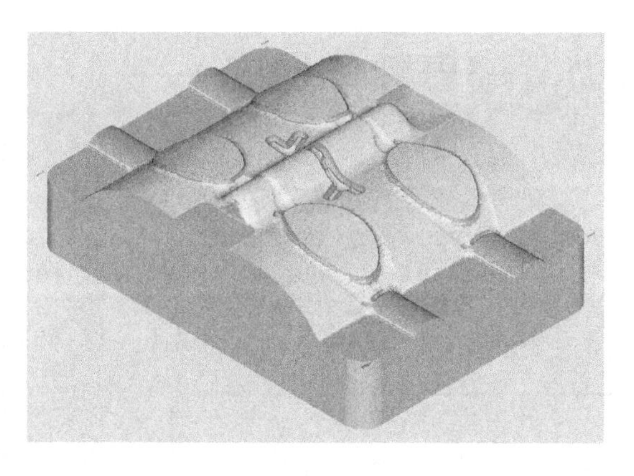

图 2.10.102　程序二：$\phi2$ 的球刀深度铣侧面陡峭区域

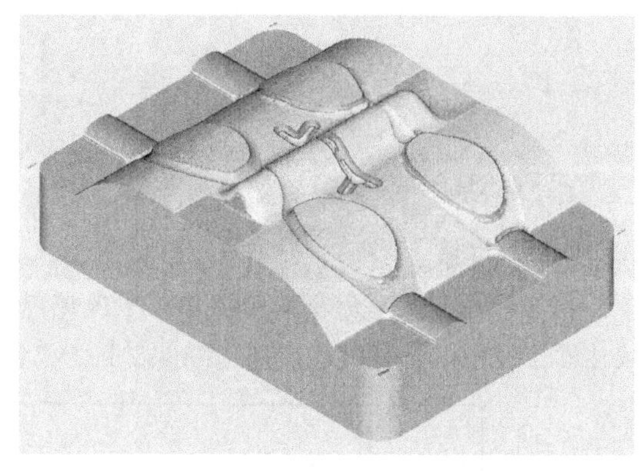

图 2.10.103　程序二：$\phi2$ 的球刀固定轴轮廓铣精加工游泳镜下侧的区域

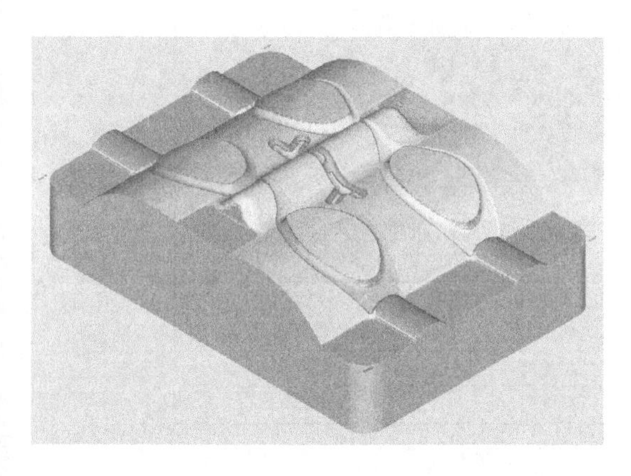

图 2.10.104　程序二：$\phi2$ 的球刀固定轴轮廓铣精加工游泳镜上侧的区域

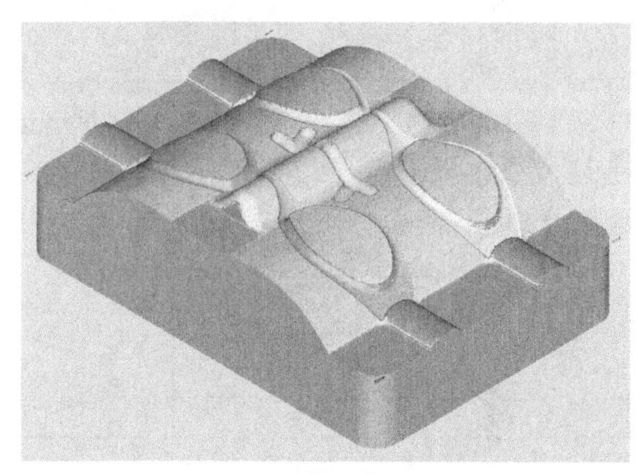

图 2.10.105　程序二：$\phi2$ 的球刀固定轴轮廓铣精加工游泳镜中间的小区域

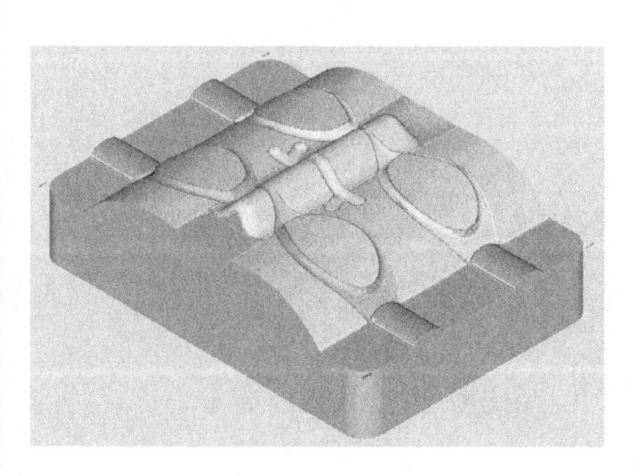

图 2.10.106　程序二：$\phi2$ 的平底刀清根精加工曲面的角落区域

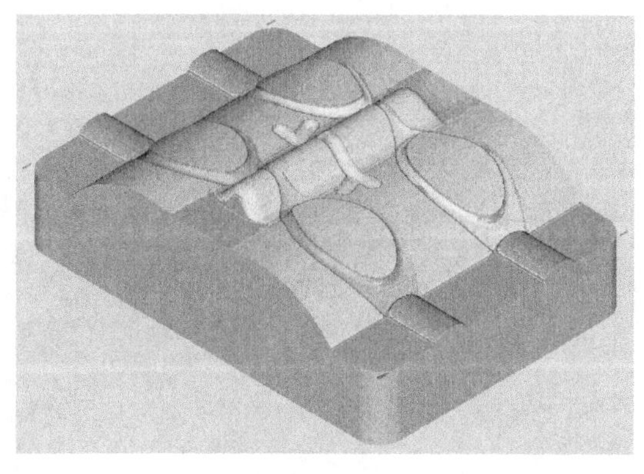

图 2.10.107　程序二：$\phi1$ 的球刀清根精加工曲面的角落区域

案例十一　塑料置物盒模具零件加工

一、工艺分析

1. 零件图工艺分析

该零件中间为塑料置物盒模具，工件无尺寸公差要求（如图 2.11.1 塑料置物盒模具零件）。尺寸标注完整，轮廓描述清楚。零件材料为已经加工成型的标准铝块，无热处理和硬度要求。

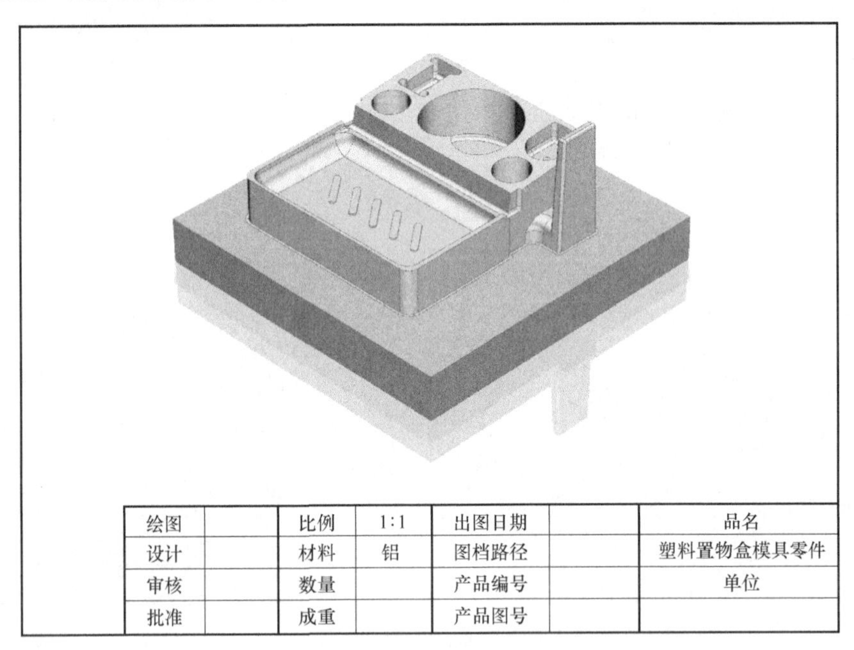

绘图		比例	1:1	出图日期		品名
设计		材料	铝	图档路径		塑料置物盒模具零件
审核		数量		产品编号		单位
批准		成重		产品图号		

图 2.11.1　塑料置物盒模具零件

2. 确定装夹方案、加工顺序及进给路线

工件采用通用的虎钳装夹方案，底部放置垫块，保证工件摆正，对刀点采用左下角的上表面点对刀，其装夹方式、加工区域和对刀点如图 2.11.2 所示。

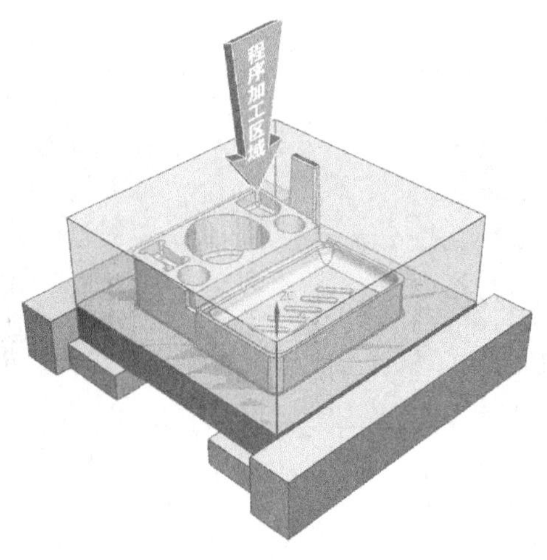

图 2.11.2　装夹方式、加工区域和对刀点

3. 刀具和加工区域选择

选用多把铣刀加工本例的区域，将所选定的刀具参数以及加工区域填入表 2.11.1 数控加工卡片中，以便于编程和操作管理。

表 2.11.1　数控加工卡片

<table>
<tr><td>产品名称或代号</td><td colspan="2">模具零件加工综合实例</td><td colspan="2">零件名称</td><td colspan="4">塑料置物盒模具零件</td></tr>
<tr><td rowspan="2">序号</td><td colspan="4" rowspan="2">加工区域</td><td colspan="4">刀具</td></tr>
<tr><td>名称</td><td colspan="2">规格</td><td>刀号</td></tr>
<tr><td>1</td><td colspan="4">$\phi12R2$ 的圆角刀型腔铣开粗加工</td><td>D12</td><td colspan="2">$\phi12R2$ 圆角刀</td><td>1</td></tr>
<tr><td>2</td><td colspan="4">$\phi6$ 的平底刀型腔铣半精加工所有区域</td><td>D6</td><td colspan="2">$\phi6$ 平底刀</td><td>2</td></tr>
<tr><td>3</td><td colspan="4">$\phi6$ 的球刀型腔铣精加工中间的区域</td><td>D6R3</td><td colspan="2">$\phi6$ 球刀</td><td>3</td></tr>
<tr><td>4</td><td colspan="4">$\phi6$ 的球刀固定轴轮廓铣精加工顶部曲面区域</td><td>D6R3</td><td colspan="2">$\phi6$ 球刀</td><td>3</td></tr>
<tr><td>5</td><td colspan="4">$\phi6$ 的球刀固定轴轮廓铣精加工右侧小曲面</td><td>D6R3</td><td colspan="2">$\phi6$ 球刀</td><td>3</td></tr>
<tr><td>6</td><td colspan="4">$\phi3$ 的球刀型腔铣精加工残料区域</td><td>D3R1.5</td><td colspan="2">$\phi3$ 球刀</td><td>4</td></tr>
<tr><td>7</td><td colspan="4">$\phi3$ 的球刀清根精加工曲面的角落区域</td><td>D3R1.5</td><td colspan="2">$\phi3$ 球刀</td><td>4</td></tr>
<tr><td>8</td><td colspan="4">$\phi3$ 的球刀深度铣侧面陡峭区域</td><td>D3R1.5</td><td colspan="2">$\phi3$ 球刀</td><td>4</td></tr>
<tr><td>编制</td><td>×××</td><td>审核</td><td>×××</td><td>批准</td><td colspan="2">×××</td><td colspan="2">共 1 页</td></tr>
</table>

二、前期准备工作

1. 绘制辅助图形

进入【建模】模块式→【草图】中绘制图形，使之作为加工坐标系的原点（如图 2.11.3 草图中绘制辅助图形和图 2.11.4 完成后的效果）。

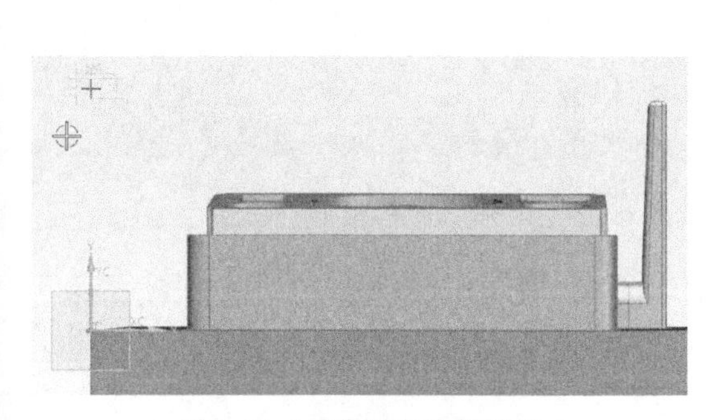

图 2.11.3　草图中绘制图形

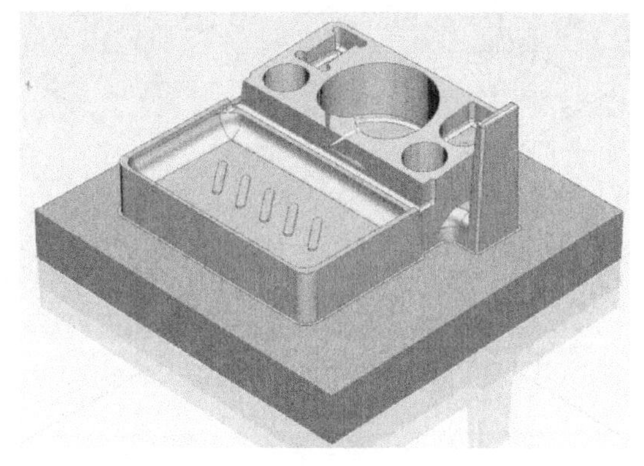

图 2.11.4　完成后的效果

2. 进入加工模块

打开【启动】菜单→【加工】，进入加工模块→打开【加工环境】对话框→【CAM 会话配置】cam _ general→【要创建的 CAM 组装】mill _ contour→【确定】（如图 2.11.5 进入加工模块）。

3. 创建刀具

→【创建刀具】→选择【平底刀】→【名称】D12R2→在【刀具设置】对话框中→【（D）直径】12→【（R1）下半径】2→【刀具号】1→【确定】（如图 2.11.6 创建 1 号刀具）。

图 2.11.5　进入加工模块

图 2.11.6　创建 1 号刀具

→【创建刀具】→选择【平底刀】→【名称】D6→在【刀具设置】对话框中→【(D) 直径】6→【刀具号】2→【确定】(如图 2.11.7 创建 2 号刀具)。

→【创建刀具】→选择【平底刀】→【名称】D6R3→在【刀具设置】对话框中→【(D) 直径】6→【(R1) 下半径】3→【刀具号】3→【确定】(如图 2.11.8 创建 3 号刀具)。

图 2.11.7　创建 2 号刀具

图 2.11.8　创建 3 号刀具

→【创建刀具】→选择【平底刀】→【名称】D3R1.5→在【刀具设置】对话框中→【(D) 直径】3→【(R1) 下半径】1.5→【刀具号】4→【确定】(如图 2.11.9 创建 4 号刀具)。

4. 设置坐标系和创建毛坯

【几何视图】→双击【MCS _ MILL】→将加工坐标系移至毛坯左下角的上平面点即可(如图)→设定【安全距离】2→【确定】(如图 2.11.10 设置坐标系)。

图 2.11.9　创建 4 号刀具

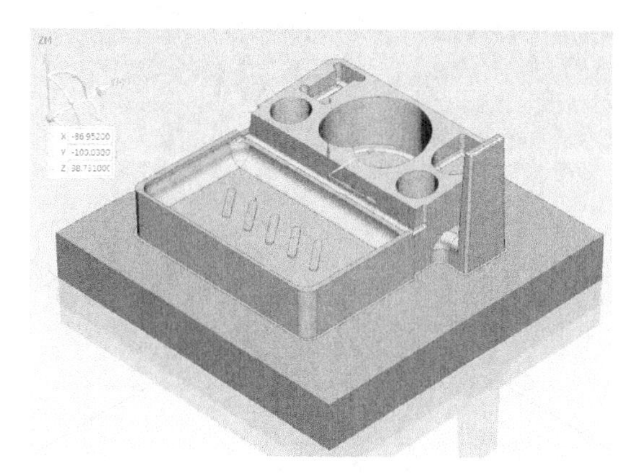

图 2.11.10　设置坐标系

→打开 MCS _ MILL 前的【+】号，双击【WORKPIECE】→在【工件】对话框中→点击【指定部件】按钮→点击工件→【确定】(如图 2.11.11 指定部件)。

→点击【指定毛坯】按钮→在弹出的【毛坯几何体】对话中→【类型】→选择【包容块】，设置最小化包容工件的毛坯→毛坯设置的效果如图→【确定】→【确定】(如图 2.11.12 创建毛坯)。

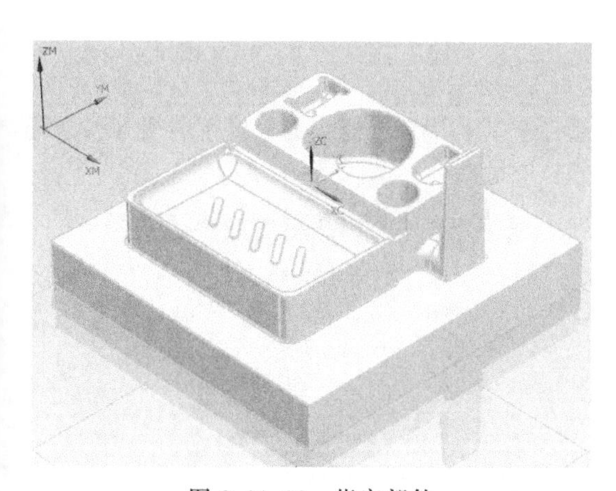

图 2.11.11　指定部件

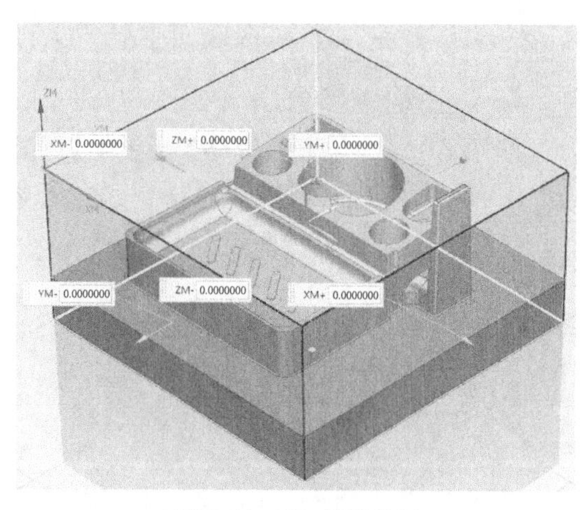

图 2.11.12　创建毛坯

三、$\phi 12R2$ 的圆角刀型腔铣开粗加工

1. 选择粗加工方法

【程序顺序视图】→【创建工序】→弹出【创建工序】对话框→【类型】mill _ contour→【工序子类型】型腔铣→【程序】PROGRAM→【刀具】D12R2→【几何体】WORKPIECE→【方法】MILL _ ROUGH，进行粗加工→【名称】cu→【确定】(如图 2.11.13 选择粗加工方法)。

2. 选择加工区域

在弹出的【型腔铣】对话框中→【指定切削区域】→选择要加工的曲面→【确定】(如图 2.11.14 选择加工区域)。

图 2.11.13 选择粗加工方法

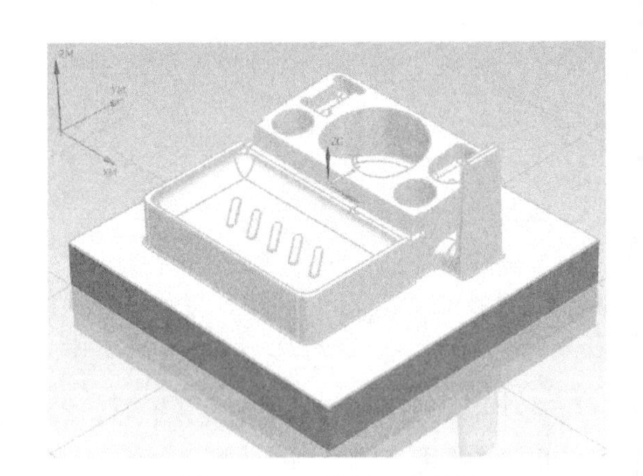

图 2.11.14 选择加工区域

3. 设置加工参数

【刀轨设置】栏目中→【切削模式】跟随部件→【平面直径百分比】85→【最大距离】2（如图 2.11.15 设置加工参数）。

4. 设置切削参数

打开【切削参数】→【策略】【切削】【切削顺序】深度优先→【余量】【部件侧面余量】0.3→【确定】（如图 2.11.16 深度优先、图 2.11.17 余量）。

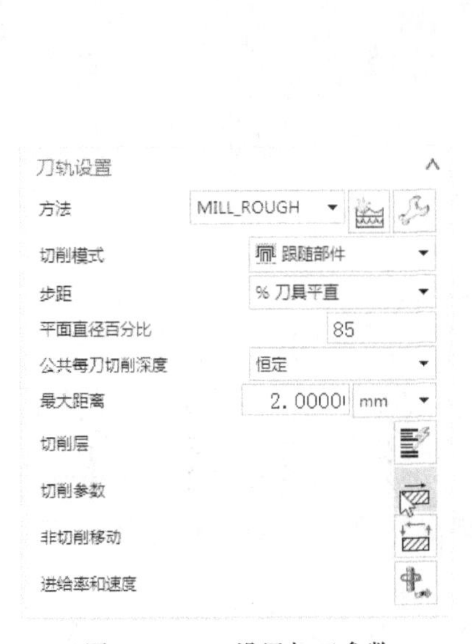

图 2.11.15 设置加工参数

图 2.11.16 深度优先

5. 设置非切削移动

打开【非切削移动】→【进刀】→【封闭区域】【进刀类型】螺旋→【开放区域】【进刀类型】与封闭区域相同→【确定】（如图 2.11.18 设置非切削移动）。

图 2.11.17　余量

图 2.11.18　设置非切削移动

6. 设置进给率和速度

打开【进给率和速度】→勾选【主轴速度（rpm）】2500→【进给率】【切削】200→【确定】（如图 2.11.19 设置进给率和速度）。

7. 生成刀具路径

【操作】栏目中→点击【生成刀具路径】，生成该步操作的刀具路径（如图 2.11.20 生成刀具路径）。

图 2.11.19　设置进给率和速度

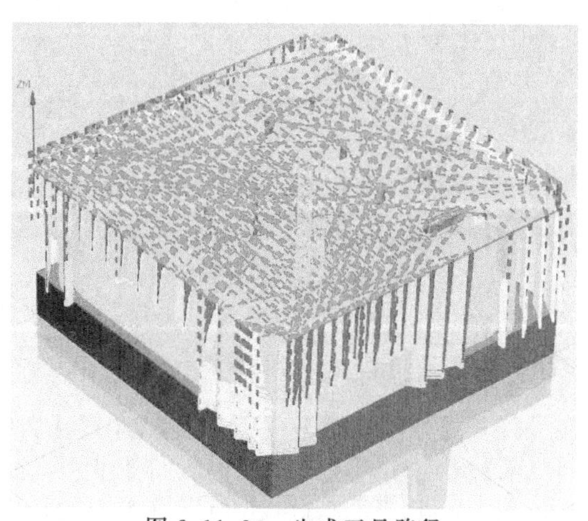

图 2.11.20　生成刀具路径

四、ϕ6的平底刀型腔铣半精加工所有区域

1. 选择半精加工方法

【程序顺序视图】→【创建工序】→弹出【创建工序】对话框→【类型】mill _ contour→【工序子类型】型腔铣→【程序】PROGRAM→【刀具】D6→【几何体】WORKPIECE→【方法】MILL _ FINISH→【名称】cu-banjing→【确定】(如图 2.11.21 选择半精加工方法)。

2. 选择加工区域

在弹出的【型腔铣】对话框中→【指定切削区域】→选择要加工的平面→【确定】(如图 2.11.22 选择加工区域)。

3. 设置加工参数

【刀轨设置】栏目中→【切削模式】跟随部件→【平面直径百分比】50→【最大距离】1(如图 2.11.23 设置加工参数)。

图 2.11.21　选择半精加工方法

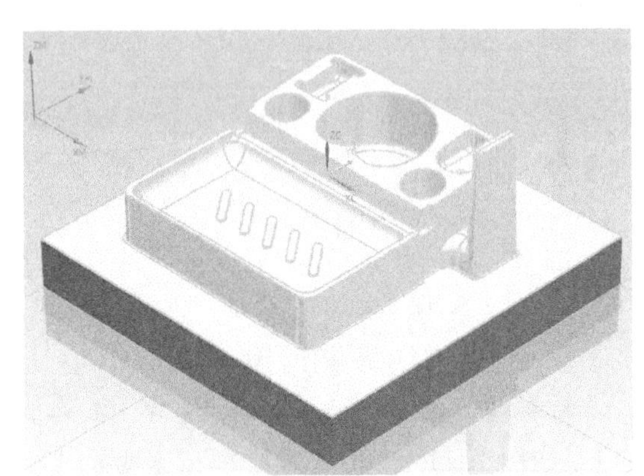

图 2.11.22　选择加工区域

图 2.11.23　设置加工参数

4. 设置切削参数

打开【切削参数】→【策略】【切削】【切削顺序】深度优先→【余量】所有均设为 0→【空间范围】【毛坯】【处理中的工件】使用基于层的→【确定】(如图 2.11.24 深度优先、图 2.11.25 余量、图 2.11.26 使用基于层的)。

图 2.11.24　深度优先

图 2.11.25　余量

5. 设置非切削移动

打开【非切削移动】→【进刀】→【封闭区域】【进刀类型】插削→【开放区域】【进刀类型】与封闭区域相同→【确定】(如图 2.11.27 设置非切削移动)。

图 2.11.26　使用基于层的

图 2.11.27　设置非切削移动

6. 设置进给率和速度

打开【进给率和速度】→勾选【主轴速度(rpm)】3000→【进给率】【切削】200→【确定】(如图 2.11.28 设置进给率和速度)。

7. 生成刀具路径

【操作】栏目中→点击【生成刀具路径】，生成该步操作的刀具路径（如图 2.11.29 生成刀具路径）。

图 2.11.28　设置进给率和速度

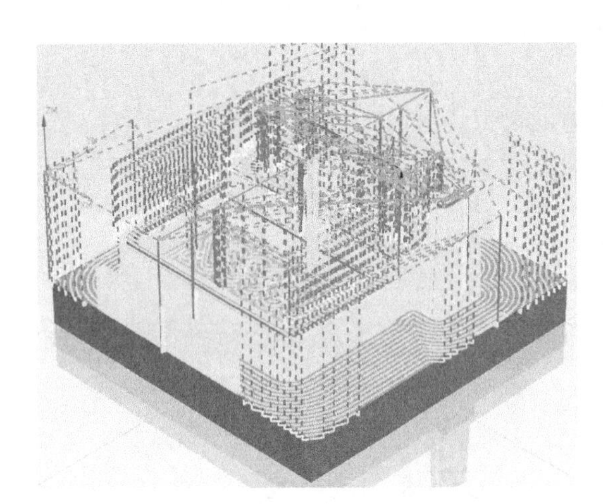

图 2.11.29　生成刀具路径

五、ϕ6 的球刀型腔铣精加工中间的区域

1. 选择精加工方法

【程序顺序视图】→【创建工序】→弹出【创建工序】对话框→【类型】mill _ contour→【工序子类型】型腔铣→【程序】PROGRAM→【刀具】D6R3→【几何体】WORKPIECE→【方法】MILL _ FINISH→【名称】jing→【确定】（如图 2.11.30 选择精加工方法）。

2. 选择加工区域

在弹出的【型腔铣】对话框中→【指定切削区域】→选择要加工的平面→【确定】（如图 2.11.31 选择加工区域）。

3. 设置加工参数

【刀轨设置】栏目中→【切削模式】跟随部件→【平面直径百分比】4→【最大距离】0.4（如图 2.11.32 设置加工参数）。

4. 设置切削参数

打开【切削参数】→【余量】所有均设为 0→【空间范围】【毛坯】【处理中的工件】使用 3D→【确定】（如图 2.11.33 余量、图 2.11.34 使用 3D）。

5. 设置非切削移动

打开【非切削移动】→【进刀】→【封闭区域】【进刀类型】插削→【开放区域】【进刀类型】与封闭区域相同→【确定】（如图 2.11.35 设置非切削移动）。

6. 设置进给率和速度

打开【进给率和速度】→勾选【主轴速度（rpm)】4000→【进给率】【切削】400→【确

定】（如图 2.11.36 设置进给率和速度）。

图 2.11.30　选择精加工方法

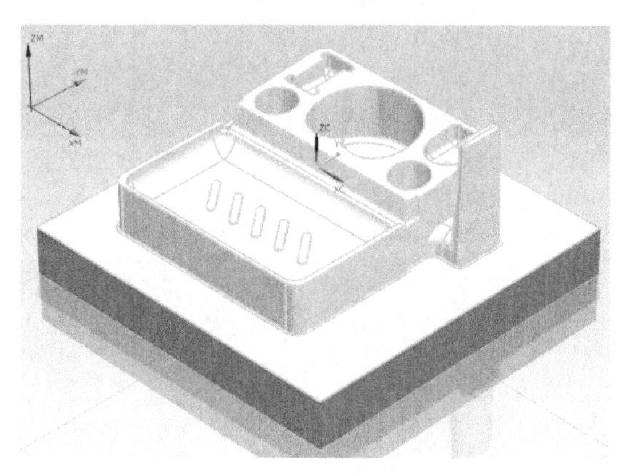

图 2.11.31　选择加工区域

图 2.11.32　设置加工参数

图 2.11.33　余量

图 2.11.34　使用 3D

图 2.11.35　设置非切削移动

图 2.11.36　设置进给率和速度

7. 生成刀具路径

【操作】栏目中→点击【生成刀具路径】，生成该步操作的刀具路径（如图 2.11.37 生成刀具路径）。

六、ϕ6 的球刀固定轴轮廓铣精加工顶部曲面区域

1. 选择精加工方法

【程序顺序视图】→【创建工序】→弹出【创建工序】对话框→【类型】mill _ contour→【工序子类型】固定轴曲面轮廓铣→【程序】PROGRAM→【刀具】D6R3→【几何体】WORKPIECE→【方法】MILL _ FINISH→【名称】jing-ding→【确定】（如图 2.11.38 选择精加工方法）。

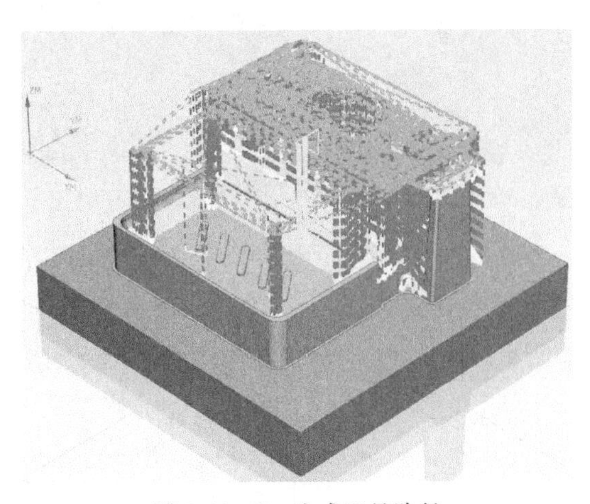

图 2.11.37　生成刀具路径

图 2.11.38　选择精加工方法

2. 选择加工区域

在弹出的【固定轴轮廓铣】对话框中→【指定切削区域】→选择要加工的曲面→【确定】（如图 2.11.39 选择加工区域）。

3. 设置驱动方法及加工参数设置

【驱动方法】栏目中→【方法】区域铣削（如图 2.11.40 驱动方法）。

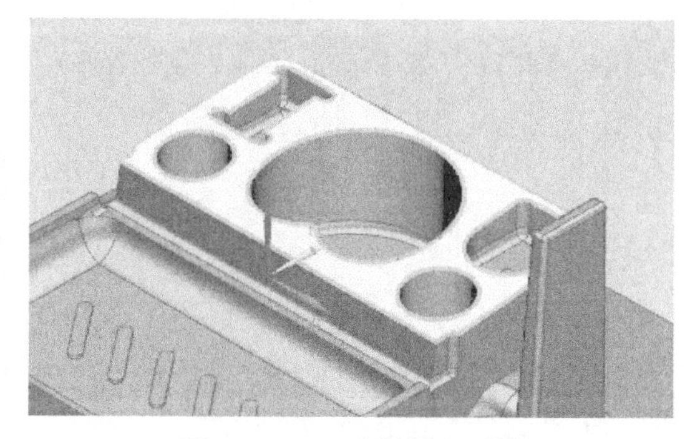

图 2.11.39　选择加工区域

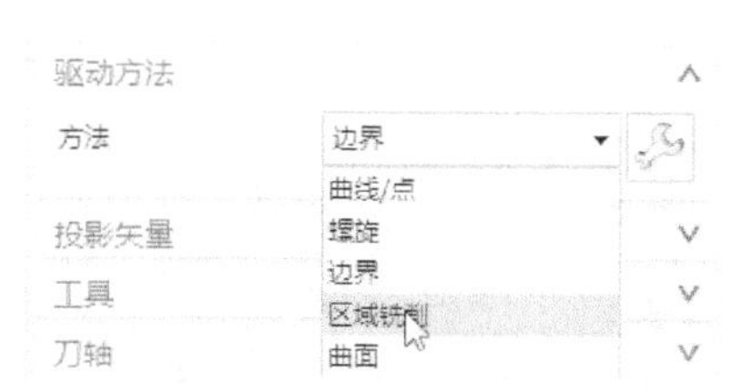

图 2.11.40　驱动方法

→弹出【区域铣削】驱动方法对话框→【驱动设置】→【非陡峭切削模式】往复→【平面直径百分比】5→【剖切角】指定→【与 XC 夹角】－90→【确定】（如图 2.11.41 加工参数设置）。

4. 设置进给率和速度

打开【进给率和速度】→勾选【主轴速度（rpm）】3000→【进给率】【切削】400→【确定】（如图 2.11.42 设置进给率和速度）。

图 2.11.41　加工参数设置

图 2.11.42　设置进给率和速度

5. 生成刀具路径

【操作】栏目中→点击【生成刀具路径】，生成该步操作的刀具路径（如图 2.11.43 生成刀具路径）。

七、ϕ6 的球刀固定轴轮廓铣精加工右侧小曲面

1. 复制创建程序

右击【JING-DING】→【复制】→【粘贴】→【重命名】JING-DING2（如图 2.11.44 复制创建程序）。

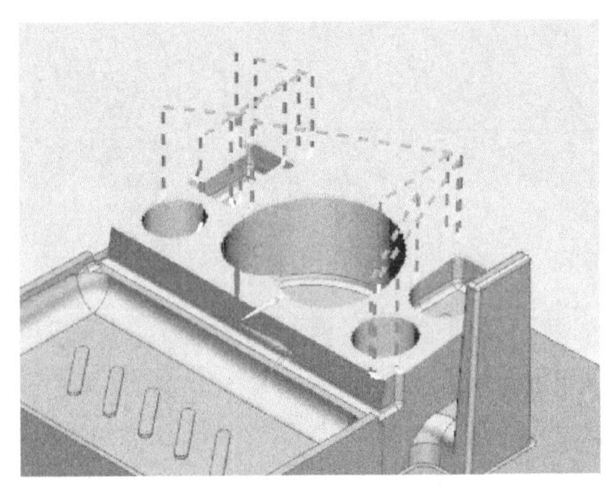

图 2.11.43 生成刀具路径

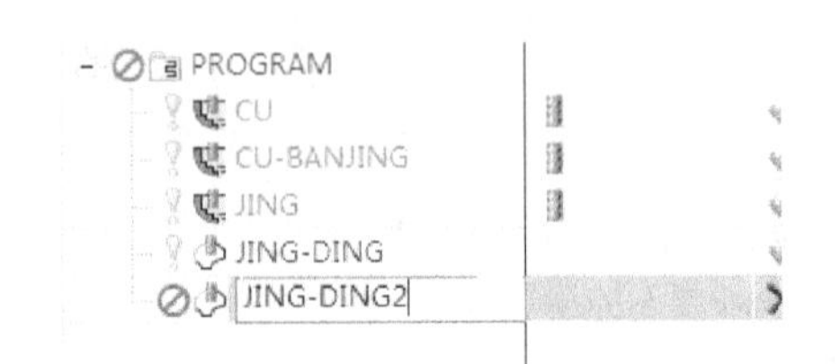

图 2.11.44 复制创建程序

2. 选择加工区域

双击程序名→在弹出的【固定轴曲面轮廓铣】对话框中→【指定切削区域】→选择要加工的曲面→【确定】（如图 2.11.45 选择加工区域）。

3. 生成刀具路径

【操作】栏目中→点击【生成刀具路径】，生成该步操作的刀具路径（如图 2.11.46 生成刀具路径）。

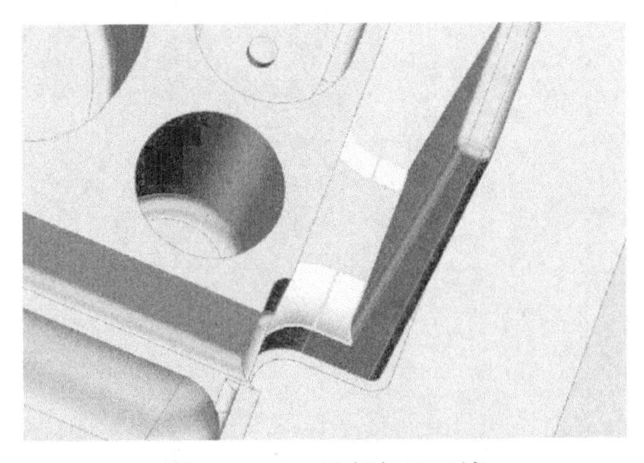

图 2.11.45 选择加工区域

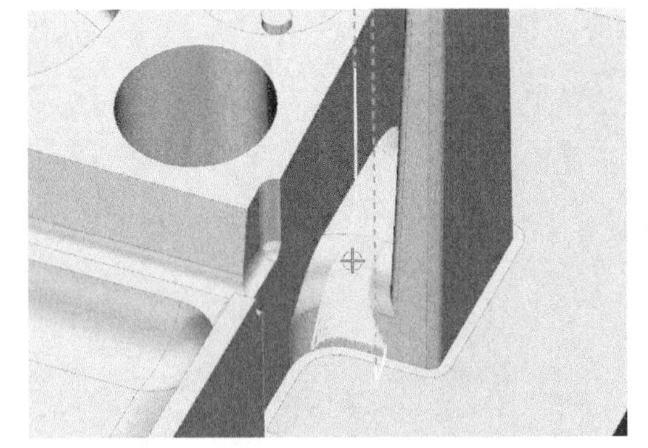

图 2.11.46 生成刀具路径

八、ϕ3 的球刀型腔铣精加工残料区域

1. 选择精加工方法

【程序顺序视图】→【创建工序】→弹出【创建工序】对话框→【类型】mill _ contour→【工

序子类型】型腔铣→【程序】PROGRAM→【刀具】D3R1.5→【几何体】WORKPIECE→【方法】MILL _ FINISH→【名称】jing-3→【确定】(如图 2.11.47 选择精加工方法)。

2. 选择加工区域

在弹出的【型腔铣】对话框中→【指定切削区域】→选择要加工的平面→【确定】(如图 2.11.48 选择加工区域)。

图 2.11.47　选择精加工方法

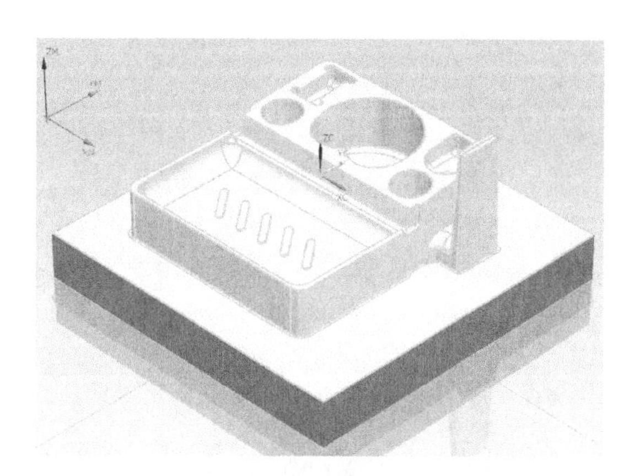
图 2.11.48　选择加工区域

3. 设置加工参数

【刀轨设置】栏目中→【切削模式】跟随周边→【平面直径百分比】8→【最大距离】0.2(如图 2.11.49 设置加工参数)。

4. 设置切削参数

打开【切削参数】→【余量】所有均设为 0→【空间范围】【毛坯】【处理中的工件】使用 3D→【确定】(如图 2.11.50 余量、图 2.11.51 使用 3D)。

5. 设置非切削移动

打开【非切削移动】→【进刀】→【封闭区域】【进刀类型】插削→【开放区域】【进刀类型】与封闭区域相同→【确定】(如图 2.11.52 设置非切削移动)。

6. 设置进给率和速度

打开【进给率和速度】→勾选【主轴速度(rpm)】5000→【进给率】【切削】100→【确定】(如图 2.11.53 设置进给率和速度)。

7. 生成刀具路径

【操作】栏目中→点击【生成刀具路径】，生成该步操作的刀具路径(如图 2.11.54 生成刀具路径)。

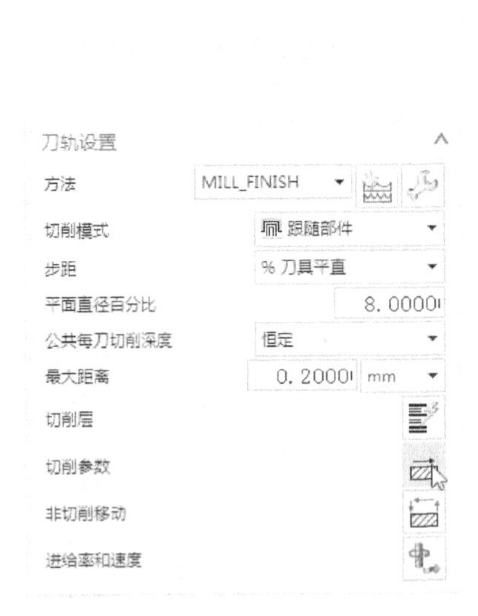

图 2.11.49　设置加工参数

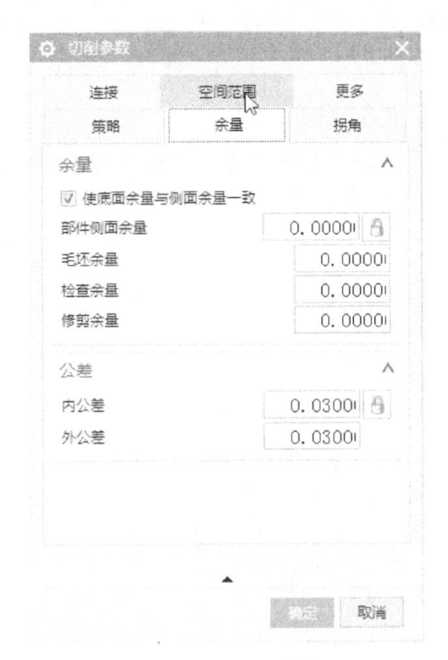

图 2.11.50　余量

图 2.11.51　使用 3D

图 2.11.52　设置非切削移动

九、$\phi 3$的球刀清根精加工曲面的角落区域

1. 选择精加工方法

【程序顺序视图】→【创建工序】→弹出【创建工序】对话框→【类型】mill _ contour→【工序子类型】单刀路清根→【程序】PROGRAM→【刀具】D3R1.5→【几何体】WORKPIECE→【方法】FINISH 精加工→【名称】jing-gen→【确定】（如图 2.11.55 选择精加工方法）。

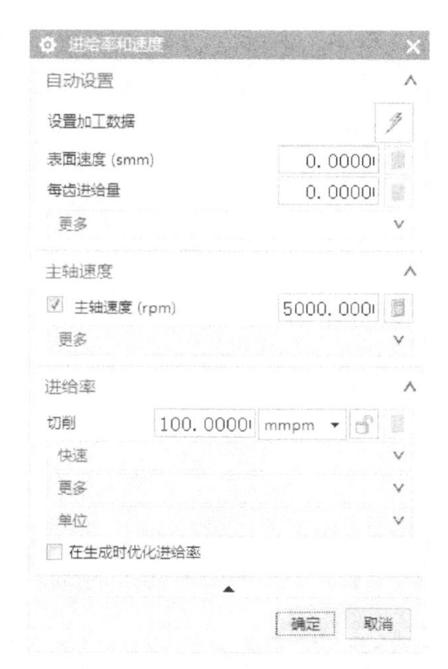

图 2.11.53　设置进给率和速度

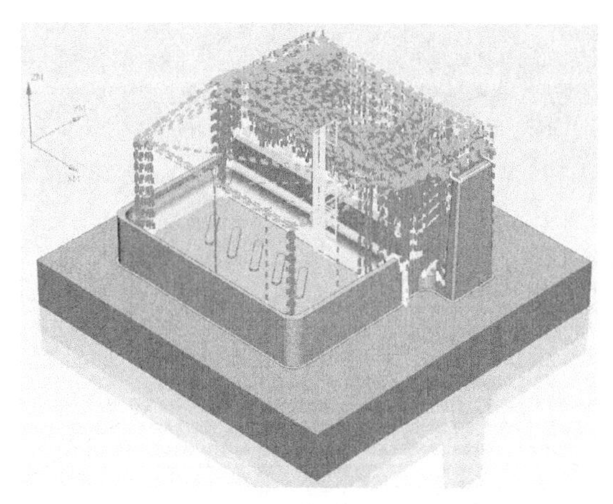

图 2.11.54　生成刀具路径

2. 选择加工区域

在弹出的【单刀路清根】对话框中→【指定切削区域】→选择要加工的曲面→【确定】(如图 2.11.56 选择加工区域)。

图 2.11.55　选择精加工方法

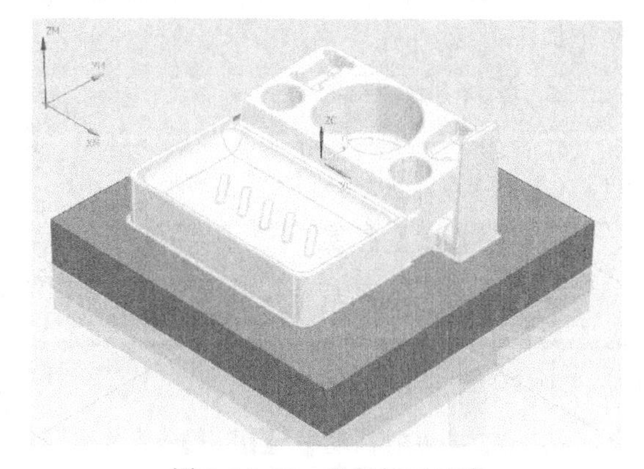

图 2.11.56　选择加工区域

3. 设置进给率和速度

【刀轨设置】栏目中→打开【进给率和速度】→勾选【主轴速度 (rpm)】5000→【进给率】【切削】100→【确定】(如图 2.11.57 设置进给率和速度)。

4. 生成刀具路径

【操作】栏目中→点击【生成刀具路径】，生成该步操作的刀具路径（如图 2.11.58 生成刀具路径）。

图 2.11.57　设置进给率和速度

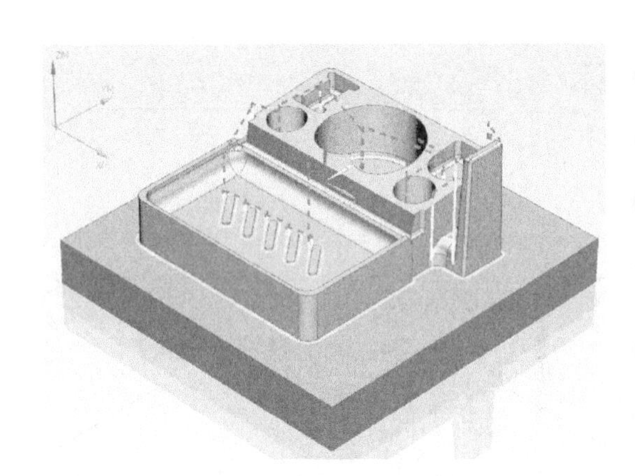

图 2.11.58　生成刀具路径

十、ϕ3 的球刀深度铣侧面陡峭区域

1. 选择精加工方法

【程序顺序视图】→【创建工序】→弹出【创建工序】对话框→【类型】mill _ contour→【工序子类型】深度轮廓加工（等高轮廓铣）→【程序】PROGRAM→【刀具】D8R4→【几何体】WORKPIECE→【方法】FINISH 精加工→【名称】jing-douqiao→【确定】（如图 2.11.59 选择精加工方法）。

2. 选择加工区域

在弹出的【深度轮廓加工】对话框中→【指定切削区域】→选择要加工的陡峭曲面→【确定】（如图 2.11.60 选择加工区域）。

3. 设置加工参数

弹出【深度轮廓加工】对话框→【陡峭空间范围】仅陡峭的→【陡峭空间范围】70→【最大距离】0.2（如图 2.11.61 设置加工参数）。

4. 设置非切削移动

打开【非切削移动】→【进刀】→【封闭区域】【进刀类型】插削→【开放区域】【进刀类型】与封闭区域相同→【确定】（如图 2.11.62 设置非切削移动）。

5. 设置进给率和速度

打开【进给率和速度】→勾选【主轴速度（rpm）】5000→【进给率】【切削】120→【确定】（如图 2.11.63 设置进给率和速度）。

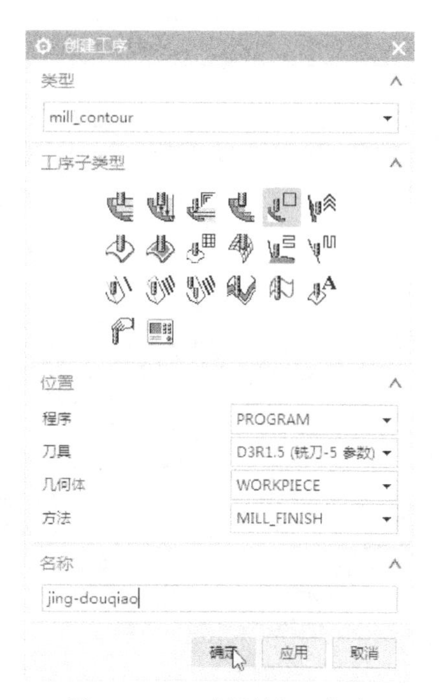

图 2.11.59　选择精加工方法

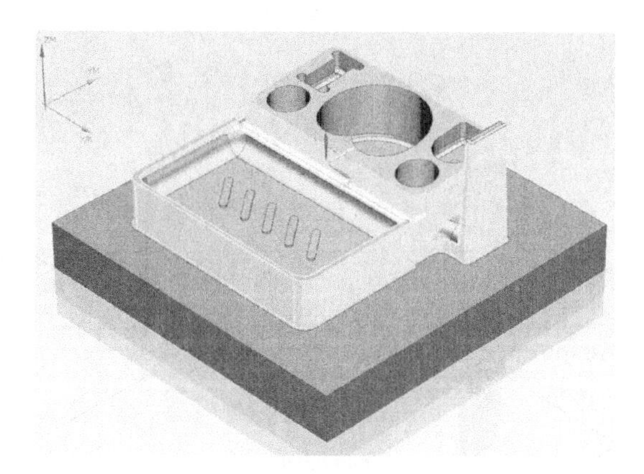

图 2.11.60　选择加工区域

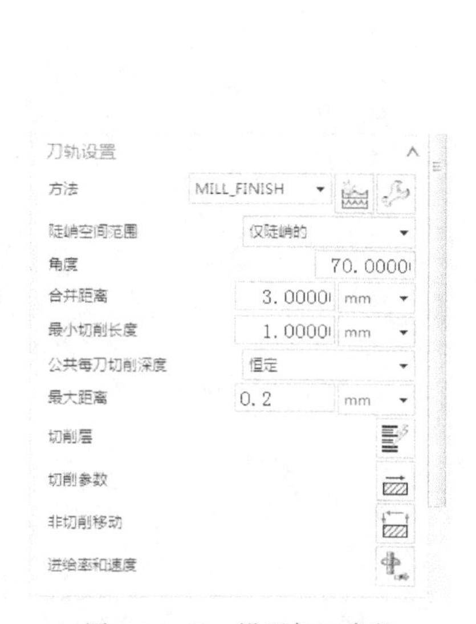

图 2.11.61　设置加工参数

图 2.11.62　设置非切削移动

6. 生成刀具路径

【操作】栏目中→点击【生成刀具路径】，生成该步操作的刀具路径（如图 2.11.64 生成刀具路径）。

十一、最终验证模拟

在左侧目录列表中选择操作→点击【确认刀轨】按钮→在弹出的【刀轨可视化】对话框

中→选择【2D 动态】→调整【动画速度】→点击【播放】(如图 2.11.65～图 2.11.72)。

图 2.11.63　设置进给率和速度

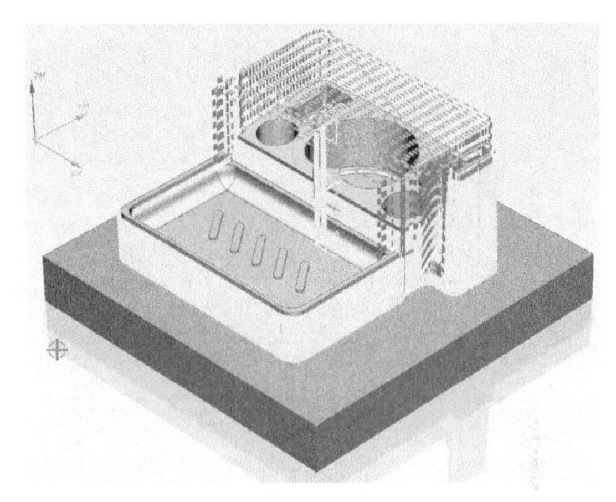

图 2.11.64　生成刀具路径

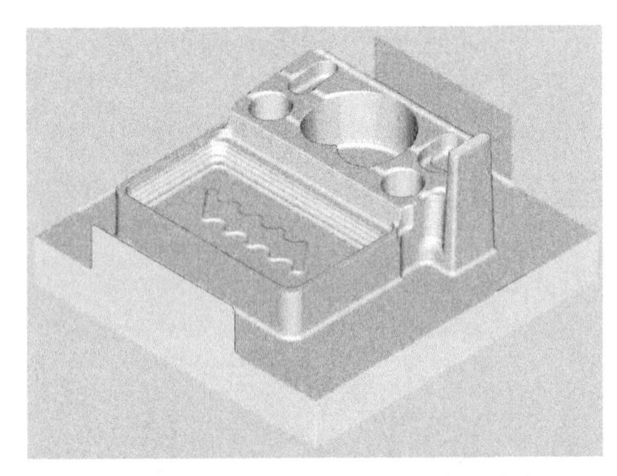

图 2.11.65　$\phi 12R2$ 的圆角刀型腔铣开粗加工

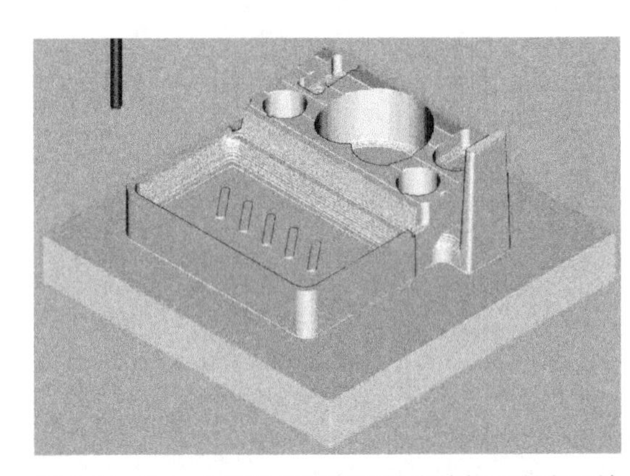

图 2.11.66　$\phi 6$ 的平底刀型腔铣半精加工所有区域

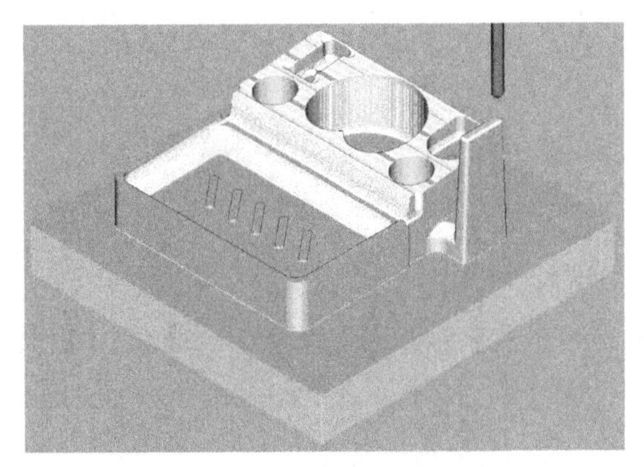

图 2.11.67　$\phi 6$ 的球刀型腔铣精加工中间的区域

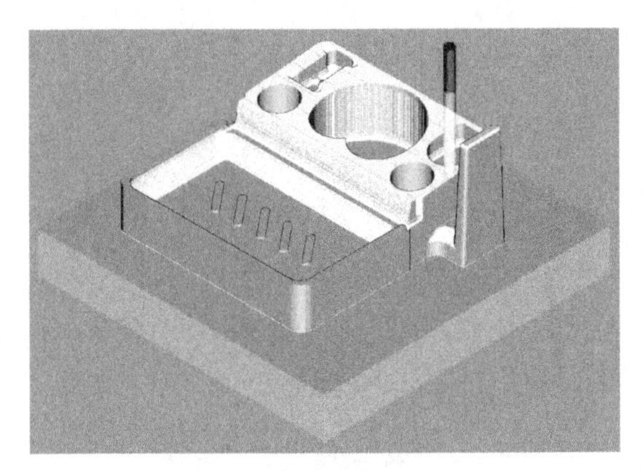

图 2.11.68　$\phi 6$ 的球刀固定轴轮廓铣精加工顶部曲面区域

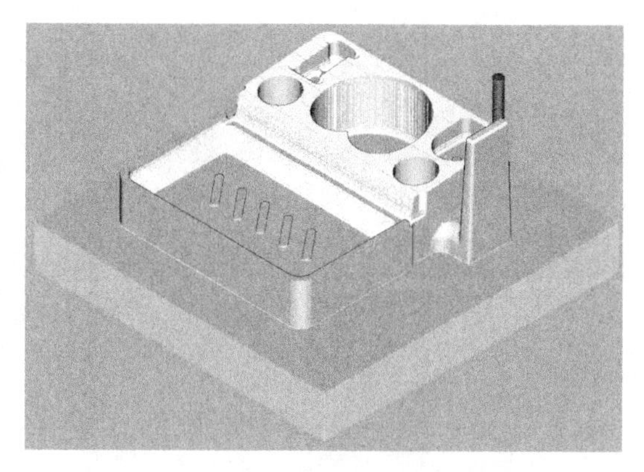

图 2.11.69　ϕ6 的球刀固定轴轮廓铣精加工右侧小曲面

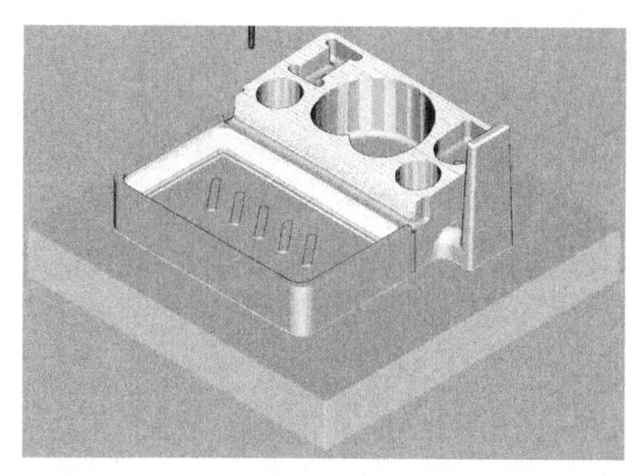

图 2.11.70　ϕ3 的球刀型腔铣精加工残料区域

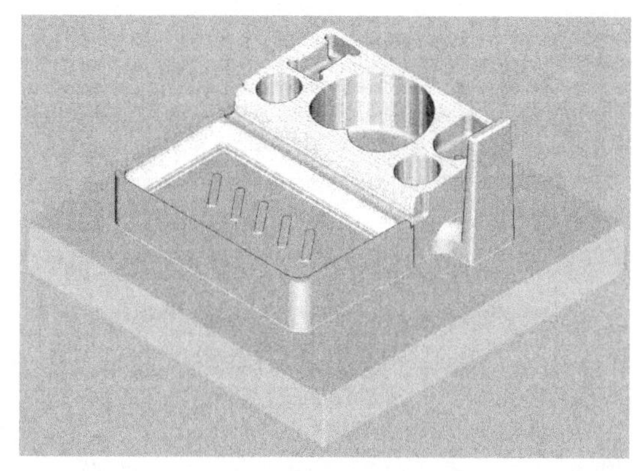

图 2.11.71　ϕ3 的球刀清根精加工曲面的角落区域

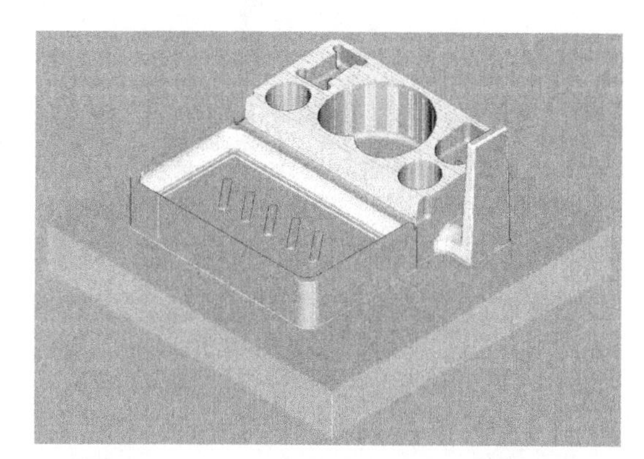

图 2.11.72　ϕ3 的球刀深度铣侧面陡峭区域